Oldenbourgs Lehr- und Handbücher der Wirtschafts- und Sozialwissenschaften

Bisher erschienene Werke:

Altrogge, Investition, 4. A.
Bamberg · Baur, Statistik, 12. A.
von Böventer · Illing, Einführung in die Mikroökonomie, 9. A.
Bohnet, Finanzwissenschaft: Grundlagen staatlicher Verteilungspolitik, 2. A.
Brümmerhoff, Finanzwissenschaft, 8. A.
Bühner, Betriebswirtschaftliche Organisationslehre, 10. A.
Cezanne, Grundzüge der Makroökonomik, 7. A.
Cezanne · Franke, Volkswirtschaftslehre, 7. A.
Domschke, Logistik: Transport, 4. A.
Domschke, Logistik: Rundreisen und Touren, 4. A.
Domschke · Drexl, Logistik: Standorte, 4. A.
Frerich, Sozialpolitik, 3. A.
Gehrels, Außenwirtschaftstheorie, 2. A.
Hammer, Unternehmensplanung, 7. A.
Hanssmann, Einführung in die Systemforschung, 4. A.
Hanssmann, Quantitative Betriebswirtschaftslehre, 4. A.
Hauptmann, Mathematik für Betriebs- und Volkswirte, 3. A.
Holub · Schnabl, Input-Output-Rechnung: Input-Output-Analyse
Holub · Schnabl, Input-Output-Rechnung: Input-Output-Tabellen, 3. A.
Krug · Nourney · Schmidt, Wirtschafts- und Sozialstatistik, 6. A.
May, Ökonomie für Pädagogen, 11. A.
Meyer · Müller-Siebers · Ströbele, Wachstumstheorie, 2. A.
Oberhofer, Wahrscheinlichkeitstheorie, 3. A.
Oechsler, Personal und Arbeit – Einführung in die Personalwirtschaft, 7. A.
Peters · Brühl · Stelling, Betriebswirtschaftslehre, 11. A.
Schertler, Unternehmensorganisation, 7. A.
Schneider, Allgemeine Betriebswirtschaftslehre, 3. A.
Tiede, Beschreiben mit Statistik – Verstehen
Tiede · Voß, Schließen mit Statistik – Verstehen

Betriebswirtschaftliche Organisationslehre

Von
Dr. Rolf Bühner
o. Professor der Betriebswirtschaftslehre

10., bearbeitete Auflage

R. Oldenbourg Verlag München Wien

Bibliografische Information Der Deutschen Bibliothek

Die Deutsche Bibliothek verzeichnet diese Publikation in der Deutschen Nationalbibliografie; detaillierte bibliografische Daten sind im Internet über <http://dnb.ddb.de> abrufbar.

Rosenheimer Straße 145, D-81671 München
Telefon: (089) 45051-0
www.oldenbourg-verlag.de

Gedruckt auf säure- und chlorfreiem Papier
Satz: Falkner GmbH, Inning/A.
Druck: R. Oldenbourg Graphische Betriebe Druckerei GmbH

ISBN 3-486-27500-3

Inhaltsverzeichnis

Vorwort (zur 5. Auflage)

Die vorliegende 5. Auflage ist vollständig überarbeitet und wesentlich um neuere Entwicklungen erweitert. Schwerpunkte der Überarbeitung betrafen die Ablauforganisation, insbesondere deren gruppenorientierte Gestaltung und neuere Steuerungskonzepte, sowie europäische Entwicklungen im Bereich der Unternehmensverfassung. Auch auf die wachsende Bedeutung einer Führung nach dem Holding-Konzept und eine zunehmende Internationalisierung wurde vertiefend eingegangen. Stets war es oberstes Ziel, unter Beibehaltung der bewährten Grundkonzeption Studierenden wie Praktikern den Stoff aktuell und verständlich – unterstützt durch Lernhilfen – zu vermitteln.

Meinem Mitarbeiter, Herrn Hans-Joachim Weinberger, habe ich für seine Unterstützung ebenso zu danken wie Frau Iris Pharao und den Herren Jürgen Cordes, Uwe Merle und Gherardo Pontrandolfi. Sie haben allesamt mit zum Gelingen dieses Buches beigetragen. Die Schreibarbeiten wurden über ein PC-Netzwerk abgewickelt und von meinen Sekretärinnen Frau Irene Broll und Frau Anneliese Deragisch koordiniert.

Rolf Bühner

Vorwort zur 8. Auflage

Die nunmehr vorliegende achte Auflage blieb weitgehend unverändert. Lediglich in dem Bereich der Engpaßplanung im Rahmen der Ablauforganisation und hinsichtlich der DIN ISO Vorschriften im Qualitätsbereich wurden Ergänzungen vorgenommen.

Rolf Bühner

Vorwort zur 9. Auflage

Die neunte Auflage hat in folgenden Punkten zu Änderungen geführt: Es wurde ein Abriß über wesentliche Organisationstheorien eingefügt; neuere Entwicklungen im Bereich der Bürokommunikation wurden berücksichtigt und das Thema Qualität angepaßt. Die Fallbeispiele zur Geschäftsbereichsorganisation erfuhren eine Aktualisierung. Für die Mitarbeit bei der redaktionellen Überarbeitung habe ich den Herren Dipl.-Kfm. Thomas Träger und Dipl.-Kfm. Jörg Digmayer zu danken. Bei der Durchsicht der Druckfahnen war Frau stud. rer. pol. Ingrid Geiger mit Sorgfalt und Engagement behilflich.

Rolf Bühner

Abbildungsverzeichnis

Tabellenverzeichnis

Teil I: Einführung

Erstes Kapitel: Begriff und Entwicklungen der Organisation

Aus betriebswirtschaftlicher Sicht beschreibt die Organisation spezifische Sachverhalte von Unternehmen. Die mit dem Begriff gekennzeichneten Sachverhalte haben im Laufe der Entwicklungsgeschichte von ‚Unternehmen' und ‚Organisation' gewechselt. In der (wirtschafts-)wissenschaftlichen Auseinandersetzung mit Problemen und Fragestellungen der Organisation lassen sich grundsätzlich drei Entwicklungen unterscheiden:[1] Das Unternehmen als organisationsloses Gebilde, das Unternehmen hat eine Organisation und das Unternehmen ist eine Organisation.

1. Das Unternehmen als organisationsloses Gebilde

In der **mikroökonomischen Unternehmenstheorie** bleibt die Organisation als eigenständiges Problem ausgeklammert. Das Unternehmen wird als Entscheidungseinheit gesehen. Organisatorische Probleme der Durchsetzung von Entscheidungen werden nicht problematisiert. Die **Annahmen**, auf denen diese Theorie basiert, sind vereinfacht wie folgt:

- das Unternehmen verfolgt das vom Unternehmer gesetzte Ziel der Gewinn-(Nutzen-)maximierung;
- das betriebswirtschaftliche Problem besteht in einer optimalen Kombination von Produktionsfaktoren;
- die ‚Organisation' funktioniert vollkommen.

Von der Organisation geht somit kein Einfluss auf den Vollzug von unternehmerischen Entscheidungen aus. Es wird vielmehr davon ausgegangen, dass die vom Unternehmer rational getroffenen Entscheidungen so ausgeführt werden können, wie sie getroffen wurden. **Die Organisation bleibt als Quelle eigenständiger Probleme aus der Betrachtung ausgeklammert.**

2. Das Unternehmen hat eine Organisation

Die Organisation wird in dieser wirtschaftswissenschaftlichen Betrachtungsweise als Teil des Unternehmens gesehen. Neben den funktionalen Problemen der Beschaffung, der Produktion und des Absatzes findet die Organisation als ei-

[1] Vgl. *Heinen, E.*, Einführung in die Betriebswirtschaftslehre, 9. Auflage, Wiesbaden 1985, S. 49 ff.; *Hoffmann, F.*, Organisation, Begriff der, in: Handwörterbuch der Organisation, hrsg. von E. Grochla, 2. Auflage, Stuttgart 1980, Sp. 1425 ff.

genständiges Problem Berücksichtigung. **Die Organisation dient als Mittel zur Erreichung der Unternehmensziele.** Der Mittelcharakter ist in zweifacher Hinsicht von Bedeutung: zum einen in der Funktion der Organisation als **Prozess des Organisierens** und zum anderen als **Ergebnis organisatorischen Tätigseins**. Entsprechend wird zwischen einem funktionalen und instrumentalen Organisationsbegriff unterschieden.

Funktionaler Organisationsbegriff

Als Vertreter eines funktionalen Organisationsbegriffs ist *Gutenberg* zu nennen. Er **unterscheidet zwischen Planung und Organisation**. „Während Planung den Entwurf einer Ordnung bedeutet, nach der sich der gesamtbetriebliche Prozess vollziehen soll, stellt die Organisation den Vollzug, die Realisierung dieser Ordnung dar.“[2] Organisieren wird hier als Tätigkeit der Betriebs- und Geschäftsleitung verstanden. Die Realisierung des Plans ist durch ein System **genereller** und **fallweiser Regelungen** sicherzustellen. Beide Regelungsarten schränken in unterschiedlicher Weise den Ermessens- oder Entscheidungsspielraum der mit dispositiven und ausführenden Aufgaben betrauten Personen ein. Beide Regelungsarten beschreiben auf einer Skala zunehmender Handlungsbestimmung Extremwerte. Nach dem **Substitutionsprinzip der Organisation** gilt, dass bei gleichartigem Aufgabenanfall fallweise Regelungen durch generelle ersetzt werden, oder, wie es *Gutenberg* selbst formuliert hat, „Die Tendenz zur generellen Regelung nimmt mit abnehmender Variabilität betrieblicher Tatbestände zu.“[3]

Instrumentaler Organisationsbegriff

Die als Ergebnis des Organisierens erlassenen Regelungen haben im Hinblick auf die Unternehmenszielsetzung **Instrumentalcharakter**. Im Sinne dieser instrumentalen Begriffsauffassung definiert *Nordsieck* die Organisation als „System geltender organisatorischer (betriebsgestaltender) Regelungen, deren Sinnzusammenhang durch die oberste Betriebsaufgabe gegeben ist. Organisation ist in diesem Sinne Betriebsstruktur.“[4]

Auch der Organisationsbegriff von *Kosiol* ist kennzeichnend für eine instrumentale Sichtweise der Organisation.[5] Sie wählt demnach realtechnische und strukturierte Maßnahmen aus, die einen gewünschten Zweck (die Unterneh-

---

[2] *Gutenberg, E.*, Grundlagen der Betriebswirtschaftslehre. Erster Band: Die Produktion, 24. Auflage, Berlin, Heidelberg, New York 1983, S. 235; siehe auch die Würdigung des Beitrags von Gutenberg zur Organisationstheorie durch *Albach, H.*, Organisations- und Personaltheorie, in: Neuere Entwicklungen in der Unternehmenstheorie, hrsg. von H. Koch, Wiesbaden 1982, S. 8 ff.

[3] *Gutenberg, E.*, Grundlagen der Betriebswirtschaftslehre. Erster Band: Die Produktion, a.a.O., S. 238.

[4] *Nordsieck, F.*, Rationalisierung der Betriebsorganisation, 2. Auflage, Stuttgart 1955, S. 23.

[5] Vgl. *Kosiol, E.*, Organisation der Unternehmung, 2. Auflage, Wiesbaden 1976, S. 23 ff.

mensaufgabe) am besten verrichten (Postulat der Zweckmäßigkeit). Der zur Aufgabenverrichtung notwendige Mitteleinsatz ist mengenmäßig (Postulat der Technizität) und wertmäßig (Postulat der Ökonomität) minimal. Abb. 1.1 zeigt die Grundprinzipien und Technik der Organisation nach *Kosiol*.

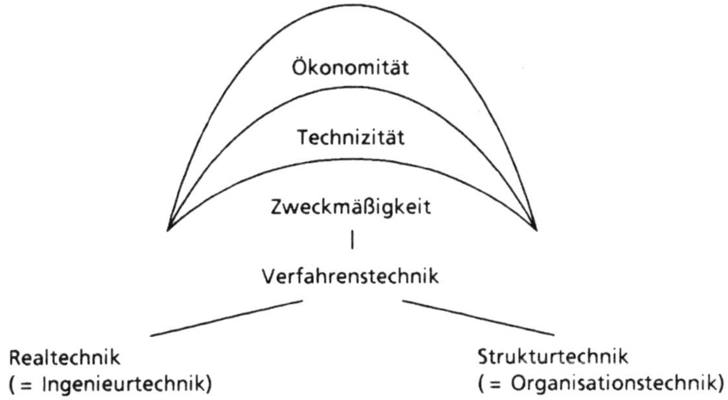

Abb. 1.1 Grundprinzipien und Technik der Organisation

Die Organisation unterscheidet sich in instrumenteller Hinsicht von anderen betriebsregelnden Entscheidungen dadurch, dass sie über den Einzelfall hinausgehend strukturierende Wirkung hat. Die Organisation schafft Ordnung, indem sie Entscheidungshandeln vorwegnimmt. Organisation ist demnach ein Umweghandeln, in dem zuerst generell strukturierend und dann für den Einzelfall gehandelt wird. In Abhängigkeit von der Organisierbarkeit und dem Grad an erwünschter Struktur sind unterschiedliche Organisationsgrade realisierbar. Vorstellungen von einem **‚optimalen' Organisationsgrad** vermitteln die Begriffe der Überorganisation und Unterorganisation. Im Falle der **Überorganisation** bleibt wenig Spielraum für freies Handeln, im Falle der **Unterorganisation** überwiegen Einzelfallentscheidungen zuungunsten eines geordneten Ganzen. An die Stelle stabiler, auf längere Sicht geltender organisatorischer Regelungen treten in diesem Falle sogenannte **Improvisationen**, die als Regelungssachverhalte vorübergehenden, provisorischen Charakter haben, sowie **Dispositionen**, die sich frei von organisatorischen Regelungen oder im Rahmen von organisatorischen Regelungen vollziehen. Das nachstehende Schema (Abb. 1.2) gibt den Begriffszusammenhang zwischen Organisation, Improvisation und Disposition wieder. **Beispiel:** Ein unvorhergesehener Auftrag eines wichtigen Kunden wird als Eilauftrag „zwischengeschoben" (Disposition). Die Festlegung von Maschinenbelegung, Werkzeug- und Materialbereitstellung und Bearbeitungsfolge erfolgt gesondert für diesen Einzelfall in den Fertigungsunterlagen und Arbeitsplänen (Improvisation). Kommt es des Öfteren zu derart unerwartet dringenden Aufträgen von Kunden und wird hierfür eine Prioritätsregelung im vorhinein auf Dauer vorgeschrieben, so liegt eine organisatorische Regelung vor (Organisation).

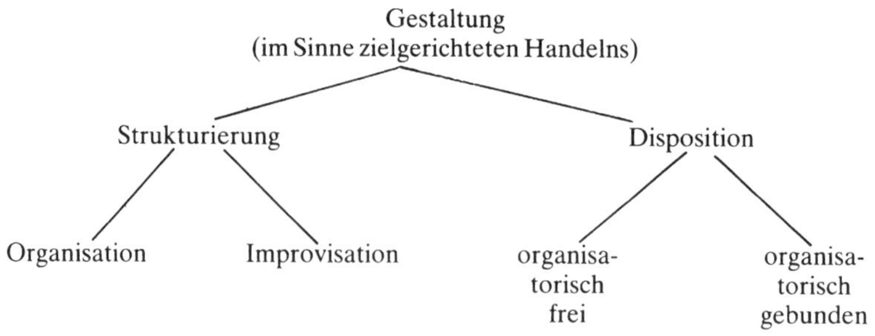

Abb. 1.2 Organisation, Improvisation und Disposition

3. Das Unternehmen ist eine Organisation

Organisation steht als Sammelbezeichnung für sämtliche zielgerichteten sozialen Systeme. Die Unternehmung als „zielgerichtetes informationsgewinnendes und -verarbeitendes Sozialsystem"[6] ist eine Organisation in diesem Sinne. Diese von Soziologie und Psychologie beeinflusste **Ausweitung des Organisationsbegriffs auf alle sozialen Systeme** hat als Hintergrund das Streben nach Integration und Interdisziplinarität im Hinblick auf die Entwicklung einer allgemeinen Organisationstheorie. Bereits zu einem frühen Entwicklungsstadium der ‚Organisation' haben *Bogdanow, Plenge, Nicklisch* und *Stefanic-Allmayer*[7] mit Blick auf diese allgemeinen Ziele Organisation betrieben. Diese Bemühungen sind und waren darauf gerichtet, Analogien zwischen jeder Art von strukturierten Systemen im Kultur- und Naturbereich menschlichen Lebens herzustellen. Der Tatbestand des Strukturiertseins diente und dient zur Abgrenzung der Organisation. Organisationen, die eine Struktur haben, sind Organisationen in diesem Sinne. Entsprechend wird das Unternehmen als Organisation gekennzeichnet, weil es eine Organisation (Struktur) hat.[8]

Dieser Standpunkt überzeichnet den Stellenwert der Organisation. Ein Unternehmen hat neben der Organisation auch andere, nicht minder bedeutende strukturschaffende Planungs-, Finanzierungs- oder Kontrollfunktionen, ohne dass das Unternehmen gleich mit diesen Funktionen (Strukturen) identifiziert wird. Allerdings wird derjenige, der nach einer allgemeinen Organisationstheorie strebt, die für Unternehmen gleichermaßen wie für Kirche, Militär, Schule,

---

[6] *Heinen, E.*, Grundlagen betriebswirtschaftlicher Entscheidungen. Das Zielsystem der Unternehmung, 3. Auflage, Wiesbaden 1976, S. 26.

[7] Vgl. *Bogdanow, A.*, Allgemeine Organisationslehre, Band I und II, Leipzig 1926 und 1928; *Plenge, I.*, Drei Vorlesungen über die allgemeine Organisationslehre, Essen 1919; *Nicklisch, H.*, Der Weg aufwärts! Organisation, 2. Auflage, Stuttgart 1922; *Stefanic-Allmayer, K.*, Allgemeine Organisationslehre, Wien, Stuttgart 1950. Der Frage, inwieweit die Forschungsergebnisse einer allgemeinen Organisationstheorie Antworten auf bisherige ungelöste Fragen der betriebswirtschaftlichen Organisationslehre zu liefern vermögen, ist Wild in einer umfangreichen Arbeit nachgegangen. Vgl. *Wild, J.*, Neuere Organisationsforschung in betriebswirtschaftlicher Sicht, Berlin 1967.

[8] Vgl. *Kieser, A., Kubicek, H.*, Organisation, 2. Auflage, Berlin, New York 1983, S. 1.

Verbände usw. gilt, die umfassende allgemeine Sichtweise der Organisation als vorteilhaft empfinden. Für Lehrzwecke ebenso wie für eine betriebswirtschaftliche, praktisch-orientierte Organisationslehre scheint eine pragmatische Vorgehensweise angemessen(er) zu sein, mit dem Ziel, das vorhandene Wissen problembezogen zu systematisieren und zu Lösungshilfen für praktische Organisationsprobleme im Unternehmen zu verarbeiten. Aus diesem Grunde wird im weiteren Verlauf des Buches der instrumental-funktionalen Sichtweise, **die Unternehmung hat eine Organisation, die das Ergebnis des Organisierens ist**, gefolgt.

Nach *Ulrich* werden von der Betriebswirtschaftslehre die charakteristischen Merkmale eines Gebildes im Begriff „Unternehmung" zusammengefasst. „Das Erkenntnisobjekt einer speziellen Organisationslehre der Unternehmung muss also alle diejenigen Tätigkeiten in der Unternehmung umfassen, die die Ausrichtung mehrerer Aufgabenträger und ihrer Arbeitsleistungen auf die Hauptaufgabe der Unternehmung bezwecken, sowie das aus diesen Tätigkeiten hervorgehende System von Regelungen in der Unternehmung."[9]

Zweites Kapitel: Organisation und Koordination

Organisation tritt als betriebswirtschaftliches Problem in Unternehmen auf, wenn es darum geht, die zielgerichtete Erfüllung einer unternehmerischen Gesamtaufgabe arbeitsteilig durch zwei oder mehr(ere) Aufgabenträger (Mitarbeiter) sicherzustellen. Die mit der Erfüllung von Teilaufgaben betrauten Mitarbeiter sind im Hinblick auf die Erfüllung der unternehmensspezifisch definierten marktbezogenen Gesamtaufgabe (Sachziel: Leistungserstellung für Dritte) und unternehmerischen Zielsetzung (Formalziel: Einkommens-, Gewinnerzielung) abzustimmen. Die Organisation hat wesentlich zu dieser Abstimmung mit beizutragen (Koordination durch Organisation). Daneben bilden sich in Unternehmen durch das Verhalten der Mitarbeiter soziale Regelungen und Strukturen heraus, die unbewusst, auf informale Weise einen Koordinationsbeitrag zur unternehmerischen Zielerfüllung leisten können.

---

[9] *Ulrich, H.,* Betriebswirtschaftliche Organisationslehre. Eine Einführung, Bern 1949, S. 55 (Zitat im Original kursiv).

Koordinationsprinzip der Organisation[10]
Nach *Kosiol* ist die **Koordination** das konzentrierende Ordnungsprinzip und Gestaltungsmittel der Organisation. Die Koordination ist durch die Prinzipien der **Teilung** und der **Einung** (Division und Integration, Zentralisation und Dezentralisation) gekennzeichnet. Beide Prinzipien bilden das Strukturgesetz der **synthetischen**, einigenden Organisationsbildung, die auf der vorausgehenden, **analytischen** Teilung der Gesamtaufgabe in Teilaufgaben und Arbeitsvorgänge beruht.

Differenzierung und Integration der Organisation[11]
Lawrence/Lorsch unterscheiden zwischen dem Problem der Differenzierung und Integration der Organisation. Entsprechend ihrer verhaltenswissenschaftlichen Orientierung sehen beide Autoren die **Differenzierung**, die durch Zuordnung von (Teil-)Aufgaben auf Aufgabenträger entsteht, als Vorstufe für eine daraus resultierende Differenzierung von Verhaltenseigenschaften, -weisen und Einstellungen der Mitarbeiter im Rahmen der Organisationsstruktur. Die Verhaltensdifferenzierungen werden für eine notwendig werdende Integration unterschiedlicher Interessen und Problemansichten verantwortlich gemacht. Unter der **Integration** verstehen die Autoren primär einen Zustand der Zusammenarbeit zwischen organisatorischen Einheiten, der erforderlich ist, um eine einheitliche zielgerichtete Leistung nach Anforderungen der Umwelt hervorzubringen. Daneben verstehen sie unter Integration noch den Prozess und die Mittel (Maßnahmen) zur Erreichung dieses Zustands. Die Autoren sehen zwischen beiden Organisationstatbeständen – der Differenzierung und der Integration – eine positive Beziehung: **mit zunehmender Differenzierung steigt der erforderliche Grad an Integration!**

1. Formale und informale Organisation

In der betriebswirtschaftlichen Organisationslehre wird die formale Organisation als die bewusst geschaffene, rational gestaltete Struktur zur Erfüllung der unternehmerischen Zielsetzung bezeichnet. Im Gegensatz dazu werden unter dem Begriff **informale Organisation die durch die persönlichen Ziele, Wünsche, Sympathien und Verhaltensweisen der Mitarbeiter bestimmten sozialen Strukturen verstanden.**[12]

Wesentlich für die Unterscheidung von formalen und informalen Organisationen ist die mit der Organisation erreichte unternehmerische Zielwirksamkeit. Dabei ist zwischen zwei Sichtweisen zu unterscheiden: Traditionell wird die formale Organisation als rationales, wünschenswertes Modell von funktionalen Zielwirkungen gesehen, während die informale Organisation als Störquelle und

[10] Vgl. *Kosiol, E.*, Organisation der Unternehmung, a.a.O., S. 181.

[11] Vgl. *Lawrence, P. R., Lorsch, J. W.*, Organization and Environment. Managing Differentiation and Integration, Homewood, Ill. 1969, S. 5 ff.

[12] Vgl. *Mayntz, R.*, Soziologie der Organisation, Reinbek bei Hamburg 1963; *Grün, O.*, Informale Erscheinungen in der Betriebsorganisation. Eine betriebswirtschaftliche Untersuchung, Berlin 1966.

Folge von unerwünschten, disfunktionalen und unvorhergesehenen Zielwirkungen interpretiert wird. Das Organisationsproblem besteht dann in der bewussten Vermeidung von unerwünschten und unvorhergesehenen Folgen in einem formalen Ansatz der Organisationsgestaltung.

Neuerdings hat *Ulrich* die Umkehrung des Verhältnisses von formaler und informaler Organisation gefordert.[13] Das bewusste, planmäßige Organisieren stellt danach allenfalls notwendige Ergänzung oder Korrektur informaler Strukturen im Unternehmen dar. Die Grundvorstellung über Organisation ist eine durch die Fähigkeit zur Selbststrukturierung sich laufend bildende und verändernde informale Struktur. Das Organisationsproblem besteht in einer Verstärkung der menschlichen Fähigkeit zur Selbstorganisation durch zukunftsweisende, wirtschaftliches Handeln unterstützende Strukturentwürfe.

Henning formuliert das Verhältnis von formaler und informaler Organisation wie folgt: „Es kommt nicht darauf an, welche Regelungen formell bestehen, also auf dem Papier stehen, sondern welche Regelungen wirklich beachtet werden und daher betriebsgestaltend sind. Regelungen, die niemand beachtet, gehören also nicht zur Organisation eines Betriebes, Regelungen, von denen zu vermuten ist, dass sie niemand beachten wird, sollten daher unterlassen werden (Regelungen, ut aliquid fiat)."[14]

In jüngster Zeit findet für informale Organisationssachverhalte vermehrt der Begriff der **Unternehmenskultur** Verwendung. Darunter werden zumeist die Wertvorstellungen und Denkhaltungen im Unternehmen verstanden, die das Verhalten der Mitarbeiter prägen.[15] Unternehmenskultur wird als ein Instrument zur besseren Zielerreichung im Unternehmen gesehen. Durch das Vorhandensein einer starken Unternehmenskultur wird den Mitarbeitern ein relativ stabiler sozialer Orientierungsrahmen vorgegeben, der ihr zielbezogenes Handeln leitet. Die kulturellen Werte geben Verhaltenssicherheit und schaffen Handlungsorientierung auch gerade bei zunehmender Entscheidungsunsicherheit. Das kulturgeprägte Wert- und Normengefüge tritt somit ergänzend an die Seite von formalen Organisationsregeln. Der Vorteil ist, dass die Normen und Werte ‚geräuschloser' und indirekter als formale Regelungen das Verhalten der Mitarbeiter lenken. Die Zusammenarbeit und das Zusammenwirken der Mitarbeiter im Hinblick auf die unternehmerische Zielsetzung geschieht nahezu mit „unsichtbarer" Hand und vermindert das Erfordernis von oben verordneten

---

13 Vgl. *Ulrich, H.*, Organisation und Organisieren in der Sicht der systemorientierten Managementlehre, in: Zeitschrift Führung + Organisation, 54. Jg., 1985, S. 7 ff.

14 *Hennig, K. W.*, Betriebswirtschaftliche Organisationslehre, 5. Auflage, Wiesbaden 1975, S. 24.

15 Vgl. *Heinen, E., Dill, P.*, Unternehmenskultur. Überlegungen aus betriebswirtschaftlicher Sicht, in: Zeitschrift für Betriebswirtschaft, 56. Jg., 1986, S. 202-218; *Bleicher, K.*, Strukturen und Kulturen der Organisation im Umbruch, in: Zeitschrift Führung + Organisation, 55. Jg., 1986, S. 97-108; *Schein, E. H.*, Organizational Culture and Leadership. A Dynamic View, San Francisco etc. 1985; *Staerkle, R.*, Wechselwirkungen zwischen Organisationskultur und Organisationsstruktur, in: Integriertes Management. Bausteine des systemorientierten Managements. Festschrift für Hans Ulrich, hrsg. von G. J. B. Probst, H. Siegwart, Bern und Stuttgart 1985, S. 529-553.

Anweisungen und Regelungen. Die Schwierigkeit ist, dass unser Wissen über die verhaltenssteuernden Werte und Normen im Unternehmen noch zu gering ist, um eine angemessene „Kulturpflege" betreiben zu können. Zweifellos ist in Zukunft verstärkt auf die gemeinsamen Werte und Normen zu achten, die eine formale Organisation unterstützen oder negativ beeinflussen können. Die informale Organisation gewinnt damit wieder zunehmend an Bedeutung als Gegenstand praktischer Organisationsarbeit.

2. Arten formaler Regelungen

Die formal-organisatorischen Regelungen stellen für die Mitarbeiter Informationen zur zielgerichteten **Aufgabenerfüllung oder Verhaltensbestimmung** im Unternehmen dar. Die Regelungen lassen sich nach der Form der Informationsgebung und nach dem Grad an Detailliertheit des Informationsinhalts unterscheiden.[16]

Nach der **Form** der Regelung ist zwischen

- **direkten Regelungen,** die eine persönliche, fallweise Koordination durch Aufsicht und Anweisung sowie
- **indirekten Regelungen,** die eine Koordination durch schriftlich fixierte Regelungen vornehmen,

zu unterscheiden.

Nach dem **Grad an Detailliertheit** der Regelung ist zwischen[17]

- **impliziten Regelungen,** die eine zielbezogene Koordination anhand der Ergebnisse menschlichen Handelns vornehmen, und
- **expliziten Regelungen,** die eine handlungsbezogene Koordination anhand der auszuführenden Prozessschritte zum gewünschten Ergebnis zum Inhalt haben,

zu unterscheiden.

Die vier Regelungsarten beschreiben Extreme organisatorischer Handlungsmöglichkeiten, die unabhängig voneinander Anwendung finden können. Die Anwendung der Regelungen hängt in der Tendenz von den zu strukturierenden Arbeiten, Aufgaben oder Entscheidungen ab:

- Bei **wiederholt vorkommenden Aufgabenerfüllungen** mit Routinecharakter sind indirekte, unpersönliche Regelungen über das explizite Entscheidungsverhalten anwendbar.
- Bei **einmaliger und schwieriger Aufgabenerfüllung** sind direkte, persönliche Regelungen über implizite Zielvorgaben angemessen.

Die Anwendung organisatorischer Regelungen setzt die **Wiederholbarkeit und Vorhersehbarkeit einer Aufgabenerfüllung** voraus. Für Einzelfälle, die in

---

[16] Vgl. *Bühner, R.,* Koordinations- und Kontrollregelungen von Planungs- und Abrechnungsabteilungen industrieller Unternehmen. Empirische Ergebnisse einer quantitativen Vergleichsbetrachtung, in: Zeitschrift für Betriebswirtschaft, 51. Jg., 1981, S. 1067 f.

[17] Vgl. *Hax, H.,* Die Koordination von Entscheidungen, Köln, Berlin, Bonn, München 1965, S. 73 ff.

Zukunft nicht in gleicher oder vergleichbarer Weise anfallen, lohnt sich der Erlass von organisatorischen Regelungen nicht. Dies gilt auch für Aufgabenerfüllungen, deren Wiederholbarkeit zwar gegeben, aber im vorhinein nicht bekannt ist. Zu beachten ist, dass auch bei schwierig zu lösenden Aufgaben Routinen bestehen, die einer organisatorischen Strukturierung zugänglich sind. Beispiel: Auch beim Treffen von bedeutenden Investitionsentscheidungen sind Verfahrensregelungen zum Wirtschaftlichkeitsnachweis, insbesondere über die Form der Begründung von Investitionsanträgen, anwendbar.

Der Unterschied zwischen den Regelanwendungen ist eine Frage des Organisationsgrades, der den Mitarbeitern entweder Handlungsfreiheit einräumt oder das Arbeiten und Zusammenarbeiten im Unternehmen durch Regelungen, Vorschriften, Formulare oder Anweisungen normiert. Die **Bestimmung des geeigneten Organisationsgrades oder Handlungsspielraums der Mitarbeiter** macht den Gegenstand und die Schwierigkeit theoretischer wie praktischer Organisationsarbeit aus. Die Regelungen sollten nach Art und Umfang sicherstellen, **dass der Einzelne im Interesse des gesamten Unternehmens handelt**.

3. Bestimmung des Organisationsgrades

Der Organisationsgrad als mögliche oder gewollte Stufe der Organisiertheit hängt von der Charakteristik (Wiederholbarkeit und Vorhersehbarkeit) der zu erfüllenden Aufgabe (aufgabenbezogener Organisationsgrad) sowie den zur Erfüllung der Aufgabe eingesetzten Aufgabenträgern (aufgabenträgerbezogener Organisationsgrad) ab.

Abb. 1.3 zeigt zusammengefasst die aufgaben- und aufgabenträgerbezogenen Merkmale unternehmerischer Aufgabenerfüllung. Ausgangspunkt für eine Festlegung des aufgabenbezogenen Organisationsgrades sind danach die Definitionsmerkmale einer Aufgabe: Verrichtung, Objekt, Zeit und Raum. Mit zunehmender Bestimmung dieser Aufgabenmerkmale steigt der aufgabenbezogene Organisationsgrad an.[18]

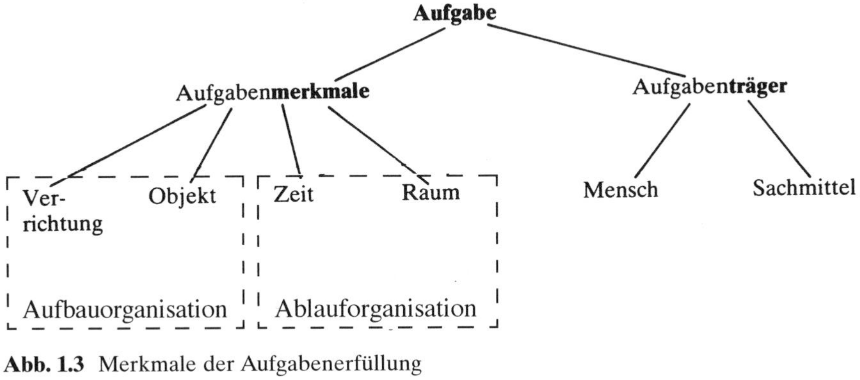

Abb. 1.3 Merkmale der Aufgabenerfüllung

[18] Vgl. *Witte, E.*, Ablauforganisation, in: Handwörterbuch der Organisation, hrsg. von E. Grochla, Stuttgart 1969, Sp. 20-30.

Aufgaben- und aufgabenträgerbezogene Merkmale

1. Die **Verrichtung**, die festlegt, **was** geistig oder körperlich zu tun ist:
   a) Geistige Verrichtungen, die sich auf Planungs- und Kontrolltätigkeiten beziehen und die Beschaffung, Speicherung, Verarbeitung und Abgabe von Informationen zum Inhalt haben.
   b) Körperliche Verrichtungen, die sich auf Realisationstätigkeiten beziehen und Beschaffung, Herstellung und Verkauf marktlicher Produkte zum wesentlichen Inhalt haben.
2. Das **Objekt**, das festlegt, **woran** was zu tun ist:
   a) Erzeugnisse oder Produkte, die im Markt abgesetzt werden.
   b) Baugruppen, aus denen sich das Erzeugnis (Produkt) zusammensetzt.
   c) Einzelteile, die direkt in das Erzeugnis oder indirekt über die Baugruppen in das Erzeugnis eingehen.
3. Die **Zeit**, die zusätzlich festlegt, **wann** woran was zu tun ist:
   a) Zeitfolge, in welchem zeitlichen Ablauf die Verrichtungen an Objekten vorzunehmen sind.
   b) Zeitdauer, wieviel Zeit für die Verrichtungen an Objekten zur Verfügung steht.
   c) Zeitpunkt, wann die Verrichtungen an Objekten zu beginnen und zu enden haben.
4. Der **Raum**, der überdies den Ort, **wo** wann woran was zu tun ist, festlegt:
   a) Ortsgebundene Arbeit, wenn die Verrichtungen an Objekten an einem bestimmten Ort vorgenommen werden.
   b) Ortsveränderliche Arbeit, wenn die Verrichtungen an Objekten an unterschiedlichen, wechselnden Orten vorgenommen werden.

Die aufgabenbezogene Festlegung des Organisationsgrades ist durch die Zuordnung von Aufgabenträgern (Erfüllungsfaktoren) zu ergänzen. Die Aufgabenerfüllung kann durch Menschen und/oder Sachmittel erfolgen. Mit der Bestimmung von Mensch und Sachmittel zur Aufgabenerfüllung wird der **aufgabenträgerbezogene Organisationsgrad** festgelegt. Im Hinblick auf die Festlegung der Aufgabenträger zur Aufgabenerfüllung kann zwischen drei idealtypischen Grundformen der Organisationsgestaltung unterschieden werden: (1) einer sozialen Integration von Menschen (Mensch-System); (2) einer realtechnischen Integration von Maschinen (Maschinen-Systeme) und (3) einer Integration von Menschen und Maschinen (Mensch-Maschinen-Systeme) zur Aufgabenerfüllung.[19] Im Vordergrund betriebswirtschaftlicher Organisationsgestaltungen steht einerseits die soziale Integration von Menschen im Unternehmen und andererseits die Integration von Menschen und Maschinen. Die Maschine (in der Fertigung oder im Büro) ist Hilfsmittel und hat den Menschen bei seiner Arbeit zu unterstützen. Eine rein realtechnische Integration von Maschinen ist Aufgabe von Ingenieuren. Abb. 1.4 gibt einen Überblick über Grundformen organisatorischer Gestaltung.

[19] Vgl. *Grochla, E.*, Unternehmungsorganisation. Neue Ansätze und Konzeptionen, Reinbek bei Hamburg 1972, S. 16.

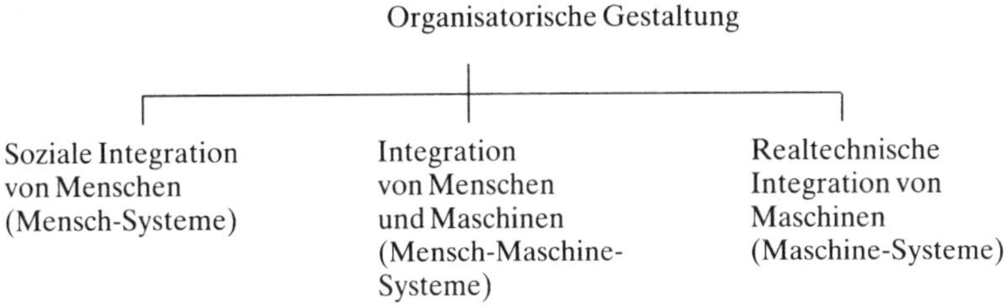

Abb. 1.4 Grundformen organisatorischer Gestaltung

Aufbau- und Ablauforganisation

Die Organisation wird in Bezug auf die im Organisationsgrad zum Ausdruck kommende zunehmende Festlegung von Aufgabenmerkmalen in die Aufbauorganisation und Ablauforganisation unterteilt.[20] **Unter der Aufbauorganisation wird die Festlegung der Aufgabe nach den Merkmalen der Verrichtung und des Objekts verstanden.** Die Aufbauorganisation betrifft die Gliederung des Unternehmens in arbeitsteilige Einheiten und ihre Koordination. **Die Ablauforganisation ist darüber hinaus durch die Festlegung der Aufgabe nach den Merkmalen ‚Raum' und insbesondere ‚Zeit' gekennzeichnet.** Die Ablauforganisation detailliert mit zunehmender Bestimmung des Organisationsgrades nach Raum- und Zeitgesichtspunkten das in der Aufbauorganisation festgelegte Handeln. Während die Aufbauorganisation das Gebilde des Unternehmens festlegt, bestimmt die Ablauforganisation das prozessuale Geschehen, den Ablauf im Unternehmensgebilde.

Bei der Aufbau- und Ablauforganisation handelt es sich um zwei Betrachtungsweisen des gleichen Gesamtproblems der Organisation. **Aufbau und Ablauf bezeichnen nur verschiedene Gesichtspunkte des Problems der Organisation.** Aufbau- und Ablauforganisation stehen dabei in einem Wechselverhältnis zueinander, so dass in der konkreten Organisationsarbeit keine der beiden Betrachtungsseiten vernachlässigt werden kann. Die Unterscheidung dient als gedankliche Vereinfachung und gibt Hilfestellung zur realen Durchdringung der ganzheitlichen organisatorischen Problemstellung.

Analyse und Synthese

Die Organisationsaufgabe der Schaffung von Regelungen zur wirtschaftlichen Erfüllung der unternehmerischen Aufgabe lässt sich in zwei grundsätzliche Arbeitsschritte unterteilen. Erstens in die **Aufgabenanalyse, bei der die zu gestaltende Aufgabe in Teilaufgaben und Arbeitsschritte zerlegt wird.** Dadurch erhält der Organisator einen Überblick über die vorhandenen Einzelaufgaben und Arbeitsvorgänge. Zweitens in die **Aufgabensynthese, bei der die analytisch ab-**

[20] Vgl. *Kosiol, E.*, Organisation der Unternehmung, a.a.O., S. 32 f.; *Nordsieck, F.*, Rationalisierung der Betriebsorganisation, a.a.O., S. 76 f.

geleiteten Teilaufgaben zu Aufgabeneinheiten zusammenzufassen (Stellenbildung) und Personen zur Aufgabenerfüllung zu übertragen sind (Stellenbesetzung). Während die Aufgabenanalyse eine notwendigerweise der Aufgabensynthese vorgelagerte organisatorische Tätigkeit ist, kommt die eigentliche organisatorische Arbeit in der Aufgabensynthese zum Ausdruck.

Die Organisationsschritte ‚Analyse' und ‚Synthese' betreffen die Aufbau- und die Ablauforganisation in gleicher Weise. Der Unterschied liegt darin, dass bei der Aufbauorganisation primär Verrichtung und Objekt und bei der Ablauforganisation zusätzlich Raum und Zeit der zu realisierenden Aufgaben betont werden. Analyse und Synthese im Bereich von Aufbau- und Ablauforganisation sind sich ergänzende Vorgänge einer organisatorischen Gestaltung.

Die Methodik einer Vorgehensweise der Analyse gehört zur Organisationstechnik. Die eigentliche organisatorische Arbeit, die sichtbar nach außen Struktur und Prozess bestimmt, ist zwar die Synthese der Organisation, doch hängt das Organisationsergebnis wesentlich von der Organisationsanalyse ab. Ohne geeignete Analyse, die die zu erfüllenden Teilaufgaben freilegt, ist keine zielgerechte Strukturierung möglich.

4. Kosten und Leistung der Organisation

Die Organisation soll zu einer zielkonformen Aufgabenerfüllung im Unternehmen beitragen. Diese Organisationsleistung oder Instrumentalfunktion der Organisation, die sich in einem besseren Zielerreichungsgrad zeigt, ist auch mit Kosten (Ausgaben) verbunden. Die Organisation ist rational nach Kosten- und Leistungsgesichtspunkten zu gestalten.

Die Organisation lässt sich wirtschaftlich als eine Investitionsentscheidung auffassen. Die erwarteten Leistungsbeiträge der Organisation sind gegenüber den Kosten oder Ausgaben abzuwägen. Schwierigkeiten bereitet dabei insbesondere die Bestimmung der mit Unsicherheit behafteten erwarteten Leistungs-(Ziel-) Beiträge (Einnahmen) der Organisation. Die Leistungsbeiträge der Organisation sind im vorhinein nur zu schätzen.

Der Leistungsbeitrag der Organisation besteht in einer neuen Entscheidungsstruktur, die zu besseren unternehmerischen Entscheidungen befähigt und die Umsetzung der Entscheidung in konkretes Handeln erleichtert. Die Organisation soll zu Synergien im Unternehmensverbund führen. Unter **Synergien** (2+2 = 5-Effekte) sind Verbundvorteile zu verstehen, die bewirken, dass das Unternehmensergebnis mehr ist als die Summe der Einzelergebnisse. Danach ist die Organisationsstruktur leistungsgerecht, die im Zusammenwirken der Mitarbeiter bessere Entscheidungs- und Handlungsergebnisse ermöglicht.

Synergievorteile der Organisation können durch folgende ‚Mehr-Einnahmen' entstehen:

- Umsatzzunahmen durch eine bessere Verkaufsorganisation oder eine insgesamt höhere Anpassungsfähigkeit der Organisation an sich wandelnde Kundenwünsche;
- Größenvorteile durch Zusammenlegung von Teileinheiten, insbesondere in Form von (Fix-)Kostendegressionseffekten durch rationellere Fertigung und Verwaltung;

- Kosteneinsparungen durch Beseitigung von Hemmnissen in der Leistungsentfaltung der Mitarbeiter oder von Missständen wie Doppelarbeiten, langen Informations- und Entscheidungswegen, wenig rationellen Arbeitsabläufen etc.;
- Ersparnis von Kapitalkosten durch wachsendes Vertrauen der Kapitalgeber in die Organisation und Geschäftspolitik im Unternehmen.

Die Erzielung von Organisationseinnahmen durch Synergien führt für ein Unternehmen nur dann zu **Wettbewerbsvorteilen**, wenn die Konkurrenten diese nicht auch bereits erzielt haben oder in absehbarer Zeit erzielen können. Synergie wird dagegen oft bereits mit jeder Art von Mehreinnahmen (Kostenersparnissen) gleichgesetzt. Synergie ist jedoch relativ zu verstehen; sie bringt einem Unternehmen nur dann Vorteile, wenn diese von Dritten nur schwer nachahmbar sind. Zum Aufbau von solchen Wettbewerbsvorteilen trägt die Organisation eines Unternehmens wesentlich bei.

Organisation ist ein immaterielles Wirtschaftsgut. **Mit Hilfe der Organisation wird Vorsorge für eine Geschäftsentwicklung in der Zukunft getroffen.** Organisationsmaßnahmen sind auf Dauer angelegt und sollen über eine geeignete Entscheidungsstruktur (Vorstrukturierung) in die Zukunft hinein wirken. Der immaterielle Charakter der Organisation ist originärer, selbstgeschaffener Art und marktlicherseits nicht erwerbbar. Die Organisation ist in die Disposition des Unternehmens gestellt, und jedes Unternehmen hat seine Organisation im Hinblick auf die geschäftlichen Eigenheiten „maßzuschneidern".

Bei der Organisation handelt es sich kostenmäßig um immaterielle Vorleistungen, die die Betriebs- und Entscheidungsfähigkeit eines Unternehmens bestimmen. Die Vorleistungen sind mit Ausgaben oder Kosten verbunden, die sich weder den durch die Kapazität bestimmten fixen Kosten noch den auftragsabhängigen variablen Kosten eindeutig zuordnen lassen. Vielmehr werden Leistungspotenziale aufgebaut, die Voraussetzungen für Produktions- und Absatzmengen in der Zukunft bilden. Es handelt sich um „strategische Kosten", da zeitungebundene Nutzungspotenziale für eine Umsetzung der Unternehmensstrategie in konkrete Handlungen geschaffen werden. Die **Vorleistungs- oder Vorlaufkosten**[21] **der Organisation** gehören neben variablen und fixen Kosten in eine dritte Kostenkategorie, unter die auch Forschungs- und Entwicklungskosten, Werbungskosten oder Kosten für die Weiterbildung von Mitarbeitern fallen.

Schwierig ist eine genaue Festlegung des Gesamtvolumens organisationsbedingter Vorlaufausgaben oder -kosten. Bislang werden Organisationsausgaben oder -kosten nicht primär erfasst, sondern sind in anderen Ausgabenkategorien oder Kostenarten in unbekannter Höhe mit enthalten. Im Wesentlichen werden **Organisationsausgaben** durch folgende Ausgabenpositionen gebildet:

- Ausgaben für geleistete Arbeit, die aus Gründen der Koordination durch Kommunikation zwischen Vorgesetzten und Mitarbeitern oder Mitarbeitern gleichen Rangs anfallen. Organisatorische Koordinationsausgaben sind demnach wesentlich Lohn- und Gehaltsausgaben.

---

[21] Vgl. *Kilger, W.,* Einführung in die Kostenrechnung, 3. Auflage, Wiesbaden 1987, S. 52 f.; *Laßmann, G.,* Aktuelle Probleme der Kosten- und Erlösrechnung sowie des Jahresabschlusses bei weitgehend automatisierter Serienfertigung, in: Zeitschrift für betriebswirtschaftliche Forschung, 36. Jg., 1984, S. 959 ff.

- Ausgaben für Betriebsmittel zur Unterstützung der Kommunikation. Diese Ausgabenkategorie umfasst den Einsatz von Computern und Steuerungsanlagen einschließlich der Betriebssysteme und Anwendungsprogramme sowie Zeitstudien und sonstige Analysen. Zugekaufte Fremdleistungen in Form von Know-how (Beratereinsatz) fallen ebenfalls in diese Kategorie.
- Ausgaben für Gebäude, Räume, Transportmittel und sonstige Anlagen, die helfen, die Organisationsmaßnahmen umzusetzen.
- Ausgaben für neue Mitarbeiter und deren Arbeitsplatz zum organisatorischen Ausbau des Unternehmens.
- „Opportunitätskosten", die bei alternativer Mittelverwendung in Form eines Gewinnentgangs anfallen. Diese Ausgaben sind von primärer Bedeutung für eine Organisationsentscheidung, obwohl ihre Ermittlung praktisch nur schwer möglich ist. Dennoch entscheiden die Opportunitätskosten weitgehend darüber, ob eine Organisation geeignet oder gar besser als eine andere ist.
- Ausgaben für die Gestaltung und die Einführung der Organisation. Es handelt sich um projektgebundene „Entwicklungsausgaben" für das an der Entwicklung der Organisation beteiligte Personal, Geräte und Fremdleistungen sowie Analysen.

Organisationsausgaben sind als originäre immaterielle Wirtschaftsgüter nicht aktivierbar. Die Organisation ist damit als Nutzungspotenzial für die Leistungsfähigkeit des Unternehmens in der Zukunft aus der Bilanz nicht ersichtlich. Lediglich wenn die Vorlaufausgaben für materielle Wirtschaftsgüter in Form von Gebäuden, Betriebsmitteln etc. anfallen, erfolgt eine Aktivierung zu Beschaffungs- oder Herstellungskosten in der Bilanz.

In der Kostenrechnung werden Organisationsausgaben als Gemeinkosten oder als fixe Kosten der Betriebsbereitschaft behandelt. Es wird davon ausgegangen, dass die Organisationskosten sich in der gleichen Höhe während ihres Bestehens auf die Produkte verteilen.

Eine besondere Berücksichtigung von organisatorischen Zusammenhängen und Leistungen ist in betrieblichen Kosten- und Leistungsrechnungen nicht vorgesehen. Wirtschaftlichkeitsnachweis und -kontrolle der Organisation sind vergleichsweise wenig ausgeprägt. **Organisationsänderungen werden daher meist aufgrund von offensichtlichen Missständen ausgelöst.** Eine aktive periodenübergreifende Wirtschaftlichkeitsrechnung und -kontrolle zur Bestimmung eines organisatorischen Handlungsbedarfs ist bislang kaum Bestandteil einer unternehmerischen Führungspolitik. Zu fordern sind Wirtschaftlichkeitsrechnungen und Begleitkalkulationen, denn nur auf diese Weise können Wirtschaftlichkeit und Verfahrensfortschritt der Organisation analysiert und begründet werden.

Literatur zur Organisationstheorie

Hoffmann, F., Entwicklung der Organisationsforschung, 3. Auflage, Wiesbaden 1976.

Hoffmann, F., Führungsorganisation. Band I, Stand der Forschung und Konzeption, Tübingen 1980.

Kieser, A., Kubicek, H., Organisationstheorien I und II, Stuttgart, Berlin, Köln, Mainz 1978.

Kontrollfragen

1. Unterscheiden Sie die drei (wirtschafts-) wissenschaftlichen Entwicklungen zum Begriff „Organisation“. Welche Rolle hat jeweils die Organisation?
2. Was macht den Wesensgehalt des funktionalen und instrumentalen Organisationsbegriffs aus?
3. Mit welchen Aufgabenmerkmalen lässt sich der Organisationsgrad festlegen?
4. Was macht den wesentlichen Unterschied zwischen Aufbau- und Ablauforganisation aus?
5. Welchen Sinn macht es,
   a) zwischen Aufbau- und Ablauforganisation sowie
   b) zwischen Analyse und Synthese
   zu trennen?
6. Wie entstehen Synergievorteile und wann werden sie zu Wettbewerbsvorteilen?

Teil II: Organisationstechnik

Organisationstechnik umfasst das für organisatorisches Arbeiten notwendige Instrumentarium der Organisationsmethodik, der (Arbeitszeit-)Analyse, der Erhebung und der Darstellung organisatorischer Sachverhalte. Ohne Anspruch auf Vollständigkeit werden im Überblick wesentliche Organisationstechniken einer Lehre des Aufbaus und Ablaufs der Organisationen dargestellt. Dabei ist eine Trennung der Techniken nach Aufbau und Ablauf der Organisation nicht eindeutig möglich.

Erstes Kapitel: Organisationsmethodik

Die Organisationsmethodik regelt das planmäßige Vorgehen bei der organisatorischen Gestaltung.[1] *Haberfellner* präzisiert die Aufgaben der Organisationsmethodik folgendermaßen: „Sie ist ... als Leitfaden zur systematischen Organisationsarbeit zu verstehen und soll neben einem Denkansatz zur Erfassung und Strukturierung organisatorischer Tatbestände einen Vorgehensleitfaden beinhalten, der die notwendigen Vorgehensschritte und ihre Reihenfolge angibt."[2]

Organisationsmethodik hat drei charakteristische Prinzipien:

- Man geht von der Grobplanung zur Detailplanung;
- Zum Planungsprozess gehören Vorstudie, Hauptstudie und Detailstudie;
- Der Planungsprozess verläuft in abgrenzbaren Stufen.

Das Prinzip, **von einer Grobplanung zu einer Detailplanung** überzugehen, soll eine schrittweise Einengung des Betrachtungsfeldes ermöglichen. *Haberfellner* fordert: „Man soll sich auf jeder Betrachtungsstufe einen möglichst umfassenden Überblick über denkbare Lösungsmöglichkeiten verschaffen, diese jeweils so weit konkretisieren, dass man sich ein grobes Bild über die Wirkungsweise, die Voraussetzungen und Konsequenzen (inkl. Kosten und Nutzen) machen kann und im Anschluss daran die erfolgversprechendste Lösung wählen usw."[3] Die Unterteilung des **Planungsprozesses** in Vor-, Haupt- und Detailstudie ist Ausdruck dieses Prinzips.

Vorstudien sollen Klarheit über Ziele und Aufgabenumfang eines Organisationsprojekts liefern. Besonders wichtig für die weitere Vorgehensweise ist die

---

[1] Vgl. *Schmidt, G.,* Methode und Techniken der Organisation, 5. Auflage, Gießen 1983, S. 33.

[2] *Haberfellner, R.,* Organisationsmethodik, in: Handwörterbuch der Organisation, hrsg. von E. Grochla, 2. Auflage, Stuttgart 1980, Sp. 1701.

[3] Ebenda, Sp. 1703. Vgl. auch *Krüger, W.,* Grundlagen der Organisationsplanung, Gießen 1983, S. 26.

Festlegung des Aufgabenumfangs. Dazu gehört die Erfassung des Untersuchungsbereichs (Mengen-, Zeit- und Wertgrößen) und der Schnittstellen zu angrenzenden Bereichen, die nicht in die Untersuchung einbezogen werden sollen.[4] Die Vorstudie schließt mit einem Bericht über Grundlagen, Methoden, Terminplan und Kosten der Organisationsuntersuchung ab. Nach Vorlage dieses Berichts kann die Geschäftsleitung über die Durchführung der Hauptstudie entscheiden.

In der **Hauptstudie** wird eine stärkere Konkretisierung angestrebt. Im Vordergrund steht die Erarbeitung eines Gesamtkonzepts, das festlegt, „welche Aktionseinheiten (damit zugleich Teilaufgaben) und Prozesse detailliert analysiert werden müssen, um die komplexen Beziehungszusammenhänge erkennen, dokumentieren, Schwachstellen feststellen und Reorganisationsmaßnahmen erarbeiten zu können“[5]. Nach Vorlage eines Berichts über das Ergebnis der Hauptstudie entscheidet die Geschäftsleitung darüber, ob weitere Detailprobleme untersucht werden sollen.

Detailstudien dienen der Verfeinerung und Vertiefung der Hauptstudie. *Schmidt* sieht das Ergebnis von Detailstudien in verbindlichen Aufbau- und Ablaufbeschreibungen, die mit den betroffenen Abteilungen abgestimmt wurden.[6] Die Detailstudie ist so weit zu konkretisieren, dass eine konkrete Durchführung der geplanten Organisationsmaßnahme möglich ist.

Nach dem dritten Prinzip der Organisationsmethodik gehören zum Planungsprozess fünf abgrenzbare Phasen:

- **Zielbildung**
  Bei der Zielbildung geht es um die Frage, welche Ergebnisse mit der Organisationsgestaltung erreicht werden sollen und welche Nebenbedingungen zu berücksichtigen sind.
- **Problemanalyse**
  Zur Problemanalyse gehört die Erhebung des IST-Zustandes. Dabei sollen auch Schwächen und Mängel der bisherigen Organisation aufgedeckt werden. *Wittlage* hebt hervor, dass die Informationen aus Zeit- und Kostengründen selektiv zu erheben sind; dies beziehe sich vor allem auf das bestehende formale Regelungssystem und seine tatsächliche Handhabung, die subjektiven Einstellungen der Organisationsmitglieder gegenüber diesem IST-Zustand sowie den Bedingungsrahmen des IST-Zustandes.[7]
- **Alternativensuche**
  Unter den gegebenen Bedingungen sollen neue Organisationskonzepte entwickelt werden. Dazu arbeitet der Organisator oft mit so genannten Kreativitätstechniken, z.B. Brainstorming, Methode 635 oder Morphologischen Analysen.

---

[4] Vgl. *Wittlage, H.,* Methoden und Techniken praktischer Organisationsarbeit, 2. Auflage, Herne, Berlin 1986, S. 32.

[5] Ebenda, S. 33.

[6] Vgl. *Schmidt, G.,* Methode und Techniken der Organisation, a.a.O., S. 45 f.

[7] Vgl. *Wittlage, H.,* Methoden und Techniken praktischer Organisationsarbeit, a.a.O., S. 37.

- **Alternativenbeurteilung**
  Die einzelnen Organisationskonzepte werden im Hinblick auf ihren Beitrag zum festgelegten Ergebnis überprüft. In der Literatur wird vorgeschlagen, zur Bewertung der Alternativen mit Wirtschaftlichkeitsrechnungen und Scoring-Modellen zu arbeiten.[8]
- **Entscheidung**
  Auswahl des Organisationskonzepts, das den größtmöglichen Beitrag zum Unternehmensergebnis leistet.

Der Einstieg in den Planungsprozess kann mit verschiedenen Schritten beginnen. Die Zielbildung muss nicht zwingend am Beginn des Prozesses stehen.[9] Mögliche Zusammenhänge zwischen den Planungsschritten werden in Abb. 2.1 skizziert.

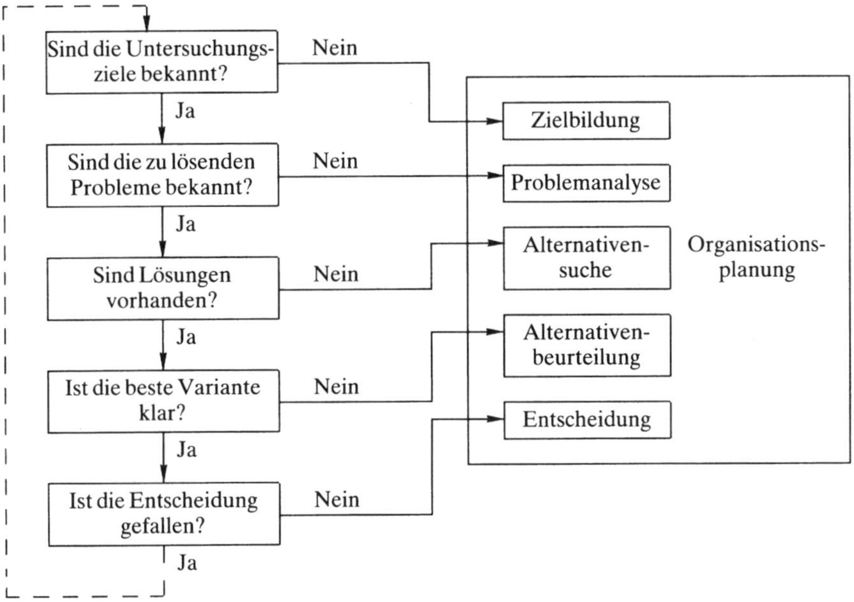

Abb. 2.1 Teilschritte der Organisationsplanung

Im Anschluss an die beschriebenen Phasen der Organisationsplanung erfolgen Realisation und Kontrolle. Nach den im Planungs-, Realisations- und Kontrollprozess beteiligten Organen und Personen zeigt Abb. 2.2 zusammengefasst eine Systematik der Tätigkeiten im Planungsprozess der Organisation.[10] Die

[8] Vgl. *Wittlage, H.,* Methoden und Techniken praktischer Organisationsarbeit, a.a.O., S. 40.

[9] Vgl. *Krüger, W.,* Grundlagen der Organisationsplanung a.a.O., S. 31.

[10] Vgl. *Wittlage, H.,* Methoden und Techniken praktischer Organisationsarbeit, a.a.O., S. 31.

Lfd. Nr.	Kennzeichnung der Phase	Unternehmens-leitung (Auftraggeber)	Organi-sator	Mitarbeiter des Untersuchungs-bereiches
1	Auswahl des Organisationsproblems und Erteilung eines Organisations-auftrages an den internen bzw. ex-ternen Organisator.	○	×	
2	Aufnahme des Istzustandes (Organisator wählt die einzusetzen-den Techniken der Informationsge-winnung aus und steuert den Einsatz).		○	×
3	Analyse und Wertung des Ist-zustandes (Schwachstellenanalyse, Grundsatz- und Verfahrenstechnik).		○	×
4	Entwicklung einer Sollkonzeption (Ausarbeitung alternativer Lösungs-möglichkeiten, Bewertung und Aus-wahl der zu realisierenden Alter-native).		○	×
5	Genehmigung der ausgewählten Soll-konzeption (gegebenenfalls unter der Bedingung bestimmter Ergänzungen und/oder Modifizierungen).	○	×	
6	Einführung der genehmigten Soll-konzeption (Implementierung der Gebilde- und Prozeßstrukturen).		○	×
7	Kontrolle (Ermittlung des erzielten Rationalisierungserfolges und Ver-gleich mit dem in der Sollkonzeption projektierten Rationalisierungs-erfolg).		○	×

○ = Treffen von Entscheidungen und Wahrnehmung der ausführenden Tätigkeiten;
× = unterstützende Tätigkeiten, insbesondere Bereitstellung von Informationen.

Abb. 2.2 Art und Umfang der Tätigkeiten der am Organisationskreislauf beteiligten Personen

Unternehmensleitung ist danach für Initiierung, Auftrag und Genehmigung zuständig, während in den Zuständigkeitsbereich der Organisatoren die Analyse und Entwicklung sowie Einführung und Kontrolle eines Soll-Konzepts fallen.

Zweites Kapitel: Analysetechniken

1. Aufgabenanalyse

Das Ziel der Organisationstätigkeit ist es, eine wirtschaftliche Aufgabenerfüllung sicherzustellen. Der Ausgangspunkt dafür ist die **Aufgabenanalyse**. Dabei wird die untersuchte Aufgabe zunächst in ihre einzelnen Bestandteile, also in

Teilaufgaben, **zerlegt** (Aufgabenanalyse). Im Anschluss daran werden diese Teilaufgaben zu Aufgabenkomplexen zusammengefasst und verknüpft **(Aufgabensynthese)**. In einem dritten Schritt werden die Aufgabenkomplexe den Menschen als Aufgabenträgern zugewiesen **(Aufgabenverteilung)**.

Die **Tiefe der Aufgabenanalyse** wird von der Aufgabensynthese und -verteilung bestimmt. Es ist nur dann sinnvoll, eine Aufgabengliederung bis ins Einzelne durchzuführen, wenn die Aufgabe neu zusammengefasst werden soll oder man überlegt, einzelne Teile davon anderen Aufgabenträgern zuzuweisen. *Kosiol* trennt daher sprachlich fein zwischen **analytischen Teilaufgaben**, also den Einzelteilen einer detaillierten Aufgabenzerlegung, und den **synthetischen Einzel- oder Teilaufgaben** (= Funktionen).[11]

An dem Punkt, an dem analytische Teilaufgaben zu Funktionen werden, die Personen übertragen werden, mündet die Aufgabenanalyse in eine Analyse des Arbeitsprozesses ein. **Arbeitsanalyse ist eine verlängerte Aufgabenanalyse unter besonderer Betonung der Arbeitsschritte zur Erfüllung der Aufgabe.** Die Aufgabenanalyse findet daher ihre Grenze an dem Punkt, an dem die Aufgabe in Arbeitsverrichtungen zur Erfüllung der Aufgabe übergeht. Die Grenzen der organisatorischen Aufgabenanalysc liegen daher

- in der Übertragung der Teilaufgaben auf Aufgabenträger (Erfüllungssubjekt) oder
- in dem Übergang der Aufgabe in Arbeitsverrichtungen zur Erfüllung einer Aufgabe.

Die Aufgabenanalyse kann sich auf die unternehmerische Gesamtaufgabe oder eine zu organisierende Teilaufgabe beziehen. Die **Gesamtaufgabe eines Unternehmens**, die Marktaufgabe, ist mit dem (im Handelsregister einzutragenden) „Gegenstand des Unternehmens" identisch. Nur bei Neuorganisation oder tiefgreifenden Reorganisationsmaßnahmen wird hier eine Aufgabenanalyse durchgeführt. Im Allgemeinen stellen **Teilaufgaben des Unternehmens** (die Aufgabe einer Tochtergesellschaft im Konzern, einer Vertriebsniederlassung, eines Werkes, einer Werkstätte oder Abteilung) im Rahmen einer Reorganisation Inhalt und Bezugspunkt einer Aufgabenanalyse dar.

Gliederungsprinzipien

Als Gliederungsprinzipien der Aufgaben- und Arbeitsanalyse kommen grundsätzlich die Bestimmungselemente einer Aufgabe in Frage. **Von primärer Bedeutung für die Aufgabenanalyse sind die beiden Sachkriterien ‚Verrichtung' und ‚Objekt'.** *Kosiol* ergänzt diese beiden Sachkriterien einer Aufgabe durch drei formale Aufgabenkriterien. Als **formale Kriterien** definiert er den Rang, die Phase und die Zweckbeziehung einer Aufgabe.[12]

- Nach dem **Rang** werden Entscheidungs- (Leitungs-) und Ausführungsaufgaben unterschieden.

[11] Vgl. *Kosiol, E.*, Organisation der Unternehmung, a.a.O., S. 45.

[12] Vgl. *Kosiol, E.*, Organisation der Unternehmung, a.a.O., S. 49 ff.

- Die **Phasen**analyse bezweckt eine Trennung nach der sachlichen Aufeinanderfolge der Planung (Entscheidungsvorbereitung, Entscheidung), Realisation und Kontrolle der Aufgabenerfüllung.
- Nach der **Zweck**beziehung wird zwischen unmittelbar marktbezogenen Aufgaben und mittelbar zweckbezogenen Verwaltungsaufgaben unterschieden.

Bei der Arbeitsanalyse finden die beiden Sachkriterien einer Aufgabe, Verrichtung und Objekt, ebenfalls vorrangige Anwendung. Die im Rahmen der Aufgabenanalyse gewonnenen analytischen und zur Verteilung auf Personen geeigneten Teilaufgaben werden auf diese Weise weiterhin nach **Arbeitsverrichtungen** und **Arbeitsobjekten** untergliedert. Die Anwendung der beiden Sachkriterien zur Untergliederung analytischer Arbeitsteile macht deutlich, dass sich Aufgaben- und Arbeitsanalyse dadurch unterscheiden, dass die Arbeitsanalyse in Fortsetzung der Aufgabenanalyse die in Raum und Zeit sich vollziehenden Arbeitsschritte zur Erfüllung der Aufgabe betont.

Wesentliche Kriterien für die Aufgabenanalyse sind Verrichtung und Objekt. Verrichtung und Objekt kennzeichnen eine Aufgabe im Zusammenhang danach, was woran getan wird. Eine einseitige verrichtungsmäßige Kennzeichnung einer Aufgabe ist nur gedanklich möglich, da sich in der Realität die Verrichtung nicht von dem Objekt, an dem sich die Verrichtung vollzieht, trennen lässt. Um erkennen zu können, welche verschiedenen Verrichtungen an einer Aufgabe zu erfüllen sind, ist eine **Verrichtungsgliederung** vorzunehmen. Die Aufgabe „Herstellen und Verkaufen von Werkzeugmaschinen“ lässt sich wie folgt nach dem Merkmal „Verrichtung“ untergliedern:

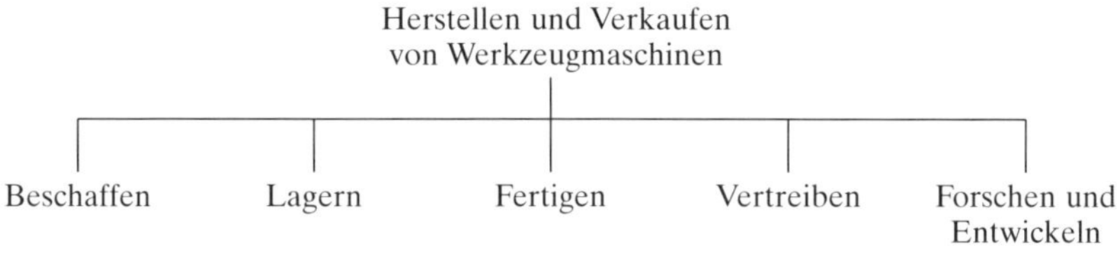

Abb. 2.3 Beispiel einer Verrichtungsgliederung

Die untergliederten Teilverrichtungen können auf nachfolgenden Analyseebenen beliebig weiter nach dem Verrichtungskriterium untergliedert werden. Die Verrichtung „Fertigen“ läßt sich beispielsweise wie folgt unterteilen:

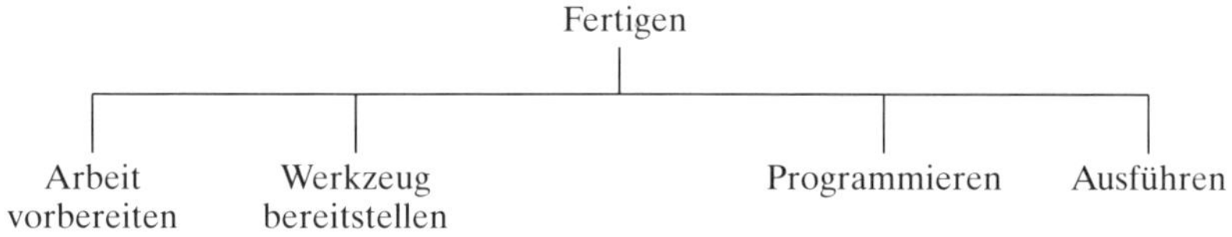

Abb. 2.4 Beispiel einer Untergliederung einer Teilverrichtung

Die analytischen Teilverrichtungen in vorstehender Untergliederung der Verrichtung „Fertigen“ sind Teil der Aufgabenanalyse, wenn „Arbeit vorbereiten“, „Werkzeug bereitstellen“, „Programmieren“ und „Ausführen“ jeweils getrennt von Mitarbeitern ausgeführt werden. Es handelt sich um Arbeitsverrichtungen im Rahmen der Arbeitsanalyse, wenn die das „Fertigen“ umfassenden Tätigkeiten von einem Mitarbeiter ausgeführt werden.

Die Verrichtung, wie schon ausgeführt, ist immer an das Objekt gebunden. Bei der **Objektgliederung** kann es sich um die Teile oder (Bau-)Gruppen, aus denen die Erzeugnisse bestehen, oder um die Endobjekte selbst handeln. **Der Aufbau von Erzeugnissen aus Gruppen und Teilen verschiedener Ordnung kann Stücklisten oder Teileverwendungsnachweisen entnommen werden und ist in einer Erzeugnisgliederung darstellbar.** Ein Beispiel einer Erzeugnisstruktur zeigt Abb. 2.3. Als Objekt kommen aber auch **Gliedbetriebe** (Tochtergesellschaft, Werk, Zweigniederlassung etc.), **Personengruppen** (Lieferer, Kunden, Belegschaft) und **Absatzbezirke** in Frage.

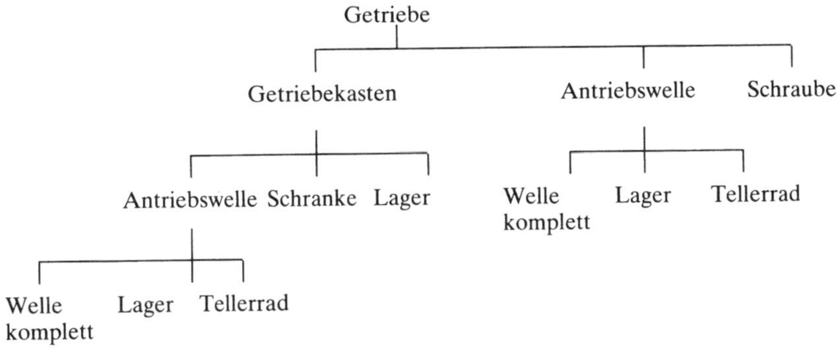

Abb. 2.5 Beispiel einer Erzeugnisstruktur „Getriebe“

Verrichtungs- und Objektkriterien der Aufgaben- und Arbeitsanalysen können miteinander kombiniert werden. Verrichtungen und Objekte wechseln einander ab, wobei pro Analyseebene nur ein Kriterium Anwendung finden darf. Das Kriterium sollte dabei alle denkbaren Verrichtungen oder Objekte nach der logischen „Und-Oder-Regel“ umfassen. Die **Oder-Gliederung der Verrichtung** fordert, dass alle echten Alternativen aufgezählt werden. Die Regel lässt sich in die Frage kleiden:[13]

Auf welche verschiedene Art und Weise kann die Aufgabe erfüllt werden?

Zur Einhaltung der **Und-Gliederung der Verrichtung** kann folgende Frage gestellt werden:

Welche Teilaufgaben müssen erledigt werden, um die Oberaufgabe zu erfüllen?

Die „Und-Oder-Regel“ ist entsprechend **bei Objekten** anzuwenden. Damit wird gesichert, dass sämtliche alternativen Objekte (Oder-Gliederung) sowie die das Objekt notwendigerweise ausmachenden Teilobjekte (Und-Gliederung) aufgezählt werden.

---

[13] Vgl. *Schmidt, G.,* Methode und Techniken der Organisation, a.a.O, S. 174 f.

Aufgabengliederungsplan

Das Ergebnis der Aufgaben- und Arbeitsanalyse sind Aufgaben- und Arbeitsgliederungspläne. Die Gliederung einer Aufgabe (Arbeit) nach verschiedenen Analyseebenen führt zu einer Aufgabenklassifikation: Aufgabe erster Ordnung, Aufgabe zweiter Ordnung, Aufgabe dritter Ordnung usw. Die Untergliederung ist durch ein System von Ordnungsnummern zu ergänzen. Auf diese Weise wird eine klare und übersichtliche Aufgabengliederung erreicht. Zu beachten ist, dass auf jeder Analyseebene nur ein Gliederungskriterium ausschließlich Anwendung findet. Unabhängig davon ist ein Gliederungskriterium auf unterschiedlichen Analyseebenen mehrfach verwendbar.

Einen Aufgabengliederungsplan in Form einer **Rasterdarstellung** zeigt Abb. 2.6.[14] Die Eintragung in das Rasterblatt beginnt in der ersten Rasterzeile mit der Aufgabe des Bezugsbereichs „Vertrieb". Diese Aufgabe erhält eine Ordnungsnummer „1". An jedem Gliederungspunkt ist die Frage nach alternativen Gliederungsmöglichkeiten zu stellen und die sinnvollste in das Rasterblatt ein-

1	2	3	4		
1 Vertrieb ÷				a	(Und-Verr.)
11 Produkt A ÷	12 Produkt B ÷			b	(Oder-Objekt)
111 / Marketing	112 / Verkauf	113 / Verkaufs-Abwickl.	114 Versand ÷	c	(Und-Verr.)
1141 / Kopfteile	1142 / Seitenteile			d	(Und-Objekt)
121 / Marketing	122 / Verkauf	123 / Verkaufs-Abwickl.	124 Versand ÷	e	(Und-Verr.)
1241 Waggon-Versand ÷	1242 LKW-Versand ÷			f	(Oder-Verr.)
12411 / grenzüberschreitend	12412 / nicht grenzüberschreitend			g	(Oder-Verr.)
12421 / grenzüberschreitend	12422 / nicht grenzüberschreitend			h	(Oder-Verr.)

Abb. 2.6 Aufgabengliederungsplan in Rasterdarstellung

[14] Vgl. *Jordt, A., Gscheidle, K.*, Fernkurs für Organisation, Lehrbrief 2, Wiesbaden, o.J.

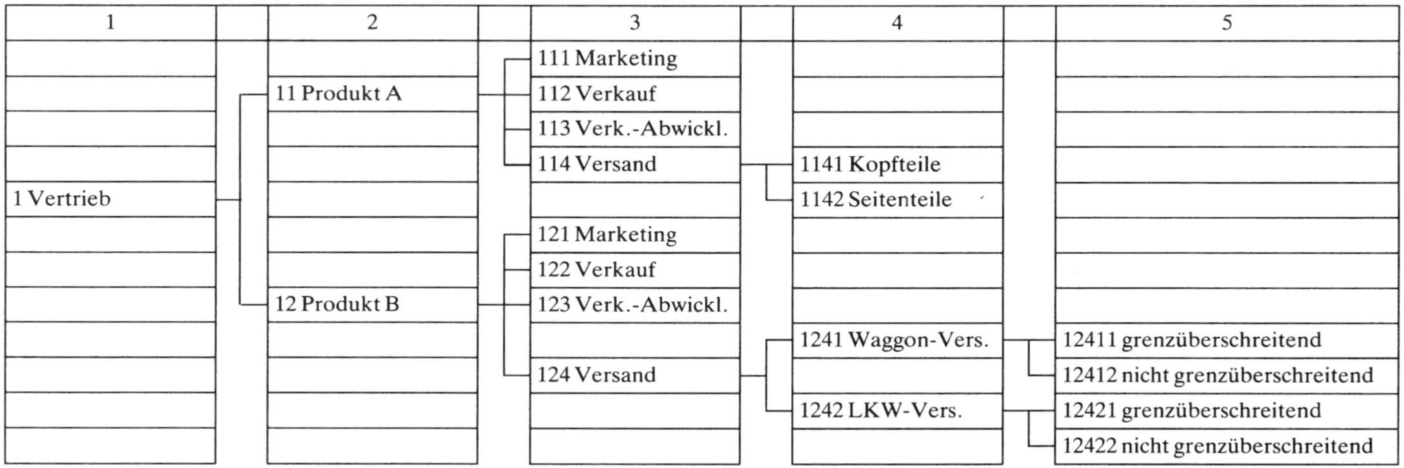

Abb. 2.7 Aufgabengliederungsplan in Pyramidenform

zutragen. Ist eine weitere Untergliederung im konkreten Fall nicht sinnvoll, so wird diese Aufgabe durch einen Querstrich „abgeblockt". Von links beginnend werden in die neuen Rasterzeilen dann alle nicht abgeblockten Aufgaben weiter untergliedert. So gliedert sich die Aufgabe zweiter Ordnung Punkt 11 „Produkt A" in die Aufgaben dritter Ordnung 111 „Marketing", 112 „Verkauf" usw. Danach geht es weiter mit der Aufteilung der Aufgabe 111 „Marketing" in die Aufgaben vierter Ordnung 1111, 1112 usw. Wird keine tiefere Untergliederung gewünscht oder ist eine Teilaufgabe vollständig gegliedert, so wird die Aufgabe zum Zeichen der Erledigung quer abgestrichen bzw. abgeblockt.

Aufgabengliederungspläne geben nur bedingt Übersicht über die Aufgabenstruktur und Anhaltspunkte über die Vollständigkeit der Erfassung von Teilaufgaben. Zur besseren Übersicht eignen sich Strukturschaubilder, in denen die Aufgaben horizontal in **Pyramidenform** dargestellt werden. Abb. 2.7 zeigt in Pyramidenform die Aufgabengliederung des Strukturschaubilds von Abb. 2.6.

Ein festgefügter Gliederungsplan für Arbeitsprozesse ist der so genannte Arbeitsplan. Damit schreibt der Fertigungsplaner der Fertigung vor, wie im Einzel-

Auftragsangaben

Auftragsmenge	Menge je Los	Los-Nr.	Auftragsart	Auftrags-Nr.

Sachnummer	Teilefamilie	Bezeichnung des Arbeitsgegenstandes (Teil, Gruppe, Erzeugnis)	Zeichnungsnummer
Erzeugnis	Gruppe	Teil	Abnahmevorschrift

Eingabedaten

Sachnummer	Materialfamilie	Bezeichnung des Ausgangsmaterials	Menge	ME	Ausgangsmaß	Ausgangsgewicht
Teil	Materialbezugshinweis		Menge	ME	Gesamt-Rohmaß	Gesamt-Rohgewicht

Vorgangsfamilie	Arbeitsplatz/ Betriebsmittel	Werkzeug Vorrichtung Hilfsmittel	ZE	Zeit je Einh. t_e/t_{eB}	Erh. zeit t_{er}	Rüstzeit t_r	LG	EG

Erläuterungen:
ZE = Zeiteinheit
EG = Entlohnungsgrundsatz
LG = Lohngruppe/Arbeitsgruppe

Abb. 2.8 REFA-Arbeitsplan

nen die Fertigung der Teile aus den Rohstoffen oder die Montage der Erzeugnisse und Gruppen vorzunehmen ist. In Abb. 2.8 ist in einem Ausschnitt der REFA-Arbeitsplan dargestellt.[15] Im Kopfteil werden darin auftragsbezogene Daten sowie alle erforderlichen Daten des Teils, der Gruppe oder des Erzeugnisses aufgeführt. Im Mittelteil des Arbeitsplans werden die Eingabedaten (Rohstoffe, Bezugsteile) beschrieben, denen sich die Ablaufdaten anschließen. Die Festlegungen erfolgen in Bezug auf Kostenstelle, Folge der Arbeitsvorgänge, Angaben zu den Maschinen, Vorrichtungen, Werkzeugen, Entlohnungsgruppen und Zeitangaben (Rüst-, Erholungs- und Durchlaufzeit) sowie weiteren Einzelangaben.

REFA – Bundesverband e.V.

Die REFA, 1924 in Berlin als „Reichsausschuss für Arbeitszeitermittlung" gegründet, heißt heute „REFA – Verband für Arbetisgestaltung, Betriebsorganisation und Unternehmensentwicklung e.V." und ist einer der größten europäischen Dienstleister in der beruflichen Aus- und Weiterbildung.[16] Der heute geschützte Markenname REFA wurde im Zuge der Namensänderung aufgrund des Bekanntheitsgrades beibehalten.

Die REFA-Organisation bietet vorwiegend Fachlehrgänge, Seminare, Aus- und Weiterbildung von Fachlehrern sowie eine Plattform zum Erfahrungsaustausch. Ziel, die Wettbewerbs- und Leistungsfähigkeit von Unternehmen in den Bereichen Produktion, Verwaltung und Dienstleistungen zu steigern sowie die Arbeitsbedingungen zu verbessern. Themenbereiche sind beispielsweise Zeitstudien, Entlohnungssysteme, Qualitätsmanagement-Systeme etc. Insgesamt kann REFA dabei auf das Wissen von etwa 22.000 Einzel-, 1.200 Firmenmitgliedern und 600 ehrenamtlichen Mitgliedern zurückgreifen, die in 11 Landesverbänden (gegliedert in 120 Gebietsverbände) organisiert sind. Auch außerhalb Deutschlands ist REFA heute in über 40 Ländern präsent.

2. Analyse der Arbeitszeit

Die Arbeitszeit pro Leistungseinheit ist Richtschnur und Maßstab für eine wirtschaftliche, rationelle Organisation. Eine Verminderung der Arbeitszeit pro Leistungseinheit bringt bei sonst gleichen Bedingungen Kostenvorteile mit sich. Voraussetzung ist eine **Analyse der Arbeits-(Maschinen-)Zeit im Bereich der Ablauforganisation**. Zur Analyse der Arbeitszeit werden nach den in der Praxis vorherrschenden REFA-Techniken Ablaufarten und Vorgabezeiten detailliert gegliedert. Darauf aufbauend werden Konzepte zur Zeitmessung entwickelt und dargestellt.[17]

---

[15] Vgl. *REFA-Verband für Arbeitsstudien und Betriebsorganisation e.V.,* Methodenlehre des Arbeitsstudiums. Teil 1: Grundlagen, 7. Auflage, München 1984, S. 62.

[16] Vgl. *REFA-Nachrichten*, 2/2000, 53. Jg., S. 4

[17] Vgl. *REFA-Verband für Arbeitsstudien und Betriebsorganisation e.V.,* Methodenlehre des Arbeitsstudiums. Teil 2: Datenermittlung, 6. Auflage, München 1976, S. 20 ff.

2.1 Gliederung der Ablaufarten

Ablaufarten kennzeichnen das Zusammenwirken von Mensch und Betriebsmittel bei bestimmten Arbeitsabläufen. Sie liefern die Technik zur präzisen Beschreibung von Arbeitsabläufen und sind Grundlage zur Messung von Produktivität und Auslastungsgrad.

Nach der Art der Tätigkeit kann man Arbeitsabläufe in Rüsten und Ausführen untergliedern. Unter **Rüsten** sind Tätigkeiten zur Vorbereitung der Erfüllung eines Arbeitsauftrags zu verstehen. Auch das Rückversetzen von Maschinen und Betriebsmitteln in ihren ursprünglichen Zustand fällt in diese Kategorie. Mit **Ausführen** kennzeichnet man die Tätigkeit zur eigentlichen Aufgabenerfüllung.

Ferner unterscheidet man nach der Beeinflussbarkeit von Arbeitsabläufen durch Menschen voll beeinflussbare, unbeeinflussbare und bedingt beeinflussbare Abläufe. Bei **voll beeinflussbaren Abläufen** hängt die Zeit, die für die Aufgabenerfüllung benötigt wird, vom Menschen ab. Auf den Zeitbedarf von **unbeeinflussbaren (bzw. bedingt beeinflussbaren) Abläufen** hat der Mensch aufgrund vorgegebener Arbeitsverfahren und -methoden keinen (bzw. nur geringen) Einfluss.

Entsprechend der getroffenen Unterscheidungen nach den Kriterien „Art der Tätigkeit“ und „Beeinflussbarkeit durch den Menschen“ werden detaillierte Ablaufgliederungen für Aufgabenträger (Mensch und Betriebsmittel) und Objekte (Arbeitsgegenstände) entwickelt.

Ablaufarten bezogen auf Mensch und Betriebsmittel

Bezogen auf Mensch und Betriebsmittel lassen sich zunächst die Kategorien „im Einsatz“, „außer Einsatz“ und „Betriebsruhe“ unterscheiden.

- Mensch bzw. Betriebsmittel sind **„im Einsatz“**, wenn sie Arbeitsaufgaben während festgelegter Arbeitszeiten ausführen bzw. zur Aufgabenerfüllung belegt sind. Sind Mensch bzw. Betriebsmittel im Einsatz, unterscheidet man die Kategorien „Tätigkeit“ bzw. „Unterbrechen der Tätigkeit“. **„Tätigkeiten“** beziehen sich auf Haupt-, Neben- und zusätzliche Tätigkeiten. Haupttätigkeiten dienen unmittelbar der Aufgabenerfüllung. Nebentätigkeiten dienen nur mittelbar der Aufgabenerfüllung. Unter Haupttätigkeit fällt z.B. Anstreichen bzw. Schreibmaschineschreiben; dazu gehörende Nebentätigkeiten sind das Vorbereiten der Farben bzw. das Einlegen eines neuen Blattes. Zusätzliche Tätigkeiten sind vom Ablauf nicht vordeterminiert, z.B. kurzfristige Mithilfe bei anderen Abläufen oder das Beseitigen von Störungen im Ablauf. Unter **„Unterbrechen der Tätigkeit“** versteht man ablaufbedingtes, störungsbedingtes, erholungsbedingtes und persönlich bedingtes Unterbrechen. Dazu gehören beispielsweise das planmäßige Warten des Menschen, bis ein Ablaufschnitt von einer Maschine beendet ist (ablaufbedingt), Erholung des Menschen bei Arbeitsermüdung (erholungsbedingt), nicht ablaufbedingtes Unterbrechen der Arbeit z.B. Getränke holen, Privatgespräche (persönlich bedingt) und die störungsbedingte Unterbrechung durch Anlagenausfall.

- Mensch bzw. Betriebsmittel sind **„außer Einsatz“**, wenn sie dem Betrieb längerfristig nicht zur Verfügung stehen.
- Unter die Kategorie **„Betriebsruhe“** fallen Arbeitspausen oder sonstige Anlässe, z.B. Kurzarbeit, Betriebsversammlungen, in denen im Gesamtbetrieb oder in Betriebsteilen nicht gearbeitet wird.

Einen zusammenfassenden Überblick über die Ablaufgliederung nach REFA – bezogen auf Mensch und Betriebsmittel – gibt Abb. 2.9.[18]

Ablaufarten bezogen auf Arbeitsgegenstände

Bezogen auf Arbeitsgegenstände unterscheidet man folgende Ablaufarten:

- **Verändern:** Zustands-, Form-, Lage- oder Ortsveränderung eines Arbeitsgegenstands durch Einwirken (Be- oder Verarbeitung), Fördern (Verändern des Arbeitsgegenstands nach Lage durch Handhabung oder nach Ort durch Transport) bzw. zusätzliches Verändern (nicht vorherbestimmte Tätigkeiten).
- **Prüfen:** Kontrollieren von Arbeitsgegenständen im Arbeitsablauf.
- **Liegen:** Unterbrechen von Tätigkeiten. Man unterscheidet zwischen ablaufbedingtem Liegen (am Ort der Tätigkeit), zusätzlichem Liegen, das durch Störungen hervorgerufen wird, und dem Lagern, d.h. dem Liegen von Arbeitsgegenständen im Lager (Wareneingang, Zwischenlager, Fertiglager).

Abb. 2.10 gibt einen zusammenfassenden Überblick über Abläufe bezogen auf Arbeitsgegenstände nach REFA.[19]

2.2 Gliederung der Vorgabezeiten

„Vorgabezeiten nach REFA sind Sollzeiten für von Menschen und Betriebsmitteln ausgeführte Arbeitsabläufe. Vorgabezeiten für den Menschen enthalten Grundzeiten, Erholungszeiten und Verteilzeiten; Vorgabezeiten für das Betriebsmittel enthalten Grundzeiten und Verteilzeiten.“[20]

Vorgabezeiten beziehen sich meistens auf eine Zeit pro Leistungseinheit. Im einzelnen handelt es sich um:

- **Grundzeiten**, d.h. Sollzeiten für die planmäßige Ausführung von Abläufen;
- **Verteilzeiten**, d.h. Sollzeiten, die zusätzlich zur planmäßigen Ausführung angesetzt werden müssen. Verteilzeiten können sachlich (als Folge der Erfüllung der Arbeitsaufgabe) oder persönlich (ohne Zusammenhang zur Arbeitsaufgabe) bedingt sein;
- **Erholungszeiten**, d.h. Sollzeiten für die im Zusammenhang mit der Arbeitsaufgabe erforderliche Erholung des Menschen.

---

[18] *REFA-Verband für Arbeitsstudien und Betriebsorganisation e.V.*, Methodenlehre des Arbeitsstudiums. Teil 2: Datenermittlung, a.a.O., S. 23.

[19] *REFA-Verband für Arbeitsstudien und Betriebsorganisation e.V.*, Methodenlehre des Arbeitsstudiums. Teil 2: Datenermittlung, a.a.O., S. 33.

[20] *REFA-Verband für Arbeitsstudien und Betriebsorganisation e.V.*, Methodenlehre des Arbeitsstudiums. Teil 2: Datenermittlung, a.a.O., S. 41.

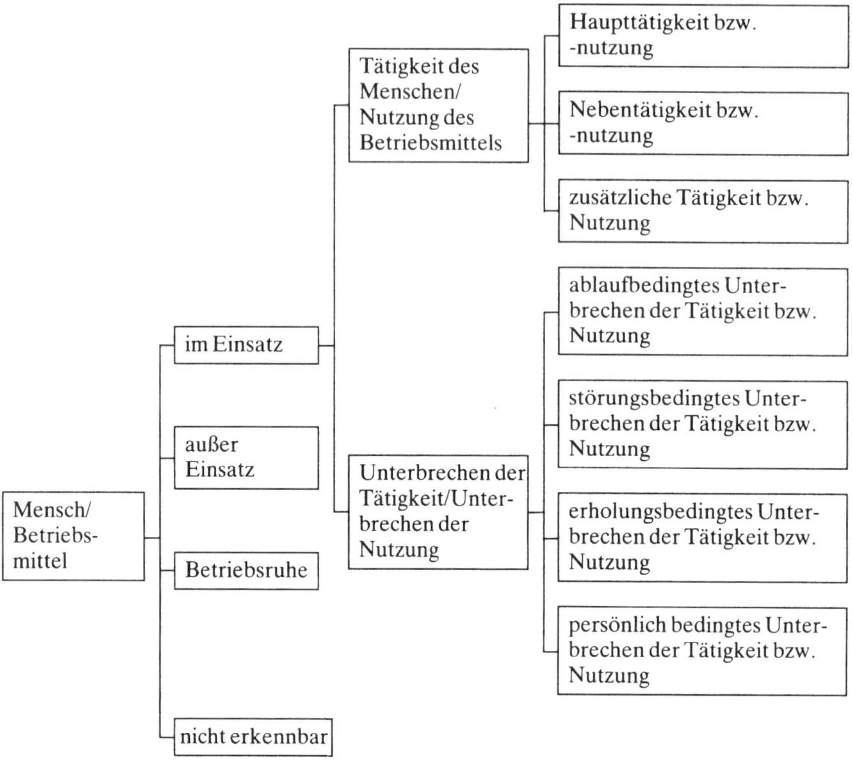

Abb. 2.9 Ablaufgliederung für Mensch und Betriebsmittel nach REFA

Abb. 2.10 zeigt die Systematisierung von Grund-, Erholungs- und Verteilzeiten im Zusammenhang mit der Gliederung von Ablaufarten. Danach sind Grundzeiten für Haupt- und Nebentätigkeiten sowie für ablauf- und erholungsbedingte Unterbrechungen anzugeben. Erholungszeiten beziehen sich auf erholungsbedingtes Unterbrechen, Verteilzeiten auf zusätzliche Tätigkeiten sowie störungs- und persönlich bedingtes Unterbrechen.

2.3 Methoden der Zeiterfassung

Nach REFA sind an die Zeitaufnahme folgende **Anforderungen** zu stellen:

„(1) Mit der Zeitaufnahme wird die auf den Menschen bezogene Zeit erfasst;
(2) die ermittelten Zeiten müssen für die Steuerung sowie Kontrolle und auch für die Entlohnung verwendet werden können und
(3) die Zeitaufnahme soll so angelegt sein, dass sie zur Ermittlung von Planzeiten verwendet werden kann.“[21]

[21] *REFA-Verband für Arbeitsstudien und Betriebsorganisation e.V.,* Methodenlehre des Arbeitsstudiums. Teil 2: Datenermittlung, a.a.O., S. 81.

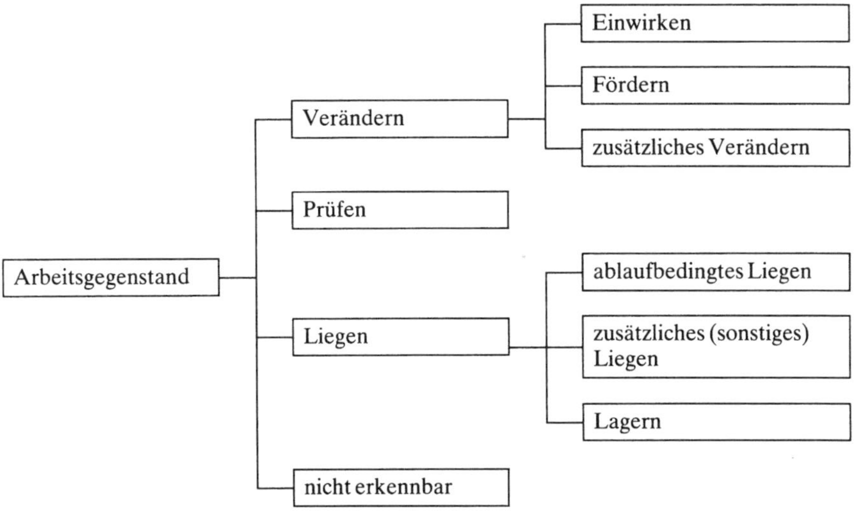

Abb. 2.10 Ablaufgliederung für Arbeitsgegenstände nach REFA

Nach dem Verfahren der **Zeitaufnahme** wird zunächst ein Arbeitsablauf in aufeinanderfolgende Ablaufabschnitte gegliedert. Anschließend werden die Zeiten für die einzelnen Ablaufabschnitte gemessen. Dabei unterscheidet man zwischen dem Einzelzeit- und dem Fortschrittszeitverfahren. Nach der **Einzelzeitmessung** werden Zeiten für Ablaufabschnitte getrennt erfasst. Die Zeit für den gesamten Arbeitsablauf entspricht der Summe der einzelnen Ablaufabschnittzeiten. Nach der **Fortschrittszeitmessung** werden Einzelzeiten für Ablaufabschnitte kumuliert. Einzelne Zeiten für Ablaufabschnitte kann man als Differenz von Ablaufabschnittend- und Ablaufabschnittanfangszeit berechnen.

Bei der **Multimomentaufnahme** unterscheidet man Ablaufarten des zu untersuchenden Ablaufs und versucht mit Hilfe der Stichprobentechnik zu erfassen, welche Ablaufarten zu verschiedenen Zeitpunkten beobachtet wurden.

Während man mit dem Verfahren der Zeitaufnahme nur Grundzeiten bestimmen kann, lassen sich mit Multimomentaufnahmen auch Auskünfte über die Erholungs- und Verteilzeiten gewinnen. Multimomentaufnahmen sind ferner weniger aufwendig als das Verfahren der Zeitaufnahme. Man kann in einem bestimmten Zeitabschnitt viele Arbeitsplätze beobachten und ist nicht stets an den zu beobachtenden Arbeitsplatz gebunden.

Zeitaufnahme

Zur Bestimmung von Grundzeiten eignet sich nur das Verfahren der Zeitaufnahme. In Anbetracht von Leistungsunterschieden zwischen Mitarbeitern ist die erfasste Zeit in Relation zu einer Bezugsgröße zu setzen. Bezugsgrößen können entweder eine **Normalleistung** oder das **System vorbestimmter Zeiten** sein.

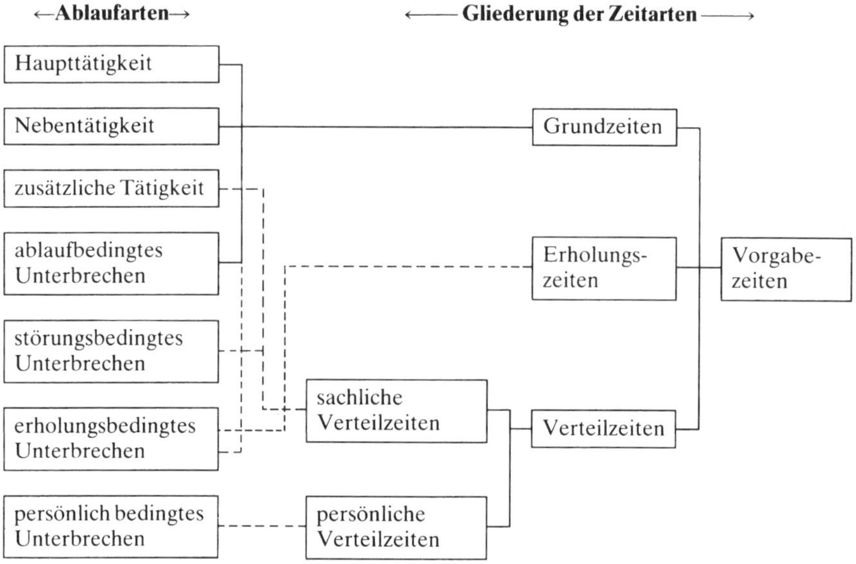

Abb. 2.11 Systematisierung der Zeitarten

„Unter REFA-Normalleistung wird eine Bewegungsausführung verstanden, die dem Beobachter hinsichtlich der Einzelbewegungen, der Bewegungsfolge und ihrer Koordinierung besonders harmonisch, natürlich und ausgeglichen erscheint. Sie kann erfahrungsgemäß von jedem in erforderlichem Maße geeigneten, geübten und voll eingearbeiteten Arbeiter auf Dauer und im Mittel der Schichtzeit erbracht werden, sofern er die für persönliche Bedürfnisse und gegebenenfalls auch für Erholung vorgegebenen Zeiten einhält und die freie Entfaltung seiner Fähigkeiten nicht behindert wird.“[22]

Im **Manteltarifvertrag für die gewerblichen Arbeitnehmer der bayerischen Metallindustrie** wird die Normalleistung wie folgt definiert: „Normalleistung ist diejenige Leistung, die von ausreichend geeigneten Arbeitnehmern bei voller Übung und ausreichender Einarbeitung ohne Gesundheitsschädigung auf die Dauer erreicht und erwartet werden kann.“[23]

Die Bestimmung der Normalleistung ist ein Schätzproblem. Entweder muss der Beobachter aufgrund von Erfahrungswerten a priori eine Normalleistung definieren oder aus dem beobachteten Bewegungsablauf der Arbeitskraft ableiten.

---

[22] *REFA-Verband für Arbeitsstudien und Betriebsorganisation e.V.*, Methodenlehre des Arbeitsstudiums. Teil 2: Datenermittlung, a.a.O., S. 136.

[23] § 19 Manteltarifvertrag für die gewerblichen Arbeitnehmer der bayerischen Metallindustrie vom 1. Dezember 1973 in der Fassung vom 25.10.1980.

[24] Vgl. *Brink, H.-J.*, Vorgabezeitermittlung mit Systemen vorbestimmter Zeiten, in: Handwörterbuch der Produktionswirtschaft, hrsg. von W. Kern, Stuttgart 1979, Sp. 2186 ff.

Definiert man die Bezugsgröße für den Leistungsgrad nach **Systemen vorbestimmter Zeiten**, so entfällt das bei Anwendung der Normalleistung auftretende Schätzproblem. Grundlage der Zeitvorgabe sind Einzelzeiten für standardisierte, bei verschiedenen Verrichtungen stets auftretende Bewegungselemente. Beispiele für Bewegungselemente sind „Hinlangen“ im Sinne von Bewegen der Hand zu einem Arbeitsgegenstand oder „Greifen“ im Sinne von Schließen der Finger, um einen Arbeitsgegenstand zu fassen. Zeiten für einen Arbeitsablauf werden durch Aufsummieren der definierten Einzelzeiten berechnet. Die Zeiten für Bewegungsabläufe sind Tabellen zu entnehmen.

Zwei Systeme vorbestimmter Zeiten sind in der Praxis verbreitet:[24]

- MTM-Verfahren (Methods-Time-Measurement);
- WF-Verfahren (Work Factor).

Beide Verfahren nehmen eine detaillierte Analyse von Bewegungsabläufen vor. Das **MTM-Verfahren** unterscheidet in der Grundversion acht Grundbewegungen der Hand und der Finger, zwei Blickfunktionen und zehn Körperbewegungen. Nach qualitativen Kriterien wird u.a. nach dem Schwierigkeitsgrad der Grundbewegung und der Lage des Ausführungsortes differenziert. Nach dem **WF-Verfahren** unterscheidet man acht Standardelemente (Bewegen, Greifen, Vorrichten, Fügen, Ausführen, Demonstrieren, Loslassen, geistige Vorgänge). Für die Bestimmung der Sollzeiten werden folgende vier Faktoren berücksichtigt:

- Welcher Körperteil wird bewegt?
- Welchen Weg legt der Körperteil zurück?
- Welches Gewicht oder welcher Widerstand sind zu berücksichtigen?
- Welche Bewegungsbeherrschung ist erforderlich?

Diese Faktoren werden quantitativ erfaßt. Die beiden Verfahren unterscheiden sich vor allem in einem Punkt: Das MTM-Verfahren berücksichtigt auch **qualitative** Aspekte, indem zwischen „einfachen“ und „schwierigen“ Bewegungsabläufen unterschieden wird. Eine solche Unterscheidung findet beim WF-Verfahren nicht statt.

Für die Sollzeitvorgabe sind neben der Berücksichtigung von individuellen Leistungsunterschieden zwischen den einzelnen Arbeitnehmern auch die **Verteilzeiten** zu erfassen. Die Verteilzeiten sind in der Regel unabhängig vom jeweiligen Auftrag. Deshalb werden sie meistens als **prozentuale Aufschläge** auf die Grundzeit festgelegt.

Die gesamte Sollzeit für einen bestimmten Arbeitsgang ergibt sich, indem man die Grund-, Erholungs- und Verteilzeiten zusammenzählt.

Multimomentaufnahme

Zur Durchführung einer Multimomentaufnahme muss man zunächst festlegen, welche **Ablaufarten** unterschieden werden sollen. Gerade für die Kurzzeitbeob-

[24] Vgl. *Brink, H.-J.*, Vorgabezeitermittlung mit Systemen vorbestimmter Zeiten, in: Handwörterbuch der Produktionswirtschaft, hrsg. von W. Kern, Stuttgart 1979, Sp. 2186 ff.

achtungen bei einer Multimomentaufnahme ist wichtig, dass die Ablaufarten genau und tief gegliedert werden. Nur dadurch lässt sich gewährleisten, dass Ablaufarten eindeutig identifiziert werden. Nach Definition der Ablaufarten ist ein **Rundgangsplan** zu entwerfen. Ein Rundgangsplan enthält die Beobachtungsstandpunkte und die Beobachtungsfolge. Die Festlegung der Beobachtungsfolge hat zufallsmäßig zu erfolgen. Zentrale Bedeutung für die Durchführung einer Multimomentaufnahme hat die Bestimmung der **Anzahl von Beobachtungen**. Die notwendige Anzahl von Beobachtungen hängt von einer a priori-Verteilung des Zeitbedarfs für bestimmte Ablaufarten und von dem gewünschten Vertrauensbereich ab. Wenn man davon ausgeht, dass der relative Zeitbedarf für eine Ablaufart sehr groß oder sehr klein ist, benötigt man eine vergleichsweise große Anzahl von Beobachtungen. Nur mit vielen Beobachtungen lässt sich gewährleisten, dass man den erwartet kleinen oder großen Zeitbedarf der untersuchten Ablaufart zutreffend ermitteln kann. Für die erforderliche Anzahl von Beobachtungen ist es ferner von Bedeutung, wie groß man den Vertrauensbereich wählt, d.h. wie verlässlich die Schätzung sein soll. Je zuverlässiger die Schätzung sein soll, desto mehr Beobachtungen sind erforderlich.

Multimomentaufnahmen eignen sich besonders für:

„(a) die Ermittlung von betrieblichen Kennzahlen, wie z.B. Mechanisierungsgrad, Auslastungsgrad, Arbeitskräftebedarf,
(b) für Untersuchungen über Arbeitsabläufe im Zusammenhang mit der Fertigungsplanung und -steuerung und
(c) für die Ermittlung der Verteilzeitzuschläge im Rahmen der Vorgabezeitermittlung.“[25]

Nach REFA sollte man Multimomentaufnahmen erst dann durchführen, wenn je Rundgang mindestens fünf Beobachtungen anfallen. Als **Vorteile** gelten:[26]

- Der Beobachter ist nicht dauernd an einen einzigen Arbeitsplatz gebunden. Er kann so über einen längeren Zeitraum nahezu beliebig viele Arbeitsplätze beobachten.
- Multimomentaufnahmen können auch von wenig qualifizierten Beobachtern durchgeführt werden. Lediglich für Planung und Auswertung sind qualifizierte Fachleute nötig.
- Multimomentaufnahmen lassen sich schnell auswerten. Der Zeitaufwand ist deshalb insgesamt als gering zu veranschlagen.

Bei der Durchführung von Multimomentaufnahmen muss man folgende **Probleme** beachten:

- Protokolle von Multimomentaufnahmen sind nicht so gut nachprüfbar wie Protokolle von Zeitaufnahmen;
- Aus Multimomentaufnahmen kann man keine Hinweise auf Leistungsgrade gewinnen;
- Abwesenheitsgründe und störungsbedingtes Unterbrechen können nicht näher untersucht werden.

---

[25] *REFA-Verband für Arbeitsstudien und Betriebsorganisation e.V.*, Methodenlehre des Arbeitsstudiums. Teil 2: Datenermittlung, a.a.O., S. 236.

[26] Vgl. ebenda, S. 263.

Literatur

REFA-Verband für Arbeitsstudien und Betriebsorganisation e.V., Methodenlehre des Arbeitsstudiums. Teil 2: Datenermittlung, 6. Auflage, München 1976.
Schmidt, G., Methode und Techniken der Organisation, 5. Auflage, Gießen 1983.
Wittlage, H., Methoden und Techniken praktischer Organisationsarbeit, 2. Auflage, Herne-Berlin 1986.

Kontrollfragen

1. Wodurch unterscheiden sich die Ablaufarten „außer Einsatz“ und „Betriebsruhe?
2. Geben Sie Beispiele für Haupt- und Nebentätigkeiten bei Mensch und Maschine!
3. Welche Methoden der Zeiterfassung gibt es und wie wird bei den einzelnen Methoden vorgegangen?
4. Was ist unter „Normalleistung“ zu verstehen?
5. Unter welchen Bedingungen eignen sich die „Systeme vorbestimmter Zeiten“ zur Bestimmung der Sollzeit als Bezugsgröße?
6. In welchen Erhebungssituationen würden Sie von der Durchführung einer Multimomentaufnahme abraten?

Drittes Kapitel: Erhebungstechniken

Erhebungstechniken dienen der Erfassung relevanter Informationen über eine bestehende Organisation. Zu unterscheiden sind Befragung, Beobachtung und Selbstaufschreibung.

1. Befragung

Befragungen tragen dazu bei, Auskunft über Meinungen, Einstellungen und Gefühle zu erhalten. Objektive Tatbestände über wirkliches Verhalten und konkrete Arbeitsabläufe lassen sich mittels Befragung oft nicht erfassen.

Folgende **Formen der Befragung** sind zu unterscheiden:

- **Einmalige Befragung und Panelbefragung**

  Einmalige Befragungen sind zeitpunktbezogen. Sie sind eine Momentaufnahme von Aspekten der Organisation. Panelbefragungen werden in regelmäßigen Zeitabständen mit den gleichen Personen wiederholt. Mit Panelbefragungen will man Informationen über gewollte und ungewollte Änderungen einer Organisation gewinnen.

- **Mündliche und schriftliche Befragung**

  Bei einer mündlichen Befragung werden die Fragen von einem Interviewer gestellt. Schriftliche Befragungen erfordern das Ausfüllen eines Fragebogens durch den Befragten. Mündliche Befragungen haben oft eine größere Aussagefähigkeit als schriftliche Befragungen, da Fragen und Fragereihenfolge individuell angepasst sowie gegebenenfalls präzisiert und ergänzt werden können. Außerdem besteht im Dialog die Möglichkeit, auf neue, bisher nicht bedachte Aspekte aufmerksam zu werden. Schriftliche Befragungen sind jedoch weniger zeit- und arbeitsaufwendig und erlauben darüber hinaus eine leichtere statistische Aufbereitung. Manipulationen durch Interviewer sind ausgeschlossen, es besteht aber die Gefahr, dass Dritte auf die Antworten im Fragebogen Einfluss nehmen.

- **Standardisierte und nicht standardisierte Befragung**

  In der standardisierten Befragung sind Anzahl und Inhalt der Fragen sowie Formulierung und Reihenfolge fest vorgegeben. Antwortmöglichkeiten stehen meistens fest. Mit Hilfe von standardisierten Interviews versucht man, vergleichbare Antworten von verschiedenen Personen zu gewinnen. Die präzise Vorgabe von Fragen erleichert die Arbeit des Interviewers. Es ist nicht erforderlich, dass der Interviewer mit dem Gegenstand der Befragung vertraut ist, ferner ist nicht zu erwarten, dass vom Interviewer bewusst oder unbewusst – sei es durch suggestive Fragestellungen, Auslassen oder Übertreiben – manipuliert wird. Anwendungsmöglichkeiten für standardisierte Befragungen sind hauptsächlich die Erfassung von quantitativen, bereits bekannten organisatorischen Aspekten. Nicht standardisierte Befragungen gewähren dem Interviewer hinsichtlich Anzahl und Inhalt von Fragen einen großen Spielraum. Weder Reihenfolge noch Formulierung von Fragen sind vorgegeben. Es ist daher erforderlich, dass der Interviewer Detailkenntnis über den Gegenstand der Befragung hat. Dieses Detailwissen soll den Interviewer auch in die Lage versetzen, Unklarheiten durch zusätzliche Erklärung von Fragen zu beseitigen. Dabei bestehen jedoch Möglichkeiten zur Manipulation. Der Interviewer kann z.B. die Bedeutung einzelner Fragen überbetonen oder bei Antworten einzelne Aspekte herausgreifen, die ihm wichtig erscheinen. Nicht standardisierte Befragungen eignen sich vor allem zu Erhebungen bei heterogenem Personenkreis in der mittleren und oberen Führungsebene eines Unternehmens. Dabei lassen sich auch qualitative und bislang unbekannte Dimensionen erschließen. Nach Ansicht von *Müller-Pleuss* ist die nicht standardisierte Befragung für die Erschließung organisatorischer Sachverhalte besonders gut geeignet.[27] Organisatorische Sachverhalte sind oft so komplex, dass bei einer Befragung zusätzliche Erklärungen erforderlich sind. Außerdem wird der Organisator während der Befragung meistens neue Bedingungs- und Datenkonstellationen erkennen, die für die Lösung von Organisationsproblemen wichtig sind.

---

[27] Vgl. *Müller-Pleuss, J. H.*, Organisationsmethoden, 3. Auflage, Heidelberg 1972, S. 28.

- **Harte, weiche und neutrale Befragung**

  Die harte Befragung ist durch eine schnelle Abfolge der Fragen, durch ständigen Druck auf den Befragten und durch den Zwang zu spontanen Antworten gekennzeichnet. Der Interviewer verhält sich autoritär und aggressiv. Im Gegensatz dazu nimmt der Interviewer in der weichen Befragung eine passive Rolle ein und versucht, eine angenehme Gesprächsatmosphäre zu schaffen. Der Gang des Gesprächs wird weitgehend vom Befragten bestimmt. In der neutralen Befragung versucht der Interviewer, jegliche Gefühlskomponente in der Beziehung zum Befragten auszuschalten. Der Interviewer soll ausschließlich Übermittler von Stimuli und Empfänger von Reaktionen sein. Durch dieses Verhalten sollen uniforme Interviewsituationen geschaffen werden.[28] Nach *Wittlage* ist die neutrale Befragung zur Erhebung von organisatorischen Sachverhalten geeignet, „da der Organisator rationale Argumente, nicht manipulierte Informationen und klare Antworten auf der Basis eines sachlichen Beziehungsverhältnisses zum Befragten gewinnen will"[29].

- **Offene und geschlossene Fragestellung**

  Offene Fragestellungen lassen verbale, frei formulierte Antworten zu. Bei geschlossenen Fragen sind Antwortmöglichkeiten vorgegeben. Bei offener Fragestellung ist der Aufwand zur Vorbereitung der Befragung geringer als bei geschlossener Fragestellung. Für den Befrager ist von Vorteil, dass er nicht alle möglichen Antworten ex ante kennen muss. Seitens des Befragten ist zu erwarten, dass die Bereitschaft zur Mitarbeit größer ist, wenn er seine Ansichten artikulieren kann und nicht auf vorgegebene Antwortalternativen beschränkt ist. Offene Fragen eignen sich besonders für Voruntersuchungen. Informationen über bislang noch unstrukturierte Probleme können gerade bei geplanten Reorganisationsmaßnahmen wichtig sein. Voraussetzung für eine offene Fragestellung ist, dass Fragesteller und Auskunftsperson gut informiert und qualifiziert sind. Geschlossene Fragen können leichter ausgewertet werden als offene Fragen. Statistische Auswertungen – auch mit EDV – sind möglich.

- **Direkte und indirekte Fragestellung**

  Direkte Fragen sprechen den zu untersuchenden Sachverhalt konkret an. Mit indirekten Fragen will man „auf Umwegen" Auskunft über den Gegenstand der Untersuchung gewinnen. Indirekte Fragen sind vorzuziehen, wenn der Fragesteller erwartet, dass der Antwortende über den zu untersuchenden Sachverhalt nur ungern oder wahrscheinlich falsch antworten wird.

---

[28] Vgl. *Atteslander, P.,* Methoden der empirischen Sozialforschung, 5. Auflage, Berlin, New York 1985, S. 113.

[29] *Wittlage, H.,* Methoden und Techniken praktischer Organisationsarbeit, a.a.O., S. 51.

Für die **Vorbereitung von Befragungen** sind folgende Grundsätze zu beachten:[30]

- Mit allgemeinen Fragen sollte die Auskunftsbereitschaft geweckt werden.
- Einleitende Fragen sollten mit Beispielen verdeutlicht werden.
- Fragen sollten kurz – möglichst ohne Unterfragen – formuliert werden.
- Die Frage sollte in der Umgangssprache formuliert werden. Gefühlsbeladene Begriffe sollten vermieden werden.
- Wenn man Antwortalternativen angibt, dann muss man alle Alternativen nennen.
- Fragen sollten nicht abstrakt sein, sondern an konkreten Erfahrungen anknüpfen.
- Die Reihenfolge der Fragen muss beachtet werden.
- Auf Suggestivfragen ist zu verzichten.
- Der Interviewer sollte nicht den Eindruck von Hast oder Zeitdruck erwecken.
- An Mengenangaben sollte man sich vorsichtig herantasten.

Bei der **Auswertung** ist zu beachten, ob die Antworten vollständig und nicht widersprüchlich sind. Dazu sind bei der Auswertung von Fragebögen logische Prüfungen anzustellen, bzw. bei der mündlichen Befragung Kontrollfragen zu stellen.

Befragungen eignen sich vornehmlich zur Erkundung von Arbeitsabläufen, Datenflüssen und komplexen organisatorischen Sachverhalten.[31] *Atteslander* hebt hervor, dass „wir durch Fragen vor allem Hinweise auf die Bewertung sozialen Verhaltens (erhalten), also Informationen, welche bereits durch einen sozialen Filter verändert worden sind. Solche bewertenden Färbungen können bewusst oder unbewusst sein. Dies gilt es vor allem zu beachten, wenn wir von Befragungsdaten auf tatsächliches soziales Handeln schließen wollen. Zur Erfassung des effektiven sozialen Verhaltens ist dieses Instrument weniger geeignet als die Methoden der Beobachtung...“[32].

2. Beobachtung

Ziel der Beobachtung ist es, organisatorisch relevante beobachtbare Sachverhalte zu einem bestimmten Zeitpunkt festzuhalten. Beobachtungen geben Aufschluss über das tatsächliche Verhalten in Organisationen; sie lassen aber keine Rückschlüsse auf Einstellungen und Motivation, die diesem Verhalten zugrunde liegen, zu.

---

[30] Vgl. *Schmidt, G.,* Methode und Techniken der Organisation, a.a.O, S. 128 ff.; *Atteslander, P.,* Methoden der empirischen Sozialforschung, a.a.O., S. 126.

[31] Vgl. *Steinbuch, P. A.,* Organisation, 4. Auflage, Ludwigshafen (Rhein) 1983, S. 202.

[32] *Atteslander, P.,* Methoden der empirischen Sozialforschung, a.a.O., S. 86.

Folgende **Formen der Beobachtung** sind zu unterscheiden:

- **Offene und verdeckte Beobachtungen**

  Bei der offenen Beobachtung weiß der Beobachtete, dass sein Verhalten untersucht wird. Bei der verdeckten Beobachtung gibt sich der Beobachter nicht zu erkennen.

- **Strukturierte und unstrukturierte Beobachtung**

  Bei der strukturierten Beobachtung geht der Forscher nach einem differenzierten System festgelegter Beobachtungskategorien vor. Bei der unstrukturierten Beobachtung sind nur globale Richtlinien vorgegeben.

- **Aktiv teilnehmende und nicht teilnehmende Beobachtung**

  Bei der aktiv teilnehmenden Beobachtung wirkt der Beobachter für eine bestimmte Zeit bei der Erfüllung der zu erfassenden Aufgaben mit. Im Fall der nicht teilnehmenden Beobachtung ist der Forscher nicht in die Aufgabenerfüllung involviert.

  Beobachtungen lassen eine Erfassung des Geschehens zum tatsächlichen Eintrittszeitpunkt ohne Zwischenschalten von Informationsträgern und unabhängig von der Bereitwilligkeit der Mitarbeiter zu. Schwer durchführbar sind Beobachtungen von Vorgängen, die einen hohen Zeitaufwand beanspruchen, da der Beobachter während des gesamten Beobachtungsablaufs gebunden ist. Deshalb sollte man Beobachtungen nur als **ergänzende Informationsgewinnungstechnik** einsetzen, und zwar insbesondere in Bezug auf Informationen, die nicht auf anderem Wege oder mit der erforderlichen Objektivität zu gewinnen sind.[33]

3. Selbstaufschreibung

Unter Selbstaufschreibung versteht man die Dokumentation von Tätigkeitszeiten und Tätigkeiten durch Mitarbeiter des zu untersuchenden Bereichs. Selbstaufschreibungen führen nur dann zu auswertbaren Informationen, wenn man die zu untersuchenden Arbeitsabläufe genau abgrenzen kann. Im Einzelnen sind folgende Kriterien zu beachten:

„• Die Vorgänge und Tatbestände müssen repräsentativ sein und eine brauchbare Basis für die Erfassung des tatsächlichen Geschehens darstellen. Dies gilt insbesondere für die erfassten Arbeitsergebnisse.
- Es muss eine leichte Erfass- und Nachprüfbarkeit gewährleistet sein. Dem Organisator muss eine richtige Vorstellung, was er messen und beurteilen will, vermittelt werden.
- Die zu erfassenden Kategorien müssen durch Stetigkeit gekennzeichnet sein, d.h. sie müssen in sachlicher Hinsicht ebenso wie von Untersuchungsperiode zu Untersuchungsperiode im wesentlichen vergleichbar sein.

[33] Vgl. *Wittlage, H.,* Methoden und Techniken praktischer Organisationsarbeit, a.a.O., S. 65.

- Von der Erfassung unerheblicher Kategorien ist abzusehen, d.h. insbesondere bei der Erfassung von Tätigkeiten. Es ist im Allgemeinen sinnvoller, auf unerhebliche Details zu verzichten, als auf deren Erfassung, die unrealistisch und nur mit Schwierigkeiten zu verwirklichen ist, zu bestehen.“[34]

Zu unterscheiden sind Tagesberichte und Tätigkeitsberichte.

Tagesberichte

Zur Erstellung von Tagesberichten werden die Mitarbeiter aufgefordert, alle Aktivitäten im Beobachtungszeitraum in einem Formblatt zu nennen. Aus zwei Gründen sollen Tätigkeiten und nicht Aufgaben angegeben werden:[35]

- Es fällt den Mitarbeitern oft leichter, Tätigkeiten als die zugrundeliegenden Aufgaben zu nennen.
- Wenn man konkret alle Tätigkeiten erfasst, gewinnt man auch Aufschluss über nicht aufgabenbezogene Tätigkeiten.

Tagesberichte sind hauptsächlich bei umfangreichen Erhebungen eine kostengünstige Aufnahmetechnik. Die Auswertung ist bei vorgegebenen Formularen und einheitlicher Terminologie relativ einfach. Problematisch wird die Auswertung jedoch, wenn man mit Widerständen seitens der Betroffenen bei der Mitarbeit oder mit bewusster oder unbewusster Manipulation rechnen muss. Zu beachten ist, dass Selbstaufschreibung nur dann interpretierbare Informationen liefert, wenn der Aufgabenanfall im Beobachtungszeitraum repräsentativ ist und keinen starken Schwankungen unterliegt.

Tätigkeitsberichte

Tätigkeitsberichte sind einmalige Aufzeichnungen von Tätigkeitszeiten und Bearbeitungsmengen. Die Mitarbeiter werden aufgefordert, Zeitbedarf und Bearbeitungsmengen aufgrund von Erfahrungswerten in einem Formular einzutragen.

Gegenüber Tagesberichten ist der Erhebungsaufwand vergleichsweise gering. Ergebnisse liegen schnell vor. Die Bezugnahme auf Erfahrungswerte ermöglicht es, Tätigkeitsberichte von zeitlichen Schwankungen des Arbeitsanfalls unbeeinflusst zu halten. Dagegen steigt aber der Manipulationsspielraum der Mitarbeiter. Ferner besteht die Gefahr, dass der Zeitbedarf vermeintlich unwesentlicher Tätigkeiten (z.B. Botengänge) unterschätzt wird.

---

[34] Vgl. *Wittlage, H.,* Methoden und Techniken praktischer Organisationsarbeit, a.a.O., S. 67.

[35] Vgl. *Schmidt, G.,* Methode und Techniken der Organisation, a.a.O, S. 151.

Literatur

Atteslander, P., Methoden der empirischen Sozialforschung, 4. Auflage, Berlin, New York 1975.
Blum, E., Betriebsorganisation. Methoden und Techniken, Wiesbaden 1982.
Schmidt, G., Methode und Techniken der Organisation, 5. Auflage, Gießen 1983.
Wittlage, H., Methoden und Techniken praktischer Organisationsarbeit, 2. Auflage, Herne, Berlin 1986.

Kontrollfragen

1. Nennen Sie Anwendungsbeispiele für Beobachtung, Befragung und Selbstaufschreibung!
2. Inwieweit bestehen Manipulationsmöglichkeiten bei Beobachtung, Befragung und Selbstaufschreibung?
3. Bei welchen Fragestellungen würden Sie ein Interview gegenüber einem Fragebogen vorziehen?
4. Welche Nachteile haben geschlossene gegenüber offenen Fragen?
5. Was ist bei Vorbereitung und Auswertung von Befragungen zu beachten?
6. Inwieweit unterscheidet sich die Aussagekraft von Tages- und Tätigkeitsberichten?

Viertes Kapitel: Darstellungstechnik

Organisationen lassen sich graphisch und verbal darstellen. Die Darstellungstechniken lassen sich nach dem **Organisationsgrad** für ein konkretes Darstellungsproblem systematisieren.[36] Der Organisationsgrad ist dabei durch die Genauigkeit der Festlegung von Arbeitsinhalt, Arbeitszeit, Arbeitsraum und Zuordnung der Arbeit zu Mitarbeitern bestimmt.[37] So ist beispielsweise der Organisationsgrad, der sich mit einem Organisationsschaubild darstellen lässt, gering. Dagegen zeigen Netzpläne im Detail, welche Teilarbeiten in welcher Reihenfolge an bestimmten Zeitpunkten mit einer bestimmten Zeitdauer zu erledigen sind. Netzpläne eignen sich daher zur Darstellung von Aufgaben mit hohem Organisationsgrad. Abb. 2.12 gibt einen Überblick über ausgewählte und im Folgenden zu besprechende, **vom Organisationsgrad abhängige Darstellungstechniken** der Organisation.

[36] Zu anderen Systematisierungen vgl. u.a. *Schmidt, G.*, Methode und Techniken der Organisation, a.a.O., S. 180 ff.

[37] Vgl. *Witte, E.*, Ablauforganisation, in: Handwörterbuch der Organisation (1969), a.a.O., Sp. 20 ff. Siehe hierzu auch S. 8 ff. dieser Arbeit.

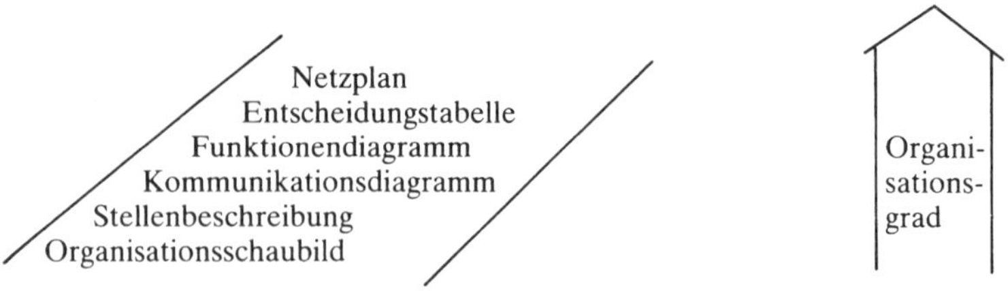

Abb. 2.12 Darstellungstechniken der Organisation

1. Organisationsschaubild

Organisationsschaubilder stellen eine vorhandene oder geplante betriebliche Aufbauorganisation übersichtlich dar (Organisationsplan, Organigramm). Sie veranschaulichen im Einzelnen

„1. Das Verteilungssystem der Aufgaben und die Institutionalisierung der Teilaufgaben in Stellen,
2. das Gefüge der Stellen und ihre horizontale Zusammenfassung zu Abteilungen,
3. die Rangordnung der Instanzen,
4. die Eingliederung der Leitungsgehilfen,
5. das System der vertikalen Kommunikationswege (‚Dienstwege‘, Anordnungswege ...),
6. die personelle Besetzung der Stellen, soweit diesbezügliche zusätzliche Angaben möglich und erwünscht sind.“[38]

Symbole für Stellen oder Abteilungen sind meistens Rechtecke. Die Transparenz eines Organisationsschaubildes kann durch Verwendung von verschiedenen Symbolen für unterschiedliche Stellenarten erhöht werden. Dabei haben sich in der Literatur folgende Konventionen herausgebildet:[39]

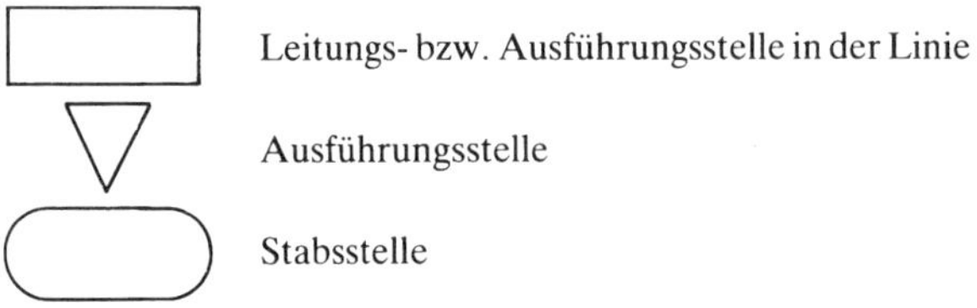

[38] *Schwarz, H.*, Betriebsorganisation als Führungsaufgabe, 9. Auflage, Landsberg am Lech 1983, S. 214.

[39] Vgl. u.a. *Kosiol, E.*, Organisation der Unternehmung, a.a.O., S. 171 ff.; *Schmidt, G.*, Methode und Techniken der Organisation, a.a.O., S. 165 ff.

Die Anordnung der Symbole eines Organisationsschaubildes erfolgt vertikal oder horizontal. Eine **vertikale** Anordnung entspricht dem hierarchischen Unternehmensaufbau. Hierarchisch höhere Stellen sind jeweils über hierarchisch niedrigeren Stellen angeordnet. Dagegen gibt eine **horizontale** Anordnung die Gliederung des Unternehmens in seine Abteilungen oder Bereiche wieder. Ergänzend finden in der Praxis säulen- oder kreisförmige Darstellungen Verwendung.[40] Ein Beispiel für eine säulenförmige Darstellung eines Organigramms gibt Abb. 2.13.

Abb. 2.13 zeigt zunächst in vertikaler Anordnung unterhalb der Unternehmensleitung drei nach Produkten gegliederte Abteilungen. Daneben ist auf gleicher hierarchischer Ebene eine für das Auslandsgeschäft zuständige Abteilung. Die Abteilungen der dritten hierarchischen Ebene sind säulenförmig angeordnet. Der für „Produkt 1" zuständige Geschäftsbereich wird nach Beschaffung, Produktion, Absatz unterteilt. Geschäftsbereich „Produkt 2" ist nach zwei verschiedenen Kundengruppen, Geschäftsbereich „Produkt 3" nach vier verschiedenen Objekten gegliedert. In dem Ressort „Ausland" werden drei Regionen „Europäische Gemeinschaften (EG)", „Nord-" und „Südamerika" unterschieden.

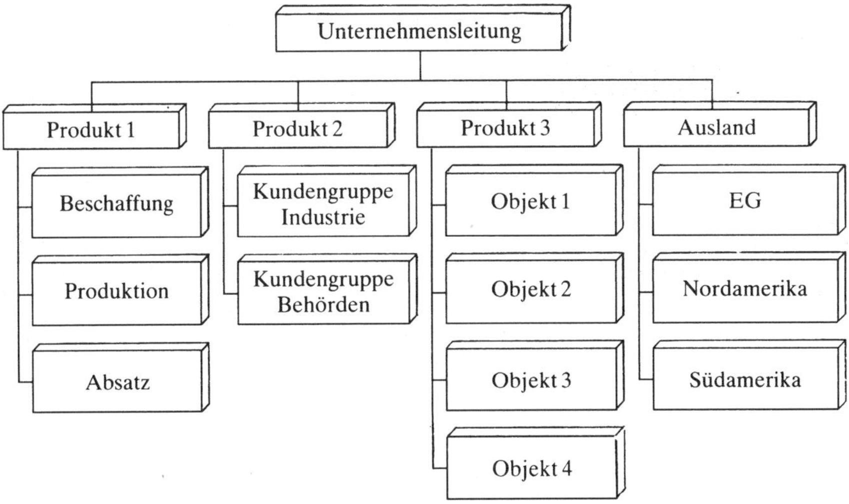

Abb. 2.13 Beispiel für eine säulenförmige Darstellung der Organisation

Eine kreisförmige Darstellung der Organisationsstruktur wurde von der Siemens AG vor der Reorganisation 1989 benutzt (Abb. 2.14).

In Abb. 2.14 wird deutlich, dass Siemens in sechs für das eigentliche Geschäft zuständige Unternehmensbereiche und fünf funktionale Zentralbereiche geglie-

[40] Vgl. zu einer umfassenden Darstellung von Vor- und Nachteilen verschiedener Darstellungen *Blum, E.,* Betriebsorganisation. Methoden und Techniken, Wiesbaden 1982, S. 100 ff.

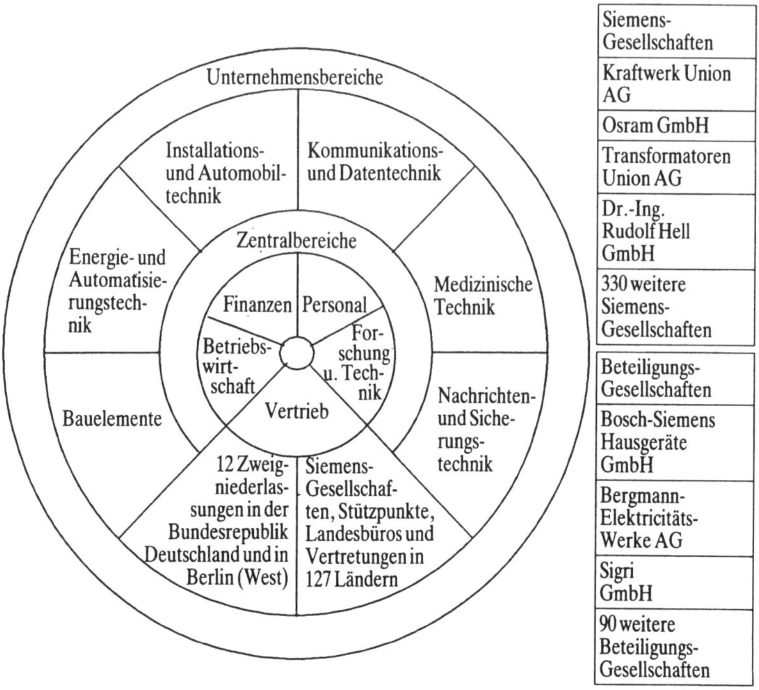

Abb. 2.14 Beispiel für eine kreisförmige Darstellung der Organisation (*Siemens AG*, 1.10.1985)

dert war. Vertriebsaktivitäten wurden von zwölf Zweigniederlassungen in Deutschland und zahlreichen Auslandsgesellschaften bzw. -vertretungen wahrgenommen. Siemens-Tochtergesellschaften wurden nicht in die Organisationsstruktur der Muttergesellschaft integriert, sondern als organisatorisch selbständige Tochtergesellschaften geführt.

Die Aussagekraft eines Organisationsschaubildes kann durch zusätzliche Angaben, die die Stellen- oder Abteilungsbezeichnung ergänzen, vergrößert werden. Beispiele hierfür sind u.a. der Name des Stelleninhabers, wichtige Kompetenzen des Stelleninhabers, Kennnummern oder Stellenschlüssel.[41]

Organisationsschaubilder geben nur einen groben Überblick über den hierarchischen Aufbau eines Unternehmens. Mit zunehmender Unternehmensgröße wird ein Organisationsschaubild schnell unübersichtlich und komplex. Begrenzt man Organisationsschaubilder aber auf wenige hierarchische Ebenen, dann lässt sich doch schnell ein Einblick in die Führungsorganisation gewinnen. Entsprechend wird gefordert, dass Organigramme „nur das Wesentliche der Organisationsstruktur (zeigen), aber dieses in sehr übersichtlicher und verständlicher

[41] Vgl. zu einem Überblick über Zusatzangaben zur Stellenbezeichnung *Blum, E.*, Betriebsorganisation. Methoden und Techniken, a.a.O., S. 93 ff.

Weise“[42]. So erhalten (neue) Mitarbeiter eines Unternehmens anhand des Organisationsschaubildes einen Überblick über die hierarchische Einordnung einer Stelle und über Beziehungen zu anderen Stellen. Kunden und Lieferanten wird der Zugang zu Ansprechpartnern erleichtert. Aktionären gibt ein in Geschäftsberichten veröffentlichtes Organisationsschaubild insbesondere bei weitverzweigter Geschäftstätigkeit Transparenz über das Unternehmensgeschehen und zeigt ihnen bei organisatorischen Umstrukturierungen an, dass die Unternehmensleitung sich neu auf den Markt ausrichtet, um für die Lösung zukünftiger Probleme besser gewappnet zu sein.

2. Stellenbeschreibung

Stellenbeschreibungen sind eine detaillierte Ergänzung von Organisationsschaubildern. *Ulrich/Staerkle* charakterisieren sie als höchste Stufe in der Festlegung des organisatorischen Aufbaus.[43]

„In Stellenbeschreibungen werden die weisungsbezogene und kommunikative Einordnung von Stellen, Aufgaben und Kompetenzen des Stelleninhabers sowie die Anforderungen an den Stelleninhaber festgehalten.“[44] Nach *Schwarz* liegen der inhaltlichen Konzeption einer Stellenbeschreibung drei Ziele zugrunde:[45]

- die widerspruchsfreie und detaillierte Fixierung der Unternehmensorganisation;
- eine Objektivierung der Lohn- und Gehaltsstruktur;
- die schriftliche Festlegung von Leistungsvorgaben und Leistungsnormen.

Inhalte von Stellenbeschreibungen[46]

1. Stellenbezeichnung

Zur genauen Stellenbezeichnung gehören der **Name** bzw. die **Position**, die der Stelleninhaber im Unternehmen innehat. Evtl. kann die Stellenbezeichnung durch **Kurzzeichen** oder **Nummernsysteme** präzisiert werden.

2. Dienstrang

Der Rang eines Stelleninhabers wird im Rahmen des **hierarchischen Unternehmensaufbaus** (z.B. Abteilungsleiter) oder aufgrund der **Bedeutung der Stelle** (z.B. Prokurist) ermittelt.

---

[42] *Ulrich, H., Staerkle, R.,* Verbesserung der Organisationsstruktur von Unternehmungen, 3. Auflage, Bern 1969, S. 41.

[43] Vgl. *Ulrich, H., Staerkle, R.,* Verbesserung der Organisationsstruktur von Unternehmungen, a.a.O., S. 45.

[44] *Schmidt, G.,* Methode und Techniken der Organisation a.a.O., S. 270.

[45] Vgl. *Schwarz, H.,* Betriebsorganisation als Führungsaufgabe, a.a.O., S. 227.

[46] Vgl. u.a. *Schwarz, H.,* Betriebsorganisation als Führungsaufgabe, a.a.O., S. 227 ff.; ders., Arbeitsplatzbeschreibungen, 7. Auflage, Freiburg i.Br. 1979; *Schmidt, G.,* Methode und Techniken der Organisation, a.a.O., S. 160 ff.

3. Unterstellung

Der Abschnitt „Unterstellung“ gibt über die Vorgesetzten des Stelleninhabers Auskunft. Neben dem direkten Vorgesetzten **(Hauptvorgesetzten)** werden oft Fach- und Disziplinarvorgesetzte benannt. **Fachvorgesetzte** erteilen dem Stelleninhaber Anweisungen für bestimmte Aufgaben, die nicht in die Zuständigkeit des Hauptvorgesetzten fallen. Der **Disziplinarvorgesetzte** ist vor allem bei Kompetenzüberschneidungen zwischen verschiedenen Stellen wichtig. Er hat die Aufgabe, derartige Konflikte zu schlichten. Disziplinar- und Hauptvorgesetzter sollten im Interesse der Objektivität beim Ergreifen von Disziplinarmaßnahmen nicht identisch sein. Vielmehr erscheint es geboten, dass der Disziplinarvorgesetzte eine höhere Instanz als der Hauptvorgesetzte ist.

4. Überstellung

In dem Abschnitt „Überstellung“ werden die Stellen benannt, die dem Stelleninhaber in Linien-, Stabs- und Dienstleistungsfunktion unterstellt sind. Mitarbeiter in **Linienfunktionen** entscheiden im Rahmen eines eigenen Delegationsbereichs. Der Stelleninhaber übt Dienstaufsicht und Erfolgskontrolle aus. Mitarbeiter in **Stabsfunktionen** haben keine Entscheidungskompetenzen. Sie sind gegenüber dem Stelleninhaber beratend tätig. Mitarbeiter in **Dienstleistungsfunktionen** sind Anbieter von bestimmten Leistungen (z.B. Statistiken), über deren Inanspruchnahme der Stelleninhaber im Rahmen seiner Kompetenzen entscheiden kann.

5. Ziel der Stelle

Ziele sollen Orientierungspunkte für das Verhalten des Stelleninhabers sein. Sie sind einerseits Maßstab für eine **Selbstkontrolle**, andererseits Kriterium für die **Erfolgsbeurteilung** durch den Vorgesetzten. Der Stelleninhaber soll aus dem Stellenziel wesentliche Einzelziele bestimmen und Schwerpunkte für seine Tätigkeit festlegen.

6. Stellvertretung

Es ist zu präzisieren, wer den Stelleninhaber bei Krankheit oder Urlaub vertritt **(passive Stellvertretung)**. Je nach Dauer der Abwesenheit des Stelleninhabers kann eine haupt- oder nebenamtliche Stellvertretung festgelegt werden. Gegebenenfalls können für verschiedene Aufgaben auch mehrere Stellvertreter benannt werden. Von der passiven Stellvertretung ist die **aktive Stellvertretung** zu unterscheiden. Bei der aktiven Stellvertretung handelt es sich um die Wahrnehmung von Aufgaben anderer Stellen, wenn deren Stelleninhaber ausfallen.

7. Aufgabenbereich

Zur Beschreibung des Aufgabenbereichs gehört die Auflistung der sachlichen Aufgaben, die der Stelleninhaber selbst zu erfüllen hat. Bei der Präzisierung des Aufgabenbereichs ist folgendes zu beachten:

- Aufgaben sind genau auf eine entsprechende Stelle hin einzugrenzen.
- Verschiedene Aufgabenbereiche sind zu kennzeichnen.
- Ist eine Aufgabe in Stab-, Linien- oder Dienstleistungsfunktion zu erfüllen?

- Soll eine Aufgabe vom Stelleninhaber selbst oder von dessen Mitarbeitern erfüllt werden?
- Wenn ein Stelleninhaber mehrere Stellen innehat, dann muss für jede einzelne Stelle der Aufgabenbereich präzisiert werden.
- Vage Formulierungen sind zu vermeiden.

8. Befugnisse

Unter der Rubrik „Befugnisse" sind **Vollmachten** des Stelleninhabers (z.B. Prokura, Handlungsvollmacht) aufzuführen.

Beispiel einer Stellenbeschreibung[47]

I. **Stellenbezeichnung:** Leiter des Verkaufs

II. **Dienstrang:** Direktor

III. **Unterstellung:** Geschäftsführer als Disziplinarvorgesetzter

IV. **Überstellung:**
A: *In Linienfunktion:* Leiter der Verkaufsabteilungen Inland und Ausland, der Versandabteilung, der Kundendienstabteilung und der Werbeabteilung.
B: *In Stabsfunktion:* Leiter der Marketing- und der Werbeabteilung.
C: *In Linien-, Stabs- und Dienstleistungsfunktion:* Sekretärin.

V. **Ziel der Stelle:**
Er hat eine Verkaufsorganisation auf- und auszubauen und das Verkaufsgeschäft unter optimalem Einsatz aller ihm zur Verfügung stehenden Verkaufsinstrumente so zu steuern, dass die von der Unternehmensleitung festgelegten Marktziele mit dem größtmöglichen Gewinn auf Dauer erreicht werden. Dabei hat er seine Mitarbeiter so zu führen, dass er deren Initiative und Mitdenken dem Unternehmen nutzbar macht.

VI. **Stellvertretung:**
Er wird vertreten durch seinen hauptamtlichen Stellvertreter und vertritt seinerseits nebenamtlich den Leiter der Verkaufsabteilung Inland.

VII. **Aufgabenbereich:**
A. *In Linienfunktion:*
1. **Verkaufspolitik:** Er entscheidet über den Zeitpunkt und das Aktionsprogramm zur Einführung neuer Produkte, bestimmt die Instrumente der Absatzpolitik, die endgültigen Verkaufs-Soll-Zahlen für die verschiedenen Warengruppen im In- und Ausland nach Anhören des Leiters der Produktion und die Grundsätze zur Behandlung von Reklamationen.

[47] Vgl. *Höhn, R.,* Stellenbeschreibung und Führungsanweisung, Bad Harzburg 1976, S. 302 ff.

2. **Verkauf:** Er trifft die Grundsatzentscheidungen über die Verkaufsförderung, über Preisnachlässe bei auslaufenden Produkten und über Sonderzahlungen und Lieferungen von Mustern.
3. **Personal:** Er entscheidet über Einstellung, Entlassung und Versetzung von Außendienstmitarbeitern und Mitarbeitern des Innendienstes bis zum Rang eines Abteilungsleiters, Aus- und Weiterbildungsmaßnahmen von Außendienstmitarbeitern und über die Richtlinien der Entlohnung.
4. **Verwaltung:** Er entscheidet über die Anschaffung von Organisationsmitteln für die ihm unterstellten Bereiche.

B: *In Stabsfunktionen:* Er berät den Geschäftsführer bei Festlegung der Einzelziele im Bereich Verkauf, bei der Entscheidung über die Einführung neuer und die Aufgabe alter Produkte und unterbreitet ihm Vorschläge für das Schulungsprogramm im Bereich Verkauf.

C: *Nach außen wahrzunehmende Aufgaben:* Er besucht ausgewählte Kunden zu Kontaktzwecken und verhandelt mit Finanzierungsinstitutionen wegen Sonderfragen der mittelfristigen Finanzierung im Auslandsgeschäft.

VIII. **Besondere Befugnisse:**
Er unterschreibt seine Post als Einzelprokurist, kann Geschäftsreisen bis zu einer Reisedauer von 7 Tagen ohne Genehmigung durchführen, verfügt über einen Geschäftswagen und unterliegt nicht der im Unternehmen allgemein üblichen Arbeitszeit.

Stellenbeschreibungen bieten bei folgenden Aufgaben eine Hilfestellung:

„im Rahmen der **Gesamtorganisation:**

- Hilfe bei der Stellenbildung und -besetzung
- Förderung der Aufgabendelegation und Vermeidung der Rückdelegation
- Unterstützung von Rationalisierungsbemühungen

im Rahmen betrieblicher **Teilbereiche:** Arbeitshilfe

- im Personalwesen
- für Kostenrechnung und Betriebsstatistik
- für Innen- und Außenrevision.“[48]

Stellenbeschreibungen haben folgende **Vorteile:**[49]

- Transparenz und Klarheit über Aufgabenverteilung, Unterstellungsverhältnisse und Kompetenzen;
- leichtere Einarbeitung neuer Mitarbeiter;
- bessere Koordination und Abstimmung verschiedener Abteilungen;
- Klarheit bei der Stellvertretung.

[48] *Schwarz, H.,* Betriebsorganisation als Führungsaufgabe, a.a.O., S. 227.

[49] Vgl. u.a. *Acker, H. B.,* Stellenbeschreibung, in: Handwörterbuch der Organisation (1969), a.a.O., Sp. 1582 ff.

Allerdings stehen dem auch einige **Nachteile** gegenüber:

- hoher Personalaufwand bei der Einführung;
- Erfordernis ständiger Überwachung und Aktualisierung;
- Gefahr von Unübersichtlichkeit aufgrund des Umfangs.

Stellenbeschreibungen können zu einem **Organisationshandbuch** zusammengefasst werden. In einer solchen Zusammenfassung von organisatorischen Regeln eines Unternehmens finden sich in der Regel neben Stellenbeschreibungen u.a. Organisationsschaubilder, Führungsanweisungen sowie eine Hausordnung.

3. Kommunikationsdiagramm

Kommunikationsdiagramme sollen Kontakte zwischen verschiedenen Abteilungen sowie deren Häufigkeit graphisch veranschaulichen.[50] Abb. 2.15 zeigt beispielsweise ein Kommunikationsdiagramm für sechs Abteilungen. **Die Strichstärke gibt Auskunft über Kommunikationshäufigkeit oder -dauer.** So bestehen zwischen Abteilung 2 und Abteilung 4 die meisten Kontakte. Die Häufigkeit der Kontaktaufnahme zwischen den anderen Abteilungen ist wesentlich niedriger.

Kommunikationsdiagramme sind eine Ergänzung von Organisationsplänen und Stellenbeschreibungen. Kommunikationsbeziehungen lassen sich so komprimiert und übersichtlich darstellen. *Schmidt* weist darauf hin, dass dieser Vorteil nur zum Tragen kommt, wenn wenig verschiedene Organisationseinheiten zu berücksichtigen sind. Ansonsten besteht die Gefahr, dass weniger häufige

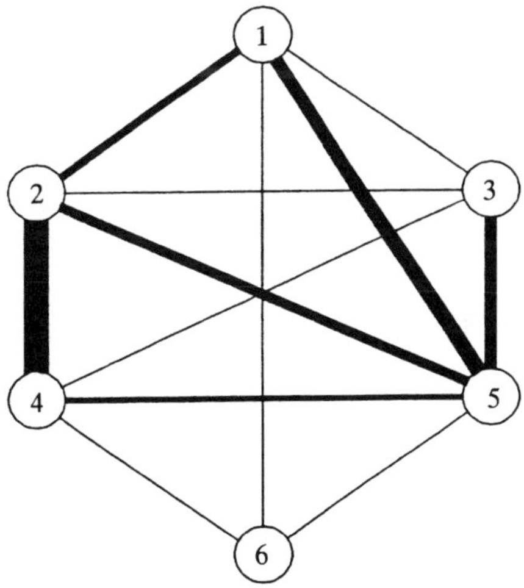

Abb. 2.15 Kommunikationsdiagramm in Kreisform

[50] Vgl. u.a. *Acker, H. B.,* Organisationsanalyse. Verfahren und Techniken praktischer Organisationsarbeit, 9. Auflage, Baden-Baden, Bad Homburg v.d.H. 1977, S. 62 ff.

Kontakte gegenüber Hauptverkehrswegen untergehen.[51] Diesem Nachteil kann man mit einer **Darstellung in Dreiecksform** begegnen. In der Dreiecksform wird die Häufigkeit von Kontakten explizit genannt.

Abb. 2.16 zeigt ein Kommunikationsdiagramm in Dreiecksform. Die Häufigkeit von Kontakten wird innerhalb des Dreiecks in den Schnittstellen zwischen zwei Abteilungen genannt. Die Dreiecksdarstellung hat so den Vorteil einer größeren Genauigkeit in der Verdeutlichung von Kontakthäufigkeiten.

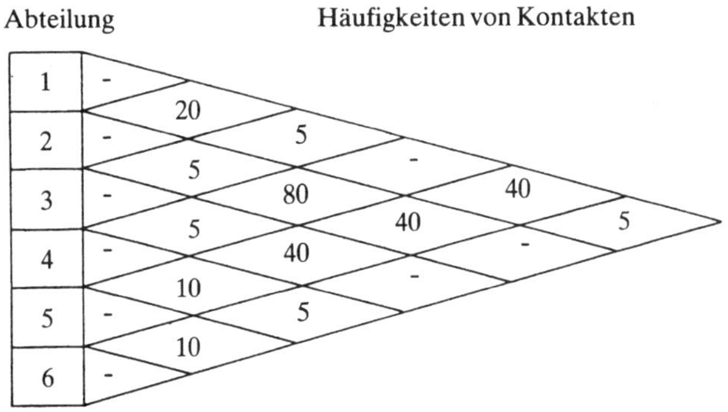

Abb. 2.16 Kommunikationsdiagramm in Dreiecksform

Die Komplexität von Kommunikationsdiagrammen kann man verringern, indem man nur relevante Ausschnitte aus den Informationsbeziehungen herausgreift. Beispielsweise bietet es sich an, Kommunikationsbeziehungen einer einzigen Abteilung zu betrachten. Abb. 2.17 zeigt dies am Beispiel der Abteilung „Frachtverkauf und Frachttechnik“ der *Lufthansa AG.* In Abb. 2.17 ist die relative Häufigkeit von Informationsbeziehungen der Abteilung „Frachtverkauf und Frachttechnik“ mit unternehmensinternen und -externen Stellen ersichtlich.[52]

4. Funktionendiagramm

Das Funktionendiagramm ist eine übersichtliche Zusammenfassung der Funktionen, die verschiedene Stellen im Hinblick auf eine Aufgabe zu erfüllen haben.[53]

---

[51] Vgl. *Schmidt, G.,* Methode und Techniken der Organisation, a.a.O., S. 186.

[52] Vgl. *Albach, H., Gabelin, T.,* Mitarbeiterführung. Text und Fälle, Wiesbaden 1983, S. 146 ff.

[53] Vgl. *Ulrich, H., Staerkle, R.,* Verbesserung der Organisationsstruktur von Unternehmungen, a.a.O., S. 41 ff.

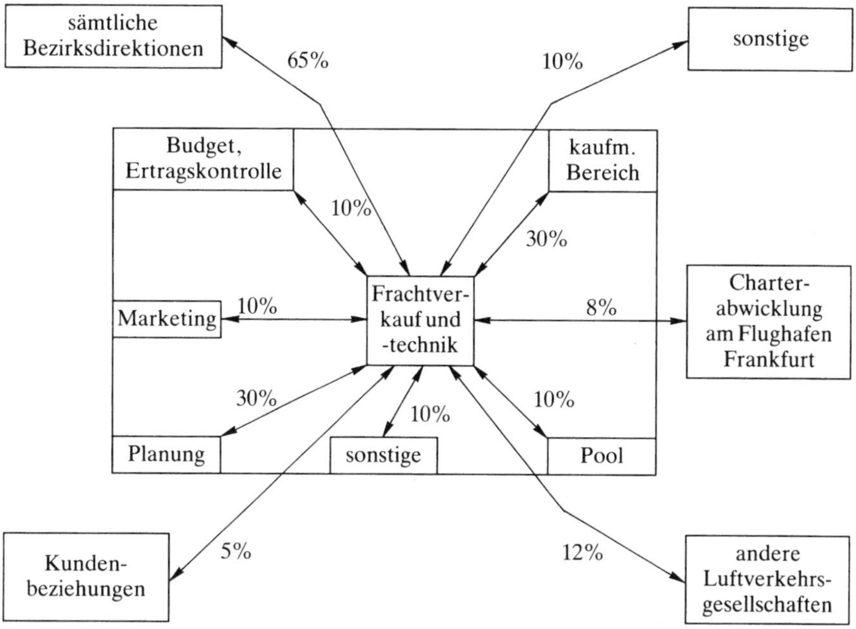

Abb. 2.17 Kommunikationsdiagramm einer einzelnen Abteilung der *Lufthansa AG*

Konkret werden dargestellt:

„• die Summe der Teilaufgaben
- die interne Arbeitsteilung und
- damit die Interdependenzen verschiedener Aufgabenträger bei der Erfüllung der Aufgaben und
- die Kombination der Teilaufgaben beim einzelnen Aufgabenträger.“[54]

Abb. 2.18 zeigt die Grundstruktur eines Funktionendiagramms. Auf der **horizontalen Achse** werden die Stellen, die zur Erfüllung der dargestellten Aufgaben einen Beitrag leisten, eingetragen. Auf der **vertikalen Achse** werden die verschiedenen Sachaufgaben aufgezählt. In der Schnittstelle der Matrix wird die Funktion, die eine bestimmte Stelle an einer konkreten Sachaufgabe zu erfüllen hat, mit Hilfe von Symbolen gekennzeichnet.

[54] *Schmidt, G.,* Methode und Techniken der Organisation, a.a.O., S. 279.

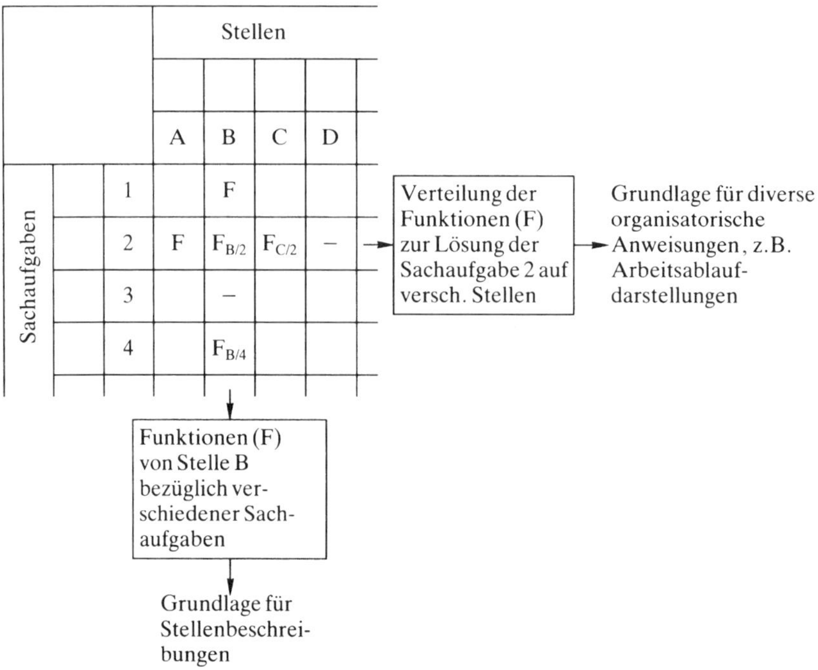

Abb. 2.18 Grundstruktur eines Funktionendiagramms

Ulrich/Staerkle unterscheiden folgende **Funktionen und Symbole**:[55]

1. P = Planung (oder Entscheidungsvorbereitung)
2. E_G = Grundsatzentscheidung
   E_W = Entscheidung in wichtigen Fällen
   E_A = Entscheidung im Ausnahmefall
   E_N = Entscheidung im Normalfall
   E_M = Mitentscheidung
   E_K = Kollektiventscheidung (in Ausschüssen usw.)
3. A = Ausführung oder Sachbearbeitung
   A_W = Ausführungsvorbehalt für wichtige Fälle
4. K_L = Kontrolle (Überprüfung der Leistung auf Qualität und Quantität)
   K_E = Ergebniskontrolle und -auswertung
   (Die Kontrollfunktion geht in der Regel parallel zur Entscheidungsfunktion und wird daher der Einfachheit halber nur aufgeführt, wenn sie einer besonderen Stelle übertragen wird.)
5. B = Beratung (Recht zur beratenden Mitwirkung)
   V = Vorschlag (spezifisches Recht zur Initiative, zum „ersten Schritt")

[55] Vgl. *Ulrich, H., Staerkle, R.,* Verbesserung der Organisationsstruktur von Unternehmungen, a.a.O., S. 42 f.

Zusammenfassend ist aus den **Zeilen** des Funktionendiagramms ersichtlich, wie die Funktionen zur Lösung einer Sachaufgabe auf verschiedene Stellen verteilt werden. Die Zeilen des Funktionendiagramms sind somit eine Grundlage für Arbeitsablaufdarstellungen. Aus den **Spalten** sind die Funktionen ersichtlich, die von einzelnen Stellen an verschiedenen Sachaufgaben zu erfüllen sind. Die Spalten eines Funktionendiagramms sind dadurch Grundlage für die Erstellung von Stellenbeschreibungen.

Ulrich/Staerkle heben zwei Fälle hervor, in denen die Fixierung der Organisation mit Funktionendiagrammen besonders geeignet ist:

„1. Um innerhalb einer Abteilung die sukzessive Delegation von Funktionen – vor allem von Entscheidungsbefugnissen – auf die verschiedenen leitenden Stellen der organisatorischen Hierarchie festzulegen (...);
2. um bei komplexen Aufgaben, an deren Erfüllung eine Reihe von Stellen aus verschiedenen Abteilungen mitwirken, die Funktionen dieser Stellen zu bestimmen und voneinander abzugrenzen. Beispiele: Entwicklung neuer Produkte, Budgetierung, Sortimentsplanung, Preispolitik, Reorganisationen.“[56]

Funktionendiagramme haben folgende Vor- und Nachteile:[57]

- **Vorteile**
  - Übersichtliche und knappe Darstellung;
  - Organisatorische Mängel lassen sich leicht erkennen;
  - Niedriger Änderungsaufwand.
- **Nachteile**
  - Abgrenzungsschwierigkeiten bei der Aufgabengliederung;
  - Aufgrund der schematischen Darstellungsweise lassen sich detaillierte Regelungen (z.B. für Normal- und Sonderfälle) nicht darstellen.

5. Entscheidungstabelle

Entscheidungstabellen sind eine übersichtliche Zusammenfassung von Entscheidungsregeln, die Auskunft über Maßnahmen geben, die unter bestimmten Bedingungskonstellationen zu ergreifen sind.[58]

Entscheidungstabellen sind in vier Sektoren aufgebaut. Im **linken oberen Sektor** werden explizit alle möglichen Umweltzustände, die beim Treffen einer Entscheidung zu berücksichtigen sind, erfasst. Im **rechten oberen Sektor** werden zu den genannten Umweltzuständen alle möglichen Ausprägungen unterschieden. In der **unteren Hälfte werden links** die zu ergreifenden Maßnahmen aufgezählt; **rechts** wird konkret kenntlich gemacht, welche Maßnahme unter den gegebenen Ausprägungen aller Umweltzustände zu ergreifen ist. Abb. 2.19 zeigt die Grundstruktur einer Entscheidungstabelle.

---

[56] *Ulrich, H., Staerkle, R.,* Verbesserung der Organisationsstruktur von Unternehmungen, a.a.O., S. 43.

[57] Vgl. *Schmidt, G.,* Methode und Techniken der Organisation, a.a.O., S. 285.

[58] Vgl. *Schmidt, G.,* Methode und Techniken der Organisation, a.a.O., S. 326; *Blum, E.,* Betriebsorganisation. Methoden und Techniken, a.a.O., S. 200 ff.

Umweltbedingungen				
Z1	J[a]			
Z2	N			....
Z3	N			
Z4	N			
Aktionen				
A1				
A2	X[b]			....
A3				

[a] J = Umweltbedingung trifft zu
N = Umweltbedingung trifft nicht zu
[b] X = Maßnahme ist zu ergreifen

Abb. 2.19 Grundstruktur einer Entscheidungstabelle

Entscheidungstabellen müssen folgenden **Anforderungen** genügen:

- **Vollständigkeit,** d.h. alle möglichen Umweltkonstellationen (auch Ausnahmesituationen) sind explizit zu berücksichtigen.
- Keine **Redundanz,** d.h. gleiche Bedingungskonstellationen mit identischen Maßnahmen dürfen nicht mehrfach genannt werden.
- **Widerspruchsfreiheit,** d.h. gleiche Bedingungskonstellationen dürfen keine unterschiedlichen Maßnahmen hervorrufen.

Entscheidungstabellen werden mit zunehmender Anzahl von Umweltbedingungen und möglichen Ausprägungen schnell unübersichtlich und komplex. Unterscheidet man beispielsweise vier Umweltbedingungen mit je zwei Ausprägungen, so ergeben sich 16 Bedingungskonstellationen ($4^2 = 16$). Unterscheidet man acht Umweltbedingungen, so ergeben sich bereits 64 Bedingungskonstellationen ($8^2 = 64$). Zur **Komplexitätsreduktion** sind deshalb folgende Möglichkeiten zu überprüfen:

- **Verdichtung:** Wenn eine bestimmte Konstellation der Ausprägungen von (n–1) Umweltzuständen unabhängig von der Ausprägung des n-ten Umweltzustandes stets eine bestimmte Maßnahme hervorruft, dann können Entscheidungsregeln durch Einführen des Symbols U (für: Bedingung ist für eine Entscheidung unerheblich), wie das nachfolgende Beispiel zeigt, vereinfacht werden.

Z 1	J	J	J	J
Z 2	J	J	J	J
Z 3	J	N	N	J
Z 4	J	J	N	N
A 1		X	X	X
A 2	X			

→

Z 1	J	J	J
Z 2	J	J	J
Z 3	J	N	J
Z 4	J	U	N
A 1		X	X
A 2	X		

U = unerheblich

- **ELSE-Regel (‚else-decision-rule‘):** Nach der ELSE-Entscheidungsregel werden alle Bedingungen zusammengefasst, die gleiche Entscheidungen hervorrufen.

Vorteile von Entscheidungstabellen sind die Präzision, mit der Arbeitsanweisungen vorgegeben werden können, und die Möglichkeiten zu einer direkten Programmierung von Entscheidungsprozessen.

6. Netzplantechnik

Die Netzplantechnik ist eine Darstellungsform zur Planung, Überwachung und Steuerung von Einzelprojekten. In einem Netzplan werden alle Teilaufgaben eines Projekts dargestellt. Dabei werden verrichtungs-, objekt- und zeitorientierte Abhängigkeiten aufgezeigt und mit Hilfe spezieller Rechentechniken ausgewertet.

Nach der **„Critical Path Method" (CPM)** wird bei Aufstellung und Auswertung von Netzplänen folgendermaßen vorgegangen:

Aufstellen einer Tätigkeitsliste

Zu jeder Tätigkeit sind folgende Angaben notwendig:

- Wieviel Zeit nimmt die Tätigkeit in Anspruch?
- Welche Tätigkeiten müssen vorher beendet sein?
- Welche Tätigkeiten können erst nachher beginnen?

Beispiel:

Tätigkeit	Dauer (in Wochen)	Vorgänger	Nachfolger
I	2	–	II, III
II	4	I	IV, V
III	5	I	VI, VII, VIII
IV	6	II	VI, VII, VIII
V	2	II	VII, VIII
VI	1	III, IV	IX
VII	3	III, IV, V	IX
VIII	4	III, IV, V	–
IX	5	VI, VII	–

Darstellen von Tätigkeiten als Pfeile

Der Beginn eines Vorgangs (i, j) (entspricht einer Tätigkeit) wird als Anfangsereignis i, das Ende als Schlussereignis j bezeichnet. Anfangs- und Schlussereignis eines Vorgangs werden mit Kreisen (Knoten) gekennzeichnet.

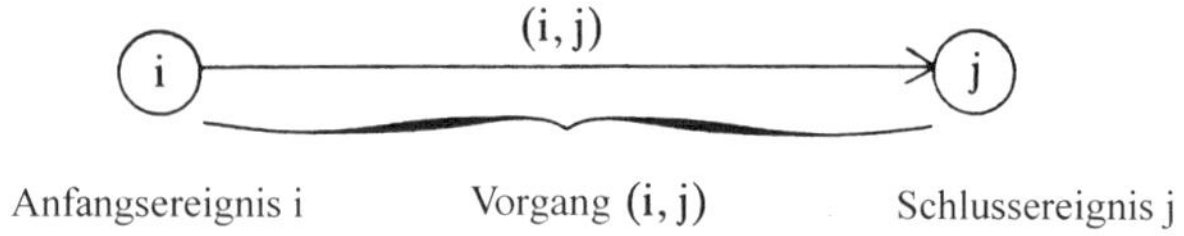

Die Vorgänge werden entsprechend ihrer Abhängigkeiten von links nach rechts angeordnet. Zur Tätigkeit (i, j) wird jeweils der Zeitbedarf c(i, j) angegeben. Aus diesem Grund wird der CPM-Netzplan auch als Vorgangspfeilnetzplan bezeichnet. Anfangs- und Schlussereignisse werden von links nach rechts durchnummeriert. Das Anfangsereignis wird dabei auch als Quelle (q), das Schlussereignis als Senke (s) bezeichnet. Ein CPM-Netzplan besitzt immer genau eine Quelle q und eine Senke s. Die den Vorgängen des Netzplans entsprechenden Pfeile (→) werden mit den Dauern der Vorgänge bewertet, die den Scheinvorgängen entsprechenden Pfeile (– – →) werden mit der Dauer 0 bewertet. Unter Scheinvorgängen versteht man fiktive Vorgänge der Dauer Null. Diese sind in bestimmten Fällen nötig, um zeitliche Abhängigkeiten zwischen den Vorgängen eines Projekts graphisch korrekt abbilden zu können.

Fortsetzung Beispiel:

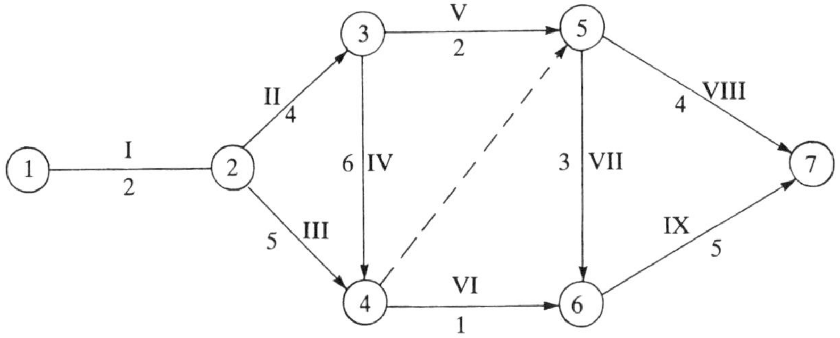

In einem CPM-Netzplan ist jeder Knoten von der Quelle q und die Senke s von jedem Knoten aus erreichbar. Der Knoten q entspricht dem Projektbeginn, der Knoten s entspricht dem Projektende.

Berechnung der Projektdauer

Der früheste (späteste) Eintritt von Ereignis i sei FZ_i (SZ_i).

Es gilt:

$$FZ_1 = 0,$$
$$FZ_j = \max_{i \varepsilon V(j)} (FZ_i + c\,(i, j)),\ (j = 2, ..., n),$$

mit

$V(j)$ = Vorgänger von Zeitpunkt j,

$$SZ_n = FZ_n,\ n = \text{Endergebnis}$$
$$SZ_i = \min_{j \varepsilon N(i)} (SZ_j - c\,(i, j))\ ,\ (i = n - 1, ..., 1).$$

$N(i)$ = Nachfolger von Zeitpunkt i.

Fortsetzung Beispiel:

Ereignis	FZ_i	SZ_i
1	0	0
2	2	2
3	6	6
4	12	12
5	12	12
6	15	15
7	20	20

Ergebnis: Das Projekt ist frühestens nach 20 Wochen abgeschlossen.

Berechnung der Pufferzeiten

Unter Pufferzeiten versteht man einen zeitlichen Dispositionsspielraum bei einer Tätigkeit, ohne dadurch die früheste Schlusszeit des Projekts zu gefährden. Eine Pufferzeit (P_{ij}) für die Tätigkeit (i, j) berechnet sich als Differenz aus der frühestmöglichen (FAZ_{ij}) und spätestmöglichen (SAZ_{ij}) Anfangszeit von Vorgang (i, j) bzw. als Differenz aus frühestmöglicher (FEZ_{ij}) und spätestmöglicher (SEZ_{ij}) Schlusszeit von Vorgang (i, j):

Es gilt: $P_{ij} = SAZ_{ij} - FAZ_{ij}$ oder
$P_{ij} = SEZ_{ij} - FEZ_{ij}$,

mit
$FAZ_{ij} = FZ_i$
$FEZ_{ij} = FZ_i + c\ (i, j)$
$SAZ_{ij} = SZ_j - c\ (i, j)$
$SEZ_{ij} = SZ_j$

Fortsetzung Beispiel:

Tätigkeit	FAZ_{ij}	SAZ_{ij}	FEZ_{ij}	SEZ_{ij}	P_{ij}
I	0	0	2	2	0
II	2	2	6	6	0
III	2	7	7	12	5
IV	6	6	12	12	0
V	6	10	8	12	4
VI	12	14	13	15	2
VII	12	12	15	15	0
VIII	12	16	16	20	4
IX	15	15	20	20	0

Ergebnis: Pufferzeiten ergeben sich bei folgenden Tätigkeiten:

- III (5 Wochen)
- V (4 Wochen)
- VI (2 Wochen)
- VIII (4 Wochen)

} nicht kumulativ!

Die übrigen Tätigkeiten weisen keine Pufferzeiten auf. **Die Tätigkeiten ohne Pufferzeiten (I, II, IV, VII, IX) ergeben den kritischen Weg.**

Neben CPM haben in der Praxis zwei Varianten besondere Bedeutung erlangt: MPM (Metra Potential Method) und PERT (Program Evaluation and Review Technique). **MPM** unterscheidet sich von CPM in der Darstellungsweise. Nach CPM werden Tätigkeiten als Pfeile, nach MPM als Knoten gekennzeichnet. **PERT** berücksichtigt zusätzlich zur geschätzten Dauer des Projekts optimistische und pessimistische Zeitangaben. Die für den Netzplan als relevant erachtete Tätigkeitsdauer wird nach folgender Formel errechnet:

$$c\,(i\,,j) = \frac{a + 4m + b}{6}$$

mit a = optimistische Zeitschätzung,
m = wahrscheinliche Zeitdauer,
b = pessimistische Zeitschätzung.

Folgende **Vorteile** der Netzplantechnik sind zu nennen:[59]

- Die Netzplantechnik gibt einen Überblick über alle Tätigkeiten im Rahmen eines Projekts und zeigt gegenseitige Abhängigkeiten.
- Die Netzplantechnik bietet eine Hilfestellung, um ein Projekt genau zu durchdenken und frühzeitig Anpassungsmaßnahmen zu ergreifen.
- Die Netzplantechnik ermöglicht eine genaue Vorhersage wichtiger Zwischentermine und des Endtermins, zeitliche Engpässe und Pufferzeiten werden transparent.

Der CPM-Netzplan besitzt im Speziellen folgende **Vorteile**:[60]

- Der CPM-Netzplan ist sehr anschaulich.
- Die Dauern der Vorgänge werden explizit erfasst und lassen sich leicht ablesen.
- Es sind einfache Zeitrechnungen möglich.

Nachteile des CPM-Netzplans sind unter anderem:

- Man benötigt für eine korrekte Darstellung Scheinvorgänge.
- Die Anzahl der benötigten Scheinvorgänge ist nicht eindeutig bestimmt.
- Es lassen sich nur einfache Strukturen darstellen.
- Der Änderungsaufwand ist im Vergleich zu einem MPM-Netzplan sehr hoch.

Literatur

Altrogge, G., Netzplantechnik, 2., völlig neu bearb. und erw. Aufl., München u.a. 1994.

Acker, H. B., Organisationsanalyse. Verfahren und Techniken praktischer Organisationsarbeit, 9. Auflage, Baden-Baden, Bad Homburg v.d.H. 1977.

Krüger, W., Grundlagen der Organisationsplanung, Gießen 1983.

Schmidt, G., Methode und Techniken der Organisation. 5. Auflage, Gießen 1983.

Schwarz, H., Betriebsorganisation als Führungsaufgabe, 9. Auflage, Landsberg am Lech 1983.

Wittlage, H., Methoden und Techniken praktischer Organisationsarbeit, 2. Auflage, Herne, Berlin 1986.

[59] Vgl. *Schwarz, H.*, Betriebsorganisation als Führungsaufgabe, a.a.O., S. 238 f.

[60] Vgl. *Neumann, K.*, Netzplantechnik, in: Gal, T. (Hrsg.), Grundlagen des Operations Research, Band 2, 3. durchges. Aufl., Berlin u.a. 1992, S. 165-260.

Kontrollfragen

1. Welche Techniken zur Darstellung einer Organisation kennen Sie und wie sind sie vom Organisationsgrad abhängig? Wie kann im Speziellen ein Organisationsschaubild aussehen und wann findet es Anwendung?
2. Was ist bei der Erstellung von Stellenbeschreibungen zu beachten und welche Inhalte sollten erfasst werden?
3. Diskutieren Sie Gründe, die für oder gegen Stellenbeschreibungen sprechen!
4. Inwiefern sind Kommunikationsdiagramme eine wichtige Ergänzung zu Organisationsschaubildern? Beschreiben Sie die Gestaltung eines Kommunikationsdiagramms in Dreieckform!
5. Für welche Tätigkeiten eignet sich der Einsatz einer Entscheidungstabelle?
6. Vergleichen Sie MPM- und PERT-Netzpläne mit CPM! Nennen Sie allgemeine Vor- und Nachteile der Netzplantechnik sowie spezielle Vor- und Nachteile von CPM!

Teil III: Aufbauorganisation

Erstes Kapitel: Organisationseinheiten

Der Begriff ‚Organisationseinheit' steht als Sammelbezeichnung für sämtliche organisatorische Einheiten, die durch die Zusammenfassung und Zuordnung von (Teil-)Aufgaben zu personalen Aufgabenträgern entstehen.[1] Die zu schaffenden Organisationseinheiten erfassen die zu erfüllende Aufgabe und die zur Erfüllung dieser Aufgabe eingesetzten Menschen und Sachmittel. In Bezug auf die Zahl der zur Aufgabenerfüllung eingesetzten Menschen ist zwischen Stelle und Stellenmehrheit zu unterscheiden.

1. Stelle und Arbeitsplatz

Die **Stelle** ist wie folgt gekennzeichnet:

Eine Stelle ist die kleinste organisatorisch zu definierende Organisationseinheit. Sie entsteht durch **Zuordnung von (Teil-)Aufgaben und gegebenenfalls von Sachmitteln auf einen einzelnen menschlichen Aufgabenträger.**

In der Regel wird die Stelle personenunabhängig definiert. Sie ist dann von der Aufgabe her determiniert und von einem Stellenwechsel einer konkreten Person nicht bedroht. Darüber hinaus ist die Stelle weder räumlich noch zeitlich festgelegt. Abweichend bedeutet Stelle (wobei häufig nicht zwischen Stelle und Arbeitsplatz unterschieden wird):

- Nach REFA:

  Unter einem Arbeitsplatz wird die Erfüllung einer Arbeitsaufgabe durch eine Person verstanden (Einzelarbeitsplatz); wird die Arbeitsaufgabe ganz oder teilweise durch zwei oder mehr Personen erfüllt, so handelt es sich um einen Gruppenarbeitsplatz; je nachdem, ob die Erfüllung einer Arbeitsaufgabe mit Hilfe von einem Betriebsmittel oder mehreren Betriebsmitteln geschieht, wird zwischen einstelliger oder mehrstelliger Einzelarbeit und Gruppenarbeit unterschieden.[2]

---

[1] Vgl. *Kosiol, E.*, Organisation der Unternehmung, 2. Auflage, Wiesbaden 1976, S. 89 ff.; *Nordsieck, F.*, Rationalisierung der Betriebsorganisation, 2. Auflage, Stuttgart 1955, S. 126 f.

[2] *REFA-Verband für Arbeitsstudien und Betriebsorganisation e.V.*, Teil 3: Kostenrechnung, Arbeitsgestaltung, 7. Auflage, München 1985, S. 122 ff.

- Nach 6 Abs. 1 Schwerbehindertengesetz (SchwbG):

  Arbeitsplätze sind „... alle Stellen, auf denen Arbeiter, Angestellte, Beamte, Richter sowie Auszubildende und andere zu ihrer beruflichen Bildung Eingestellte beschäftigt werden.“

- In der Kostenrechnung:

  Der Begriff der (Kosten-)Stelle findet zumeist im Sinne von Abteilung Verwendung. Im Rahmen des Rechenverfahrens der Platzkostenrechnung wird auf einen oder mehr Arbeitsplätze als Abrechnungseinheit abgestellt.

  Die Stelle ist von dem Arbeitsplatz als Ort der Aufgabenerfüllung zu unterscheiden. Zwischen Stelle und Arbeitsplatz sind die in Abb. 3.1 systematisierten Zusammenhänge möglich.

	ein Arbeitsplatz (Einplatzarbeit)	mehrere Arbeitsplätze (Mehrplatzarbeit)
eine Stelle (Einstellenarbeit)	1.1 einstellige Einplatzarbeit	1.2 einstellige Mehrplatzarbeit
mehrere Stellen (Mehrstellenarbeit)	2.1 mehrstellige Einplatzarbeit	2.2 mehrstellige Mehrplatzarbeit

Abb. 3.1 Stelle und Arbeitsplatz

zu 1.1 Sind eine Stelle und ein Arbeitsplatz identisch, so liegt **einstellige Einplatzarbeit** vor. Wird die Stellenaufgabe von einer einzigen konkreten Person an einem Arbeitsplatz (Einzelarbeitsplatz) erfüllt, so liegt Einplatz**einzel**arbeit vor. Dies ist der Fall bei der Tätigkeit einer Sekretärin, die ihre Stellenaufgabe an ihrem Arbeitsplatz allein erfüllt. Wird die Stellenaufgabe von mehreren konkreten Personen gemeinsam erfüllt, so liegt Einplatz**gruppen**arbeit vor. Zwei Sekretärinnen betreiben **‚Job Sharing‘**. Sie teilen sich einen Arbeitsplatz, indem die eine beispielsweise morgens und die andere am Nachmittag die Stellenaufgabe erfüllt.

zu 1.2 Umfasst eine Stelle mehrere Arbeitsplätze, so liegt **einstellige Mehrplatzarbeit** vor. Bei einstelliger Mehrplatz**einzel**arbeit kann es sich um **Mehrmaschinenarbeit** handeln, bei der ein konkreter Arbeitnehmer abwechselnd zwei oder mehr funktionsgleiche oder -ähnliche Maschinen bedient (z.B. das Überwachen mehrerer NC-Maschinen), oder um Stelleninhaber, die nach der Eigenart ihres Arbeitsverhältnisses üblicherweise nicht ständig an einem bestimmten Arbeitsplatz beschäftigt sind (z.B. Reisende, Montage- und Bauarbeiter). Bei einstelliger Mehrplatz**gruppen**arbeit sind mehrere Arbeitnehmer an getrennten Arbeitsplätzen zur Erfüllung einer gemeinsamen Stellenaufgabe tätig (z.B. Baukolonne).

zu 2.1 Sind mehrere Stellen an einem Arbeitsplatz zusammengefasst, so liegt **mehrstellige Einplatzarbeit** vor. Bei mehrstelliger Einplatz**einzel**arbeit werden unterschiedliche Stellenaufgaben an einem Arbeitsplatz **(Mischarbeitsplatz)** von einem konkreten Stelleninhaber erfüllt. Dieser Fall liegt vor, wenn in einem Kleinbetrieb ein Mitarbeiter für die unterschiedlichen Stellen ‚Kostenrechnung‘ und ‚Einkauf‘ zuständig ist. Bei mehrstelliger Einplatz**gruppen**arbeit werden unterschiedliche Stellenaufgaben an einem Arbeitsplatz **(Gruppenarbeitsplatz)** von mehreren konkreten Stelleninhabern, die arbeitsmäßig voneinander abhängig sind, erfüllt.

zu 2.2 Sind mehrere Stellen an mehreren Arbeitsplätzen zusammengefasst, so liegt **mehrstellige Mehrplatzarbeit** vor. Bei mehrstelliger Mehrplatz**einzel**arbeit werden unterschiedliche Stellenaufgaben an mehreren Arbeitsplätzen von einem konkreten Stelleninhaber erfüllt **(Mischeinzelarbeit)**. Denkbar ist der Fall eines Mitarbeiters, der die Stellen ‚Vertrieb' und ‚Service' an unterschiedlichen Arbeitsplätzen ausfüllt. Bei mehrstelliger Mehrplatzgruppenarbeit werden unterschiedliche Stellenaufgaben an mehreren Arbeitsplätzen gemeinsam von mehreren konkreten Stelleninhabern erfüllt **(Mischgruppenarbeit)**.

Mehrstellenarbeit dient im Rahmen von Bestrebungen zur Humanisierung der Arbeitswelt zur Erhöhung der Arbeitsvielfalt. Mehrstellenarbeit stellt eine Maßnahme der **qualitativen Aufgabenerweiterung (Job Enrichment)** dar, die sowohl der Vermeidung von einseitigen Belastungen dient als auch der Nutzung vorhandener fachlicher Kenntnisse und Qualifikation der mit der Aufgabenerfüllung betrauten konkreten Stelleninhaber.

Maßnahmen zur **quantitativen Aufgabenerweiterung (Job Enlargement)** beziehen sich dagegen auf die gleiche Stelle und sind daher als Einstellenarbeit anzusehen.

Wechselt eine Arbeitskraft in einem geplanten zeitlichen Rhythmus sowohl die Stelle als auch den Arbeitsplatz, so liegt ein **geplanter Stellenwechsel (Job Rotation)** vor. Eine besondere Art des Stellenwechsels liegt bei dem in der Industrie eingesetzten **„Springer"** vor, der bei Ausfall von Arbeitskräften vorübergehend deren Aufgabe erfüllt.

In Bezug auf die Stelle gilt der **Grundsatz der Kongruenz von Aufgabe, Kompetenz und Verantwortung**.[3] Der Grundsatz fordert untrennbar die Verknüpfung von Kompetenz, d.h. das Recht und die Pflicht, Aufgaben zu erfüllen, und der Verantwortung für die richtige Lösung der Aufgabe. Dahinter steht der Gedanke, dass eine Stelle nur für zurechenbare Fehler verantwortlich gemacht werden kann. Als zurechenbar können nur solche Fehler gelten, die auch im Einflussbereich des (möglichen) Stelleninhabers liegen. Dieser Wesensgehalt des Grundsatzes gilt unbenommen davon, dass in Ausnahmefällen und bei innovativen Aufgaben Inkongruenz zwischen Kompetenz und Verantwortung bewusst als Anreiz zur Initiative geschaffen wird.[4]

2. Stellenarten

Die zu unterscheidenden Stellenarten sind im Überblick in Abb. 3.2 dargestellt.

---

[3] Vgl. *Ulrich, H.*, Betriebswirtschaftliche Organisationslehre. Eine Einführung, Bern 1949, S. 113 ff.

[4] Vgl. *Hauschildt, J.*, Initiative, in: Handwörterbuch der Organisation, hrsg. von E. Grochla, Stuttgart 1969, Sp. 736 ff.; *Hamel, W.*, Diskrepanz zwischen Kompetenz und Verantwortung. Organisatorisches Übel oder Führungsinstrument, in: Schriften zur Unternehmensführung. Band 25: Betriebswirtschaftliche Forschungsergebnisse. Ihre Bedeutung für die Unternehmensführung, Wiesbaden 1978, S. 103 ff.

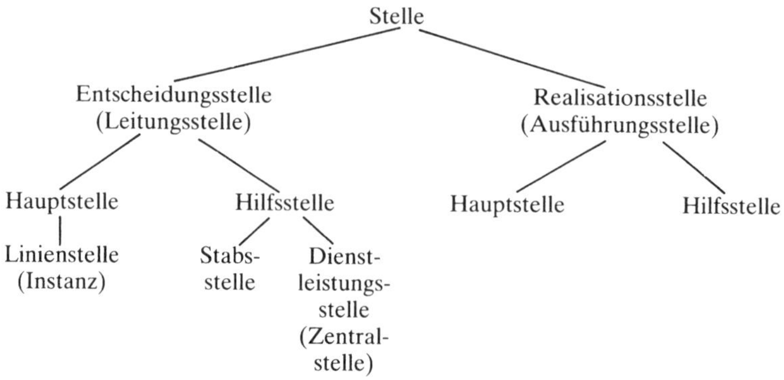

Abb. 3.2 Arten von Stellen

Leitungs- und Ausführungsstellen

Nach dem Entscheidungszusammenhang sind Leitungs- und Ausführungsstellen zu unterscheiden. Als wesentliches Charakteristikum der Leitung ist das Treffen von Entscheidungen anzusehen. Leitungsstellen grenzen sich damit gegenüber Stellen ab, die überwiegend mit der Ausführung der getroffenen Entscheidungen zu tun haben. Arbeitsteilung und Spezialisierung lassen es dabei zweckmäßig erscheinen, sowohl die Leitungs- als auch die Ausführungsstellen in Haupt- und Hilfsstellen zu unterteilen.[5]

Die Hauptstellen der Entscheidung sind für die Wahl zwischen alternativen Handlungsmöglichkeiten zuständig. Die Hilfsstellen der Leitung sind entscheidungsunterstützend tätig. Beispiele für Hilfsstellen der Entscheidung sind Statistik und Berichtswesen, Recht und Rechnungswesen oder EDV. Die Hauptstellen der Realisation haben unmittelbar mit der Erstellung und Erbringung von Produkten und Diensten zu tun. Die Hilfsstellen der Realisation sind ausführungsunterstützend tätig. Realisationshilfsstellen sind beispielsweise Reparatur, Lagerwesen oder Transport.

Leitungshauptstellen werden auch als **Linienstellen** oder **Instanzen** bezeichnet. Sie sind dadurch gekennzeichnet, dass sie im Entscheidungszusammenhang des Unternehmens über besondere Rechte und Pflichten verfügen:

- **Entscheidungsbefugnis,**
  das Recht, nach innen und außen verbindliche Entscheidungen zu fällen.
  a) Im Innenverhältnis bezeichnet dieses Recht die Führungs- oder Leitungsbefugnis.
  b) Im Außenverhältnis bezeichnet dieses Recht die Vertretungsbefugnis, verbindliche Rechtsgeschäfte mit Dritten abschließen zu dürfen.

[5] Vgl. *Grochla, E.*, Unternehmungsorganisation. Neue Ansätze und Konzeptionen, 4. Auflage, Reinbek bei Hamburg 1981, S. 63 ff.

- **Weisungsbefugnis** oder Anordnungsrecht,
  das Recht, anderen Stellen vorzuschreiben, welche Handlungen notwendig oder zu unterlassen sind.
  a) **Fachliche** Weisungsbefugnis oder Anordnungsbefugnis, das Recht, die zur Aufgabenerfüllung notwendigen Handlungsanweisungen zu treffen.
  b) **Disziplinarische** Weisungsbefugnis oder Anordnungsrecht, das Recht, personalpolitische Maßnahmen gegenüber anderen Stellen zu ergreifen, um das Handeln oder Verhalten von Personen zu loben oder zu tadeln.

Rechtsgrundlage für die Ausübung des Weisungsrechts ist § 121 Gewerbeordnung (GewO). Danach steht dem Arbeitgeber das sog. **Direktionsrecht** zu, das den Arbeitnehmer verpflichtet, den Anordnungen des Arbeitgebers im Hinblick auf die ihm im Rahmen seines Arbeitsverhältnisses übertragenen Aufgaben Folge zu leisten. Das Direktionsrecht des Arbeitgebers, das über die Gewerbeordnung hinaus allgemein im Arbeitsverhältnis gilt, ist arbeitsrechtlich durch die in den §§ 617-619 BGB geregelte **Fürsorgepflicht** des Arbeitgebers und die auf Seiten des Arbeitnehmers durch Rechtsprechung als besondere Ausprägung des Grundsatzes von Treu und Glauben im Arbeitsverhältnis entwickelte **Treuepflicht** zu ergänzen.

- **Verantwortung,**
  die Pflicht, Rechenschaft über Art und Weise sowie Ergebnis der Entscheidung zu geben.
  a) **Eigenverantwortung**, die Pflicht, Rechenschaft über das eigene Handeln zu geben.
  b) **Fremdverantwortung**, die Pflicht, im Rahmen einer sachgerechten Auswahl und Überwachung der an Mitarbeiter übertragenen Entscheidungs- und Weisungsbefugnisse für deren Handeln einzustehen.
  Die Fremdverantwortung ist das Ergebnis der Delegation von Entscheidungs- und Weisungsbefugnis der obersten Instanz, der originär diese Rechte zustehen. Delegierte Entscheidungs- und Weisungsbefugnisse sind derivative, abgeleitete Leitungsrechte.

  Verantwortung kann von den Stelleninhabern nur insoweit verlangt werden, als eine Einflussnahme auf Entscheidungssachverhalte (Entscheidungsbefugnis) gegeben ist. Außerdem bedarf es zur praktischen Wirksamkeit der Verantwortung einer Möglichkeit zur Beurteilung der Handlung durch Dritte und der Möglichkeit des Ziehens von Konsequenzen aus der Verantwortlichkeit mittels Sanktionen. Dies gilt gleichermaßen für die Eigen- wie Fremdverantwortung.

Nach *Kosiol* ist die Instanz zusätzlich berechtigt und verpflichtet, im Rahmen der ihr zugewiesenen Aufgabe selbständig Initiative zu ergreifen, indem sie sich für die sachgemäße Erfüllung der Aufgabe aktiv und richtungsweisend einsetzt.[6] Dieses Recht auf Initiative ist nicht ausschließlich instanzentypisch. Das Recht

---

[6] Vgl. *Kosiol, E.,* Organisation der Unternehmung, a.a.O., S. 104 f. Siehe auch *Gaugler, E.,* Instanzenbildung als Problem betrieblicher Führungsorganisation, Berlin 1966. Siehe auch *Nordsieck, F.,* Rationalisierung der Betriebsorganisation, a.a.O., S. 94 ff. und 113 ff., der zwischen folgenden Leistungsfunktionen trennt: Auftragserteilung, Vertretung, Entscheidung, Verantwortung, Berufung und Initiative. Nach *Nordsieck* steht die Berufungs- und Initiativfunktion auch Ausführungsstellen zu.

steht beispielsweise im Rahmen des innerbetrieblichen Vorschlagswesens oder der Arbeitnehmererfindung sämtlichen Stelleninhabern zu. Spezielle Initiativrechte stehen nach dem Betriebsverfassungsgesetz außerdem dem Betriebsrat zu.

Leitungshaupt- und Hilfsstellen

Leitungshauptstellen (Instanzen) lassen sich nach der hierarchischen Ebene in obere (Spitzen-)Instanzen, Zwischeninstanzen und untere (Basis-)Instanzen untergliedern. Die Zuordnung und Unterscheidung resultiert aus der Bedeutung der Entscheidung für Bestand und Entwicklung des Unternehmens sowie dem Anteil an Entscheidungsaufgaben im Verhältnis zu Ausführungsaufgaben der Instanz.[7]

- **Obere Instanzen (= Top Management)**

  Sie sind grundsätzlich mit Leitungsaufgaben befasst. Es handelt sich um Planungs-, Organisations- und Kontrolltätigkeiten im Unternehmensgesamtzusammenhang. Nach *Gutenberg*[8] sind der oberen Instanz die **echten Führungsentscheidungen** vorbehalten, die (a) aus dem Ganzen des Unternehmens heraus getroffen werden, (b) Bedeutung für den Bestand des Unternehmens haben und (c) nicht delegierbaren Charakter haben:

  - Festlegung und Bestimmung der Unternehmenspolitik auf weite Sicht mittels einer expansiven, hinhaltenden oder kontraktiven Geschäftspolitik (z.B. Diversifikation in neue Bereiche oder Verlassen bestimmter Märkte);
  - Koordinierung der großen betrieblichen Teilbereiche mittels ordnender Entscheidungen, wozu Organisationsentscheidungen zählen, um Ungleichgewichte und Spannungen zwischen den verantwortlichen Leitern der Teilbereiche zu lösen (z.B. Grundsatzentscheidungen über Lieferungen zwischen Unternehmensteilbereichen);
  - Beseitigung von Störungen außergewöhnlicher Art im laufenden Betriebsprozess, die Kenntnis des Gesamtzusammenhangs und Kompetenz der Unternehmensleitung erfordern;
  - Geschäftliche Maßnahmen von außergewöhnlicher betrieblicher Bedeutung, die das delegierbare Maß an Kompetenz und Verantwortung der Teilbereichsleiter übersteigt (z.B. Akquisitionen);
  - Besetzen von Führungsstellen im Unternehmen, die eine unternehmerische (Teil-)Aufgabe eigenverantwortlich wahrzunehmen haben.

---

[7] Vgl. hierzu u.a. *Anthony, R. N.*, Planning and Control Systems. A Framework for Analysis, Boston 1965; *Grochla, E.*, Unternehmungsorganisation a.a.O., S. 64 ff.; *Gutenberg, E.*, Grundlagen der Betriebswirtschaftslehre. Erster Band: Die Produktion, 23. Auflage, Berlin, Heidelberg, New York 1979, S. 131 ff.

[8] Vgl. *Gutenberg, E.*, Grundlagen der Betriebswirtschaftslehre. Erster Band: Die Produktion, a.a.O., S. 133 ff.; *ders.*, Unternehmensführung. Organisation und Entscheidungen, Wiesbaden 1962, S. 59 ff.

- **Zwischeninstanzen (= Middle Management)**

  Sie sind einerseits höheren Instanzen unterstellt und haben andererseits Anordnungsbefugnisse gegenüber nachgeordneten Instanzen. Der Schwerpunkt der Entscheidungen liegt im Rahmen der Konkretisierung der Unternehmensziele und der Verwirklichung verabschiedeter Unternehmenspläne durch operative Teilplanungen und Entscheidungen.

- **Untere Instanzen (= Lower Management)**

  Sie haben nur noch gegenüber Realisationsstellen Anordnungsbefugnisse. Sie sind selbst bereits in erheblichem Maß ausführend tätig. Der Schwerpunkt leitender Tätigkeiten liegt in der Konkretisierung operativer, kurzfristiger Pläne, der Übermittlung und Verständlichmachung dieser Pläne zur Ausführung, dem Vorführen oder Anlernen bestimmter Tätigkeiten sowie der unmittelbaren Beaufsichtigung der untergeordneten Ausführungsstellen (z.B. Meister in einem Industriebetrieb).

Leitungshilfsstellen sind entscheidungsunterstützend tätig. Zu unterscheiden ist zwischen Stabsstellen und Dienstleistungsstellen (Zentralstellen). Die Unterscheidung kann nach der Art der Entscheidungsunterstützung vorgenommen werden.[9] **Stabsstellen** haben danach Aufgaben der Entscheidungsvorbereitung zu erbringen. **Dienstleistungsstellen** haben demgegenüber primär entscheidungsvorgelagerte Aufgaben der Informationsbeschaffung und -umwandlung zu erfüllen. Abb. 3.3 zeigt diese Differenzierung zwischen Instanz, Stabsstelle und Dienstleistungsstelle nach der Art der Entscheidungsunterstützung.

	Informations-beschaffung und -umwandlung	Entscheidungs-vorbereitung	Wahlakt
Instanz	•	•	•
Stabsstelle	•	•	
Dienstleistungsstelle	•		

Abb. 3.3 Differenzierung zwischen Instanz, Stabsstelle und Dienstleistungsstelle nach der Art der Entscheidungsunterstützung

Die Unterscheidung nach der Art der Entscheidungsunterstützung ist praktisch nur schwer zu vollziehen. Die Übergänge zwischen Informationsumwandlung und Entscheidungsvorbereitung sind weitgehend fließend. Zur Unterscheidung bietet sich zusätzlich das Kriterium der Kompetenzzuordnung an. Dieses Kriterium soll im Weiteren die Unterscheidung zwischen Linienstelle (Instanz), Stabsstelle und Dienstleistungsstelle (Zentralstelle) präzisieren.

Leitungshilfsstellen (Stab, Dienstleistungs-(Zentral-)stelle) werden in der deutschen Organisationsliteratur üblicherweise dadurch gekennzeichnet, dass

[9] Vgl. hierzu *Grochla, E.*, Unternehmungsorganisation, a.a.O., S. 63 f.

sie entscheidungsunterstützend wirken, ohne über eigene Entscheidungs- und Weisungsbefugnisse zu verfügen.[10] Zwar sind im Rahmen unternehmenspolitisch bedeutsamer Entscheidungen auch in der Vorbereitungsphase Entscheidungen zu fällen, doch sind diese durch die Linie grundsätzlich revidierbar.

In jüngster Zeit ist die Revidierbarkeit angezweifelt und eine **Vorwegentscheidung durch Leitungshilfsstellen** unterstellt worden.[11] Die Instanzen der Linie verfügen danach nur mehr scheinbar über Entscheidungsmacht. Der endgültige Entscheid ist bereits durch den Stab vorweggenommen oder doch weitgehend durch die entscheidungsvorbereitende Tätigkeit des Stabs vorwegbestimmt. Stäbe haben danach aufgrund ihres Sachverstandes faktisch Entscheidungsmacht (Macht durch Wissen), ohne dass ihnen formal dieses Recht zusteht. Diese **Diskrepanz zwischen faktischer Entscheidungsmacht und formalem Entscheidungsrecht** betrifft den weisungslosen Stab. Diese Stabs-Charakteristik ist allerdings praktisch mehr die Ausnahme als die Regel.[12] In der Regel verfügen Stäbe ebenso wie Dienstleistungsstellen über ein „fachliches Weisungsrecht", das ihnen gestattet, im Rahmen ihrer Aufgabe Richtlinien und Anweisungen zu geben. In Bezug auf das fachliche Weisungsrecht wird im Folgenden zwischen Stab- und Dienstleistungsstelle getrennt.

Stabsstellen liegen vor, wenn die Stäbe über ein fachliches Weisungsrecht gegenüber nachgeordneten Stabsstellen verfügen. Dieses fachliche Weisungsrecht besteht gegenüber Mitarbeitern innerhalb einer „Stabsabteilung" oder gegenüber fachlich zugeordneten Stäben auf nachgeordneten hierarchischen Ebenen. Die Zuordnung eines disziplinarischen Weisungsrechts gegenüber den Mitarbeitern auf nachgeordneten hierarchischen Ebenen ist möglich.

Dienstleistungsstellen liegen vor, wenn diese über ein fachliches Weisungsrecht auch gegenüber (nachgeordneten) Instanzen der Linie verfügen. Dienstleistungsstellen nehmen in eigenständiger Weise Linienaufgaben wahr. Es handelt sich um Aufgaben, für die ursprünglich Linieneinheiten mit zuständig waren und für die nunmehr selbständige Stellen gebildet werden. So erhalten Dienstleistungsstellen das Recht, Rahmenregelungen oder Richtlinien vorzugeben, um eine unternehmenseinheitliche und/oder wirtschaftliche Aufgabenerfüllung sicherzustellen. Darüber hinaus sind Dienstleistungsstellen zur Entlastung der Linie beratend tätig. Wegen der zentralen Wahrnehmung von Linienaufgaben werden Dienstleistungsstellen auch **Zentralstellen** genannt.[13] Beispiele sind Stellen für Personal, Rechnungswesen, EDV oder Patente und Lizenzen. Die Zuordnung von disziplinarischen Weisungsrechten gegenüber Mitarbeitern nachgeordneter Dienstleistungsstellen oder gegenüber Instanzen ist möglich. Abb. 3.4 verdeutlicht die Differenzierung zwischen Instanz, Stabsstelle und Dienstleistungsstelle nach Art und Umfang der Weisungs- und Anordnungsbefugnisse.

---

[10] Vgl. *Staerkle, R.*, Stabsstellen in der industriellen Unternehmung, Bern 1961.

[11] Vgl. *Irle, M.*, Macht und Entscheidungen in Organisationen. Studie gegen das Linien-Stab-Prinzip, Frankfurt am Main 1971.

[12] Vgl. auch *Poensgen, O.*, Geschäftsbereichsorganisation, Opladen 1973, S. 36 ff.; *Hoffmann, F.*, Entwicklung der Organisationsforschung, 3. Auflage, Wiesbaden 1976, S. 317 f.

[13] Vgl. *Altfelder, F.*, Stabsstellen und Zentralabteilungen als Formen der Organisation der Führung, Berlin 1965.

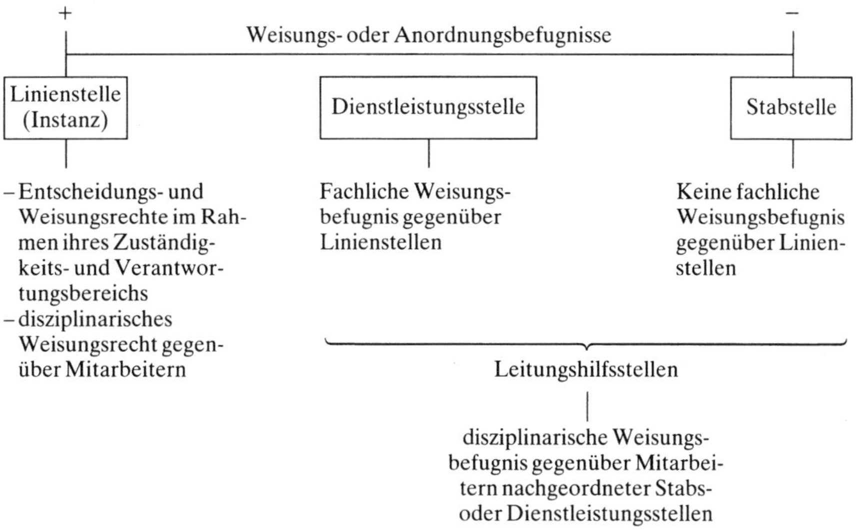

Abb. 3.4 Differenzierung zwischen Instanz, Stabsstelle und Dienstleistungsstelle nach Art und Umfang der Kompetenz

Dotted-Line-Prinzip

In der amerikanischen Literatur werden die fachlichen Weisungsrechte von Stäben und Dienstleistungsstellen als „dotted-Line-Prinzip“ bezeichnet. Das dotted-Line-Prinzip ist abgeleitet aus der schaubildlichen Darstellung von Stellen. Weisungsbeziehungen zwischen Instanzen werden mit „durchgezogenen Linien“ markiert, fachliche Weisungsbeziehungen zwischen Stab und Linie oder zwischen Stäben werden mit „gestrichelten Linien“ (dotted lines) gekennzeichnet. Die Unterscheidung basiert auf der Trennung zwischen Linie und Stab, wobei auch Dienstleistungsstellen häufig als Stab bezeichnet werden. Als Resultat verbleibt nur noch eine Dreiteilung zwischen leitenden, unterstützenden und ausführenden Stellen.

3. Stellenbildung

Die Bildung von Organisationseinheiten kann schwerpunktmäßig im Hinblick auf die Aufgabe (aufgabenbezogene Stellenbildung), den Menschen oder das Sachmittel (aufgabenträgerbezogene Stellenbildung) sowie auf den Beziehungsaustausch mit anderen Stellen (interdependenzbezogene Stellenbildung) erfolgen. Darüber hinaus haben Unternehmen (Betriebe) eine gesetzlich normierte Stellenbildung zu beachten.

3.1 Aufgabenbezogene Stellenbildung

Bei der aufgabenbezogenen Stellenbildung wird von den konkreten Aufgabenträgern (Mensch und Sachmittel) abstrahiert. **Teilaufgaben mit gleichen Aufgabenmerkmalen** werden zusammengefasst und den Aufgabenträgern zugeordnet.[14] Der Grad der Zusammenfassung bestimmt das Maß an **Zentralisation** bzw. **Dezentralisation** von Teilaufgaben, die hinsichtlich eines Merkmales gleichartig sind. Vorrangig erfolgt die (De-) Zentralisation nach Verrichtungs- und Objektmerkmalen, d.h. gleichartige Verrichtungen (z.B. Einkauf, Produktion) bzw. gleichartige Objekte (z.B. Produkt A, Markt 1) werden organisatorisch zusammengefasst. Entsprechend ist die aufgabenbezogene Stellenbildung durch eine verrichtungs- oder objektzentralisierte Stellenbildung gekennzeichnet.

a) Beim **Menschen als Aufgabenträger** wird von der konkreten Person, die die Verrichtungs- oder Objektaufgabe einer Stelle erfüllen soll, abstrahiert. Hierzu kann man sich des arbeitswissenschaftlichen Instrumentariums der Arbeits- und Leistungsbewertung bedienen, um sich der durchschnittlichen Anforderungen klar zu werden, die die Erfüllung der Aufgabe erfordert. Insbesondere ist die in den Arbeitswissenschaften entwickelte Vorstellung von der **Normalleistung** einer Person geeignet, die Unabhängigkeit der Aufgabenzuordnung von einer konkreten Person zu gewährleisten. Die Normalleistung ist die Leistung, die von einem ausreichend geeigneten Arbeitnehmer auf die Dauer und im Durchschnitt erreicht und erwartet werden kann. Erfahrungen über die Normalleistung liegen vor allem im Fertigungsbereich von Unternehmen vor, da dort die Normalleistung zur Bestimmung der Vorgabezeiten für Akkordarbeiten und für die Arbeitsablaufplanung erforderlich ist.[15]

   Eine zweite Möglichkeit zu einer aufgabenbezogenen Stellenbildung, die unabhängig von einer konkreten Person geschieht, ist durch eine Orientierung an **Berufsbildern** gegeben. Das Berufsbild ist ein Spiegelbild der Anforderungen, die Unternehmen von Berufsträgern erwarten, und der möglichen Qualifikation der Berufsträger. Berufsbilder entsprechen anerkannten Erwartungen, die im Allgemeinen von fachlich zuständigen Instituten (z.B. von Industrie- und Handelskammern, Handwerkskammern, Berufsverbänden, Bundesinstitut für Berufsbildung) artikuliert werden.

b) Beim **Sachmittel als Aufgabenträger** sind die technischen Daten durch die Konstruktion vorgegeben. Die Normalleistung ist gleich der durchschnittlichen kostenoptimalen Leistungskapazität eines oder mehrerer funktionsgleicher Sachmittel,[16] z.B. Produktionsstückzahl pro Stunde für eine Maschine. An dieser Leistungsnorm kann man sich bei der Aufgabenzusammenfassung orientieren.

---

[14] Vgl. *Kosiol, E.*, Organisation der Unternehmung, a.a.O., S. 80 ff.; *Bleicher, K.*, Zentralisation und Dezentralisation von Aufgaben in der Organisation von Unternehmungen, Berlin 1966, S. 36.

[15] Vgl. hierzu Teil II, Kapitel 1.

[16] Vgl. *Gutenberg, E.*, Grundlagen der Betriebswirtschaftslehre. Erster Band: Die Produktion, a.a.O., S. 70.

3.2 Aufgabenträgerbezogene Stellenbildung

Bei der aufgabenträgerbezogenen Stellenbildung ist zwischen der personenbezogenen und der sachmittelbezogenen Stellenbildung zu unterscheiden.

a) **Bei der personenbezogenen Stellenbildung wird die Aufgabe an die Fähigkeiten, Fertigkeiten und Neigungen des Menschen angepasst.** Der Faktor Mensch ist Bezugspunkt für die Zusammenfassung und Zuordnung von Aufgaben. Auf diese Weise wird der Bedeutung des Menschen in der Organisation Rechnung getragen. Motivation der Mitarbeiter und Humanisierung der Arbeitswelt sind Bestrebungen, die auf die Bedeutung des Menschen zur Aufgabenerfüllung abstellen und die grundsätzliche Bedeutung der personenbezogenen Stellenbildung hervorheben. Von besonderer Bedeutung ist die personenbezogene Stellenbildung im oberen Führungsbereich von Unternehmen. Für Führungskräfte und Fachkräfte mit hoher Qualifikation wird die Aufgabe auf die betreffende Person zugeschnitten. Führungskräfte, die über das Organisationsrecht verfügen, haben die Möglichkeit, die zu erfüllende Aufgabe nach eigenen Vorstellungen zu gestalten. In der Praxis kann dies beispielsweise so aussehen, dass für einen neu zum Unternehmen kommenden hoch qualifizierten Mitarbeiter ein neues Ressort geschaffen wird.

b) **Bei der sachmittelbezogenen Stellenbildung wird die Aufgabe an das Sachmittel angepaßt.** Die Zusammenfassung und Zuordnung von Aufgaben richtet sich nach den konkreten konstruktiven Gegebenheiten des Sachmittels, die bestimmte Aufgabenerfüllungen und Abläufe vorgeben, wie z.B. bei numerisch gesteuerten Werkzeugmaschinen oder Industrierobotern oder bei computergestützten Verwaltungsinformationssystemen. Durch die Entwicklung der elektronischen Datenverarbeitung sind neben dem Ausführungsbereich zunehmend auch kaufmännische Aufgabenfelder von einer sachmittelbezogenen Stellenbildung betroffen. Außerdem hat die zunehmende Technisierung zu Schutzgesetzen gegen die sozialen, persönlichen, körperlichen und ökologischen Folgen der Technisierung geführt, die die Schaffung von Stellen im Unternehmen zum Schutz der Arbeitnehmer und der Öffentlichkeit vorsehen.

3.3 Interdependenzbezogene Stellenbildung

Bei der interdependenzbezogenen Stellenbildung werden Aufgaben und Aufgabenträger so zu einer Stelle zusammengefasst, dass ein möglichst geringer Beziehungsaustausch mit anderen Stellen entsteht. Auf diese Weise soll gewährleistet werden, dass eine **möglichst geringe Abhängigkeit der Aufgabenerfüllung einer Stelle von einer oder mehreren anderen Stellen entsteht**. Eine geringe Abhängigkeit erlaubt die Einhaltung der Kongruenz zwischen Aufgabe, Kompetenz und Verantwortung. Es ist eine eindeutigere Fehlerzurechnung möglich, ohne dass Einflüsse von außerhalb auf das Ergebnis der Stelle einwirken, für die der Stelleninhaber nicht verantwortlich ist. Bei völliger Unabhängigkeit der Stelle ist der Erfolg der Stelle allein von den Handlungen des Stelleninhabers in der konkreten Situation abhängig.

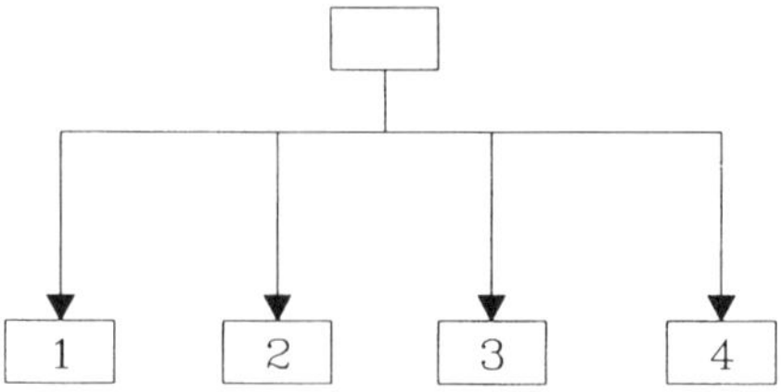

Gebündelte Interdependenz

Einseitige Interdependenz

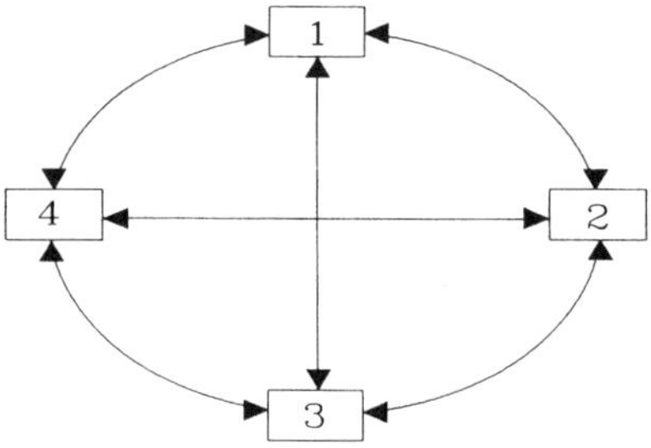

Wechselseitige Interdependenz

Abb. 3.5 Aufgabeninterdependenzen nach *Thompson*

Nach der **Art der Interdependenz** sind entsprechend dem Rang der Stellen

- **horizontale Interdependenzen** zwischen gleichrangigen Stellen und
- **vertikale Interdependenzen** zwischen über- und nachgeordneten Stellen

zu unterscheiden.

Nach dem **Inhalt der Interdependenz** ist entsprechend der Art von Gütern zwischen

- **materiellen Realgüterbeziehungen** (Lieferbeziehungen),
- **immateriellen Realgüterbeziehungen** (Leistungs- und Informationsbeziehungen) und
- **Nominalgüterbeziehungen** (Geldbeziehungen)

zu unterscheiden.

Die Güterbeziehungen können zwischen Stellen im Unternehmen bestehen oder zwischen Stellen im Unternehmen und externen Märkten. Stellen im Unternehmen, die mit externen Märkten im Güteraustausch stehen, werden von *Luhmann* als „Grenzstellen“ bezeichnet.[17]

Nach dem **Umfang der Interdependenz** kann zwischen folgenden Interdependenzen unterschieden werden:[18]

- **gebündelte Interdependenzen,** die den allgemeinen Erfolgssachverhalt berücksichtigen, dass das Ergebnis einer Stelle den Gesamterfolg des Unternehmens beeinflusst und vom Gesamterfolg abhängt;
- **einseitige Interdependenzen,** wenn die Leistung einer Stelle von dem Ergebnis einer vor- oder nachgeordneten Stelle abhängt;
- **wechselseitige Interdependenzen,** wenn die einseitige Interdependenz auch in umgekehrter Richtung auf das Ergebnis der vor- oder nachgeordneten Stelle wirkt.

Die Interdependenzen sind kumulativ, d.h. die einseitige Interdependenz umschließt die gebündelte Interdependenz und die wechselseitige Interdependenz setzt die einseitige und gebündelte Interdependenz voraus. Wegen dieser Kumulation ist eine Stellenbildung angebracht, die die Interdependenzen zwischen den Stellen so abbaut, dass letztlich nur noch gesamtunternehmerische Erfolgszusammenhänge zwischen den Stellen wirksam sind.

3.4 Gesetzlich vorgeschriebene Stellenbildung

Bei der gesetzlich vorgeschriebenen Stellenbildung sind kraft Gesetz oder Verordnung Stellen einzurichten und mit geeigneten Bewerbern (Beauftragten) zu besetzen. Die Wahrnehmung der Aufgabe kann „vollzeitlich“ oder „teilzeitlich“ geschehen und ist im Einzelfall geregelt.

Wesentliche im Gesetz verankerte Stellen sind:

- Vorstandsmitglieder einer Aktiengesellschaft (§ 76 AktG);
- Geschäftsführer einer GmbH (§ 6 GmbHG);
- Betriebsratsmitglieder (§ 1 BetrVG);
- Jugend- und Auszubildendenvertreter (§ 60 BetrVG);
- Datenschutzbeauftragte (§§ 28 ff. BDSG);
- Beauftragte für Arbeitssicherheit (Sicherheitsingenieur, -techniker, -meister) (§§ 5 ff. ArbSichG und 719 RVO);
- Betriebsärzte (§§ 2 ff. ArbSichG);
- Schwerbehindertenbeauftragte (§ 25 SchwbG);
- Strahlenschutzbeauftragte (§§ 29 ff. StrahlenschutzVO);
- Beauftragte für den Gewässerschutz (§ 4, 2 II und §21 a WasserhaushaltsG);
- Beauftragte für den Abfall (§ 11 a AbfallbeseitigungsG);
- Immissionsschutzbeauftragte (§§ 53 ff. BImSchG).

---

[17] Vgl. *Luhmann, N.,* Funktionen und Folgen formaler Organisation, 2. Auflage, Berlin 1972, S. 220 ff.

[18] Vgl. *Thompson, J. D.,* Organizations in Action, New York etc. 1967, S. 54 f.

4. Stellenbesetzung

Bei der Stellenbesetzung handelt es sich um ein Personalanweisungsproblem (personnel assignment problem), bei dem es darum geht, Mitarbeiter ihren charakteristischen Eigenschaften und Fähigkeiten entsprechend der richtigen Stelle im Unternehmen zuzuordnen. Dabei sind qualitative, quantitative, örtliche und zeitliche Aspekte zu berücksichtigen.

Die Stellenbesetzung steht in einem Spannungsfeld zwischen der Befriedigung **persönlicher Ziele der Mitarbeiter und betriebswirtschaftlicher Ziele der Unternehmung**. Im Einzelnen können dabei folgende Zielzusammenhänge bestehen:

- **Zielantinomie:** Die Ziele der Mitarbeiter sind unvereinbar mit den Unternehmenszielen (z.B. Einkommenssteigerungen der Mitarbeiter und Abbau der Lohnkosten).
- **Zielkonkurrenz:** Die Ziele der Arbeitnehmer und der Unternehmung beeinträchtigen sich gegenseitig in negativer Weise (z.B. Arbeitsplatzsicherheit und erhöhte unternehmerische Flexibilität in der Zukunft).
- **Zielneutralität:** Die von der Unternehmung und von ihrem Personal angestrebten Ziele sind völlig unabhängig voneinander (z.B. das Tragen nicht einheitlicher Arbeitskleidung und Reduzierung der Fremdkapitalquote).
- **Zielharmonie:** Die Verfolgung ihrer Ziele seitens der Unternehmung beeinflußt die Mitarbeiterziele positiv et vice versa (z.B. Einrichtung einer Werkskantine und Erhöhung des Wir-Gefühls im Unternehmen).
- **Zielidentität:** Die Ziele von Unternehmung und Mitarbeiter weisen trotz unterschiedlicher Formulierung in die gleiche Richtung (z.B. Flexibilisierung der persönlichen und der betrieblichen Arbeitszeit).

Zur praktischen **Lösung des Stellenbesetzungsproblems (personnel assignment problem)** bieten sich zwei heuristische Verfahren, Verfahren der linearen Programmierung sowie Profilvergleiche an. Bei den ersten drei Methoden handelt es sich um **Nutzwertverfahren, d.h. die Eignung einer Person auf einer Stelle wird als Nutzwert ausgedrückt.** Die Nutzwerte aller Mitarbeiter auf allen Stellen werden in eine Bewertungsmatrix eingetragen.[19] Ein Beispiel für eine Bewertungsmatrix gibt Abb. 3.6. Nach erfolgter Besetzung der Stellen durch die zur Verfügung stehenden Mitarbeiter kann für den Betrieb ein **Gesamtnutzwert** ermittelt werden.

---

[19] Vgl. u.a. *Remer, A.*, Personalmanagement. Mitarbeiterorientierte Organisation und Führung von Unternehmen, Berlin, New York 1978, S. 294 ff.

Mitarbeiter \ Stelle	1	2	3	4	5
1	87	128	97	103	68
2	35	22	103	48	62
3	136	47	26	45	21
4	145	121	87	99	91
5	86	75	89	78	63

Abb. 3.6 Bewertungsmatrix

Rangordnungsverfahren

Beim Rangordnungsverfahren wird jede Stelle mit dem für diese Stelle am besten geeigneten Mitarbeiter besetzt. Dieses Prinzip **„auf jede Stelle den besten Mitarbeiter"** verlangt folgende Vorgehensweise:

1) Ausgangspunkt ist der höchste Nutzwert der gesamten Matrix. Derjenige Mitarbeiter, der diesen höchsten Nutzwert erreicht, wird der Stelle zugeordnet, auf der er ihn erreicht.
2) Im nächsten Schritt wird der nächsthöchste Nutzwert gesucht, wobei solche Werte ausscheiden, die von bereits verteilten Mitarbeitern erreicht werden oder auf bereits belegte Stellen entfallen. Zur Vereinfachung können die Spalten der bereits vergebenen Stellen und die Zeilen der bereits verteilten Mitarbeiter ausgestrichen werden, um somit nur noch mit der Restmatrix arbeiten zu müssen.
3) Dieser Vorgang wird so oft wiederholt, bis jeder Stelle eine Person zugeordnet worden ist.

Abb. 3.7 verdeutlicht die Stellenbesetzung nach dem Rangordnungsverfahren.

Dieses Verfahren hat folgende **Vorteile**:

- Bei gegebenen Nutzwerten ist die Stellenzuweisung einfach zu bewerkstelligen.
- Die besser qualifizierten Mitarbeiter arbeiten auf den für sie gut geeigneten Stellen und können somit ihre Fähigkeiten optimal einsetzen.

Diesen Vorteilen stehen jedoch entscheidende **Nachteile** gegenüber:

- Weist ein Mitarbeiter für mehrere Stellen den gleichen (höchsten) Nutzwert auf, so ist eine eindeutige Lösung des Besetzungsproblems nicht mehr möglich.
- Die relative Eignung der einzelnen Personen untereinander in Bezug auf die zu besetzenden Stellen wird ignoriert. Ist ein Mitarbeiter für mehrere Stellen meistqualifiziert, so wird ihm diejenige zugewiesen, auf der er seine höchste Eignung zeigt. Für den nächstqualifizierten Arbeitnehmer ist diese Stelle dann gesperrt, und er muß ausweichen auf eine Stelle, auf der er unter Umständen nur sehr geringe Nutzwerte erzielt.

Mitarbeiter \ Stelle	1	2	3	4	5
1	87	128	97	103	68
2	35	22	103	48	62
3	136	47	26	45	21
4	**145**	121	87	99	91
5	86	75	89	78	63

Mitarbeiter \ Stelle	1	2	3	4	5
1	87	**128**	97	103	68
2	35	22	103	48	62
3	136	47	26	45	21
4	**145**	121	87	99	91
5	86	75	89	78	63

Mitarbeiter \ Stelle	1	2	3	4	5
1	87	**128**	97	103	68
2	35	22	**103**	48	62
3	136	47	26	45	21
4	**145**	121	87	99	91
5	86	75	89	78	63

Abb. 3.7 Stellenbesetzung nach dem Rangordnungsverfahren (Gesamtnutzwert: 475 Nutzeneinheiten)

- Die weniger gut qualifizierten Mitarbeiter besetzen diejenigen Stellen, auf denen sie besonders geringe Eignungsgrade aufweisen, da alle Stellen mit tendenziell höheren Nutzwerten bereits an besserqualifizierte Mitarbeiter vergeben sind. Somit können potentielle Gefahrenbereiche für das Unternehmen entstehen.

Spezialbegabungsverfahren

Diesem Verfahren liegt die Erkenntnis zugrunde, dass die Qualifikation von Mitarbeitern nicht auf ein (Spezial-)Gebiet beschränkt sein muss. Einige Mitarbeiter weisen eine universellere Eignung auf als andere, deren Fähigkeiten auf bestimmte Bereiche limitiert sind. Diese Spezialisten sollten folglich solchen Stellen zugeordnet werden, die ihrer Eignung entsprechen. Generalisten mit vielfältiger Eignung hingegen obliegt es, diejenigen Stellen zu besetzen, auf denen alle Mitarbeiter nur unterdurchschnittliche Nutzwerte erzielen.

Somit kann man diese Methode charakterisieren mit dem Prinzip: **„jeden Mitarbeiter auf die Stelle, für die er am besten geeignet ist“**. Die Vorgehensweise zur Besetzungsfindung ist dabei wie folgt:

1) Aus der Bewertungsmatrix wird für jeden Mitarbeiter (jede Zeile) die maximale Nutzwertdifferenz errechnet, d.h. die Differenz der Punktzahlen, die er auf der für ihn am besten und am wenigsten geeigneten Stelle erreicht. Dem am wenigsten universell einsetzbaren Mitarbeiter (größte Nutzwertdifferenz) wird seiner Spezialbegabung folgend die Stelle zugewiesen, auf der er seinen höchsten Nutzwert erzielt. Nachdem diese Stelle somit besetzt ist und auch der Mitarbeiter nicht mehr zur Verfügung steht, werden die entsprechende Zeile und Spalte ausgestrichen.
2) Im zweiten Schritt wird die maximale Nutzwertdifferenz für die noch verbleibenden Mitarbeiter aus der Restmatrix ermittelt. Da die bereits besetzte Stelle nicht mehr zur Disposition steht, können sich andere Werte als im ersten Schritt ergeben. Die weitere Vorgehensweise ist wie im Punkt 1) beschrieben.
3) Diese Schritte werden so oft wiederholt, bis jede Stelle besetzt ist. Weisen in einem Schritt zwei Mitarbeiter identische Nutzwertdifferenzen auf, so wird derjenige einer Stelle zugewiesen, der auf einer der zur Disposition stehenden Stellen den höchsten Nutzwert aufweist.

Abb. 3.8 zeigt die Stellenbesetzung nach dem Spezialbegabungsverfahren.

Die **Vorteile** dieser Stellenbesetzungsmethode sind:

- Die Stellenvergabe ist noch ohne lineare Programmierung möglich.
- Der Gesamtnutzwert ist meist höher als beim Rangordnungsverfahren, d.h. die mit Hilfe des Spezialbegabungsverfahrens vollzogene Stellenbesetzung verspricht eine höhere Effizienz für den Gesamtbetrieb.
- Diejenigen Mitarbeiter, die nur für wenige Stellen geeignet sind, werden diesen Stellen zugewiesen und können dort ihre Spezialbegabung verwirklichen. Da die restlichen Stellen von universell geeigneten Mitarbeitern besetzt werden, können echte Schwachpunkte im Unternehmen vermieden werden.

Mitarbeiter \ Stelle	1	2	3	4	5	Nutzwertdifferenz
1	87	128	97	103	68	128 - 68 = 60
2	35	22	103	48	62	103 - 22 = 81
3	(136)	~~47~~	~~26~~	~~45~~	~~21~~	136 - 21 = **115**
4	145	121	87	99	91	145 - 87 = 58
5	86	75	89	78	63	89 - 63 = 26

Mitarbeiter \ Stelle	1	2	3	4	5	Nutzwertdifferenz
1	87	128	97	103	68	128 - 68 = 60
2	~~35~~	~~22~~	(103)	~~48~~	~~62~~	103 - 22 = **81**
3	(136)	~~47~~	~~26~~	~~45~~	~~21~~	-
4	145	121	87	99	91	121 - 87 = 34
5	86	75	89	78	63	89 - 63 = 26

Mitarbeiter \ Stelle	1	2	3	4	5	Nutzwertdifferenz
1	~~87~~	(128)	~~97~~	~~103~~	~~68~~	128 - 68 = **60**
2	~~35~~	~~22~~	(103)	~~48~~	~~62~~	-
3	(136)	~~47~~	~~26~~	~~45~~	~~21~~	-
4	145	121	87	99	91	121 - 91 = 30
5	86	75	89	78	63	78 - 63 = 15

Abb. 3.8 Stellenbesetzung nach dem Spezialbegabungsverfahren (Gesamtnutzwert: 536 Nutzeneinheiten)

Als **Nachteile** des Spezialbegabungsverfahrens sind folgende Punkte zu nennen:

- Die hochqualifizierten Mitarbeiter mit weit gestreuter Eignung besetzen Stellen, die für sie sub-optimal sind. Sie können ihre hohen Fähigkeiten nicht auf ihren Spezialgebieten einsetzen, womit dem Unternehmen echte Spitzenleistungen verlorengehen.
- Weisen zwei Mitarbeiter gleiche Nutzwertdifferenzen auf und sind gleichzeitig ihre maximalen Nutzwerte identisch, so kann keine eindeutige Lösung gefunden werden.

Verfahren der linearen Programmierung

Im Gegensatz zu den heuristischen Verfahren, die nur gute Lösungen des Stellenbesetzungsproblems ermöglichen, gelingt es mittels linearer Optimierung, in einer begrenzten Anzahl von Schritten eine **Optimallösung des personnel assignment problem** zu ermitteln. Diese durch Einsatz von Algorithmen erzielten Lösungen können des Weiteren noch auf ihre Optimalität hin geprüft werden.

Das hierbei am häufigsten angewandte Verfahren ist die **Ungarische Methode**. Als Optimierungsgrößen dienen Ertrags- oder Aufwandsgrößen (Umsatz, Kosten, Lohnaufwendungen etc.) wie auch Indikatoren für deren Änderung (z.B. Gesamtnutzwert des Betriebes), die zu maximieren bzw. zu minimieren sind. Steuergröße ist die Stellenbesetzung.[20]

Profilvergleich

Im Gegensatz zu den bisher dargestellten Nutzwertverfahren handelt es sich beim Profilvergleich um ein **Eignungswertverfahren**, bei dem ein Eignungswert mittels der Differenz zwischen einem **Anforderungswert** (der Stelle) und einem **Fähigkeitswert** (des Mitarbeiters) ermittelt wird. Angestrebt wird eine Übereinstimmung von Anforderung und Fähigkeit. Somit wird mit diesem Verfahren erstmals nicht eine maximale, sondern eine optimale Qualifikation gesucht. Die Gegenüberstellung von Anforderung und Fähigkeit erfolgt dabei nicht pauschal, es findet vielmehr eine Analyse der Stellenaufgabe in eine mehr oder minder große Anzahl von Einzelmerkmalen statt, wobei sich der eigentliche Eignungswert des Mitarbeiters für die Stelle als Summe aller Differenzen ergibt.

Wesentliche Eignungs- und Anforderungsmerkmale:

- Kenntnisse
  (1) Schulbildung
  (2) Fachausbildung
  (3) Berufserfahrung
  (4) Fort- und Weiterbildung

[20] Vgl. u.a. *Beckmann, M. J.,* Lineare Planungsrechnung, Ludwigshafen 1959, S. 71; *Vajda, S.,* Lineare Programmierung, Zürich 1960, S. 45 ff.; *Müller-Merbach, H.,* Operations Research, 3. Auflage, München 1973, S. 88 ff.

- Physiologische Merkmale
  (5) Belastung
  (6) Geschicklichkeit
  (7) Sehen und Hören
  (8) Umwelteinflüsse (Lärm, Hitze)
- Psychologische Merkmale (durch Testverfahren)
  (9) Denkfähigkeit, Kreativität
  (10) Auffassungsgabe
  (11) Urteilsvermögen
  (12) Reaktionsvermögen
  (13) sprachliche Ausdrucksfähigkeit
- Psychologische Merkmale (durch Beobachtung)
  (14) Arbeitsverhalten, Umgang mit Mitarbeitern
  (15) Art der Arbeitsdurchführung, Arbeitsqualität
  (16) Führungsqualität.

Zur Erstellung des **Anforderungsprofils** wird für jedes Merkmal einer Stelle ein Anforderungswert festgelegt. Dieser Wert, der in einem zuvor definierten Wertebereich (etwa von 0-10) liegen muss, gibt die für dieses Merkmal optimale Eignung (Fähigkeit) an, die ein Bewerber für die vakante Stelle aufweisen sollte.

Analog dazu wird ein **Fähigkeitsprofil** für den potentiellen Stelleninhaber angefertigt, das auf der gleichen Skala die Eignung des Mitarbeiters bezüglich jedes Einzelmerkmals angibt.

Anforderungsprofil und Fähigkeitsprofil werden gemeinsam in einer Graphik dargestellt. Mit Blick auf die Profilverläufe können bereits Tendenzaussagen darüber getroffen werden, ob der Mitarbeiter für die betreffende Stelle geeignet ist. Eine gebräuchliche Profildarstellung zeigt Abb. 3.9.

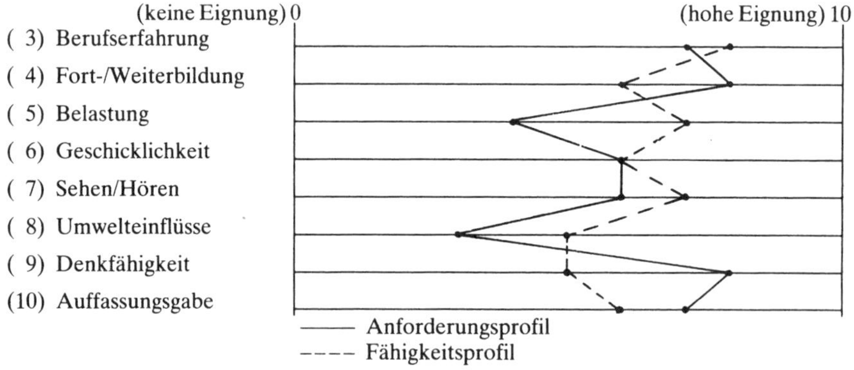

Abb. 3.9 Profilvergleich

Das Verfahren des Profilvergleichs (Eignungsgradverfahren) basiert auf mehreren **Voraussetzungen**:

- Neben einer Stellenbeschreibung, deren Erstellung auch für die bereits genannten Stellenbesetzungsverfahren notwendig ist, muss beim Profilverfahren eine exakte Stellenanalyse vorgenommen werden.
- Die Einzelmerkmale müssen messbar und bewertbar sein.
- Anforderungswerte müssen definiert werden.
- Zur Erstellung der Eignungsprofile müssen Beurteilungsrichtlinien geschaffen werden (Zustimmung des Betriebsrates nach § 94 BetrVG notwendig).
- Anforderungsmerkmale und Eignungsmerkmale müssen einander entsprechen; d.h. ein Eignungsmerkmal darf sich jeweils nur auf ein Anforderungsmerkmal beziehen.

Das Verfahren des Profilvergleiches bietet folgende **Vorteile**:

- Das Suchen nach einer optimalen Eignung (nicht maximale Qualifikation) gewährleistet, dass nicht nur der Mitarbeiter für die Stelle, sondern auch die Stelle für den Mitarbeiter geeignet ist.
- Über- und Unterforderungen können dadurch vermieden werden, was zu einer Humanisierung der Arbeit beiträgt und Arbeitszufriedenheit sowie Selbstverwirklichung fördert.
- Die detaillierte Betrachtung der Stelle ermöglicht es, die Qualifikation der Mitarbeiter für besonders wichtige Einzelmerkmale individuell zu untersuchen. Hierdurch können Stellenbewerber herausgefiltert werden, die zwar insgesamt eine sehr hohe Qualifikation aufweisen, jedoch bei dieser spezifischen Eigenschaft nicht kompetent sind.
- Weiterhin ermöglicht diese Detaillierung, Schwächen bezüglich einzelner Merkmale, die alle Mitarbeiter zeigen, aufzudecken und dann beispielsweise mit Schulungskursen darauf zu reagieren.

Auf der anderen Seite stellen sich folgende **Nachteile** ein:

- Die Ermittlung der notwendigen Daten zur Anforderungsdefinition sowie zur Mitarbeiterbeurteilung kann sich als äußerst schwierig und umfangreich erweisen (Tests, Beobachtungen, Fragebögen, Zeugnisse etc.).
- Ein hoher organisatorischer Aufwand ist daher notwendig (Datenbänke, Rücksprache mit Betriebsrat).
- Es besteht die Gefahr subjektiver Urteile bei der Erstellung des Eignungsprofils.
- Die Mitwirkungsbereitschaft der Mitarbeiter ist für die Eignungserfassung sehr wichtig (z.B. bei Fragebögen).

Einige Verfahren versuchen, zusätzlich zum Anforderungs- und Fähigkeitsprofil auch noch ein Bedürfnisprofil (für die Bedürfnisse des Mitarbeiters) einzubeziehen.

Stellen- und Personaldatenbank

Die für einen Profilvergleich gewonnenen Informationen über die im Betrieb existierenden Stellen und über die betrieblichen Mitarbeiter werden in der Regel in Stellenbeschreibungs- und Personalakten festgehalten. Zunehmend werden diese Daten jedoch unter Ausnutzung der elektronischen Datenverarbeitung (EDV) in Stellen- und Mitarbeiterdatenbanken gespeichert (vgl. Abb. 3.10).

Der Vorteil dieser Abspeicherung liegt darin, dass die Daten relativ einfach bei persönlichen oder stellentechnischen Änderungen auf den neuesten Stand gebracht werden können und dass eine computergestützte Stellenbesetzung erfolgen kann.

Die Anzahl der unterschiedenen Merkmale der zu besetzenden Stellen sowie der Bewerber kann theoretisch beliebig groß sein, ohne dass bezüglich der Zuordnung Rechnungsprobleme entstehen. Das Problem besteht in der Verfügbarkeit von hinreichend gültigen Anforderungs- und Fähigkeitsdaten der Mitarbeiter.

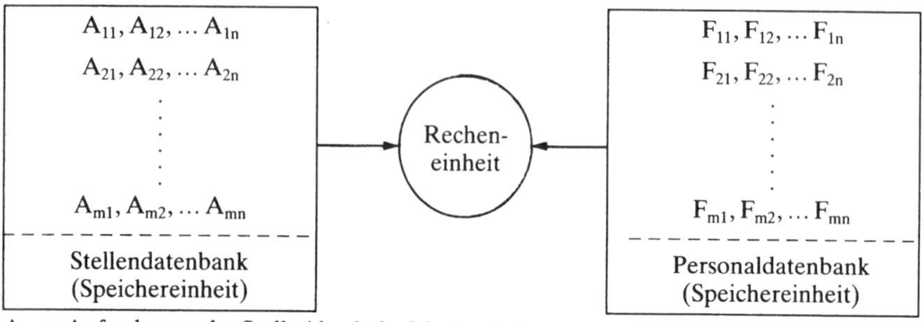

A_{11} = Anforderung der Stelle 1 bzgl. des Merkmals 1
F_{11} = Fähigkeit des Mitarbeiters 1 bzgl. des Merkmals 1

Abb. 3.10 Computergestützte Stellenbesetzung

5. Stellenmehrheiten

Durch die **Zusammenfassung von Stellen** entstehen Stellenmehrheiten. Die Bildung der Stellenmehrheiten kann dabei nach dem Hierarchieprinzip oder dem Gruppenprinzip erfolgen. Die Anwendung des **Hierarchieprinzips** führt zur Bildung von Abteilungen und Abteilungssystemen, während die Anwendung des **Gruppenprinzips** zur Bildung von Arbeitsgruppen und Arbeitsgruppensystemen führt.

Die Arten von Stellenmehrheiten sind im Überblick in Abb. 3.11 dargestellt.

Abteilungen

Abteilungen entstehen, wenn eine oder mehrere Stellen einer Leitungsstelle (Instanz) unterstellt werden. Die Leitung kann aus einer Person (Singularinstanz) oder mehreren Personen (Pluralinstanz) bestehen. Von einer **Singularinstanz**, die in der obersten hierarchischen Ebene Direktoralinstanz heißt, spricht

Abb. 3.11 Arten von Stellenmehrheiten

man, wenn die Leitung einer einzelnen Person übertragen ist. Bei einer **Pluralinstanz** oder Kollegialinstanz bilden mehrere Leitungsstellen eine Gesamtinstanz.

Nach der Modalität der Willensbildung in Pluralinstanzen sind folgende Formen zu unterscheiden:[21]

1. **Primatkollegialität,** die Stimme eines Vorsitzenden als „Primus inter Pares" hat bei der Abstimmung höheres Gewicht (Zweitstimmrecht).
2. **Abstimmungskollegialität,** Beschlüsse werden mit einfacher oder qualifizierter Mehrheit gefasst, wobei jede Stimme gleich gewichtet wird.
3. **Kassationskollegialität,** eine Entscheidung kann durch die (unterlassene) Gegenzeichnung eines anderen Mitglieds der Pluralinstanz anerkannt (aufgehoben) werden.
4. **Ressortkollegialität,** die Mitglieder der Pluralinstanz sind jeweils nur für einen eigenen Entscheidungsbereich verantwortlich.

Pluralinstanzen haben gegenüber Singularinstanzen **Vorteile**:

- Bedeutende Sachfragen können durch die Kumulation sachbezogenen Wissens kritischer und ausgewogener diskutiert werden.
- Die Machtfülle des einzelnen Instanzeninhabers wird durch gegenseitige Kontrolle eingeschränkt.
- Die Pluralinstanz ist von einem Wechsel eines einzelnen Stelleninhabers weniger bedroht.

Nachteile der Pluralinstanz sind:

- Schnelle Entscheidungen sind schwieriger zu erzielen.
- Eine einheitliche Verantwortung und Durchsetzung von Sachentscheidungen durch alle Instanzeninhaber ist nicht mehr durchgängig gewährleistet, da unterschiedliche Standpunkte vorliegen.

Linien-, Stabs- und Dienstleistungsstellen sind ebenso wie Realisationsstellen durch Zusammenfassung und unter Hinzufügung einer Singular- oder Pluralin-

[21] Vgl. *Kosiol, E.,* Organisation der Unternehmung, a.a.O., S. 125 ff.

stanz zu Abteilungen ausbaufähig. Entsprechend kommt es zur Bildung von Linien-, Stabs-, Dienstleistungs- oder Realisationsabteilungen.

Arbeitsgruppen

Zur Bildung von Arbeitsgruppen kommt es, wenn mehrere Personen gleichberechtigt an der Erfüllung einer gemeinsamen Aufgabe arbeiten. Die Hinzufügung einer oder mehrerer Leitungsstellen zu einer Arbeitsgruppe ist in fachlicher Hinsicht möglich. Die Bildung von Arbeitsgruppen ist sowohl im Entscheidungsbereich als auch im Realisationsbereich möglich.

Arbeitsgruppen im Entscheidungsbereich sind danach zu unterscheiden, ob sie auf Dauer oder auf Zeit angelegt sind. Bei den Arbeitsgruppen auf Dauer handelt es sich um so genannte **Kollegien** (Komitees, Ausschüsse, Sitzungen, Konferenzen, Kommissionen). Sie sind dadurch charakterisiert, dass sie in zeitlich unstetiger Weise (14tägig, quartalsweise usw.) funktions- oder bereichsübergreifende Aufgaben wahrnehmen. Die Mitglieder kommen aus Linien- und/oder Stabs-(Zentral-)stellen und arbeiten zeitweise an der Lösung einer Aufgabe mit. Durch den bereichsübergreifenden Charakter der Aufgabe handelt es sich überwiegend um Koordinationsaufgaben zwischen Organisationseinheiten, die zu erledigen sind. In Abhängigkeit der zugewiesenen Kompetenz zur Aufgabenerfüllung kann zwischen Informations-, Beratungs- und Entscheidungskollegien unterschieden werden.[22] In der Regel überwiegen Informations- und Beratungsaufgaben, um in einer Atmosphäre der Kooperation die Vielfalt der Meinungen hervortreten zu lassen. Nimmt die Instanz an den Beratungen teil, so kann sie sich unmittelbar aus der Vielfalt der Meinungen ein Urteil bilden.

Typische Kollegien kraft Gesetzes sind beispielsweise der (mehrköpfige) Vorstand einer Aktiengesellschaft (§ 76 AktG), Betriebsrat (§ 14 BetrVG), Betriebsausschuß (§ 27 BetrVG), Wirtschaftsausschuß (§§ 106 ff. BetrVG), Arbeitsschutzausschuß (§ 11 ArbsichG). Weitere Kollegien, die in Unternehmen anzutreffen sind, sind beispielsweise (Haupt-)Abteilungsleiterkonferenzen, Investitionsausschuß, Rationalisierungsausschuß usw.

Arbeitsgruppen, denen zeitlich begrenzte Aufgaben übertragen werden, heißen **Projektgruppen**. Ihnen werden schwierig zu lösende Sonderaufgaben übertragen, deren zeitliches Ende absehbar sein muss. Weiterhin arbeitet die Projektgruppe (im Gegensatz zum Kollegium) zeitlich permanent an der Lösung der Projektaufgabe. Die Mitglieder kommen aus Linien- und Stabs-(Zentral-)stellen und werden entsprechend ihrer fachlichen Eignung hinsichtlich der Aufgabenanforderungen ausgewählt. Die Mitglieder der Projektgruppe sind fachlich einem oder mehreren Projektleiter(n) unterstellt, der (die) für die Durchführung des Projekts verantwortlich ist (sind). Dagegen wird das disziplinarische Weisungsrecht nur selten auf den (die) Projektleiter übertragen. Soweit mehrere Projektleiter gemeinsam die Kompetenz und Verantwortung für das Projekt tragen, bilden diese ein Leitungskollegium. Abb. 3.12 zeigt einen Vergleich der Merkmale zwischen Kollegien und Projektgruppen.

---

[22] Vgl. *Kosiol, E.*, Organisation der Unternehmung, a.a.O., S. 161 ff.; siehe auch Teil III, Kapitel 3.

Kollegium	Projektgruppe
(1) Sonderaufgaben von **unbegrenzter** Dauer mit koordinativem Inhalt (2) arbeitet zeitlich **unstetig** (3) **kollegial** organisiert	(1) Sonderaufgaben von **begrenzter** Dauer mit technisch-methodischem Inhalt (2) arbeitet zeitlich **permanent** (3) **hierarchisch** organisiert

Abb. 3.12 Merkmalsunterschiede zwischen Kollegien und Projektgruppen

Arbeitsgruppen im Realisationsbereich sind dadurch charakterisiert, dass die Aufgabe teilweise oder ganz durch zwei oder mehr Personen erfüllt wird. Nach der Determiniertheit der Gruppenarbeit durch die Arbeitsaufgabe ist zwischen folgenden Formen der Gruppenarbeit zu unterscheiden:[23]

(1) **Gruppenarbeit mit einzelnen gemeinsamen Ablaufabschnitten:**

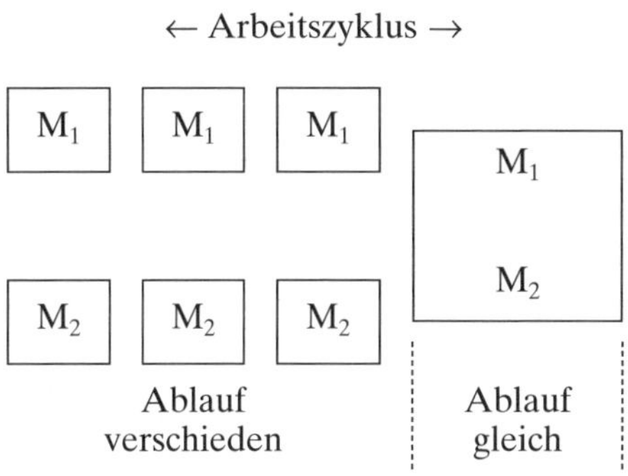

(2) **Gruppenarbeit mit gemeinsamem Ablauf:**

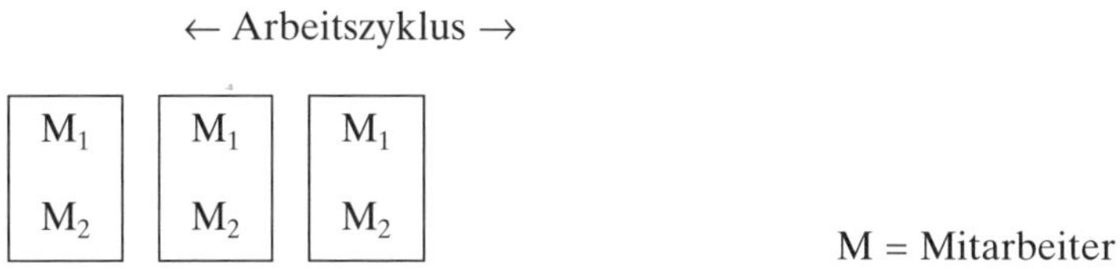

(3) **Gruppenarbeit bei nicht vorherbestimmbarem Ablauf:**

Wer welche Arbeiten übernimmt, entscheidet der Arbeitsfortschritt oder die Gruppe. Hat die Gruppe ein Selbstbestimmungsrecht über die Aufgabenerfüllung, so handelt es sich um (teil-)autonome Arbeitsgruppen.

---

[23] Vgl. *REFA-Verband für Arbeitsstudien und Betriebsorganisation e.V.*, Methodenlehre des Arbeitsstudiums. Teil 2: Datenermittlung, a.a.o., S. 392 ff.

Teilautonome Arbeitsgruppen lassen sich nach dem Ausmaß an Gruppenautonomie, das in Abhängigkeit von dem Einfluss der Gruppe auf die Aufgabenerfüllung variiert, unterscheiden. Wesentliche **Regelungstatbestände zur Bestimmung der Autonomie von Arbeitsgruppen** sind:[24]

- Die Gruppe hat Einfluss auf das Ziel ihrer Arbeit;
- Die Gruppe entscheidet über die Gruppenführung und die Gruppenmitgliedschaft;
- Die Gruppe entscheidet über die Wahl der Produktionsverfahren;
- Die Gruppe entscheidet über die Wahl der ergonomischen Arbeitsplatzgestaltung. Ergonomische Arbeitsplatzgestaltung umfasst die Anpassung der Arbeit an den Menschen in physiologischer, psychologischer, informationstechnischer, organisatorischer und sicherheitstechnischer Hinsicht;
- Die Gruppe entscheidet über die interne Aufgabenverteilung und die Festlegung der Aufgabeninhalte: Verrichtung, Objekt, Raum und Zeit.

Der Autonomiegrad einer Gruppe hängt davon ab, inwieweit die Regelungstatbestände der Gruppe zur Entscheidung selbst überlassen sind oder inwieweit sie an der Entscheidung teilnimmt. Darunter fallen **Mitwirkungsrechte** der Gruppe, wie Anhörungs- und Beratungsrechte, oder **Mitbestimmungsrechte** der Gruppe in Form von Veto-, Entscheidungs- und Initiativrechten.

Aus **arbeitsrechtlicher Sicht** kann es sich bei Arbeitsgruppen um eine Eigengruppe oder eine Betriebsgruppe handeln.[25] Bei einer **Eigengruppe** kann der Arbeitgeber die Arbeitsleistung nur von der Eigengruppe insgesamt verlangen. Das Weisungsrecht übt der Gruppensprecher aus. Die Arbeitspflicht der Gruppenmitglieder beruht auf dem Innenverhältnis, wobei der Entgeltanspruch nur der Gruppe als Einheit zusteht und die einzelnen Mitglieder einen gesellschaftsrechtlichen Verteilungsanspruch haben.

Bei einer **Betriebsgruppe** bestehen zwischen dem Arbeitgeber und den Mitgliedern der Gruppe einzelne Arbeitsverhältnisse. Die Betriebsgruppe selbst hat kein rechtliches Eigengewicht, sondern wird kraft Direktionsrecht von dem Arbeitgeber gebildet. Nur in dieser Rechtsform ist der Arbeits- und Sozialrechtsschutz der in der Gruppe tätigen Mitglieder gesichert. Aus diesem Grunde sind Arbeitsgruppen im Unternehmen als Betriebsgruppen zu behandeln.

6. Delegation und Führung im Mitarbeiterverhältnis

Einen wichtigen Teilaspekt bei der Stellenbildung und Aufgabenverteilung stellt die Delegation dar. Das von einem Unternehmen angestrebte Unternehmensziel kann aus Kapazitätsgründen niemals allein von der Unternehmensleitung realisiert werden. Es erfolgt vielmehr eine Arbeitsteilung zwischen den hierarchisch gegliederten Stellen. **Delegation bezeichnet in diesem Zusammenhang „das Abgeben von Aufgaben bzw. Kompetenzen (Befugnissen) an nachgeordnete Stellen“[26].** Die Stellenbildung, die sich von oben nach unten vollzieht

[24] Vgl. *Ulich, E.,* Neue Formen der Arbeitsstrukturierung, in: Fortschrittliche Betriebsführung, 23. Jg., 1974, S. 187 ff.

[25] Vgl. *Hueck, A., Nipperdey, H. C.,* Lehrbuch des Arbeitsrechts, Band I, 7. Auflage, Berlin 1963, S. 790 ff.

[26] *Ulrich, H.,* Delegation, in: Handwörterbuch der Organisation (1969), a.a.O., Sp. 433.

(**‚Top-down‘ Prinzip**), wird als **Delegationsmodell** bezeichnet. Im Gegensatz hierzu steht das **Kombinationsmodell**, bei dem Einzelaufgaben durch Synthese zur Gesamtaufgabe zusammengesetzt werden und die Stellenbildung nach dem **‚Bottom-Up‘ Prinzip** von unten nach oben erfolgt. Von der reinen Abgabe von Aufgaben an nachgeordnete Organisationseinheiten unterscheidet sich die Delegation dadurch, dass mit ihr die Schaffung eines autonomen Handlungsspielraums angestrebt wird.

Da bei der Übertragung von Aufgaben auch die persönlichen Fähigkeiten und die Motivationsquellen der Stelleninhaber berücksichtigt werden müssen, handelt es sich bei der Delegation sowohl um ein Organisations- als auch um ein Führungsinstrument. Das Ausmaß der Delegation ist zum Teil eine Frage des Führungsstils. Wird ein **autoritärer Führungsstil** praktiziert, so wird die Delegation auf ein Mindestmaß beschränkt. Bei einem **kooperativen Führungsstil** erfolgt demgegenüber eine verstärkte Delegation.[27]

Das Ausmaß an Delegation ist auch vom Delegationsinhalt abhängig:

- Die **Delegation von Ausführungshandlungen** ist in jedem Fall möglich, sofern der mit der Aufgabe Betraute zu deren Realisation in der Lage ist.
- Die **Delegation von Entscheidungen** ist unter den gleichen Bedingungen jedoch nur dann möglich, wenn es sich nicht um echte Führungsentscheidungen handelt, deren Abgabe ausgeschlossen ist.[28]
- Auch die **Delegation von Verantwortung** ist nur bedingt möglich. Kann die **Ausführungsverantwortung** (Handlungsverantwortung) noch auf einen nachgeordneten Stelleninhaber übertragen werden, so verbleibt die **Führungsverantwortung** (Leitungsverantwortung) stets bei der vorgeschalteten Stelle.

Harzburger Modell

Besondere Bedeutung hat die Delegation im Harzburger Modell gewonnen. Es handelt sich um ein Managementmodell, das die **Führung im Mitarbeiterverhältnis** betont.[29] Unter Beibehaltung der Hierarchie wird verstärkt auf das Prinzip der Delegation abgestellt. Die Konzeption des Modells ist vereinfacht wie folgt:

- Die betrieblichen **Entscheidungen** werden nicht mehr allein an der Unternehmensspitze getroffen, sondern **dort, wo sie ihrem Wesen nach hingehören**.
- Statt Einzelaufträgen vom Vorgesetzten erhalten die Mitarbeiter feste **Aufgabenbereiche mit fixierten Kompetenzen**.
- Mit der Übertragung von Aufgaben und Kompetenzen von der Unternehmensspitze auf nachgeordnete Ebenen wird ebenfalls ein Teil der **Verantwortung übertragen**. Der Mitarbeiter übernimmt die Handlungsverantwortung,

---

[27] Vgl. *Hersey, P., Blanchard, K. H.,* Situational Leadership, La Jolla 1976.

[28] Vgl. *Gutenberg, E.,* Unternehmensführung. Organisation und Entscheidungen, Wiesbaden 1962, S. 61 und S. 127.

[29] Zum Harzburger Modell vgl. *Höhn, R., Böhme, G.,* Führungsbrevier der Wirtschaft, 9. Auflage, Bad Harzburg 1977, und zur Kritik am Modell vgl. *Guserl, R.,* Das Harzburger Modell. Idee und Wirklichkeit, 2. Auflage, Wiesbaden 1976.

wobei es dem Vorgesetzten untersagt ist, in die Aktivitäten des Mitarbeiters einzugreifen. Beim Vorgesetzten verbleibt allein die Führungsverantwortung, die die Stellenbesetzung, die Abgrenzung der Verantwortungsbereiche, die Information der Mitarbeiter sowie die Dienstaufsichtskontrolle umfasst.
- **Der Aufbau des Unternehmens erfolgt von unten nach oben**, wobei nur noch diejenigen Entscheidungen an die vorgesetzte Ebene abgegeben werden dürfen, die ihrem Wesen nach nicht mehr auf die untere Ebene gehören (Überforderung).
- **Die allgemeinen Führungsanweisungen** regeln in schriftlich fixierter Form das Verhältnis zwischen Vorgesetztem und Mitarbeiter. Sie bilden die Grundlage für die Kontrolle der Mitarbeiter und sollen einen einheitlichen Führungsstil ermöglichen. Einzelne Elemente sind:
  - Erklärung von Delegation und Verantwortung;
  - Pflichten von Vorgesetzten und Mitarbeitern;
  - Mitarbeiterbesprechung und Mitarbeitergespräch (bei denen der Vorgesetzte die Gesprächsautorität hat);
  - Dienstbesprechung und Dienstgespräch (bei denen der Vorgesetzte die Befehlsautorität hat);
  - Dienstaufsicht (Stichproben) und Erfolgskontrolle (Kontrollplan und -akte);
  - Kritik, Anerkennung und Beschwerden;
  - Dienstweg, Fach- und Disziplinarvorgesetzte;
  - Informationsgrundsätze;
  - Zusammenarbeit (Stab-Linie, Team).
- Als weiteres Führungsinstrument sollen **Stellenbeschreibungen** dazu dienen, den Delegationsbereich der einzelnen Stelleninhaber zu konkretisieren. Sie beinhalten u.a.:
  - Stellenbezeichnung, Rang und Ziel der Stelle;
  - Über- und Unterstellungsverhältnis;
  - Aufgaben und Kompetenzen.

Das Harzburger Modell unterliegt folgenden **Voraussetzungen**:

- Delegationsbereitschaft der Vorgesetzten und Delegationsfähigkeit der Mitarbeiter;
- Existenz eines exakten Informations- und Kontrollsystems;
- genaue Unterscheidung zwischen delegierbaren und nicht delegierbaren Sachverhalten.

Die Durchführung dieses Management-Systems hat folgende **Vorteile**:

- Entlastung der Führungskräfte und Aktivierung der Eigeninitiative der Mitarbeiter;
- Organisation des Unternehmens unabhängig von den konkreten Mitarbeitern;
- geringere Willkür besonders bei stark strukturierten Aufgaben.

Diesen Vorteilen stehen als **Nachteile** entgegen:

- Schwerfälligkeit aufgrund von übersteigertem Formalismus und Bürokratismus;
- Minderung von Kreativität und Innovation durch restriktive Bereichsabgrenzungen;

- einseitiges Kontroll- und Entscheidungsrecht und somit versteckt autoritäre Führung;
- Vernachlässigung der Mitarbeiterorientierung.

Trotz aller Kritik hat das Harzburger Modell zu einer verstärkten Delegation in Verwaltung und Wirtschaft beigetragen und vor allem in der Zeit nach dem Zweiten Weltkrieg ein Denken in kooperativen Führungskonzepten gefördert.

Führung durch Zielvereinbarung (Management by Objectives)

Die Führung durch Zielvereinbarung (MbO) stellt ein Führungskonzept dar,[30] das eine Steigerung der Leistungsfähigkeit der Organisation sowie der Zufriedenheit der Mitarbeiter bewirken soll. Durch gleichzeitige Optimierung von organisatorischen und individuellen Zielen soll

- Bürokratie abgebaut,
- Stabilität des Mitarbeiter-Verhaltens erreicht,
- Leistungsfähigkeit und Motivation der Mitarbeiter gesteigert und eine
- weitgehende Delegation von Aufgabenbereichen erzielt

werden.

Charakteristisches Merkmal des MbO ist die bewusste Verfolgung einer Zielorientierung anstelle einer reinen Funktions- oder Verfahrensorientierung.

Notwendig ist der Aufbau einer sog. **Zielhierarchie**, die nach Möglichkeit mit der Organisationshierarchie identisch sein sollte (d.h. die Unternehmensleitung ist verantwortlich für den Gewinn, der Fertigungsleiter für bestimmte Produktionsziffern usw.). Aus dem Unternehmensziel werden somit Einzelziele abgeleitet, die den Mitarbeitern als Orientierungshilfen für ihre Handlungen dienen können.

Ferner sollte ein **eigenständiger Delegationsbereich** geschaffen werden. Innerhalb dieses Verantwortungsbereiches soll der Mitarbeiter die geeigneten Mittel zur Zielerreichung selbst auswählen können.

Der Prozess der Zielvereinbarung kann auch als Kreislaufschema dargestellt werden:[31]

Anforderungen an die Ziele

Folgende Anforderungen sollten allgemein an die Ziele gesetzt werden:[32]

- **Subzielorientierung** (Mittel-Zweck-Beziehung) zwischen über- und untergeordneten Zielen. Die in der Zielhierarchie festgelegten Ziele müssen unter-

---

[30] Vgl. *Drucker, P. F.,* The Practice of Management, New York 1954; *Odiorne, G. S.,* Management by Objectives: A System of Managerial Leadership, New York 1965.

[31] Vgl. *Odiorne, G. S.,* MBO II: A System of Managerial Leadership for the 80s, Belmont 1979, S. 75.

[32] Vgl. *Heinen, E.,* Das Zielsystem der Unternehmung, Wiesbaden 1966; *Bidlingmaier, J.,* Zielkonflikte und Zielkompromisse im unternehmerischen Entscheidungsprozeß, Wiesbaden 1968.

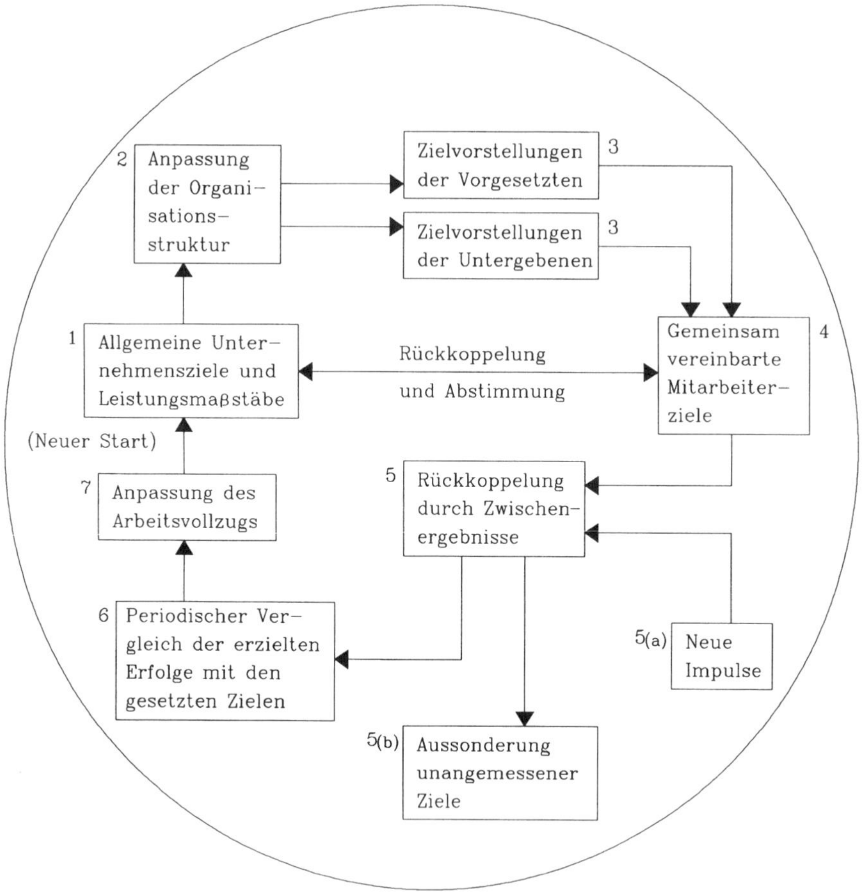

Abb. 3.13 Management by Objectives als Kreislaufschema

einander vereinbar sein. Durch diese Forderung kommt die starke Orientierung der Zielkonzeption am sachlichen Aufgabenzusammenhang zum Ausdruck.

- **Klarheit und Exaktheit der Zielvorgabe**, d.h. Festsetzung möglichst quantifizierbarer Ziele, da bei qualitativen Zielen Probleme bei der Ermittlung von Zielbeiträgen und der Herstellung der Subzielorientierung auftreten können.
- **Beteiligung der Mitarbeiter am Zielformulierungsprozess**, da auf diese Weise eine Leistungssteigerung und eine bessere Koordination zu erwarten ist.
- **Vorgabe realistischer (erreichbarer) Ziele**, um bei den Mitarbeitern Leistungs-Anreiz-Effekte auszulösen, ohne sie jedoch zu überfordern.
- **Festlegung flexibler Ziele**, um bei Umweltänderungen anpassungsfähig zu bleiben. Die Zielfestlegung sollte im Hinblick auf Inhalt, Ausmaß und zeitliche Dimension erfolgen.

- **Schaffung eines geeigneten Kontrollsystems** im Hinblick auf die Zielformulierung künftiger Perioden. Die Einhaltung der Zielvorgaben sollte in regelmäßigen Abständen kontrolliert, eventuelle Zielrevisionen bei signifikanten Abweichungen vorgenommen und schließlich Gehalts- und Förderungsmaßnahmen in Übereinstimmung mit dem jeweiligen Zielerreichungsgrad vorgenommen werden. Entscheidend hierbei ist eine Ergebnis- und keine Verhaltenskontrolle der Mitarbeiter.

Vor- und Nachteile der Führung durch Zielvereinbarung

Für dieses Führungskonzept spricht vor allem die Möglichkeit einer klaren Verantwortungszurechnung. Ziele werden im MbO-Konzept als Koordinationsinstrumente eingesetzt. Durch die Anpassung der Ziele an die individuellen Fähigkeiten der Mitarbeiter ist ein hohes motivationales Potential aktivierbar. Die Partizipation der Mitarbeiter an der Zielfestlegung führt zu einer höheren Akzeptanz der Aufgabenstellung als die autoritäre Vorgabe von Zielen durch den Vorgesetzten.

Der Beurteilungsschwerpunkt liegt jedoch auf quantifizierbaren Zielen. Dabei können insbesondere dann Motivationsprobleme auftreten, wenn unrealistische Zielvorgaben festgesetzt werden. Weiterhin wird das MbO letztlich von oben kontrolliert und eröffnet somit nur wenig echte Partizipationschancen. Schließlich werden individuelle Ziele und Leistungen häufig auf Kosten von Teamarbeit überbewertet.

Führung durch Abweichungskontrolle (Management by Exception)

Die „Führung durch Abweichungskontrolle“ ergänzt die „Führung durch Zielvereinbarung“ als klassisches Führungskonzept.[33] Es kann als Bestandteil der „Führung durch Zielvereinbarung“ oder als eigenständiges Führungskonzept verstanden werden. Ziel des Management by Exception ist die Entlastung der obersten Unternehmensebene von Routineaufgaben. Zur Lösung vorhersehbarer Aufgaben wird der nachgeordneten Instanz die Verantwortung und Entscheidungskompetenz übertragen. Bei Überschreiten gewisser Grenzwerte wird automatisch die Entscheidung durch den Vorgesetzten verlangt. Durch die Bestimmung des Ausnahmefalls wird somit die Selbständigkeit der Mitarbeiter abgegrenzt.

Das Führungskonzept des Management by Exception ist durch drei Aspekte gekennzeichnet:

- **Delegationsaspekt:** notwendig ist die Festlegung delegierbarer und nicht delegierbarer Aufgaben durch die oberste Instanz, wobei außergewöhnliche Aufgaben und Führungsaufgaben nicht delegierbar sind.
- **Informationsaspekt:** im Rahmen eines Informationssystems sollen die Informationen weitergeleitet werden, die einen bestimmten Toleranzbereich über-

---

[33] Vgl. *Bittel, L. R.*, Management by Exception, New York 1964.

bzw. unterschreiten. Außergewöhnliche Aufgaben müssen dabei hinsichtlich der Parameter **„Entscheidungsgröße“** (z.B. oberster und unterster Beschaffungspreis einer Ware, der durch einen Mitarbeiter im Einkaufsbereich ohne Rücksprache mit dem Vorgesetzten gezahlt werden darf) und **„Handlungserfolg“** (z.B. Meldung der Unter- oder Überschreitung des Umsatzanteils einer Ware am Gesamtumsatz) abgegrenzt werden.

- **Organisations- und Kompetenzaspekt:** neben Delegation und Information soll den Mitarbeitern innerhalb vorgegebener Toleranzgrenzen die Möglichkeit gegeben werden, notwendige Mittel zur Zielerreichung selbständig und eigenverantwortlich auszuwählen.

Vorteile dieses Führungsprinzips liegen in der Entlastung der oberen Führungskräfte, die somit mehr Zeit für strategische Aufgaben haben. Durch die Beteiligung der Mitarbeiter an den Entscheidungsprozessen kann weiterhin eine Motivations- und Leistungssteigerung erwartet werden.

Die Anwendbarkeit dieses Führungsprinzips ist auf quantifizierbare Vorgaben beschränkt. Seine Anwendung ist damit vorwiegend auf die operative Ebene begrenzt. Kreativität und Initiative bleiben dem Vorgesetzten vorbehalten.

Die Beschränkung auf die Weiterleitung negativer Zielabweichungen kann dazu führen, dass auf störende Vorfälle lediglich durch Anpassung oder Beseitigung reagiert wird. Die Störung wird nicht im vorhinein zu vermeiden versucht. Außerdem können ausschließlich negative Rückkoppelungen Motivation und Initiative der Mitarbeiter lähmen.

7. Mitarbeiterziele und -motivation

Jedes an der betrieblichen Gesamtheit partizipierende Individuum weist ein spezifisches System von Zielen (Motiven) auf, durch welches seine Handlungen (Aktionen) determiniert werden. Eine Beschreibung dieser Beziehung zwischen Anreiz und Handlung versuchen verschiedene **Motivationstheorien**. Dabei klären die Inhaltstheorien die Frage nach den Motiven, die ein Individuum zu bestimmten Handlungen bewegen.[34] Zu den Inhaltstheorien gehören

- **Anreiz-Beitrags-Theorie**,
- ***Maslows* Bedürfnistheorie**,
- ***Herzbergs* Zwei-Faktoren-Theorie**
- ***Atkinsons* Modell leistungsmotivierten Handelns**.

Bei den **Prozesstheorien** handelt es sich um formale Konzepte. Untersucht wird, wie die mit einem Ziel verbundenen Erwartungen das Verhalten von Mitarbeitern instrumentell steuern. Dabei wird von der Grundannahme ausgegan-

[34] Zu den Motivationstheorien vgl. im Einzelnen *Wiswede, G.*, Theorien der Arbeitsmotivation. Teil I: Inhaltstheorien, in: Wirtschaftswissenschaftliches Studium, 9. Jg., 1980, S. 525-529 und Teil II: Prozeßtheorien, in: Wirtschaftswissenschaftliches Studium, 9. Jg., 1980, S. 570-573; *Wunderer, R., Grunwald, W.*, Führungslehre, Band 1, Berlin, New York 1980, S. 168 ff.; *Staehle, W.*, Management. Eine verhaltenswissenschaftliche Einführung, 4. Auflage, München 1989, S. 245 ff.

gen, dass das Verhalten des Menschen wesentlich von umweltbedingten Einflussfaktoren abhängig ist. Als wichtige Prozesstheorien werden

- die **Instrumentalitätstheorie von *Vroom*** und
- das **Erwartungswertmodell von *Lawler/Porter***

dargestellt.

Anreiz-Beitrags-Theorie

Die Anreiz-Beitrags-Theorie[35] untersucht, unter welchen Umständen ein Organisationsteilnehmer (Mitarbeiter) bereit ist, an einer Organisation (Unternehmung) mitzuwirken.

- Jeder Mitarbeiter erhält vom Unternehmen **Anreize** (Aktivierung bestehender Motive aufgrund von Nutzenstiftung) in Form von Gehaltszahlungen, Ansehen, Entfaltungsmöglichkeiten, Sicherheit etc. Dafür hat er **Beiträge** (Nutzenentgang aufgrund von Opportunitätseinsatzmöglichkeiten) zu leisten, die er etwa durch seine Arbeitsleistung sowie durch das Akzeptieren der betrieblichen Ordnung erbringt.
- Der Mitarbeiter wird so lange bereit sein, ein Arbeitsverhältnis aufzunehmen bzw. aufrechtzuerhalten, wie die von ihm erhaltenen Anreize seinen Beiträgen entsprechen oder diese übersteigen.
- Im Rahmen des Produktionsprozesses transformiert die Unternehmung die geleisteten Beiträge in neue Anreize. Gelingt es der Unternehmung, den Mitarbeitern aufgrund der von ihnen geleisteten Beiträge so viele Anreize anzubieten, dass diese ihr Arbeitsverhältnis fortsetzen, so befindet sie sich im **Gleichgewicht**.

Maslows Bedürfnispyramide

Bei der ***Maslow*schen Bedürfnispyramide**[36] (Abb 3.14) wird unterstellt, dass jeder Mensch Bedürfnisse (Motive) unterschiedlicher Wichtigkeit hat. Er strebt nur dann nach Befriedigung eines höherrangigen Bedürfnisses, wenn alle niederrangigen Bedürfnisse erfüllt sind. Aus den allgemeinen Bedürfnissen lassen sich diejenigen heraustrennen, die ein Mensch bezüglich seiner Arbeitstätigkeit entwickelt:

- **Physiologische Bedürfnisse** (z.B. Essen, Trinken, Schlafen) dienen einzig und allein der Selbsterhaltung. Daher lassen sich hier noch keinerlei spezifisch auf die berufliche Betätigung bezogene Motive herausstellen.
- **Sicherheitsbedürfnisse** (z.B. Ordnung, Stabilität, Schutz) äußern sich beim Menschen am Arbeitsplatz durch den Wunsch nach Arbeitsplatzsicherheit, Einkommenserhaltung und Altersversorgung.

---

[35] Vgl. *March, J. G., Simon, H. A.*, Organizations, New York etc. 1958; vgl. auch *Barnard, Ch.*, The Function of the Executive, New York 1938.

[36] Vgl. *Maslow, A. H.*, Motivation and Personality, 3. Auflage, New York 1977.

Abb. 3.14 *Maslow*sche Bedürfnispyramide

- **Sozialbedürfnisse** (z.B. Gruppenzugehörigkeit, Zuneigung) werden im betrieblichen Bereich durch den Wunsch nach Zusammengehörigkeit der Abteilung oder nach guter Zusammenarbeit deutlich.
- **Anerkennungsbedürfnisse** (z.B. Macht, Prestige, Würde, Erfolg) liegen besonders stark vor beim Streben nach verantwortungsvollen und prestigeträchtigen Unternehmenspositionen oder nach guten Ergebnissen für die eigene Abteilung.
- Das Bedürfnis nach **Selbstverwirklichung** (z.B. Individualität, Kreativität, Autonomie, Demokratieverständnis) kommt im Unternehmen besonders dann zum Tragen, wenn ein Mitarbeiter seine Vorstellungen z.B. bezüglich der Organisationsstruktur durchzusetzen versucht oder Entscheidungen delegiert.

Aufgrund des sukzessiven Strebens nach verschieden hoch angeordneten Zielen wird es beispielsweise nicht das vorrangige Ziel eines Mitarbeiters sein, durch einen größeren Dienstwagen sein Renommee zu steigern, wenn gleichzeitig sein Arbeitsplatz nicht mehr als gesichert anzusehen ist.

Herzbergs Zwei-Faktoren-Theorie

Dieser aus empirischen Untersuchungen entwickelten Theorie zufolge sind es zwei unterschiedliche Arten von Merkmalen, die bei einem Mitarbeiter Arbeitszufriedenheit (Motivation) bzw. Arbeitsunzufriedenheit hervorrufen.[37]

- Satisfaktoren **(Motivatoren)** erzeugen beim Arbeitnehmer Arbeitszufriedenheit. Ihre Nichtexistenz führt jedoch nicht zu permanenter Unzufriedenheit. Als Motivatoren sind beispielsweise sichtbare Leistungserfolge, Anerkennung und Verantwortung anzusehen, also Merkmale, die in direktem Zusammenhang mit der zu erfüllenden Aufgabe stehen.

[37] Vgl. *Herzberg, F. H., Mausner, B. M., Snydermann, B. B.,* The Motivation to Work, New York 1959; *Herzberg, F. H.,* Work and the Nature of Man, Cleveland, Ohio 1966.

- Dissatisfaktoren **(Hygiene-Faktoren)** verhalten sich bei ihrer Existenz neutral zur Arbeitszufriedenheit. Ihre Inexistenz hat hingegen Arbeitsunzufriedenheit zur Folge. Hygiene-Faktoren sind etwa die Unternehmenspolitik, Kollegen und Vorgesetzte sowie Entgelt und die Arbeitsbedingungen am Arbeitsplatz. Es handelt sich somit (zumeist) um Faktoren, die nicht die Arbeitsinhalte, sondern die Einbindung des Arbeitnehmers in das Unternehmen betreffen.

Die Anerkennung der von einem Mitarbeiter geleisteten Arbeit (Existenz eines Motivators) beflügelt diesen bei der Arbeit weit mehr als die Zahlung eines hohen Gehalts (Existenz eines Hygiene-Faktors). Andererseits wird bei diesem Mitarbeiter die Zahlung eines zu geringen Gehalts (Nicht-Existenz eines Hygiene-Faktors) zu einer größeren ‚Frustration' führen als die Unterlassung einer Anerkennung für die verrichtete Arbeit (Nicht-Existenz eines Motivators).

Für die Stellenbildung und -besetzung ist aus diesen Erfahrungen folgender Schluss zu ziehen:

- Die interessante Gestaltung der Aufgabeninhalte einer Stelle führt zu erhöhtem Einsatzwillen seitens des Mitarbeiters **(Motivator)**.
- Die zufriedenstellende Gestaltung des Arbeitsumfeldes trägt dazu bei, ein Nachlassen der Einsatzbereitschaft zu verhindern **(Hygiene-Faktor)**.

In diesem Zusammenhang ist auch die Unterscheidung der Arbeitsmotivation in intrinsische und extrinsische Motivation von Bedeutung.[38]

- **Intrinsische Motivation** erfolgt durch die Arbeitstätigkeit bzw. Aufgabeninhalte selbst (Sachmotivation).
- **Extrinsische Motivation** wird durch Faktoren erzeugt, die außerhalb der eigentlichen Arbeitsinhalte liegen, wie z.B. die Entlohnung (Belohnungsmotivation).

Bei der Stellenbildung wird somit auch über die intrinsische Motivation entschieden. Eine effiziente Stellenbesetzung verlangt daher eine Berücksichtigung von Mitarbeiterinteressen und -motiven.

Atkinsons **Modell leistungsmotivierten Handelns**

Eine Übergangsform von Inhalts- zu Prozesstheorien ist *Atkinsons* Modell der Leistungsmotivation.[39] Diese zielt ab auf die Konsequenzen, die ein Mitarbeiter mit seiner Leistung verbindet. **Leistungsmotivation** ist zu verstehen als das Bedürfnis eines Mitarbeiters, selbstgesetzte Maßstäbe und Erfolge zu erreichen.

In einem Unternehmen sind nicht alle Mitarbeiter gleich stark zur Leistung motiviert. *Atkinsons* Modell will Aufschluss darüber geben, was die Ursachen

[38] Vgl. *Neuberger, O.,* Messung der Arbeitszufriedenheit, Stuttgart, Berlin, Köln, Mainz 1974; vgl. auch *Rosenstiel, L.* von, Die motivationalen Grundlagen des Verhaltens in Organisationen: Leistung und Zufriedenheit, Berlin 1975.

[39] Vgl. *Atkinson, J. W.,* Einführung in die Motivationsforschung, Stuttgart 1975, S. 391 ff; siehe auch *Staehle, W. H.,* Management. Eine verhaltenswissenschaftliche Perspektive, 4. Aufl. München 1989 und *Wunderer, R., Grunwald, W.,* Grundlagen der Führung, Bd. 1, Berlin, New York 1980, S. 206.

unterschiedlich ausgeprägter Leistungsmotivation sein können und wie die Leistungsmotivation gesteigert werden kann.

Atkinson geht davon aus, dass das Leistungsverhalten einer Person von zwei Motiven beeinflusst wird: Während das **Erfolgsmotiv** die Hoffnung auf ein Gelingen der Aufgabe und den damit empfundenen Stolz ausdrückt, beschreibt das **Misserfolgsmotiv** die Neigung, Angst bei einem möglichen Misserfolg zu empfinden. Das letztendlich beobachtbare Verhalten einer Person resultiert demnach aus der Konfliktlösung dieser beiden Motive.

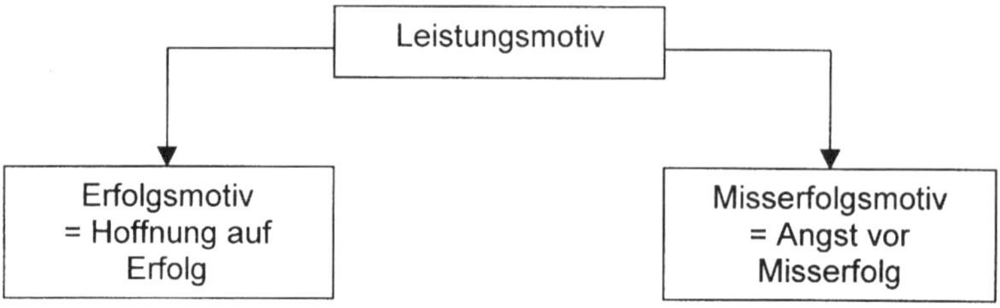

Abb. 3.15 Das Leistungsverhalten beeinflussende Verhaltenstendenzen

Aufbauend auf dieser Unterscheidung definiert *Atkinson* folgende Verhaltenstendenzen: die Tendenz, Erfolg anzustreben (T_e), die Tendenz, Misserfolg zu vermeiden (T_m) und schließlich die Tendenz zur Leistung (T_r).

Die **Tendenz, sich den Erfolg eines Auftrags oder einer Aufgabe zum Ziel zu setzen**, ist nach *Atkinson* das multiplikative Ergebnis aus

- dem Erfolgsmotiv (M_e),
- der subjektiven Wahrscheinlichkeit, die Aufgabe mit Erfolg zu bewältigen (W_e) und
- dem Erfolgsanreiz (A_e):

$$T_e = M_e \times W_e \times A_e$$

Das Erfolgsmotiv ist das eigentliche Leistungsmotiv und stellt die fortdauernde, individuelle Veranlagung einer Person dar, Erfolg zu erstreben. Demgegenüber bezeichnet der Erfolgsanreiz die Intensität, mit der der Stolz im Erfolgsfall empfunden wird und lässt sich darstellen als

$$A_e = 1 - W_e$$

Der Erfolgsanreiz ist umso größer, je schwieriger die Aufgabenstellung und je geringer die Erfolgswahrscheinlichkeit ist.

Die Tendenz, Misserfolg zu vermeiden, läßt sich ebenfalls als Produkt obiger Faktoren formulieren, wobei die Komponenten nun den Index m (Misserfolg) erhalten: Das Misserfolgsmotiv ergibt sich demnach aus dem Produkt aus

- Misserfolgsmotiv (M_m)
- subjektiver Wahrscheinlichkeit, dass das eigene Verhalten nicht zum Erfolg führt (W_m) sowie
- Misserfolgsanreiz (A_m):

$$T_m = M_m \times W_m \times A_m$$

Im Gegensatz zum Erfolgsmotiv M_e erklärt das Misserfolgsmotiv M_m den vom Erfolgsmotiv unabhängigen, individuellen Wunsch, sich einer Niederlage zu entziehen. Der Misserfolgsanreiz A_m kann auch als Scham oder Angst in einem solchen Falle umschrieben und entsprechend als

$$A_m = -(1 - W_m) = -W_e$$

formuliert werden.

Die subjektiv empfundene Wahrscheinlichkeit, eine gestellte Aufgabe nicht erfolgreich bewältigen zu können W_m lässt sich ebenfalls durch eine Formel darstellen:

$$W_m = 1 - W_e.$$

Die **Tendenz zur Leistung** T_r ergibt sich letztendlich aus der Summe der Tendenzen, Erfolg anzustreben und Misserfolg zu vermeiden:

$$T_r = T_e + T_m$$

Durch Einsetzen und Umformen erhält man:

$$T_r = (M_e \times W_e \times A_e) + (M_m \times W_m \times A_m)$$

$$T_r = (M_e - M_m) \times [W_e \times (1 - W_e)]$$

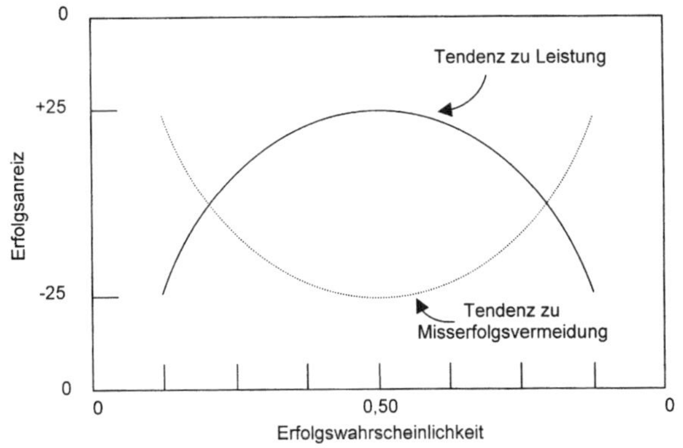

Abb. 3.16 Die Abhängigkeit des Erfolgsanreizes von der Erfolgswahrscheinlichkeit (z.B. Schwierigkeitsgrad einer Aufgabe)[40]

[40] In Anlehnung an *Atkinson, J. W.,* Personality, Motivation and Action, New York 1983. S. 111.

Nach der letzten Formel ist das Leistungsmotiv groß, wenn $(M_e - M_m)$ oder $W_e \times (1 - W_e)$ groß ist.

Es lässt sich zeigen, dass $W_e \times (1 - W_e)$ am größten ist und somit die Leistungsmotivation steigt, wenn W_e den Wert 0,5 annimmt, d.h. wenn die Erfolgswahrscheinlichkeit bei 50% liegt.

$(M_e - M_m)$ hingegen wird groß, wenn $M_e > M_m$. Es lässt sich zeigen, dass solche „erfolgsmotivierten" Personen leistungsbezogene und mittelschwere Tätigkeiten bevorzugen. Ist hingegen $M_e < M_m$, so nimmt T_r einen negativen Wert an. Diese „misserfolgmotivierten" Personen meiden mittelschwere Aufgaben am ehesten.

Den Umstand, dass T_r in der Regel keine negative Ausprägung annimmt, wird auf extrinsische Anreize zurückgeführt, die in *Atkinsons* Modell durch die additive Konstante T_{ex} berücksichtigt werden:

$$\text{Leistungsmotivation} = T_r + T_{ex}$$

Die Inhaltstheorien beinhalten Ansätze, die Motive für bestimmte Verhaltensweisen der Mitarbeiter aufzeigen. Sie geben keinen Aufschluss darüber, wie ein bestimmtes Verhalten zustande kommt.

Instrumentalitätstheorie von *Vroom*

Vrooms Theorie basiert auf einem Weg-Ziel-Ansatz. Er geht davon aus, dass Mitarbeiter einen Lösungsweg für ihre Aufgaben wählen, die ihren subjektiv empfundenen Nutzen maximieren. Die Mitarbeiter streben nach Leistung, wenn sie ein persönlich gestecktes Ziel erreichen können.[41]

Ziel der Mitarbeiter ist die Befriedigung persönlicher Wünsche und Bedürfnisse (z.B. Reise- oder Anschaffungswünsche). Die persönlichen Ziele bestimmen den Weg und die Art und Weise ihrer Aufgabenerfüllung (Leistung).

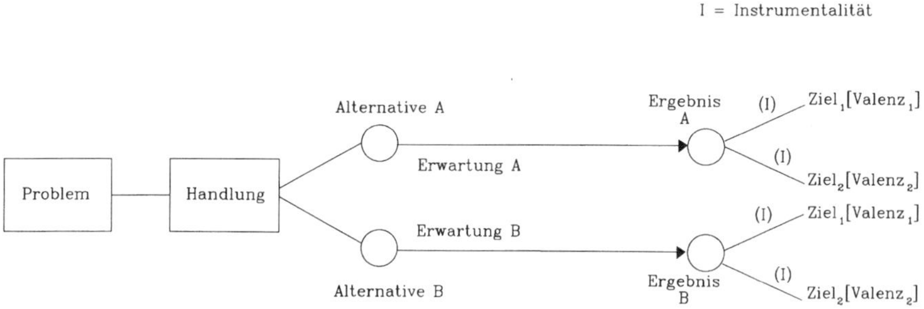

Abb. 3.17 Das Motivationsmodell von *Vroom*

[41] Vgl. *Vroom, V. H.*, Work and Motivation, 3. Aufl., New York 1967; siehe auch *Wiswede, G.*, Theorien derArbeitsmotivation. Teil II: Formale Theorien, in: Wirtschaftswissenschaftliches Studium, 9. Jg., 1980, S. 530-573.

Die Leistung eines Mitarbeiters ist abhängig von dem Nutzen, den ein Mitarbeiter mit der Aufgabenerfüllung verbindet. Diese Mittel/Zweck-Beziehung wird Instrumentalität genannt. **Instrumentalität** kennzeichnet die Erwartung eines Mitarbeiters, dass ein bestimmtes Ergebnis seines Handelns zu einem konkreten, persönlichen Ziel führt.

Der Wert, den ein Mitarbeiter mit der Attraktivität eines Ergebnisses seines Handelns verbindet, ist die **Valenz**. Bei einer positiven Valenz strebt der Mitarbeiter nach dem vorgegebenen Ergebnis. Bei einer negativen Valenz versucht der Mitarbeiter, dieses Ergebnis zu vermeiden. Ist die Valenz gleich ‚Null', so verhält sich der Mitarbeiter indifferent gegenüber dem Ergebnis. Der Wert des Zieles beeinflusst in jedem Fall die Handlung des Mitarbeiters.

Der Mitarbeiter entwickelt **Erwartungen** darüber, mit welcher Wahrscheinlichkeit ein bestimmtes Ergebnis zu seiner persönlichen Zielerreichung beiträgt. Abb. 3.16 verdeutlicht das Motivationsmodell von *Vroom*.

Der Mitarbeiter kann sich entscheiden, ob er sich mehr oder weniger anstrengen will.

Für seinen Anstrengungsaufwand sind die beiden Erwartungen entscheidend:

- mit welcher Wahrscheinlichkeit die Anstrengung zu einem bestimmten Ergebnis (Gehaltserhöhung oder nicht) führt und
- mit welcher Wahrscheinlichkeit das Ergebnis zu seiner persönlichen Zielerreichung (Urlaub, neues Auto) beiträgt.

Das Leistungsverhalten ergibt sich folglich aus der Einschätzung von Mitarbeitern, welche persönlichen Ziele sie mit dem Ergebnis ihres Handelns erreichen können.

Die Schwierigkeit des Modells besteht in der empirischen Bestimmung der individuellen Ziele der Mitarbeiter. Dennoch gibt das Modell Hinweise auf Einflussmöglichkeiten der Mitarbeitermotivation.

Das Modell zeigt, dass nur dann, wenn die Mitarbeiter die Konsequenzen ihres Handelns kennen, sie auch abschätzen können, was sie bei erbrachter Leistung als Ergebnis erwartet. Ein Unternehmen, das seine Mitarbeiter im unklaren darüber lässt, was diese bei erbrachter Leistung erwartet, braucht sich über mangelnde Motivation nicht zu wundern. Auch eine stark wechselnde Anreizpolitik führt zur Verunsicherung von Mitarbeitern. Sie sind unter diesen Bedingungen nur schwer in der Lage, abzuschätzen, was sie bei zunehmender Anstrengung an Belohnung und Beförderung erwartet.

Erwartungswertmodell von *Lawler/Porter*

Lawler und *Porter* erweitern die Theorie *Vrooms*. In ihrem Modell verbinden sie die Leistung mit der Zufriedenheit, die die Belohnung für ein erreichtes Ergebnis mit sich bringt. Sie unterscheiden zwei Typen von Erwartungen:[42]

[42] Vgl. *Lawler, E. E., Porter, L. W.,* Managerial Attitudes and Performance, Homewood, Ill., 1968.

- **Anstrengungserwartung**

Der Mitarbeiter geht davon aus, dass er sich zur Bewältigung seiner Aufgabe in einem bestimmten Ausmaß anstrengen muss. Er schätzt dieses Ausmaß seiner Anstrengung ab. Bei einer für ihn günstig erscheinenden Situation strengt sich der Mitarbeiter an, sonst nicht.

- **Konsequenzerwartung**

Eine bestimmte Arbeitsanstrengung führt zu positiven oder negativen Konsequenzen. So kann die Erfüllung einer Aufgabe im positiven Sinne Anerkennung, Lob, Entgelterhöhungen, im negativen Sinne aber auch Kräfteverschleiß, Müdigkeit usw. mit sich bringen.

Abb. 3.18 gibt eine detaillierte Darstellung des Modells.[43]

Die verwendeten Begriffe und dargestellten Beziehungen bedeuten:

$A \rightarrow L$	= Anstrengung (A), die nach Meinung des Mitarbeiters für eine gute Leistung (L) notwendig ist (Anstrengungserwartung);
$(L \rightarrow B)$ (V)	= Ausmaß der Leistung (L), die in Abhängigkeit von Valenzen (V) zum Erreichen der angestrebten Belohnung (B) aufgebracht werden muss (Konsequenzerwartung);
Vergleichbare Erfahrungswerte:	eigene oder fremde Erfahrungen, die der Mitarbeiter in seine Kräfteplanung einfließen lässt;
Selbstwertgefühl:	Einschätzung von eigenen Fähigkeiten und Selbstbewusstsein;
Interne/externe Einflussfaktoren, gerechte Belohnung, Bedürfnisbefriedigung der Belohnung:	beeinflussen $L \rightarrow B$ (V);
Problemlösungsansatz und Fähigkeiten:	beeinflussen den Grad der Leistungserfüllung;
Belohnung/ Zufriedenheit:	Erfahrungswerte für Belohnung und Zufriedenheit als Konsequenz aus der Leistungserfüllung.

Die Motivation entwickelt sich in folgenden Teilschritten:

Aufgrund seines Selbstwertgefühls und vorhandener Erfahrungswerte entwickelt der Mitarbeiter eine Vorstellung darüber, welche Anstrengung zur Leistungserfüllung ($A \rightarrow L$) notwendig sein wird.

Vergleichbare Erfahrungswerte und das Selbstwertgefühl beeinflussen das Ausmaß, das der Mitarbeiter zur Leistungserfüllung für notwendig hält (Anstrengungserwartung).

---

[43] Vgl. ebenda, S. 79 ff.

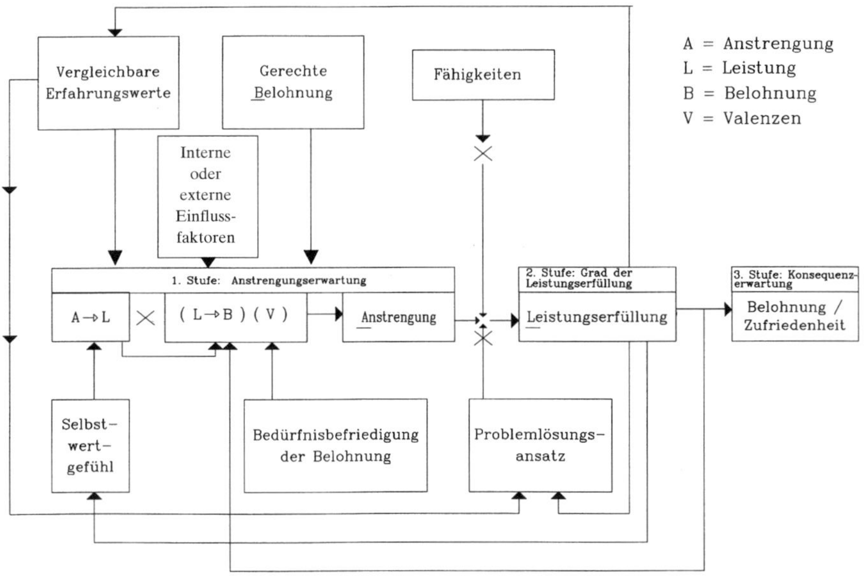

Abb. 3.18 Die Motivationstheorie von *Lawler/Porter*

Weiterhin gibt der Mitarbeiter eine Einschätzung darüber ab, inwieweit die von ihm aufgebrachte Leistung zu der von ihm angestrebten Belohnung führt (Konsequenzerwartung). Diese Einschätzung hängt wesentlich davon ab, ob er das zu erwartende Ergebnis internen Einflussfaktoren (der Mitarbeiter schreibt das zu erwartende Ergebnis sich selbst zu) oder externen Einflussfaktoren (Umfeldfaktoren) zuschreibt.

Als weitere Einflussfaktoren, die den Kräfteeinsatz (die Anstrengung) des Mitarbeiters steuern, werden von *Lawler/Porter* genannt:

- die Belohnung (wie sie von dem Mitarbeiter empfunden wird),
- die Bedürfnisbefriedigung (die der Mitarbeiter durch eine Belohnung erfährt) und
- die intrinsische Motivation (wenn die Arbeitstätigkeit selbst Auslöser seiner Anstrengung ist).

Die vorgenannten Faktoren bestimmen die tatsächliche Anstrengung eines Mitarbeiters. Ob diese Anstrengung auch zur Aufgaben- oder Leistungserfüllung führt, hängt von den Fähigkeiten und dem Können der Mitarbeiter sowie seiner Problemlösungsstrategie ab.

Der Grad der Leistungserfüllung (gut/weniger gut) entscheidet dann über die Belohnung des Mitarbeiters und den Grad seiner Zufriedenheit. Leistungserfüllung und Zufriedenheit ihrerseits wirken direkt oder indirekt zurück auf Anstrengungs- und Konsequenzerwartung.

Das Modell von *Lawler* und *Porter* gibt Aufschluss darüber, wie Motivation, Leistung und Zufriedenheit zusammenhängen. Ein Mitarbeiter wird unzufrieden sein, wenn er die Belohnung für sein Handeln nicht als angemessen empfindet. Zufrieden ist der Mitarbeiter, wenn die Belohnung für sein Handeln seinen Erwartungen entspricht. In diesem Sinne ist bei der Stellenbesetzung auf eine Übereinstimmung zwischen Erwartungen des Stelleninhabers und Anreizsystemen bei Leistungserfüllung zu achten. Überqualifikation hebt das Erwartungsniveau an und führt bei dem Mitarbeiter zu Unzufriedenheit, da er seiner Meinung nach trotz Leistungserfüllung nicht adäquat belohnt wird. In der Folge wird er seine Anstrengung zurücknehmen. Bei Unterqualifikation sieht der Mitarbeiter erst gar keine Möglichkeit, die Aufgabe zielgerecht zu erfüllen, um zu der gewünschten Belohnung zu kommen. Er wird sich somit auch nicht besonders anstrengen.

Einführende Literatur

Gutenberg, E., Grundlagen der Betriebswirtschaftslehre. Erster Band: Die Produktion, 23. unveränd. Auflage, Berlin, Heidelberg, New York 1979.

Kosiol, E., Organisation der Unternehmung, 2. Auflage, Wiesbaden 1976.

Weiterführende Literatur

Drucker, P. F., The Practice of Management, New York 1954.

Odiorne, G. S., Management by Objectives: A System of Managerial Leadership, New York 1965.

Rationalisierungs-Kuratorium der Deutschen Wirtschaft e.V. (Hrsg.), RKW-Handbuch Praxis der Personalplanung, Teil VI, Planung des Personaleinsatzes, Neuwied und Darmstadt 1978.

Kontrollfragen

1. Verdeutlichen Sie die Unterschiede und Zusammenhänge zwischen den Begriffen Arbeitsplatz und Stelle! Welche Arten von Stellen existieren und wie kann man sie gegeneinander abgrenzen?
2. Was sagt das „Dotted-Line-Prinzip“ aus?
3. Nach welchen Kriterien können Stellen gebildet werden?
4. Erläutern Sie die verschiedenen Stellenbesetzungsverfahren und diskutieren Sie die jeweils damit verbundenen Vor- und Nachteile der Prinzipien!
5. Welche Unterschiede bestehen zwischen Abteilungen und Arbeitsgruppen sowie zwischen Kollegien und Projektgruppen?
6. Welche Faktoren beeinflussen nach Atkinson die Leistungsmotivation? Wann und warum ist das Streben nach Erfolg am größten?

Zweites Kapitel: Organisationstheorien

Organisationstheorien beschreiben die Existenz und Gestaltung von Organisationen.[44] Sie erarbeiten Erklärungsmuster und tragen so dazu bei, Organisation zu erkennen und ihre Funktionsweise zu verstehen.

1. Rationalisierungstheorien

1.1 Die Bürokratieanalyse nach Max Weber

Max Weber hat versucht, im Rückblick auf historische Abläufe die Funktionsweise von Wirtschaft und Gesellschaft zu ergründen. Zwei Kernpunkte bilden die Stützen seines Theoriegebäudes: Macht und Rationalisierung.

Macht und Rationalisierung als Leitideen

Macht wird von *Max Weber* definiert als „jede Chance, innerhalb einer sozialen Beziehung den eigenen Willen auch gegen Widerstand durchzusetzen, gleichviel worauf diese Chance beruht“[45].

Im Verlauf der geschichtlichen Entwicklung ist für *Weber* die **Rationalisierung die treibende Kraft**. Rationalisierung ist die **Entzauberung** mystischer Ideen bzw. die Fähigkeit des Menschen, sich mit der natürlichen und sozialen Umwelt geistig auseinanderzusetzen und gestaltend in sie einzugreifen. Die Rationalisierung auf institutionaler Ebene führt zu einer zunehmenden Berechenbarkeit und Beherrschbarkeit der Probleme der Welt durch Wissenschaft, Technik und Organisation.

Formen der Herrschaft

Herrschaft als dauerhafte Ausübung von Macht **beruht auf** einem der folgenden **Faktoren**:

- **Charisma**, d.h. der persönlichen Ausstrahlung des Herrschenden (Volkstribun, Rebell);
- **Tradition**, d.h. auf überlieferten Rechten (Monarchie, Priesterherrschaft);
- **Legalität**, d.h. rationaler und institutionalisierter Rechtfertigung.

Charisma ist laut *Weber* erforderlich, um Herrschaft zu erringen. Die mystische Ausstrahlung des Herrschers wird dann in traditioneller Weise auf von ihm Auserwählte oder auf seine Nachkommen übertragen. Auf Dauer aber kann Herrschaft nur durch Legitimation gesichert werden, d.h. dadurch, dass die Be-

[44] Einen guten Überblick über wichtige Organisationstheorien gibt *Kieser, A.* (Hrsg.), Organisationstheorien, 3. Aufl., Stuttgart 1999.

[45] *Weber, M.*, Wirtschaft und Gesellschaft. Grundriß der verstehenden Soziologie, 5. revidierte Aufl., Tübingen 1972, S. 28.

herrschten einen nachvollziehbaren Grund kennen, warum sie dem Herrscher folgen sollen. Im Lauf der Zeit vollzieht sich die **Rationalisierung auch bei der Rechtfertigung von Herrschaft**.

Überlegenheit der Bürokratie

Die Verwaltungsform einer legalen Herrschaft ist für *Weber* die Bürokratie, die keine vorrationalen Merkmale wie Günstlingswirtschaft oder Despotismus kennt, sondern sich auf folgende **Merkmale** stützt:

- **festgelegte Aufgabenbereiche** und Weisungsbefugnisse,
- **Amtshierarchie** (festes System von Über- und Unterordnung),
- Aufgabenerfüllung nach **festgesetzten Regeln und Normen**,
- **Aktenmäßigkeit** (Regeln, Vorgänge, Protokolle usw. werden schriftlich fixiert).

Durch diese Merkmale ist für *Weber* die Bürokratie die **effizienteste aller Verwaltungsformen**. Ein bürokratischer Mechanismus läuft zuverlässig wie eine Maschine und ist im Vergleich zu unentgeltlich ehrenamtlicher Arbeit sogar billiger, weil die Aufgaben von Spezialisten ihres Faches erledigt werden.[46]

Kritik

Kritiker des Modells stoßen sich vor allem an folgenden **Nachteilen bürokratischer** Herrschaft:

- Die Arbeit in der Bürokratie ist **unpersönlich und abstrakt**, was die Menschen von ihren Aufgaben entfremdet;
- **eigenständiges Handeln** ist innerhalb einer Bürokratie **unmöglich**;
- **Formalismus** führt zu Effizienzverlusten;
- die Bürokratie entwickelt eine **Eigengesetzlichkeit**, die von außen nicht mehr kontrollierbar ist.

1.2 Managementlehre: Scientific Management

Der Ansatz des **Scientific Management** geht auf *Frederick Taylor* zurück, der mit Hilfe praktischer Experimente den **optimalen Leistungsgrad** und damit eine Gewinnmaximierung in der Produktion erreichen wollte.[47] Das Ziel eines dieser Experimente war z.B., bei Erdarbeiten herauszufinden, welches Gewicht ein Arbeiter pro Schaufelladung aufladen sollte, damit er am Ende eines Arbeitstages die maximale Erdmenge bewegt hätte.

Taylors Optimierungsansatz beruht auf der **Annahme**, dass der **Mensch von Natur aus faul** ist und nur durch **finanzielle Anreize** zur effizienten Arbeit bewegt werden kann. Sein System optimierter Abläufe hat die folgenden Merkmale:

---

[46] Vgl. *Weber, M,* Wirtschaft und Gesellschaft, a.a.O., S. 561f.

[47] Vgl. *Taylor, F.,* Die Grundsätze wissenschaftlicher Betriebsführung, München 1913 (Original: The Principles of Scientific Management, New York 1903).

- **Trennung von Hand- und Kopfarbeit**
  Das Management hat die Aufgabe, mittels wissenschaftlicher Experimente und der Nutzung traditionellen Wissens die Erkenntnisse über Abläufe und Tätigkeiten zu sammeln, zu ordnen und in Regeln und Normen für die Arbeiter umzuwandeln.
  Die Arbeiter sollen sich hingegen ausschließlich auf die Ausführung der Tätigkeit nach diesen Normen konzentrieren und keine Möglichkeit zur Drückebergerei haben.

- **Pensum und Bonus**
  Die Arbeiter werden über ein **System individueller Vorgaben** (Pensum) motiviert, das zu einer Entlohnung auf der Basis „wissenschaftlich" (d.h. experimentell) ermittelter Stücklöhne führt. Das Pensum für den einzelnen Arbeiter soll so bemessen sein, dass er auf Dauer keine gesundheitlichen Schäden davonträgt. Wer sein Pensum nicht erfüllt, soll nach *Taylor* durch Lohnabzüge, Aussperrungen, Geldstrafen bestraft werden.

- **Auslese und Anpassung der Arbeiter**
  Da auf Dauer nur diejenigen Arbeiter im Betrieb bleiben, die in der Lage sind, ihr Pensum zu erfüllen, erhoffte sich *Taylor* eine Auslese der besten Arbeiter, die am Ende bei der Firma bleiben.

- **Expertenherrschaft**
  Da die Mengenvorgaben und die Lohnanreize von wissenschaftlich geschulten Experten **nach objektiven Gesichtspunkten** (den Experimenten) festgelegt werden, bleibt weder Arbeitgebern noch Arbeitnehmern ein Spielraum für Lohnstreit. *Taylor* erwartete dadurch das Ende der Konflikte zwischen Arbeitgebern und Arbeitnehmern, da „scientific managers" über den Produktionsprozess zu entscheiden haben.

Frederick Taylor hat dieses System als Unternehmensberater von 1893 bis zu seinem Tode u.a. bei der *Bethlehem Steel Company* durchgeführt.[48] Anfang des 20. Jahrhunderts fand seine Methode extremer Rationalisierung und Arbeitsteilung breite Zustimmung.

Die Kritik am Taylorismus gründet sich auf folgende Argumente:[49]

- Die Annahmen seines sehr negativen Menschenbildes sind weder bewiesen noch theoretisch fundiert. **Menschliche Bedürfnisse** werden **nicht berücksichtigt**.
- Auch die **Experimente**, die er „wissenschaftlich" nennt, **halten** einer modernen **methodischen Überprüfung nicht stand** (keine Kontroll- oder Folgeuntersuchungen, zu geringe Stichproben, keine Zufallsauswahl der Arbeiter).
- Der Begriff **„dauerhafte Gesundheit"** wird **ungenügend definiert**; langfristige Folgeschäden sind nicht erfasst.
- Die **systematische Dequalifizierung** der Arbeiter macht das System **untauglich für Innovationen**. Die Betrachtung ist **rein statisch**, die Änderung von Rahmenbedingungen wird nicht berücksichtigt.

---

[48] Vgl. *Kieser, A.*, Organisationstheorien, a.a.O., S. 75f.

[49] Vgl. *Kieser, A.*, Organisationstheorien, a.a.O., S. 90ff.

2. Verhaltensorientierte Ansätze

Der Vernachlässigung menschlicher Bedürfnisse bei der Gestaltung von organisatorischem Aufbau und Ablauf sind die Vertreter der verhaltensorientierten Ansätze entgegengetreten. Sie verfechten – im Gegensatz etwa zu *Taylor* – Theorien, deren Grundlagen in den Besonderheiten menschlichen Verhaltens liegen.

2.1 Human Relations-Ansatz

Seit dem Beginn der Industrialisierung, insbesondere aber im Zuge der tayloristischen Rationalisierungsbestrebungen, haben Gewerkschaften, kirchliche Gruppen und auch einige Unternehmer bessere Arbeitsbedingungen für Industriearbeiter gefordert. Die **„Vermenschlichung der Arbeit"** ist das Ziel dieser Bemühungen.

Neben der sozialen und moralischen Komponente der Forderungen führten auch empirische Forschungen zu einer stärkeren Berücksichtigung menschlicher Bedürfnisse bei der Arbeitsgestaltung. Ein Forschungsprogramm des US-amerikanischen *National Research Council (NRC),* das ab 1923 u.a. in den *Hawthorne-Werken* der *Western Electric Company* stattfand, sollte den Zusammenhang zwischen Arbeitsplatzbeleuchtung und Arbeitsleistung untersuchen.

Bei den sog. *Hawthorne*-**Experimenten** stellte sich heraus, dass die **Ergebnisse** der Arbeiter auch stark **von psychischen Faktoren, vom Führungsstil und der Atmosphäre am Arbeitsplatz abhingen**.[50]

Die Kritik am klassischen Human Relations-Ansatz stützt sich vor allem auf methodische Probleme. Im Grunde ist es **unmöglich, psychisch bedingte Outputänderungen im Labor zu isolieren**, da in der alltäglichen Arbeitsumgebung immer mehrere Faktoren gleichzeitig die Leistung des Einzelnen beeinflussen.

2.2 Behaviorismus

Die Vertreter des Behaviorismus, allen voran *March* und *Simon,* gehen der Frage nach der **Existenz und dem Überleben von Organisationen** nach. Ihr Untersuchungsobjekt ist dabei der einzelne Mensch als Individuum: Warum entscheidet er sich, an einer Organisation dauerhaft teilzunehmen?

Entscheidung zur Teilnahme an Organisationen

Nach Vorstellung der Behavioristen **muss das Individuum einen Beitrag zu einer Organisation leisten**. Dieser Beitrag besteht z.B. aus der Arbeitsleistung, dem Verzicht auf Freizeit und der Unterwerfung unter die Normen der Organisation. **Im Gegenzug erhält der Einzelne aber einen Anreiz**, der ihn an die Organisation bindet, und zwar in Form von Arbeitsentgelt, Anerkennung, Spaß an der Arbeit usw. **So lange die Anreize höher empfunden werden als die Beiträge, entscheidet sich das Individuum für die Teilnahme an der Organisation.**

[50] Vgl. *Roethlisberger, F. J./Dickson, W. J.,* Management and the Worker, Cambridge (Mass.), 1939.

Entscheidungen in Organisationen

Die **Entscheidungen in Organisationen** sind geprägt von der **begrenzten Rationalität** (bounded rationality) der Entscheider, die nicht alle relevanten Informationen zur Entscheidungsfindung verarbeiten können. Gründe dafür sind:

- Unvollständigkeit des Wissens der Entscheider um Bedingungen und Konsequenzen,
- Schwierigkeit der Bewertung zukünftiger Ereignisse,
- begrenzte Auswahl an Entscheidungsalternativen.

March/Simon lehnen darum das absolute Optimum als Ziel von Entscheidungen ab. Sie gehen stattdessen davon aus, dass die Entscheider sich mit einer **befriedigenden Lösung** für ein Problem begnügen (**satisficing**).[51] Welche Lösung als befriedigend empfunden wird, hängt vom jeweiligen **Anspruchsniveau** ab. Dieses Anspruchsniveau ist veränderbar. In der Regel steigen die Ansprüche, wenn bisher alle Lösungen zufriedenstellend waren (Suche nach neuen Herausforderungen). Umgekehrt werden die Ansprüche zurückgeschraubt, wenn alle unternommenen Versuche, ein Problem zufriedenstellend zu lösen, fehlgeschlagen sind.

3. Situativer Ansatz

Im Mittelpunkt des Situativen Ansatzes steht die **Organisationsstruktur**. Ausgangspunkt der Überlegungen ist die Tatsache, dass es verschiedene Arten von Organisationsstrukturen gibt. Die Vertreter des Situativen Ansatzes (darunter *Woodward, Burns/Stalker, Child* und *Pugh*)[52] gehen davon aus, dass es **keine universell effizienten Organisationsstrukturen** gibt, sondern dass **Organisationen ihre Strukturen an die jeweilige Situation anpassen müssen**, in der sie sich befinden.

Die Untersuchung einer Organisationsstruktur kann nur unter folgenden Voraussetzungen gelingen:

Operationalisierung der Organisationsstruktur

Die **Organisationsstruktur muss konkret fassbar gemacht werden**, um Variablen für ihre Effizienz ableiten zu können. Dazu bedient man sich der „klassischen“ Merkmale einer Aufbauorganisation wie z.B.

- Grad der Arbeitsteilung,
- Über- und Unterordnungen in einer Hierarchie,
- technische Regeln und Normen,

[51] Vgl. *March, J. G./Simon, H. A.*, Organizations, New York et al. 1958; *Simon, H. A.*, Administrative Behavior. A Study of Decision-Making Processes in Administrative Organizations, New York 1945.

[52] alle von der *Aston School* in Birmingham. Zum Situativen Ansatz vgl. *Pugh, D. S./ Hickson, D. J.*, Organizational Structure in its Context, Westmead (UK) 1976.

- Zentralisierungsgrad der Kompetenzen,
- Formalisierungsgrad.

Operationalisierung der Situation

In einem zweiten Schritt müssen die **relevanten Gesichtspunkte der Situation operationalisiert** werden, um einen Zusammenhang zwischen Situation und Organisationsstruktur untersuchen zu können. Folgende **Einflussfaktoren** können dazu ausgewählt werden:[53]

- Interne Faktoren:
  - Leistungsprogramm,
  - Größe,
  - Technologie,
  - Eigentumsverhältnisse,
  - Alter der Organisation,
  - Entwicklungsstadium der Organisation;
- Externe Faktoren:
  - Konkurrenzsituation,
  - Kunden- und Marktstruktur,
  - Dynamik der technischen Entwicklungen,
  - gesellschaftliche und kulturelle Rahmenbedingungen.

Operationalisierung des Verhaltens und der Effizienz von Organisationen

Um eine möglichst effiziente Organisationsstruktur bestimmen zu können, müssen **Maßgrößen für den Erfolg** und die Effizienz der betrachteten Organisation ermittelt werden. Dann ist die Wirkung der situativen Einflussfaktoren auf den Erfolg einer Organisation bei einer gegebenen Struktur funktional darzustellen.

Empirische Untersuchungen im Rahmen des Situativen Ansatzes haben z.B. einen Zusammenhang zwischen Unternehmensgröße und Spezialisierung ermittelt und herausgefunden, dass auch bei zunehmender Unternehmensgröße irgendwann ein maximaler Spezialisierungsgrad erreicht wird.

Kritik

Die **Kritik am Situativen Ansatz** macht sich an folgenden Punkten fest:

- Die **Auswahl der Situations- und Strukturmerkmale** ist immer **unvollständig und subjektiv**. Die Komplexität der Situation, in der sich eine Organisation befindet, lässt sich nicht vollständig abbilden.
- Die statistischen Verfahren, die verschiedene Indizes zu einem **Gesamtmaß aggregieren**, sind **unzuverlässig und nicht aussagekräftig**.

---

[53] Vgl. *Kieser, A.*, Organisationstheorien, a.a.O., S. 175.

- Der Situative Ansatz liefert lediglich Zusammenhänge, ohne auf die Gründe näher einzugehen. Dadurch sind die Ergebnisse lediglich **theorielose Wenn-Dann-Aussagen**.

4. Kybernetische Modelle und Systemtheorie

4.1 Systemtheorie

Die Systemtheorie beschreibt Organisationen als **Regelkreisläufe, die durch Entscheidungen und deren Rückkopplungen gesteuert werden**. Systeme dieser Art können **geschlossen** sein (autopoietisch). Dann führen nur die Rückkopplungen innerhalb des Systems zu einer Änderung der Entscheidung. **Offene Systeme** hingegen berücksichtigen auch Faktoren, die den Regelkreis von außen beeinflussen. Die Vertreter dieser Theorie, etwa *Ulrich* und *Kirsch,* haben naturwissenschaftliche Regelkreise, die man z.B. in der Elektrotechnik verwendet, auf betriebswirtschaftliche Entscheidungen übertragen.

Wie ein solcher Regelkreis eines offenen Systems funktioniert, illustriert die Abb. 3.19[54]:

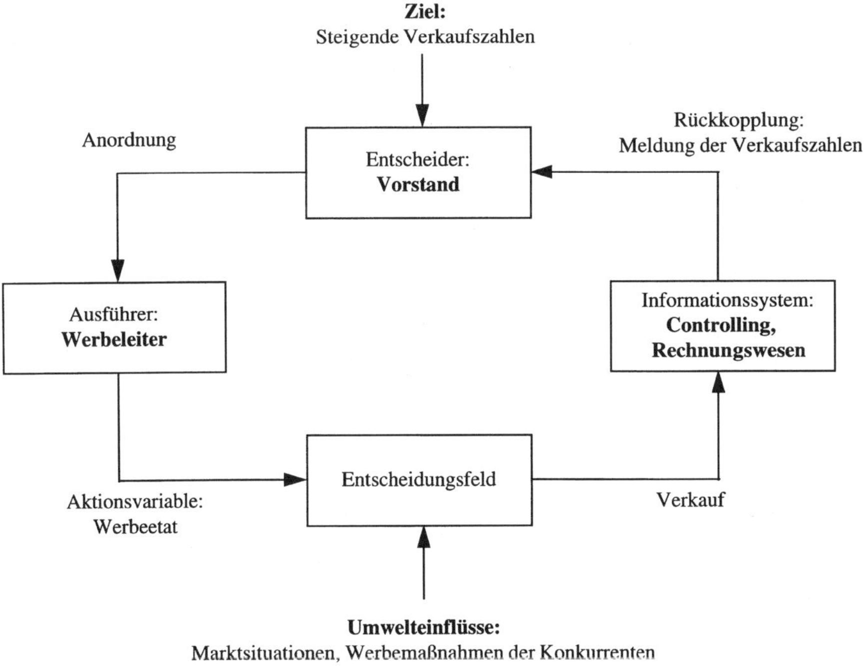

Abb. 3.19 Regelkreis eines offenen Systems

[54] nach *Kirsch, W.,* Betriebswirtschaftslehre – eine Annäherung aus der Perspektive der Unternehmensführung, Herrsching 1993, S. 45.

Der Entscheider (Vorstand) hat das Ziel steigender Verkaufszahlen gesetzt und dem Leiter der Werbeabteilung die Aufgabe übertragen, eine neue Werbekampagne zu starten. Mit Hilfe des Werbeetats soll das Ziel steigender Verkaufszahlen erreicht werden. Ob die Werbung Erfolg hat, hängt nicht nur von der Werbekampagne ab, sondern auch von exogenen Faktoren wie der Marktsituation und den Werbemaßnahmen der Konkurrenz. Die Absatzzahlen nach Durchführung der Kampagne werden gesammelt und aufbereitet. Sie bilden die Rückkopplung für den Vorstand und geben Aufschluss darüber, ob die Kampagne Erfolg hatte. Falls dies nicht der Fall ist, muss der Vorstand neue Anordnungen geben.

Die Kritik am systemtheoretischen Ansatz stützt sich auf folgende Punkte:

- Die Umwelteinflüsse werden als gegeben vorausgesetzt. **Wechselwirkungen zwischen** dem **System und seiner Umwelt bleiben unberücksichtigt**.
- Die Auswahl der berücksichtigten Einflussfaktoren ist **subjektiv**.
- Das Modell ist **rein deskriptiv**. Praktische Handlungsempfehlungen oder Regelmäßigkeiten können nicht abgeleitet werden.

4.2 Evolutionstheoretische Ansätze

Auch die Vertreter der Evolutionstheorie gehen davon aus, dass die Entscheidungsträger in Organisationen nur begrenzt rational handeln können. Welche Entscheidungen für das **Weiterbestehen der Organisation** von Nutzen sind, wird nach Auffassung der Evolutionstheoretiker **nicht von den Entscheidern bestimmt, sondern von der Auslese durch die Umwelt festgelegt**.

Population Ecology

Innerhalb von Organisationen ist nach Ansicht der Vertreter des Population-Ecology-Ansatzes *(Hannan/Freeman, McKelvey, Aldrich)* eine **rational begründete Anpassung** an Umweltveränderungen so gut wie **unmöglich**, da die Entscheidungsträger nur über **begrenzte Informationen** verfügen und **unterschiedliche Interessengruppen** ihre Einzelinteressen verfolgen, was effizientes Handeln in der Organisation erschwert.[55]

Organisationen werden darum als Ganzes betrachtet. Die Untersuchung erfolgt auf Makroebene. Analog zur Spezies in der Biologie werden **Populationen gleichartiger Organisationen** betrachtet. Evolutionäre Prozesse entstehen durch Innovationen einzelner Organisationen (z.B. Erfindungen und neue Technologien in der Regel von neugegründeten Organisationen), die zu Variationen in der Population führen. Bei der Anpassung an die geänderten Umweltbedingungen gibt es **erfolgreiche Organisationen, die „überleben", und erfolglose, die „sterben"**. Erfolgreiche Organisationen verfügen über **Kompetenzen** (Competences oder kurz Comps), die ihr Überleben sichern. Ähnlich dem biologischen Erbgut können erfolgreiche Organisationen ihre Kompetenzen bewahren und an Neugründungen weitergeben.

[55] Vgl. *Hannan, M. T./Freeman, J.*, The Population Ecology of Organizations, in: American Journal of Sociology, Vol. 82, 1977, S. 929-964.

Dem Population-Ecology-Ansatz wird von **Kritikern** in erster Linie vorgeworfen, daß die Analogie zwischen Biologie und Organisationstheorie nicht passend ist. Im Einzelnen werden folgende Kritikpunkte geäußert:

- In der Praxis zeigen sich Variationen nicht nur durch Neugründung und Eliminierung von Organisationen.
- Die Entstehung von Variationen, die Anpassungsmechanismen und ihre Änderung (Evolution der Evolutionsmechanismen) werden nicht beschrieben. Die Organisation ist lediglich eine black box.
- Die Abgrenzung der Populationen ist nicht eindeutig bestimmbar.
- Es wird keine Aussage über die Selektionsmechanismen gemacht. Unklar bleibt, nach welchen Kriterien die Selektion stattfindet.
- Die Betrachtung erfolgt ex-post. Außerdem lassen sich keine praxisrelevanten Handlungsempfehlungen treffen, da die Entscheider in einer Organisation gemäß den Annahmen des Ansatzes keine rationale Entscheidungsmöglichkeiten haben. Die externe Betrachtung einer Organisation ist deshalb für die Organisation sinnlos.

Eklektische Ansätze – Evolutionäres Management

Evolutionäres Management nach den Vorstellungen der *St.-Galler* und *Münchener* Ansätze ist der Versuch, angesichts komplexer Organisationen und begrenzter Rationalität die Rahmenbedingungen der Organisation so zu schaffen, dass sich **Unternehmen selbst organisieren** können und ihre evolutorische Entwicklung begünstigt wird.[56]

Der *St.-Galler* Ansatz *(Malik, Ulrich, Dyllick)* begegnet der Komplexität der Umwelt damit, die Organisation stets **offen für Veränderungen** zu halten, mit **mehreren Zielen** zu arbeiten und **unterschiedliche Steuerungsvorgaben** einzusetzen, damit Überraschungen vermieden werden können. Die Führung in Organisationen soll mit Hilfe von vernetztem Denken, der Anwendung von Systemmethodiken und dem bewussten Verzicht auf dauerhafte Lösungen die Komplexität und Dynamik der Umwelt widerspiegeln. Organisationen entscheiden dann nach dem *Popper*schen **System von Versuch und Irrtum** (trial and error).

Kritiker bemängeln folgende Punkte:

- Der Ansatz bietet **keine konkreten Lösungskonzepte** für Organisationsprobleme. Er macht z.B. keinerlei Aussagen zum Grad der Zentralisierung, Spezialisierung usw.
- Flexible Anpassung an geänderte Rahmenbedingungen ist **bereits in anderen Konzepten enthalten**. Insofern bietet der *St.-Galler* Ansatz keine neuen Erkenntnisse.

Der *Münchener* Ansatz der evolutionären Führung *(Kirsch)* sieht die Komplexität der Organisation als Ergebnis eines **Interessenpluralismus**. Lösungen können nur entstehen, wenn die verschiedenen **Interessen**, die in der Organisation verfolgt werden, miteinander **in Einklang gebracht werden. Basis dafür ist das kommunikative Handeln** in offenen, herrschaftsfreien Diskursen nach den

[56] Vgl. *Ulrich, H.*, Management, Bern 1984.

Vorstellungen von *Habermas*.[57] Für verschiedene Sichtweisen, Einstellungen und Kontexte muss eine gemeinsame Kommunikationsbasis gefunden werden, damit Entscheidungen im Sinne des Fortschrittes der Organisation getroffen werden können.

Die **Kritik** an dem *Münchener* Ansatz beruht vor allem auf folgenden Punkten:

- Das Konzept eines offenen und gleichberechtigten Dialoges steht im **Widerspruch zu formal festgelegten Hierarchien und Verantwortlichkeiten**, wie man sie etwa in Unternehmen findet.
- Die Verantwortlichen einer Unternehmung **erhöhen** durch die Berücksichtigung verschiedener Interessen **die ohnehin starke Komplexität** ihrer Entscheidungen **zusätzlich**. Dadurch wird eine rasche Anpassung unmöglich, die bei einfach strukturierten Entscheidungsmechanismen zu erreichen wäre.

5. Ansätze der Neuen Institutionenökonomie

5.1 Theorie der Verfügungsrechte – Property Rights

Die Property-Rights-Theorie untersucht die Organisation mit Blick auf die **Eigentums- und Verfügungsrechte**. Wichtige Vertreter der Theorie sind *Coase, Alchian, Demsetz* sowie *Grossman/Hart.* Auf der Grundannahme nutzenmaximierenden Verhaltens von Individuen werden Kosten und Nutzen von Verfügungsrechten bzw. deren Übertragung betrachtet.

Annahmen der Theorie

- Die beteiligten Akteure verhalten sich **individuell nutzenmaximierend**.
- Mittels **Rechtsordnung** werden **Verfügungsrechte an Ressourcen** verteilt.
- Es existieren vier Verfügungsrechte an Ressourcen:
  - Recht zur **Nutzung** der Ressource (usus),
  - Recht an den **Erträgen** der Ressource (usus fructus),
  - Recht zur **Änderung** von Form oder Substanz der Ressource (abusus),
  - **Übertragungsrecht** der genannten Rechte.
- Je **weniger Rechte** einzelnen an **Ressourcen** zugestanden werden, desto mehr sind die **Verfügungsrechte verdünnt**.
- Die **Übertragung** und die **Durchsetzung von Rechten ist mit Kosten verbunden**.

Externe Effekte und Verfügungsrechte

Wenn die Verfügungsrechte an Ressourcen nicht eindeutig festgelegt sind, kommt es zu einer **suboptimalen Nutzung**. Die Ressource wird zum öffentlichen Gut, das jeder benutzen kann.

[57] Vgl. *Habermas, J.*, Theorie des kommunikativen Handelns, 2 Bde., Frankfurt (Main) 1981.

Jeder Akteur maximiert seinen Privatnutzen und nimmt externe Effekte, die anderen Akteuren oder der Allgemeinheit entstehen, billigend in Kauf.[58]

Eine Marktlösung ist nur dann möglich, wenn Verfügungsrechte zugewiesen sind, mit denen sich ein benachteiligter Akteur freikaufen kann. Hohe Übertragungskosten verteuern und erschweren eine Marktlösung ebenfalls.

Anwendung der Theorie

Der Property-Rights-Ansatz wird auf Makroebene bei der Betrachtung staatlichen Handelns relevant, etwa bei der Frage nach der **Regulierung von unternehmerischer Tätigkeit**, der **Bereitstellung öffentlicher Güter** oder der **Internalisierung externer Effekte**, z.B. im Umweltschutz. Im betrieblichen Bereich bietet die Theorie der Verfügungsrechte eine Möglichkeit, **optimale Eigentumsstrukturen an Unternehmen** zu ermitteln.[59] Dies ist bei z.B. bei Joint Ventures oder Minderheitsbeteiligungen von Bedeutung.

Kritik

Die **Kritik** an der Theorie der Verfügungsrechte führt vor allem an, **dass das Modell zu abstrakt ist**. Nutzenfunktionen werden als bekannt vorausgesetzt. Die Übertragungskosten für Verfügungsrechte sind in der Praxis ebenso schwer zu quantifizieren wie die Verluste durch die Verdünnung der Property Rights. Funktionen zum Erreichen von Optimallösungen sind deswegen nur schwer zu operationalisieren.

5.2 Agency-Theorie

Die Agency-Theorie basiert auf einem Modell von *Jensen* und *Meckling*.[60] Weiterführende Ausführungen stammen u.a. von *Fama, Eisenhardt* und *Spremann*. Das Modell untersucht den **Vertrag zwischen einem Auftraggeber (Prinzipal) und seinem Auftragnehmer (Agent)**. Der Prinzipal betraut den Agenten mit der **Durchführung von Aufgaben** und gibt ihm dafür eine **Vergütung**. Die Gestaltung und Durchführung derartiger Verträge stehen im Mittelpunkt der Betrachtungen.

---

[58] Vgl. *Coase, R.,* The Problem of Social Cost, in: Journal of Law and Economics, Vol. 3, October 1960, S. 160; *Hardin, G.,* The Tragedy of the Commons, in: Science, Vol. 162, Nr. 3859, 13. Dezember 1968, S. 1243-1248.

[59] Vgl. *Grossman, S., Hart, O.,* The Costs and Benefits of Ownership: A Theory of Vertical and Lateral Integration, in: Journal of Political Economy, Vol. 94, Nr. 4, 1986, S. 691-719.

[60] Vgl. *Jensen, M., Meckling, W.,* Theory of the Firm: Managerial Behavior, Agency Costs and Ownership Structure, in: Journal of Financial Economics, Vol. 3, 1976, S. 305-360.

Annahmen der Theorie

- Beide Akteure maximieren ihren **individuellen Nutzen**.
- Der **Agent ist risikoavers**, während der **Prinzipal risikoneutral** eingestellt ist.
- Beide Akteure sind **begrenzt rational**, d.h. sie sind unvollständig informiert, und ihre Kapazität zur Informationsverarbeitung ist begrenzt.
- Der zwischen Prinzipal und Agent geschlossene **Vertrag** kann daher nicht alle möglichen Ausprägungen und Eventualitäten der Vertragsbeziehung umfassen. Er **ist unvollständig** und bietet den Akteuren **Handlungsspielräume**, die sie opportunistisch zu nutzen wissen.
- **Die Informationen zwischen Prinzipal und Agent sind ungleich verteilt (Informationsasymmetrie).** Der **Agent** hat einen **Informationsvorsprung** im Hinblick auf die Bearbeitung seiner Aufgaben. **Der Prinzipal kennt die Absichten und die Aktivitäten des Agenten nicht genau.** Ebensowenig kann er exakt bestimmen, ob das **Ergebnis der Handlungen des Agenten auf dessen Anstrengungen** oder auf andere Umstände zurückzuführen ist.

Agency-Kosten

Im Vergleich zu einer kostenlosen Vertragsbeziehung, die in einer Welt vollkommener Informationen („first best solution") möglich wäre, entstehen unter den Annahmen der Agency-Theorie folgende **Kosten**:

- **Garantiekosten (signalling)**
  Wenn der Agent dem Prinzipal Rechenschaft über seine Absichten oder seine Tätigkeiten ablegt (Selbstkontrolle, Referenzen, Belege über die Handlungen), entstehen Kosten. Auch Garantieversprechen oder Bürgschaften des Agenten sind nicht kostenfrei.

- **Steuerungs- und Kontrollkosten (screening)**
  Die Maßnahmen des Prinzipals zu seinem Schutz sind ebenfalls mit Kosten verbunden. Hierunter fallen zum einen die Kosten zur Überwachung der Tätigkeit und der Kontrolle des Ergebnisses aus dem Vertrag. Zum anderen entstehen Kosten, wenn der Prinzipal dem Agenten Anreize bietet, sich im Sinne des Prinzipals zu verhalten (Erfolgsprämien).

- **Residualverlust**
  Trotz Garantie und Kontrolle verbleibt ein Restverlust in Agency-Beziehungen aufgrund verbleibender Informationsasymmetrien.

Formen von Agency-Verlusten

Agency-Verluste können in folgende **Merkmale** unterteilt werden:

- **Hidden characteristics / hidden information**
  Versteckte Charakteristiken des Agenten führen dazu, dass sich der Prinzipal bereits beim Vertragsschluss für einen ungeeigneten Partner entscheidet. Der

Prinzipal weiß weniger über die Eigenschaften und Fähigkeiten des Agenten als dieser. Ein Beispiel ist der Arbeitsvertrag, bei dem der Arbeitgeber (Prinzipal) sich mit Hilfe von Bewerbungsunterlagen, Vorstellungsgesprächen und ggf. Tests ein genaues Bild von den Bewerbern (potentielle Agenten) machen will, um den geeigneten Kandidaten für einen Job herauszufinden.

- **Hidden action**
  Nach Abschluss des Vertrages hat der Prinzipal keine genaue Kenntnis über die Handlungen des Agenten. Er kann lediglich das Ergebnis der Arbeit beurteilen und weiß nicht exakt, ob das erzielte Ergebnis den Bemühungen des Agenten zu verdanken ist oder ob mit stärkerer Anstrengung ein besseres Ergebnis möglich gewesen wäre.

Lösung von Agency-Konflikten

Die Agency-Theorie wird vor allem zur Darstellung der Konflikte zwischen Eigentümern und Management der Unternehmung angewendet. Zur **Lösung von Agency-Konflikten** bieten sich die folgenden **Maßnahmen** an:

- **Interessenangleichung**
  Wenn der Agent die gleichen Interessen hat wie der Prinzipal, verliert er den Anreiz für opportunistisches Verhalten. Ein derartiger Interessenausgleich kann durch die Beteiligung des Agenten am erzielten Ergebnis erfolgen. In der Praxis ist das z.B. dann der Fall, wenn Spitzenmanager Aktienoptionen als Vergütung erhalten.

- **Verhaltenskontrolle**
  Der Prinzipal kann auch versuchen, nicht nur das Ergebnis, sondern auch unmittelbar das Verhalten des Agenten zu kontrollieren. In der Praxis ist dies allerdings meist teuer und umständlich.

- **Informationsverbesserung**
  Eine weitere Möglichkeit besteht darin, dass der Prinzipal die Informationsasymmetrie zum Agenten verringert. Dadurch kann er seinen Agenten von Anfang an besser auswählen und außerdem den Zusammenhang zwischen Anstrengung und Ergebnis des Agenten besser beurteilen. Die Informationsbeschaffung ist aber ebenfalls kostenintensiv.

Kritik

Die **Kritik** an der Agency-Theorie stützt sich auf folgende Punkte:

- Das Modell erfasst nur das opportunistische Handeln des Agenten und lässt das **Verhalten des Prinzipals außer Acht**.

- Das Grundmodell geht vom Verhältnis des **Prinzipals zu einem Agenten** aus. Das Verhältnis mehrerer Agenten untereinander lässt sich nur noch in abstrakten Modellen mit extrem restriktiven Annahmen beschreiben.[61]
- Im Gegensatz etwa zur Spieltheorie betrachtet die Agency-Theorie **nur eine Periode**. Auf lange Sicht würde sich der Agent durch rücksichtsloses opportunistisches Verhalten mit Blick auf künftige Vertragsverhandlungen selber schaden (Reputationsverlust).[62]
- Die Annahme begrenzter Rationalität wird zwar auf das Verhältnis Prinzipal-Agent angewendet, bleibt aber bei der Zielfestlegung durch den Prinzipal unberücksichtigt. Die **Ziele werden als gegeben vorausgesetzt**.
- Der Ansatz lässt sich für die Praxis nicht genau operationalisieren. Die Theorie ist **empirisch nur schwer anzuwenden**, da sich Agency-Kosten kaum quantifizieren und abgrenzen lassen.

5.3 Transaktionskostentheorie

Die Gundlage der Transaktionskostentheorie ist der Aufsatz „*The Nature of the Firm*" von *Coase*[63], in dem er der Frage nachgeht, warum das Wirtschaftsgeschehen nicht vollständig auf dem Markt abgewickelt wird. Unter den Annahmen der neoklassischen Theorie, bei der Transaktionen kostenlos abgewickelt werden können, lässt sich die **Existenz von Unternehmen** nicht begründen. Die Transaktionskostentheorie, die insbesondere von *Williamson* weiterentwickelt wurde, untersucht, unter welchen Bedingungen Austauschbeziehungen zu Kosten führen, wie die beteiligten Akteure ihre Verträge kostenminimal gestalten können und welcher Grad an Integration dabei der vorteilhafteste ist.[64]

Annahmen der Theorie

Wie die Agency-Theorie geht auch der Transaktionskostenansatz im Wesentlichen von **drei Grundannahmen** aus:

- **Begrenzte Rationalität**
  Die Vertragspartner sind unvollständig informiert und ihre Kapazität zur Informationsverarbeitung ist begrenzt.

- **Opportunismus**
  Die Vertragspartner maximieren ihren individuellen Nutzen, auch auf Kosten des anderen. Dazu wenden sie auch Mittel wie List, Täuschung usw. an.

---

[61] Vgl. *Gupta, S., Romano, R.*, Monitoring the principal with multiple agents, in: Rand Journal of Economics, Vol. 29, Nr. 2, 1998, S. 427-442.

[62] Vgl. *Spremann, K.*, Reputation, Garantie, Information, in: Zeitschrift für Betriebswirtschaft, 58. Jg., Nr. 5/6, 1988, S. 613-624.

[63] Vgl. *Coase, R.*, The Nature of the Firm, in: Economica, Vol. 4, 1937, S. 386-405.

[64] Vgl. *Williamson, O. E.*, The Economic Institutions of Capitalism, New York 1985.

- **Unvollständige Verträge**
  Die Vertragsbeziehungen sind so komplex, dass angesichts der begrenzten Rationalität der Akteure nicht alle Eventualitäten vertraglich geregelt und sanktioniert sind. Die Vertragspartner verfügen also über individuelle Handlungsspielräume, die sie zum eigenen Vorteil nutzen können.

Arten von Transaktionskosten

Transaktionskosten fallen bei der **Verwirklichung von Beziehungen** an, die zum **Leistungsaustausch** dienen. Transaktionskosten entstehen auf folgenden Stufen der Austauschbeziehung:

- **Anbahnung**
  Kosten bei der Partnersuche, Kommunikationskosten, Reisekosten, Kosten für Informationen.

- **Durchführung**
  Verhandlungskosten, Kosten für Rechtsberatung, Koordinationskosten.

- **Kontrolle und Anpassung**
  Kosten für Überwachung, erneute Verhandlungskosten bei Vertragsänderungen, Kosten für Änderungen bei der Durchführung (z.B. Produktionsumstellung).

Bestimmungsgrößen für Transaktionskosten

Die Höhe der Transaktionskosten ist abhängig von folgenden Faktoren:

- **Unsicherheit**
  Je komplexer eine Austauschbeziehung ist, desto unvollständiger kann sie in den Verträgen abgebildet werden. Außerdem können die Akteure dann nur einen relativ kleinen Teil der Faktoren erkennen, die das Verhalten ihres Partners bestimmen werden. Dadurch steigen die Kosten der Informationsbeschaffung sowie der Überwachung und Kontrolle. Schließlich eröffnet eine hochkomplexe und unzureichend geregelte Austauschbeziehung Möglichkeiten für opportunistisches Handeln auf Kosten des anderen Vertragspartners.

- **Häufigkeit**
  Mit steigender Häufigkeit sinken die Transaktionskosten. Durch häufige, identische Transaktionen werden Skalen- und Lernkurveneffekte erzielt, die Vertragsgestaltung wird zur Routine und hohe Investitionen in die Beziehung lohnen sich eher.

- **Anzahl der (möglichen) Vertragspartner**
  Je kleiner die Anzahl der (möglichen) Vertragspartner für einen Akteur ist, desto größer ist seine Abhängigkeit (small numbers problem). Der andere Akteur kann diese Abhängigkeit zu seinem eigenen Vorteil ausnutzen.

- **Spezifität (specificity)**
  Transaktionskosten steigen, wenn ein Akteur **transaktionsspezifische Investitionen** tätigt. Eine Investition ist dann spezifisch, wenn bei **anderweitiger Nutzung ein Wertverlust** entsteht. Die spezifische Investition ist also nur im Rahmen der Transaktion, für die sie vorgenommen wird, von Nutzen. Je größer die Wertdifferenz zwischen der beabsichtigten Verwendung und einer anderen Verwertung der Investition ist, desto größer ist die Spezifität. Ungewöhnliche Maßanfertigungen sind z.B. sehr spezifisch, während vielseitig verwendbare Standardprodukte von geringer Spezifität sind.

  Williamson unterscheidet folgende **Arten von Spezifität**:[65]

  - **site specificity** bzw. **Standortspezifität:** Ein Zulieferbetrieb errichtet seine Produktionsstätte in unmittelbarer Nähe zum Werk seines Hauptabnehmers.
  - **physical asset specificity** bzw. **Sachkapitalspezifität:** Ein Zulieferer kauft eine Maschine, die er nur für die Produkte eines bestimmten Abnehmers verwenden kann.
  - **human asset specificity** bzw. **Humankapitalspezifität:** Zur Erfüllung eines Vertrages müssen Mitarbeiter gesondert geschult werden; das Wissen ist anderweitig im Unternehmen nicht verwertbar.

Durch **spezifische Vorleistungen** im Rahmen eines Vertrages **erhöht der investierende Partner seine Abhängigkeit**. Wenn der andere Partner die Bedingungen des Vertrages im Nachhinein zu seinen Gunsten verändert, ist der investierende Partner im Nachteil, weil er seine Investition nicht mehr zurücknehmen bzw. nur unter großen Verlusten anderweitig verwenden kann.

Anwendung der Theorie

Grundsätzlich lässt sich die Transaktionskostentheorie auf alle Vertragsbeziehungen anwenden. Eine besondere Rolle spielt die Transaktionskostentheorie z.B. auf folgenden Gebieten:

- **Optimaler Integrationsgrad**
  Bei Entscheidungen über den Grad der vertikalen Integration spielen Transaktionskosten eine Rolle, wenn entschieden werden soll, welche Leistungstiefe ein Unternehmen anstreben sollte bzw. ob man Zulieferung und Absatz über unternehmensinterne Kanäle abwickelt oder von außen bezieht.

- **Strategische Allianzen**
  Bei strategischen Allianzen institutionalisieren Firmen ihre Vertragsbeziehungen und legen ihre Vertragspartner längerfristig fest. Transaktionskosten können so verringert werden.

- **Auslandsengagement**
  Die Entscheidung über den Weg der Auslandsdiversifikation ist von Transaktionskostenerwägungen geprägt. Die verschiedenen Strategien zur Bearbei-

[65] Vgl. *Williamson, O.*, The Economic Institutions of Capitalism, New York 1985, S. 108 f.

tung eines ausländischen Marktes (Export, Lizenzvergabe, Tochtergesellschaften, Joint Ventures) unterscheiden sich wesentlich in ihren Transaktionskosten.

Kritik

Die **Kritik** an der Transaktionskostentheorie führt folgende Argumente ins Feld:

- Die Transaktionskostentheorie beleuchtet **nur einen engen Ausschnitt** von Organisationen und ist daher zur Erklärung nur **eingeschränkt gültig**.
- Die **Annahme opportunistischen Handelns** ist nicht **belegt** und ebenfalls nur eingeschränkt gültig.

Drittes Kapitel: Organisationsformen

1. Aufbauprinzipien

Die betriebswirtschaftliche Organisationslehre hat eine Vielzahl von Organisationsprinzipien entwickelt und als Gestaltungsempfehlungen der Praxis angeboten.[66] **Die Prinzipien oder Grundsätze der Organisation stellen generelle Grundziele, Idealziele, Anforderungen oder Orientierungspunkte für organisatorisches Handeln dar.** Sie zeigen Möglichkeiten auf, wie man sich organisatorisch verhalten kann. Sie geben dabei jedoch keine Entscheidungsregeln für die Lösung konkreter organisatorischer Problemstellungen.[67]

Nach *Frese* lassen sich die Prinzipien drei Klassen zuordnen:

(1) „bloße, aus der jeweiligen Zielsetzung abgeleitete Normen ohne handlungsbezogene Aussage (z.B. Wirtschaftlichkeit, Kostensenkung),
(2) nicht operationale, d.h. nicht klar definierte Aussagen (z.B. Gleichgewicht, Elastizität),
(3) Handlungsanweisungen, die empirisch nicht fundiert sind (z.B. ‚Einheit der Auftragserteilung', ‚optimale Kontrollspanne')."[68]

Für die Bildung formaler Organisationen sind zwei Prinzipien von besonderer Bedeutung. Ein erstes Prinzip, das die Bildung von Organisationseinheiten

---

[66] Vgl. *Nordsieck, F.,* Organisationsprinzipien, in: Handwörterbuch der Betriebswirtschaft, hrsg. von H. Seischab und K. Schwantag, 3. Auflage, Band III, Stuttgart 1960, Sp. 4253-4256; *Beensen, R.,* Organisationsprinzipien, Berlin 1969; *Ruffner, A.,* Prinzipien der Organisation, in: Handwörterbuch der Organisation (1969), a.a.O., Sp. 1330-1339.

[67] Vgl. *Gutenberg, E.,* Grundlagen der Betriebswirtschaftslehre, Erster Band: Die Produktion, a.a.O., S. 257.

[68] *Frese, E.,* Wirtschaftlichkeit und Organisation, in: Handwörterbuch der Organisation (1969), a.a.O., Sp. 1794.

leitet und ein zweites Prinzip, das auf den Zusammenhang der Organisationseinheiten abstellt. Das erste Prinzip betrifft die Form der Arbeitsteilung (Zentralisation und Dezentralisation). Das zweite Prinzip beschäftigt sich mit der Form des Zusammenhangs zwischen hierarchisch gegliederten Organisationseinheiten (Einlinien- oder Mehrliniensystem).

Arbeitsteilung und Spezialisierung

Arbeitsteilung entsteht durch Verteilung einer Aufgabe nach Art und Umfang (Menge) auf zwei oder mehr Menschen als Aufgabenträger. Nach der **Art der Arbeitsteilung** erfolgt die Verteilung einer Aufgabe auf mehrere Menschen derart, dass ungleichartige Aufgaben aus der Gesamtaufgabenmenge organisatorisch getrennt erfüllt werden. Hierdurch entsteht eine **vertikale Arbeitsteilung** in Form von mehreren ungleichartigen (gleich- oder nachgeordneten) Organisationseinheiten. Nach dem **Umfang der Arbeitsteilung** erfolgt die Verteilung einer Aufgabe auf mehrere Menschen derart, dass gleichartige Aufgaben aus der Gesamtaufgabenmenge organisatorisch getrennt erfüllt werden. Diese Mengenteilung führt zu einer **horizontalen Arbeitsteilung** in Form von mehreren gleichartigen (parallelen) Organisationseinheiten.

Anstatt von vertikaler Arbeitsteilung spricht man auch von Spezialisierung. Die **Spezialisierung** ist ihrerseits nach Art und Umfang ausgeprägt. Die Spezialisierung nach dem Umfang ergibt sich durch die Zahl an Organisationseinheiten, die unterschiedliche Aufgaben erfüllen. Die Art der Spezialisierung kennzeichnet zusätzlich die inhaltlichen Merkmalsunterschiede der zu erfüllenden Aufgaben. Die Inhaltsunterschiede betreffen sämtliche Aufgabenmerkmale.

Die wesentlichen wirtschaftlichen und sozialen **Vorteile der Spezialisierung** sind:

- Ersparnis von Zeit, Senkung von Einsatzmengen und Kosten durch
  - Größeneffekte (Betriebsgrößen- und Losgrößenersparnisse);
  - Übung, Erfahrung und Lernen im Zeitablauf.

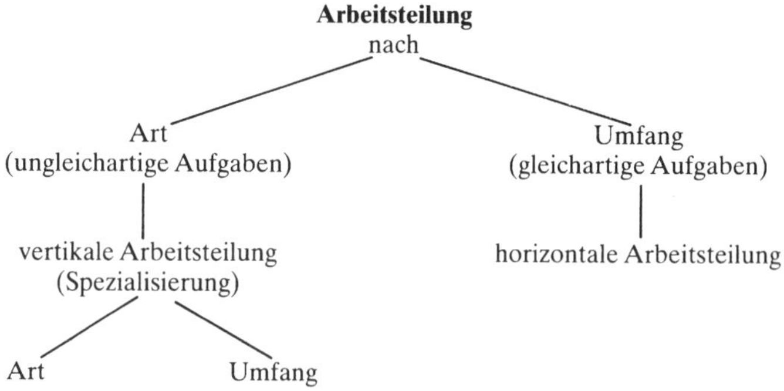

Abb. 3.20 Vertikale und horizontale Arbeitsteilung

- Verringerung der Anforderungen der Aufgabe an die Mitarbeiter mit der Möglichkeit
  - eines eignungsgerechten Einsatzes der Mitarbeiter;
  - eines Einsatzes von Mitarbeitern, deren Qualifikation und Berufsbildung gering ist;
  - eines aufgabenadäquaten, kostengünstigen Sachmitteleinsatzes (Einzweck-Maschinen).

Nachteile der Spezialisierung aufgrund einer zu weitgehenden Aufgabenteilung sind:

- Wirtschaftliche Nachteile:
  - Zunahme der Zahl der Ablaufabschnitte für den Transport und die Förderung von Arbeitsgegenständen;
  - Komplizierung der Übermittlung von Informationen zwischen den arbeitsteiligen Einheiten;
  - sinkende Arbeits- und Leistungsbereitschaft seitens der Mitarbeiter aufgrund von steigender Arbeitsunzufriedenheit.
- Soziale Nachteile:
  - wachsende Monotonie der Arbeit;
  - zunehmende Entfremdung von der Arbeit;
  - Arbeitsunzufriedenheit und Geringschätzung der Arbeit, was die Arbeits- und Leistungsbereitschaft der Mitarbeiter hemmt.

Mit zunehmender Verkürzung der Arbeitszyklen und mit steigender Wiederholungshäufigkeit der Arbeit werden die sozialen Probleme der **Arbeitsmonotonie** und der **Arbeitsentfremdung** dringlicher.[69] Verhaltenskonsequenzen mit wirtschaftlichen Folgen hieraus können sein:

- Leistungsminderungen;
- Fluktuation (Kündigung von Arbeitnehmerseite);
- Absentismus (Abwesenheit vom Arbeitsplatz);
- Verlust an Einsichten der arbeitenden Menschen über externe Effekte;
- Nichtbeachtung von Abhängigkeiten zwischen Aufgabenbereichen aufgrund des Strebens nach Perfektionierung der eigenen Spezialisierung;
- Überordnen von Bereichsinteressen über das unternehmerische Gesamtinteresse (erschwerte Koordination).

Zentralisation und Dezentralisation

Die Zusammenfassung von Teilaufgaben und die Zuordnung von Menschen und gegebenenfalls von sachlichen Hilfsmitteln (Sachmitteln) zur Aufgabenerfüllung führt zur Bildung von Organisationseinheiten. Dies geschieht nach den Prinzipien der Zentralisation oder Dezentralisation. **Zentralisation bedeutet die Zusammenfassung von merkmalsgleichen Teilaufgaben. Dezentralisation bedeutet dementsprechend die Trennung merkmalsgleicher Teilaufgaben.** Die

[69] Vgl. *Walker, Ch. R., Guest, R. H.*, The Man on the Assembly Line, Cambridge, Mass. 1952, S. 54 ff.

Zentralisation nach einem bestimmten Merkmal ist somit stets gleich der Dezentralisation nach den übrigen Merkmalen.[70]

Als **Objekte** der Zentralisation und Dezentralisation sind die auf Aufgabenträger zu verteilenden Aufgaben anzusehen. **Ziele** der Zentralisation und Dezentralisation sind die durch Zuordnung der Teilaufgaben auf Aufgabenträger entstehenden Organisationseinheiten. **Ergebnis** der Zentralisation und Dezentralisation ist ein realisierter Grad an Arbeitsteilung.

Nach *Grochla* sind die Zentralisations- oder Dezentralisationsmerkmale Verrichtung, Objekt und Entscheidung von primärer Bedeutung.[71] Entsprechend ist zwischen einer Funktions-, Objekt- und Entscheidungszentralisation zu unterscheiden.

a) **Funktionale Zentralisation** bedeutet, dass gleichartige Verrichtungen (z.B. Beschaffen, Fertigen, Verwalten, Kontrollieren usw.) zu Organisationseinheiten zusammengefasst werden. Soweit sich die Ausübung der Verrichtungen auf unterschiedliche Objekte bezieht, ist mit der funktionalen Zentralisation eine Objektdezentralisation verbunden.

Typisch hierfür ist eine **Fertigung nach dem Werkstattprinzip**. Gleichartige Verrichtungen (z.B. Bohr-, Press- oder Dreharbeiten) werden unabhängig von Zahl und Art der zu fertigenden Teile oder Produkte in einer Werkstatt zentralisiert. Zwischen den so gebildeten Verrichtungsbereichen entstehen gütermäßige Abhängigkeiten, die es zu koordinieren gilt. Die Koordinationsanforderungen steigen mit zunehmender Heterogenität des Produktprogramms. Zur Reduktion der Koordinationsanforderungen zwischen den Werkstatttätigkeiten tragen Lagerhaltungen (Material-, Zwischen-, Endproduktlager) bei. Als Verrichtungszentralisation im Bürobereich ist die Zusammenfassung aller Schreibarbeiten beim zentralen Schreibdienst oder aller Dateneingabetätigkeiten bei den Datentypisten anzusehen.

b) Die **Objektzentralisation** führt zur Bildung von Organisationseinheiten, in denen ungleichartige Verrichtungen an gleichartigen Objekten vorgenommen werden. Dies setzt voraus, dass mehrere Objekte (Produkte, Baugruppen, Teile, Märkte oder Regionen) existieren.

Ein Beispiel für die Objektzentralisation aus dem Fertigungsbereich ist das industrielle **Prinzip der Flussfertigung** (Reihen-, Fließfertigung). Bei diesem Fertigungsprinzip werden die zur Herstellung von Erzeugnisteilen oder Produkten erforderlichen Verrichtungen (Stanzen, Biegen, Pressen, Ziehen usw.) entsprechend dem Fertigungsablauf angeordnet.

Im Vergleich zur funktionalen Zentralisation bietet die Objektzentralisation (bei heterogenem Produktionsprogramm und hoher Ausbringung) folgende **Vorteile**:

- Vereinfachung der Koordination von Verrichtungen im Hinblick auf mehrere Objekte;

[70] Vgl. *Kosiol, E.*, Organisation der Unternehmung, a.a.O., S. 81; *Bleicher, K.*, Zentralisation und Dezentralisation von Aufgaben in der Organisation der Unternehmungen, a.a.O., S. 35.

[71] Vgl. *Grochla, E.*, Unternehmungsorganisation, a.a.O., S. 57 ff.; siehe auch *Schwarz, H.*, Betriebsorganisation als Führungsaufgabe, 9. Auflage, Landsberg am Lech 1983, S. 53f.

- Transparenz und Übersicht über die Verrichtungen zur Aufgabenerfüllung;
- weniger Interdependenzen und ‚Abstimmungslücken' zwischen den Verrichtungen.

Andererseits bestehen die **Nachteile**:

- Gleichartige Verrichtungen wiederholen sich in den Objektbereichen. Bestimmte Aufgaben müssen deshalb doppelt besetzt werden. So muss z.B. in einer Fabrik, die verschiedene Objekte mittels getrennter Fließbänder herstellt, an jedem der Fließbänder eine teure NC-Fräse vorhanden sein, damit jedes Objekt getrennt gefräst werden kann.
- Die relativ unabhängigen Objektbereiche entfalten Selbständigkeit und verfolgen nur noch ihre eigenen Interessen, die im Widerspruch zu den übergeordneten Unternehmenszielen stehen können.
- Es besteht die Gefahr, dass der Meinungsaustausch über die Objekt-Bereichsgrenzen hinweg vernachlässigt wird. Damit können Erkenntnisse eines Bereichs (etwa zur Fehlervermeidung) den anderen Objektbereichen nicht zugute kommen. Außerdem unterbleibt ein gemeinsames Handeln für übergeordnete Verrichtungsinteressen.

c) Die **Entscheidungszentralisation** führt zu einer Unterscheidung zwischen Organisationseinheiten, die für das Treffen von Entscheidungen zuständig sind, und Organisationseinheiten, denen deren Realisation obliegt. Da Entscheidungen der Realisation vorgelagert sind, führt dies zu einem Unter- und Überordnungsverhältnis zwischen Organisationseinheiten. Rangunterschiede bestehen auch zwischen einzelnen Entscheidungsabteilungen (bzw. Realisationsabteilungen). Sie ergeben sich aus der Konzentration von Entscheidungsbefugnis oder aus der Abgabe (Delegation) von Entscheidungsbefugnis an nachgeordnete Personen.[72]

Der Grad an Entscheidungszentralisation (-dezentralisation) hängt von der Bedeutung der Entscheidung im Unternehmenszusammenhang ab. **Entscheidungszentralisation** ist in folgenden Situationen geboten:

- Die Koordination von Entscheidungen ist im Hinblick auf Bestand und Entwicklung des Unternehmens oder von Teilbereichen sehr wichtig (Gefahr der Suboptimierung bei Entscheidungsdezentralisation). Nur durch Entscheidungszentralisation ist eine zielgerichtete Koordination möglich. Im Extrem führt die Entscheidungszentralisation dazu, dass sämtliche Entscheidungen an der Unternehmensspitze fallen, die entsprechend ihrer Zielsetzung einen Gesamtplan erlässt, demgemäß die Realisationen auszuführen sind. Dies setzt voraus, dass die Unternehmensspitze nicht nur qualitativ und kapazitativ in der Lage ist, die Entscheidungen zu treffen, sondern auch über die zur Erstellung des Gesamtplans notwendigen Informationen verfügt.
- Die zur Disposition stehenden Entscheidungen erfordern unternehmenseinheitliche Regelungen nach den Grundsätzen der Gleichbehandlung der Mitarbeiter (Entlohnungsgrundsätze und -methoden, betriebliche Altersversorgung, Erfolgs- und Vermögensbeteiligung etc.).

[72] Auf diese organisatorischen Vorgänge engt Gutenberg seinen Begriff der Zentralisation oder Dezentralisation ein. Vgl. *Gutenberg, E.,* Grundlagen der Betriebswirtschaftslehre. Erster Band: Die Produktion, a.a.O., S. 248.

- Die Mitarbeiter auf nachgeordneten Ebenen sind für die Entscheidungsaufgaben fachlich nicht ausreichend qualifiziert oder sozial nicht geeignet.
- Es handelt sich um Entscheidungen, die rechtlich oder nach Satzung und Geschäftsordnung nicht delegierbar sind.

Die **Entscheidungsdezentralisation** hat folgende **Vorteile**:

- Entscheidungsdezentralisation führt zu einer führungsmäßigen Entlastung der Zentrale **(Entlastungsvorteil)**.
- Die Entscheidung wird dort getroffen, wo auch die Informationen zur Beurteilung der Entscheidungskonsequenzen sachlich verständlich verfügbar sind **(Kommunikationsvorteil)**.
- Die Mitarbeiter, die zur Aufgabenerfüllung Entscheidungsbefugnis besitzen, finden ihre persönlichen Motive (Ziele, Werte) besser befriedigt und entwickeln mehr selbständige Leistung **(Motivationsvorteil)**.

Entscheidungszentralisation und -dezentralisation sind keine Alternativen, sondern Extreme organisatorischen Handelns. Im Einzelfall geht es stets um die **Frage nach dem Grad an Dezentralisation (Zentralisation)**.

Im Wirtschaftsprüfungswesen wird eine Funktionstrennung zwischen Planungs- und Kontrollentscheidungen gefordert, um ein vertrauenswürdiges Kontrollurteil zu gewährleisten. Die Kontrolle sollte grundsätzlich nicht der Person überlassen sein, die die Entscheidung trifft. Die Objektivität der Kontrolle gegenüber Dritten würde verlorengehen. Ebenso wird aus Gründen der Funktionssicherung eine Dezentralisierung von vollziehenden (Materialausgabe), verwaltenden (Lagerverwaltung) und verbuchenden (Lagerbuchführung) Funktionen der Aufgabenerfüllung gefordert.

Unter der Bezeichnung „Controlling" findet eine bewusste Integration von Planung und Kontrolle statt. Für die gemeinsame Funktionsausübung von Planung und Kontrolle werden wirtschaftliche Vorteile der Spezialisierung und der Koordinationsentlastung angeführt. Als Nachteil wird ein Verlust an Objektivität der Kontrolle genannt. Die Controlling-Konzeption unterstellt einen positiven Nettoeffekt aus Spezialisierungsvorteilen und Objektivitätsnachteilen.[73]

Einlinien- und Mehrliniensystem

Die Bildung von Organisationseinheiten nach den Organisationsprinzipien der Zentralisation oder Dezentralisation lässt das Bedürfnis nach zielgerichteter Koordination der Einheiten entstehen. Zur Koordination sind Kommunikationsbeziehungen zwischen den Organisationseinheiten notwendig, um Informationen über die Entscheidungsinterdependenzen zwischen den Organisationseinheiten auszutauschen. Wie bereits bei der Unterscheidung zwischen Entscheidung und Realisation hervorgehoben, bestehen in einem Unternehmen grundsätzlich rangmäßige Über- und Unterordnungsverhältnisse (Hierarchie). Diese Verhältnisse bezeichnen die Autorität einer Einheit, d.h. das Recht, untergeordneten Einheiten Anordnungen oder Weisungen zu erteilen, von denen er-

[73] Vgl. *Haase, K. D.*, Zur Planungs- und Kontrollorganisation des Controlling, in: Der Betrieb, 33. Jg., 1980, S. 313 ff. und S. 365 ff.

wartet wird, dass sie befolgt werden. Zur Ausformung dieser rangmäßigen Beziehungen zwischen Organisationseinheiten stehen zwei klassische Prinzipien zur Verfügung: das Einliniensystem und das Mehrliniensystem.

a) Das **Einliniensystem** (Abb. 3.20), das auch als **Prinzip der Einheit der Auftragserteilung** oder des Auftragsempfangs bezeichnet wird, geht auf *Henri Fayol* zurück. Das Prinzip fordert, **dass jede untergeordnete Organisationseinheit jeweils nur von einer übergeordneten Organisationseinheit Weisungen erhalten soll.** Die Anwendung dieses Prinzips führt dazu, dass hierarchisch abgestuft immer nur zwischen zwei aufeinanderfolgenden Organisationseinheiten (Weisungs-)Beziehungen bestehen können. Ursprünglich hatte *Fayol* dieses Prinzip nur für den Verwaltungsbereich formuliert. Auch hat *Fayol* später direkte Kontakte zwischen hierarchisch gleichrangigen Positionen über die jeweils direkten Vorgesetzten zugelassen (sog. Fayol-Brücke), um den Nachteil langer Informationswege über die jeweilige Vorgesetztenhierarchie zu vermeiden.

„Für eine Verrichtung jedweder Art darf der Angestellte nur von **einem** (!) Leiter Befehle empfangen.

Dieses ist die Regel für die „Einheit der Auftragserteilung"; sie ist von allgemeiner und dauernder Notwendigkeit, und ihr Einfluss auf den Gang der Geschäfte ist nach meiner Meinung zum mindesten ebenso stark wie der jedes anderen Prinzips. Wird sie verletzt, so wird die Autorität geschwächt, die Disziplin gefährdet, die Ordnung gestört und die Stabilität bedroht. Da mir diese Regel grundlegend erscheint, habe ich sie unter die Prinzipien aufgenommen.

Sobald zwei Leiter über denselben Menschen oder den gleichen Dienstbereich Autorität ausüben, macht sich ein gewisses Unbehagen bemerkbar. Wenn die Ursache nicht beseitigt wird, verschlimmert sich dieses, die Organisation erkrankt wie ein Lebewesen, das durch einen Fremdkörper gestört wird, und entweder wird eine der beiden Autoritäten beseitigt, und die Gesundheit kehrt wieder, oder der Organismus siecht weiter dahin. In keinem Fall besitzt der soziale Organismus die Fähigkeit, sich der Zweiheit der Auftragserteilung anzupassen."[74]

b) Das **Mehrliniensystem** (Abb. 3.20), das auch als **Prinzip des kürzesten Weges** bezeichnet wird, findet seinen Ursprung bei *Frederick W. Taylor.* Es besagt, **dass eine Organisationseinheit mehreren (mindestens zwei) übergeordneten Einheiten zu unterstellen ist.** Bei der Anwendung dieses Prinzips kommt es zu Doppel- (Mehrfach-)Unterstellungen. Man kann auch von einer Multilateralisierung der Einflussbeziehungen sprechen, die durch Spezialisierung und Funktionentrennung übergeordneter Einheiten entsteht. Im Extrem kann eine Einheit so vielen übergeordneten Einheiten unterstellt sein, wie sie selbständige Funktionen zu erfüllen hat.

[74] *Fayol, H.,* Allgemeine und industrielle Verwaltung, München und Berlin 1929, S. 20 (Original: Administration industrielle et générale, Paris 1916).

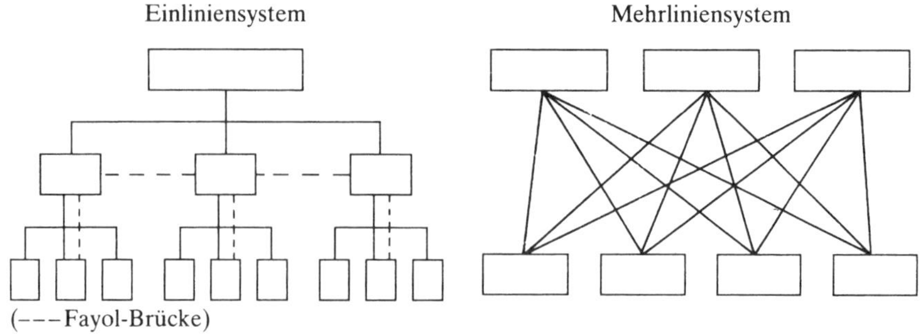

Vorteile

Einliniensystem	Mehrliniensystem
– klare und eindeutige Regelung von Unterstellungsverhältnissen, Kompetenzen und Verantwortlichkeiten – Überschaubarkeit und Einfachheit der Beziehungsstruktur – Schutz der Hierarchie vor Übergriffen und Eingriffen von Dritten	– Spezialisierung durch Funktionsteilung – direkte Weisungs- und Informationswege – Betonung der Fachautorität – sachliche Konfliktträchtigkeit zur Erzeugung produktiver Konflikte für neuartige Lösungen

Nachteile

Einliniensystem	Mehrliniensystem
– starke Beanspruchung der übergeordneten Einheiten mit Koordinationsaufgaben – lange und umständliche Weisungs- und Informationswege – personale Abhängigkeit zwischen Vorgesetzten und Mitarbeitern	– Probleme der Abgrenzung von Zuständigkeiten, Weisungen und Verantwortlichkeiten für ein gesamthaft koordiniertes Handeln – Schwierigkeit der Fehlerzurechnung – sachliche Konfliktträchtigkeit mit der Gefahr der Ausuferung in den persönlichen Konfliktbereich

Abb. 3.21 Ein- und Mehrliniensystem im Vergleich

Der ursprüngliche Entwurf dieses Prinzips war nur auf die Beziehungen zwischen Meistern und Arbeitern im Fertigungsbereich bezogen. An die Stelle von Universalmeistern setzte *Taylor* sogenannte **Funktionsmeister**, auf die die Gesamtfunktion von Meistern aufzuteilen ist:

- **Vier Arbeitsbüromeister:**
  - Arbeitsverteiler;
  - Unterweisungsmeister;
  - Zeit- und Kostenmeister;
  - Aufsichtsmeister.
- **Vier Werkmeister:**
  - Verrichtungsmeister;
  - Geschwindigkeitsmeister;
  - Prüfmeister;
  - Instandhaltungsmeister.

Die Arbeitsbüromeister handeln als Vertreter der im Arbeitsbüro beschäftigten Büromeister und haben nach den im Arbeitsbüro vorbereiteten Arbeiten (Arbeitsvorbereitung) darauf zu achten, dass die Arbeiter die Anleitungen und Anweisungen verstehen und befolgen. Die Werkmeister sind als Instruktoren tätig, die nach den Anleitungen des Arbeitsbüros weniger den Arbeitern „befehlen", als ihnen „helfen". In dieser Interpretation ist das Funktionsmeistersystem von *Taylor* ein Spezialfall des abgeleiteten generellen Mehrliniensystems.

„Bei einer solchen „funktionalen“ Leitung treten an Stelle des alten Meisters acht verschiedene Meister, von denen jeder seine speziellen Aufgaben hat. Diese Leute, die als Agenten oder Vertreter des Arbeitsbureaus handeln, sind alle erfahrene Lehrer, die ihre ganze Zeit in der Werkstätte zubringen und den Arbeitern jederzeit helfen und sie in jeder Weise anleiten. Da jeder von ihnen auf Grund seines Wissens und seiner persönlichen Geschicklichkeit in seinem Fach auserwählt wurde, kann er nicht nur dem Arbeiter sagen, was er zu tun hat, sondern im Notfall ihnen die Arbeit auch selbst zeigen.“[75]

Ein Vorteil-Nachteil-Vergleich zwischen beiden Systemen zeigt, dass in etwa die Vorteile des einen Systems die Nachteile des anderen Systems sind und umgekehrt. Beide Prinzipien sind nicht ausschließlich formuliert, sondern stellen extreme organisatorische Gestaltungsmöglichkeiten dar. Für die Praxis bietet sich eine Kombination aus beiden Prinzipien an. Zu welchem Prinzip man schließlich mehr neigt, hängt davon ab, welche sachlichen und persönlichen Beschränkungen zu beachten sind und welche Ziele es durch organisatorisches Handeln zu erreichen gilt.

2. Funktionale Organisation

Die funktionale Organisation (Verrichtungsorganisation) ist eine auf der zweiten Hierarchieebene direkt unterhalb der Unternehmensleitung **nach gleichartigen Funktionen wie Beschaffung, Produktion, Absatz und Entwicklung zentralisierte Organisationsform** (Abb. 3.21). Die Leitung in dieser Struktur erfolgt nach dem **Einliniensystem**. Die Funktionsbereiche sind somit der Unternehmensleitung verantwortlich unterstellt.

Die Funktionsbereiche erbringen im Rahmen des gesamtunternehmerischen Prozesses der Leistungserstellung und -verwertung eine spezialisierte Aufgabenerfüllung. Bindeglied zwischen den Funktionsbereichen ist ein an den Bedürfnissen der Kunden und des Marktes orientierter Leistungsprozess. Aufgabe der Unternehmensleitung ist eine Koordination der Funktionsbereiche zur zielgerichteten Erfüllung der marktlichen Unternehmensaufgabe.

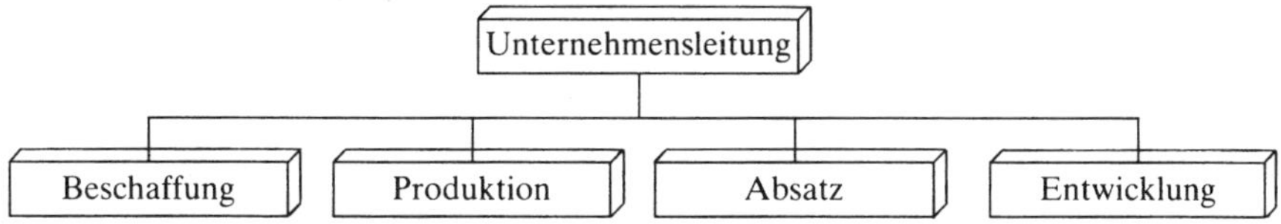

Abb. 3.22 Funktionale Organisation

[75] *Taylor, F. W.,* Die Grundsätze wissenschaftlicher Betriebsführung, München 1913, S. 132 (Original: The Principles of Scientific Management, New York 1911).

2.1 Strukturmerkmale

Die funktionale Organisation ist zweifellos die am meisten angewandte Organisationsform in der Wirtschaft. Dies ist damit zu begründen, dass Arbeitsteilung sich in funktionalen Organisationseinheiten vollzieht. **Die Vorteile einer arbeitsteiligen Wirtschaft sind traditionell mit dem Organisationskonzept einer funktionalen Struktur verbunden.**

Funktionsbereich

Die Bildung von Funktionsbereichen nach gleichartigen Tätigkeiten erlaubt eine höchstmögliche **Nutzung von Größen- und Spezialisierungsvorteilen**. Bei annähernd gleichbleibendem Leistungsprogramm und Tätigkeitsspektrum kann mit zunehmender Absatzmenge

- die **Beschaffung** rationeller einkaufen und günstigere Lieferkonditionen aushandeln;
- die **Produktion** Losgrößenvorteile und Fixkostendegression bei spezialisiertem Maschineneinsatz nutzen;
- der **Absatz** seine Vertriebswege rationalisieren und seine Marketinginstrumente gezielt einsetzen;
- die **Entwicklung** sich auf eine laufende Produktverbesserung einrichten, ohne mit neuen, wenig vertrauten Anwendungen befasst zu sein.

Die Funktionsbereiche können im Innenverhältnis nach Funktionen oder Objektgesichtspunkten untergliedert sein. Eine **funktionale Untergliederung** bringt das Spezialisierungsprinzip durchgängig zur Anwendung. Eine objektmäßige Untergliederung von Funktionsbereichen geschieht im Wesentlichen nach Produkten. So ist in Mehrproduktunternehmen vorrangig eine **produktbezogene Untergliederung** des Absatzbereiches anzutreffen. Mit zunehmender Breite und Bedeutung des Produktprogramms kann es angebracht sein, Produktion und Entwicklung gleichfalls nach Produkten zu untergliedern. Auf diese Weise wird in den Funktionen den unterschiedlichen Produkterfordernissen im Markt Rechnung getragen. Eine **regionale Untergliederung** des Absatzbereichs nehmen Unternehmen mit Auslandsaktivitäten vor. In diesem Falle ist es üblich, die Absatzfunktion nach Inlands- und Auslandsgeschäft (Export) zu teilen.

Die Leitung der Funktionsbereiche ist kostenbezogen. Eine Zurechnung von (Umsatz-)Erlösen auf die Funktionsbereiche ist mit Ausnahme des Absatzbereichs nicht möglich **(‚Cost-Center-‘ oder ‚Expense-Center-Konzeption‘)**. Die Kostenbezogenheit der Funktionsbereiche ist Ausdruck und Maßstab des Spezialisierungsgedankens im Funktionsbereich. Die traditionellen Kosten- und Leistungsrechnungssysteme basieren auf dem Grundgedanken der Bildung von Funktionsbereichen im Unternehmen. Die Kostenstellenunterteilung in einem Betriebsabrechnungsbogen (BAB) nach Fertigungs- und Materialkostenstellen, Verwaltungs- und Vertriebskostenstellen gibt den funktionalen Organisationsbezug im Rechnungsansatz wieder.

Die Funktionsbereiche sind nach innen konsistent auf eine Teilaufgabe der unternehmerischen Gesamtaufgabe ausgerichtet. Diese Funktionsausrichtung

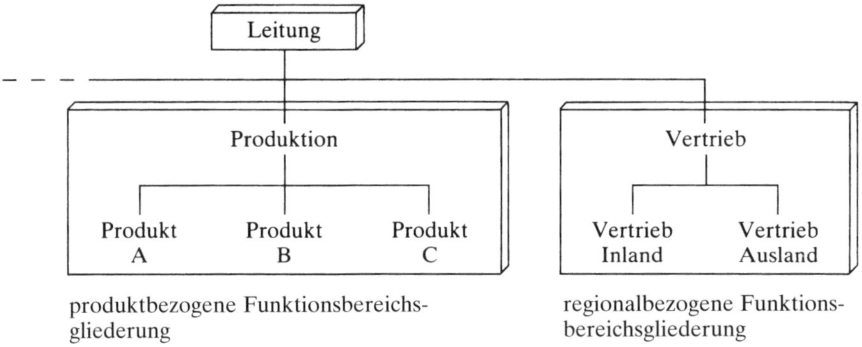

Abb. 3.23 Produkt- und regionalbezogene Funktionsbereichsgliederung

fördert in Einklang mit Kostenzielen ein **Bereichsdenken** und schafft **Ressortegoismus.** Die Bereiche sind bestrebt, ihre (Kosten-)Ziele bei ihrer Funktionserfüllung zu erreichen, unabhängig und ohne Rücksicht auf Ziel und Interessenlage des Nachbarbereichs. Es besteht die Gefahr einer **Suboptimierung**, ein Funktionsbereich erreicht seine Ziele nur zu Lasten eines anderen.

Die „Produktion" ist an einer kostengünstigen Fertigung interessiert (kurze Durchlaufzeiten, möglichst große Serien etc.), die „Beschaffung" an einem kostengünstigen Einkauf von Rohmaterial und Fremdteilen und der „Verkauf" an einem hohen Umsatz. Eine Umsatzausweitung durch Akzeptierung von Sonderwünschen der Kunden führt jedoch in der Produktion zu höheren Kosten, ebenso wie ein preiswerter Einkauf zu Lasten der Lagerhaltung und Kapitalbindung gehen kann.

Die funktionalen Abhängigkeiten zwischen den Bereichen erfordern ein gesamtunternehmerisches Handeln im Hinblick auf die Gesamtzielsetzung durch die Unternehmensleitung.

Organisation der Unternehmensleitung

Die Organisation der Unternehmensleitung ist in einer funktionalen Organisation gleichfalls nach dem Funktionalprinzip ausgebildet. **Die Geschäfte der Unternehmensleitung sind entsprechend auf funktionale Ressorts aufgeteilt.** Ausgangspunkt für eine differenzierte Geschäftsverteilung ist üblicherweise die Aufteilung in einen „kaufmännischen" und „technischen" Bereich. Die auf der zweiten Hierarchieebene gebildeteten Funktionsbereiche sind dann der **kaufmännischen und technischen Geschäftsführung** verantwortlich zugeordnet. Mit zunehmendem Unternehmenswachstum und Größe des Unternehmens wird die Geschäftsverteilung auf weitere funktionale Ressorts aufgeteilt. In der Regel kommen die Bereiche „Absatz", „Materialwirtschaft", „Finanzen" und „Personalwesen" hinzu. Letztendlich sollten in der Geschäftsführung nur die für den Erfolg des Unternehmens ausschlaggebenden Funktionen vertreten sein und hiermit kompetente Geschäftsführungsmitglieder betraut werden.

Die funktionale Ressortbildung in der Unternehmensleitung ist ein konsequenter Weg, um eine spezialisierte Aufgabenerfüllung auch in der Geschäftsleitung zu organisieren. Diese Organisationsform ist unproblematisch, solange das Gesamtgeschäft überschaubar und wenig verzweigt ist. Mit zunehmendem Unternehmenswachstum und mit dem Aufbau einer vielgliedrigen, diversifizierten Unternehmensstruktur kompliziert sich eine einheitliche Geschäftsführung. Die Geschäftsführer stellen ihre Funktionsinteressen in den Mittelpunkt, so dass in der Geschäftsführung Bereichsinteressen und nicht mehr das unternehmerische Gesamtinteresse im Mittelpunkt der Auseinandersetzung steht. Auf diese Weise wird ein Ressortegoismus auf der obersten Führungsebene etabliert („Wir in der Produktion lassen uns doch nichts vom Absatz sagen!"), der horizontal die Geschäftsführung spalten und sich vertikal durch das Gesamtunternehmen durchziehen kann. Eine unternehmenseinheitliche, strategische Ausrichtung wird dadurch erschwert.

Eine Möglichkeit, das gesamtunternehmerische Denken in der Geschäftsführung zum Ausdruck zu bringen, ist die **Ernennung eines Geschäftsführungsmitglieds zum Sprecher oder Vorsitzenden der Geschäftsführung**. Dieses Geschäftsführungsmitglied leitet selbst kein funktionales Ressort, sondern ist funktionsunabhängig in der Geschäftsführung tätig. Mitunter untersteht ihm – neben seiner gesamtunternehmerischen Aufgabe – die Unternehmensplanung, die ihm das Instrument liefert, um über die Funktionsbereiche hinweg gesamthaft auf längere Frist das Unternehmen zu leiten.

2.2 Bedingungen und Vorteile

Die funktionale Organisation ist die mit Gründung eines Unternehmens zwangsläufig entstehende Organisationsform. Die Erfüllung einer unternehmerischen Gesamtaufgabe ist zunächst multifunktional spezialisiert am besten zu erfüllen. **Die Funktionsbildung erlaubt eine Nutzung von Spezialisierungsvorteilen**, da in den einzelnen Funktionsbereichen gleichartige Aufgaben zu bewältigen sind. Die notwendige Abstimmung von Bereichsinteressen kann durch die Unternehmensleitung erfolgen, solange das Unternehmen überschaubar bleibt und die Unternehmensprozesse gut beherrschbar sind. Die funktionale Organisation ist zur Erreichung von Unternehmenszielen geeignet, wenn die Unternehmensleitung in der Lage ist, die verschiedenen Funktionsbereiche im Hinblick auf ein einheitliches Unternehmenskonzept abzustimmen.

Mit einer Zunahme der Produktvielfalt und einer geographischen Ausweitung der Geschäftstätigkeit auf Auslandsmärkte wird in einer funktionalen Organisation die Koordinationsaufgabe der Unternehmensleitung immer schwieriger. Da in den Funktionsbereichen keine eigenständigen Produkt- oder Marktverantwortlichkeiten bestehen, vermehrt dies den Koordinationsaufwand der Unternehmensleitung.

Die Unternehmensleitung kann einer drohenden Überlastung mit Koordinationsaufgaben durch folgende Maßnahmen begegnen:

- **Vermehrung der Leitungskapazität in der Geschäftsführung** durch Ernennung von neuen Geschäftsführern mit Funktionsverantwortung. Die Gefahr ist, dass mit zunehmender Zahl an Geschäftsführern die Beweglichkeit und Schlagkraft der Geschäftsführung abnimmt.

- **Einführung einer integrierten Unternehmensplanung**, die die Aufgabe hat, die Funktionsbereiche im Hinblick auf die Gesamtzielsetzung des Unternehmens abzustimmen. Die Unternehmensplanung ist der Unternehmensleitung unterstellt. Hierbei ist sicherzustellen, dass die Pläne auch durchgesetzt werden. Dies erfordert sowohl eine Beteiligung der Funktionsbereichsleiter an der Planung als auch eine Plankontrolle. Beides führt bei diversifiziertem Programm zu zeitaufwendigen Prozessen.
- **Etablierung von Entkopplungsmechanismen zwischen den Funktionsbereichen durch Bildung von Zwischenlägern.** Mit Hilfe der Lagerhaltung können die Funktionsbereiche auf Lager arbeiten oder vom Lager beziehen und sind damit unabhängig von der Leistung des vorangehenden Bereichs. Die Beschaffung kann kostengünstig auf Lager einkaufen und die Produktion kostengünstig auf Lager fertigen. Die Beschaffung ist damit von der Produktion und die Produktion wiederum vom Absatz unabhängig. Der Preis für diese Unabhängigkeit sind die entstehenden Lagerhaltungskosten sowie Opportunitätskosten alternativer Mittelverwendung der Kapitalbindung im Lager.

Die funktionale Organisation ist die „natürliche" Organisation für ein Einproduktunternehmen oder für Unternehmen mit einem dominanten Produkt als Hauptumsatzträger. Erst die Erweiterung des Produktionsprogramms durch **Diversifikation** um mehrere, annähernd gleichwertige Umsatzträger kompliziert die Leitung in einer funktionalen Organisation. Zwei oder mehr Produkte haben dann einen Funktionsbereich zu durchlaufen und sind mit anderen Funktionsbereichen abzustimmen. Die Funktionsbereichsziele tragen unter diesen Umständen immer weniger zur Unternehmenszielsetzung bei.

Mit der Vielgliedrigkeit des Geschäfts geht in einer funktionalen Organisation die Übersicht über das Gesamtunternehmen verloren. Es sind Kontrollverluste in Kauf zu nehmen, die durch eine begrenzte Rationalität der Entscheidungsträger auf den unterschiedlichen Hierarchieebenen entstehen und in Abhängigkeit von der Größe des Unternehmens kumulativ ansteigen.[76]

„Große Unternehmen" benötigen mehr Hierarchieebenen als „kleinere Unternehmen", um eine wirkungsvolle Aufsicht und Kontrolle der Mitarbeiter zu gewährleisten. Da mit einer Zunahme der Zahl an Hierarchieebenen im Unternehmen jedoch die Zeit und Schwierigkeit der Übermittlung von Informationen steigt, kann dies zu **Kontrollverlusten in Form von mangelnder Koordination und Unternehmenszielerfüllung** führen:

- Einerseits wird die Wirksamkeit der Leitung und Kontrolle von Unternehmensaktivitäten durch **Informationsverzerrungen** bei der Weitergabe von Informationen von einer Hierarchieebene zur anderen eingeschränkt, und
- andererseits werden mit jeder zusätzlichen Hierarchieebene die „Tiefe" der Organisation vergrößert und damit die **Weisungs- und Kommunikationswege** von der Entscheidung bis zur Durchsetzung **verlängert**.

---

[76] Vgl. *Williamson, O. E.*, Corporate Control and Business Behavior. An Inquiry into the Effects of Organization Form on Enterprise Behavior, Englewood Cliffs, N. J. 1970, S. 22 ff.

2.3 Lenkung durch Budgets

Budgetierung bezeichnet die Vorgabe von Plangrößen für eine bestimmte Periode sowie die anschließende Budgetkontrolle. Die Budgetierung ist Teil der Unternehmensplanung und in diese eingefügt. **Die aus der Planung abgeleiteten Planwerte werden im Rahmen der Budgetierung als verbindliche Budgets den Funktionsbereichsleitern zur Erfüllung vorgegeben (Budgetvollzug).** Die Budgetwerte können sich auf das Tätigkeitsprogramm der Funktionsbereiche oder auf deren Ergebnis beziehen. In der Regel wird sowohl ein Programmbudget als auch ein Ergebnisbudget vorgegeben. Nach Ablauf der Budgetperiode erfolgt eine **Budgetkontrolle**, in der die Einhaltung der Budgetwerte überprüft wird.[77]

Kosten-Budgetierung

Die Vorgabe von Ergebnisbudgets geschieht in Form einer Kosten-Budgetierung. Dies ergibt sich aus der Bildung von Funktionsbereichen, denen sich – mit Ausnahme des Absatzbereichs – unternehmensidentische Rendite- oder Gewinnziffern nicht zuordnen lassen. **Zu diesen Kostenbudgets können Programmbudgets hinzutreten, die die Vorgehensweise zur Erfüllung der Kostenbudgets konkretisieren.** In den Programmbudgets können in verbaler Weise vorzunehmende Maßnahmen (Investitionsmaßnahmen, Entwicklungsprojekte etc.) oder Leistungsmengen (Beschaffungsmenge, Fertigungsmengen, Lagerbestände etc.) festgeschrieben sein. Die Budgetvorgaben haben den Charakter von Anweisungen. Am Ende der Budgetperiode erfolgt eine Feststellung von Plan-Ist-Abweichungen mit anschließender Abweichungsanalyse. Die Budgetkontrolle eines Funktionsbereichs erfolgt in der Regel monatlich unter Berücksichtigung einer Jahres-Budgetperiode.

Mit Hilfe der Budgetierung ist es möglich, die Wechselbeziehungen zwischen den Funktionsbereichen entlang des Leistungserstellungs- und Leistungsverwertungsprozesses aufeinander abzustimmen. **Bezugspunkt ist eine optimale Ressourcenallokation im funktional gegliederten Unternehmen.** Entscheidungsinterdependenzen zwischen den Funktionsbereichen sollen auf diese Weise zielkonform gelöst werden. Im Rahmen der Budgetvorgaben erhalten die Funktionsbereichsleiter Handlungsspielraum bei ihrer Funktionserfüllung. Die Unternehmensleitung wird andererseits durch diese Budgetvorgaben von aktuellen Tagesproblemen aufgrund von Funktionsabhängigkeiten entlastet und in der Führung des Gesamtunternehmens unterstützt. Solange das Produktprogramm relativ homogen ist, sind die Funktionsbereiche durch Planung und Budgetierung aufeinander abstimmbar. Nimmt die Produktheterogenität und Marktvielfalt zu, so sind immer mehr Abstimmungsaktivitäten notwendig, um die be-

---

[77] Vgl. *Copeland, R. M., Dascher, P. E.,* Managerial Accounting, 2nd edition, Santa Barbara, New York, Chichester, Bisbane, Toronto 1978, S. 31 ff.; *Koch, H.,* Budgetierung und Unternehmensplanung, in: Neuere Beiträge zur Unternehmensplanung hrsg. von H. Koch, Wiesbaden 1980, S. 27 ff.; *Kilger, W.,* Flexible Plankostenrechnung und Deckungsbeitragsrechnung, 9. Auflage, Wiesbaden 1988, S. 43 ff.

grenzten Kapazitäten von Arbeits- und Maschinenzeiten mit den Produkt- und Marktanforderungen abzustimmen.

Budget-Motivation

Budgets haben im Rahmen der Lenkungsfunktion eine Motivationsaufgabe. **Budgetvorgaben, die den persönlichen Wertvorstellungen, Ansprüchen und Zielen der Funktionsbereichsleiter entgegenstehen, können dysfunktionale Verhaltensergebnisse auslösen.** In einer experimentellen Untersuchung konnte *Stedry* feststellen[78], dass das Anspruchs-(Ziel-)niveau für die Budgeterfüllung von Bedeutung ist. Eine Gruppe, der ein schwer zu erreichendes Budget vor Festlegung eines Anspruchsniveaus vorgegeben wurde, erzielte eine höhere Leistung als eine Vergleichsgruppe, in der sich bereits ein Anspruchsniveau herausgebildet hatte.

Die Lenkungsfunktion von Budgets kann auch dadurch eingeschränkt werden, dass die **Funktionsbereichsleiter an der Höhe ihrer Kostenbudgets die eigene Bedeutung bemessen**. In diesem Falle streben sie nach hohen Budgetansätzen und werden sowohl bei der vorausgehenden Planung wie auch der Budgetfestlegung auf Budgetverbesserungen gegenüber dem Vorjahr drängen. Das Sachargument tritt im Rahmen der Budgetierung hinter persönliche Motive der Bereichsleiter zurück.

Zur Vermeidung von ‚Missmotivation' bei der Festlegung von Budgets ist ein unternehmerisches Konzept notwendig, aus dem sich Planung und Budgetierung ableiten. Unter diesen Umständen ist die strategische Bedeutung der Funktionsbereiche festgelegt und nicht von Einzelargumenten abhängig. Strategie und Funktion sind hiernach kein Gegensatz, sondern sich ergänzende Entscheidungstatbestände im Hinblick auf die Marktaufgabe der Leistungserbringung für Dritte. Die Funktionsbereichsleiter sind in diesem Prozesszusammenhang mit einzubinden.

3. Stab-Linien-Organisation

Stab-Linien-Organisationen entstehen durch Angliederung von Stäben an Instanzen in einer konkreten Organisation. Historisch gehen Stab-Linien-Organisationen auf Stabskonzepte im militärischen Bereich zurück. Der „Generalstab" ist typisch für diese Entwicklung. **In Unternehmen fanden Stäbe Eingang als Erweiterung funktionaler Organisationen** durch Angliederung von Stäben an funktional ausgerichtete Instanzen. Die heutige Verwendung von Stäben in Theorie und Praxis geht über diesen historischen Kontext hinaus.

[78] Vgl. *Stedry, A. C.,* Budget Control and Cost Behavior, Englewood Cliffs, N. J. 1960; Siehe auch *Macharzina, K.,* Die Bedeutung verhaltenstheoretischer Aussagen für kosten- und leistungsorientierte Planungs- und Kontrollrechnungen, in: Unternehmensrechnung, hrsg. von A. G. Coenenberg, München 1976, S. 324-344.

3.1 Strukturmerkmale und Formen

Stäbe dienen dazu, die quantitative und qualitative Entscheidungskapazität von Linieninstanzen zu erhöhen. Stäbe haben allgemein Leitungsfunktionen im Auftrag der oder für die Linien wahrzunehmen (Stabsgeneralist) oder die Instanzen zu unterstützen und in konkreten Einzelfragen zu beraten (Stabsspezialist). **Die Stabskonzeption beinhaltet stets eine Spezialisierung der Leitungsfunktion der Linie.** Die Wahrnehmung der Leitungsfunktion hat so zu geschehen, dass Stab und Linie eine Einheit bilden. Das damit verfolgte Ziel ist ein Streben nach Spezialisierung von Leitungsfunktionen unter Wahrung der durch das Liniensystem vorgegebenen und eingefahrenen Kompetenzregelung der Koordination. Eine Erreichung dieses Ziels setzt voraus, dass zwischen Stab und Linie eine einvernehmliche Koordination gelingt, ohne dass die Linie im Außenverhältnis ihr Recht auf Vertretung der mit Hilfe des Stabs erarbeiteten Lösung verliert.

Stab-Linien-Organisationen sind für eine Vielfalt praktischer Organisationen typisch.[79] Eine einfache Form entsteht, wenn der Unternehmungsführung ein Stab als **Leitungshilfsstelle** zugeordnet wird. Es kann sich um eine Stelle mit **stabsgenerellen Aufgaben** handeln, wie sie ein Assistent der Unternehmungsführung (Direktionsassistent) wahrnimmt, oder um eine Stelle mit **stabsspeziellen Aufgaben**, wie sie ein Fachstab hat. Fachstäbe als Referenten für Teilaufgabenbereiche sind z.B.: Recht, Patente, Revision, Statistik, Planung, Public Relations. Derartige Fachaufgaben können durch eine Stabsperson, eine Stabspersonengruppe oder durch eine Stabsabteilung mit vorgeschalteter (Stabs-)Instanz wahrgenommen werden. Entsprechend der personalen Stabsbesetzung ist zwischen **einstufigen und mehrstufigen Stabsgliederungen** zu unterscheiden.

Zentrale Stabsstelle

Die Stabsaufgabe kann sich auf entscheidungsvorbereitende Tätigkeiten für nachgeordnete Instanzen erstrecken (Abb. 3.24). In diesem Fall ist der Übergang von einer Stabsstelle (-abteilung) zu einer **Zentralstelle** (-abteilung) vollzogen. Nach der Stabsdefinition hat allerdings nur noch ein informaler, fachlicher Einfluss auf die nachgeordneten Instanzen den Charakter eines Stabs. Informal kann dieser fachliche Einfluss durch die Nähe des „Stabs" zur zugeordneten Instanz zustande kommen. Folgende Worte eines Stabsmannes verdeutlichen den informalen Einfluss: „Ich kann nachgeordneten Instanzen zwar die Arbeit nicht offiziell anweisen, doch bring' ich es sicherlich fertig, dass sie sich wünschen, sie hätten die Arbeit getan!"[80] Zur Klärung dieser Einflussbeziehungen sind eindeutige Kompetenz- und Verantwortungsregelungen notwendig.

---

[79] Vgl. *Grochla, E.*, Unternehmungsorganisation, a.a.O., S. 182 ff.; *Litterer, J. A.*, The Analysis of Organizations, 2nd edition, New York 1973, S. 591 ff.

[80] *Litterer, J. A.*, The Analysis of Organizations, a.a.O., S. 586.

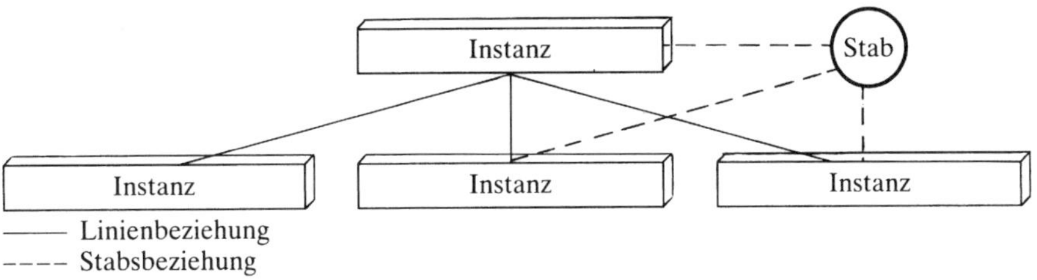

Abb. 3.24 Stab-Linien-Organisation mit zentraler Stabsstelle

Stäbe auf unterschiedlichen Hierarchieebenen

Eine Ausweitung der Stab-Linien-Organisation liegt vor, wenn Stäbe auf unterschiedlichen Hierarchieebenen an die Instanzen angegliedert werden. Ihre Aufgaben können wiederum generell Assistententätigkeiten oder speziell Fachstabstätigkeiten sein (Abb. 3.25). Die notwendige Stabsgliederung kann wiederum einstufig oder mehrstufig sein.

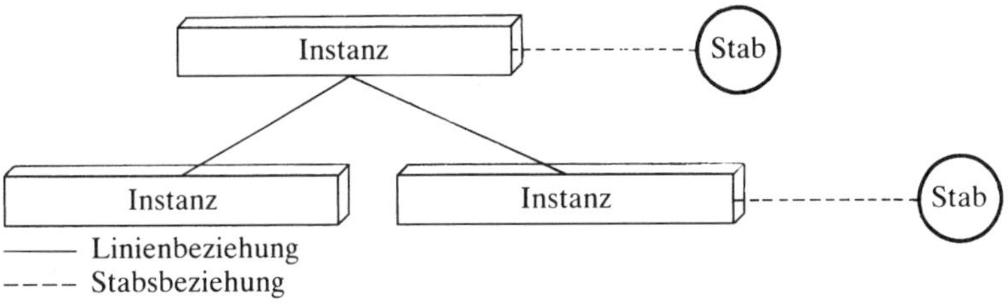

Abb. 3.25 Stab-Linien-Organisation mit Stäben auf unterschiedlichen Hierarchieebenen

Stabshierarchie

Kommt es zwischen hierarchisch unterschiedlichen Stäben zur fachlichen Kompetenzunterordnung und -überordnung mit fachlichen und unter Umständen disziplinarischen Weisungsrechten, so entsteht hieraus eine Stabshierarchie. Diese entwickelt sich parallel zur Linienhierarchie. Übergeordnete Stäbe sind im Rahmen ihres fachlichen Weisungsrechtes befugt, untergeordneten Stäben Weisungen zu erteilen. Auf diese Weise erfährt die Stabsarbeit der Entscheidungsvorbereitung über die Hierarchie hinweg eine Vorprägung und Vereinheitlichung (Abb. 3.26).

Die Einheitlichkeit der Auftragserteilung ist durch klare Kompetenz- und Verantwortlichkeitsregelungen herzustellen. Die Sub-Stäbe können fachlich und/oder disziplinarisch entweder dem Zentral-Stab oder der betreffenden In-

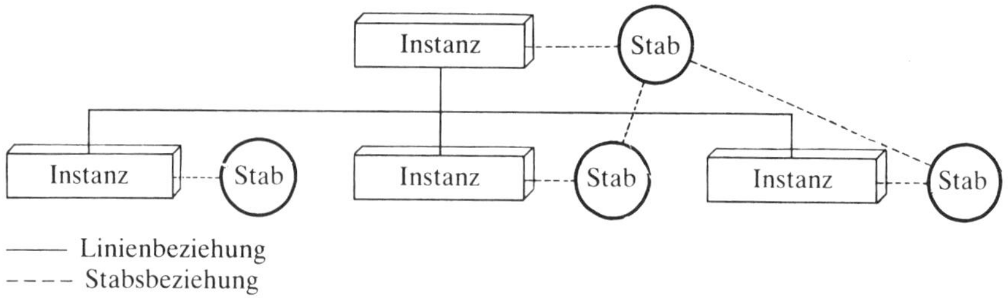

Abb. 3.26 Stab-Linien-Organisation mit Stabshierarchie (Parallelhierarchie)

stanz unterstellt werden. Grundsätzlich sind **vier Unterstellungsverhältnisse von Sub-Stäben** möglich:[81]

Im **ersten Fall**, wenn die **Sub-Stäbe fachlich und disziplinarisch dem Zentral-Stab unterstellt** werden, erhält der Zentral-Stab eine sehr starke Stellung gegenüber den Instanzen. Die Sub-Stäbe sind relativ unabhängig von den Instanzen, unter Umständen aber auch „Fremdkörper" in der Linie. Ein Zusammengehörigkeitsgefühl wird sich unter diesen Bedingungen nur schwer entwickeln können.

Im **zweiten Fall**, wenn die **Sub-Stäbe fachlich dem Zentral-Stab und disziplinarisch den Instanzen unterstellt** werden, kann der Stab bei fachgerechter Ausführung seiner Aufgaben in Konflikt mit den Disziplinarvorgesetzten in der Linie geraten. Umgekehrt sind Spannungen denkbar, wenn der Stab zu sehr auf den Disziplinarvorgesetzten ausgerichtet ist. Eine Lösung bietet eine Teilung der Disziplinarbefugnis oder eine Regelung, dass beide Vorgesetzte nur gemeinsam das Disziplinarrecht ausüben können.

Im **dritten Fall** der Unterstellung werden die **Sub-Stäbe fachlich den Instanzen und disziplinarisch dem Zentral-Stab unterstellt**. Die Fachbezogenheit der Aufgabenerfüllung vor Ort zwischen Stab und Linie wird hierdurch gefördert. Die Sub-Stäbe bleiben allerdings hinsichtlich ihrer persönlichen Interessen an den Zentral-Stab gebunden, dem sie disziplinarisch unterstellt sind und der über dieses Recht seine Koordinationsaufgaben wahrnehmen kann. Zur Vermeidung möglicher Interessenkonflikte ist es auch hier notwendig, dass sich Zentral-Stab und Linie abstimmen und auf eine gemeinsame Kompetenzausübung einigen. Bei Nichteinigung fällt der nächsthöheren Instanz die Aufgabe der Konfliktregelung zu.

Im letzten und **vierten Fall** der Unterstellungsregelung werden die **Sub-Stäbe fachlich und disziplinarisch den betreffenden Instanzen unterstellt**. Die Sub-Stäbe werden gegenüber dem Zentral-Stab autonom. Die Stabshierarchie wird zugunsten dezentraler Stab-Linien-Beziehungen aufgegeben. Die Stab-Linien-Organisation mit Stabshierachie (Abb. 3.26) wird auf eine Stab-Linien-Organisation mit Stäben auf unterschiedlichen Hierarchieebenen reduziert.

[81] Vgl. *Hahn, D.*, Konzepte und Beispiele zur Organisation des Controlling in der Industrie, in: Zeitschrift für Organisation, 48. Jg., 1979, S. 4 ff.

3.2 Bedingungen erfolgreicher Stabsarbeit

Bei der Bildung von Stab-Linien-Organisationen ist darauf zu achten, dass stets der Stabsgedanke der Entscheidungsvorbereitung erhalten bleibt. Stäbe sollten nicht unabhängig von den Linieninstanzen Entscheidungsvorlagen produzieren, die diese in einem Verhältnis gegenseitigen Misstrauens nicht zu akzeptieren bereit sind. Umgekehrt sollte der Stab darauf verzichten, seine fachliche Machtposition zum informationellen Nachteil der Linie (Informationszurückhaltung, -deformation, -überlastung) auszunutzen. Zur Vermeidung dieser Nachteile sind formale organisatorische wie auch personale Voraussetzungen zu schaffen.

Als **formale Voraussetzungen** für eine wirkungsvolle Zusammenarbeit zwischen Stab und Linie sind zu nennen:[82]

- Dem Stab ist ein Informationsrecht gegenüber der Linie einzuräumen.
- Die Linie hat ein Recht darauf, vom Stab beraten zu werden, und der Stab hat die Pflicht, die Linie zu beraten.
- Der Stab hat bei abweichenden Entscheidungen der Linie von den Empfehlungen des Stabes eine Berichtspflicht gegenüber der nächsthöheren Instanz.
- Diese Berichtspflicht setzt voraus, dass der Stab seinen direkten Vorgesetzten darüber informiert, um gegenüber diesem seine Vertrauenspflicht zu erfüllen.

Die formalen Voraussetzungen der Stab-Linien-Organisation sind durch **personal-soziale Bedingungen** zu ergänzen. Einblick vermittelt eine empirische Studie über das Linien- und Stabs-„Image" in einem amerikanischen Industrieunternehmen.[83] Danach entspricht das **Image der Linie** einem „aktiven und kompetenten Initiatoren-Modell". Demgegenüber gleicht das **Image des Stabs** mehr einem „neutralen und untergeordneten Instrumenten-Modell". Linienmitglieder empfinden ihre Abteilungen als aktive und kompetente Machteinheiten, während Stabsmitglieder ihre Einheiten mehr als passiv und der Linie nachgeordnet empfinden. Die Image-Cluster beider Modelle zeigt Abb. 3.26. Die Cluster verdeutlichen die unterschiedlichen und sich ergänzenden Sichtweisen und Empfindungen von Linien- und Stabsmitgliedern. Durch Herbeiführung und Zusammenführung dieser Unterschiede sind Kooperationsvorteile zwischen Stab und Linie, die sich in einer Entlastung der Linie äußern, realisierbar. Zu dieser Entlastung kommt es, ohne dass hierfür eine Zusammenführung von Linie und Stab in einer neuen, kollegialen Organisationsform notwendig wird. Diese Notwendigkeit besteht nicht, da zwischen Linie und Stab auch kein ständiger Kooperationszwang besteht. Eine Kooperation hängt im konkreten Fall von der Einbeziehung der Linie in den Stab ab, von der Betroffenheit anderer Linieneinheiten und vom Lösungsschritt im Rahmen der Auftragserfüllung.

Um Änderungen der Einstellungen und Empfindungen von Stabsmitarbeitern im Zeitablauf Rechnung zu tragen, sind Stäbe in eine **Laufbahnentwick-**

---

[82] Vgl. *Höhn, R.,* Die Führung mit Stäben in der Wirtschaft, Bad Harzburg 1961, S. 103 ff.; *ders.,* Stabsstellen, in: Handwörterbuch der Organisation (1969), a.a.O., Sp. 1549 ff.

[83] Vgl. *Browne, P. J., Golembiewski, R. T.,* The Line-Staff Concept Revisited: An Empirical Study of Organizational Images, in: Academy of Management Journal, Vol. 17, 1974, S. 406-417; siehe auch *Belasco, J. A., Alutto, J. A.,* Line Staff Conflicts: Some Empirical Insights, in: Academy of Management Journal, Vol. 12, 1969, S. 469-477.

Image Cluster der Linie	Image Cluster des Stabs
• sehr bedeutend im Unternehmens-zusammenhang • große Machtfülle • außenorientiert • positiv-zufriedenstellende Abteilungsbeurteilung • hohe Aufgabenkomplexität	• wenig bedeutend im Unternehmens-zusammenhang • geringes Machtbewusstsein • innenorientiert • negativ-zufriedenstellende Abteilungsbeurteilung • geringe Aufgabenkomplexität

Abb. 3.27 Image-Modell von Linie und Stab

lungsplanung einzubeziehen. Auf diese Weise ist sicherzustellen, dass bei steigendem Anspruchsniveau und entsprechender Bewährung eine „nachgeordnete" Tätigkeit des Stabs in eine „vorgeordnete" Tätigkeit der Linie einmündet. Der umgekehrte Weg des Stellenwechsels empfiehlt sich, um zwischen Linie und Stab gegenseitiges Verständnis und Realitätsbewußtsein zu erzeugen. Auch bietet eine Laufbahnentwicklung innerhalb einer der Linienhierarchie vergleichbaren Stabshierarchie Möglichkeiten einer Konfliktbegrenzung und -handhabung.

3.3 Kritik am Stab-Linien-Konzept

Stab-Linien-Konflikte

Die Theorie geht davon aus, dass eine Koordination durch Stab-Linien-Konflikte beeinträchtigt wird. Prämisse ist die Entscheidungsregel des **traditionellen Stab-Linien-Konzepts**, dass die Stabsarbeit ausschließlich durch die Linie koordiniert wird. Nach *Dalton* sind folgende **Gründe für Stab-Linien-Konflikte** von Bedeutung:[84]

(1) Funktionale Unterschiede zwischen Stab und Linie

Stäbe haben analytische und beratende Aufgaben, während die Linie über die eigentliche Entscheidungsverantwortung verfügt. Diese Aufgabenteilung wird als widersprüchlich zu einem individuellen Streben und Wunsch nach fachlicher Anerkennung des Stabes angesehen.

(2) Alters-, Ausbildungs- und Statusunterschiede

Stabsmitarbeiter sind im Gegensatz zur Linie jünger, besser ausgebildet und fühlen sich einem eigenen Status verpflichtet. Die Folge sind soziale Antipathien und Erwartungsunterschiede zwischen Stab und Linie, die zu einer ablehnenden Haltung der Linie gegenüber den Vorschlägen des Stabes führen. Stäbe müssen erkennen, dass zur Durchsetzung ihrer Ideen eine fachliche Kompetenz

[84] Vgl. *Dalton, M.*, Conflicts Between Staff and Line Managerial Officers, in: American Sociological Review, Vol. 15, 1950, S. 350 f.

allein nicht ausreicht, sondern dass darüber hinaus eine Beachtung informaler Machtbeziehungen wesentlich ist, um auf Akzeptanzbereitschaft zu stoßen.

(3) **Existenzieller Begründungszwang von Stäben**

Die Stabsarbeit wird im Vergleich zur Linienarbeit als nachrangig und unbedeutender zur unmittelbaren Erreichung von Produktionszielen betrachtet. Stäben bleibt die Anerkennung für ihre Arbeit versagt.

(4) **Furcht der Linie vor Aufsplitterung und Untergrabung ihrer Autorität**

Stäbe entwickeln einen Ehrgeiz, sich personell auszudehnen, und eine Neigung, in Linienpositionen zu drängen. Ferner fürchtet sich die Linie vor Stabslösungen, die methodisch und technisch neu sind. Die Befürchtungen sind ein Aufbrechen von bestehenden informalen Beziehungen oder einer „Cliquenwirtschaft" und ein Aufdecken verbotener oder ineffizienter Arbeitsweisen, die die Linie zu verantworten hat. Mitunter können diese Befürchtungen zu Stab-Linie-Kompromissen führen, die auf ein Hinausschieben von neuen Praktiken und Lösungen hinauslaufen.

(5) **Linienabhängigkeiten des Stabes bei Beförderung oder Laufbahnentwicklung**

Stäbe passen sich in ihrem Verhalten an die Erwartungen der Linie an, um negative Konsequenzen für ihr berufliches Fortkommen zu vermeiden. Stäbe versuchen, die Linienmeinungen und -ansichten zu antizipieren, und beschränken sich faktisch darauf, erfolgssichere Lösungen vorzuschlagen.

Kritik am Entscheidungsverbund von Stab und Linie

Eine deutschsprachige Kritik am Stab-Linien-Konzept stammt von *Irle*.[85] Bezugspunkt der Kritik ist der Informations- und Entscheidungsverbund zwischen Stab und Linie. Im Einzelnen werden folgende drei Argumente gegen das Stab-Linien-Konzept vorgebracht:

- Der faktische Anteil der Linie am Zustandekommen einer Entscheidung ist oftmals auf eine bloße Ratifikation der Entscheidung beschränkt. **Stäbe nehmen die Entscheidung durch eine entsprechende Alternativensuche und -bewertung vorweg.** Der Linie bleibt nur noch die Annahme oder Ablehnung des Entscheidungsvorschlags. Dies gilt in besonderem Maße für „completed staff work", bei dem der Stab nur noch eine einzige, die gewählte optimale Alternative der Linie zur Auswahl stellt.
- Stäbe üben durch diese Vorwegnahme einer Entscheidung soziale Macht aus. Diese äußert sich in einer **informationellen Abhängigkeit der Linie vom Stab**. Der Stab erhält dadurch auf „illegitime" Weise informationelle Macht über die Linie.
- Entscheidungen werden zwar durch die Stabsarbeit vordeterminiert, zumindest Teilentscheidungen werden aber nicht dort gefasst, wo das Informations-

[85] Vgl. *Irle, M.*, Macht und Entscheidungen in Organisationen, a.a.O.

potential relativ am höchsten ist. Die Linie, die sich die Entscheidung vorbehält, ist den „Voreingenommenheiten“ des Stabs ausgeliefert. Bei den Linieneinheiten führt dies zu einer **Diskrepanz zwischen formalem Machtanspruch und faktischer Kompetenz**.

Mittels empirischer und experimenteller Untersuchungen untermauert *Irle* seine Unhaltbarkeitsthese eines Stab-Linien-Prinzips. Als empirische Basis dienten Betriebspsychologen aus Personalabteilungen, die als eine bestimmte Klasse von Stabskräften ausgewählt wurden, sowie Einzelfallstudien über einzelne Entscheidungsprozesse. Kontrollierte Experimente über einen Informationseinfluss vor und nach Entscheidungen sowie Simulations-Planspiele zur Nachahmung von Entscheidungen zwischen Linie und Stab wurden zusätzlich als Beweismittel herangezogen. Der Beweis ist nach *Irle* vollständig, d.h. „es ist realistischer, das Linien-Stab-Prinzip total zu verwerfen“[86]. Als Alternative zur Vermeidung negativer Konsequenzen des Stab-Linien-Prinzips schlägt *Irle* ein Projektgruppen-Konzept vor: sog. „Task-Forces“. Danach sollen an Entscheidungen im Rahmen eines Entscheidungsprozesses alle diejenigen beteiligt werden, die als Experten und Spezialisten am Entscheidungsprozess zu tun haben. Damit folgert *Irle* allerdings nicht mehr, als dass geänderte (Aufgaben-)Bedingungen auch andere Organisationslösungen erfordern. Seine vom Stab zu erfüllende Aufgabe, an der er das Stab-Linien-Prinzip misst, ist vom Typ einer Projektaufgabe. Eine Beurteilung der Eignung von Stab-Linien-Organisationen zur Erfüllung von Projektaufgaben lässt zwar Schlüsse auf die Grenzen von Stab-Linien-Organisationen zu, doch ist damit noch keine Aussage über die praktische Brauchbarkeit der Stabskonzeption getroffen.

Die Kritiken in Form von Konflikterscheinungen gehen von einer empirischen Relevanz der **Prämisse des traditionellen Stab-Linien-Konzepts** aus, dass Stabsarbeit ausschließlich durch die Linie koordiniert wird. Die Prämisse ist empirisch mehrfach fragwürdig:

(1) Für die im Rahmen der Stabsarbeit zu treffenden Entscheidungen erhalten Stäbe Entscheidungskompetenz.
(2) Stab-Linien-Gegensätze unterstellen als Leitbild den autoritären Führer in Gestalt der Linie, ohne ein partizipatives Verhältnis zwischen Linie und Stab auch nur in Erwägung zu ziehen.
(3) Die Behauptung, dass Unterschiede zwischen Stab und Linie zu unproduktiven Konflikten führen müssen, gilt auch nicht unbedingt, da bereits nach allgemeiner Erfahrung Gegensätze sich anziehen und dann zu gemeinsamen, produktiven Leistungen fähig sind.
(4) Informationeller Machtmissbrauch durch Stäbe unterstellt kooperationsunwillige Mitarbeiter, die bewusst Informationen deformieren. Unbewusste Informationsdeformation ist angesichts einer aufgabenbezogenen Mitarbeitereignung und Qualifikation des Stabs als eine gewollte Erscheinung einer Unsicherheitsbewältigung zu sehen.
(5) Ein sozial enges Verhältnis zwischen Stab und Linie kann darüber hinaus durchaus die notwendige Voraussetzung für ein im Interesse der Linie gemeinsames Handeln sein. Als Stäbe sind damit auch nur jene Organisationseinheiten zu bezeichnen, die in enger Beziehung mit der Linie eine Entscheidungseinheit bilden.

[86] *Irle, M.*, Macht und Entscheidungen in Organisationen, a.a.O., S. 212.

4. Geschäftsbereichsorganisation

Die Geschäftsbereichsorganisation (divisionale Organisation oder Spartenorganisation) bezeichnet praktische Formen der Organisation, die durch eine **Zentralisation von Objektgesichtspunkten** auf der zweiten Hierarchieebene eines Unternehmens und durch Leitungswege in Form des **Einliniensystems** gekennzeichnet sind.[87] Objektgesichtspunkte, nach denen die Zentralisation von Aufgaben erfolgt, können sein:

- Produkte, Produktgruppen, Produktlinien;
- Großkunden oder Kundengruppen;
- Absatz-Regionen oder trennbare Märkte.

Die durch Zentralisation von Produkten, Kunden oder Märkten entstehenden Organisationseinheiten heißen **Geschäftsbereiche** (Divisionen oder Sparten). In der überwiegenden Mehrzahl werden die Geschäftsbereiche nach Produktmerkmalen gegliedert. Die Geschäftsbereiche haben dann zumindest die Kompetenz für die Produktion und den Absatz über Produkte oder Produktgruppen. Die Geschäftsbereiche sind die eigentlichen für das operative Geschäft zuständigen Einheiten mit Gewinnverantwortlichkeit gegenüber der Unternehmensleitung. Geschäftsbereiche haben damit den Charakter von ‚Unternehmen im Unternehmen'.

Die mit Linienkompetenz ausgestatteten Geschäftsbereiche werden im Rahmen einer Geschäftsbereichsorganisation durch **funktionale Zentralbereiche** mit Fachkompetenz überlagert. Die Fachkompetenz der Zentralbereiche begrenzt die Entscheidungsautonomie und Gewinnverantwortlichkeit der Geschäftsbereiche. Die Abstimmung zwischen den Geschäftsbereichen und den Zentralbereichen obliegt der Unternehmensleitung. Aufgabe der **Unternehmensleitung** muss es sein, Geschäfts- und Zentralbereiche zu einem handlungsfähigen Ganzen zusammenzufügen. Geschäftsbereichsorganisationen sind damit durch drei Komponenten geprägt: Geschäftsbereich, Zentralbereich und Unternehmensgesamtleitung. Die Zielwirksamkeit der Geschäftsbereichsorganisation hängt vom Zusammenwirken von Geschäftsbereichen, Zentralbereichen und Gesamtleitung im unternehmerischen Umfeld ab. Abb. 3.28 zeigt die produktorientierte Grundstruktur einer Geschäftsbereichsorganisation.

4.1 Strukturmerkmale

Eine nähere Beschreibung der Geschäftsbereichsorganisation ist anhand ihrer Komponenten Geschäftsbereich, Zentralbereich und Geschäftsleitung vorzunehmen.

---

[87] Folgende selbstständige Schriften setzen sich mit der Geschäftsbereichsorganisation auseinander: *Poensgen, O. H.*, Geschäftsbereichsorganisation, a.a.O.; *Hartmann, P.*, Divisionsorganisation in Produktionsunternehmen, Bochum 1974; *Welge, M. K.*, Profit-Center-Organisation, Wiesbaden 1975; *Gabele, E.*, Die Einführung von Geschäftsbereichsorganisationen, Tübingen 1981.

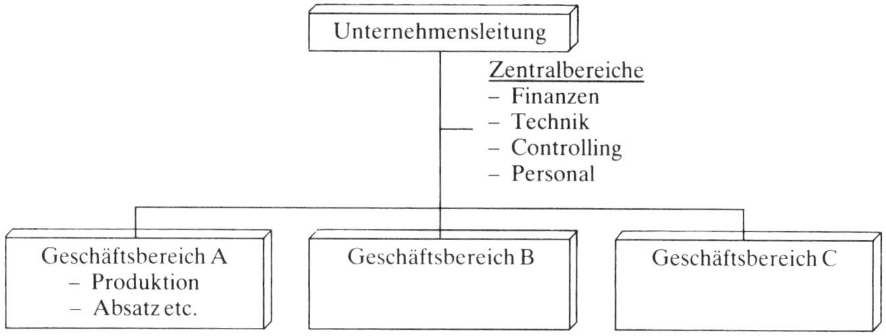

Abb. 3.28 Grundstruktur einer Geschäftsbereichsorganisation

Geschäftsbereich

Die Bildung von Geschäftsbereichen ist produkt-, regional- und kundenorientiert möglich. Vorrangige Bedeutung hat in der Praxis eine **produktorientierte Bildung von Geschäftsbereichen**.[88] Diese ist danach zu unterscheiden, ob in den Produktgeschäftsbereichen überwiegend

- Produkte mit einer gemeinsamen Technologie oder
- Produkte für einheitliche Marktsegmente

zusammengefasst werden. Häufig decken sich beide Kriterien.

Alternativ oder ergänzend zu Produkt-Geschäftsbereichen tritt die **regionalorientierte Bildung von Geschäftsbereichen** hinzu. Insbesondere bei internationalen oder multinationalen Großunternehmen, die weltweit tätig sind, ergänzt die regionalorientierte Bildung von Geschäftsbereichen das Produktkriterium. Nur in wenigen Fällen tritt bisher das Regionalkriterium alternativ an die Stelle einer produktorientierten Bildung von Geschäftsbereichen. Zur Bildung von Regional-Geschäftsbereichen neben Produkt-Geschäftsbereichen kommt es in Unternehmen mit hohem Auslandsanteil am Gesamtgeschäft. In diesem Fall ist eine Zusammenarbeit von Regional-Geschäftsbereich und Produkt-Geschäftsbereich dann wesentlich, wenn die im Ausland abgesetzten Produkte aus heimischen Produktionsstätten der Produkt-Geschäftsbereiche stammen. Dieses Ineinandergreifen von Bereichen macht im Sinne des Unternehmensganzen eine Zusammenarbeit und Planabstimmung in wirtschaftlicher, technischer wie personaler Hinsicht notwendig.

Als dritte Art der Bildung von Geschäftsbereichen kann alternativ oder ergänzend zu Produkt- oder Regional-Geschäftsbereichen eine **kundenorientierte Bildung von Geschäftsbereichen** erfolgen. Voraussetzung ist eine Trennbarkeit zwischen Kundengruppen, die für das Gesamtgeschäft wesentlich sind (Behör-

[88] Vgl. *Bühner, R., Walter, H.*, Divisionalisierung in der Bundesrepublik Deutschland – eine empirische Analyse der Geschäftsberichte von 1965 bis 1975 der 50 größten deutschen Industrie-Aktiengesellschaften –, in: Der Betrieb, 30. Jg., 1977, S. 1205-1207.

den, Industrie, Handel usw.). Die kundenorientierte Bildung von Geschäftsbereichen erlaubt, auftretende Marktinterdependenzen, bei denen der gleiche Kunde oder die gleiche Marktregion von mehreren Geschäftsbereichen beliefert und umworben wird, aufzuheben. Der Kunde erhält die gesamte Produktpalette des Unternehmens nicht mehr von mehreren, selbstständig auftretenden Geschäftsbereichen desselben Unternehmens, sondern nur noch von einem für ihn zuständigen Geschäftsbereich angeboten. Damit ist bei jedem Kundenbesuch das gesamte Unternehmensangebot präsent, ohne dass durch Kompetenzgrenzen Marktmöglichkeiten ungenutzt bleiben. Wesentlich ist, dass eine Koordination mit den Bereichen Produktion sowie Forschung und Entwicklung gelingt. Nur auf diese Weise ist auch in der Zukunft eine kundenbezogene Produktpolitik möglich.

Nach **rechtlichen Strukturmerkmalen** sind folgende Gestaltungen der Geschäftsbereiche möglich:[89]

(1) Die Geschäftsbereiche werden als **rechtlich unselbstständige Unternehmensteile mit einer eigenständigen wirtschaftlichen Selbstständigkeit in einem Einheitsunternehmen** gebildet. Die Einheit des Unternehmens wird durch eine Rechtsform der Personen- oder Kapitalgesellschaft gebildet. Die Einheitlichkeit der Unternehmensleitung (Geschäftsführung) ist durch ein geeignetes Planungs- und Kontrollsystem sicherzustellen. Diesem kommt die Aufgabe zu, eine optimale Ressourcenallokation zu gewährleisten, so dass die wirtschaftlich selbstständigen Geschäftsbereiche im Sinne des Unternehmensgesamtziels handeln.

(2) Die Geschäftsbereiche werden als **rechtlich selbstständige Unternehmensteile im Rahmen der Rechtsstruktur eines Konzerns** gebildet. Ein Konzern besteht aus rechtlich selbstständigen Unternehmen, die über den Tatbestand der einheitlichen Leitung (vertraglich oder faktisch) mit einem herrschenden Unternehmen eine wirtschaftliche Einheit bilden (§ 18 AktG). Im Konzern sind zwei Arten der Geschäftsbereichsbildung möglich:

   a) Die Geschäftsbereichsbildung vollzieht sich in der Weise, dass eine **Identität von Rechts- und Organisationsstruktur** erreicht wird. Tochtergesellschaften bilden dann als so genannte Führungsgesellschaften oder Zwischenholdings die Geschäftsbereiche. Die Obergesellschaft fungiert als **Management-Holding**.[90] Diese Alternative der Geschäftsbereichsbildung wird in der Praxis zunehmend bevorzugt. 1990 waren bereits 30 Prozent der 50 größten deutschen Industrieunternehmen als Management-Holding organisiert.[91] Die Management-Holding nimmt strategische Aufgaben wahr und unterstützt die Geschäftsbereiche beratend. Auf der Ebene unterhalb der Konzernobergesellschaft entstehen entweder Einheitsunternehmen, denen rechtlich unselbstständige Werke, Produktionsstät-

---

[89] Vgl. *Bleicher, K.*, Gedanken zur Gestaltung der Konzernorganisation bei fortschreitender Diversifizierung, in: Zeitschrift für Organisation, 48 Jg., 1979, S. 243-251 und S. 328-335.

[909] Vgl. *Bühner, R.*, Management-Holding, in: Die Betriebswirtschaft, 47. Jg., 1987, S. 40 ff., ders., Management-Holding – ein Erfahrungsbericht, in: Die Betriebswirtschaft, 51. Jg. 1991, S. 141-151.

[91] Vgl. *Bühner, R.*, Gestaltungsmöglichkeiten und rechtliche Aspekte einer Management-Holding, in: Zeitschrift Führung + Organisation, 59. Jg. 1990, S. 299-308.

ten, Verkaufsstellen, Vertretungen usw. angeschlossen sind, oder sog. „Konzerne im Konzern". In diesem Fall beherrschen die zur Führung befugten Töchter selbst wiederum rechtlich selbstständige Gesellschaften. Aufgabe der rechtlich selbstständigen Geschäftsbereiche ist die Wahrnehmung aller Funktionen des Tagesgeschäfts. Die Geschäftsbereiche haben als Unternehmenseinheiten mit eigener Rechtsfähigkeit über ihre Tätigkeit Rechnung zu legen und einen Jahresabschluss zu erstellen. Dies stärkt die Motivation in den Einheiten. Außerdem schafft die rechtliche Selbstständigkeit die Voraussetzung für Kooperationen und strategische Allianzen (zur Management-Holding vgl. auch Teil V, Drittes Kapitel).

b) **Die Geschäftsbereichsbildung überlagert die Konzernstruktur von rechtlich selbstständigen Tochter- und Enkel-(Urenkel-)gesellschaften.** Die einzelnen Konzernunternehmen werden dadurch in die Geschäftsbereiche aufgeteilt und von diesen koordiniert und geleitet. In diesem Zusammenhang ist die Geschäftsbereichsbildung als ein Prozess der Beseitigung der rechtlichen Selbstständigkeit von Tochter- und Enkelgesellschaften in mehrstufigen Konzernen zu sehen. Dies führt zu der Rechtsproblematik des Auseinanderfallens von ‚Konzernnorm' und ‚Rechtswirklichkeit'. Die wirtschaftlich weitgehend selbstständigen Entscheidungsstrukturen und Verantwortlichkeiten von Geschäftsbereichen verlaufen unabhängig von der rechtlichen Struktur des Konzerns, insbesondere von der rechtlichen Eigenständigkeit der Konzerngesellschaften. Die Geschäftsbereiche ziehen sich quer durch die einzelnen Konzernunternehmen und Betriebe und schaffen eine rechtsunabhängige Ordnung im Konzern.[92]

Zentralbereich

Die Geschäftsbereichsgliederung wird überlagert durch funktional gegliederte Zentralbereiche. Diese haben im Wesentlichen drei **Aufgaben** im Unternehmenszusammenhang zu erfüllen:

- **Eine Führungsaufgabe aus der Einheit des Ganzen heraus**, um sicherzustellen, dass die Geschäftsbereiche im Interesse des Gesamtunternehmens handeln. So ist für einen Konzern die Sicherstellung der Finanzeinheit des Unternehmens wesentlicher Tatbestand der einheitlichen Leitung.[93] Weiterhin er-

[92] Zu Rechtsproblemen im divisional organisierten Konzern vgl. *Schwark, E.*, Spartenorganisation in Großunternehmen und Unternehmensrecht, in: Zeitschrift für das gesamte Handels- und Wirtschaftsrecht, 142. Jg., 1978, S. 203 ff.; *Bayer, W. F.*, Neue Formen der Unternehmensorganisation und ihre Bedeutung für das Gesellschaftsrecht, unveröffentl. Manuskript eines Vortrags vor dem Industrierechtlichen Seminar der Universität Bonn vom 20.10.1973; *Unternehmensrechtskommission*, Bericht über die Verhandlungen der Unternehmensrechtskommission, hrsg. vom Bundesministerium der Justiz, Köln 1980; *Meiser, M.*, Leitungsautonomie im divisionalisierten Konzern, Frankfurt am Main etc. 1984; *Wendeling-Schröder, U.*, Divisionalisierung, Mitbestimmung und Tarifvertrag, Köln, Berlin, Bonn, München 1984.

[93] Vgl. *Zöllner, W.* (Hrsg.), Kölner Kommentar zum Aktiengesetz, bearbeitet von Biedenkopf, K.H. u.a., Köln, Berlin, Bonn, München 1970 ff., 308, Anm. 11.

fordern beschränkte Finanzmittel eine Kapitalrationierung und eine unternehmensbezogene Kapitalallokation. Auch ist eine Unternehmensgesamtplanung notwendig, um bei Liefer- und Leistungsbeziehungen zwischen Geschäftsbereichen diese im Hinblick auf die Unternehmensziele zu koordinieren (Verrechnungspreisprobleme).

- Aufgaben im Zusammenhang mit der **Nutzung von Spezialisierungsvorteilen und Größendegressionseffekten aufgrund von unteilbaren Ressourcen oder gleichartigen Aufgaben in mehreren Geschäftsbereichen**. Typische Zentralbereiche[94] hierfür sind „Beschaffung und Materialwirtschaft", „Technik und Ingenieurwesen", „Forschung und Entwicklung" und eventuell „Produktion". Wird die Produktion in einen Zentralbereich ausgelagert, so werden die Geschäftsbereiche zu großen Verkaufseinheiten umgewandelt. In der Regel beschränkt sich die Zuständigkeit eines Zentralbereichs „Produktion" auf eine produktionswirtschaftliche Koordinationsaufgabe über Werke, Fabriken oder Betriebe hinweg.
- **Erbringung von Dienstleistungen für die Geschäftsbereiche oder Erfüllung von allgemeinen Unternehmensaufgaben, die aus wirtschaftlicher Sicht oder aus der Einheit des Unternehmensganzen heraus zentralisiert werden.** Hierunter fallen Aufgaben wie „Öffentlichkeitsarbeit", „Recht, Patente und Lizenzen", „Steuern und Versicherung"„Datenverarbeitung". Diese Aufgaben werden im Auftrag der Geschäftsbereiche von den Zentraleinheiten wahrgenommen und den Geschäftsbereichen in Rechnung gestellt. Ein Zentralbereich „Personal" ist in der Position des Arbeitsdirektors in mitbestimmungspflichtigen Unternehmen (nach dem Montan MitbestG und MitbestG 1976) vorgeschrieben.

Oberster Grundsatz bei der Bildung von Zentralbereichen sollte aus Gründen der Erhaltung der Gewinnverantwortlichkeit der Geschäftsbereiche stets sein, dass **nichts zentralisiert wird, was wesentlich für den Erfolg der Geschäftsbereiche ist**.

Organisation der Unternehmensleitung

Die vorstehende Charakterisierung von Geschäftsbereichsorganisationen nach dem Grad an Entscheidungsautonomie von Geschäftsbereichen oder Zentralbereichen ist hauptsächlich ein Problem der Organisation der Unternehmensleitung **(Geschäftsführung)**. Die Organisation der Unternehmensleitung ist abhängig von der Rechtsform, in der das (Einheits-)Unternehmen oder der Konzern geführt wird. Während die Verfügungsgewalt in Personengesellschaften weitgehend in das Ermessen der Eigentümer gestellt ist, regelt in Kapitalgesellschaften das Recht die Kompetenz und Verantwortlichkeit der Leitung.

So bestimmt § 78 AktG, dass der Vorstand die Gesellschaft unter eigener Verantwortung zu leiten hat. Insoweit bleibt der Vorstand in seiner Organisations-

94 Zu den Aufgaben, die von Zentral- oder Geschäftsbereichen wahrgenommen werden vgl. im Einzelnen *Poensgen, O. H., Marx, M.,* Die Ausgestaltung der Geschäftsbereichsorganisation in der Praxis, in: Zeitschrift für Betriebswirtschaft, 52. Jg., 1982, S. 240 f.

befugnis frei. Wohl aber unterliegt die Organisation des Vorstands selbst in Bezug auf die Geschäftsverteilung rechtlichen Grenzen. Der Vorstand kann sich nur dann eine Geschäftsverteilung selbst geben, wenn keine andere Regelung in der von der Hauptversammlung zu beschließenden Satzung oder in einer vom Aufsichtsrat zu beschließenden Geschäftsordnung getroffen wurde. Ist in der Satzung oder Geschäftsordnung eine funktionale Verteilung von Geschäftsbefugnissen im Vorstand vorgesehen, so ist damit auch gleichzeitig eine Zentralbereichszuständigkeit des Vorstands mit festgelegt. Ob der Vorstand oder einzelne Vorstandsmitglieder daneben noch Geschäftsbereichsaufgaben übernehmen sollten, bleibt – soweit nicht ausdrücklich anders bestimmt – der Regelungsbefugnis des Vorstands vorbehalten.

Im Einzelnen sind nach dem Prinzip der Leiteridentität[95] **auf der Geschäftsführungs- und Geschäftsbereichsleiterebene folgende Organisationen der Unternehmensleitung möglich:**

(1) Die Mitglieder der Unternehmensleitung sind als **Leiter von Zentralbereichen** für funktionale Gesamtaufgaben im Unternehmen zuständig. Die Geschäftsbereichsleiter sind nicht in der Unternehmensleitung vertreten. Die Geschäftsbereiche unterstehen gesamthaft der Unternehmensleitung. Geschäftsbereichsinteressen finden in der Unternehmensleitung somit keine unmittelbare Beachtung.

(2) Die Mitglieder der Unternehmensleitung sind als **Leiter von Geschäftsbereichen** oder Unternehmensbereichen für Geschäftsbereichsaufgaben zuständig. Damit finden in der Unternehmensleitung die Geschäftsbereichsinteressen Beachtung. Die Funktionsbereiche werden von sonstigen leitenden Angestellten des Unternehmens geführt.

(3) Die Unternehmensleitung wird durch die **Leiter von Funktions- und Geschäftsbereichen** gebildet. Damit sind sowohl die Funktionsinteressen als auch die Geschäftsbereichsinteressen in der Unternehmensleitung vertreten. Das Leitungsorgan ist damit für den Interessenausgleich zuständig. Es fehlt an einer eindeutigen Ausrichtung der Geschäftsführung und damit Priorität hinsichtlich der Lösung von Entscheidungsproblemen. Nachteilig an dieser Organisationslösung ist auch die entstehende Größe der Unternehmensleitung, die schwerfällig wird und an Schlagkraft verliert.

(4) Die Mitglieder der Unternehmensleitung sind nur **beschränkt zuständig für Zentralfunktionen und Geschäftsbereiche**. Die Mitglieder erhalten Zuständigkeiten sowohl für Geschäftsbereichsbelange als auch Funktionsangelegenheiten. Diese Kompetenzbündelung ist dadurch möglich, dass die Mitglieder der Unternehmensleitung nur **Betreuungsaufgaben** oder eine **Sprecherrolle** für Geschäftsbereiche oder -gruppen wahrnehmen. Die Geschäftsbereiche bleiben nach wie vor der Unternehmensleitung insgesamt unterstellt. Auf diese Weise bleibt das Mitglied der Unternehmensleitung auf das Ganze hin ausgerichtet, ohne dass einzelne Interessen in der obersten Leitung allzusehr in den Vordergrund treten.

(5) Die Mitglieder der Unternehmensleitung sind **weder für Funktionsbereiche noch für Geschäftsbereiche zuständig**. Die Unternehmensleitung nimmt die

---

[95] Vgl. *Abegglen, W. E.,* Die Organisation der Unternehmungsleitung. Versuch einer Theorie, Zürich 1966, S. 66 ff.

Form einer **‚Holding-Führung‘** an. Die Unternehmensleitung behält sich die Finanzhoheit vor und überlässt das Geschäft den Funktions- und Geschäftsbereichen.

Die Organisation der Unternehmensleitung ist entscheidend für die strategische Ausrichtung eines Unternehmens. Sind die Mitglieder der Unternehmensleitung ausschließlich mit funktionalen Zentralaufgaben befasst oder überwiegen diese in der Leitung, so begünstigt dies einen zentralen Unternehmensaufbau. Überwiegen die Geschäftsbereichsleiter in der Unternehmensleitung, so besteht die Gefahr eines „Kuhhandels hinter den Kulissen“. Die Geschäftsbereichsleiter schließen sich zu Koalitionen zusammen, nach dem Motto, „hilfst Du mir, so helf ich Dir!“. Die Finanzmittel werden auf diese Weise nicht mehr der besten Verwendung zugeführt, sondern opportunistisch verteilt.

Auf der anderen Seite besteht die Gefahr, dass die Etablierung einer Unternehmensleitung, die weder Funktions- noch Geschäftsbereichsaufgaben hat, vom Tagesgeschäft abhebt und sich strategisch verselbstständigt.

Unter den möglichen Gestaltungsformen der Unternehmensleitung gibt es keine einzig richtige Lösung. Diese hängt von den Unternehmensbedingungen und den Personen ab. Grundsätzlich sollte aber von so genannten Doppelvorständen[96], die gleichzeitig Geschäftsbereichs- und Unternehmensleiter sind, dann Abstand genommen werden, wenn diese in der Unternehmensleitung die Mehrheit bilden. Die Gefahr, dass es zu einer Politisierung der Unternehmensleitung kommt, ist in diesem Falle nicht von der Hand zu weisen. Auch ist es bei unterschiedlich großen und neuen Geschäftsbereichen schwierig zu sagen, wer in die Unternehmensleitung berufen und wer davon ausgeschlossen werden soll. Ansonsten hängt es vom unternehmenspolitischen Willen ab, welche Fachinteressen (Funktions- oder Geschäftsbereichsinteressen) das unternehmerische Geschehen bestimmen sollen. Personen und nicht Institutionen tragen das unternehmensstrategische Konzept.

Divisionalisierungsprofil

Die Geschäftsbereichsorganisation geht auf Umstrukturierungen der amerikanischen Unternehmen *General Motors* und *DuPont* Anfang der zwanziger Jahre zurück. Die damalige Ablösung zentraler Organisationsstrukturen zugunsten dezentraler Organisationslösungen ist kennzeichnend für die Geschäftsbereichsorganisation als eine (entscheidungs-)**dezentrale Form der Unternehmensführung**. Nach den Gründern *Pierre DuPont* und *Alfred P. Sloan* ist Divisionalisierung oder die Schaffung einer Geschäftsbereichsorganisation die **Verkörperung einer Dezentralisationsphilosophie unter Wahrung eines einheitlichen Unternehmenswillens**.[97] Die Ausfüllung dieser Philosophie ist unternehmensspezifisch auf vielerlei Art und Weise möglich.

---

[96] Vgl. u.a. *Hoffmann-Becking, M.,* Vorstands-Doppelmandate im Konzern, in: Zeitschrift für das gesamte Handels- und Wirtschaftsrecht, 150. Jg., 1986, S. 570-584; *Säcker, J. F.,* Zur Problematik von Mehrfachfunktionen im Konzern, in: Zeitschrift für das gesamte Handels- und Wirtschaftsrecht, 142. Jg., 1987, S. 203-227.

[97] Vgl. *Sloan, A. P.,* My Years with General Motors, London 1963.

Schematisch lassen sich die Möglichkeiten der Bildung von Geschäftsbereichsorganisationen durch so genannte Divisionalisierungsprofile darstellen.[98] **Ein Profil zeigt bildhaft das Ergebnis des realisierten Grades an Dezentralisierung (Zentralisierung) von Grundfunktionen und wesentlichen Querfunktionen.** In Abb. 3.29 sind zwei unterschiedliche Divisionalisierungsprofile eingezeichnet: eine dezentrale und eine zentrale Geschäftsbereichsorganisation. Die beiden Beispiele zeigen, dass die Divisionalisierung wesentlich ein Problem funktionaler Dezentralisation ist. Hinzu kommen Gesichtspunkte durch eine rechtliche Verselbstständigung. Diese trägt wesentlich zu einer Absicherung funktionaler Dezentralisation bei.

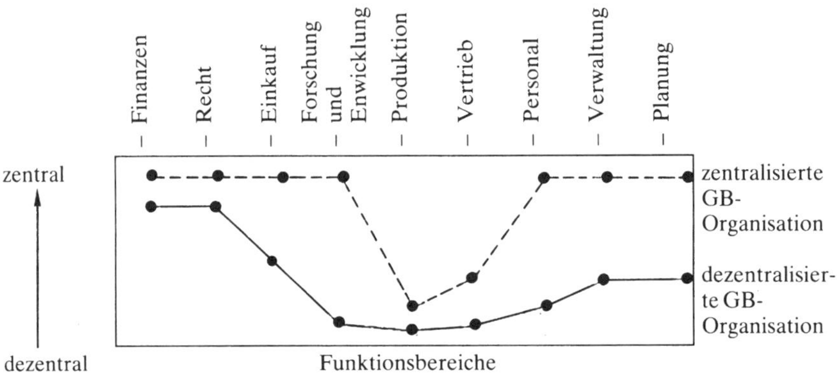

Abb. 3.29 Divisionalisierungsprofil einer zentralen und dezentralen Geschäftsbereichsorganisation

4.2 Bedingungen und Vorteile

Die Geschäftsbereichsorganisation bietet für ein **Mehrprodukt-Unternehmen**, das

- über ein **diversifiziertes Leistungsprogramm** verfügt und/oder
- auf **unterschiedlichen Märkten** sowie
- für **unterschiedliche Kundengruppen** anbietet,

die Möglichkeit, das Unternehmen auf relativ selbstständige Produkt-Markt-Bereiche auszurichten.

Unter den Bedingungen eines nach Produkten oder nach Märkten diversifizierten Unternehmens **bietet eine Geschäftsbereichsorganisation grundsätzlich folgende Vorteile:**[99]

---

[98] Vgl. *Gälweiler, A.*, Grundlagen der Divisionalisierung, in: Zeitschrift für Organisation, 40. Jg., 1971, S. 59 f.

[99] Vgl. *Williamson, O. E.*, Corporate Control and Business Behavior, a.a.O., S. 120 ff.; *Bühner, R.*, Strategie und Organisation. Analyse und Planung der Unternehmensdiversifikation mit Fallbeispielen, 2. Auflage, Wiesbaden 1993, S. 414 ff.; *Hill, W., Fehlbaum, R., Ulrich, P.*, Organisationslehre 1, 3. Auflage, Bern, Stuttgart 1981, S. 186 ff.

1. **Die Entscheidungsverantwortung für das operative Geschäft liegt bei der Geschäftsbereichsleitung.** Damit wird die Unternehmensspitze von der Kleinarbeit des Tagesgeschäfts entlastet.
2. **Die Unternehmensleitung ist mit strategischen Entscheidungen befasst** und hat die Koordination zwischen den Geschäftsbereichen inne. Wenn zwischen den Geschäftsbereichen keine Liefer- und Leistungsverflechtungen bestehen, setzt sich die Unternehmenszielsetzung aus der Summe der Teilbereichsziele zusammen. Die Koordination ist dann auf eine Zielkontrolle beschränkt. Die Produkt-Markt-Koordination liegt in diesem Fall bei den Geschäftsbereichen.
3. **Die Geschäftsbereiche handeln relativ selbstständig und werden anhand ihrer erwirtschafteten Ergebnisse beurteilt.** Die Zentralbereiche unterstützen die Unternehmensleitung, um eine effektive Kontrolle der Geschäftsbereiche im Unternehmensinteresse zu gewährleisten.
4. Der Erfolg der einzelnen Produkte bzw. Märkte wird für die Unternehmensleitung ebenso **transparent** wie die Leistung der einzelnen Bereiche.
5. Die Geschäftsbereichsleitung ist als eigenständige unternehmerische Funktion ausgestaltet. Damit ist die Leitung der Geschäftsbereiche in funktionaler Hinsicht für einen Produkt-Markt-Bereich verantwortlich. Das Gesamtunternehmen gewinnt dadurch die Gestalt eines **„Multi-Unternehmer-Unternehmens", in dem die Geschäftsbereichsleiter als „Unternehmer im Unternehmen" das Geschehen vor Ort lenken und dafür Verantwortung tragen.** Eine derartige Struktur fördert die Motivation der Manager in den Geschäftsbereichen, die selbstständig und eigenverantwortlich handeln dürfen.
6. Die Geschäftsbereichsorganisation erlaubt entsprechend den Marktnotwendigkeiten eine **Schwerpunktverlagerung der Entscheidungskompetenz vom Produkt auf den Kunden oder die Region.** Damit erreicht man mehr Marktnähe. Auch bei schlechtem Informationsfluss kann man in schwierigen Marktsituationen marktgerechter entscheiden.
7. Die Struktur ist vergleichsweise flexibel. Im Zuge von Neustrukturierungen des Unternehmenskonzepts können neue Bereiche angegliedert, ausgegliedert, zusammengefasst oder abgestoßen werden. Die Geschäftsbereichsorganisation ist also **strategisch und strukturell anpassungsfähig**.[100]
8. Die Geschäftsbereichsorganisation ist auch in sich flexibel. So **kann die Bildung von Geschäftsbereichen mehrstufig erfolgen**. Dann werden einige Geschäftsbereiche zu Unternehmensbereichen oder Geschäftsbereichsgruppen zusammengefasst, um die Koordination zu verbessern oder weil etwa mehrere Bereiche in die Zuständigkeit eines Vorstandsmitglieds fallen. Dann können allerdings Probleme bei der effizienten Allokation von Ressourcen entstehen, weil die Mittelverteilung nicht mehr nach den Bedingungen der einzelnen Geschäftsbereiche erfolgt, sondern nach Gesichtspunkten von Bereichsgruppen.

Nach *Chandler* war ein wesentlicher Grund für den Erfolg von amerikanischen Großunternehmen, die im Zuge ihrer Diversifikationsbestrebungen auf eine Geschäftsbereichsorganisation umstrukturiert haben, dass die neue Struktur die Unternehmensleitung wieder für das Schicksal des Gesamtunterneh-

[100] Vgl. *Ansoff, H. I., Brandenburg, R. G.,* A Language for organization Design, in: Management Science, Vol. 17, 1971, S. B-705 ff.

mens verantwortlich gemacht hat, und nicht mehr für die operative Tagesarbeit, die ihnen vorher keine Zeit für strategisches Handeln ließ.[101]

Williamson ging davon aus, dass für große, diversifizierte Unternehmen die dezentrale Geschäftsbereichsorganisation (M-Form Organisation) der funktionalen Organisation (U-Form) überlegen sei. Er formulierte diese Annahme in der sogenannten *M-Form Hypothese:*

„In großen Unternehmen begünstigt eine Organisation nach den Merkmalen der M-Form sehr viel stärker die Zielverfolgung und kostenminimierendes Verhalten entsprechend der neoklassischen Gewinnmaximierungshypothese als die U-Form Organisation.“[102]

Diese Hypothese wurde in zahlreichen empirischen Untersuchungen überprüft. Bei Verwendung von Eigen- und Gesamtkapitalrendite als Erfolgsmaßstab konnte die M-Form Hypothese nicht bestätigt werden.[103] Erst die Zerlegung des Erfolgs in Rendite- und Risikokomponenten bestätigte teilweise die Überlegenheit der dezentralen Geschäftsbereichsorganisation gegenüber der funktionalen Organisation. Danach führte die Einführung der Geschäftsbereichsorganisation grundsätzlich zu einer Verminderung des Risikos.[104] Die Rendite stieg nur bei jenen Unternehmen, die in nicht verwandte Produkte und Märkte diversifizierten. Bei Unternehmen, die in verwandte Produkte und Märkte diversifizierten, blieb die Rendite unverändert und bei vertikal integrierten Unternehmen sank die Rendite nach Einführung der Geschäftsbereichsorganisation.[105]

---

[101] Vgl. *Chandler, A. D. Jr.*, Strategy and Structure: Chapters in the History of the American Industrial Enterprise, Cambridge (Mass.) 1978, S. 382 f.

[102] *Williamson, O. E.*, Corporate Control and Business Behavior, a.a.O., S. 134.

[103] Vgl. *Armour, H. O., Teece, D. J.*, Organizational Structure and Economic Performance: A Test of the Multidivisional Hypothesis, in: Bell Journal of Economics, Vol. 29, 1978, S. 106-122; *Cable, J. R., Dirrheimer, M. J.*, Hierarchies and Markets: An Empirical Test of the Multidivisional Hypothesis in West Germany, in: International Journal of Industrial Organisation, Vol. 1, 1983, S. 43-62; *Hill, C. W. L.*, Internal Organisation and Enterprise Performance: Some U. K. Evidence, in: Managerial and Decision Economics, Vol. 6, 1985, S. 210-216; *Hill, C. W.*, Internal Capital Market Controls and Financial Performance in Multidivisional Firms, in: The Journal of Industrial Economics, Vol. 37, 1988, S. 67-83; *Hoskisson, R. E., Galbraith, G. S.*, The Effect of Quantum versus Incremental M-Form Reorganisation on Performance: A Time-Series Exploration of Intervention Dynamics, in: Journal of Management, Vol. 11, 1985, S. 55-70; *Teece, D. J.*, Internal Organisation and Economic Performance: An Empirical Analysis of the Profitability of Principal Firms, in: The Journal of Industrial Economics, Vol. 30, 1981, S. 173-199.

[104] Vgl. *Bühner, R., Möller, P.*, The Information Content of Corporate Disclosures of Divisionalization Decisions, in: Journal of Management Studies, Vol. 22, 1985, S. 309-326; *Hoskisson, R. E.*, Multidivisional Structure and Performance: The Contingency of Diversification Strategy, in: Academy of Management Journal, Vol. 30, 1987, S. 625-644.

[105] Vgl. *Hoskisson, R. E.*, Multidivisional Structure and Performance: The Contingency of Diversification Strategy, a.a.O., S. 642 f.

4.3 Gewinnorientierte Geschäftsbereichsbeurteilung

Zur Beurteilung von Geschäftsbereichen finden **Kennzahlen** Verwendung, die die Aufgabe haben, Informationen für die Unternehmens- und Geschäftsbereichsleitung bereitzustellen. Sie sind ferner Grundlage für eine Erfolgsbeurteilung von Geschäftsbereichsleitern.[106]

In der Praxis sind zwei Kennzahlen zur Beurteilung von Geschäftsbereichen weit verbreitet: der Return on Investment und das Residualeinkommen. Der **Return on Investment (ROI)** wird als Quotient aus Gewinn und eingesetztem Kapital berechnet:

$$\text{ROI} = \frac{\text{Gewinn}}{\text{eingesetztes Kapital}}$$

Das **Residualeinkommen** ist die Differenz aus Gewinn und Zins auf das eingesetzte Kapital:

Residualeinkommen = Gewinn ./. (Zinssatz × eingesetztes Kapital).

Die Aussagekraft dieser Kennzahlen kann anhand der folgenden Kriterien beurteilt werden:

- Zerlegbarkeit in Erfolgskomponenten;
- Zielharmonie mit dem Gesamtunternehmensziel;
- Vergleichbarkeit von Geschäftsbereichen;
- Entscheidungshilfe für Zusatzinvestitionen.

Zerlegbarkeit in Erfolgskomponenten

ROI und Residualeinkommen lassen sich detailliert in Erfolgskomponenten zerlegen. **Der ROI ist das Produkt aus Kapitalumschlagshäufigkeit und Umsatzrentabilität.** Eine Verbesserung des ROI könnte beispielsweise aufgrund einer Verkürzung von Durchlaufzeiten oder aufgrund einer Steigerung der Umsatzrentabilität zustande kommen. Die **Kapitalumschlagshäufigkeit** ist der Quotient aus Jahresumsatz und Gesamtvermögen. Auf das Gesamtvermögen haben die Geschäftsbereichsleiter durch Veränderungen im Anlage- und Umlaufvermögen (z.B. durch Investitionen und Desinvestitionen oder durch Bestandsminderungen) Einfluss. Die **Umsatzrentabilität**, d.h. der Quotient aus Jahresgewinn und Jahresumsatz, wird hauptsächlich von der Höhe der Kosten für Vorprodukte und Personal beeinflusst. Abb. 3.30 gibt einen Überblick über die Erfolgskomponenten des ROI.

---

106 Vgl. *Lüder, K.*, Investment-Center-Kontrollverfahren zur Steuerung dezentralistischer Großunternehmen, in: Rechnungswesen und Betriebswirtschaftspolitik. Festschrift zum 65. Geburtstag von Gerhard Krüger, hrsg. von M. Layer und H. Strebel, Berlin 1969, S. 305 ff.; *Küting, K.*, Zur Abgrenzung der Kapitalgröße im Rahmen einer spartenbezogenen Rechnungslegung, in: Der Betrieb, 35. Jg., 1972, S. 1885 ff.; *Mauriel, J., Anthony, R. N.*, Misevaluation of Investment Center Performance, in: Harvard Business Review, Vol. 44, March-April 1966, S. 98 ff.; *Poensgen, O. H.*, Geschäftsbereichsorganisation, a.a.O.; *Reece, J. S., Cool, W. R.*, Measuring Investment Center Performance, in: Harvard Business Review, Vol. 56, May-June 1978, S. 28-46 und S. 174-176; *Solomons, D.*, Divisional Performance: Measurement and Control, New York 1965.

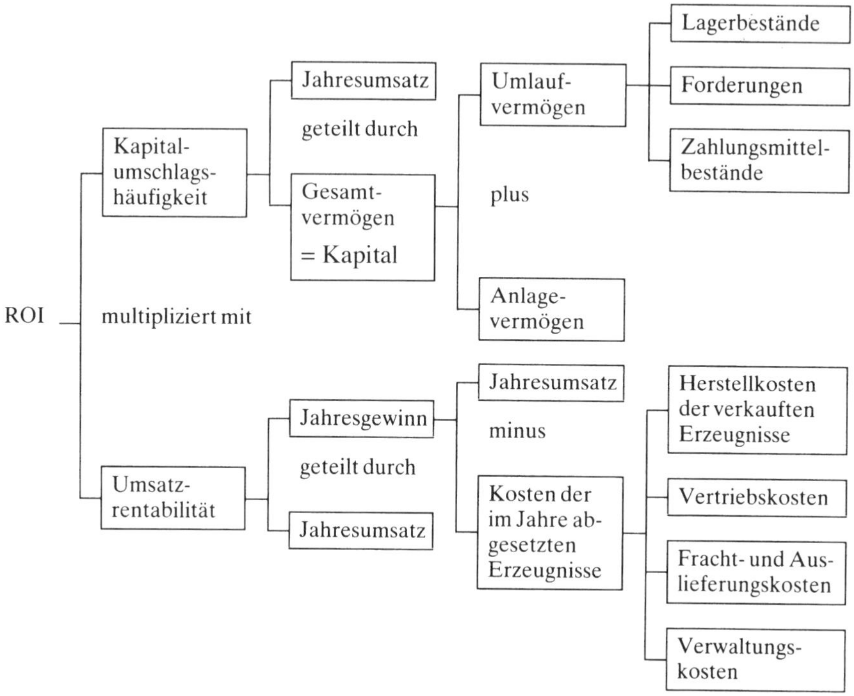

Abb. 3.30 Erfolgskomponenten des Return on Investment (ROI)

Veränderungen des Residualeinkommens können ähnlich wie Veränderungen des ROI auf einzelne Aufwands- oder Ertragsgrößen zurückgeführt werden. Abb. 3.31 zeigt die Erfolgskomponenten des Residualeinkommens.

Zielharmonie mit dem Gesamtunternehmensziel

Zielharmonie besteht, wenn eine Maximierung von ROI bzw. Residualeinkommen zu einer Maximierung des gesamten Unternehmensgewinns führt.

Der gesamte Unternehmensgewinn (G) sei abhängig von der Menge (x):

$$G = G\,(x).$$

Das Maximum des gesamten Unternehmensgewinns sei erreicht, wenn

$$\frac{dG\,(x)}{dx} = 0\,.$$

(a) Unterstellt man, dass ein Geschäftsbereich keinen Einfluss auf das eingesetzte Kapital (K) hat **(‚Profit Center'-Konzeption)**, dann berechnen sich ROI und Residualeinkommen sowie die entsprechenden Maxima folgendermaßen:

$$\text{ROI} = \frac{G(x)}{K},$$

$$\max. \Leftrightarrow \frac{1}{K} \cdot \frac{dG(x)}{dx} = 0;$$

$$\text{Residualeinkommen} = G(x) - i \cdot K,$$

$$\max. \Leftrightarrow \frac{dG(x)}{dx} = 0;$$

d.h., **wenn die Höhe des eingesetzten Kapitals nicht vom Geschäftsbereich beeinflusst werden kann, dann implizieren die Maximierung von ROI und Residualeinkommen die Maximierung des gesamten Unternehmensgewinns.**

(b) Unterstellt man, dass das eingesetzte Kapital nicht konstant sei, sondern von der produzierten Menge abhänge und vom Geschäftsbereich beeinflussbar sei **(‚Investment Center'-Konzeption)**, dann berechnen sich ROI und Residualeinkommen sowie die entsprechenden Maxima folgendermaßen:

$$\text{ROI} = \frac{G(x)}{K(x)},$$

$$\max. \Leftrightarrow \frac{dG(x)}{dx} - \frac{G}{K} \cdot \frac{dK(x)}{dx} = 0;$$

$$\text{Residualeinkommen} = G(x) - i \cdot K(x),$$

$$\max. \Leftrightarrow \frac{dG(x)}{dx} - i \cdot \frac{dK(x)}{dx} = 0,$$

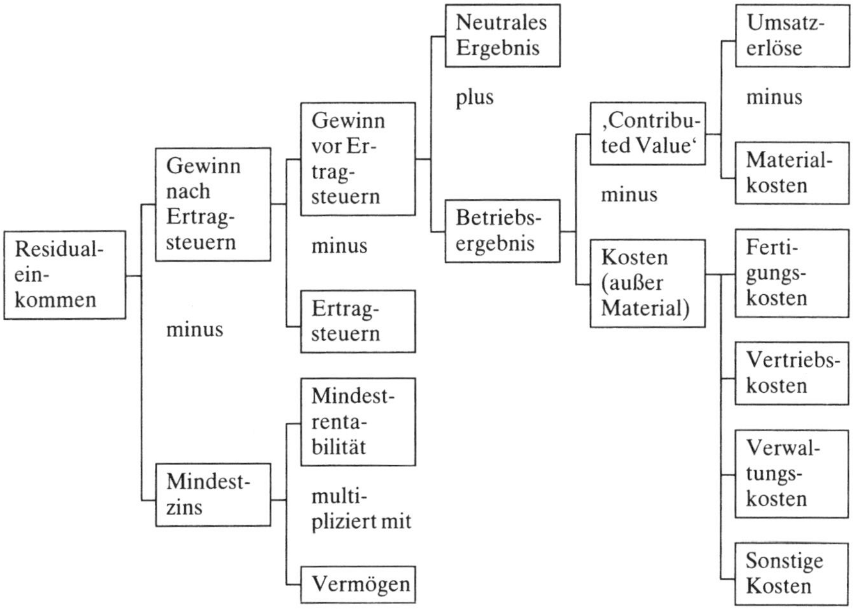

Abb. 3.31 Erfolgskomponenten des Residualeinkommens

d.h., **wenn das eingesetzte Kapital von der produzierten Menge abhängt, implizieren die Maximierung des ROI und des Residualeinkommens nicht die Maximierung des gesamten Unternehmensgewinns**. Dieses Maximum wäre erst bei einer größeren produzierten Menge erreicht. Zielharmonie besteht demnach nur, wenn das eingesetzte Kapital vom einzelnen Geschäftsbereich nicht beeinflusst werden kann.

Vergleichbarkeit von Geschäftsbereichen

Zur Illustration der Vergleichbarkeit von Geschäftsbereichen dient folgendes Beispiel:

Geschäftsbereich	A	B
Gewinn	100.000	400.000
einges. Kapital	500.000	4.000.000
Zins (8%)	40.000	320.000
ROI	20%	10%
Residualeinkommen	60.000	80.000

Der ROI ist eine Verhältniszahl, die unabhängig von der Größe des Geschäftsbereichs ist. **Mit dem ROI kann deshalb die Rentabilität von verschieden großen Geschäftsbereichen verglichen werden.** Ein derart größenunabhängiger Vergleich von Geschäftsbereichen ist mit dem Residualeinkommen nicht möglich. Das Residualeinkommen gibt jedoch Auskunft über die absolute Höhe des Gewinns. Aus Gesamtunternehmenssicht ist ein Geschäftsbereich, der bei relativ niedriger Rentabilität hohe Gewinne abwirft, oft strategisch bedeutender als ein Geschäftsbereich, der sehr klein, aber höchst rentabel ist.

Die Höhe des Residualeinkommens im Beispiel wird von dem zugrundeliegenden Zinssatz wie folgt bestimmt:

Geschäftsbereich	A	B
6% Zins	70.000	160.000
8%	60.000	80.000
10%	50.000	0
12%	40.000	–80.000

Das Beispiel zeigt, dass je nach zugrunde liegendem Zinssatz Geschäftsbereich A oder Geschäftsbereich B erfolgreich(er) ist. **Das Residualeinkommen erweist sich demnach als äußerst sensibel gegenüber einer Variation des Zinssatzes auf das eingesetzte Kapital.** Der Zinssatz wird bei der Ermittlung des Residualeinkommens **geschätzt**, so dass im Gegensatz zum ROI das Residualeinkommen von subjektiven Komponenten mitbestimmt wird.

ROI und Residualeinkommen hängen von der Investitionspolitik eines Geschäftsbereichs ab. Im Folgenden wird angenommen, dass Geschäftsbereich A stets in Höhe der Abschreibung reinvestiert und Geschäftsbereich B diese Ersatzinvestitionen unterlässt. Der Abschreibungssatz sei linear 25%.

Geschäftsbereich	A	B
t_1 ROI	20%	10%
Residualeinkommen	60.000	80.000
t_2 ROI	20%	13,33%
Residualeinkommen	60.000	160.000
t_3 ROI	20%	20%
Residualeinkommen	60.000	240.000
t_4 ROI	20%	40%
Residualeinkommen	60.000	320.000
t_5 ROI	20%	∞
Residualeinkommen	60.000	400.000

Das Beispiel zeigt, dass unterlassene Ersatzinvestitionen zu einer Erhöhung von ROI und Residualeinkommen führen. Dieser Einfluss kommt im ROI stärker zum Ausdruck als im Residualeinkommen. Geschäftsbereiche, die versuchen, ihre Kapitalbasis durch hohe Abschreibungen oder Leasing zu vermindern, scheinen somit nach den Kennzahlen ROI und Residualeinkommen vergleichsweise erfolgreich zu sein.

Entscheidungshilfe für Zusatzinvestitionen

Mit dem ROI kann man Zusatzinvestitionen in eine Rangfolge bringen. Folgende Zusatzinvestitionen seien möglich:

Investition	erwarteter Gewinn	eingesetztes Kapital	ROI
I	20.000	80.000	25%
II	100.000	800.000	12,5%
III	8.000	100.000	8%
IV	40.000	800.000	5%

Nach dem ROI lassen alle Zusatzinvestitionen eine günstige Rentabilität erwarten. Nach dem Residualeinkommen dürfte bei einem Zinssatz von 8% die Investition IV nicht getätigt werden. Ob Investition III getätigt wird, ist in Bezug auf das Residualeinkommen unerheblich, da es durch diese Diversifikation nicht verändert wird.

Geschäftsbereich A wäre sicher nicht bereit, die Investitionen II, III und IV zu beantragen, da sich dadurch sein ROI erheblich vermindern würde. Das Residualeinkommen würde zeigen, dass nur die Investitionen I und II aus Gesamtunternehmenssicht vorteilhaft wären.

Umgekehrt könnte – unterstellt man einen Zinssatz für das eingesetzte Kapital von 15% – Geschäftsbereich B seinen ROI durch Investition II erhöhen, obwohl dadurch der gesamte Unternehmensverlust vergrößert würde.

Die Beispiele zeigen, dass die **Beurteilung von Zusatzinvestitionen anhand des ROI zu Fehlentscheidungen führen kann**. Das Residualeinkommen erweist sich als bessere Entscheidungshilfe.

ROI und Restgewinn werden oft kritisiert, da sie ein kurzfristiges Gewinndenken in den Vordergrund stellen, ohne langfristige Aspekte wie Zukunftsinvestitionen, Forschung und Entwicklung sowie Personalentwicklung zu berücksichtigen.[107] In der Praxis werden deshalb zusätzliche Kriterien zur Beurteilung von Geschäftsbereichen herangezogen:[108]

- **Marktposition**
  Die Marktposition, gemessen am **Marktanteil** eines Geschäftsbereichs, kann über die langfristige Wettbewerbsfähigkeit eines Geschäftsbereichs Auskunft geben. Nach Untersuchungen der PIMS-(Product-Impact-on-Market-Structure-)Gruppe ist der Marktanteil eines Geschäftsbereichs ein Hauptbestimmungsfaktor für ROI und Cash-flow.[109]

- **Produktivität**
  Produktivitätskennziffern können darüber Auskunft geben, ob es einem Geschäftsbereich gelingt, die **Relation von Output zu Input** zu verbessern. Eine Verbesserung von Produktivitätskennziffern zeigt, dass ein Geschäftsbereich versucht, durch Rationalisierung oder Einführung neuer Fertigungstechniken effizienter und mit günstigeren Durchlaufzeiten zu produzieren.

- **Personalentwicklung**
  Personalentwicklung verursacht für Geschäftsbereiche zusätzlich hohe Kosten. Damit Ausgaben zur Personalentwicklung nicht vernachlässigt werden, sollten von der Zentrale konkrete Vorgaben getroffen werden. Beispielsweise kann man einem Geschäftsbereich vorgeben, wieviel Prozent des Umsatzes für **berufliche Aus- und Weiterbildung** aufgewendet werden sollten. Ferner kann anhand von Kennzahlen über die **Fluktuationsrate**, die **Abwesenheit** und die **Unfallhäufigkeiten** Auskunft über das Führungsverhalten gegenüber Mitarbeitern gewonnen werden.

- **Forschung und Entwicklung**
  Forschungs- und Entwicklungsaktivitäten führen meistens erst in späteren Jahren zu Gewinnen und erhöhen erst dann Residualeinkommen und ROI.

---

[107] Vgl. *Henderson, B. D., Dearden, J.,* New System for Divisional Control, in: Harvard Business Review, Vol. 44, Sept.-Oct. 1966, S. 144 ff.

[108] Vgl. *Anthony, R. N., Vancil, R. F., Dearden, J.,* Management Control Systems, Cases and Readings, 5th edition, Homewood, Ill. 1984, S. 90 ff.

[109] Vgl. *Buzzel, R. D., Gale, B. T., Sultan, R. G. M.,* Market Share – A Key to Profitability, in: Harvard Business Review, Vol. 53, Jan.-Feb. 1975, S. 97 ff.; *Gale, B. T.,* Planning for Profit, in: Planning Review, Vol. 6, March 1978, S. 4-7 und S. 30-32; der in den Untersuchungen der PIMS-Gruppe konsistent positive Zusammenhang zwischen Marktanteil und ROI bzw. Cash-flow wird von Woo relativiert. Sie zeigt, dass unter bestimmten Bedingungen auch Geschäftsbereiche mit niedrigem Marktanteil erfolgreich sein können; vgl. *Woo, C. Y.,* Market-Share-Leadership – not always so good, in: Harvard Business Review, Vol. 62, Jan.-Feb. 1984, S. 50 ff. Einen guten Überblick über die PIMS-Untersuchungen geben *Buzzel, R. D., Gale, B. T.,* The PIMS Principles. Linking Strategy to Performance, New York 1987.

Damit Geschäftsbereichsleiter Forschungs- und Entwicklungsaktivitäten nicht vernachlässigen, wird meistens vorgeschrieben, dass ein bestimmter Prozentsatz des Umsatzes für Forschung und Entwicklung ausgegeben werden muss. Auch eine Kennziffer über die **Innovationsrate**, die Auskunft darüber gibt, wieviel Prozent des Umsatzes mit Produkten gemacht wird, die jünger als x Jahre sind, liefert Anhaltspunkte für angemessene Forschungs- und Entwicklungsaktivitäten in Geschäftsbereichen.

4.4 Wertorientierte Geschäftsbereichsbeurteilung

Die Gefahr von Fehlentscheidungen bei der Beurteilung von Geschäftsbereichen auf der Grundlage von ROI und Residualeinkommen wird im **Management-Wert-Konzept** durch eine Bewertung künftiger **Cash-flows** vermindert.

Mit dem **Management-Wert-Konzept** wird der **Beitrag der einzelnen Geschäftsbereiche zum Unternehmenswert** der Beurteilung zugrunde gelegt. Der Wertbeitrag wird als Barwert der künftigen Cash-flows des Geschäftsbereichs bestimmt. Eine Steigerung des Wertbeitrags zeigt die Realisation **ökonomischer Gewinne** durch erfolgreiche Unternehmensführung.[110]

Folgende Mängel des auf **Aufwendungen und Erträgen** basierenden ROI und Residualeinkommens werden durch eine Cash-flow Bewertung ausgeschaltet:

- Beeinflussbarkeit durch bewusste Ausübung von **Ansatz- und Bewertungswahlrechten in der Bilanz**. Der Cash-flow entspricht dem aus dem Geschäftsbereich fließenden Finanzmittelstrom. Dieser ist im Gegensatz zum buchhalterischen Gewinn nicht durch die Ausübung von Ansatz- und Bewertungswahlrechten zu manipulieren. Er unterliegt damit auch nicht dem Einfluss bilanzpolitischer Maßnahmen der Geschäftsbereichs- oder Unternehmensleitung. Ein Verdecken geschäftlicher Misserfolge, beispielsweise durch die Änderung der Bewertungsgrundsätze im Umlaufvermögen, ist damit ausgeschlossen.
- **Keine Berücksichtigung von Risikoaspekten.** Bei der buchhalterischen Gewinnermittlung wird nicht zwischen Gewinnen aus risikoreichen Geschäften (z.B. Hochtechnologiebranchen) und risikoarmen Geschäften (z.B. Nahrungsmittelindustrie) unterschieden. Die Eigentümer eines Unternehmens bewerten jedoch die aus einem risikoreichen Geschäft fließenden Cash-flows niedriger als die in einem risikoarmen Geschäft erwirtschafteten. Diese Risikoaversion wird bei wertorientierter Bewertung durch die Wahl entsprechend höherer Zinssätze für die Abzinsung der künftigen Cash-flows aus risikoreichen Geschäften berücksichtigt. Durch die Wahl risikogerechter Kapitalisierungszinssätze werden die Wertbeiträge von Geschäftsbereichen mit unterschiedlich riskanten Geschäften vergleichbar.
- **Keine Berücksichtigung wachstumsbedingter Erweiterungsinvestitionen.** Die Beurteilung von Geschäftsbereichen auf Grundlage der künftigen Cash-flows

[110] Vgl. hierzu *Bühner, R.,* Das Management-Wert-Konzept, Stuttgart 1990; *Rappaport, A.,* Creating Shareholder Value, London, New York 1986; *Reimann, B. C.,* Managing for Value, Oxford 1987; *Copeland, T., Murrin, J.,* Valuation. Measuring and Managing the Value of Companies, New York et al. 1990.

berücksichtigt den Liquiditätsbedarf wachsender Geschäftsbereiche. Umsatzwachstum führt buchhalterisch zumeist auch zu steigenden Gewinnen. Den steigenden Gewinnen kann jedoch ein erheblicher Liquiditätsbedarf gegenüberstehen. Dieser Liquiditätsbedarf wird durch wachstumsbedingte Zusatz- oder Erweiterungsinvestitionen verursacht, deren Auswirkungen auf den Wertbeitrag im Management-Wert-Konzept berücksichtigt werden.

- **Kurzfristige Sichtweise durch Periodenbezug.** Der Periodenbezug des ROI und des Residualeinkommens fördert kurzfristiges Denken. Demgegenüber werden beim Management-Wert-Konzept durch die Abzinsung künftiger Cash-flows langfristige Aspekte miteinbezogen. Die explizite Berücksichtigung zusätzlicher Kriterien wie Marktposition, Produktivität, Personalentwicklung sowie Forschung und Entwicklung ist daher nicht mehr erforderlich.

Die Aussagekraft des Management-Wert-Konzepts wird anhand der folgenden Kriterien dargestellt:

- Zerlegbarkeit der Erfolgskomponenten;
- Zielharmonie mit dem Gesamtunternehmensziel;
- Vergleichbarkeit von Geschäftsbereichen;
- Entscheidungshilfe bei Zusatzinvestitionen.

Zerlegbarkeit der Erfolgskomponenten

Beim Management-Wert-Konzept wird der Wertbeitrag einzelner Geschäftsbereiche durch die folgenden wertbestimmenden Faktoren oder Erfolgskomponenten bestimmt:

- Planungszeitraum
- Vorjahresumsatz
- Umsatzwachstum
- Umsatzüberschussrate $\left(\frac{\text{Cash-flow}}{\text{Umsatz}}\right)$
- Erweiterungsinvestitionsrate für Anlagen
- Erweiterungsinvestitionsrate für Working Capital
- Steuersatz bezogen auf Cash-flow
- Kapitalkosten

Der **Cash-flow eines Jahres** wird als Differenz zwischen dem Cash-flow vor Abzug von Erweiterungsinvestitionen und den Erweiterungsinvestitionen berechnet. Eine Steigerung des Cash-flow vor Abzug von Erweiterungsinvestitionen lässt sich durch eine Senkung des für den Geschäftsbereich maßgeblichen Steuersatzes oder durch eine Erhöhung der Umsatzüberschussrate erreichen. Dabei werden die Auswirkungen heutiger Maßnahmen auf die Cash-flows der folgenden Jahre durch die Abzinsung künftiger Cash-flows mitberücksichtigt.

Die Kapitalkosten des Geschäftsbereichs bestimmen den Diskontierungszinssatz und damit die Höhe des Barwerts der künftigen Cash-flows. Sie werden durch das bereichsspezifische Geschäftsrisiko sowie die jeweilige Finanzierungsstruktur bestimmt und müssen für Geschäftsbereiche mit unterschiedlichem Geschäftsrisiko getrennt ermittelt werden.

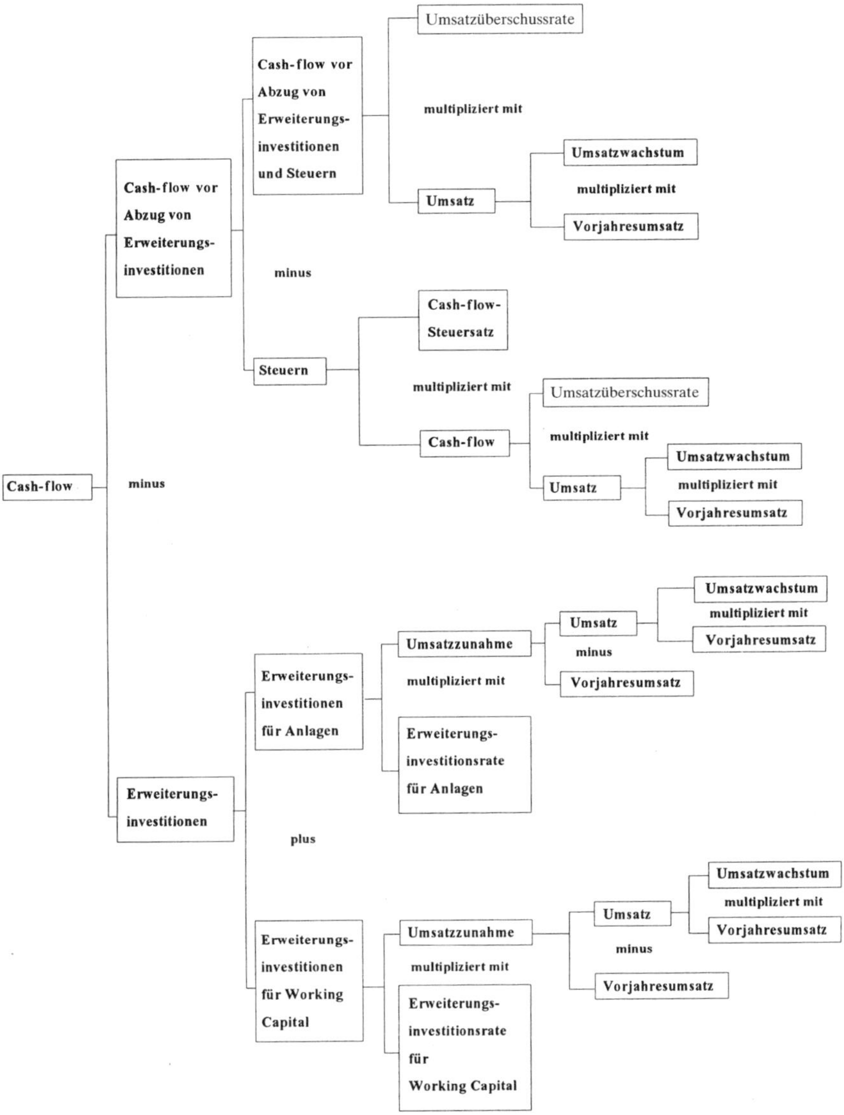

Abb. 3.32 Wertbestimmende Faktoren als Erfolgskomponenten des Management-Wert Konzepts

Abb. 3.32 zeigt die Zerlegung des Cash-flow in einzelne Erfolgskomponenten.

Die Berechnung des Wertbeitrags auf der Grundlage des Management-Wert-Konzepts illustriert das folgende **Beispiel**:

Für einen Geschäftsbereich seien die folgenden wertbestimmenden Faktoren gegeben:

• Planungszeitraum	5 Jahre
• Vorjahresumsatz	€ 10 Mio.
• Umsatzwachstum	5 Prozent
• Umsatzüberschussrate	20 Prozent
• Erweiterungsinvestitionsrate für Anlagen	15 Prozent
• Erweiterungsinvestitionsrate für Working Capital	20 Prozent
• Steuersatz bezogen auf Cash-flow	60 Prozent
• Kapitalkosten	10 Prozent

Ausgehend von dem in Abb. 3.32 dargestellten Schema wird der Cash-flow für die Jahre 1 bis 5 nach der folgenden Formel berechnet:

Cash-flow = [Vorjahresumsatz · (1+Umsatzwachstum) · Umsatzüberschussrate · (1-Cash-flow-Steuersatz)] – [(Vorjahresumsatz) · (Umsatzwachstum) · (Erweiterungsinvestitionsrate für Anlagen + Erweiterungsinvestitionsrate für Working Capital)].

Die Cash-flows werden jeweils durch Multiplikation mit dem Barwertfaktor auf den Bewertungszeitpunkt abgezinst:

	Cash-flow €	Barwertfaktor	Barwert €
Jahr 1	665.000	0,9090	604.485
Jahr 2	698.250	0,8264	577.034
Jahr 3	733.163	0,7513	550.825
Jahr 4	769.821	0,6830	525.788
Jahr 5	808.312	0,6209	501.881
		Summe der Barwerte:	2.760.013

Der Barwert der Cash-flows der Jahre 1 bis 5 beträgt € 2.760.013.

Nach dem Ende des Planungszeitraums bleibt die Umsatzhöhe konstant. Der Cash-flow wird nicht mehr durch Erweiterungsinvestitionen vermindert und beträgt daher ab Jahr 6 nachhaltig und gleichbleibend € 1.021.025. Der Barwert der ab dem sechsten Jahr zufließenden Cash-flows beträgt demnach bei Kapitalkosten von 10 Prozent € 633.976 (= 1.021.025 · $1/1{,}1^5$).

Der Wertbeitrag des Geschäftsbereichs setzt sich aus dem Barwert der während des Planungszeitraums zufließenden Cash-flows zuzüglich dem Barwert der nach dem Planungszeitraum zufließenden Cash-flows zusammen. Er beträgt € 3.393.989 (= € 2.760.013 + € 633.976).

Zielharmonie mit dem Gesamtunternehmensziel

Besteht das Unternehmensziel in der Maximierung ökonomischer Gewinne, führt die Maximierung der Wertbeiträge der Geschäftsbereiche auch zur Maximierung des Gesamtunternehmensziels.

Die Maximierung ökonomischer Gewinne wird von börsennotierten Aktiengesellschaften angestrebt, die ihren Aktionären eine möglichst hohe Rendite in Form von Kurssteigerungen und Dividenden bieten wollen.

Im Vergleich zum gesamten Aktienmarkt können hohe Renditen durch

- wachstumsbedingte Erweiterungsinvestitionen, deren interne Verzinsung über den Kapitalkosten liegt,
- eine Steigerung der Umsatzüberschussrate aufgrund einer Verbesserung der Kosten- und/oder Erlössituation,
- eine Senkung des Cash-flow-Steuersatzes oder
- eine Senkung der Kapitalkosten

gerechtfertigt sein. Entscheidend ist jeweils, ob die Vorteile in der nahen Zukunft nicht durch eintretende Nachteile in der fernen Zukunft zunichte gemacht werden. Dies wäre beispielweise zu erwarten, wenn durch einen Verzicht auf Forschungs- und Entwicklungsaufwendungen die Umsatzüberschussrate kurzfristig angehoben wird, jedoch langfristig ein Verlust der Wettbewerbsfähigkeit zum Austritt aus dem Markt zwingt.

Vergleichbarkeit von Geschäftsbereichen

Im Management-Wert-Konzept sind die Geschäftsbereiche bezüglich des Wertbeitrags vergleichbar. Der Wertbeitrag ergibt sich aus der internen Verzinsung und der absoluten Höhe des eingesetzten Kapitals.

Maßgeblich für die interne Verzinsung sind die Höhe und der Zeitpunkt der **künftigen** Ein- und Auszahlungen. Um die Wertbeiträge der Geschäftsbereiche vergleichen zu können, sind die **Prognosen auf Grundlage vergleichbarer Erwartungen** zu erstellen.

Unterschiedliche Geschäftsrisiken werden durch risikogerechte Kapitalisierungszinssätze berücksichtigt. Die **Kapitalisierungszinssätze** können durch Beobachtung des Kapitalmarktes (Capital Asset Pricing Model) bestimmt werden.

Entscheidungshilfe für Zusatzinvestitionen

Das Management-Wert-Konzept ermöglicht die Beurteilung der Vorteilhaftigkeit von Zusatzinvestitionen. Zusatzinvestitionen werden als Erweiterungsinvestitionen für Anlagen und Working Capital berücksichtigt. Die absolute Höhe der Erweiterungsinvestitionen wird im Management-Wert-Konzept als Produkt von Umsatzwachstum und Erweiterungsinvestitionsraten für Anlagen und Working Capital (Netto-Umlaufvermögen) bestimmt.

Vorteilhaft sind Erweiterungsinvestitionen mit einer internen Verzinsung, die mindestens den Kapitalkosten entspricht.

Die Vorgehensweise bei der Beurteilung der Vorteilhaftigkeit von Erweiterungsinvestitionen wird an folgendem **Beispiel** illustriert.

Zwei Geschäftsbereiche „A“ und „B“ eines divisional organisierten Unternehmens beantragen zur Finanzierung zusätzlichen Wachstums im nächsten

Jahr von der Unternehmensleitung jeweils € 10 Mio. Die Geschäftsbereichsleitung von A erwartet aus dieser Investition fünf Jahre lang zusätzliche Cash-flows in Höhe von gleichbleibend € 3.345.000. Die Geschäftsbereichsleitung von B erwartet ebenfalls fünf Jahre lang zusätzliche Cash-flows, jedoch in Höhe von nur € 3.000.000. Die interne Verzinsung der Zusatzinvestitionen beträgt im Geschäftsbereich A 20 Prozent und im Geschäftsbereich B 8,8 Prozent.

	Geschäftsbereich A	Geschäftsbereich B
• Zusatzinvestition (Mio. €)	10	10
• Erwarteter zusätzlicher Cash-flow in den nächsten fünf Jahren (€)	3.345.000	3.000.000
• Interne Verzinsung (Prozent)	20	8,8

Die Geschäftsbereiche A und B sind auf unterschiedlichen Märkten tätig. A engagiert sich in innovativen und riskanten Projekten im Hochtechnologiebereich, während B in Nahrungsmittelmärkten mit weitgehend konstanter Nachfrage und geringem Risiko aktiv ist. Aufgrund der unterschiedlichen Geschäftsrisiken unterscheiden sich die Kapitalkosten der Geschäftsbereiche. Sie betragen 25 Prozent für den Geschäftsbereich A und 7,5 Prozent für den Geschäftsbereich B.

Der Barwert der erwarteten zusätzlichen Cash-flows wird durch Abzinsung berechnet. Als Zinssatz werden die Kapitalkosten zugrunde gelegt.

	Geschäftsbereich A			Geschäftsbereich B		
• Kapitalkosten	25			7,5		
	Barwert-faktor	Cash-flow (€)	Barwert (€)	Barwert-faktor	Cash-flow (€)	Barwert (€)
Jahr 1	0,8	· 3.345.000	= 2.676.000	0,9302	· 3.000.000	= 2.790.600
Jahr 2	0,64	· 3.345.000	= 2.140.800	0,8653	· 3.000.000	= 2.595.900
Jahr 3	0,512	· 3.345.000	= 1.712.640	0,8050	· 3.000.000	= 2.415.000
Jahr 4	0,4096	· 3.345.000	= 1.370.112	0,7488	· 3.000.000	= 2.246.400
Jahr 5	0,32768	· 3.345.000	= 1.096.090	0,6966	· 3.000.000	= 2.089.800
• Barwert der erwarteten zusätzlichen Cash-flows der nächsten fünf Jahre (€)			8.995.642			12.137.700
• Anfangsauszahlung (€)			10.000.000			10.000.000
• Veränderung des Wertbeitrags des Geschäftsbereichs bei Vornahme der Zusatzinvestition (€)			– 1.004.358			2.137.700

Der Barwert der künftigen Cash-flows aus Geschäftsbereich A beträgt € 8.995.642 und der aus Geschäftsbereich B € 12.137.700. Die Differenz zwischen dem jeweiligen Barwert und der Anfangsauszahlung (€ 10 Mio.) entspricht der Veränderung des Wertbeitrags des Geschäftsbereichs. Diese ist für den Geschäftsbereich A mit € – 1.004.358 negativ und für den Geschäftsbereich B mit € 2.137.700 positiv. Die interne Verzinsung der Zusatzinvestition liegt im Geschäftsbereich A unter den Kapitalkosten und im Geschäftsbereich B über den Kapitalkosten.

Wirtschaftlich sinnvoll ist nur die Zusatzinvestition im Geschäftsbereich B.

5. Matrix-Organisation

Die Matrix-Organisation ist entstanden aus der Idee einer Kombination von funktionaler Organisation und Geschäftsbereichsorganisation. Auf diese Weise sollten beide Zentralisationsmerkmale – ‚Funktion' und ‚Produkt-Markt-Aspekte' – in gleichberechtigter Weise Gegenstand der Leitung werden. Die Leitung in dieser Struktur ist somit nach dem Mehrliniensystem organisiert.

5.1 Strukturmerkmale

Der Ausdruck Matrix ist der Mathematik entlehnt. Nach dem dort verwendeten Matrix-Begriff sind Zeilen- und Spaltenelemente zu definieren, die sich in den diagonalen Schnittelementen überschneiden.

Abb. 3.33 zeigt die **Grundstruktur einer Matrix-Organisation** als Ausschnitt eines auf den Kopf gestellten Matrix-Feldes.[111] Die übergeordnete Instanz – **Matrix-Leitung** – hat für eine ordnungsgemäße Erfüllung der Aufgabe und einen Ausgleich zwischen den zu koordinierenden Matrix-Stellen zu sorgen. Die **Matrix-Stellen**, die mit Funktionsaufgaben und mit Produkt- oder Projektaufgaben betraut sind, haben die nachgeordnete Aufgabenerfüllung im Hinblick auf ihre Dimension abzustimmen. Die **Schnitt-Stelle**, der zwei Vorgesetzte übergeordnet sind, ist für die eigentliche Aufgabenerfüllung zuständig. Die nicht in die Matrix einbezogenen Stellen der Organisation sind entweder, wenn die Schnitt-Stelle personell besetzt ist, dem Leiter der Schnitt-Stelle unterstellt, ansonsten den beiden Matrix-Stellen.

Die grundsätzlich zweidimensionale Matrix-Organisation ist unter Abspaltung von mehr als zwei Aufgabendimensionen – Funktion, Produkt, Markt, Kunde, Projekt – zu einer drei- oder **mehrdimensionalen Matrix-Organisation**

[111] Vgl. *Davis, S. M., Lawrence, P. R.,* Matrix, London, Amsterdam, Don Hills, Ontario, Sidney 1977; *Leumann, P.,* Die Matrix-Organisation. Unternehmungsführung in einer mehrdimensionalen Struktur. Theoretische Darstellung und praktische Anwendung, Bern, Stuttgart 1979; *Drumm, H. J.,* Matrix-Organisation, in: Handwörterbuch der Organisation (1980), a.a.O., Sp. 1291-1301; *Reber, G.,* Matrix-Organisation, in: Die Betriebswirtschaft, 43. Jg., 1983, S. 666 ff.

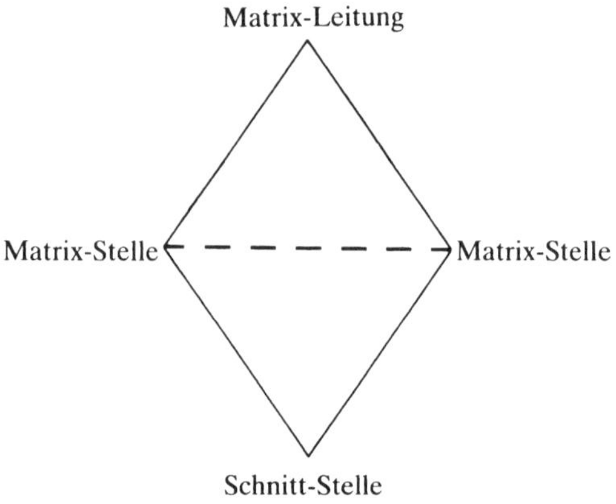

Abb. 3.33 Grundstruktur einer Matrix-Organisation

ausbaufähig. *Bleicher* spricht bei mehrdimensionaler Aufgabenkoordination von einer Tensororganisation.[112]

In einer Matrix-Organisation wird eine gleichzeitige und annähernd gleichberechtigte Koordination nach (zwei) unterschiedlichen Aufgabendimensionen angestrebt. Dies hat die Überlagerung von Weisungssystemen nach dem **Mehrliniensystem** zur Folge. Von zentraler Bedeutung in einer Matrix-Organisation ist demnach die Kompetenzzuordnung und -abgrenzung zwischen den Matrix-Stellen. Die gleichzeitige und gleichberechtigte Berücksichtigung von Aufgabenmerkmalen kompliziert den Sachausgleich und lässt Zielkonflikte entstehen, die im Wege einer Kooperation von Matrix-Stellen und Schnitt-Stellen produktiv zu lösen sind.

Eine **Kompetenzregel** in der Matrix-Organisation ist, dass die für Produkt-Marktangelegenheiten zuständige Matrix-Stelle das „Was" und „Wann" bestimmen, und die für Funktionen zuständige Matrix-Stelle über das „Wer" und „Wie" zu bestimmen haben.[113] Diese Kompetenzregel ist fraglich, da Abhängigkeiten zwischen dem „Was" und „Wann" der Aufgabenfestlegung und dem „Wie" der Verfahrensfestlegung bestehen. *Leumann* fordert deshalb eine Kompetenzverteilung entsprechend den Aufgabenerfordernissen und im Hinblick auf die Lösungsschritte der Aufgabe.[114] Mit dieser Kompetenzverteilung wird den Matrix-Stellen eine unterschiedliche Kompetenz im Rahmen des Lösungsprozesses einer Aufgabe zugewiesen. Die Gleichrangigkeit zwischen Matrix-Stellen im Modell wird damit zugunsten eines gesamthaft annähernden Gleichgewichts zwischen den beiden Stelleninhabern aufgelöst. Damit ist vereinbar,

---

[112] Vgl. *Bleicher, K.*, Perspektiven für Organisation und Führung von Unternehmungen, Baden-Baden, Bad Homburg v.d.H. 1971, S. 97.

[113] Vgl. *Schemkes, H.*, Kompetenzabgrenzung bei der Mehrlinienorganisation, in: Zeitschrift für Organisation, 43. Jg., 1974, S. 433 ff.; *Schröder, H.*, Projektmanagement, Wiesbaden 1970, S. 79 ff.

[114] Vgl. *Leumann, P.*, Die Matrix-Organisation, a.a.O., S. 98 ff.

dass **einer Matrix-Stelle in Bezug auf einzelne Entscheidungsgegenstände oder Problemlösungsschritte ein Kompetenzübergewicht eingeräumt wird**.[115] Diese Kompetenzverlagerung zugunsten einer Matrix-Stelle hat den Vorteil, dass Interessenkonflikte und unterschiedliche Sichtweisen der Problemlage nicht stets gleich nach oben an die Matrix-Leitung herangetragen werden und diese personell wie zeitlich belasten.

Mit der Verlagerung der Kompetenz auf eine Matrix-Stelle verliert die Matrix-Organisation an Identität. Matrix wird zu einem Begriff für sämtliche mehrdimensionale Organisationsstrukturen.[116] In dieser allgemeinen Sprachweise werden dann auch matrixartige oder -typische Verknüpfungen von Primär- und Sekundärstrukturen als „Matrix-Organisation" bezeichnet. Die Geschäftsbereichsorganisation hätte beispielsweise in diesem Sinne Matrix-Charakter, da eine primäre Linienorganisation durch sekundäre Zentralbereichsaktivitäten überlagert wird.

Die Herstellung einer Gleichrangigkeit von Matrix-Stellen erfordert zwingend eine **Kompetenzregelung der Disziplinarbefugnis**. Zwei Lösungen sind denkbar: Die Disziplinarbefugnis (Beförderung, Lob, Tadel, Kündigung) wird auf die beiden Matrix-Stellen aufgeteilt oder die Matrix-Stellen können nur gemeinsam gegenüber der Schnitt-Stelle handeln. Als Konsequenz aus der geteilten oder gemeinsamen Kompetenz verbleibt letztlich die gemeinsame Verantwortung der Matrix-Stellen für die Aufgabenerfüllung. Nur so ist ein Abschieben der Verantwortung auf den Partner zu verhindern.

5.2 Formen der Matrix-Organisation

Die gleichberechtigte, reife Matrix-Organisation

Die gleichberechtigte, reife Matrix[117] ist dadurch gekennzeichnet, dass die **Schnittstelle den beiden Matrix-Stellen gleichzeitig unterstellt ist**. Wenn ein Unternehmen z.B. seine Verkaufsorganisation nach den beiden Dimensionen „Land" und „Produkt" gliedert, finden sich auf der einen Achse die Matrix-Stellen „Deutschland", „Frankreich", „Italien" usw. und auf der zweiten Achse die verschiedenen Produkte, also etwa „Autos", „Motorräder" und „Rasenmäher". Die Schnittstelle, die dafür zuständig ist, Rasenmäher nach Frankreich zu verkaufen, ist gleichzeitig dem Ländermanager „Frankreich" und dem Produktmanager „Rasenmäher" unterstellt. Diese Schnittstelle wird zur **Instanz einer eigenen Abteilung**, wenn beispielsweise das Rasenmähergeschäft in Frankreich eine weitere Untergliederung notwendig macht (Abb. 3.34).

---

[115] Vgl. *Grochla, E., Thom, N.,* Die Matrix-Organisation. Chancen und Risiken einer anspruchsvollen Strukturierungskonzeption, in: Zeitschrift für betriebswirtschaftliche Forschung – Kontaktstudium, 29. Jg., 1977, S. 193-203.

[116] Vgl. *Wagner, H.,* Mehrdimensionale Organisationsstrukturen, in: Die Betriebswirtschaft, 38. Jg., 1978, S. 103-115.

[117] Vgl. zum folgenden *Leumann, P.,* Die Matrix-Organisation, a.a.O., S. 85 ff.

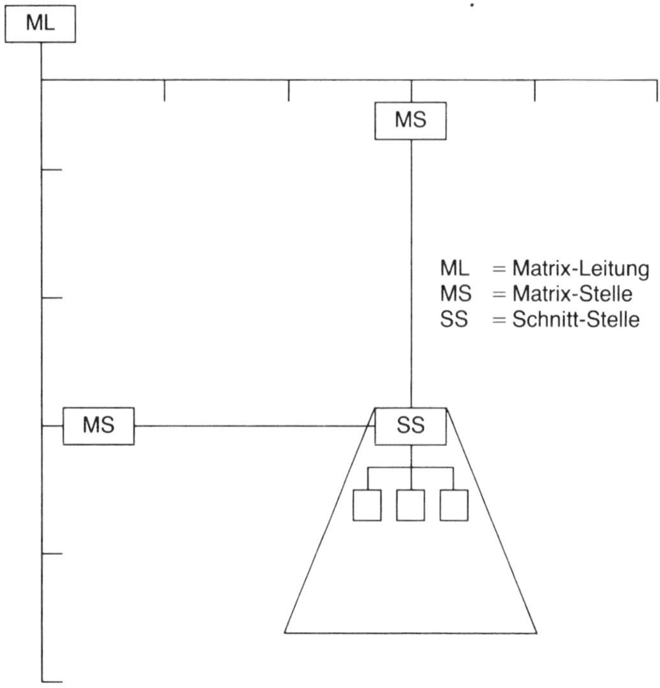

Abb. 3.34 Gleichberechtigte, reife Matrix-Organisation

In der reifen Matrix-Organisation kommt die Forderung nach einem Gleichgewicht der Dimensionen am besten zum Ausdruck. Vorteil dieser Matrix-Form ist, dass die Matrix-Stellen von der Leitung großer Abteilungen entlastet werden. Nach dem Grundprinzip, dass der Schnitt-Stelleninhaber zwei „Herren" gleichzeitig zu dienen hat, sind die Anforderungen an den Schnitt-Stelleninhaber entsprechend hoch.

Die ungleichberechtigte, unreife Matrix-Organisation

Kennzeichen einer ungleichberechtigten, unreifen Matrix ist, dass die **Schnittstelle entlang einer Dimension zusammengefasst ist**. Der Einfluss der anderen ist geringer ausgeprägt. Die Schnittstelle ist damit Teil einer Abteilung, die von der verantwortlichen Matrix-Stelle geleitet wird (Abb. 3.35). In dem oben erwähnten Beispiel liegt eine ungleichberechtigte, unreife Matrix dann vor, wenn die Schnittstelle „Verkauf von Rasenmähern nach Frankreich" grundsätzlich der Matrixstelle „Rasenmäher" unterstellt ist. Die Dimension „Produkt" stellt dann die Primärorganisation dar. Die Sekundärorganisation „Land" hat hingegen einen geringeren Einfluss. Der Landesmanager „Frankreich" hat z.B. nur dann Weisungsbefugnis, wenn Entscheidungen zu treffen sind, die für das Frankreich-Geschäft insgesamt besonders wichtig sind.

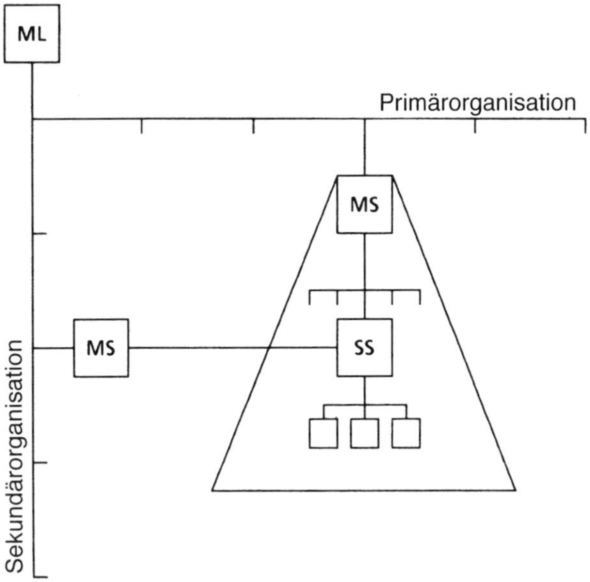

Abb. 3.35 Ungleichberechtigte, unreife Matrix-Organisation

Vorteil der Strukturform der ungleichberechtigten, unreifen Matrix ist, dass Konflikte, die zwischen gleichgewichtigen Dimensionen entstehen, reduziert werden. Die unreife Matrix-Form, in der sich eine Primär- und Sekundär-Organisation überschneiden, entspricht im Grundaufbau bekannten Organisationsformen wie Stab-Linien-Organisation, Geschäftsbereichsorganisation mit Zentralabteilungen oder Produktmanagement-Organisation.

Die unvollständige Matrix-Organisation

In einer unvollständigen Matrix-Organisation **existiert die Schnittstelle nicht als organisatorische Einheit, sondern nur als Problembereich** (Abb. 3.36). Für das Beispielunternehmen hieße das, die Produktorganisation arbeitet völlig getrennt von den Länderabteilungen. Nur wenn sich besondere Probleme ergeben, z.B. ein Absatzeinbruch bei Rasenmähern in Frankreich, versuchen der Länderbereich „Frankreich" und der Produktbereich „Rasenmäher", eine gemeinsame Lösung zu finden.

Über den als Schnittstelle definierten Problembereich müssen sich die betroffenen Matrix-Stellen abstimmen. Auf diese Weise wird das Problem einer Mehrfachunterstellung umgangen.

Abstimmungen verschiedener Organisationseinheiten über gemeinsame Probleme sind allerdings in jeder Organisation anzutreffen. Es ist daher fraglich, ob man bei der unvollständigen Matrix überhaupt von einer eigenständigen Organisationsform sprechen kann.

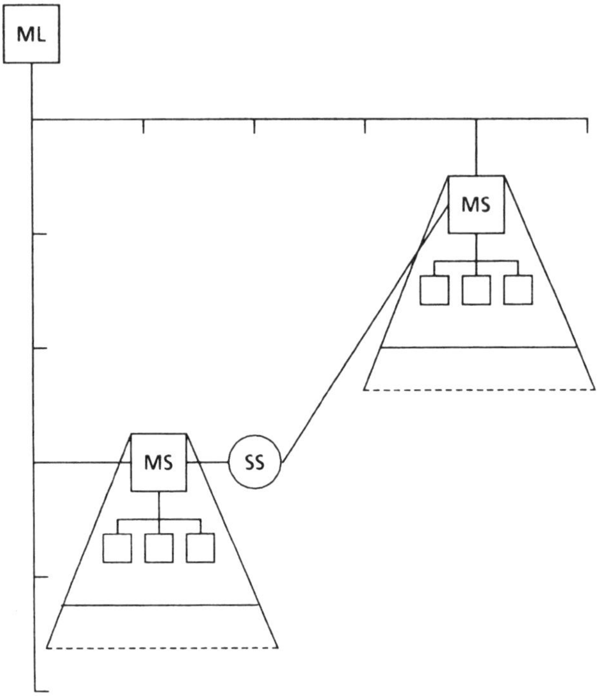

Abb. 3.36 Unvollständige Matrix-Organisation

5.3 Anwendungsbedingungen

Die Matrix ist eine komplizierte Organisationsform, die hohe Anforderungen an die Stelleninhaber stellt. *Davis/Lawrence* formulieren die Anwendung drastisch: „Wenn man nicht absolut davon überzeugt ist, daß zur Lösung keine alternative Organisation besteht, sollte man die Hände von einer Matrix-Strukturierung lassen.“[118] **Drei Bedingungen** sollten im Wesentlichen vor Anwendung einer Matrix-Organisation erfüllt sein:

- Eine erste Bedingung ist, dass **zwei oder mehr Aufgabendimensionen zur Leitung eines Unternehmens in seiner Umwelt kritisch sind**. So mag die geistige Kapazität eines Mitarbeiters nicht ausreichen, um ein Problem mehrdimensional zu lösen. Ist der Funktions-, Produkt-, Markt- oder Kundenbezug in gleicher Weise für die Aufgabenerfüllung von Bedeutung, so mag die Matrix eine Form des Problemausgleichs bieten.
- Eine zweite Bedingung ist **das Vorhandensein einer hohen Informationsverarbeitungskapazität bei den Mitarbeitern** zur Behandlung eines Problems aus unterschiedlichen Richtungen und von unterschiedlichen Standpunkten aus.

[118] *Davis, S. M., Lawrence, P. R.*, Matrix, a.a.O., S. 7 f.

Ein Verständnis für die Problemlage des Anderen ist zwingend erforderlich. Die Mitarbeiter müssen qualifiziert und im Umgang miteinander geschult sein.

- Die Matrix-Organisation verlangt nach einer gemeinsamen Ressourcennutzung zur bestmöglichen Erfüllung einer Aufgabe. Die **gemeinsame Ressourcennutzung** stellt auf knappe menschliche Ressourcen ab, die optimal einzusetzen sind. Wenn gleichzeitig mehrere Ziele auf Dauer kritisch sind (kostengünstige Fertigung bei geringer Umweltbelastung!), so ist eine gemeinsame Ressourcennutzung dringlicher.

Verhaltensgefahren

Sämtliche drei Bedingungen stellen notwendige Voraussetzungen einer funktionierenden Matrix-Organisation dar. Die Zieladäquanz der Matrix ist damit allerdings nicht hinreichend gegeben. Matrix ist wie jede andere Organisation eine Struktur, die mit Leben zu füllen ist. Allerdings ist das Zusammenarbeiten in einer Matrix komplizierter als in eindimensionalen Strukturen. Die Matrix-Organisation stellt hohe soziale Anforderungen an die Mitarbeiter. Die Gefahr, dass vermeintlich positive Eigenschaften der Matrix durch Mitarbeiterverhalten ins Gegenteil verkehrt werden, ist groß. Zu nennen sind folgende Gefahren:[119]

- Die Mitarbeiter verlieren sich in einer Matrix in **Diskussionen, die zum Selbstzweck werden**. Anstatt sich um eine Sachauseinandersetzung zu bemühen, diskutiert man oft tagelang über Kleinigkeiten und einigt sich darüber. Die eigentlichen Probleme werden immer mehr aufgeschoben.
- Um Machtkämpfen aus dem Wege zu gehen, **geht man Kompromisse ein**, die man alleine nicht verantworten würde. Andererseits ist mit jeder Sachdiskussion die Gefahr verbunden, dass die erwünschten Sachkonflikte sehr rasch zu unerwünschten persönlichen Konflikten werden.
- Einigen sich die Matrix-Stelleninhaber nicht, so hat die Matrix-Leitung zu schlichten und zu koordinieren. Mit einer Zunahme von Konflikten kommt es zu einer **Überlastung der Matrix-Leitung**. Die Leitung entartet zu einer Schlichtungsstelle.
- Die Matrix fördert eine **Innengerichtetheit der Mitarbeiter**. Die Mitarbeiter sind in interne Verhandlungsprozesse zur Problemlösung eingebunden, die sie vergessen lassen, dass der Erfolg eines Unternehmens von seiner Markt- und Kundenorientierung abhängt.
- Die Matrix bindet Mitarbeiterkapazität und kann zu einer Personalerhöhung führen. Regeln zur Konflikthandhabung schaffen überdies eine ‚neue' Bürokratie, die **steigende Koordinationskosten** mit sich bringt.

---

119 Vgl. *Davis, S. M., Lawrence, P. R.,* Matrix, a.a.O., S. 129 ff.; *Peters, T. J.,* Beyond the Matrix Organization, in: Business Horizons, Vol. 22, Oct. 1979, S. 15 ff.; *Argyris, C.,* Today's Problems with Tomorrow's Organizations, in: The Journal of Management Studies, Vol. 4, 1967, S. 31 ff.; *Peters, T., Waterman, R. H. Jr.,* In Search of Excellence, New York 1984, S. 306 ff.; *Bühner, R.,* Die erfolgreiche Projektbearbeitung: Die Matrix-Organisation ist nur bedingt geeignet, in: io Management-Zeitschrift, 54. Jg., 1985, S. 178 ff.

Obige Verhaltensgefahren treffen für eine gleichberechtigte, reife Matrix zu. Ungleichberechtigte Kompetenzregelungen zugunsten einer Matrix-Stelle mindern die Verhaltensgefahren. Die Matrix ist in dieser Form eine Kombination von Primärstruktur und nachrangiger Sekundärstruktur, ohne die ein modern geführtes Unternehmen heute nicht mehr auskommt.

Matrix als Organisationskonzept für hochtechnische Teilbereiche

Die Matrix-Organisation hat als Teilbereichsstruktur Bedeutung. Für die Organisation von hochtechnischen Forschungs- und Entwicklungsabteilungen, für Abteilungen im Anlagengeschäft oder für den Verkauf einer breiten Produktpalette in verschiedene Länder bietet die Matrix ein sinnvolles Organisationskonzept. Die zunehmend an Bedeutung gewinnenden indirekten, planenden und arbeitsvorbereitenden Tätigkeiten (Programmieren, Systementwürfe, Testläufe usw.) lassen sich in den Funktionsbereichen matrixartig mit der bestehenden Organisation verbinden. Eine Matrix-Organisation für den Konstruktionsbereich zeigt Abb. 3.37. Die indirekten Tätigkeiten werden dort in einer gesonder-

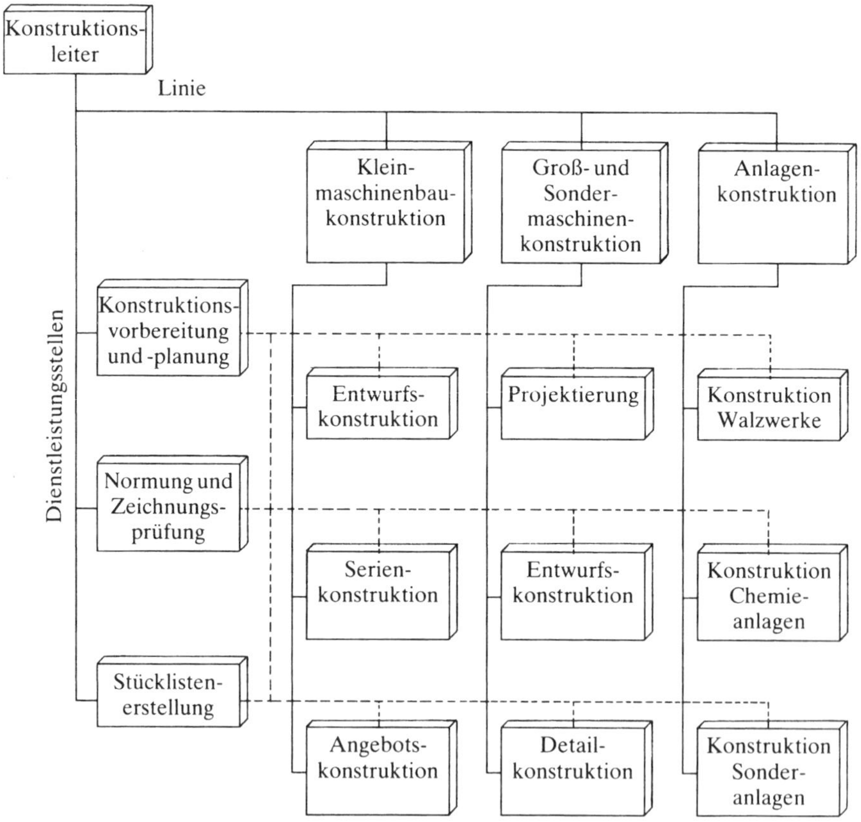

Abb. 3.37 Matrix-Organisation im Konstruktionsbereich

ten Dienstleistungsstelle „Konstruktionsvorbereitung" zusammengefasst und matrixartig in die Konstruktion eingefügt.[120]

Entwicklungen auf dem Gebiet rechnergestützter Kommunikation machen es denkbar, dass der mit einer Matrix-Organisation angestrebte Vorteil eines Interessenausgleichs und einer mehrdimensionalen Aufgabenerfüllung und Problembehandlung ohne Matrix-Hierarchie zu erreichen ist. *Child* vermutet, dass neue Informations- und Kommunikationstechniken eine Vereinfachung von Managementstrukturen mit sich bringen, da sie den Integrationsgrad und Informationsausgleich zwischen den Funktionen erhöhen, ohne dass eine Matrix-Hierarchie noch vonnöten wäre.[121]

6. Organisation des Auslandsgeschäfts

Die Enge des deutschen Marktes hat zu einer wachsenden Auslandstätigkeit von deutschen Unternehmen geführt. **Neben einer Verbreiterung der Marktbasis durch neue Produkte ist die Internationalisierung des Geschäfts eine zweite Strategie zu einem Risikoausgleich im Unternehmen.**[122] Im *Siemens* Geschäftsbericht 1983/84 wird hierzu ausgeführt: „Die vielfältige Produktpalette und die breite geographische Streuung des Absatzes ermöglichen dem Unternehmen einen inneren Risikoausgleich und gewährleisten ein relativ stetiges Wachstum".

Der Auslandsanteil am Umsatz deutscher Unternehmen ist relativ hoch. Bei Groß- und Mittelunternehmen sind 60 bis 80 Prozent Auslandsumsatz keine Seltenheit. Diese hohe Auslandspräsenz erfordert organisatorische Vorkehrungen. Die einzelnen Strategien, die ein Unternehmen zur Auslandsdiversifikation wählen kann, unterscheiden sich durch die **Kapitalbindung** im Ausland. Strategien, die eine hohe Kapitalbindung erfordern, bedeuten dadurch auch ein größeres **Verlustrisiko** für das Unternehmen. Andererseits sind Strategien mit hoher Kapitalbindung auch durch gute **Kontrollmöglichkeiten** gekennzeichnet. Man unterscheidet (mit zunehmender Kapitalbindung) folgende Strategien:

- **Export** über fremde Verkaufsstellen, eigene Vertretungen oder Landesbüros und Zweigniederlassungen;
- **Lizenzver**gabe an ausländische Partner;
- **Joint Ventures**, d.h. Gemeinschaftsunternehmen mit Partnerfirmen im Ausland;
- Errichtung von **Tochtergesellschaften** mit eigener Fabrikation im Ausland.

Diese Strategien finden meist parallel Anwendung; die jeweils geeignete Art der Marktbearbeitung hängt in erster Linie von den Aussichten und Risiken des betrachteten Marktes ab. So ist beispielsweise die *Siemens AG* heute (Stand 2003) mit rund 380 Standorten in etwa 190 Ländern präsent. Die Vertretungen umfassen hierbei nicht nur Produktion und Montage, sondern auch die Verwal-

---

[120] Vgl. *Bühner, R.,* Technische Innovation in der Produktion durch organisatorischen Wandel, in: Zeitschrift Führung + Organisation, 54. Jg., 1985, S. 37.

[121] Vgl. *Child, J.,* New Technology and Developments in: Management Organization, OMEGA, International Journal of Management Science, Vol. 12, 1984, S. 220.

[122] Vgl. hierzu *Bühner, R.,* Strategie und Organisation, a.a.O., S. 477 ff.

tung und den Vertrieb. Im Geschäftsjahr 2002 erwirtschaftete *Siemens* fast 80 Prozent des Konzernumsatzes außerhalb Deutschlands.

Die Organisation des Auslandsgeschäfts ist in Abhängigkeit von Bedeutung und Umfang der Internationalisierung des Unternehmens in unterschiedlichen Formen möglich.[123] Zu Beginn einer Exporttätigkeit genügt oft eine Koordinationsstelle für die Auslandsaktivitäten im Unternehmen. Mit wachsender Bedeutung des Auslandsgeschäfts lassen sich die Tätigkeiten in einem internationalen Geschäftsbereich zusammenfassen. Diese Organisationslösung findet in deutschen Unternehmen nur selten Anwendung. Vielmehr ist die Bildung von Geschäftsbereichsorganisationen mit weltweiter Produktverantwortung oder die Bildung von regional-orientierten Organisationsstrukturen zu beobachten.

6.1 Bildung von Koordinationsstellen

Das Auslandsgeschäft lässt sich in einer **Koordinationsstelle „Ausland"** zusammenfassen. Die Stelle ist meist der Absatzabteilung organisatorisch zugeordnet. Verlagert sich das Auslandsgeschäft zunehmend auf Produktionsgesellschaften im Ausland, so tritt für die Auslandsstelle die Schwierigkeit einer Abstimmung mit inländischen Produktionsgesellschaften auf.

Zur Sicherstellung einer besseren Durchgriffsmöglichkeit auf die ausländischen Produktionsgesellschaften bietet sich eine Unterstellung der Koordinationsstelle „Ausland" unter die Unternehmensleitung an. Mit zunehmender Auslandstätigkeit in den einzelnen Produktionsstandorten wächst die Gefahr, dass die Unternehmensleitung mit Koordinationsproblemen zeitlich be- und überlastet wird.

Die Koordination von Produktionsgesellschaften im Ausland lässt sich auch mittels einer **Koordinationsstelle „Beteiligungen"** vornehmen. Es handelt sich zumeist um eine Stabsstelle, die dem Leiter des Finanzbereichs zugeordnet ist. Diese Zuordnung ermöglicht bei vielen Beteiligungen den Konzern-(Welt-)Abschluss und hilft, finanz- und steuerrechtliche Fragen zu klären.[124]

Die beiden Koordinationsstellen „Ausland" und „Beteiligungen" können intern nach Produkten, Regionen oder funktional untergliedert werden. Während sich für die Auslandsstelle eine Untergliederung nach Produkten oder Ländern empfiehlt, ist in der Praxis bei der Stelle Beteiligungen eine funktionale Untergliederung üblich.

6.2 Bildung eines internationalen Geschäftsbereichs

Die **Zusammenfassung der Auslandsaktivitäten in einem internationalen Geschäftsbereich** hat den Vorteil der Entwicklung von länderspezifischen Strategi-

---

[123] Vgl. *Stopford, J. M., Wells, L. T.,* Managing the Multinational Enterprise. Organization of the Firm and Ownership of the Subsidiaries. London 1972, S. 18 ff.; *Bleicher, K.,* Zur organisatorischen Entwicklung multinationaler Unternehmungen, in: Zeitschrift für Organisation, 41. Jg., 1972, S. 330-338 und S. 415-425; *Meffert, H., Althaus, J.,* Internationales Marketing, Stuttgart, Bern, Köln, Mainz 1982.

[124] Vgl. *Everling, W.,* Die Stabsstelle „Beteiligungsverwaltung" in großen Unternehmungen, in: Zeitschrift für Organisation, 48 Jg., 1979, S. 435 ff.

en im Hinblick auf die Erfordernisse und Eigenheiten regionaler Märkte. Als Nachteil kann sich erweisen, dass durch die Zentralisierung des Auslandsgeschäfts in einer Organisationseinheit die Gefahr einer Isolierung im Unternehmen entsteht. Die Gefahr wächst, je mehr die Unternehmensleitung sich selbst dem Geschäft auf dem Inlandsmarkt widmet.

Nach *Egelhoff* kann ein internationaler Geschäftsbereich so lange beibehalten werden, wie Auslandsgeschäft und Anzahl der ausländischen Produktionsgesellschaften gegenüber dem Inlandsmarkt nicht stark wachsen.[125] Dass der deutsche Markt relativ klein ist – und das Auslandsgeschäft schnell an Bedeutung gewinnt – könnte dafür ausschlaggebend sein, dass in deutschen Unternehmen internationale Geschäftsbereiche selten anzutreffen sind. Andererseits hat die relative Enge auf dem europäischen Markt und insbesondere die Integration der nationalen europäischen Märkte in die Europäische Union wohl dazu geführt, dass viele europäische Unternehmen „europaweit" nach Produkten oder Funktionen organisiert sind. Die restlichen Auslandsaktivitäten werden dann durch eine Stabsstelle „Übersee" koordiniert oder in einem „Überseegeschäftsbereich" zusammengefasst.

6.3 Internationale Organisationsstrukturen

Das Hauptproblem bei der Gestaltung internationaler Organisationsstrukturen liegt darin, zu gewährleisten, dass

- die Entscheidungs- und Handlungsspielräume der in den einzelnen Auslandsgeschäftsbereichen tätigen Leiter ausreichend groß sind, um auf die spezifischen Gegebenheiten vor Ort eingehen und diese nutzen zu können und dass
- gleichzeitig das einheitliche Auftreten des Unternehmens am Weltmarkt gesichert ist.

Es gilt demnach für die Unternehmen, den im Hinblick auf die bei ihnen vorherrschende Situation **optimalen Autonomiegrad der einzelnen Auslandsbereiche** zu realisieren.

Nach dem jeweils gewählten Grad der Entscheidungszentralisation bzw. -dezentralisation lassen sich die globale, multinationale und transnationale Organisation unterscheiden.

Globale Organisation

Globale Organisationsstrukturen sind durch eine weltweite Zuständigkeit der Unternehmensleitung und -bereiche gekennzeichnet. Die wichtigsten strategischen Entscheidungen werden zentral getroffen, um so den Entscheidungsprozess zu verkürzen und Rationalisierungseffekte zu realisieren. Die jeweiligen Leiter der Auslandsbereiche haben nur einen relativ geringen Handlungs- und

---

125 Vgl. *Egelhoff, W. G.*, Strategy and Structure in Multinational Corporations: An Information-Processing Approach, in: Administrative Science Quarterly, Vol. 27, 1982, S. 454.

Entscheidungsspielraum. Sie haben primär die Aufgabe, die zentral vorgegebenen Ziele umzusetzen. Die globale Organisation kann folgende Ausprägungen haben:

- **Funktional-global:** Die Leiter der Abteilungen Forschung und Entwicklung, Beschaffung, Produktion und Absatz tragen weltweite Verantwortung für ihr Ressort. Sämtliche Entscheidungen, die das Auslandsgeschäft betreffen, werden innerhalb dieser funktionalen Bereiche getroffen. Nach *Daniels et al.* ist diese Struktur bei noch geringer Produktvielfalt und Komplexität des Auslandsengagements geeignet.[126]
- **Produktorientiert-global:** Die produktorientierten Geschäftsbereiche sind für Forschung und Entwicklung, Beschaffung, Produktion und Absatz der ihnen unterstellten Produkte weltweit verantwortlich. Nach *Drumm* kann der Entscheidungsspielraum der Geschäftsbereichsleiter hinsichtlich weltweiter Investitions- und Finanzierungsverantwortlichkeit einerseits und Produktions- und Absatzverantwortung andererseits variieren.[127] In der Praxis ist diese Organisation des Auslandsgeschäfts in Unternehmen mit einem breiten Produktionsprogramm zu finden.
- **Regionalorientiert-global:** Hierbei findet eine Geschäftsbereichsbildung nach regionalen Gesichtspunkten statt. Die Leiter dieser Geschäftsbereiche tragen die Verantwortung sowohl für den Absatz von Produkten in diesen Ländern als auch für alle dort angesiedelten Produktionsgesellschaften. Die regionalorientierte Geschäftsbereichsbildung mit weltweiter Verantwortung ist bei Unternehmen anzutreffen, die weltweit ihre Produkte vertreiben und im Ausland produzieren.

Die starke Zentralisierung der strategischen Entscheidungen führt innerhalb einer globalen Organisation zu einem **Mangel an Flexibilität** und einem **Verlust an Effizienz**. Diese werden noch verstärkt durch langwierige grenzüberschreitende Kommunikationsprozesse. Rasche Anpassungen an veränderte Produktionsbedingungen sind daher nur bedingt möglich.

Multinationale Organisation

Die Ausgestaltung der multinationalen Organisation erfolgt durch die Bildung von länderbezogenen Geschäftsbereichen. Diese haben die Aufgabe, durch eine auf die typischen Gegebenheiten, Verbrauchergewohnheiten und Wertvorstellungen eingehende Strategie die Eigenheiten des jeweiligen Landes zu berücksichtigen. Voraussetzung hierfür ist ein relativ hoher Autonomiegrad der Geschäftsbereichsleiter vor Ort. Sie müssen gewisse Spielräume haben, in denen sie eine entsprechende Anpassungsstrategie durchsetzen können. Von zentraler Unternehmensebene werden nur noch Rahmenrichtlinien vorgegeben, was zu einem relativ geringen Einfluss ihrerseits führt.

---

[126] Vgl. *Daniels, J. D., Pitts, R. A., Tretter, M. J.*, Strategy and Structure of U.S. Multinationals: An Exploratory Study, in: Academy of Management Journal, Vol. 27, 1984, S. 298 f.

[127] Vgl. *Drumm, H. J.*, Planungs- und Anpassungsprobleme der Geschäftsbereichsorganisation, in: Zeitschrift für Betriebswirtschaft, 48. Jg., 1978, S. 87 ff.

Die starke Dezentralisierung bei einer multinationalen Organisation des Auslandsgeschäftes führt zu der **Gefahr, dass Aufwendungen aufgrund mangelnder Kommunikation der einzelnen Bereiche doppelt entstehen**. Für die Zentrale ist die **Koordination der einzelnen Auslandsaktivitäten** und die **Sicherstellung einer unternehmenseinheitlichen Strategie** oftmals schwierig.

Transnationale Organisation

In der transnationalen Organisation wird versucht, die Nachteile der globalen und multinationalen Organisation zu vermeiden. Im Vordergrund steht dabei das Ziel, sich an die verschiedenen nationalen Bedürfnisse und Anforderungen anzupassen und gleichzeitig die Wettbewerbsfähigkeit durch effiziente und leistungsstarke Steuerungs- und Koordinationsmechanismen sicherzustellen.[128] Als Instrument zur Erreichung dieses Ziels nennen *Bartlett/Ghoshal* die **Schaffung einer integrierten Netzwerkstruktur**.[129] Diese ist gekennzeichnet durch die Beteiligung der einzelnen nationalen Geschäftsbereiche an der Bildung der Unternehmensstrategie und einen regen Informations-, Technologie-, Kapital- und Mitarbeiteraustausch zwischen den einzelnen Geschäftsbereichen. Die Zuteilung des Sachvermögens, der finanziellen Ressourcen und kompetenter Mitarbeiter mit den erforderlichen Fachkenntnissen auf die einzelnen Länder erfolgt von zentraler Stelle, die somit weiterhin eine zentrale Lenkungsfunktion behält.

Die Geschäftsbereiche in den einzelnen Ländern werden als eine Quelle von Ideen, Erfahrungen, Wissen und Fachkenntnissen angesehen, die es zur Erreichung der gemeinsamen Unternehmensziele zu nutzen gilt. Die besonderen Stärken eines Geschäftsbereiches werden allen anderen Geschäftsbereichen zugänglich gemacht und unternehmensweit eingesetzt.

Ziel ist es, die einzelnen Betriebseinheiten von reinen Ausführungsorganen und Lieferanten für die im Mutterland entwickelten Produkte zu innovativen, eigenverantwortlichen Geschäftsbereichen zu verwandeln.

Das nachfolgende Beispiel von *NEC* erläutert diesen Prozess im Hinblick auf den Ausbau des Know-hows ihrer amerikanischen Tochter im Software-Bereich:[130]

---

[128] Vgl. *Bartlett, Ch. A.,* Aufbau und Management der transnationalen Unternehmung: Die neue organisatorische Herausforderung, in: Globaler Wettbewerb: Strategien der neuen Internationalisierung, hrsg. von M. E. Porter, Wiesbaden 1989, S. 437.

[129] Vgl. *Bartlett, Ch. A., Ghoshal, S.,* Managing Across Borders: The Transnational Solution, Boston 1989, S. 75 ff.

[130] Siehe zu dem Beispiel *Bartlett, Ch. A.,* Aufbau und Management der transnationalen Unternehmung: Die neue organisatorische Herausforderung, a.a.O., S. 444 f.

Das Unternehmen *NEC* erkannte, dass es die System-Engineering-Abteilung seiner US-Tochter ausbauen und damit ihre Abhängigkeit von der Muttergesellschaft verringern musste. Daraufhin begann *NEC* mit der Durchführung eines Sieben-Jahres-Plans, in dessen Rahmen die amerikanische Niederlassung zunächst die Verantwortung für Software-Korrektur- und Änderungsroutinen erhielt, der sie auch gerecht wurde. Bald darauf stellten die wenigen amerikanischen Ingenieure ihre Fähigkeiten unter Beweis, indem sie ein neues Verfahren für kleinere Korrekturen entwickelten. Diese wurden von einem Zentralterminal vorgenommen, an den die Anlagen aller Kunden angeschlossen waren, so dass für solche Arbeiten keine aufwendigen Kundenbesuche mehr notwendig waren (diese Innovation wurde später von der Muttergesellschaft übernommen und in die Basis-Software für alle zukünftigen Telefonvermittlungsanlagen integriert). In einem nächsten Schritt besetzte *NEC* den Posten des technischen Leiters mit dem Manager, der im Rahmen der letzten Vermittlungseinrichtung des Unternehmens die Federführung bei der Software-Entwicklung gehabt hatte. Im Laufe der folgenden zwei Jahre stellte er zehn Ingenieure speziell für diesen Fachbereich ein und übernahm selbst ihre Weiterbildung. Während dieser Zeit bat er die Unternehmenszentrale immer wieder um die Übertragung neuer, zunehmend wichtiger Projekte. Anfang 1985 gründete er eine eigenständige Konstruktionsabteilung und setzte einen erfahrenen Mann an ihre Spitze. Er erhielt die Genehmigung, die Abteilung im ersten Jahr von 20 auf 50, im zweiten auf 100 Ingenieure zu vergrößern.

Die so entstandene, eigenverantwortliche Betriebseinheit war in der Lage, die wertvollen technischen Möglichkeiten vor Ort zu nutzen, die lokalen Bedürfnisse und Chancen zu erkennen, diese der Zentrale mitzuteilen und selbst innovativ tätig zu werden, so dass diese Neuerungen auch in anderen Unternehmenssegmenten angewandt werden konnten. Sie war innerhalb der Gesamtorganisation von der Befehlsempfängerrolle in eine Partnerrolle geschlüpft.

7. Strategische Allianzen und Netzwerke

Die dargestellten Formen der Auslandsorganisation reichen allein nicht aus, um international wettbewerbsfähig zu bleiben. Zur Sicherung internationaler oder globaler Präsenz gewinnen daher strategische Allianzen und Netzwerke an Bedeutung.

Strategische Allianzen sind Koalitionen von zwei oder mehr selbständigen Unternehmen mit dem Ziel, individuelle Stärken in einzelnen Geschäftsbereichen zu vereinen.[131] Diese Zusammenarbeit kann, muss aber nicht, länderübergreifend sein. Strategische Allianzen können in unterschiedlicher **Form** erfolgen:[132]

[131] Vgl. *Backhaus, K., Piltz, K.*, Strategische Allianzen – eine neue Form kooperativen Wettbewerbs?, in: Strategische Allianzen, Zeitschrift für betriebswirtschaftliche Forschung, Sonderheft 27, hrsg. von K. Backhaus und K. Piltz, Düsseldorf, Frankfurt 1990, S. 1-10, hier S. 2.

[132] Vgl. *Bea, F. X.*, Diversifikation durch Kooperation, in: Der Betrieb, 41. Jg., 1988, S. 2521-2526, hier S. 2524.

- **vertragsfreie Verhaltensabstimmungen**,
- **vertragliche Vereinbarungen** (z.B. technologische Zusammenarbeit, Lizenzabkommen, langfristige Lieferverträge),
- **Kapitalbeteiligungen** (Minderheitsbeteiligungen) oder
- **Gemeinschaftsunternehmen** (Joint Ventures).

Die häufigsten Bereiche, in denen Strategische Allianzen angetroffen werden, sind **Forschung und Entwicklung** sowie **Marketing**.[133] Gründe für die zunehmende Bedeutung strategischer Allianzen sind veränderte Wettbewerbsstrukturen, die entstehen durch

- zunehmende Dynamik der technologischen Entwicklung,
- Globalisierung der Märkte,
- Veränderung des Nachfrageverhaltens und der Entwicklung neuer Produkte und Märkte sowie
- den Wandel der institutionellen (rechtlichen) Rahmenbedingungen wie z.B. der Deregulierung bisher beschränkter Märkte.[134]

Strategische Allianzen sind ein geeignetes Instrument für Unternehmen, sich auf veränderte Wettbewerbsstrukturen vorzubereiten und diesen gerecht zu werden.[135] Als **Vorteile** kann man folgende Merkmale **strategischer Allianzen** ansehen:

- **Möglichkeit eines selektiven, gezielten Einsatzes:** Strategische Allianzen sind flexibler einzusetzen als Akquisitionen. Sie können gezielt dort eingegangen werden, wo die Kompetenz bei Technologie oder Produktgestaltung erweitert werden kann oder Synergievorteile zu erzielen sind.
- **Risikobegrenzung:** Durch die Beteiligung mehrerer Partner wird das Risiko für den Einzelnen vermindert. Dies ist besonders im Forschungs- und Entwicklungsbereich wichtig, wo das Ausfallrisiko einer gescheiterten Neuentwicklung auf mehrere Schultern verteilt werden kann.[136]
- **Know-how-Transfer:** Die Partner strategischer Allianzen können die Stärken der anderen Partner erkennen und durch entsprechende Lernprozesse übernehmen. Derjenige, der am schnellsten lernt, verstärkt dadurch seine Position innerhalb der Allianz.[137]
- **Erreichen kritischer Größe:** Für bestimmte kapitalintensive Projekte (F&E, Produktion) ist eine kritische Größe zu erreichen, um rentabel arbeiten zu können.

---

[133] Vgl. *Das, S., Chen, P., Segupta, S.,* Impact of Strategic Alliances on Firm Valuation, in: Academy of Management Journal, Vol. 41, No. 1, 1998, S. 27-41.

[134] Vgl. *De Benedetti, C.,* Weltweite Bündnis- und Wettbewerbsstrategie, in: Handbuch strategische Führung, hrsg. von H. Henzler, Wiesbaden 1988, S. 165-181, hier S. 178.

[135] Vgl. *Backhaus, K., Plinke, W.,* Strategische Allianzen als Antwort auf veränderte Wettbewerbsstrukturen, in: Strategische Allianzen, Zeitschrift für betriebswirtschaftliche Forschung, Sonderheft 27, hrsg. von K. Backhaus und K. Piltz, a.a.O., S. 21-33, hier S. 31.

[136] Vgl. *Nielsen, R.,* The Case for Cooperative Strategies, in: The McKinsey Quarterly, Spring 1987, S. 41-48.

[137] Vgl. *Backhaus, K., Piltz, K.,* Strategische Allianzen – eine neue Form kooperativen Wettbewerbs?, in: Strategische Allianzen, Zeitschrift für betriebswirtschaftliche Forschung, Sonderheft 27, hrsg. von K. Backhaus und K. Piltz, a.a.O., S. 9.

- **Beeinflussung des Wettbewerbs:** Auch die **Verhandlungsmacht** gegenüber Zulieferern oder Abnehmern steigt durch strategische Allianzen.[138] Eine Veränderung der Marktstruktur kann dazu beitragen, dass die Wettbewerbsintensität auf dem Markt verändert, die marktüblichen Gewinnmargen stabilisiert oder struktureller Wandel beschleunigt werden.[139]
- **Setzen von Standards:** Gemeinsame Standards, die einen möglichst großen Marktbereich abdecken, erschweren den Markteintritt neuer Konkurrenten und ermöglichen das Abschöpfen von Monopolrenten.
- **Indirekte Wettbewerbsbeziehungen:** Durch die Unterstützung verwandter Branchen im Rahmen eines Netzwerkes oder die Kapitalkraft anderer Unternehmen verbessert sich die Wettbewerbssituation einer Firma, die Bestandteil einer Netzwerkstruktur ist.

Ein Beispiel für eine strategische Allianz zum Setzen von Standards ist die Kooperation zwischen den Hard- und Softwareherstellern *IBM* und *Microsoft.* Beide Unternehmen kooperieren **vertraglich** mit dem Ziel, frühzeitig weltweite Standards für Personal-Computer zu setzen. So konnte *IBM* zusammen mit *Microsoft* das PC-Betriebssystem PC-DOS bzw. MS-DOS als Industriestandard etablieren. Unternehmen, die auf diesem Markt erfolgreich sein wollten, hatten sich diesem Standard anzupassen. Eine Wiederholung des Erfolgs war bei dem DOS-Nachfolger OS/2 bisher nicht möglich, weil OS/2 nicht mit dem Standard DOS kompatibel ist und sich *Microsoft* entgegen der Erwartungen mit seiner DOS-Erweiterung Windows durchgesetzt hat.[140] *IBM* scheiterte an seinem selbst gesetzten Industriestandard DOS und entschloss sich daher, eine OS/2 Version zu entwickeln, die teilweise DOS-kompatibel ist.

Indirekte Wettbewerbsbeziehungen beeinflussen das künftige Verhalten der Unternehmen. Auf den Märkten stehen sich nicht mehr einzelne Unternehmen gegenüber. „Vielmehr stehen Netze von Unternehmen mit eigener Struktur, eigener interner und externer Dynamik, mehr oder weniger ausgeprägter Homogenität und Integration anderen Unternehmensnetzen gegenüber, die alle ebenfalls in Veränderungen begriffen und beweglich sind.“[141]

[138] Vgl. *Nielsen, R.,* The Case for Cooperative Strategies, a.a.O., S. 44.

[139] Vgl. *Harrigan, K. R.,* Joint Ventures and Competitive Strategy, in: Strategic Management Journal, Vol. 9, 1988, S. 141-158; *Siebert, H.,* Technologische Entwicklung und Vorproduktbeschaffung, Frankfurt/Main 1990.

[140] Vgl. *Klein, M.,* Kompromiß bei Betriebssystemen, in: Süddeutsche Zeitung Nr. 251 vom 31.10./1.11.90, S. 72.

[141] *De Benedetti, C.,* Weltweite Bündnis- und Wettbewerbsstrategie, a.a.O., S. 171.

Die Wirkung und den Erfolg derartiger Unternehmensnetze illustriert eindrucksvoll das japanische *Mitsubishi*-Imperium. Der Kern der *Mitsubishi*-Gruppe besteht aus einem Netz von 28 Beteiligungen an Unternehmen verschiedener Branchen (vgl. Abb. 3.38).[142]

Die jeweiligen Prozentangaben bezeichnen den Anteil der Aktien, die von anderen Mitgliedern der *Mitsubishi*-Gruppe gehalten werden. Der Zusammenhalt in der Gruppe wird dabei durch Überkreuzverflechtungen und andere finanzielle Anbindungen (z.B. Darlehensgewährung an Unternehmen der Gruppe), Doppelmandate von Organmitgliedern, langfristige Verträge sowie soziale und geschichtlich begründete Verbindungen hergestellt und gewahrt. Außerhalb des dargestellten Kerns besteht das *Mitsubishi*-Imperium aus mehreren hundert Unternehmen.

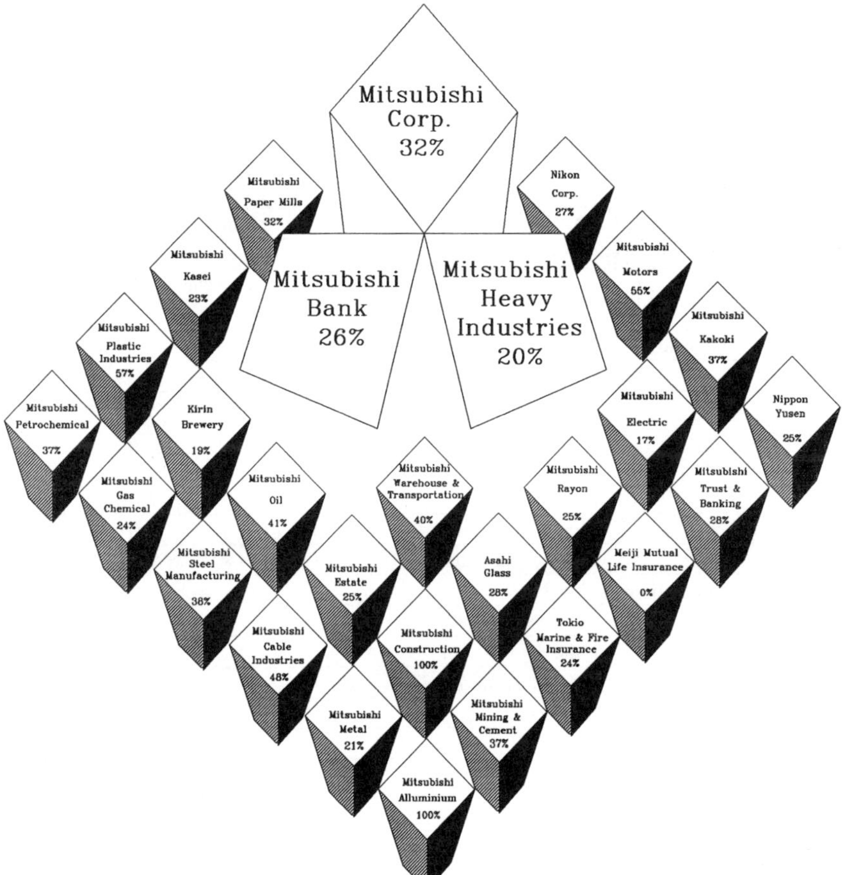

Abb. 3.38 Der Kern der Mitsubishi-Gruppe

[142] Vgl. *Neff, R., Holstein, W. J.,* Mighty Mitsubishi is on the Move, in: Business Week, 24. September 1990, S. 38-43, hier S. 39.

Ein Beispiel für **internationale Allianznetzwerke** zur Beeinflussung des Wettbewerbs sind die vielschichtigen Beziehungen zwischen Luftverkehrsgesellschaften. Der Linienluftverkehr war ein traditionell stark regulierter Markt mit nur geringem Wettbewerb. Mit der Deregulierung in den USA in den 70er Jahren und der Liberalisierung in Europa seit 1986 hat die Wettbewerbsintensität auf diesen Märkten erheblich zugenommen. Die etablierten Liniengesellschaften sehen sich durch den Eintritt von Newcomern oder Charterunternehmen in den Linienluftverkehr zunehmend bedrängt.

In den USA hatte die Deregulierung nach einer großen Zahl von Neugründungen und Insolvenzen eine Fusionswelle zur Folge. Diese bewirkte, dass die Konzentration auf dem Luftverkehrsmarkt heute höher ist als vor der Deregulierung. In Europa hatte die Liberalisierung zur Folge, dass die etablierten Liniengesellschaften ein weltweites Netzwerk von vertraglichen Kooperationen, Kapitalbeteiligungen und Joint Ventures aufgebaut haben. Ziel dieser strategischen Allianzen ist es, den Wettbewerb der etablierten Liniengesellschaften untereinander zu begrenzen. Die Ressourcen sollen gemeinsam eingesetzt werden, um den Neueintritt von Konkurrenten zu verhindern. Die wichtigsten Beteiligungen und Marketingverträge sind in der folgenden Tabelle 3.1 dargestellt.

Star Alliance	*Flying Dutchman*	*Oneworld*	*SkyTeam*
Air Canada	Air Alps	Aer Lingus	Aero Mexico
Air New Zealand	Air Europa	American Airlines	Air France
ANA (All Nippon Airways)	Alaska Airlines	British Airways	Alitalia
Asiana Airlines	China Southern Airlines	Cathay Pacific	Czech Airlines
Austrian Airlines	Comair	Finnair	Delta
BMI - british midland	Continental Airlines	Iberia	Korean Air
Lauda Air	Cyprus Airways	Lan Chile	
Lufthansa	Jet Airways	Quantas	
Mexicana	Kenya Airlines	Swiss	
SAS Scandinavian Airlines System	KLM		
Singapore Airlines	Latin Pass		
Spanair	Lithuanian Airlines		
Thai Airways International	Maersk Air		
Tyrolean Airways	Malaysia Airlines		
United Airlines	Malev		
VARIG Brazilian Airlines	Malmö Aviation		
	Martinair		
	Meridiana		
	Northwest Airlines		
	SNCF		
	TAM		
	Thalys		
	Transavia Airlines		
	Ukraine International Airlines		

Tab. 3.1 Die wichtigsten strategischen Allianzen in der internationalen Luftfahrt (Stand: September 2003)

8. Beispiele von Strategie- und Strukturentwicklung: *DaimlerChrysler*, *RWE* und *Siemens*

Chandler hat anhand einer empirischen Analyse der Entwicklung großer amerikanischer Industrieunternehmen gezeigt, dass auf grundlegende Strategieänderungen jeweils eine strukturelle Anpassung erfolgte **(Structure Follows Strategy)**.[143] Danach vollzieht sich die Unternehmensentwicklung in vier Stufen:

- Die **erste Stufe** ist durch **Umsatzausweitung** geprägt. Diese soll in erster Linie durch eine Ausweitung der Produktionskapazitäten erreicht werden. Mit dieser Entwicklung geht auch eine vertikale Tätigkeitsausweitung durch die Anbindung von Beschaffungs- und Absatzmärkten einher.
- In der **zweiten Stufe** wird durch die Einführung einer **funktionalen Organisationsstruktur** versucht, das gewachsene Unternehmen effizienter zu führen.
- In der **dritten Stufe** wird das weitere Unternehmenswachstum durch **Diversifikation** gesichert. Dabei wird zunächst in verwandte Produkte und/oder Märkte diversifiziert. Im weiteren Verlauf werden dann auch nicht-verwandte, konglomerate Bereiche integriert.
- Die **vierte Stufe** ist durch eine organisatorische Anpassung an das diversifizierte Produktprogramm gekennzeichnet. Probleme der Leitung und Koordination von unterschiedlichen Geschäftsfeldern in einer funktionalen Organisation führen zur Einführung einer **Geschäftsbereichsorganisation**.

Auch deutsche Unternehmen folgen grundsätzlich diesen Stufen. Allerdings ist der Zusammenhang zwischen Unternehmensstrategie und Organisationsstruktur nicht so zwingend. Insbesondere die größere Bedeutung der Holding-Struktur unterscheidet deutsche von amerikanischen Unternehmen.[144]

Die wichtigsten Gründe für die wettbewerblichen Veränderungen der letzten Jahre sind neue Technologien, die Globalisierung des Wettbewerbs und die Schaffung des europäischen Binnenmarktes. Um bei zunehmender Wettbewerbsintensität erfolgreich am Markt zu bestehen, müssen Unternehmen ihre Marktnähe erhöhen und ihre Unternehmensstrategie auf Kerngeschäfte konzentrieren, bei denen eine bisher gute Marktstellung noch ausgebaut werden kann. Die strukturelle Anpassung an diese fünfte Stufe der Unternehmensentwicklung erfolgt durch Entscheidungsdezentralisation und rechtliche Verselbstständigung der Geschäftseinheiten in Form einer Management-Holding. Dabei trägt eine Entscheidungsdezentralisation zu einer größeren Marktnähe bei, eine rechtliche Selbstständigkeit der Unternehmensteile fördert strategische Flexibilität, Motivation und Kooperationsfähigkeit.[145]

---

[143] Vgl. *Chandler, A. D. Jr.*, Strategy and Structure. Chapters in the History of the American Industrial Enterprise, a.a.O.

[144] Vgl. *Siegrist, H.*, Deutsche Großunternehmen vom späten 19. Jahrhundert bis zur Weimarer Republik, in: Geschichte und Gesellschaft, 6. Jg., 1980, S. 60-102.

[145] Vgl. *Bühner, R.*, Strategie und Organisation. Neuere Entwicklungen, in: Zeitschrift Führung und Organisation, 58. Jg., 1989, S. 223-232, hier S. 225; *ders.*, Management-Holding – Ein Erfahrungsbericht, in: Die Betriebswirtschaft, 51. Jg., 1991, S. 141 ff.

Im Folgenden soll anhand der *DaimlerChrysler AG*, der *RWE AG* und der *Siemens AG* beispielhaft gezeigt werden, wie sie sich durch Reorganisationsmaßnahmen den neuen marktlichen Anforderungen angepaßt haben.

DaimlerChrysler AG

Entstanden aus dem Zusammenschluss von *Daimler-Benz AG* und *Chrysler Corporation* im Jahr 1998 ist der Fahrzeughersteller heute (Stand 2002) mit einem Jahresumsatz von 153 Mrd. € das mit Abstand umsatzstärkste Unternehmen in Deutschland.

Bis 1984 war die Unternehmenstätigkeit von *Daimler-Benz* ausschließlich auf den Kraftfahrzeugbau beschränkt. Im Jahr 1985 änderte das Unternehmen seine Strategie grundlegend und damit von der Konzentration auf die Automobilbranche ab. *Edzard Reuter*, der damalige Finanzvorstand, verfasste ein Strategiepapier, in dem er die Diversifikation zu einem „Integrierten Technologiekonzern“ anmahnte. 1985 und 1986 erwarb *Daimler-Benz* aus diesem Grund den Flugzeugbauer *Dornier GmbH* und die *Motoren- und Turbinen-Union München GmbH* sowie die Mehrheit an der *AEG AG*. Nachdem *Reuter* 1987 den Vorstandsvorsitz übernommen hatte, kaufte *Daimler-Benz* noch die *Messerschmitt-Bölkow-Blohm GmbH (MBB)* sowie den niederländischen Flugzeughersteller *Fokker NV*.

Die strategische Neuausrichtung führte zu einer Reorganisation der bis dahin funktionalen Organisationsstruktur. Die neuen Konzerngesellschaften wurden zunächst dem Ressort „Beteiligungen“ unterstellt, das mit dieser Aufgabe jedoch überfordert war, da ihm genauso viele Mitarbeiter unterstellt waren wie der übrigen Muttergesellschaft. In der Diskussion um eine neue Struktur wurde zunächst die Errichtung einer Holding-Struktur erwogen, dann aber doch verworfen.

Die Struktur, die man stattdessen 1987 einführte, war eine Mischform aus funktionalen und divisionalen Elementen. Neben den **Geschäftsbereichen** Nutzfahrzeuge, Personenwagen, *AEG, Dornier* und *MTU* gab es außerdem noch die **Zentralressorts** Finanz- und Betriebswirtschaft, Forschung und Entwicklung, Materialwirtschaft, Personal sowie Vertrieb. Die Geschäftsbereiche sollten die weltweite unternehmerische Verantwortung für ihre Tätigkeitsbereiche tragen, während die Zentralressorts in ihren funktionalen Zuständigkeiten strategisch und operativ entscheiden sollten. Die Zentralressorts besaßen gegenüber den Geschäftsbereichen Richtlinienkompetenz. Als Ausgleichsorgan zwischen den zwei Gruppen diente ein **Struktur- und Synergieausschuss**.

Nachdem die neue Organisationsstruktur von weiten Teilen des Managements nicht angenommen wurde und es bald zu Kompetenzstreitigkeiten zwischen den verschiedenen Ressorts kam, wurde *Daimler-Benz* 1989 in eine **Management-Holding** umgewandelt. Die Geschäftstätigkeit wurde in drei (ab 1990: vier) rechtlich selbstständige Unternehmensbereiche neu gegliedert:

- Die ***Mercedes-Benz AG*** mit den Geschäftsbereichen Personenwagen und Nutzfahrzeuge;

- die ***AEG AG*** mit den Geschäftsfeldern Automatisierungstechnik, Büro- und Kommunikationstechnik, Elektrotechnische Anlagen und Komponenten, Gebrauchsgüter, Mikroelektronik sowie Transport-Systeme;
- die ***Deutsche Aerospace AG (DASA)*** mit den Unternehmen *Dornier, MTU, Telefunken Systemtechnik* und *MBB;*
- ab 1990 die ***debis Daimler-Benz Interservices AG***.

Aufgabe der Holding war die strategische Ausrichtung des Konzerns. Die Zentralressorts waren für bereichsübergreifende funktionale Aufgaben zuständig.

Als *Edzard Reuter* 1995 von *Jürgen Schrempp* abgelöst wurde, war der Börsenwert von 52 Mrd. DM (1986) auf 31 Mrd. DM (1994) gesunken. Als Grund für diesen eklatanten Misserfolg wurden u.a. folgende Hauptgründe ausgemacht:

- Die Konzernzentrale war zu aufgebläht. Zeitweise arbeiteten über 3.000 Mitarbeiter in der Holding.
- Die Leiter der Unternehmensbereiche waren operativ so ausgelastet, dass kein Spielraum für strategische Entscheidungen verblieb.
- Die Führungsstruktur war nach wie vor stark zentral ausgerichtet. Eine Management-Holding ist dagegen eher für dezentrale Strukturen eingerichtet.
- Die *AEG* konnte trotz Investitionen von 2,6 Mrd. DM nie eine herausragende Wettbewerbsposition erreichen.
- Die *DASA* litt vor allem unter der weltweiten Rezession 1989/90 (Flugzeugbau) und den gekürzten Verteidigungsausgaben bei Beendigung der Ost-West-Konfrontation.
- Die von *Reuter* erhofften Synergieeffekte blieben aus.

Schrempp begann 1995, die Strategie erneut zu ändern und die Struktur des Konzerns zu straffen. Er setzte als Ziel für *Daimler-Benz* die Steigerung des Unternehmenswertes, orientierte das Unternehmen stärker an den Interessen von Investoren und Kapitalmarkt.

Mit einer Neuausrichtung des Portfolios konzentrierte sich *Daimler-Benz* wieder auf seine Kerngeschäfte Fahrzeug, Transport, Verkehr und die damit verbundenen Dienstleistungen. Unternehmensbereiche, die nicht erfolgreich genug waren, wurden im Zuge dieser Restrukturierung abgegeben: 1995 verkaufte *Daimler-Benz* große Teile des Geschäftsbereichs *AEG*, der seit der Übernahme durch den Automobilhersteller nie die Gewinnzone erreichen konnte. Der niederländische Flugzeugbauer *Fokker*, der seit der Akquisition ebenfalls nur Verluste erwirtschaftet hatte, ging in Konkurs, nachdem *Daimler-Benz* sein Engagement beendet hatte und die Zahlungen an *Fokker* einstellte. Ende 1997 begannen Gespräche über den Verkauf des Mikroelektronik-Herstellers *Temic.*

Die Organisation der Holding-Gesellschaft wurde ebenfalls gestrafft: So fielen die beiden Zentralbereiche Finanzen und Material weg und wurden anderen Ressorts angegliedert. Die tiefgreifende Umstrukturierung machte sich zwar auf lange Sicht bezahlt. Kurzzeitig aber hatten sie einen dramatischen Ergebniseinbruch zu Folge. Insgesamt kosteten Verkäufe und Restrukturierungsmaßnahmen 5,1 Mrd. DM und führten 1995 zu einem Verlust in Höhe von 5,7 Mrd. DM.

1996 passte man die Konzernstruktur von *Daimler-Benz* der neuen Strategie an. Die **Konzentration auf das Kerngeschäft** Fahrzeugbau kommt darin zum

Ausdruck, dass die *Mercedes-Benz AG* mit der *Daimler-Benz AG* verschmolzen wurde. Die *Daimler-Benz AG* gliederte sich von nun an in die folgenden vier Geschäftsfelder:

- **Personenwagen**
- **Nutzfahrzeuge:** Lkw, Omnibusse, Unimog
- **Luft- und Raumfahrt:** *DASA*
- **Dienstleistungen:** *debis*
- **Direkt geführte industrielle Beteiligungen:** Bahnsysteme *(Adtranz)*, Mikroelektronik, *MTU*

Innerhalb der Geschäftsfelder wurde ebenfalls eine erhebliche Straffung vorgenommen, um flexibler und marktnäher agieren zu können.

Im Mai 1998 gaben Daimler-Benz und der US-amerikanische Automobilhersteller Chrysler Corporation die Fusion der beiden Unternehmen bekannt. Nachdem die nach deutschem Recht gegründete DaimlerChrysler AG zunächst gemeinsam durch die Vorstandsvorsitzenden der beiden fusionierten Unternehmen, Jürgen Schrempp und Robert Eaton, geführt wurde, ist Schrempp seit März 2000 alleiniger Vorstandsvorsitzender der DaimlerChrysler AG.

Folgende Ziele wurden mit dem Merger verfolgt:

- Entwicklung eines Portfolios mit weltweit bekannten und regional vertretenen Marken;
- Gemeinsame Nutzung von Technologien;
- Gemeinsame Bauteile im Bereich der Volumenbaureihen;
- Zusammenfassung von Produktions- und Beschaffungsvolumen.

Insbesondere durch den Portfolioaufbau sollte versucht werden, Auswirkungen zyklischer, segmentbedingter und regionaler Absatzschwankungen abzuschwächen.

Um das Potenzial der Fusion voll ausschöpfen zu können, wurden Synergie-Ziele formuliert, die einen genauen Zeitplan und einzelne Prozessschritte vorgaben. Des Weiteren wurde ein Integrationsausschuss gebildet, der sich mit 100 zentralen Integrationsaufgaben (etwa 1.300 Einzelprojekte) auseinander setzte.

Eine Stärkung des Produktportfolios und eine höhere geographische Präsenz wurden durch Investitionen in asiatische Unternehmen erreicht: 2000 wurden eine 9%-Beteiligung an der *Hyundai Motor Company* und eine 34%-Beteiligung an *Mitsubishi Motors Corporation* erworben. Letztere wurde 2001 auf 37,3% ausgeweitet.

Um Integrationsschwierigkeiten und wirtschaftlichen Problemen insbesondere im amerikanischen Unternehmensteil entgegenzuwirken, wurde 2000 ein Executive Automotive Committee gebildet, das sich seitdem mit der Unterstützung und Koordination weltweiter Tätigkeiten beschäftigt.

DaimlerChrysler hat im ersten Quartal 2002 (erstmals nach 6 Quartalen) wieder ein positives Ergebnis ausgewiesen.

RWE AG

Seit ihrer Gründung im Jahre 1898 hat sich die *RWE AG* zum fünftgrößten deutschen Unternehmen (im Jahr 2001 gemessen am Umsatz) entwickelt. Im Geschäftsjahr 2002 wurden knapp 74% des 46,6 Mrd. € hohen Konzernumsatzes mit dem Kerngeschäft (Strom, Gas, Wasser und Umweltdienstleistungen) erwirtschaftet.

Mitte 1988 erwarb die *RWE AG* die *Deutsche Texaco AG* (Umsatzvolumen über 9 Mrd. DM). Damit wurde eine wesentliche Verstärkung und sinnvolle Ergänzung der Aktivitäten im Bereich Mineralöl und Chemie und damit eine Diversifikation in ein vertrautes Aufgabengebiet verfolgt.[146]

Ende 1988 wurde der Konzernbereich Mineralöl und Chemie unter der Führung der *RWE-DEA AG für Mineralöl und Chemie* etabliert. Die *Texaco*-Tankstellen in Deutschland wurden mit neuem Namen *(DEA)* und Design ausgestaltet. Der Bereich hatte im Geschäftsjahr 1988/89 einen Anteil von 39 Prozent am Gesamtumsatz des Konzerns. 1989 begann eine grundlegende Neuorganisation der *RWE AG,* mit der eine klar nach Bereichen gegliederte Unternehmensstruktur geschaffen werden sollte.

Die *RWE AG* sollte künftig als konzernleitende Holding rechtlich selbstständige Führungsgesellschaften mit eigener Ergebnisverantwortung leiten. Dazu wurde der Bereich Energieversorgung aus der Holdinggesellschaft herausgetrennt. Als Aufgaben der Holding wurden „die Vorgabe der übergreifenden Konzernziele, die Weiterentwicklung des Konzerns, die Ergebniskontrolle, der optimale Einsatz von Firmenmitteln sowie die Koordinierung von Forschung und Entwicklung"[147] festgelegt.

Der konzernleitenden Holding wurden ursprünglich fünf Unternehmensbereiche untergeordnet:

- **Energie,** in dem die Energie- und Wasserversorgungsaktivitäten in der *RWE Energie AG* zusammengefasst sind;
- **Bergbau und Rohstoffe,** der bereits vor der Neuorganisation unter der *Rheinbraun AG* klar strukturiert war;
- **Mineralöl und Chemie,** der die *RWE-DEA AG* enthält;
- **Entsorgung,** der unter der Führung der *RWE Entsorgung AG* neu aufgebaut wurde;
- seit 1990: **Bauwirtschaft,** der die Aktivitäten der *Hochtief AG* umfasst;
- **Maschinen- und Anlagenbau,** bei dem über die *Lahmeyer AG für Energiewirtschaft* und die *Rheinelektra AG* weitere Beteiligungen gehalten wurden. 1995 wurde dieser Bereich um die Aktivitäten in der **Telekommunikation** erweitert. Hierzu zählen die Firmen *Talkline GmbH, o.tel.o.* (ein Joint Venture mit der *VEBA* seit 1997) und deren 60%-Beteiligung an der *E-Plus Mobilfunk GmbH.*

Die neue Organisationsstruktur sollte den Führungesesellschaften eine marktnahe und kundenorientierte Führung ermöglichen. Kürzere Entschei-

[146] Vgl. *RWE AG,* Geschäftsbericht 1987/88, Essen 1989, S. 8.

[147] *RWE AG,* Erläuterungen zur Neuordnung des *RWE*-Konzerns und zur Ausgliederung des Unternehmensbereichs Energie in die *RWE Energie AG,* Vorlage zur Hauptversammlung am 18. Januar 1990 in Essen, Essen 1990, S. 3.

dungswege und hohe Flexibilität sollen die Wettbewerbsposition der *RWE AG* in den einzelnen Unternehmensbereichen stärken.

Die Struktur der Management-Holding fand auch im Vorstand der *RWE AG* ihren Niederschlag. Neben dem Vorstandsvorsitzenden waren die Leiter der Zentralbereiche Finanzen und Rechnungswesen, Personal sowie Forschung und Entwicklung im Vorstand vertreten. Außerdem war jeder Konzernbereich – zumeist durch den Vorstandsvorsitzenden – im Vorstand der Obergesellschaft vertreten (Doppelvorstandschaft).

1997/98 wurde der Geschäftsbereich Entsorgung restrukturiert und in Umweltdienstleistungen umbenannt. *RWE Entsorgung* heißt seitdem *RWE Umwelt AG.* Des Weiteren wurden vier Geschäftsbereiche mit eigener Führungsgesellschaft gebildet, wodurch die Unternehmensstruktur einfacher und effektiver wurde.

Mit der Liberalisierung der europäischen Energiemärkte und zur Sicherung einer internationalen Führungsposition auf dem Energie- und Versorgungsmarkt konzentrierte sich der Konzern 1999 auf das Kerngeschäft Energie und energienahe Dienstleistungen. Aus diesem Grund wurden in diesem Jahr auch ein Großteil der Beteiligungen im Telekommunikationsbereich abgegeben. 2000, nachdem bereits mehr als 99% gehalten wurden, wurde die *Lahmeyer AG* auf den Konzern verschmolzen, was die Strukturen wieder festigte.

Die Organisationsstruktur der *RWE AG* ist in Abb. 3.39 graphisch dargestellt.

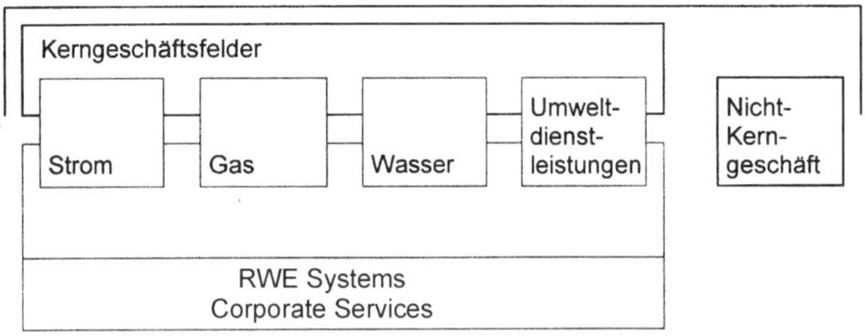

Abb. 3.39 Organisationsstruktur der *RWE AG* 2002

Siemens AG

Die *Siemens AG* war im Jahr 2001 mit einem Umsatz von mehr als 87 Mrd. € das drittgrößte deutsche Unternehmen.

Die letzte größere Änderung der *Siemens*-Organisation erfolgte im Jahr 1969. Bei einem Umsatz von gut 5 Mrd. € sollte durch die damalige Neuorganisation ein Umsatzbereich von 10 bis 12,5 Mrd. € abgedeckt werden.[148] Die Organisationsstruktur bestand nach 1969 aus **fünf Zentralbereichen** (Betriebswirtschaft, Finanzen, Personal, Technik und Vertrieb) sowie **sechs Unternehmensbereichen**

[148] Vgl. *Ludsteck, W.,* Wellen bis in die Spitzen der Hierarchie, in: Süddeutsche Zeitung Nr. 230 vom 5.10.1988, S. 32.

(Bauelemente, Daten-, Energie-, Installations-, Medizinische und Nachrichtentechnik).[149]

Obwohl schon im Geschäftsjahr 1976/77 ein Umsatz von etwa 13 Mrd. € erzielt wurde,[150] blieb die Organisationsstruktur unverändert. 1987 bestanden noch dieselben Zentralbereiche wie 1969. Lediglich den sechs Unternehmensbereichen wurde 1987 mit der *Kraftwerk Union (KWU)* ein siebter hinzugefügt (siehe auch Abb. 2.14). Den sieben Unternehmensbereichen waren insgesamt 37 Produkt- oder Geschäftsbereiche unterstellt.[151]

Die Interessen des Gesamtkonzerns wurden bei der Bereichsführung mehr und mehr aus den Augen verloren. Doppelarbeiten, Parallelentwicklungen und überflüssige Konkurrenzverhältnisse erforderten eine grundlegende Reorganisation. Dann würde es auch wieder möglich sein, einen Konzern der Größe der *Siemens AG* „von oben" zu führen.[152]

Mitte 1988 wurde eine Änderung der Organisation eingeleitet. Diese hatte das Ziel, „Beweglichkeit, Schlagkraft und Wettbewerbsfähigkeit ... mit Blick auf die neunziger Jahre (zu) stärken." Weiterhin sollte sie „... helfen, weitere Kundenkreise und Marktsegmente zu erschließen, den schnelleren Technologiewandel mitzugestalten und neue Produkte mit neuen Anwendungen auf neuen Vertriebswegen zu vermarkten".[153]

Die neue Organisationsform sollte sich auf drei organisatorische Grundeinheiten stützen:[154]

- **Geschäftsführende Einheiten,** die den bestehenden Unternehmensbereichen ähnlich sind und produzieren, vertreiben und entwickeln;
- **Zentralabteilungen,** die übergreifende Funktionen und Dienstleistungen erfüllen;
- **Regionale Einheiten,** denen die Zuständigkeit für bestimmte Staaten oder Regionen übertragen werden sollte.

Der erste Schritt der Reorganisation betraf die ehemaligen Zentralbereiche. Durch die Übertragung von Funktionen in die operativen Bereiche wurden sie zunächst verkleinert. Gleichzeitig erhöhte sich ihre Effizienz bei der Unterstützung der Unternehmensleitung.[155] Es wurden fünf Zentralabteilungen geschaffen:

- **Unternehmensplanung und -entwicklung,** die für die Neuorganisation und den Führungsnachwuchs zuständig sein sollte;
- **Finanzen,** für die der frühere Zentralbereich um das Controlling erweitert wurde;

---

149 Vgl. *Siemens AG,* Geschäftsbericht 1967/68, München 1969, S. 5, *dies.,* Geschäftsbericht 1968/69, München 1970, S. 6 und S. 14 f.

150 Vgl. *Siemens AG,* Geschäftsbericht 1976/77, München 1978, S. 5.

151 Vgl. *Siemens AG,* Geschäftsbericht 1986/87, München 1988, S. 15 ff.

152 Vgl. *Hasenbeck, M., Siemens:* Gigant im Umbruch, in: Wirtschaftswoche, 42. Jg., Nr. 36 vom 2. 9. 1988, S. 68-76, hier S. 70.

153 *Siemens AG,* Geschäftsbericht 1987/88, München 1989, S. 4.

154 Vgl. *o. V.,* Der Koloß *Siemens* will flexibler werden, in: Süddeutsche Zeitung, Nr. 229 vom 4.10.1988, S. 29.

155 Vgl. *Wagner, G., Siemens AG:* Die Devise heißt schlanker und wendiger, in: Handelsblatt Nr. 15 vom 20./21.1.1989, S. 19.

- **Forschung und Entwicklung;**
- **Produktion und Logistik,** die die fertigungstechnischen Aufgaben des früheren Zentralbereichs Forschung und Technik übernahm;
- **Personal,** die auch für Aus- und Weiterbildung zuständig wurde.

Die Neuordnung der Zentralabteilungen war im Oktober 1988 abgeschlossen. Der zweite, weitaus größere Schritt zur Neuorganisation betraf den Fertigungs- und Vertriebsbereich. Hier sollte eine höhere Dezentralisierung und Spezialisierung erreicht werden.

Die sieben bestehenden Unternehmensbereiche wurden in fünfzehn neue Geschäftsbereiche sowie zwei selbstständige Geschäftsgebiete aufgeteilt. Die Tochterunternehmen *Osram GmbH* und *Dr.-Ing. Rudolf Hell GmbH* sollten ihre bereits bestehende Selbstständigkeit behalten.[156] Die Bildung der neuen Geschäftsbereiche orientierte sich dabei nicht an der Größe der Einheiten, sondern geschah marktorientiert und sollte allein die Nähe zum Kunden verbessern. Im Einzelnen wurden die Geschäfte wie folgt gegliedert:[157]

- Der Bereich **Medizinische Technik** blieb fast unverändert;
- Der Unternehmensbereich Bauelemente wurde in die Geschäftsbereiche **Halbleiter** sowie **Passive Bauelemente und Röhren** geteilt;
- Aus der Energie- und Automatisierungstechnik gingen vier Geschäftsbereiche hervor:
  - **Automatisierungstechnik,**
  - **Verkehrstechnik,**
  - **Anlagentechnik** und
  - **Antriebs-, Schalt- und Installationstechnik;**
- Vom Bereich Installations- und Automobiltechnik blieb nur der Geschäftsbereich **Automobiltechnik** übrig, die übrigen Aktivitäten wurden in die Geschäftsbereiche Anlagentechnik und Energieerzeugung eingebracht;
- Aus dem Bereich *KWU* gingen die Geschäftsbereiche **Energieerzeugung** sowie **Energieübertragung und -verteilung** hervor;
- Die Kommunikations- und Datentechnik wurde in **Daten- und Informationstechnik, Private Kommunikationssysteme** sowie **Peripherie- und Endgeräte** geteilt;
- Die Nachrichten- und Sicherungstechnik wurde in Sicherungstechnik und Öffentliche Kommunikationsnetze getrennt.

Selbstständige Geschäftsgebiete wurden

- **Elektromechanische Komponenten** und
- **Audio- und Videosysteme**.

Mit der Neuordnung hat die *Siemens AG* einen Mittelweg zwischen einer geschäftsführenden Holding und einem funktional strukturierten Produktionsunternehmen eingeschlagen.[158] Auf eine rechtliche Verselbstständigung der Unter-

---

[156] Vgl. *Ludsteck, W.,* Neues Korsett für den Elefanten, in: Süddeutsche Zeitung Nr. 151 vom 5.7.1989, S. 30.

[157] Vgl. *Wagner, G., Siemens AG:* Die Devise heißt schlanker und wendiger, a.a.O., S. 19; siehe hierzu auch o. V., Die neue *Siemens*-Struktur – und ihre Folgen, in: Süddeutsche Zeitung Nr. 153 vom 7.7.1989, S. 26; o. V., *Siemens AG:* Künftig gibt es drei Arten von Vorständen, in: Handelsblatt Nr. 129 vom 7./8.7.1989, S. 14.

[158] Vgl. *Ludsteck, W.,* Neues Korsett für den Elefanten, a.a.O., S. 30.

nehmensbereiche wurde verzichtet, um Synergieeffekte zwischen den Bereichen besser nutzen zu können. Außerdem entfallen bei zukünftigen Strukturänderungen gesellschaftsrechtliche Probleme.[159]

Ein bedeutendes Ereignis für die weitere Organisationsentwicklung der *Siemens AG* war die Übernahme der *Nixdorf AG* Anfang 1990. Im ersten Schritt wurden 51 Prozent der Stammaktien in bar erworben. Für die weitere Entwicklung wurde dann beschlossen, den Bereich Peripherie- und Endgeräte zum 31.3.1990 aufzulösen und dessen Aktivitäten auf die Bereiche Daten- und Informationstechnik sowie Private Kommunikationssysteme aufzuteilen.[160]

Im zweiten Schritt der Fusion wurde der Geschäftsbereich Daten- und Informationstechnik als Sacheinlage im Zuge einer Kapitalerhöhung in die *Nixdorf AG* eingebracht.[161] Das daraus entstandene Unternehmen, die ***Siemens Nixdorf Informationssysteme AG***, nahm als dritter Bereich mit eigener Rechtsform seine Geschäftstätigkeit am 1.10.1990 auf.

In den Jahren 1990 bis 2002 passte Siemens fortlaufend sein Produkt- und Beteiligungsportfolio den marktlichen Anforderungen an. Die Organisationsstruktur wurde hierbei nur gering verändert: dem Vorstand untergeordnet sind heute das operative Geschäft, das Finanz- und Immobiliengeschäft, die Zentralabteilungen sowie die Zentralstellen. Alle Bereiche übergreifende regionale Einheiten umfassen Zweigniederlassungen, Regionalgesellschaften, Repräsentanzen sowie Ländervertretungen.

9. Lenkung durch Verrechnungspreise

Innerbetriebliche Verrechnungspreise bildet man zur Bewertung von Lieferungen und Leistungen zwischen Organisationseinheiten im Unternehmensverbund.[162] Verrechnungspreise sollen im Zusammenhang mit der Organisation zu einer optimalen Lenkung des Unternehmensgeschehens in einem mehrgliedrigen Verbund beitragen.

- Bei funktional gegliederten Unternehmen sind Lieferungen und Leistungen
  - **zwischen einzelnen Kostenstellen,**
  - **zwischen Zentrale und Werken,**
  - **zwischen Werken** sowie
  - **zwischen Werken und Verkaufsstellen** (Vertriebsniederlassungen oder Verkaufsgesellschaften)

  mit Preisen zu bewerten.
- Bei Vorliegen einer Geschäftsbereichsorganisation sind überdies Lieferungen und Leistungen **zwischen Geschäftsbereichen** zu bewerten.

159 Vgl. *Wagner, G., Siemens AG:* Die Devise heißt schlanker und wendiger, a.a.O., S. 19.

160 Vgl. *o. V., Siemens AG:* Vorbereitungen auf *Nixdorf*-Fusion, in: Handelsblatt Nr. 60 vom 26.3.1990, S. 18.

161 Vgl. *Dieckmann, H. W.,* Rote Balken im Fadenkreuz, in: Handelsblatt Nr. 8 vom 11.1.1990, S. 13.

162 Vgl. *Schmalenbach, E.,* Über Verrechnungspreise, in: Zeitschrift für handelswissenschaftliche Forschung, 13. Jg., 1909, S. 165 ff.; *ders.,* Pretiale Wirtschaftslenkung. Band 2: Pretiale Lenkung des Betriebes, Bremen und Horn 1948.

Verrechnungspreise sollen im Wesentlichen folgende **Funktionen** erfüllen:[163]

- **Lenkungsfunktion**
  Verrechnungspreise sollen gewährleisten, dass Entscheidungen, die in einzelnen Geschäftseinheiten oder Abteilungen autonom getroffen werden, im Interesse des Gesamtunternehmens sind, und zur ,Maximierung' des gesamten Unternehmensgewinns beitragen.
- **Erfolgsermittlungsfunktion**
  Verrechnungspreise sollen gewährleisten, dass Gewinne in den Abteilungen eines Unternehmens ausgewiesen werden, in denen sie tatsächlich erwirtschaftet werden. Damit wird die Voraussetzung dafür geschaffen, dass Abteilungsleiter oder Geschäftsbereichsleiter nach den von ihnen zu verantwortenden Erfolgen entlohnt werden können.

Daneben finden sich in der Literatur häufig noch weitere Funktionen, z.B. Abrechnungs- und Planungsfunktionen.[164]

9.1 Arten von Verrechnungspreisen

Man unterscheidet folgende Arten von Verrechnungspreisen:[165]

- Marktpreise;
- Grenzkostenpreise;
- Knappheitspreise.

Marktpreise

Bewertet man innerbetriebliche Lieferungen und Leistungen zu **Marktpreisen**, so orientiert man sich an einem Preis, den eine Geschäftseinheit erzielen würde, wenn sie dieselbe Lieferung oder Leistung unternehmensextern veräußert oder bezieht. Bezugsgröße könnte auch eine vergleichbare Transaktion zwischen zwei fremden Unternehmen sein.

Marktpreise werden für die innerbetriebliche Verrechnungspreisbildung meistens modifiziert. Nach *Drumm* „muss der interne Anbieter den als Verrechnungspreis geeigneten Marktpreis um seine entfallenden Absatznebenkosten mindern, während der interne Abnehmer diesen Marktpreis um seine entfallenden Beschaffungsnebenkosten erhöhen muss. Zwischen den so korrigierten Marktpreisen liegt ein Verhandlungsspielraum für interne Lieferanten und Abnehmer; der endgültige Verrechnungspreis ist daher indeterminiert, denn das

---

163 Vgl. *Coenenberg, A. G.*, Kostenrechnung und Kostenanalyse, 3. überarb. u. erw. Aufl., Landsberg/Lech 1997, Kap. 19: Verrechnungspreise. S. 523-571, siehe auch *Albach, H.*, Innerbetriebliche Lenkpreise als Instrument dezentraler Unternehmensführung, in: Zeitschrift für betriebswirtschaftliche Forschung, 26. Jg., 1974, S. 216-242.

164 Vgl. *Coenenberg, A. G.*, Kostenrechnung und Kostenanalyse, a.a.O., S. 524.

165 Vgl. *Coenenberg, A. G.*, Verrechnungspreise zur Steuerung divisionalisierter Unternehmen, a.a.O., S. 374 ff.

Verhandlungsergebnis wird durch Verhandlungstaktik und interne Marktstellung der Verhandlungspartner stark beeinflusst"[166].

Das nachfolgend dargestellte **Beispiel** soll die marktpreisorientierte Gestaltung von Verrechnungspreisen verdeutlichen. Folgende Annahmen werden getroffen:

- Geschäftsbereich A beliefert Geschäftsbereich B.
- Zur Fertigung einer Einheit x benötigt B von A eine Einheit y.
- Für das Zwischenprodukt y existiert ein Marktpreis von $p_y = 10$. A und B haben freien Marktzugang.
- Zwischen Geschäftsbereich A und Geschäftsbereich B bestehen keine Verbundvorteile.
- Es gibt keine Kapazitätsgrenzen.
- Der Preis von x sei $p_x = 30$.
- Die Kostenfunktionen lauten:
  $K_A = 2000 + 0{,}01\ y^2$;
  $K_B = 1000 + 10\ x + 0{,}05\ x^2$.

Nach diesen Annahmen werden folgende Produktionsentscheidungen dezentral getroffen:

	Geschäftsbereich A	Geschäftsbereich B
Kostenfunktion	$K_A = 2000 + 0{,}01y^2$	$K_B = 1000 + 10x + 0{,}05x^2$
gewinnmax. Produktionsmenge	$y_{max} = 500$	$x_{max} = 200$
Umsatz	5.000	6.000
fixe Kosten	2.000	1.000
variable Kosten	2.500	4.000
Gewinn	500	1.000

Unter den getroffenen Annahmen produziert Geschäftsbereich A die Menge $y = 500$ und Geschäftsbereich B die Menge $x = 200$. Für das zur Produktion von x benötigte Zwischenprodukt y hat der Geschäftsbereich B pro Stück den Marktpreis $p_y = 10$ zu bezahlen. Dies wird in der Kostenfunktion K_B mit dem Faktor 10x berücksichtigt. Wenn B seine Vorprodukte von A bezieht, muss A die mehr produzierten Einheiten am externen Markt veräußern. Der gesamte Unternehmensgewinn ist G = 1.500. Bei keiner anderen Produktionsentscheidung könnte dieser Gewinn größer sein.

Die für das Unternehmen optimale Produktionsentscheidung wird von den Geschäftsbereichen autonom getroffen, da die Geschäftsbereichsleiter den Marktpreis für das Zwischenprodukt als Datum ansehen. **Der Marktpreis erfüllt demnach die Lenkungsfunktion.** Auf der Basis dieses Marktpreises kann man den Geschäftsbereichsleitern den Erfolg, der nach ihrer autonom getroffenen Produktionsentscheidung erwirtschaftet wird, genau zurechnen. **Der Marktpreis erfüllt damit auch die Erfolgsermittlungsfunktion.** Man muss allerdings davon ausgehen, dass keine Verbundvorteile bestehen. Bestehen zwischen den an ei-

[166] *Drumm, H. J.,* Theorie und Praxis der Lenkung durch Preise, in: Zeitschrift für betriebswirtschaftliche Forschung, 24. Jg., 1972, S. 253.

ner innerbetrieblichen Lieferung oder Leistung beteiligten Unternehmensbereichen Verbundvorteile, muss man – meistens willkürlich – klären, wem diese Verbundvorteile zugerechnet werden sollen. Die Erfolgsermittlungsfunktion von Verrechnungspreisen wäre dann nicht mehr gewährleistet.

Die Verwendbarkeit von Marktpreisen als Verrechnungspreise setzt voraus, dass für das Zwischenprodukt

- ein vollkommener Markt mit homogener Produktgestaltung existiert,
- zu dem liefernder und beziehender Geschäftsbereich unbeschränkten Zugang haben und
- auf dem zum Marktpreis ausreichend Angebot und Nachfrage vorhanden sind.

Grenzkostenpreise

Diese zentralen Bedingungen sind nicht erfüllt, wenn Zwischenprodukte speziell für die eigene Weiterverarbeitung konzipiert sind, es sich um Sonderanfertigungen handelt oder von der Zentrale bereitgestellte Dienstleistungen abzurechnen sind. Unter diesen Bedingungen sind die Produktionsmengen nicht mehr der Entscheidung von Geschäftsbereichen zu überlassen. Die optimale Produktionsmenge ist vielmehr zentral auf der Grundlage der aggregierten Kostenfunktion beider Geschäftsbereiche festzulegen. Der fehlende Marktpreis des Zwischenproduktes y führt zu folgender Änderung der Kostenfunktion des Geschäftsbereichs B:

$$K_B = 1000 + 0{,}05x^2$$

Nachfolgende Tabelle zeigt das Rechenkalkül:

Kostenfunktion:	$K_{GES} = 3.000 + 0{,}06x^2$;
optimale Produktionsmenge:	$X_{OPT.} = 250$
Umsatz	7.500
fixe Kosten	3.000
variable Kosten	3.750
Gewinn	750

Der Gewinn ist niedriger als im vorher dargestellten Beispiel. Dies liegt daran, dass Geschäftsbereich A Zwischenprodukte nur noch an Geschäftsbereich B veräußert und keinen Zugang zum externen Markt hat. Unter den gegebenen Bedingungen gibt es aber keine für das Unternehmen günstigere Produktionsentscheidung. Die Entscheidung wurde auf der Grundlage der Grenzkosten getroffen. **Grenzkostenpreise erfüllen demnach die Lenkungsfunktion** unter der Annahme, dass für Zwischenprodukte kein vollkommener Markt mit freiem Marktzugang existiert. **Auf der Basis von Grenzkosten ist aber keine Erfolgszurechnung** auf die Geschäftsbereiche möglich. Geschäftsbereich A würde sonst einen Verlust in Höhe der fixen Kosten erwirtschaften. In Geschäftsbereich B würde ein Gewinn in Höhe von 2.750 anfallen. Dieser setzt sich aus dem Verlust von A und dem gemeinsamen Gewinn zusammen.

Knappheitspreise

Lenkungsfunktion können grenzkostenorientierte Verrechnungspreise nur dann erfüllen, wenn in den Geschäftsbereichen keine Engpässe bestehen. Wenn eine Engpasssituation vorliegt, müssen Verrechnungspreise (sog. Knappheitspreise) zentral festgelegt werden. Bei Vorliegen von mehreren Engpässen können Knappheitspreise nur noch mit Hilfe eines linearen Optimierungsmodells abgeleitet werden. **Knappheitspreise bestehen aus den Grenzkosten sowie einem Opportunitätskostenzuschlag.** Der Opportunitätskostenzuschlag bemisst sich nach den Kosten, die an einem Engpass im Unternehmen bestehen. **Knappheitspreise erfüllen die Lenkungsfunktion.** Der ganze Unternehmensgewinn wird jedoch dem Unternehmensbereich zugerechnet, in dem der Engpass vorliegt. **Die Erfolgsermittlungsfunktion von Knappheitspreisen ist damit nicht gewährleistet.**

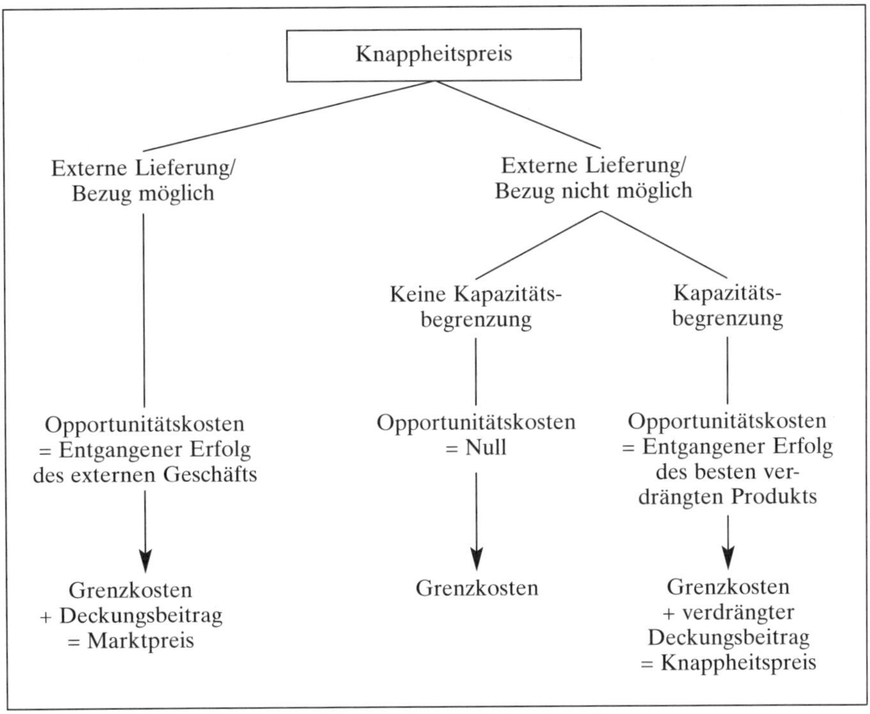

Abb. 3.40 Systematisierung der Knappheitspreise (Quelle: *Coenenberg, A. G.,* Kostenrechnung und Kostenanalyse, a.a.O., S. 559)

9.2 Internationale Verrechnungspreise

Ein Spezialproblem stellt die Gestaltung von Verrechnungspreisen für grenzüberschreitende innerbetriebliche Lieferungen und Leistungen dar. Internationale Verrechnungspreise sollen nicht nur Lenkungs- und Erfolgsermittlungsfunktion erfüllen, sondern auch dazu beitragen, dass Gewinne in Ländern mit niedriger Steuerbelastung anfallen. Ferner ist die Gestaltung von Verrechnungspreisen ein Instrument zur Transferierung von Gewinnen aus Ländern, aus denen keine Gewinne ausgeschüttet werden dürfen. Um den Gestaltungsspielraum der international tätigen Unternehmen einzuengen, haben die Finanzverwaltungen ‚operationale' Kriterien für die Verrechnungspreisbildung konkretisiert. Zwei gebräuchliche Kriterien sind der Grundsatz des Fremdvergleichs (‚dealing at arm's length-Prinzip') und das Konzept der ‚Safe Havens'.

Fremdvergleich

Der **Grundsatz des Fremdvergleichs** wurde im *OECD*-Musterabkommen von 1977 konkretisiert.[167] Dieses Musterabkommen dokumentiert Regelungen zur Gestaltung von Verrechnungspreisen für die Lieferung von Waren, für Dienstleistungen und für Kredite. Es gilt das Prinzip, dass Preise so zu gestalten sind wie Preise, die Fremde für gleiche oder für ähnliche Waren unter gleichen oder ähnlichen Umständen zu zahlen hätten. Zur Bestimmung dieses Fremdpreises gibt es insbesondere für Warenlieferungen drei Methoden:

- **Preisvergleichsmethode** anhand von vergleichbaren Transaktionen mit (von) Dritten;
- **Wiederverkaufsmethode** auf Basis des Wiederverkaufspreises durch die ausländische Niederlassung minus marktübliche Handelsspanne;
- **Kostenaufschlagsmethode** anhand der Kosten des Lieferanten plus Gewinnaufschlag.

Safe Haven

Beim **‚Safe Haven-Konzept'** werden Preiskorridore fixiert, innerhalb derer die Finanzverwaltung einen Verrechnungspreis zwischen Konzernunternehmen anerkennt.[168] Der Preiskorridor wird ex-ante festgelegt. Dagegen wird beim Grundsatz des Fremdvergleichs ex-post vorgegangen. Durch die Fixierung von Safe Haven-Regelungen besteht für das Unternehmen somit ex-ante Klarheit, ob ein bestimmter Verrechnungspreis auch tatsächlich anerkannt wird. Safe Ha-

[167] Vgl. *OECD-Committee on Fiscal Affairs* (Organization for Economic Cooperation and Development), Transfer Pricing in Multinational Enterprises, Paris 1979; *Deutscher Industrie- und Handelstag* (Hrsg.), Internationale Verrechnungspreise. DIHT-Planspiel, Bad Godesberg o.J.

[168] Vgl. *Kumpf, W.*, „Safe haven" bei der Festlegung steuerlicher Verrechnungsentgelte im internationalen Konzern, in: Recht der internationalen Wirtschaft, 22. Jg., 1976, S. 482 ff.

ven-Regelungen bestehen in den USA beispielsweise für die Festlegung von Gewinnaufschlägen, für die Gewinnaufteilung oder für die Festlegung von Zinssätzen.

Einführende Literatur

Frese, E., Grundlagen der Organisation. Die Organisationsstruktur der Unternehmung, 5. Auflage, Wiesbaden, 1991.

Remer, A., Organisationslehre, Eine Einführung, Berlin, New York 1989.

Kieser, A., Kubicek, H., Organisation, 3. Auflage, Berlin, New York 1992.

Weiterführende Literatur

Bleicher, K., Organisation. Strategien, Strukturen und Kulturen integrierten Managements, 2. Auflage, Wiesbaden 1990.

Bühner, R., Strategie und Organisation. Analyse und Planung der Unternehmensdiversifikation mit Fallbeispielen, 2. Auflage, Wiesbaden 1993.

Laux, H., Liermann, F., Grundlagen der Organisation, Berlin, Heidelberg, New York 1987.

Kontrollfragen

1. Stellen Sie Vor- und Nachteile des Ein- und Mehrliniensystems dar!
2. Die funktionale Organisation herrscht in Klein- und Mittelunternehmen vor. Begründen Sie anhand von wirtschaftlichen Maßstäben die Eignung der funktionalen Organisation! Wodurch kommt es zu Kontrollkosten?
3. Nach welchen Kriterien lassen sich Geschäftsbereiche bilden? Welche Formen der Organisation der Unternehmensleitung sind in einer Geschäftsbereichsorganisation möglich?
4. Unter welchen Bedingungen ist eine Matrix-Organisation ein sinnvolles Organisationskonzept?
5. Welche Formen der Organisation des Auslandsgeschäfts lassen sich unterscheiden?
6. Was ist unter globalen Organisationsstrukturen zu verstehen und in welchen Formen sind diese auszugestalten?

Viertes Kapitel: Organisation und Innovation

1. Produkt- und Prozessinnovation

Unter Innovationen sind Neuerungen von unternehmerischer Bedeutung zu verstehen. Nach *Schumpeter* sind Innovationen ein Gradmesser für die wirtschaftliche Leistungsfähigkeit eines freien Unternehmertums.[169] Dies gilt besonders für Zeiten raschen marktlichen und technologischen Wandels, in denen die Innovationsfähigkeit (Anpassungsfähigkeit) über Bestand und Entwicklung eines Unternehmens entscheidet.

Innovationen bestehen stets aus der Entwicklung einer neuen Idee und deren organisatorischer Umsetzung. In Bezug auf die wirtschaftliche Verwertung von neuen Ideen und Entwicklungen sind zwei Arten von Neuerungen im Unternehmen zu unterscheiden:

- **Produktinnovationen,** die über verbesserte oder neue Produkte auf die Erschließung von neuen Märkten gerichtet sind und
- **Prozessinnovationen,** die neue Verfahrensweisen umfassen und über die Wirtschaftlichkeit der Produkterstellung und der Erbringung von Dienstleistungen in der Zukunft entscheiden.

Produkt- und Prozessinnovationen haben unter dem Einfluss von **neuen Technologien** an Bedeutung gewonnen. Basis- oder Querschnittstechnologien wie Mikroelektronik und neue Werkstoffe (Keramik, Verbundwerkstoffe, Polymere) sind dabei nicht nur auslösendes Moment für neue Produkte und Prozesse, sondern verändern bestehende Markt- und Wettbewerbsstrukturen.

Unternehmen, die sich technologisch orientieren, sehen sich vermehrt folgenden Markttendenzen gegenüber:

- kürzer werdenden Produkt-Lebenszyklen (*Siemens* gibt beispielsweise für das Geschäftsjahr 2001 an, dass mehr als drei Viertel ihres Umsatzes mit Produkten erzielt wurden, die in den letzten fünf Jahren entwickelt wurden);
- länger werdenden Forschungs- und Entwicklungszeiten und wachsenden Forschungs- und Entwicklungsausgaben;[170]
- Systemleistungen und differenzierten Kundenwünschen;
- wachsendem Qualitätsbewusstsein und erhöhter Lieferbereitschaft.

Die erhöhten Marktanforderungen an Produkt- und Prozessinnovationen verlangen eine Intensivierung der Bemühungen um innovationsfördernde Organisationsstrukturen. **Erst organisatorische Innovationen verwandeln technische Innovationen in marktliche Erfolge.** Nach *Evan* halten allerdings organisatorische Innovationen zumeist nicht mit dem Rhythmus technischer Innovationen Schritt.[171] Er erklärt diesen Rückstand damit, dass der Erfolg organisatori-

---

[169] Vgl. *Schumpeter, J.*, Kapitalismus, Sozialismus und Demokratie, 2. Auflage, Bern 1950.

[170] Vgl. hierzu *Commes, M. Th., Lienert, R.*, Controlling im FuE-Bereich, in: Zeitschrift Führung + Organisation, 52. Jg., 1983, S. 347-354.

[171] Vgl. *Evan, W. M.*, Organizational Lag, in: Human Organization, Vol. 25, 1966, S. 51-53; *Damanpour, F., Evan, W. M.*, Organizational Innovation and Performance: The Problem of Organizational Lag, in: Administrative Science Quarterly, Vol. 29, 1984, S. 392-409.

scher Innovationen im Gegensatz zu technischen Innovationen sich nur schwer messen lässt, weniger sicher ist und sich erst längerfristig einstellt. Die Organisation kann so schnelle technische Entwicklungen bremsen und in ihrer Wirkung hemmen. Dies zeigt die Bedeutung und den Stellenwert der Organisation als Innovationsinstrument im Unternehmen.

Produkt- und Prozessinnovationen werden durch sekundäre Organisationsstrukturen begünstigt, die über eine Primärorganisation hinweg neue Produkt- oder Prozessaktivitäten zusammenfassen. Die Primärorganisation bezeichnet die Grundstruktur und die Sekundärorganisation die sie überlagernde Struktur. Ein Entscheid über die Bedeutung von beiden Organisationsstrukturen ist dabei noch nicht getroffen. Oftmals spielt sich heute das Unternehmensgeschehen in den als sekundär bezeichneten Strukturen ab. Die Grundstrukturen bleiben aber weiterhin notwendig und wichtig.

Zur Förderung und marktlichen Verwertung von **Produktinnovationen** ist eine Überlagerung der Primärorganisation durch Kollegien, **Produktmanagement** und strategische Geschäftseinheiten möglich. Zur Durchführung von Prozessinnovationen eignet sich die Organisation eines Projekt-(Teamwork-)managements (vgl. Abb. 3.41). Mitunter ist diese Organisationsform auch für die Hervorbringung von Produktinnovationen geeignet. Dies trifft für funktional gegliederte Einproduktunternehmen zu, in denen die periodisch wiederkehrende Neuproduktplanung in Form eines Projektmanagements organisiert sein kann.[172] Gleichfalls ist es in der Luft- und Raumfahrttechnik und im Anlagenbau üblich, das aus Projekten bestehende Geschäft in Projektform zu organisieren. Ferner sind Kollegien in Verbindung mit einem Projektmanagement oder allein zur Projektierung und Durchführung von Prozessinnovationen geeignet.

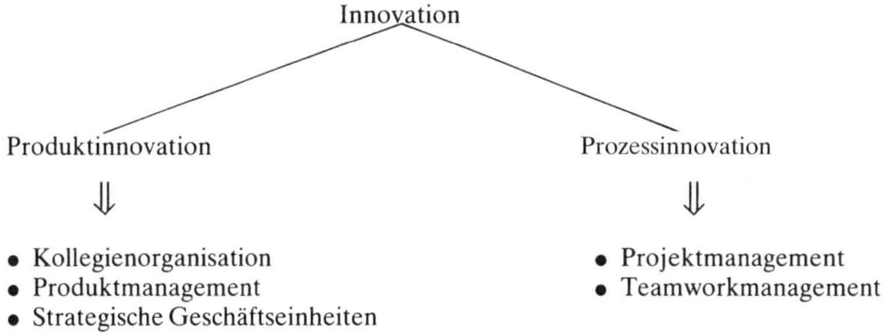

Abb. 3.41 Sekundärorganisation der Innovation

[172] Vgl. *Doppelfeld, V.,* Projektmanagement am Beispiel eines ausgeprägt funktional gegliederten Einprodukt-Unternehmens, in: Zeitschrift Führung + Organisation, 54. Jg., 1985, S. 28 ff.

2. Kollegien-Organisation

Kollegien (Komitees, Ausschüsse oder Konferenzen) haben die Aufgabe einer Koordination von wichtigen Entscheidungssachverhalten über die Bereichsgrenzen einer bestehenden Organisation hinweg. Die Aufgabenerfüllung geschieht zeitlich unstetig durch Mitarbeiter aus der bestehenden Organisation. Dies führt zu einer Ergänzung und Überlagerung einer Primärorganisation durch eine sekundäre Kollegienorganisation.

2.1 Kollegienarten

Nach der rangmäßigen Zusammensetzung der Mitglieder im Kollegium können folgende Kollegienarten unterschieden werden:

1. **Vertikales Kollegium,** das aus Mitgliedern hierarchisch unterschiedlicher Stellen besteht.
2. **Horizontales Kollegium,** das aus Mitgliedern von Stellen gleicher Rangstufe besteht (z.B. Abteilungsleiterkonferenz, Direktionskollegium).

Nach der Koordinationsaufgabe können die Kollegien als Informations-, Beratungs-, Entscheidungs- oder Realisationskollegien tätig sein.[173] Je nach Organisationsform sind Nachteile der Linienhierarchie durch entsprechende Informations-, Motivations- und Koordinationsvorteile des Kollegiums auszugleichen. **Informationsvorteile** ergeben sich durch einen schnellen und wechselseitigen Informationsaustausch innerhalb eines Kollegiums zwischen Mitgliedern hierarchisch unterschiedlicher oder gleicher Hierarchieebenen. **Motivationsvorteile** sind das Ergebnis der Pluralität der Willensbildung im Kollegium, einer kooperativen Beteiligung und Identifikation der Mitglieder mit der erarbeiteten Problemlösung. Beide Vorteile münden in einen **Koordinationsvorteil** des Kollegiums als interfunktionale Einheit zur Überbrückung von Sach- oder Rangunterschieden zwischen den an der Erfüllung einer gemeinsamen Aufgabe beteiligten Personen.

Nachteile sind mit einem Kollegium dann verbunden, wenn Entscheidungen durch lange Diskussionen verzögert oder durch Abschieben von Problemen an Kollegien aufgeschoben werden. Auch kann eine Führung durch Kollegien den Nachteil haben, dass durch zu viele und häufige Kollegienarbeit die Erledigung der eigentlichen Leitungsaufgaben der Linie zu kurz kommt. Kollegien müssen demnach auch in sich wirtschaftlich organisiert sein. Schwerpunkte von Wirtschaftlichkeitsbetrachtungen sind die Anzahl der Mitglieder, die Häufigkeit und Dauer der Sitzungen. Außerdem kann die Gruppenverantwortlichkeit als Alibi für eine geringe Eigenverantwortlichkeit der Mitglieder im Kollegium dienen.

[173] Vgl. *Kosiol, E.,* Organisation der Unternehmung, a.a.O., S. 161 ff.; *Bleicher, K.,* Kollegien, in: Handwörterbuch der Betriebswirtschaft, hrsg. von E. Grochla und W. Wittmann, 4. Auflage, Bd. 2, Stuttgart 1975, Sp. 2157 ff.

2.2 Formen der Kollegien-Organisation

Folgende Formen der Kollegien-Organisation sind möglich:[174]

1. **Zeitlich hintereinander gestufte Kollegien.** Auf diese Weise findet eine entscheidungsprozessbezogene Aufgabenerfüllung mittels Kollegien statt (vgl. Abb. 3.42).

Abb. 3.42 Zeitlich hintereinander gestufte Kollegien

2. **Verschachtelte Kollegien mit der Möglichkeit der schrittweisen Verringerung des Personenkreises in Abhängigkeit von der Koordinationsaufgabe des Kollegiums.** Diese Form erlaubt unter Ausnutzung des vorhandenen Informationspotentials, die Zuständigkeit und Verantwortlichkeit für Entscheidungen auf wenige Personen zu konzentrieren. Die Kollegien können teilweise auch zeitlich parallel arbeiten (vgl. Abb. 3.43).

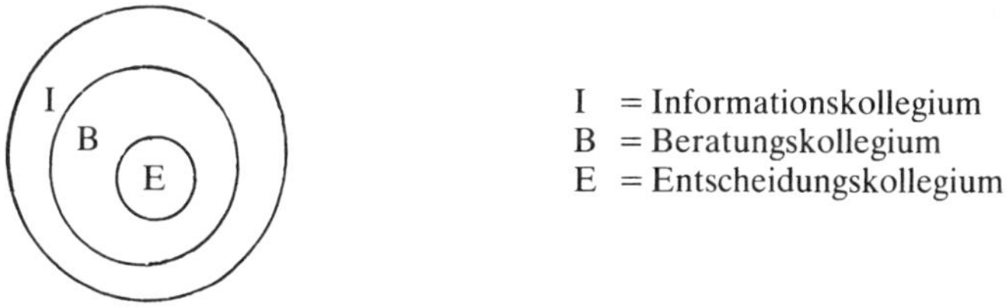

Abb. 3.43 Verschachtelte Kollegienstruktur

3. **Nebeneinander stehende Kollegien mit einer Instanz als Koordinationsstelle.** Diese Form setzt einerseits die Teilbarkeit der Kollegienaufgabe voraus. Andererseits ist die Verantwortlichkeit für die Aufgabenerfüllung der Linienorganisation übertragen und damit instanziell-hierarchisch verankert (vgl. Abb. 3.44).

[174] Vgl. zum Folgenden *Kosiol, E.,* Organisation der Unternehmung, a.a.O., S. 165 ff.; *ders.,* Kollegien als Organisationsformen der Entscheidung, Beratung und Information – Untersuchungsbericht, in: Organisation des Entscheidungsprozesses, hrsg. von E. Kosiol, 2. Auflage, Berlin 1975, S. 107-212.

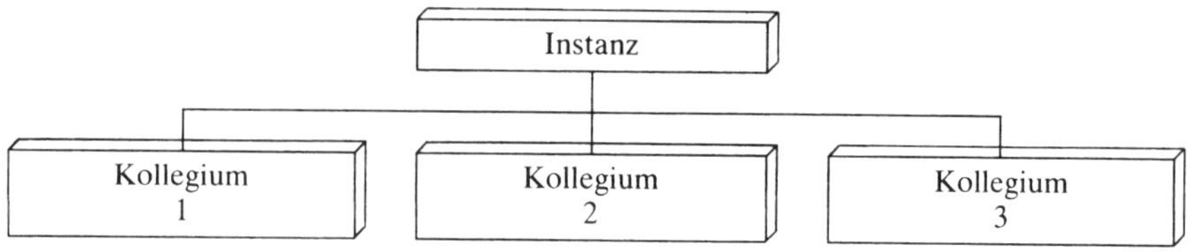

Abb. 3.44 Nebeneinander stehende Kollegien

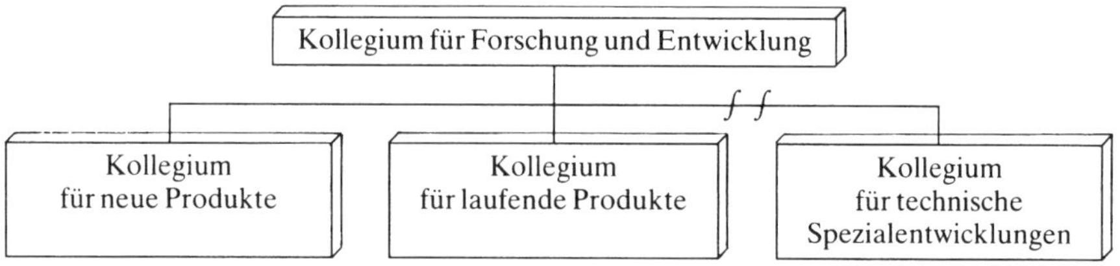

Abb. 3.45 Kollegiensysteme mit hierarchischer Ordnung

4. **Kollegiensysteme mit einem hierarchisch übergeordneten Kollegium.** Das hierarchisch übergeordnete Kollegium kann aus allen Mitgliedern oder nur aus delegierten Vertretern der nachgeordneten Kollegien bestehen.

Abb. 3.45 zeigt ein Kollegiensystem für Forschung und Entwicklung. Für die Neuproduktentwicklung besteht ein eigenständiges Kollegium, das unabhängig von laufenden Produktangelegenheiten die Aktivitäten der Produktinnovation vorantreiben und koordinieren soll.

2.3 Führen mit Kollegien

Kollegien sind als Führungsinstrument in der Wirtschaftspraxis weit verbreitet. Sie dienen einer bereichsübergreifenden Koordination und Führung des Unternehmens. Sie erlauben über die Primärorganisation hinweg einen Interessen- und Informationsausgleich zwischen Mitarbeitern im Unternehmen im Hinblick auf eine marktorientierte Leistungserstellung und -verwertung.

Nach Aktienrecht ist der Vorstand kollegial organisiert. Führen mit Kollegien ist damit eine konsequente Fortsetzung der im Aktienrecht angelegten Kollegialstruktur im Vorstand. Die gesamtverantwortliche Führung bleibt auch bestehen, wenn der Vorstand die Arbeit auf Fachressorts aufteilt. Die kollegiale Führung geschieht durch **Vorstandsausschüsse**. Diese stimmen die Arbeit der Fachressorts aufeinander ab und bereiten in gesamtunternehmerischen Angelegenheiten die Entscheidung des Vorstandes vor.

Bei *Bayer* war die Vorstandsarbeit bis 2002 auf eine Vielzahl von Vorstandsausschüssen sowie zentralen Konferenzen und Zentralkommissionen verteilt. Abb. 3.46 zeigt die Aufgabenverteilung im Vorstand. Statt einer bisherigen Einzelverantwortung für Fachbereiche wie Finanzen, Forschung und Entwicklung, Investition und Technik oder Personal bearbeiteten nach dem neuen Geschäfts-

Abb. 3.46 Kollegienstruktur mit Aufgabenverteilung im Vorstand von *Bayer* (Stand: 1.1.1986

verteilungsplan die Vorstandsmitglieder unter dem Vorsitz des sachlich zuständigen Kollegen das Fachgebiet. Die Zentralverwaltung arbeitete den Ausschüssen und Kommissionen zu. Damit vollzog sich die Geschäftsleitung in Kollegien. Die Koordination zwischen den Kollegien erfolgte durch Personalunion.

Im Zusammenhang mit einer technologischen Neuausrichtung von etablierten Unternehmen gewinnt ein **Struktur- und Synergieausschuss** an Bedeutung. Ihm kommt die Aufgabe zu, nach technologischen Berührungspunkten und Gemeinsamkeiten im Unternehmensverbund zu suchen. Die Notwendigkeit ergibt sich daraus, dass für immer mehr Produkt- und Prozessinnovationen die Verbindung von mehreren Technologien ausschlaggebend ist. Zu denken ist beispielsweise an die Bereiche von Optik und Elektronik, die sich heute zur Optoelektronik verbinden und einen neuen Wachstumsmarkt erschließen. Besonders für vielgliedrige Unternehmen, die in weitverzweigten Geschäften und Technologien tätig sind, kommt es in Zukunft vermehrt auf die Suche nach technologischen Verbundwirkungen an. So hatte etwa *Daimler-Benz* 1989 zur Erkundung von Synergiepotentialen zwischen ihren neuerworbenen Tochtergesellschaften *AEG, MTU, Dornier* und der Muttergesellschaft einen Struktur- und Synergieausschuss auf Konzernebene geschaffen. Auf diese Weise sollte sichergestellt werden, dass die Suche nach neuen technologischen Verbindungen zur Produkt- und Prozessverbesserung sowie zur Neuentwicklung von Produkten vom Vorstand mitgetragen wird und in diesen eingebunden ist.

Die Errichtung von Synergieausschüssen hängt natürlich von der Möglichkeit ab, zwischen Geschäftsbereichen Synergien realisieren zu können. Oftmals beschränkt sich diese Möglichkeit in einem Konzernverbund auf die Realisierung von finanziellen Synergien. Technologisches Wissen wird häufig freiwillig in so genannten Technologie-Verbund-Kartellen weitergegeben.[175]

3. Produktmanagement-Organisation

Tragender Grundgedanke einer Produktmanagement-Organisation ist die Institutionalisierung einer **marketing(markt-)orientierten Unternehmensführung**. Zur Koordination und Kontrolle von Marketing-Entscheidungsprozessen werden ‚Produktmanager' eingesetzt oder ‚Produkt-Managementabteilungen' errichtet, deren Aufgabe die Erarbeitung von Marketing-Konzepten im Sinne einer planmäßigen Koordination von produkt- oder marktbezogenen Aktivitäten ist. **Ziel ist eine Produkt-Markt-Querschnittskoordination über funktional ausgerichtete Organisationsbereiche hinweg.**[176]

Die Produktmanagement-Organisation ist vorrangig eine um spezifische Koordinationsbelange von Produkt oder Markt ergänzte funktionale Organisation. Die Etablierung von Produktmanagement-Organisationen ist aber auch in Geschäftsbereichsorganisationen möglich. Voraussetzung ist, dass in den funktional gegliederten Geschäftsbereichen aufgrund eines diversifizierten Produktprogramms oder von Markt- und Kundenbelangen ein relativ dauerhaftes Koordinationsbedürfnis besteht.

Produktmanagement-Organisationen lassen sich nach Kompetenz- und Weisungsrechten, dem Koordinationsaspekt, der Art der organisatorischen Eingliе-

---

175 Vgl. *Baumol, W. J.*, Technology-Sharing Cartels, Vortragsmanuskript,Vortrag gehalten auf der E.A.R.I.E.-Tagung, Lissabon 1990.

176 Vgl. u.a. *Luck, D. J., Nowak, Th.*, Product Management. Vision Unfulfilled, in: Harvard Business Review, Vol. 43, May-June 1965, S. 144; *Wild, J.*, Product-Management. Ziele, Kompetenzen und Arbeitstechniken des Produktmanagers, 2. Auflage, München 1973, S. 11 ff.; *Grüneberg, N.*, Das Produkt-Management. Seine Funktionen im Marketing, Wiesbaden 1973; *Diller, H.*, Produkt-Management und Marketing-Informationssysteme, Berlin 1975, S. 55 ff.; *Rösner, H. J.*, Produkt-Manager, Integration und Einsatz-Kontrollverfahren, Berlin, New York 1979; *Weirich, W.*, Das Produkt-Management als Führungs- und Organisationssystem, Berlin 1979.

derung in die Gesamtstruktur und der internen Produktmanagement-Organisation unterscheiden.

3.1 Kompetenz im Produktmanagement

Typisch für Produktmanagement-Organisationen ist ein **funktionales Kompetenz- und Weisungsrecht**. Dieses kann wie folgt abgestuft sein:

- **Informationsrecht:** das Recht des Produktmanagers, Informationen zur Erfüllung seiner Aufgaben zu erhalten, und die Pflicht, durch Informationen und in Zusammenarbeit mit der Linie seine produktbetreffenden Vorstellungen über die ‚Optimalität' des absatzpolitischen Instrumentariums vorzutragen und auf eine in sich geschlossene Marketingkonzeption hinzuwirken.
- **Mitsprache- und Mitwirkungsrecht:** das Recht, bei der Entwicklung der Marketing-Konzeption angehört zu werden und beraten zu dürfen sowie die Pflicht, die erarbeitete Konzeption von höheren Instanzen genehmigen zu lassen und die Realisation der Konzeption zu überwachen.
- **Fachgebundenes Entscheidungs- und Weisungsrecht:** das Recht, im Rahmen des Absatzplans und vorgegebener Budgetlimits Aufträge bezüglich Marktforschung, Werbung und Produktentwicklung an Dritte zu vergeben[177] sowie gegebenenfalls an nachgeordnete Mitarbeiter Weisungen zu erteilen, um im Rahmen der Absatzaufgabe des Produktmanagers eine unternehmenseinheitliche Produktpolitik sicherzustellen. Aus Gründen der Fachgebundenheit der Kompetenz des Produktmanagers wäre es unbillig, ihm eine Gewinnverantwortlichkeit aufzubürden.

Die Begrenzung der Weisungsrechte auf eine fachliche Zuständigkeit verdeutlicht, wie sehr es auf die Person und die Persönlichkeit des Produktmanagers ankommt, um die Vorstellungen und Pläne eines Produktmanagers gegenüber der Linie zur Realisation zu bringen. Wesentliche **Eigenschaften, die den Produktmanager auszeichnen sollten, sind: Kontaktfähigkeit, Verhandlungsgeschick, Überzeugungskraft und Initiative.** Diese Verhaltenseigenschaften führen jedoch nur dann zu einer vertrauensvollen Produktmanagerarbeit, wenn auf der anderen Seite die Linienmanager kooperationsbereit und willig sind, die fachliche Autorität des Produktmanagers anzuerkennen.[178]

3.2 Formen und Bedingungen von Produktmanagement-Organisationen

Nach dem Koordinationsaspekt einer Produkt(Objekt-)management-Organisation ist zwischen einer Produktmanagement-Organisation im eigentlichen Sinne, einer Kundenmanagement-Organisation und einer Marktmanagement-Organisation (oder regionalen Management-Organisation) zu unterscheiden.

Gemeinsames Merkmal dieser Organisationsformen ist, dass die produktbzw. kunden- oder marktbezogene Koordinationsaufgabe vom Produkt-, Kunden- oder Marktmanager auf Dauer wahrgenommen wird.

---

177 Siehe hierzu *Poth, L.*, Produkt-Management in der deutschen Markenartikelindustrie, Düsseldorf 1968, S. 22 ff.

178 Vgl. *Gemmill, G. R., Wilemon, D. L.*, Interpersonal Barriers to Effective Product Management, in: British Journal of Marketing, Winter 1970/1971, S. 208-214.

Produktmanagement-Organisation

Im Rahmen einer Produktmanagement-Organisation haben Produktmanager die Aufgabe der Koordination von Produktaspekten über die funktionalen Unternehmensaktivitäten hinweg.

Die Koordination geschieht im Hinblick auf den Absatz und umfasst wesentlich die Sammlung und Aufbereitung von Informationen über das (die) Produkt(e) sowie die Planvorbereitung und -kontrolle des Absatzinstrumentariums.

Produkte können Sachgüter, die entweder dem Investitionsgüter- oder Konsumgüterbereich angehören, wie auch Dienstleistungen sein. Die produktbezogene Zuständigkeit der Produktmanager reicht mit unterschiedlichen Schwerpunkten von der Entwicklung bis zum Verkauf (Vertrieb) des Produkts. Die Tätigkeit eines **investitionsgüterorientierten** Produktmanagers erstreckt sich schwerpunktmäßig mehr auf die technische Entwicklung und den persönlichen Kontakt zum Kunden, während die Tätigkeit eines **konsumgüterorientierten** Produktmanagers die Erarbeitung einer produkteinheitlichen Marketingstrategie sein wird. Darüber hinaus ist es möglich, das **Produktmanagement für neue Produkte** von einem **Produktmanagement für laufende Produkte** zu trennen. Auf diese Weise wird dem Umstand Rechnung getragen, dass neue Produkte ein anderes betriebliches Umfeld benötigen als im Markt eingeführte Produkte.

Kundenmanagement-Organisation

Kundenmanager sind ergänzend oder alternativ zu einem Produktmanagement einsetzbar. Ziel dieser Organisationsform ist die Entwicklung einer **kundenorientierten Marketingkonzeption**. Für diese Aufgabe werden häufig **Key-Account Manager** eingesetzt, die das Geschäft bestimmter Groß- oder Schlüsselkunden – sog. Key Accounts – planen und abwickeln.[179] Der Kundenmanager ist somit Spezialist für die ihm zugeordneten Kunden oder Kundengruppen. Er ist für die kundenorientierte Koordination der Unternehmensaktivitäten überregional und sortimentsunabhängig zuständig. Durch ein Nebeneinander von Produkt- und Kundenmanagement wird sowohl konsumenten-(investitionsgüter-) als auch handelsorientiertes Marketing durchsetzbar.

In Bezug auf die besonderen Belange der Handelsorganisationen (Distributionssysteme) sind spezifische Marketingkonzeptionen zu entwickeln.[180] Die zunehmende Konzentration im Handel und die damit verbundene Abhängigkeit vieler Konsumgüterhersteller hat eine rasche Entwicklung des **Key-Account**

---

[179] Vgl. *Kemna, H.*, Key-Account Management – Verkaufserfolg der Zukunft durch Kundenorientierung, München 1979; *Sandler, G.*, Account-Management in der Praxis, MARKETING ZFP, 2. Jg., 1980, S. 225-228.

[180] Vgl. *Meffert, H.*, Die Einführung des Kundenmanagements als Problem des geplanten organisatorischen Wandels, in: Humane Personal- und Organisationsentwicklung, Festschrift für Guido Fischer, hrsg. von R. Wunderer, Berlin 1979, S. 285 ff.; *Ehrlinger, E.*, Kundengruppen-Management, in: Die Betriebswirtschaft, 39. Jg., 1979, S. 261-273.

Managements begünstigt.[181] Dadurch wird eine bessere Verhandlungsposition gegenüber dem Handel durch eine vertriebspolitisch einheitliche Konzeption angestrebt. Eine kooperative Zusammenarbeit zwischen Industrie und Handel zur Erzielung höherer Markterfolge wird dadurch begünstigt, dass:[182]

- ganzheitliche Marketingkonzepte mit positiven Synergieeffekten gegenüber den Endabnehmern konzipiert werden,
- (Teil-)Aufgaben jeweils von dem Partner erfüllt werden, der diese am effizientesten ausführen kann,
- die Gefahr der Überbetonung und Verstärkung von Interessengegensätzen anstelle der Fortentwicklung von Bereichen mit Interessenharmonien gebannt wird.

Schließlich bietet das Key-Account Management durch kooperative Marketinganstrengungen die Möglichkeit, Transaktionskosten zu minimieren.

Marktmanagement-Organisation

Marktmanager sind ergänzend oder alternativ zu einem Produkt- oder Kundenmanagement einsetzbar. Aufgabe ist eine **marktbezogene, an regionalen Gesichtspunkten orientierte Koordination** von Unternehmensaktivitäten. Die Koordination umfasst wesentlich die Sammlung und Aufbereitung von Informationen über die Marktregion sowie die Planungsvorbereitung und -kontrolle des Vertriebs hinsichtlich Konditionen und Distribution.

Produktmanager: Stelle mit einer produktbezogenen Koordinationsaufgabe, die wiederkehrt und auf Dauer wahrzunehmen ist. Die Koordination geschieht im Hinblick auf den Absatz und umfasst wesentlich die Sammlung und Aufbereitung von Informationen über das (die) Produkt(e) sowie die Planungsvorbereitung und -kontrolle des Absatzinstrumentariums.

Kundenmanager: Stelle mit einer kundenbezogenen Koordinationsaufgabe, die wiederkehrt und auf Dauer wahrzunehmen ist. Die Koordination geschieht im Hinblick auf abgegrenzte Großkunden oder Kundengruppen und umfasst wesentlich die Sammlung und Aufbereitung von Informationen über den (die) Kunden sowie die Planungsvorbereitung und -kontrolle des Vertriebs hinsichtlich Konditionen und Distribution.

Marktmanager: Stelle mit einer marktbezogenen Koordinationsaufgabe, die wiederkehrt und auf Dauer wahrzunehmen ist. Die Koordination geschieht im Hinblick auf abgegrenzte demographische Marktsegmente oder Marktregionen und umfasst wesentlich die Sammlung und Aufbereitung von Informationen über die Marktregion sowie die Planungsvorbereitung und -kontrolle des Vertriebs hinsichtlich Konditionen und Distribution.

---

[181] Vgl. *Diller, H., Gaitanides, M.,* Das Key-Account-Management in der deutschen Lebensmittelindustrie - Eine empirische Studie zur Ausgestaltung und Effizienz, unter Mitarbeit von M. Kusterer, C. Niewolik, J. Westphal, I. Wiegels, Hamburg 1988.

[182] Vgl. *Diller, H., Gaitanides, M.,* Vertriebsorganisation und handelsorientiertes Marketing, in: Zeitschrift für Betriebswirtschaft, 59. Jg., Nr. 6, 1989, S. 590.

Zu beachten ist, dass weder Produktmanagement noch Kundenmanagement oder Marktmanagement den traditionellen Verkauf (Vertrieb) überflüssig machen. Diesem verbleibt nach wie vor die Linienzuständigkeit für den Einsatz der Verkaufsinstrumente.

3.3 Organisatorische Eingliederung

Nach der organisatorischen Eingliederung des Produktmanagements sind bereichsintegrierte und bereichsunabhängige Produktmanagement-Organisationen zu unterscheiden.

Bereichsintegrierte Produktmanagement-Organisation

Bereichsintegriert ist eine Produktmanagement-Organisation dann zu nennen, wenn sie ihrer ursprünglichen Idee nach als Teil des Marketingkonzepts zum Marketing(Absatz-)bereich gehört. Die organisatorische Eingliederung des Produktmanagers kann als Instanz im Marketingbereich (Abb. 3.47) oder als Stab des Leiters der Marketingabteilung erfolgen. Die Einordnung hängt davon ab, mit welcher Entscheidungskompetenz man die Durchsetzung des Produktmanagers abteilungsintern ausstatten will.

- Bei der **Stabslösung** verzichtet man auf jede Art von Entscheidungskompetenz und überlässt dem Leiter der Marketingabteilung die formale Durchsetzung der vom Stab erarbeiteten Vorschläge.
- Bei einer Eingliederung des **Produktmanagers als Instanz im Marketingbereich** kommt es zu einer fachlich begrenzten Kompetenzteilung zwischen den funktionsorientierten Teilbereichsleitern (Werbung, Produktgestaltung, Marktforschung usw.) und dem Produktmanager. Die Disziplinarbefugnis über die Mitarbeiter bleibt den Teilbereichsleitern vorbehalten.
- Eine bereichsintegrierte **Matrix-Produktmanagement-Organisation**[183] liegt vor, wenn es in fachlicher Hinsicht zu Kompetenzüberschneidungen zwischen funktionsorientierten Teilbereichsleitern und Produktmanagern kommt.

Bereichsunabhängige Produktmanagement-Organisation

Die Produktmanagement-Organisation ist bereichsunabhängig, wenn sie losgelöst vom Marketing-(Absatz-)bereich in die Organisation eingefügt wird (Abb. 3.48). Dies ist dann zwingend notwendig, wenn keine Marketingabteilung im Unternehmen existiert. In diesem Fall ist das Produktmanagement als **Stabsstelle der Unternehmensleitung** direkt zu unterstellen. Auf diese Weise wird ihre bereichsneutrale Fachposition gewahrt.

---

[183] Vgl. *Frese, E.,* Grundlagen der Organisation, a.a.O., S. 568 ff.; *Köhler, R.,* Produkt-Management, Organisation des, in: Handwörterbuch der Organisation (1980), a.a.O., Sp. 1923-1942; *Kieser, A., Kubicek, H.,* Organisation, 2. Auflage, Berlin, New York, 1983, S. 151 ff.

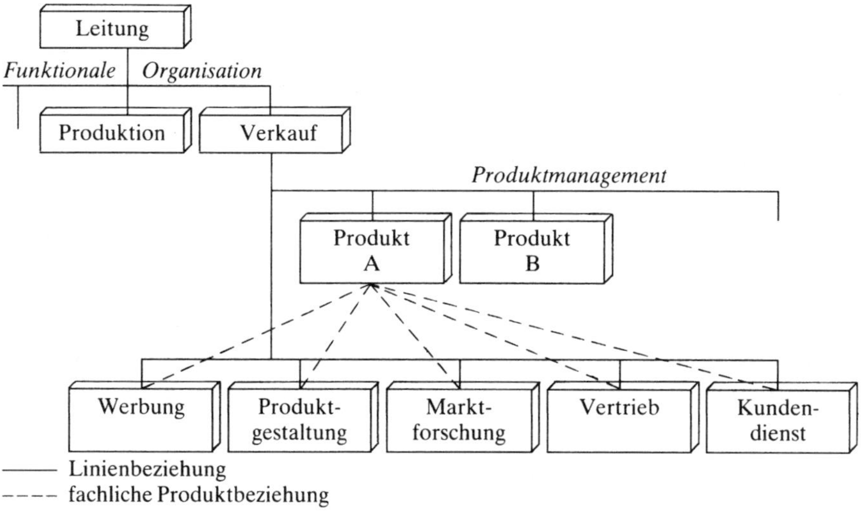

Abb. 3.47 Bereichsintegrierte Produktmanagement-Organisation

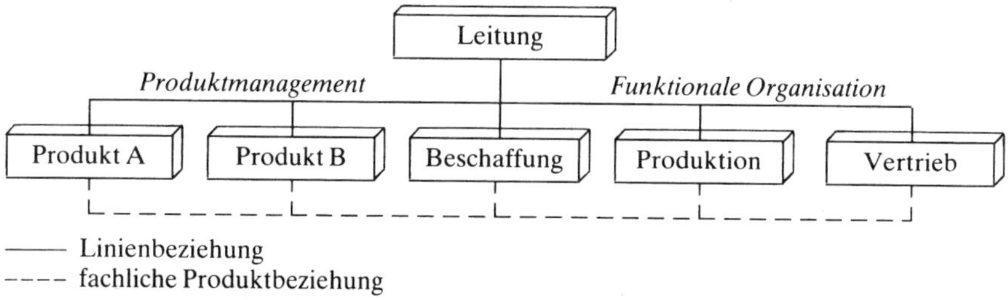

Abb. 3.48 Bereichsunabhängige Produktmanagement-Organisation mit einstufiger Gliederung

Existiert eine Marketingabteilung, so ist das Produktmanagement gleichberechtigt als Linienstelle wie die anderen funktionalen Bereiche tätig. In diesem Fall entsteht eine bereichsunabhängige **Matrix-Produktmanagement-Organisation** mit Kompetenzüberschneidungen zwischen Produktmanagement und Funktionsbereichsleitung.

Interne Organisation

Die interne Organisation des Produktmanagements kann einstufig oder mehrstufig sein.[184]

- Das Produktmanagement ist **einstufig** organisiert, wenn Produktmanager allein auf sich gestellt ihre Funktion ausüben.
- Das Produktmanagement ist **mehrstufig** organisiert, wenn zwei oder mehr Produktmanager einer einheitlichen Leitung unterstellt sind. Es kann sich um eine Einpersonen- oder Mehrpersonenleitung handeln.

Abb. 3.49 zeigt beispielhaft eine mehrstufige Produktmanagement-Organisation mit einem Produktmanagement für laufende und neue Produkte. Dem Produktmanagement für neue Produkte ist im Beispiel ein Stab zur Unterstützung angegliedert.

4. Strategische Geschäftseinheiten

Die Bildung strategischer Geschäftseinheiten unterstützt die strategische Planung. Es sind Organisationseinheiten mit spezifisch strategischem Bezug, die für eine kontinuierliche Strategiearbeit verantwortlich sind. Sie sind damit ein Instrument zur Sicherung von Transparenz und strategischer Ausrichtung innerhalb eines mehrgliedrigen, komplexen Unternehmens.

Der Bildung strategischer Geschäftseinheiten sind je nach Strategieebene und Strategieinhalt unterschiedliche Kriterien zugrundezulegen. Strategie als

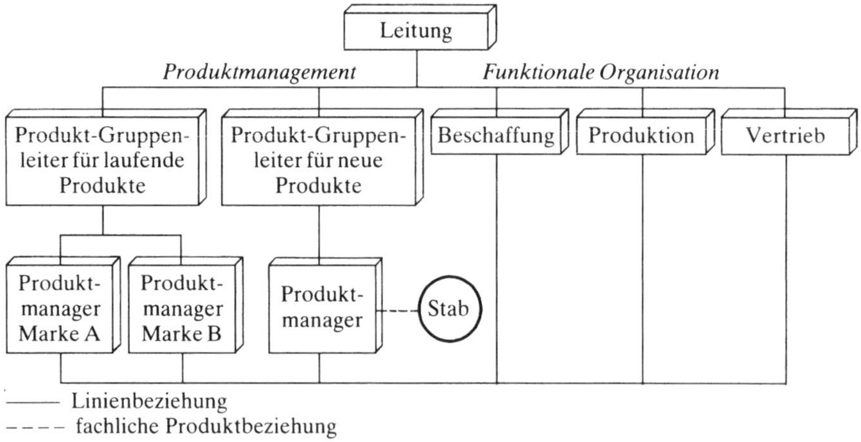

Abb. 3.49 Bereichsunabhängige Produktmanagement-Organisation mit mehrstufiger Gliederung

[184] Vgl. *Nüssel, H. A.*, Produkt-Management – Ja oder Nein?, in: Plus – Zeitschrift für Unternehmensführung, 7. Jg., 1973, S. 54 ff.

Ausdruck von Produkt-Markt-Kombinationen **(= Geschäftsstrategie)** wird mittels strategischer Geschäftseinheiten derart umgesetzt, dass relativ homogene Produkt-Markt-Aktivitäten zusammengefasst werden.[185] Strategie als Programm zur Sicherung künftiger Wettbewerbsvorteile im überwiegend diversifizierten Unternehmen **(= Unternehmens-(Konzern-)strategie)** erfordert dagegen (zusätzlich) die Bildung strategischer Geschäftseinheiten zur Zusammenfassung von Kernfähigkeiten und Kernprodukten.[186] Die beiden Konzepte schließen sich nicht aus.

Strategische Geschäftseinheiten sind danach

- **homogene Gruppen von Produkten/Dienstleistungen, die an eine identifizierbare Gruppe von Kunden verkauft werden, deren Wettbewerber wohl definiert sind bzw.**
- **Einheiten, die Kernfähigkeiten beherrschen und/oder über Kernprodukte verfügen, die dem Unternehmen Wettbewerbsvorteile gegenüber Konkurrenten bieten oder künftig sichern sollen.**

Merkmale der beiden strategischen Konzepte sind in Tabelle 3.2 gegenübergestellt.[187]

4.1 Abgrenzung strategischer Geschäftseinheiten

Die strategische Ausrichtung von Unternehmen durch Bildung von strategischen Geschäftseinheiten ist in einem funktional organisierten Unternehmen ebenso wie in einem nach Geschäftsbereichen gegliederten Unternehmen möglich. Die Schwierigkeit besteht in der Festlegung und Abgrenzung homogener Leistungen im Wettbewerb oder der Bestimmung ökonomisch bewertbarer Kernfähigkeiten.

Für die Identifikation und Abgrenzung von Geschäften hinsichtlich ihres strategischen Erfolgspotentials stehen eine Reihe von Verfahren und methodischen Ansätzen zur Verfügung:

- Die im Marketing gebräuchliche **Methode der Marktsegmentierung**, bei der vorhandene und potentielle Kunden auf ihre Unterschiede hin untersucht

---

[185] Vgl. *Hinterhuber, H. H.,* Die organisatorische Umsetzung der strategischen Planung im Unternehmen, in: Zeitschrift für Betriebswirtschaft, 48. Jg., 1978, S. 425-428; *Gälweiler, A.,* Strategische Geschäftseinheiten (SGE) und Aufbau-Organisation der Unternehmung, in: Zeitschrift für Organisation, 48. Jg. 1979, S. 252-260; *Szyperski, N., Winand, U.,* Strategisches Portfolio-Management: Konzept und Instrumentarium, in: Zeitschrift für betriebswirtschaftliche Forschung, 30 Jg., 1978, S. 123-132; *Hall, W. K.,* SBUs: Hot New Topic in the Management of Diversification, in: Business Horizons, Vol. 21, Feb. 1978, S. 17-25; *Winand, U.,* Strategische Geschäftseinheiten (SGE), in: Die Betriebswirtschaft, 42. Jg., 1982, S. 154-155; *Grochla, E.,* Grundlagen der organisatorischen Gestaltung, Stuttgart 1982, S. 147 ff.

[186] Vgl. *Prahalad, C. K., Hamel, G.,* The Core Competence of the Corporation, in: Harvard Business Review, Vol. 68, May-June 1990, S. 79-91; *Hamel, G., Prahalad, C. K.,* Strategic Intent, in: Harvard Business Review, Vol. 67, May-June 1989, S. 63-76.

[187] Vgl. *Prahalad, C. K., Hamel, G.,* The Core Competence of the Corporation, a.a.O., S. 86.

	Geschäftsstrategie	Unternehmens-/Konzernstrategie
Grundlage des Wettbewerbs	Wettbewerbsfähigkeit der Produkte	Wettbewerb der Unternehmen im Aufbau von Kernfähigkeiten
Unternehmens-struktur	Portfolio unterschiedlicher, nach Produkten und Märkten abgegrenzter Geschäfte	Portfolio von Kernfähigkeiten, Kernprodukten und Geschäften
Stellung der SGE	Autonomie; die SGE verfügt über alle Ressourcen außer Kapital	SGE sind eine Quelle von Kernfähigkeiten, deren Entwicklung unter Beachtung der künftigen Bedeutung zu fördern ist
Ressourcen-allokation	Auf Grundlage der Analyse einzelner Geschäfte wird jedem Geschäft Kapital zugeteilt	Auf Grundlage der Analyse von Geschäften und Kernfähigkeiten wird Kapital und Personal zugeteilt
Aufgabe der Unternehmens-leitung	Nutzung der Vorteile eines internen Kapitalmarktes	Aufbau einer strategiegerechten Struktur und Entwicklung von Kernfähigkeiten zur Sicherung der künftigen Wettbewerbsfähigkeit

Tab. 3.2 Konzepte der SGE-Bildung

werden, um so eine differenzierte Marktbearbeitung zu ermöglichen.[188] Als Kriterien zur Marktabgrenzung dienen Marktcharakteristika wie Region, Größe und Bevölkerungsdichte des Marktes oder demographische und verhaltensorientierte Merkmale wie Alter, Einkommen, Ausbildung oder Einstellung der Kunden. Die Segmentierung soll zu Kundengruppen führen, die in sich homogen sind und keine Schnittmengen mit anderen Segmenten haben.

- Die in der strategischen Planung verwendete **Portfolio-Matrix-Technik**, bei der es um eine erfolgsrelevante Bewertung und Klassifizierung der Geschäftstätigkeiten eines Unternehmens vom Standpunkt des Marktes aus geht.[189] Als Erfolgskriterien finden Anwendung: der relative Marktanteil, das Marktwachstum, die Lebenszyklusphasen eines Produktes (Einführung, Wachstum, Reife und Sättigung) oder die Attraktivität der Branche. Mit diesen Kriterien werden Erfolgsfaktoren wie Produktionskostenvorteile, Erfahrungskurvenvorteile,[190] Synergievorteile oder technischer Innovationsvorsprung gemessen. Allerdings gibt die Portfoliotechnik nur einen (Erfolgs-)

[188] Vgl. u.a. *Meffert, H.*, Marketing. Grundlagen der Absatzpolitik, 7. Auflage, Wiesbaden 1986, S. 243 ff.

[189] Vgl. u.a. *Albach, H.*, Strategische Unternehmensplanung bei erhöhter Unsicherheit, in: Zeitschrift für Betriebswirtschaft, 48. Jg., 1978, S. 702-715. Siehe auch die Darstellung in *Bühner, R.*, Strategie und Organisation. Analyse und Planung der Unternehmensdiversifikation mit Fallbeispielen, a.a.O., S. 167 ff.

[190] Vgl. *Henderson, B. D.*, Perspectives on Experience, Boston 1968. Die Erfahrungskurve bringt in der Regel eine Kostenrelation zum Ausdruck, die besagt, daß mit jeder Verdoppelung des Umsatzes (Marktanteils) die Stückkosten um x-Prozent abnehmen.

Zustand über die gegenwärtigen Geschäftstätigkeiten wieder. Sie berücksichtigt zu wenig, dass insbesondere unter dem Einfluss von neuen Technologien (Mikroelektronik) aus vielen reifen Märkten wieder junge Wachstumsmärkte werden (Fernsehgeräte, Maschinenbau, Spielzeugindustrie etc.).

- **Das von *Abell* vorgeschlagene Analysekonzept**, nach dem strategische Geschäftsfelder das Ergebnis einer Entscheidung zwischen folgenden drei Faktoren sind:[191] verwendbare Technologien, erfüllbare Abnehmerfunktionen sowie angestrebte Abnehmergruppen. Das dreidimensionale Analyseraster eignet sich zur Suche nach neuen Geschäftsfeldern, in dem nach technologischen Möglichkeiten, weiteren Abnehmerfunktionen und -gruppen gefragt wird. Auf diese Weise wird die bestehende Marktsegmentierung in Frage gestellt und ein Suchraster für neue Märkte vorgegeben.

Für eine Geschäftsfeldabgrenzung in der Praxis müssen die Kriterien einfach und übersichtlich sein. Sofern einzelne Geschäftsfelder zu klein sind, um sie einem Verantwortlichen zu übertragen, werden mehrere zu einer strategischen Geschäftseinheit zusammengefasst. Bei Neueintritt in Geschäftsfelder ist neben einem attraktiven, erfolgversprechenden Markt eine geeignete Eintrittsstrategie erforderlich. Mittels Stärken-Schwächen-Analysen oder Risikoprofilen sind im Einzelfall die Markteintrittschancen und -risiken eines Unternehmens abzuwägen.

Im Rahmen einer langfristigen Unternehmensstrategie können strategische Geschäftseinheiten für Kernfähigkeiten und Kernprodukte gebildet werden.

Für die Zentralisation von Kernfähigkeiten und Kernprodukten in strategischen Geschäftseinheiten ist die Ressourcenposition des Unternehmens im Hinblick auf bestehende und erstrebte Wettbewerbsvorteile zu bestimmen. Leitfäden zur Bestimmung dieser Wettbewerbsvorteile liefern der Ansatz von *Hofer* und *Schendel* sowie die Wertschöpfungskette von *Porter*.[192]

Hofer und *Schendel* schlagen vor, die Ressourcenanalyse in drei Schritten durchzuführen:[193]

(1) Erstellung eines Ressourcenprofils unter Berücksichtigung finanzieller Ressourcen, physischer Ressourcen, Humanressourcen, organisatorischer Ressourcen und technologischer Ressourcen.

(2) Ermittlung der Stärken und Schwächen; dabei werden dem Ressourcenprofil, das im ersten Schritt bestimmt wurde, die jeweiligen Erfolgsfaktoren gegenübergestellt. Die Gegenüberstellung zeigt die Stärken und Schwächen des Unternehmens.

(3) Identifikation von Kernfähigkeiten durch Vergleich der Stärken und Schwächen mit denen der stärksten Konkurrenten.

---

[191] Vgl. *Abell, D. F.,* Defining the Business: The Starting Point of Strategic Planning, Englewood Cliffs, N. J. 1980. Siehe auch *Müller, G.,* Die Identifikation und Beurteilung neuer Geschäfte und „junger" Branchen – dargestellt am Beispiel der Biotechnologie, in: Strategische Planung, Band 2, 1986, S. 159-181.

[192] Vgl. *Steinmann, H., Schreyögg, G.,* Management, Wiesbaden 1990, S. 155 ff.

[193] Vgl. *Hofer, C. W., Schendel, D.,* Strategy Formulation: Analytical Concepts, St. Paul 1978, S. 144 ff.

Die Bestimmung von Kernfähigkeiten durch Analyse der **Wertschöpfungskette**[194] stellt den unternehmensinternen Leistungserstellungsprozess in den Vordergrund (vgl. Abb. 3.50). Kernfähigkeiten werden durch Vergleich der eigenen Wertschöpfungskette mit den Wertketten der wichtigsten Konkurrenten identifiziert.

In der Wertschöpfungskette wird zwischen primären Aktivitäten, die unmittelbar der Herstellung oder dem Vertrieb einer Leistung dienen, und unterstützenden Aktivitäten unterschieden.

Primäre Aktivitäten sind Eingangslogistik, Operationen, Marketing und Vertrieb, Ausgangslogistik sowie Kundendienst. Die **Eingangslogistik** beinhaltet alle Aktivitäten die den Eingang, die Lagerung und die Bereitstellung von Roh-, Hilfs- und Betriebsstoffen betreffen. **Operationen** bezeichnet alle Tätigkeiten der Produktion. In **Marketing und Vertrieb** sind absatzwirtschaftliche Aktivitäten wie beispielsweise Verkaufsförderung oder die Wahl der Vertriebswege zusammengefasst. Die Ausgangslogistik umfasst Tätigkeiten von der Lagerung der Fertigprodukte bis zur Auslieferung. Der **Kundendienst** erfüllt kundenbezogene Tätigkeiten zum Erhalt oder zur Verbesserung des Nutzens eines Produktes für den Kunden.

Zu den **unterstützenden Aktivitäten** gehören Beschaffung, Technologieentwicklung, Personalwirtschaft und Unternehmensinfrastruktur. Die **Beschaffung** bezeichnet alle Einkaufsaktivitäten für den Input der primären Aktivitäten. Zur **Technologieentwicklung** gehören neben der Forschung und Entwicklung beispielsweise auch die Bürokommunikation, die Instandhaltung und die Marktforschung. Die **Personalwirtschaft** umfasst Aktivitäten wie Personalbeschaffung, Einstellung, Weiterbildung und Entlohnung der Mitarbeiter.

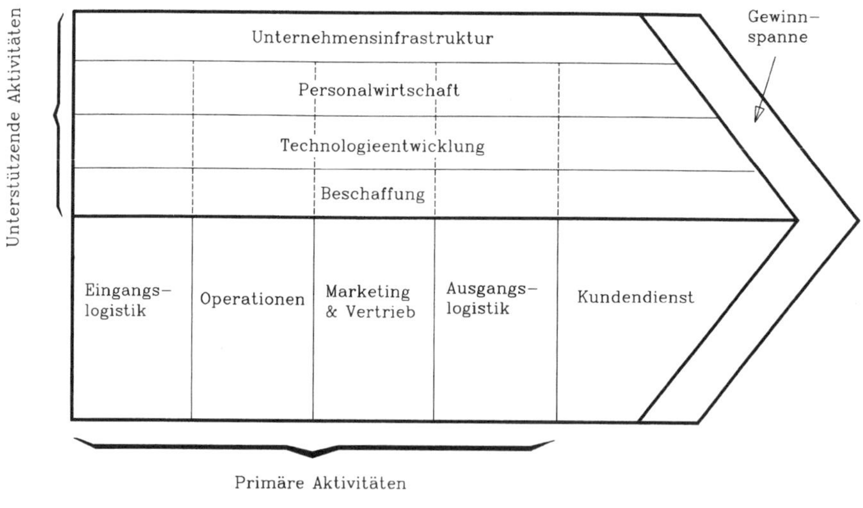

Abb. 3.50 Wertschöpfungskette nach *Porter*

[194] Vgl. *Porter, M. E.*, Wettbewerbsvorteile, Frankfurt am Main 1986, S. 62.

Den übergreifenden Rahmen aller Aktivitäten bildet die **Unternehmensinfrastruktur**. Sie beinhaltet neben der Geschäftsführung auch Planungsaktivitäten, Finanzierung, Rechnungswesen und Rechtsberatung. Die Unternehmensinfrastruktur unterstützt nicht nur einzelne, sondern alle übrigen Aktivitäten der Wertschöpfungskette.

Die Bildung von strategischen Geschäftseinheiten für Kernfähigkeiten ist zweckmäßig, wenn folgende Voraussetzungen erfüllt sind:[195]

- die Kernfähigkeit ermöglicht den Zugang zu einer Vielzahl von (End-)Produktmärkten;
- die Kernfähigkeit leistet einen entscheidenden Beitrag zur Befriedigung der Kundenwünsche und
- die Kernfähigkeit ist durch Konkurrenten nicht oder kaum nachahmbar.

4.2 Organisation und Führung

Für die organisatorische Einordnung von strategischen Geschäftseinheiten werden vier Alternativen genannt:[196]

- **Strategische Geschäftseinheiten in Form von interfunktionalen Ausschüssen zur Ziel- und Strategievereinbarung sowie zum Informationsaustausch.** Ohne allzu großen Formalismus ist es hierbei möglich, Funktionen oder Geschäftsbereiche in einem Kollegium (Ausschuss) zur gemeinsamen Strategieberatung zusammenzuführen. Das Kollegium arbeitet auf Empfehlungsbasis und seine Strategievorschläge bleiben letztlich unverbindlich für die Linie.
- **Beauftragung und Ernennung von Managern für strategische Geschäftsangelegenheiten.** Die Manager sind für die Verfolgung einer Strategie über die Linienorganisation hinweg verantwortlich. Ihr beschränkt funktionales Weisungsrecht garantiert ihnen jedoch keine Durchsetzung ihres Strategiekonzepts.
- **Bildung von strategischen Geschäftseinheiten, die sich hinsichtlich ihrer Kompetenz in Form einer Matrix mit der Linienorganisation überschneiden.** Die strategischen Geschäftseinheiten haben hier neben der strategischen Aufgabe auch Verantwortung für Produkt- und Marktentscheidungen. Gefährlich sind Matrix-Konflikte, die eine Zusammenarbeit zwischen Linie und strategischer Geschäftseinheit gefährden können (vgl. Abb. 3.51). In mittelständischen Unternehmen mit funktionaler Struktur liegen teilweise positive Erfahrungen über eine Führung mit strategischen Geschäftseinheiten vor.[197]
- **Ausrichtung und Anpassung der Linienorganisation an die Struktur von strategischen Geschäftseinheiten.** Mit dieser Lösung wird eine strategische Ausrichtung des Gesamtunternehmens bezweckt. Strategische Änderungen erfordern dementsprechend reorganisatorische Maßnahmen. Die Gefahr ist ein

[195] Vgl. *Prahalad, C. K., Hamel, G.,* The Core Competence of the Corporation, a.a.O., S. 83.

[196] Vgl. zum Folgenden *Henzler, H.,* Strategische Geschäftseinheiten (SGE): Das Umsetzen von strategischer Planung in Organisation, in: Zeitschrift für Betriebswirtschaft, 48. Jg., 1978, S. 917 ff.

[197] Vgl. *Lessing, R., Kroeger, H.,* Führen mit strategischen Geschäftseinheiten. Praxiskonzept mit Anleitungen für Mittelbetriebe, Düsseldorf, Frankfurt 1982.

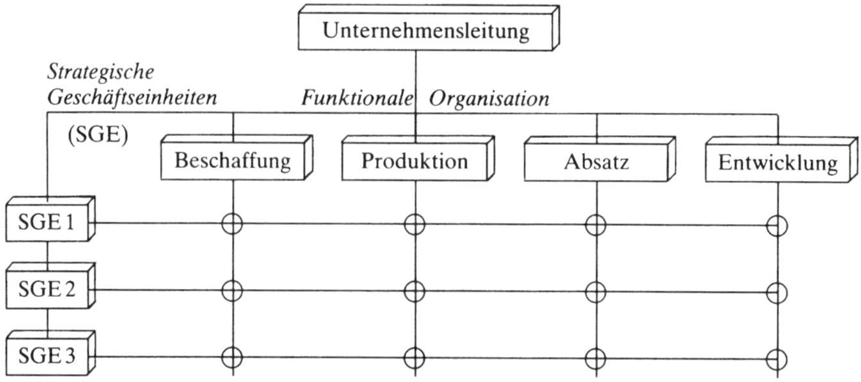

Abb. 3.51 Führen mit strategischen Geschäftseinheiten in einem funktionalen gegliederten Unternehmen

ständiger Wechsel und Wandel in der Organisation, die ein konsistentes, auf Dauer ausgerichtetes Arbeiten in der Organisation erschweren.

Strategische Geschäftseinheiten sind ein geeignetes Führungsinstrument zur Durchsetzung eines strategischen, marktbezogenen Unternehmenskonzepts. Im Einzelnen sind folgende **Vorteile einer Führung mit strategischen Geschäftseinheiten** verbunden:

- Entlastung der Unternehmensleitung bei der strategischen Führung;
- Verbesserung von Produkt-Markt-Entscheidungen durch Zusammenarbeit von Funktions- oder Geschäftsbereichen;
- Bewusstmachung der Markt-, Kunden- und Wettbewerbssituation;
- Delegation von Produkt-Markt-Entscheidungen;
- Förderung des Mitarbeiternachwuchses durch Mitarbeit oder Übertragung der Leitung einer strategischen Geschäftseinheit.

Die **Nachteile** einer Führung mit ausschließlich Produkt-Markt-orientierten strategischen Geschäftseinheiten sind darin zu sehen, dass die der Linie obliegende strategische Aufgabe immer mehr auf die strategischen Einheiten übergeht und so eine Kluft zwischen Linieneinheit und Geschäftseinheit entsteht. **Strategische Planungseinheit und Organisationseinheit fallen auseinander.** Die umfassende Verantwortung der strategischen Geschäftseinheiten für den operativen Erfolg führt im Einzelnen dazu, dass

- keine Synergievorteile realisiert werden,
- keine Kernfähigkeiten als Grundlage künftiger Wettbewerbsfähigkeit entwickelt werden und
- die Leiter der SGE risikoscheu handeln.[198]

Strategieentwicklung und Strategiedurchführung sind getrennt. Die Verantwortung für die Durchführung der von der Unternehmensleitung vorgegebenen Strategie obliegt den Leitern der strategischen Geschäftseinheiten. Ihre Ent-

[198] Vgl. *Prahalad, C. K., Hamel, G.,* The Core Competence of the Corporation, a.a.O., S. 88 ff.

scheidungskompetenz umfasst alle dafür notwendigen Aufgaben. Eingriffe der Unternehmensleitung sind auf ein Minimum beschränkt. Damit sind Koordinierungsmaßnahmen der Unternehmensleitung zur Realisation von Synergievorteilen ausgeschlossen.

Wettbewerbsvorteile erfordern die Entwicklung von Kernfähigkeiten. Diese wird durch die Erfolgsbeurteilung der Führungskräfte verhindert. Grundlage der Erfolgsbeurteilung sind überwiegend rechnungswesenorientierte Gewinn- oder Renditegrößen. Die einfachste Möglichkeit zur kurzfristigen Maximierung buchhalterischer Erfolge ist der Verzicht auf langfristig vorteilhafte Investitionen. Damit unterbleibt auch die Entwicklung von Verfahren und Fähigkeiten, die künftig Wettbewerbsvorteile gegenüber Konkurrenten schaffen.

Die kurzfristig orientierte Erfolgsbeurteilung der Führungskräfte wird auch als Grund für die **geringe Innovationskraft strategischer Geschäftseinheiten** gesehen. Innovationen sind mit hohen Risiken verbunden und erfordern eine langfristig orientierte Investitionspolitik. Sie sind mit einer (kurzfristigen) Maximierung buchhalterischer Erfolge nicht vereinbar. Führungskräfte, die anhand von Renditekennziffern beurteilt werden, neigen daher zu einer Vernachlässigung von Innovationen. Langfristig kann dies zum Verlust der Wettbewerbsfähigkeit führen.

Die Nachteile einer ausschließlich Produkt-Markt-orientierten Bildung strategischer Geschäftseinheiten sollen durch eine Erweiterung um Kernfähigkeiten und Kernprodukte vermieden werden. Die Beachtung von Kernfähigkeiten im Rahmen der Unternehmensstrategie soll die Grundlage künftiger Wettbewerbsfähigkeit sichern. Eine entsprechende Bildung strategischer Geschäftseinheiten soll den organisatorischen Rahmen für die Durchführung der Unternehmensstrategie bieten.

5. Projektgruppenorganisation

Projektgruppen werden für eine bestimmte Dauer eingerichtet und arbeiten im Unterschied zu Kollegien während dieser Zeit permanent an der Lösung von Projektaufgaben. Kennzeichnend für **Projektaufgaben** ist, dass sie einmaligen und temporären Charakter haben, mit Risiken behaftet sind und in der Regel eine Zusammenarbeit mehrerer Spezialisten aus unterschiedlichen Bereichen erfordern. Aus diesen Aufgabenmerkmalen leitet sich die Notwendigkeit organisierter Projektgruppenarbeit ab. Diese findet vor allem auf mittleren und unteren Hierarchieebenen Anwendung.[199]

Die Projektgruppe arbeitet unter der Zuständigkeit einer **Projektleitung**. Diese hat die Kompetenz und Verantwortung für die Aufgabenerfüllung über die Dauer des Projekts. Sie hat die Arbeit auf die Projektarbeitsgruppen zu verteilen, zu koordinieren und zu kontrollieren.

---

[199] Vgl. *Hoffmann, F.,* Merkmale der Führungsorganisation amerikanischer Unternehmen. Auszüge aus den Ergebnissen einer Forschungsreise 1970, in: Zeitschrift für Organisation, 41. Jg., 1972, S. 3 ff.

Projektgruppen sind hierarchisch strukturierte Organisationseinheiten mit klarer Kompetenz und Verantwortung gegenüber dem Auftraggeber des Projekts. Hieraus wird deutlich, dass Projektaufgaben vorstrukturierbar sein müssen, damit sowohl von Seiten des Auftraggebers wie auch der Projektleitung Strukturierungen zur Vorgehensweise, Begutachtung, Selektion und Kontrolle der Lösung möglich sind. Nur unter diesen Bedingungen ist die Verantwortung für das Projekt einer Projektleitung zumutbar.

5.1 Art der Projektaufgabe

Projektgruppen sind nach Art der Projektaufgabe und Form der Projektgruppenorganisation zu unterscheiden. Die Art der Projektaufgabe und die hieraus erwachsenden Anforderungen an die Projektgruppe sind je nach Reifegrad, Wirkumfang und Inhalt der Projektaufgabe unterschiedlich. Nach dem Reifegrad der Entwicklung der Projektaufgabe lassen sich drei Typen unterscheiden:[200]

1. **Die Entwicklung relativ neuer Konzeptionen.**

   Die Bewältigung dieser Aufgabe setzt voraus, dass die Projektgruppe relativ klein ist, um vom Projektleiter noch koordiniert werden zu können. Soweit eine Vorstrukturierbarkeit der Projektaufgabe nicht mehr gegeben ist, erfordert dies den Übergang auf eine hierarchiefreie ‚Teamworkorganisation'.

2. **Die Ausgestaltung von Konzeptentwürfen bis zur Einführungsreife.**

   Zumeist setzt diese Art der Projektaufgabe größere Projektgruppen voraus, deren Koordinierung durch Projektplanung und -kontrolle geschieht. Die Planung kann in sachlicher, zeitlicher und personeller Hinsicht erfolgen. Die Kontrolle kann verfahrens- oder ergebnisorientiert sein. Planungstechniken wie Balkendiagramme und Netzplantechnik sind für diese Art von Projektaufgaben besonders geeignet.[201]

3. **Wiederkehrende Projekte, für die es bereits eingespielte Arbeitsabläufe gibt.**

   Die Einzelfertigung von Großmaschinen oder EDV-Systemänderungen sind hierfür Beispiele. Vorliegende Erfahrungen aus gleichen oder ähnlichen Projekten erleichtern die Koordinationsarbeit. Die Notwendigkeit der Projektgruppenbildung liegt erstens in der zeitlichen Dauer des Projekts begründet und zweitens darin, etwas zu tun, was sich sonst störend auf den normalen Geschäftsablauf auswirken würde.

Nach dem **Wirkumfang der Projektaufgabe** ist zwischen bereichsbezogenen und bereichsübergreifenden Projekten zu unterscheiden. Der Bereichsbezug kann sich auf einen Funktions-, Werks- oder Geschäftsbereich beziehen.

Bei internationalen Projekten geht der Wirkumfang der Projektaufgabe über das eigene Unternehmen hinaus.

---

[200] Vgl. *Dullien, M.,* Flexible Organisation. Praxis, Theorie und Konsequenzen des Projekt- und Matrix-Managements, Opladen 1972, S. 35 ff.

[201] Vgl. *Stewart, J. M.,* Making Project Management Work, in: Systems, Organizations, Analysis, Management, hrsg. von D. J. Cleland und W. R. King, New York 1969, S. 291 ff.

Nach dem **Inhalt der Projektaufgabe** sind Projektgruppen entweder mit funktionalen Aufgaben, Verfahrensproblemen oder Produkt-Markt-Problemen befasst.

5.2 Formen der Projektorganisation

Formen der Projektorganisation lassen sich danach unterscheiden, ob die Mitarbeiter zur Planung und Durchführung des Projekts aus der Organisation oder von externer Seite beschafft werden und wie Art und Ausmaß der Projektleitungskompetenz gestaltet sind.[202] Nach der **Herkunft der Projektgruppenmitarbeiter** sind zu unterscheiden:

- **"Task-force", die Mitarbeiter der Projektgruppe werden für die Dauer des Projekts aus dem bestehenden Stellengefüge rekrutiert.**
  Diese Projektform setzt einerseits eine personelle Reservekapazität voraus und kann andererseits zu Problemen hinsichtlich der Wiedereingliederung der Projektmitarbeiter in das Stellengefüge führen.
- **"Project Organization", die Mitarbeiter der Projektgruppe werden eigens und nur für die Dauer der Bearbeitung der Projektaufgabe eingestellt.**
  Durch die Neueinstellung von Projektmitgliedern kann externes Wissen für das Unternehmen genutzt werden, ohne dass eigene Kapazitäten gebunden sind. Weiterhin wird eine „Betriebsblindheit" vermieden. Allerdings besteht die Gefahr, dass Lösungen unabhängig von den spezifischen Unternehmensbedingungen vorgeschlagen werden und die Kenntnis und Erfahrung im Unternehmen ungenutzt bleibt.

Unabhängig von der Herkunft der Mitarbeiter der Projektgruppe sind nach **Art und Ausmaß der Kompetenz des Projektleiters** drei weitere Formen der Projektorganisation zu unterscheiden.

Stabs-Projektorganisation (Einfluss-Projektorganisation)

Dem Projektleiter wird in dieser Organisationsform kein formales Weisungsrecht zugestanden. Zur Koordination der Projektgruppe ist der Projektleiter ausschließlich auf die Anerkennung seiner persönlichen und fachlichen Autorität angewiesen. Die Projektgruppe arbeitet in der Form eines „Stabs mit Beratungsfunktion" (Abb. 3.52). Die Projektverantwortung wird einem oder mehreren Linienvorgesetzten übertragen, der oder die selbst nicht der Projektgruppe angehören. Der Rang der für das Projekt verantwortlichen Linie entscheidet mit über die funktionale Einflussmöglichkeit des Projektleiters zur Durchsetzung seiner Projektinteressen.

[202] Vgl. *Cleland, D. I., King, W. R.,* Systems Analysis and Project Management, 3. Auflage, New York etc. 1983; *Steiner, C. A., Ryan, W.,* Industrial Project Management, New York 1968; *Schröder, H. J.,* Projekt-Management, a.a.O., S. 75 ff.; *Zimmermann, K.,* Die Projektgruppe als Organisationsform komplexer Aufgaben, in: Zeitschrift für Organisation, 39. Jg., 1970, S. 45-51.

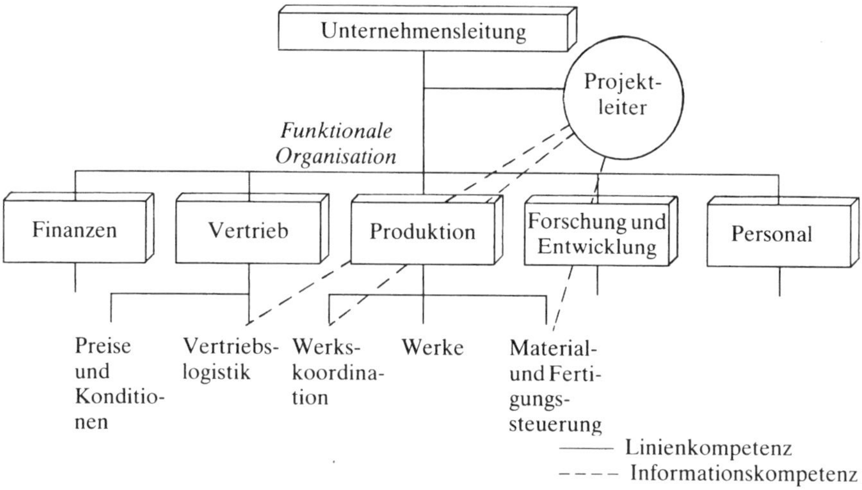

Abb. 3.52 Einfluss-Projektorganisation

Reine Projektorganisation

Die Projektleiter erhalten zur Durchführung des Projekts volle Weisungsbefugnis gegenüber ihren Mitarbeitern. Das Weisungsrecht ist in der Regel fachlich begrenzt. Disziplinarisch bleiben die Mitarbeiter zumeist ihren Linienvorgesetzten in den Fachabteilungen unterstellt. Hierdurch wird die Wiedereingliederung der Mitarbeiter in die Organisation nach Beendigung des Projekts erleichtert. Während der Zeit der Projektgruppen-Mitgliedschaft ist eine gemeinsame Leistungsbeurteilung durch Linien- und Projektleiter zu empfehlen. Hinsichtlich seiner Projektverantwortlichkeit ist der Projektleiter in die Linienorganisation eingebunden (Abb. 3.53).

Matrix-Projektorganisation

Die Projektleiter erhalten die Zuständigkeit für die Planung und Kontrolle der Projektaufgabe, während die Leiter in Linienverantwortung maßgebend für die Projektdurchführung zuständig sind. Es kommt zu Kompetenzüberschneidungen zwischen Projektleitung und Linie. Die Projektleiter müssen zur Erfüllung ihrer Aufgaben auf Ressourcen der Linie zugreifen. Die Projektleitung, die beispielsweise eine intelligente Flugzeugsteuerung projektieren und bearbeiten soll, hat dies in Abstimmung und Zusammenarbeit mit der Linie zu tun. Im Rahmen ihrer Projektkompetenz kann sie ihr Weisungsrecht gegenüber der Linie zur Erbringung der Projektleistung in Anspruch nehmen. Grundlagen der Autorität des Projektleiters sind nach wie vor sein Ansehen und sein Sachverstand. Allerdings kann er sich nunmehr in kritischen Situationen ebenso wie die Linie auf seine formale Kompetenz berufen. In diesem Falle wird bewusst ein

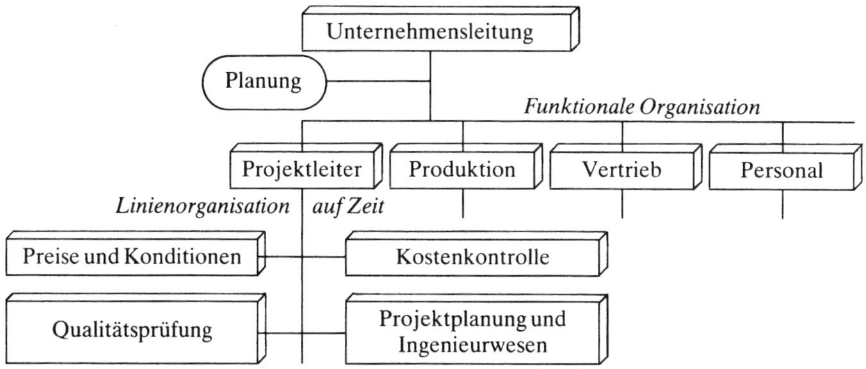

Abb. 3.53 Reine Projektorganisation

Konflikt zwischen Projektleiter und Linie in Kauf genommen. Kommt es zu keiner Einigung zwischen beiden Leitungen, so hat eine höhere Instanz Meinungsverschiedenheiten zu schlichten und über die Lösung zu entscheiden. Abb. 3.54 zeigt beispielhaft eine Matrix-Projektorganisation. Projekt- und Funktionshierarchie sind unterhalb der Technik übereinanderliegend angeordnet und mit weiteren in der Geschäftsführung vertretenen Funktionsbereichen überkreuzt. Anwendungen der Matrix-Projektorganisation finden sich vor allem im luft- und raumfahrttechnischen Bereich sowie im Anlagenbau. Als teilstrukturelle Organisationslösung ist die Matrix-Projektorganisation insbesondere im Forschungs- und Entwicklungsbereich sowie Marketing oder Verkauf im Unternehmen zu finden.

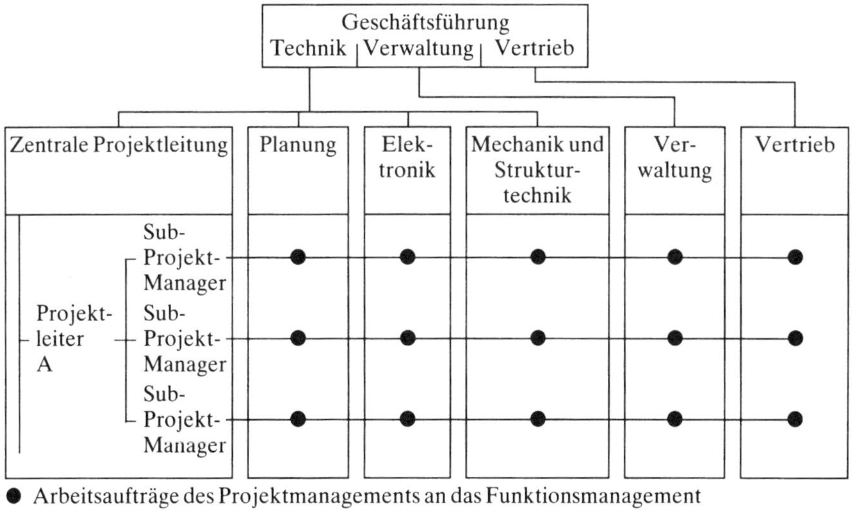

Abb. 3.54 Matrix-Projektorganisation

Neuere Entwicklungen der Projektorganisation

Die verschärfte internationale Konkurrenz bewirkt eine drastische Verkürzung von Produktlebenszyklen. Unternehmen verstärken ihre Innovationsbemühungen, um schneller und häufiger neue Produkte am Markt platzieren zu können. In der Organisation drückt sich dieser Zwang in einer Verstetigung der Projektarbeit aus. Die sekundäre Projektorganisation wird verstärkt in die Primärorganisation integriert. Ergebnis ist eine ungleichberechtigte Matrix-(Projekt)Organisation, in der das Projektmanagement aufgrund der zentralen Bedeutung der Innovationsfähigkeit das Übergewicht der hierarchischen Befugnisse besitzt. Diese Organisationsform unterscheidet sich

- von der Matrixorganisation dadurch, dass nicht verschiedene Formen der Strukturierung der Primärorganisation gleichzeitig angewendet werden, sondern die (ursprüngliche) Sekundärorganisation eine Matrixdimension einnimmt;
- von der Matrix-Projektorganisation durch die dauerhafte Installation der projektbezogenen Dimension und deren Übergewicht hinsichtlich hierarchischer Kompetenzen.

In dieser „starken" Form der Projektorganisation ist die Projektmanagement-Aufgabe in der Regel direkt unterhalb der Unternehmensleitung organisatorisch eingegliedert.[203] Der Projektmanager besitzt umfassende Verantwortung für einzusetzende Ressourcen, die Projektdurchführung, den Projekterfolg sowie für personalwirtschaftliche Aspekte. Ähnlich einer reinen Projektorganisation vereint er in seiner Position fachliche und disziplinarische Führungsverantwortung.[204]

Komplexe Prozesse wie beispielsweise die Entwicklung eines Automobils benötigen eine innere Strukturierung, um die Bildung von Teams einer arbeitsfähigen Größe zu ermöglichen. Unterhalb des Projektmanagers wird daher eine Projekthierarchie aufgebaut. Die Projektmanagement-Organisation von *Honda* bildet ein Beispiel:[205]

Die *Honda*-Projektorganisation wird auf Unternehmensebene von einem Top-Manager, dem "large, large project leader" gesteuert, der für eine gesamte Produktlinie (Kleinwagen, Mittelklasse, Oberklasse) verantwortlich ist. Der "large project leader" verantwortet auf der nächsten Ebene die Entwicklung einer Modellreihe, beispielsweise des *Honda Accord.* Dem large project leader sind mehrere "regular project leaders" unterstellt, die jeweils einen Typ der Modellreihe (Limousine, Coupé) betreuen. Auf der unteren Ebene dieser Projekthierarchie leiten "small project leaders" die Weiterentwicklung von Komponenten für die entsprechenden Modelle.

---

[203] Vgl. *Clark, K. B., Wheelwright, S. C.,* Organizing and Leading „Heavyweight" Development Teams, in: California Management Review, Vol. 34, 1992, S. 9-24.

[204] Vgl. *Clark, K. B., Fujimoto, T.,* The Power of Product Integrity, in: Harvard Business Review, Vol. 68, No. 6, 1990, S. 107-118.

[205] Vgl. hierzu *Wheelwright, S. C., Clark, K. B.,* Revolutionizing Product Development, New York 1992, S. 55.

Weitere denkbare Strukturierungskriterien sind einzelne Produkte (*Chrysler* segmentiert seinen Produktentwicklungsprozess typbezogen in sog. *platform teams*) oder Produktkomponenten (*BMW* bildet *Modulteams* für verschiedene Baugruppen eines Fahrzeugs).

Die Differenzierung von Subteams, die jeweils für einen bestimmten Prozessausschnitt oder eine Produktkomponente zuständig sind, sowie von koordinierenden Ebenen der Projekthierarchie erfordert eine horizontale und vertikale Integration.[206] Horizontale Integration zielt auf die Durchgängigkeit des Informationsflusses. Vertikale Integration dient der Abstimmung prozessbezogener Entscheidungen.

In der dargestellten Projekthierarchie kann die Integration durch linking pins erreicht werden.[207] Als linking pins werden Mitarbeiter bezeichnet, die gleichzeitig Mitglied von zwei Teams sind. Diese Mitarbeiter sind Träger der Kommunikationsbeziehungen zwischen Teams unterschiedlicher Hierarchieebenen bzw. fachlicher Schwerpunkte im Projekt.

Multiprojektmanagement

Die zunehmende Globalisierung und die damit einhergehende Dynamisierung der Unternehmensumwelt bewirken, dass der Durchführung von Projekten eine immer größere Bedeutung zukommt.[208] Dies führt dazu, dass in einem Unternehmen normalerweise mehrere Projekte gleichzeitig bearbeitet werden. Da diese meist auf den gleichen Pool vorhandener Ressourcen zurückgreifen, kann es zwischen den einzelnen Projekten zu einer Konkurrenzsituation um die benötigten Einsatzmittel kommen. Die Einplanung der Projekte ist in diesem Fall nicht mehr unabhängig voneinander möglich, sondern muss über ein übergeordnetes Multiprojektmanagement gesteuert und koordiniert werden.[209] Da es dennoch zu Kapazitätsengpässen kommen kann, besteht eine weitere zentrale Aufgabe des **Multiprojektmanagements** darin, die Einzelprojekte und Aufgaben entsprechend ihrer Priorität für das Gesamtunternehmensziel zu ordnen. Diese Prioritätenliste ist für alle Beteiligten bindend und laufend den jeweiligen Erfordernissen des Unternehmens anzupassen.[210]

---

206 Vgl. *Lawrence, P. R., Lorsch, J. W.,* Organization and Environment, Homewood, Il., 1967, S. 8-11.

207 Vgl. *Likert, R.,* The Human Organization: Its Management and Value, New York 1967, S. 50; *Likert, R., Likert, J. G.,* New Ways of Managing Conflict, New York 1976, S. 183 f.

208 Vgl. o.V., Projekte, Projektorganisation und Projektüberwachung, in: Der Betrieb, 55. Jg., 2002, S. 281.

209 Vgl. *Burghardt, M.,* Projektmanagement, Berlin und München, 1988, S. 237.

210 Vgl. *Zielasek, G.,* Projektmanagement, Berlin etc., 1995, S. 142f.

5.3 Interne Projektgruppenorganisation (mit Lenkungsausschuss)

Projektgruppen als hierarchieübergreifende Kooperationsform sind der Gefahr ausgesetzt, dass sie eine Eigendynamik entwickeln, die sie von der Organisation entkoppelt. Um dieser Gefahr entgegenzuwirken, ist es notwendig, organisatorische Vorkehrungen zu treffen, die den **Anschluss der Projektgruppe an die Organisation** herstellen. Als Verbindungsglied eignet sich ein sogenannter Lenkungsausschuss.[211]

Lenkungsausschuss

Der Lenkungsausschuss (Kollegium) ist aus den Projektinitiatoren zusammenzusetzen, in deren Aufgabenbereich das Projekt fällt. Der Personenkreis sollte, um praktisch noch handhabbar zu sein, fünf Personen nicht überschreiten. Der Ausschuss hat dafür Sorge zu tragen, dass die Realisierbarkeit des Projekts gesichert ist und die von der (den) Projektgruppe(n) erarbeiteten Konzepte in der Organisation akzeptiert werden. Andererseits tragen die Mitglieder des Lenkungsausschusses die Verantwortung für die Projektarbeit gegenüber der Unternehmensleitung. **Im Einzelnen hat der Lenkungsausschuss folgende Aufgaben:**

- Berufung des Projektleiters oder der Mitglieder des Projektleitungskollegiums;
- Vergabe des Planungsauftrags und Schaffung der räumlichen, zeitlichen und finanziellen Planungsvoraussetzungen;
- Abgrenzung von Planungsziel, -feld und -zeit;
- Verabschiedung des Planungsergebnisses und Erteilung des Realisierungsauftrags;
- Vertretung des Planungsvorgehens der Projektgruppe und des Planungsergebnisses gegenüber der Unternehmensleitung und im Außenverhältnis gegenüber Dritten.

Der Lenkungsausschuss tritt während der Dauer des Projekts in zeitlich festgelegter Folge oder auf Wunsch der Projektleitung oder der Projektgruppe(n) zusammen. Keinesfalls sollte der Lenkungsausschuss allzu häufig tagen, um den Freiheitsspielraum der Projektleitung nicht allzusehr einzuengen und die Projektlösung nicht länger als notwendig hinauszuzögern. Auch sollte vermieden werden, dass durch häufige kollegiale Entscheidungen die Autorität der Projektleitung untergraben wird, und dass über eine sinkende Akzeptanz und Entscheidungsdurchsetzung der Projektleitung eine Verschlechterung des Projektergebnisses eintritt.

---

[211] Vgl. zum Folgenden *Musiol, A.*, Organisation von Organisationsprojekten in der Industrie. Teil 1: Organisationsabteilung, Projektmanagement, Teamwork-Management, in: Zeitschrift für Organisation, 43. Jg., 1974, S. 192-206; *Siemens AG* (Hrsg.), Organisationsplanung. Planung und Kooperation, 4. Auflage, Berlin und München 1979; *Schnelle, W.*, Entscheidungen im Management. Wege zur Lösung komplexer Aufgaben in großen Organisationen, Quickborn 1966.

Kompetenz und Verantwortung für die Planung und Realisierung des Projekts wird vom Lenkungsausschuss an die Projektleitung delegiert. Die Bildung eines **Projektleitungskollegiums** aus mehreren Projektleitern kann notwendig werden, wenn das Projekt personalintensiv ist und die Projektbearbeitung die Bildung mehrerer selbständig arbeitender Projektgruppen erfordert. Die Projektverantwortlichkeit liegt bei allen Mitgliedern im Projektleitungskollegium. Eine Begrenzung des Projektleitungskollegiums auf wenige Personen ist aus Abstimmungs- und Informationsgründen geboten.

Die **Projektleitung** hat im Rahmen der Projektdurchführung zusammen mit den Projektgruppen die Lenkungsausschusssitzungen vorzubereiten und gegenüber dem Lenkungsausschuss den Projektfortschritt und die Projektergebnisse zu verantworten. Sie ist im Außenverhältnis Ansprechpartner für inhaltliche Projektbelange (Abb. 3.55).

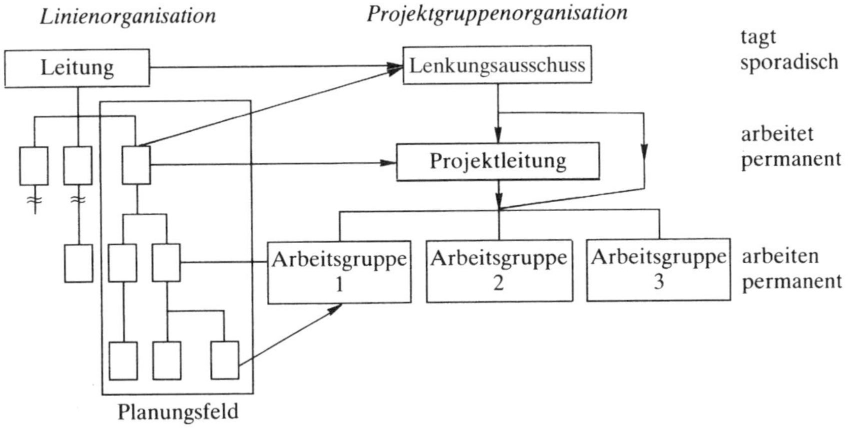

Abb. 3.55 Projektgruppenorganisation mit Lenkungsausschuss

Synchronisation von Projektphasen (simultaneous engineering)

Rasche Abfolgen technischer und marktlicher Veränderungen verlangen vom Unternehmen eine erhöhte Reaktionsfähigkeit. Diese hängt davon ab, inwieweit dem Unternehmen eine Reduktion von Entwicklungszeiten gelingt. Hierfür sind organisatorische Voraussetzungen zu schaffen, die eine **Beschleunigung der Entwicklung von Produkten und Prozessen** ermöglichen.

Die Entwicklung von neuen Produkten und Prozessen erfolgt größtenteils in Projekten.[212] Die Projektabwicklung vollzieht sich dabei in mehreren Einzel-

[212] Zur FuE-Projektorganisation vgl. u.a. *Madauss, B. J.*, Projektmanagement, Stuttgart 1984; *Cleland, D. I., King, W. R.*, System Analysis and Project Management, 3. Aufl., New York etc. 1983; *Archibald, R. D.*, Managing High Technology Programs and Projects, New York etc. 1976.

phasen. Diese werden bei der Durchführung des Projektes sukzessive durchlaufen. So erfolgt die Entwicklung eines Computerchips vereinfacht in folgenden Phasen:

- Entwicklung der Prozesstechnik,
- Produktentwicklung,
- fertigungstechnische Entwicklung und
- Fertigung.[213]

Die Beschleunigung der Projektabwicklung kann entweder durch eine

- schnellere Durchführung sequentieller Phasen oder
- Überlappung mehrerer Phasen

erfolgen.

Eine schnellere Durchführung von einzelnen **sequentiellen Projektphasen** ist im Bereich der Hochtechnologie aufgrund der Komplexität und des hohen Integrationsgrades der gestellten Aufgaben immer weniger möglich. Von daher ergibt sich zur Einsparung von Entwicklungszeiten die Notwendigkeit, einzelne Projektphasen wenigstens teilweise parallel laufen zu lassen. *Takeuchi* und *Nonaka* vergleichen den Übergang von einer sequentiellen zu einer überlappenden Projektphasendurchführung zutreffend mit dem Übergang von einem Staffellauf, bei dem ein Läufer den Stab dem Folgenden zu übergeben hat, auf ein Mannschaftsballspiel, bei dem die gesamte Mannschaft beim Angriff (fast) gleichzeitig aufrückt.[214]

Überlappende Projektphasen (Abb. 3.56) ermöglichen neben einer Beschleunigung des Entwicklungsprozesses eine bessere Abstimmung zwischen den einzelnen Entwicklungsschritten. So können etwa bei der Produktentwicklung bereits Erkenntnisse aus der nachgelagerten Produktionsplanung und -steuerung berücksichtigt werden. Dies ist um so wichtiger, da schätzungsweise rund 70 Prozent der Herstellkosten eines Produktes durch die Konstruktion vorbestimmt werden.

Überlappende Projektphasen erfordern ein hohes Maß an Koordination, um die Projektmitarbeiter ständig auf das gemeinsame Ziel auszurichten. Erforderlich ist ein geeignetes Informationssystem, das Schnittstellen überbrückt und Änderungen umgehend an Mitarbeiter aus anderen Projektphasen und an Zulieferer weiterleitet. Die dabei auftretenden relativ hohen Projektkosten, die mit wachsendem Projektfortschritt (überproportional) anwachsen, erhöhen das Projektrisiko. Tabelle 3.3 gibt einen vergleichenden Überblick über die Eigenheiten einer sequentiellen und überlappenden Projektphasenorganisation.

Die nachfolgenden Beispiele des MEGA-PROJEKTS von *Siemens* und der Neuentwicklung des *Ford Fiesta* sollen den Ablauf von Projekten mit überlappenden Projektphasen beschreiben und die Vorteile überlappender Projektphasen illustrieren.

---

[213] Vgl. *Friedrich, H.*, Das MEGA-Projekt, in: Siemens-Zeitschrift, 59. Jg., 1985, Heft 1, S. 19-23.

[214] Vgl. *Takeuchi, H.*, *Nonaka, J.*, The new New Product Development Game, in: Harvard Business Review, Vol. 64, Jan.-Feb. 1986, S. 137-146.

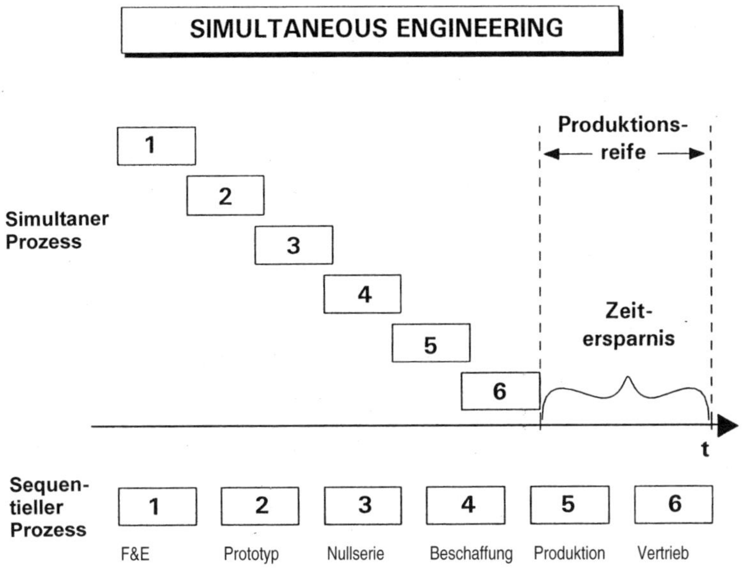

Abb. 3.56 Beschleunigung von Projektphasen durch Simultaneous Engineering

sequentiell	überlappend
• Beginn einer Phase nach Abschluss der vorherigen Phase	• Beginn einer Phase bereits vor Abschluss der vorherigen Phase
• Verzögerung einzelner Phasen verzögert Gesamtprojekt	• Verzögerung einzelner Phasen kann aufgefangen werden
• hohe Aufgabenbestimmtheit und Kontrollmöglichkeit	• geringere Aufgabenbestimmtheit in nachfolgenden Phasen und Gefahr von Fehlarbeit
• geringer Koordinationsbedarf	• hoher Koordinationsbedarf
• geringe Möglichkeiten zur Abstimmung zwischen Phasen	• gute Abstimmungsmöglichkeiten und Flexibilität durch Feedback
• Erkennung von Problemen erst beim Übergang zwischen Phasen	• ständige Problembehandlung und daher schnellere Lösung
• getrennte Verantwortung und Fraktionsdenken	• kollektive Verantwortung und kooperatives Denken

Tab. 3.3 Merkmale sequentieller und überlappender Projektorganisation

Das 1984 gestartete **MEGA-PROJEKT** von *Siemens*, das die Entwicklung von 1-Mbit und 4-Mbit-Speicherchips umfasste, basierte auf einer weitreichenden Synchronisation einzelner Entwicklungsphasen.

Durch eine schnelle Entwicklung sollte ein bestehender Rückstand gegenüber der Konkurrenz bis zur Markteinführung des 1-Mbit-Chips 1987 reduziert und bis zur Vorstellung des 4-Mbit-Chips 1989 beseitigt werden.[215] Das Projekt wurde direkt dem Vorstand unterstellt.

Abb. 3.57 stellt vereinfacht den Projektplan für die Entwicklung des 4-Mbit-Chips dar. Die fünf Einzelphasen – auch als Teilprojekte bezeichnet – waren in Unterprojekte, Arbeitsthemen und Arbeitspakete unterteilt. Wie aus der Abbildung erkennbar, durchliefen die Produkt- und Prozesslinienentwicklung den gesamten Projektlebenszyklus. Dies gewährleistete, dass selbst beim Fertigungsanlauf noch Designänderungen vorgenommen werden konnten.

Das Projekt wurde somit durchlässiger gegenüber nachträglichen neuen Erkenntnissen und Änderungswünschen.

Die Neuentwicklung des *Ford Fiesta* begann 1984. Ziel von *Ford* war es, durch Einrichtung eines Produktentwicklungsteams für den neuen „*Fiesta*" den Zeitablauf im Prototypenbau zu straffen und den Qualitätsstandard zu verbessern.[216] Durch die Verkürzung der Entwicklungszeit sollte das Risiko gesenkt werden, am Markt vorbei zu planen. Der verbesserte Qualitätsstandard sollte die neue „*Fiesta*-Generation" bei der Markteinführung weitestgehend von „Kinderkrankheiten" befreien. Zu diesem Zweck sollten die Prototypen nicht nur für Test- und Erprobungsaufgaben eingesetzt werden, sondern auch gezielt zur Fehlervermeidung im Vorserienbau.

Um diese Ziele zu erreichen, wurde ein **Programm-Management-Team** eingesetzt, das sich aus Mitgliedern aller in der Produktentwicklung mit dem The-

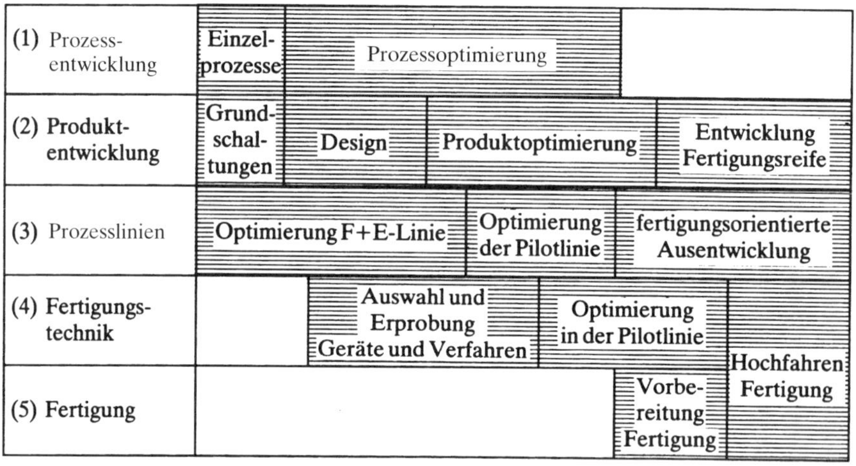

Abb. 3.57 Überlappende Projektphasenorganisation beim 4-Mbit-Chip

[215] Vgl. *Friedrich, H.,* Das MEGA-Projekt, a.a.O., S.19.

[216] Vgl. *Soiron, H. H.,* Der neue Ford Fiesta setzt ein Beispiel: Verfahrensoptimierung in der Produktentwicklung, in: Sonderveröffentlichung der Süddeutschen Zeitung, Nr. 98, 28.4.1989, S. VII.

ma „neuer *Fiesta*" befassten Bereiche zusammensetzte. Zu diesen Bereichen gehörten neben der Entwicklung beispielsweise auch die Produktion und der Materialeinkauf.

Die einzelnen Projektphasen Prototypenbau, Vor- und Endfreigabe verliefen parallel, waren jedoch ständig miteinander vernetzt. Die Gruppe war in der Lage, auf der Funktionsebene direkt miteinander zu kommunizieren und die speziellen Anforderungen des jeweiligen Bereichs direkt in die Diskussion einzubringen.

Mit der Verfahrensoptimierung der Produktentwicklung gelang es, die zahllosen Parameter der verschiedenen Bereiche zu koordinieren und transparent zu gestalten. Durch das System der Vorerprobung des Fahrzeugs durch potentielle Käufer war es möglich, bereits während der Prototypen-Erprobungsphase Änderungswünsche der Kunden in das endgültige Produkt einfließen zu lassen.

Die wesentlichen Ziele, d.h. Verkürzung der Entwicklungszeit, Verbesserung der Anlaufqualität, Minimierung der Verzögerungen während der Entwicklung, wurden durch diese Projektorganisationsstruktur erreicht.

Steuerung von Forschungs- und Entwicklungsprojekten

Die Beschleunigung von Produkt- und Prozessentwicklungen erfordert eine effiziente Steuerung und Kontrolle des Projektfortschritts.[217] Forschungs- und Entwicklungsprojekte befinden sich in einem Spannungsfeld zwischen hohen Kosten und hohem Erfolgsrisiko.[218] Dabei wird angenommen, dass mit zunehmendem Kostendruck durch Budgetvorgaben das Erfolgsrisiko steigt. Da jedoch die Steuerung von Forschungs- und Entwicklungsprojekten eine wesentliche Grundlage für künftige Erfolge des Unternehmens schafft, ist die scheinbare Unverträglichkeit von Forschung und Entwicklung einerseits und Controlling andererseits zu überwinden.

Die Ziele von Forschungs- und Entwicklungsprojekten können allgemein über die Merkmale

- **Leistung,**
- **Zeit und**
- **Kosten**

definiert werden.[219]

Eine wesentliche Schwierigkeit liegt darin, Kennzahlen zur Messung der F&E-**Leistung** zu finden. Der Erfolg eines F&E-Projektes wird erst durch dessen Abschluss messbar. Forschungs- und Entwicklungsprojekte können zwar in Teilschritte zerlegt werden; deren Bewertung ist jedoch kaum möglich, wenn die Ergebnisse nicht unabhängig vom Gesamtprojekt wirtschaftlich nutzbar sind.

---

[217] Vgl. *Reichwald, R., Schmelzer H.,* Durchlaufzeiten in der Entwicklung. Praxis des industriellen F&E-Managements, München 1990.

[218] Vgl. *Stockbauer, H.,* F&E Controlling, Wien 1989, Vorwort von Rolf Eschenbach.

[219] Vgl. *Bürgel, H. D.,* Controlling von Forschung und Entwicklung, München 1989, S. 80.

Als wirksames Verfahren der Ergebniskontrolle von Projektfortschritten bietet sich die Festsetzung von **Meilensteinen** an.[220] Dabei handelt es sich um inhaltlich überprüfbare Schlüsselereignisse bzw. -ergebnisse, die eine rasche Information über den Projektstand erlauben (z.B. Abschluss von Funktions- oder Entwicklungstests).[221]

Der Meilenstein-Inhalt sollte so präzise wie möglich (d.h. ergebnisorientiert) definiert werden. Meilensteine erfüllen somit eine Gliederungsfunktion. Sie können als sog. „Hauptmeilensteine" ganze Phasenergebnisse darstellen, oder, abhängig von Bedeutung und Umfang des Projektes bzw. von der Vorhersehbarkeit und Messbarkeit einzelner Projektstufen, Teilergebnisse beschreiben.

Eine Leistungsmessung anhand von Meilensteinen ist nur dann sinnvoll möglich, wenn sie an eine **Zeitplanung und -messung** gekoppelt ist.

Wie bereits im Fertigungsbereich praktiziert, können auch im F&E-Bereich Zeitvorgaben für einzelne Entwicklungsphasen festgelegt werden. Eine korrekte Zeitschätzung der Meilenstein-Fertigstellungstermine und somit der gesamten Projektdauer ist für den Einführungszeitpunkt und den marktlichen Erfolg eines Produktes ausschlaggebend.

Die inhaltlich mehr oder weniger fein gegliederten Meilensteine können in einem Terminraster eingefügt werden, das bei überlappenden F&E-Projektphasen einen schnellen Überblick über den aktuellen Stand der Entwicklungsarbeit verschafft. Ein solches Terminraster kann die Form einer **Meilensteintrendanalyse** annehmen.

Die Meilensteintrendanalyse eignet sich für unsichere F&E-Projektabläufe. Sie ermöglicht die Berücksichtigung der „harten", objektiv bewertbaren Daten der Vergangenheit (z.B. Kosten), und der „weichen Daten" der Zukunft (z.B. absehbare Probleme und Risiken).[222]

Die terminliche Überwachung wichtiger Etappenziele erleichtert die Identifizierung „ewiger Entwicklungsprojekte" und kann somit die Entscheidung über Weiterführung, Korrektur oder Abbruch der Projekte vorbereiten.

Die Planung und Kontrolle von Zeitvorgaben ermöglicht schließlich eine **Kostenplanung**.

Kostenplanung muss nicht notwendigerweise im Widerspruch zu kreativer Forschungs- und Entwicklungstätigkeit stehen. Folgende Gründe sprechen für den Nutzen und die Möglichkeit einer Kostenplanung auch bei kreativen Prozessen:

---

[220] Vgl. *Platz, J., Schmelzer H.,* Projektmanagement in der industriellen Forschung und Entwicklung. Einführung anhand von Beispielen aus der Informationstechnik, Berlin, Heidelberg, New York, London, Paris, Tokyo 1986, S. 109.

[221] Vgl. *Madauss, B.,* Handbuch Projektmanagement, 3. Aufl., Stuttgart 1990, S. 200.

[222] Vgl. *Platz, J., Schmelzer, H.,* Projektmanagement in der industriellen Forschung und Entwicklung. Einführung anhand von Beispielen aus der Informationstechnik, a.a.O., S.220-225; *Albert, I.,* Der Einsatz der Meilenstein-Trendanalyse in innovativen Entwicklungsprojekten, in: Projektmanagement, Beiträge zur Jahrestagung 1984 der Gesellschaft für Projektmanagement INTERNET Deutschland, München 1984.

- Den wichtigsten Kostenfaktor in Forschungs- und Entwicklungsprojekten stellen die Personalkosten dar; teilweise entfallen bis zu 80 Prozent der Gesamtkosten auf den Personaleinsatz.[223] Personalkosten sind bereits bei Projektbeginn sicher planbar.
- Analysen über die zeitliche Verteilung der Kosten im Innovationsprozess zeigen, dass ein Großteil der Kosten erst gegen Ende des Entwicklungsprojekts anfallen.[224] Zu diesem Zeitpunkt sind innovative und kreative Tätigkeiten weitgehend abgeschlossen. Das Risiko eines Fehlschlags ist gering und die noch anfallenden Kosten sind sicherer planbar.

Die Erfassung von Kosten-, Leistungs- und Terminaspekten von F&E-Projekten liefert Erfahrungswerte, die für die Zeit- und Kostenkalkulation künftiger Entwicklungen genutzt werden können.

Durch die laufende Überwachung von Projektmeilensteinen können nicht generell Fehlentwicklungen vermieden werden. Die Kenntnis der Kostenstruktur und der Kostenentstehung im Zeitablauf ermöglicht es, bei Entwicklungsprojekten Schätzfehler zu begrenzen und Fehlentwicklungen frühzeitig zu erkennen. Dadurch wird eine an den wirtschaftlichen Zielen orientierte F&E-Tätigkeit ermöglicht und einem Eigenleben des F&E-Bereiches entgegengewirkt.

5.4 Vor- und Nachteile der Projektgruppenorganisation

Für die Projektgruppenorganisation sprechen **Leistungsvorteile in der Bearbeitung und Lösung von Projektaufgaben**. Das Unternehmen ist in der Lage,

- projektspezifisch sich an gewandelte Kunden- und Marktbedingungen anzupassen,
- die geeigneten Mitarbeiter zur Projektlösung zusammenzufassen und
- Projekte zu beschleunigen.

Weiterhin bietet die Projektgruppenarbeit die Chance zur **Führungskräfteschulung** in einer Form, die mit den hierarchischen Prinzipien der Organisation übereinstimmt. Die Mitarbeiter erhalten in Projektgruppen die Chance, unabhängig von ihrer täglichen Routine tätig zu werden, Erfahrungen zu sammeln und sich zu bewähren. Auf diese Weise ist – analog der Wirkung eines geplanten Stellenwechsels (Job Rotation) – einer Erstarrung der Organisationsstruktur durch Gewohnheit im Denken und Handeln entgegenzuwirken.

Für die Projektleitung und die Mitglieder der Projektgruppen stellt sich bei der Organisationsform der „Task-Force“ das Problem der **Wiedereingliederung in die Organisation** nach Beendigung des Projekts. Zur Erleichterung der Wiedereingliederung hat sich eine 4:1 Regelung bewährt, d.h. an 4 zusammenhängenden Tagen der Woche wird für das Projekt gearbeitet, während der 5. Tag der Fortführung der Liniengeschäfte dient.

---

[223] Vgl. *Madauss, B.*, Handbuch Projektmanagement, a.a.O., S. 221.

[224] Vgl. *Commes, M., Lienert, R.*, Controlling im F&E-Bereich, in: RKW Handbuch Forschung, Entwicklung, Konstruktion (F&E), hrsg. von Moll, H., Warnecke, H., 3. Band, Kennzahl 4710, Berlin 1976 ff., 1986, S. 11.

Schwierigkeiten der Projektdurchführung können sich auch mit zunehmender Dauer des Projekts einstellen. Mangelnde Erfolgserlebnisse führen zu **psychischen Spannungen**, die mitunter einen Austausch der Projektmitarbeiter notwendig machen. Hierdurch kommt es zu einem Verlust an spezifischer Projekterfahrung, die dann eine zeitliche Projektverlängerung zur Folge hat. Neue Projektmitarbeiter sind in das Projekt einzuarbeiten und einzuweisen.

Weitere Probleme können aus der **hierarchischen Struktur** der Projektgruppenarbeit resultieren. Der Erfolg der Projektgruppenarbeit wird in der Regel der Projektleitung zugerechnet. Dies kann, insbesondere bei wiederholter Projektarbeit, zu einer Demotivation bei den Projektmitarbeitern führen. Gleichfalls kann sich eine mangelnde Fach- und Personalautorität der Projektleitung negativ auf die Arbeit der Projektgruppe niederschlagen.

6. Teamworkorganisation

Für neuartige, schlechtstrukturierte Aufgaben, die selbst noch einer Strukturierung bedürfen, ist die in der Projektgruppenorganisation vorausgesetzte Aufgabenstrukturierung durch den Projektleiter nicht mehr gegeben. Hierdurch wird es notwendig, für Aufgaben dieser Art die Organisationsform zu wechseln. Die hierarchischgegliederte Projektorganisation ist durch eine **hierarchiefreie Teamorganisation** zu ersetzen.[225] „Leitungslose" Teams (Planungsgruppen) übernehmen die Funktion von Projektgruppen. Die Teams arbeiten im Sinne des ‚Teamworks' als partnerschaftliche, gleichberechtigte Arbeitsgruppen. Alle Mitglieder eines Teams sind in gleicher Weise für die ordnungsgemäße Durchführung der Aufgabe verantwortlich. Das Team arbeitet zeitlich permanent und sollte in einer räumlichen Einheit (Planungsraum) zusammenarbeiten.

Nach dem Ziel einer sachlich und zeitlich ordnungsgemäßen Aufgabenlösung bestimmt sich die **Zusammensetzung des Teams** aus Fachleuten der Organisation. Zumeist wird es sich um Fachleute der geplanten Linienabteilungen handeln. Stets ist darauf zu achten, dass die Mitglieder der Teams mit den Regeln der Teamarbeit vertraut sind. Empfehlenswert scheint die Entsendung eines Methodenspezialisten in die Teams zu sein, der die Fachleute aus der Linie mit den Gruppenarbeitstechniken zu Beginn der Teamarbeit vertraut macht und auf deren Einhaltung achtet. Auch ist es möglich, externe Experten oder Berater in die Teams hinzuzuziehen. Die aus der Organisation stammenden Teammitglieder bleiben in der Regel disziplinarisch ihren Linien- oder Stabsvorgesetzten unterstellt. Matrixtypische Verknüpfungen zwischen der Organisation und den Teams sind in der Weise möglich, dass Fachabteilungen der Organisation die Arbeit der Teams unterstützen. Das Team ist dann fachlich zuständig für die Planung, Koordination und Kontrolle der Aufgabe quer über die Fachabteilungen der Organisation hinweg. Die eigentliche Erfüllung der Aufgabe fällt in den Zuständigkeitsbereich der Fachinstanzen der Organisation.

---

[225] Vgl. *Musiol, A.*, Organisation von Organisationsprojekten in der Industrie. Teil 1, a.a.O., S. 199 ff.; *Siemens AG* (Hrsg.), Organisationsplanung, a.a.O., S. 44 ff.; *Bendixen, P.*, Teamworkorientierte Organisationsformen, in: Handwörterbuch der Organisation (1980), a.a.O., Sp. 2227-2236.

Venture-Team

Für Fälle der Neuproduktplanung wird speziell die Bildung so genannter Venture-Teams vorgeschlagen.[226] Ihnen obliegt die Aufgabe der **Planung und Entwicklung neuer, erfolgversprechender Produkt-Markt-Konzeptionen**. Die Aufgabe reicht von der Ideenentwicklung bis hin zur Markteinführung eines Produkts.

Die Bildung von Venture-Teams erlaubt unabhängig von der Organisationshierarchie die Möglichkeit einer hierarchiefreien Kooperation von Fachleuten aus unterschiedlichen Unternehmensbereichen. Das Venture-Team erhält zur Durchsetzung seiner Entscheidungen zumeist ein fachliches Weisungsrecht gegenüber der Organisation. Gemäß der unternehmerischen Tragweite der Entscheidung über die Markteinführung eines neuen Produkts bleibt die letztendliche Entscheidung der Unternehmensleitung vorbehalten.

Projekt-Teams

Zur Durchführung von Entwicklungsprojekten eignen sich bei Vorliegen einer Auftragsfertigung Projektteams. Sie haben die Aufgabe, die für eine am Markt erfolgreiche Produktentwicklung notwendigen Funktionsbereiche und -interessen zusammenzuführen und auszugleichen. Zur Erfüllung dieser Aufgabe kann ein festes und variables Projektteam gebildet werden.[227]

Bei der Bildung eines **festen Projekt-Teams** wird die Abwicklung des Entwicklungs- oder Konstruktionsauftrages von ausgewählten Mitarbeitern aller betroffenen Bereiche erledigt. Die in das Projekt entsandten Mitarbeiter fungieren als Repräsentanten ihres Bereichs und haben im Team mit den anderen Mitgliedern nach Lösungen im Unternehmens- und nicht im Bereichsinteresse zu suchen. Die konstante Besetzung des Projektteams sichert dabei einheitliche Zuständigkeiten. Andererseits verlangt diese Besetzung von den Mitarbeitern ein hohes fachliches Wissen. Die Mitarbeiter haben in den aufeinanderfolgenden Phasen der Entwicklung und Konstruktion an jeweils unterschiedlichen Aufgaben mitzuwirken:

- Erarbeitung einer Markt- und Wettbewerbsanalyse;
- Festlegung der notwendigen Funktionen, Kosten und Gewinne des Produkts;
- Lösung der Entwicklungs- und Konstruktionsaufgaben.

[226] Vgl. *Hill, R. M., Hlavacek, J. D.,* The Venture Team: A New Concept in Marketing Organization, in: Journal of Marketing, Vol. 36, July 1972, S. 46 ff.; *Bauer, E.,* Das „Venture-Team“ – eine neue organisatorische Strukturierungskonzeption des Managements neuer Produkte, in: Zeitschrift für Organisation 45. Jg., 1976, S. 84 ff.

[227] Vgl. *Eversheim, W., Radermacher, W.,* Zukünftige organisatorische Veränderungen im Konstruktionsbereich, in: Zeitschrift des Vereins Deutscher Ingenieure für Maschinenbau und Metallverarbeitung, Bd. 124, 1982, S. 243-248; *Radermacher, W.,* Arbeitsvorbereitung der Konstruktion, in: Zeitschrift des Vereins Deutscher Ingenieure für Maschinenbau und Metallverarbeitung, Bd. 125, 1983, S. 925-931 und S. 995-998.

Ein **variables Projekt-Team** setzt sich je nach Stand und Phase der Auftragsabwicklung aus Mitgliedern unterschiedlicher Abteilungen und Bereiche zusammen:

- Planungsphase: Zusammenarbeit zwischen Konstruktion und Vertrieb zur Erstellung eines Pflichtenhefts, basierend auf einer Marktanalyse;
- Konzeptphase: Das Team besteht aus Mitarbeitern der Bereiche Konstruktion, Montage, Einkauf und Kundendienst. Aufgabe ist die Erarbeitung eines technischen Grundkonzepts. Bei Bedarf können Mitarbeiter aus anderen Bereichen in das Team einbezogen werden;
- Ausarbeitungsphase: Berücksichtigung von Aspekten der Fertigung und Montage durch entsprechende Zusammensetzung des Teams.

Projekt-Teams haben den **Vorteil**, dass sie kurzfristig und flexibel einsetzbar sind und eine kundenbezogene Abwicklung von Entwicklungs- und Konstruktionsaufträgen sichern. Sie erlauben darüber hinaus, bestehende Funktionsbereiche zu überbrücken und funktionale Bereichsinteressen zum Ausgleich zu bringen. **Nachteile** der Bildung von Projekt-Teams können sein: zeitliche Verzögerung von Entwicklungsprojekten und Konstruktionsvorhaben durch lange Diskussionen und Interessenabwägungen sowie zusätzliche Kosten durch die Projektarbeit.

Internationale Projekt-Teams

Die Durchführung anspruchsvoller Entwicklungsprojekte überfordert häufig Kenntnisse und finanzielle Kapazitäten einzelner Unternehmen. Der Ausgleich fehlender Ressourcen kann möglicherweise durch ausländische Kooperationspartner erfolgen. In diesem Fall empfiehlt sich die Bildung internationaler Projekt-Teams.[228]

Die Gestaltung der Beziehungen zwischen den Partnerunternehmen bildet eine entscheidende Determinante für den Erfolg länderübergreifender Projektkooperationen. Die Projektrealisierung kann durch die gleichberechtigte Zusammenarbeit der Partnerunternehmen erfolgen. Es besteht jedoch auch die Möglichkeit, dass Aufgaben und Kompetenzen zwischen den Partnern aufgeteilt, und diese von den beteiligten Unternehmen dann getrennt wahrgenommen werden. Für die Koordination der einzelnen Projektphasen empfiehlt sich die Bildung eines multinational besetzten Lenkungsausschusses, der als höchstes Organ über fachliche Entscheidungsbefugnis verfügt.

Internationale Projekt-Teams haben den Vorteil, dass auch komplexe Projekte durch Ausnutzung der spezifischen Stärken der Kooperationspartner arbeitsteilig realisiert werden können.

Nachteile bei der Bildung internationaler Projekt-Teams können sich daraus ergeben, dass die Koordination der Projekte durch die länderübergreifende Abwicklung erschwert wird. Die hohe Komplexität kann zu erheblichen Abwei-

[228] Vgl. *Herten, H. J.,* Internationales Projekt-Management: Gestaltung der grenzüberschreitenden Projektkooperation im Großanlagenbau sowie in der Luft- und Raumfahrtindustrie, Köln 1988.

chungen der geplanten Zeit- und Kostenkomponenten führen. Weiterhin besteht ein ständiger Anpassungsdruck an die heterogenen Rahmenbedingungen der einzelnen Unternehmen in den verschiedenen Ländern.

6.1 Interne Teamworkorganisation

Die Integration von Teams in eine Teamworkorganisation und deren Anbindung an die Organisation kann mittels zweier Gremien geschehen:[229] einem Entscheidungsausschuss und einem Beratungsausschuss. Soweit der Umfang der Teamaufgabe mehrere Planungsteams erforderlich macht, tritt an die Stelle des Beratungsausschusses ein Koordinationsausschuss (Abb. 3.58).

Der **Entscheidungsausschuss** setzt sich aus den Planungsinitiatoren und aus kompetenten, planbetroffenen Führungskräften zusammen. Die Verbindung zwischen Entscheidungsausschuss und Teams hat als Hintergrund die Zusammenführung und das **Zusammenwirken von Macht- und Fachpromotoren**, von denen in einer „Gespannstruktur" innovationsfördernde Wirkungen ausgehen.[230] Ein „Gespann" aus Macht- und Fachpromotoren hat bessere Chancen, innovationshemmende Fach- und Willensbarrieren zur Durchsetzung von Neuerungen zu überwinden. Zur Aufrechterhaltung der Entscheidungsfähigkeit ist der Entscheidungsausschuss auf relativ wenige Mitglieder zu beschränken. Im Einzelnen hat der Entscheidungsausschuss folgende Funktionen:

- Berufung der Mitglieder des Beratungs- oder Koordinationsausschusses und der Mitglieder der Teams;
- Vergabe des Planungsauftrags und Schaffung der räumlichen, zeitlichen und finanziellen Planungsvoraussetzungen;

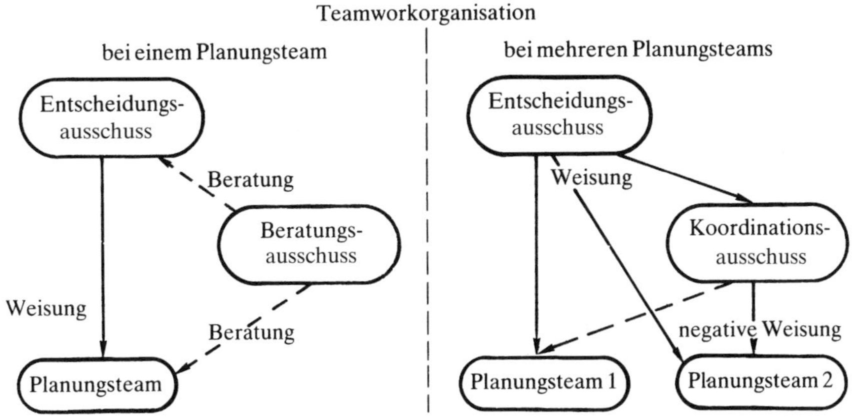

Abb. 3.58 Teamworkorganisation bei einem und mehreren Planungsteams

[229] Vgl. *Musiol, A.*, Organisation von Organisationsprojekten in der Industrie. Teil 1, a.a.O., S. 199 ff.; *Siemens AG* (Hrsg.), Organisationsplanung, a.a.O., S. 49 ff.

[230] Vgl. *Witte, E.*, Organisation von Innovationsentscheidungen, Das Promotoren-Modell, Göttingen 1973.

- Überprüfung der Vorgehensweise und der Konzepte zur Aufgabenlösung;
- Verabschiedung des Planungsergebnisses und Freigabe zur Realisation sowie Berufung der Realisierungsinstanzen.

Der Entscheidungsausschuss tagt sporadisch nach eigenem Ermessen sowie auf Wunsch von Planungsteams oder des Beratungs- bzw. Koordinationsausschusses. Dies gilt auch für den Beratungs- und Koordinationsausschuss.

Der **Beratungsausschuss** ist Mittler zwischen Planungsteam und Entscheidungsausschuss sowie der Organisation. Er hat unterstützende Funktionen gegenüber dem Team wahrzunehmen. Die Mitglieder haben mit ihrem Sachverstand und Fachwissen beratend zur Seite zu stehen und auf das Arbeitsklima und den Fortschritt in der Aufgabenerfüllung zu achten.

Der **Koordinationsausschuss** übernimmt die Funktion des Beratungsausschusses, wenn mehrere Teams an der Erfüllung der Aufgabe beteiligt sind. Darüber hinaus hat er die Teams zu koordinieren. Für seine Aufgabenerfüllung erhält er ein sogenanntes ‚negatives' Weisungsrecht gegenüber den Teams. Dieses umfasst das Recht und die Pflicht, die Teams von Vorgehensweisen und Lösungen abzuhalten, die mit denen der anderen Teams unvereinbar sind. Bei einer zu stark empfundenen Einengung des Freiheitsspielraumes der Teams durch den Koordinationsausschuss können sich diese an den Entscheidungsausschuss wenden und um Abhilfe nachsuchen.

6.2 Durchsetzung von Teamlösungen

Ideengewinnung und Ideendurchsetzung erfordern unterschiedliche Organisationsstrukturen.[231] Die Organisationsform, die einerseits die Entwicklung von Ideen fördert, behindert andererseits ihre wirkungsvolle, rasche Durchsetzung. Aus diesem Grunde ist es notwendig, nach Verabschiedung der Teamlösung die Organisationsform zur Realisierung der Teamlösung zu ändern. **Die Organisationsänderung betrifft die Ablösung der hierarchiefreien Teamorganisation durch eine hierarchisch-gegliederte Organisation.**

- Eine Möglichkeit besteht darin, **die Realisierung der Teamlösung der planbetroffenen Linienorganisation zu überlassen**. Nachteilig ist der unterschiedliche Interessenbezug von Team und Linie, der zu einer Kluft zwischen geplanter und realisierter Lösung führen kann.
- Für die Neuproduktplanung durch ein Venture-Team besteht die Möglichkeit, ein für die Markteinführung und -betreuung des neuen Produkts bestehendes oder aus dem Kreis der Teammitglieder neu zu schaffendes **Produktmanagement mit der Durchführung zu beauftragen**.[232]
- Eine dritte Möglichkeit besteht im **Aufbau einer eigenständigen ‚Realisierungsorganisation'**.[233] Ähnlich der Projektgruppenorganisation kann die Rea-

[231] Vgl. *Wilson, J. Q.*, Innovation in Organizations: Notes toward a Theory, in: Approaches to Organizational Design, hrsg. von J. D. Thompson, Pittsburgh 1966, S. 193-218.

[232] Vgl. *Bauer, E.*, Das „Venture-Team", a.a.O., S. 85.

[233] Vgl. *Musiol, A.*, Organisation von Organisationsprojekten in der Industrie. Teil 1, a.a.O., S. 204 ff.

lisierungsorganisation durch Realisierungsausschuss, Realisierungsleiter (oder -leitungsteam) und Realisierungsgruppe(n) gebildet werden.

Der **Realisierungsausschuss** hat Lenkungs- und Kontrollfunktion sowie die Einhaltung des Planungskonzepts zu überwachen. Es bietet sich an, Mitglieder des Entscheidungs- oder Beratungsausschusses (Koordinationsausschusses) in dieses Gremium zu delegieren.

Der **Realisierungsleitung** obliegt die Verantwortung für den Erfolg der Durchsetzung der Teamlösung. Die Parallele zur Projektleitung ist offensichtlich. Die Realisierungsleitung hat fachliche Weisungsbefugnis gegenüber der (den) Realisierungsgruppe(n). Disziplinarisch bleiben die Mitglieder der Realisierungsgruppe(n) ihren Vorgesetzten in der Organisation unterstellt.

Die **Realisierungsgruppe(n)** ist (sind) als ausführende(s) Organ(e) für die Realisierung zuständig. Sie haben das Planungsprogramm in ein ablauffähiges Anwendungsprogramm umzusetzen und die für den Programmablauf notwendigen organisatorisch-personellen Voraussetzungen zu schaffen. Teammitglieder sollten in die Realisierungsgruppe(n) einbezogen werden. Dies fördert eine Identifikation mit den Planergebnissen und hilft mit, Widerstände gegen die Einführung in der Organisation abzubauen.

Einführende Literatur

Madauss, B.-J., Projektmanagement, 3. Auflage, Stuttgart 1990.

Siemens AG (Hrsg.), Organisationsplanung, Planung und Kooperation, 4. Auflage, Berlin und München 1984.

Weiterführende Literatur

Drucker, P. F., Managing for Results: Economic Tasks and risk-taking Decisions, Oxford et al. 1989.

Pinchot, G., Intrapreneuring, New York 1985, dt. Übersetzung: Intrapreneuring: Mitarbeiter als Unternehmer, Wiesbaden 1988.

Kontrollfragen

1. Welche Sekundärorganisation eignet sich für Produkt- und Prozessinnovationen?
2. Welche Formen der Kollegien-Organisation lassen sich unterscheiden und welche Vorteile bietet eine Führung mit Kollegien?
3. Wozu werden Produktmanager im Unternehmen eingesetzt und welche Formen der Produktmanagement-Organisation gibt es?
4. Wie lassen sich Strategische Geschäftseinheiten in das Unternehmen einfügen?
5. Unterscheiden Sie unterschiedliche Formen der Projektmanagement-Organisation!
6. Welche Vor- und Nachteile hat die Synchronisation von Projektphasen?

Teil IV: Ablauforganisation

Die Organisation des Arbeitsablaufs verfolgt mehrere **Ziele**:

- hohe Auslastung der Kapazitäten;
- Minderung von Lagerbeständen;
- kurze Durchlaufzeiten;
- hohe Termintreue;
- kundengerechte Problemlösungen.

Die Priorität der genannten Ziele hat sich im Laufe der Zeit verändert. Während früher noch ein zunehmender Trend zur Standardisierung in der Fertigung zur Realisierung von Größenvorteilen bei hoher Kapazitätsauslastung zu beobachten war, stehen heute Ziele wie Bestandsminderung, Durchlaufzeitminimierung und Termintreue im Vordergrund. Bestandsminderung und Durchlaufzeitminimierung sind Aktionsparameter zur Verminderung von Vorräten an Vorprodukten, Halb- und Fertigfabrikaten. Dadurch verringert sich das betriebsnotwendig gebundene Kapital. Termintreue sowie Flexibilität und Qualität in der Fertigung tragen dazu bei, Kundenwünsche rasch und problemadäquat zu erfüllen. Im zunehmenden Kampf um Marktanteile in weitgehend gesättigten Märkten ist in einer strikten Ausrichtung der Unternehmenspolitik auf den Markt bzw. Kunden eine wichtige Determinante des Unternehmenserfolgs zu sehen.

Erstes Kapitel: Organisation der Fertigung

Organisationsformen der Fertigung kann man nach den Prinzipien der Verrichtungs- und Objektzentralisation systematisieren. Der Organisation der Ferti-

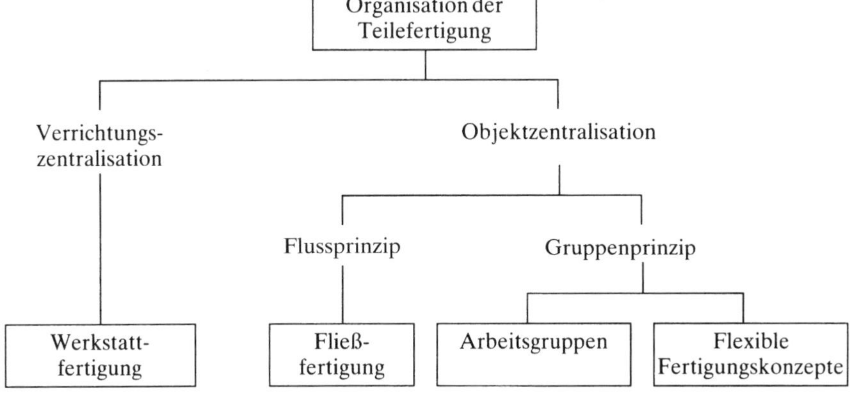

Abb. 4.1 Organisationsformen der Teilefertigung

gung nach dem **Prinzip der Verrichtungszentralisation** entspricht die Werkstattfertigung. Nach dem **Prinzip der Objektzentralisation** unterscheidet man fluss- und gruppenorientierte Organisationsformen. Am Flussprinzip orientiert ist die Fließfertigung, die auch als Reihenfertigung angeordnet werden kann. Zu den am **Gruppenprinzip** orientierten Organisationsformen gehören Arbeitsgruppen und flexible Fertigungskonzepte. Abb. 4.1 zeigt im Überblick die Organisationsformen der Teilefertigung.

1. Werkstattfertigung

Unter Werkstattfertigung versteht man eine Organisationsform der Teilefertigung, bei der Betriebsmittel und Einsatz von Arbeitskräften so angeordnet werden, dass Maschinen und Arbeitsplätze mit gleichartigen Verrichtungen zusammengefasst werden.[1]

1.1 Dilemma der Ablaufplanung

Der Zielkonflikt der Werkstattfertigung liegt in der **Minimierung von Durchlaufzeiten bei hoher Auslastung der Kapazitäten**. In diesem Zielkonflikt sieht Gutenberg das ‚Dilemma der Ablaufplanung'.

„Dieser Forderung nach Minimierung der Durchlaufzeit des Materials steht eine zweite Forderung gegenüber, die Aufgabe nämlich, die Fertigungsaufträge zeitlich so zu verteilen, dass eine möglichst günstige Auslastung der Betriebsteile bzw. Betriebsmittel erreicht wird, die Maschinen nur Nutzungszeiten und keine ablaufbedingten Leer- oder Brachzeiten aufweisen. In dem Maße, in dem es gelingt, diese Leerzeiten zu einem Minimum zu machen, wird die Forderung nach günstiger Auslastung der Betriebs- und Maschinenkapazität erfüllt.

Jede Ablaufplanung stellt den Versuch dar, diese beiden entgegengesetzten Forderungen miteinander in Einklang zu bringen. Je vollkommener diese Aufgabe gelingt, um so größer ist der produktive Effekt und damit der Erfolg der Planungsbemühungen.

Das die Praxis der Arbeitsablaufplanung beherrschende Dilemma besteht also darin, die Durchlaufzeit des Materials zu minimieren und die Kapazitätsauslastung der Betriebsmittel zu maximieren. Anders ausgedrückt: zugleich die Durchlaufzeit des Materials und die Leerzeiten der maschinellen Apparaturen zu minimieren."[2]

---

[1] Vgl. *Wöhe, G.,* Einführung in die Allgemeine Betriebswirtschaftslehre, 19. Auflage, München 1996, S. 556. Zu den Verfahren der Produktionsplanung und -steuerung vgl. *Aggarwal, S. C.,* MRP, JIT, OPT, FMS ? Making Sense of Production Operations Systems, in: Harvard Business Review, Vol. 63, Sept.-Oct. 1985, S. 8-16; *Wildemann, H.,* Just-in-Time-Lösungskonzepte in Deutschland, in: Harvard Manager, Heft 1, 1986, S. 36-48.

[2] *Gutenberg, E.,* Grundlagen der Betriebswirtschaftslehre. Erster Band. Die Produktion, 23. Auflage, Berlin, Heidelberg, New York 1979, S. 214. Zu einem Trilemma der Ablaufplanung durch Minimierung von Warte-, Leer- und Rüstzeiten vgl. *Mensch, G.,* Das Trilemma der Ablaufplanung, in: Zeitschrift für Betriebswirtschaft, 42. Jg., 1972, S. 77-88.

Zur Lösung des Dilemmas der Ablaufplanung stehen nach *Kettner/Bechte* zwei Aktionsparameter zur Verfügung:[3]

- die Auftragsfreigabe vor Beginn der Fertigung und
- die Abfertigungsreihenfolge am Arbeitsplatz.

Die Auftragsfreigabe soll gewährleisten, dass die Belastung der einzelnen Arbeitsplätze ausgewogen und angemessen ist. Die Abfertigungsreihenfolge legt fest, welcher Auftrag zuerst erledigt werden soll. Es werden vier Dringlichkeitsstufen unterschieden:[4]

- Eilaufträge (A): dringender Bedarf mit Terminierung,
- Normalaufträge (B): sicherer Bedarf in nächster Zukunft,
- weniger wichtige Aufträge (C): vorgezogener oder reduzierter Bedarf, Terminverschiebung,
- liegengebliebene Aufträge (D): Bedarf völlig unklar, Bodensatz im Bestand.

Die Abfertigungsreihenfolge am Arbeitsplatz erfolgt nach den Dringlichkeitsstufen. Fehler einer unkontrollierten Auftragsfreigabe und Abfertigungsreihenfolge kumulieren schnell. Sicherheitsdenken führt zu einer verfrühten Freigabe von Aufträgen in der Fertigung. Die Folge ist, dass Belastung, Bestand und

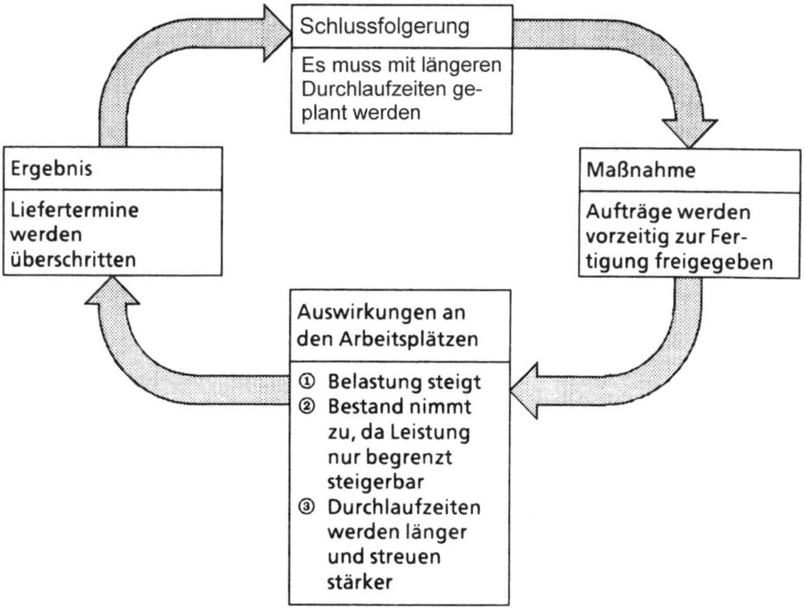

Abb. 4.2 Fehlerkreis der Fertigungssteuerung bei vorzeitiger Freigabe der Aufträge zur Fertigung

[3] Vgl. *Kettner, H., Bechte, W.,* Neue Wege der Fertigungssteuerung durch belastungsorientierte Auftragsfreigabe, in: Zeitschrift des Vereins Deutscher Ingenieure für Maschinenbau und Metallbearbeitung, 123. Jg., 1981, S. 459.

[4] Vgl. *Kettner, H., Bechte, W.,* Neue Wege der Fertigungssteuerung durch belastungsorientierte Auftragsfreigabe, a.a.O., S. 461.

Durchlaufzeiten an Arbeitsplätzen steigen, Liefertermine überschritten werden und künftig mit überlangen Durchlaufzeiten geplant wird. Abb. 4.2 zeigt den Fehlerkreis der Fertigungssteuerung aufgrund einer verfrühten Freigabe von Aufträgen zur Fertigung.

Die Abbildung verdeutlicht, dass verfrühte Auftragsfreigabe auf Dauer mit einer Verkürzung von Durchlaufzeiten nicht zu vereinbaren ist. Vielmehr ist zu erwarten, dass die Durchlaufzeiten auf Dauer eher länger werden. Sicherheitsstreben bei der Fertigungssteuerung führt folglich nicht zu dem Ziel, kurze Durchlaufzeiten zu erreichen. Dies zeigen auch die in Tab. 4.1 dargestellten vermeintlich „logischen" Entscheidungsregeln der Fertigungssteuerung.

Regel	Problem
1. Je mehr Aufträge man in die Werkstatt gibt, desto mehr bekommt man heraus!	Eine vorzeitige Auftragsfreigabe schafft keine zusätzliche Kapazität, sondern führt nur zu einer Überlastung der Werkstatt. Man übersieht dann nicht mehr, welche Aufträge wirklich dringlich sind, und es werden eher die falschen Teile zum falschen Zeitpunkt gefertigt.
2. Wichtige Aufträge muss man so früh wie möglich beginnen!	Je früher die Fertigung beginnt, desto mehr Aufträge befinden sich in Umlauf und desto stärker wird die Werkstatt überlastet.
3. Reichen die geplanten Durchlaufzeiten nicht aus, muss man sie länger machen!	Dies führt ebenfalls zu einer vorzeitigen Auftragsfreigabe. Die eigentliche Ursache für lange Durchlaufzeiten sind aber fehlende Kapazitäten und nicht falsche Planwerte.
4. Wird ein Engpass durch mehrere dringliche Aufträge blockiert, muss man alle Lose teilen!	Eine Losteilung schafft keine zusätzliche Kapazität, sondern durch zusätzliche Rüstzeiten eher eine geringere Kapazität, so dass insgesamt weniger Teile gefertigt werden.
5. Wenn Eilaufträge rasch durch die Werkstatt laufen, sollte man den Anteil der Eilaufträge erhöhen!	Eilaufträge verdrängen andere Aufträge, die bereits an den Arbeitsplätzen waren und bringen diese in Terminverzug, so dass in einer Kettenreaktion bald noch mehr Aufträge eilig sind und die Terminplanung unrealistisch wird.

Tab. 4.1 Problematik von Entscheidungsregeln der Auftragsfreigabe

1.2 Belastungsorientierte Auftragsfreigabe

Trichtermodell

Kettner/Bechte stellen im Rahmen der belastungsorientierten Auftragsfreigabe die Werkstattfertigung in einem Trichtermodell dar. Danach erfordert eine Vielzahl unterschiedlicher Aufträge einen weit verzweigten Fertigungsfluss.[5] Abb. 4.3 zeigt das Trichtermodell einer Werkstattfertigung. Jeder Arbeitsplatz wird dabei einzeln wiederum als Trichter symbolisch dargestellt. Der **Inhalt des Trichters** soll den Bestand an zu erledigenden Aufträgen an einem Arbeitsplatz zeigen. Der **Durchfluss eines Trichters** bildet die verfügbare Kapazität eines Arbeitsplatzes ab.

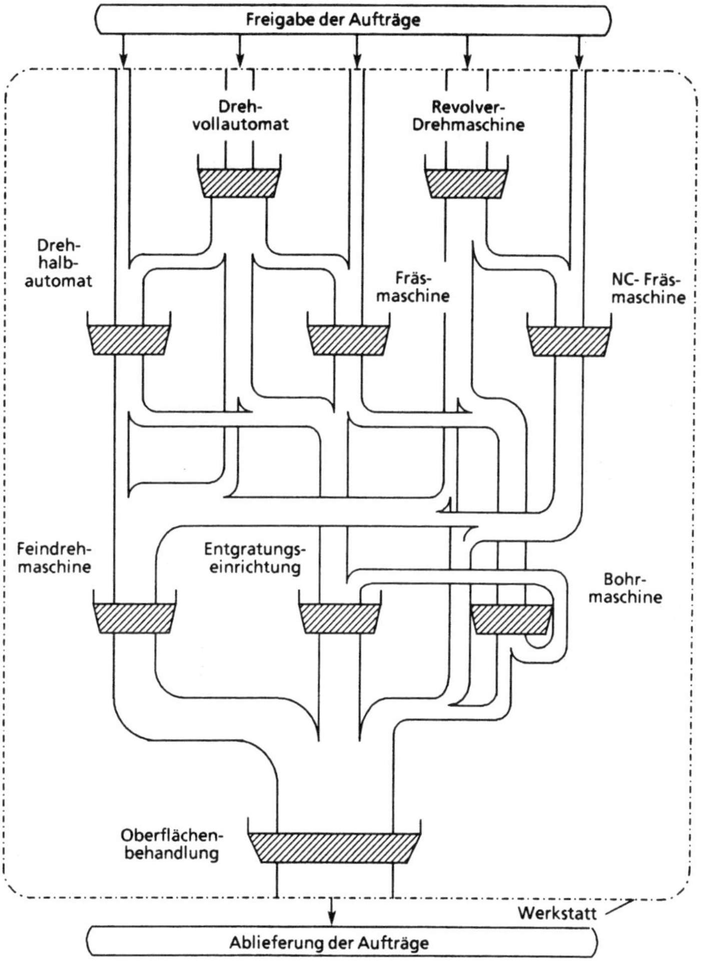

Abb. 4.3 Trichtermodell einer Werkstattfertigung nach *Kettner/Bechte*

[5] Vgl. *Kettner, H., Bechte, W.,* Neue Wege der Fertigungssteuerung durch belastungsorientierte Auftragsfreigabe, a.a.O., S. 459; *Wiendahl, H.-P.,* PPS-Controlling auf der Basis des Durchlaufdiagramms, in: Zeitschrift des Vereins Deutscher Ingenieure für Maschinenbau und Metallbearbeitung, 128. Jg., 1986, S. 289-293.

Die **Werkstattfertigung erlaubt ein hohes Maß an Flexibilität** und ist in Anbetracht der vom Markt geforderten Vielfalt an Produkten bei sinkender Lebensdauer und kleiner werdenden Losgrößen die dominierende Organisationsform der Teilefertigung. Als **Nachteile** sind anzuführen:

- Durchlaufzeiten sind bei Werkstattfertigung relativ hoch;
- zwischen Arbeitsplätzen entstehen Transportkosten;
- an Bearbeitungsplätzen fallen Wartezeiten an, so dass Zins- und Lagerkosten verursacht werden;
- eine gleichmaßige Auslastung aller Bearbeitungsplätze ist nicht gewährleistet, da die Fertigungsabläufe unterschiedlicher Aufträge oft erheblich voneinander abweichen.

Mit dem Verfahren der belastungsorientierten Auftragsfreigabe versucht man, die Durchlaufzeit bei Werkstattfertigung niedrig zu halten, indem man einen Auftrag nur dann zur Fertigung freigibt, wenn sich dadurch an keinem Ar-

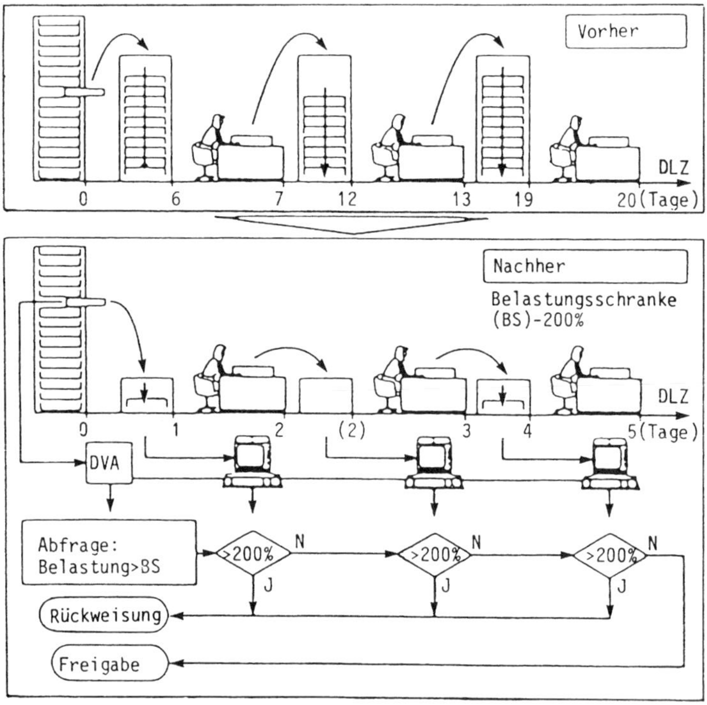

DVA = Datenverarbeitungsanlage

DLZ = Durchlaufzeit

BS = Belastungsschranke

N = Nein

J = Ja

Abb. 4.4 Auftragsfreigabe mit Belastungsschranke

beitsplatz ein zu großer Zwischenlagerbestand ergibt. Abb. 4.4 skizziert die Vorgehensweise der belastungsorientierten Auftragsfreigabe nach *Ulfers*.[6]

- **Nach herkömmlicher, am FIFO (first in first out)-Prinzip orientierter Fertigungssteuerung sind an jedem Arbeitsplatz hohe Zwischenläger zu erwarten.** Dadurch verzögert sich die Durchlaufzeit.
- **Bei belastungsorientierter Auftragsfreigabe treten Zwischenläger nur in Höhe einer vorgegebenen Belastungsobergrenze auf.** Wenn an irgendeinem Arbeitsplatz die Belastungsgrenze erreicht ist, wird kein neuer Auftrag in die Fertigung gegeben. Auftragsfreigabe erfolgt erst dann, wenn die erwartete Belastung durch einen anstehenden Auftrag nicht dazu führt, dass die Belastungsgrenze an einem Arbeitsplatz überschritten wird.

Im Mittelpunkt der Fertigungssteuerung nach dem Verfahren der belastungsorientierten Auftragsfreigabe steht der Auftragsbestand am einzelnen Arbeitsplatz. Arbeitsplätze werden mit den Kennzahlen Belastung, Leistung, Bestand und Durchlaufzeit beschrieben. Die mittlere Durchlaufzeit ist die Zeitspanne, in der der Bestand bei gegebener Leistung genau einmal umgeschlagen wird, definiert als Quotient aus Bestand und Leistung. Abb. 4.5 zeigt den Zusammenhang von Belastung, Leistung, Bestand und Durchlaufzeit an einem Arbeitsplatz (-system).[7]

Aus dem Zusammenhang zwischen Durchlaufzeit, Bestand und Leistung lässt sich folgende Erkenntnis gewinnen: **bei gegebener Leistung ist die Durchlaufzeit nur durch einen geringeren Bestand zu vermindern**. Zur Verminderung der Durchlaufzeit muss man deshalb die Belastung am Arbeitsplatz kontrollieren.

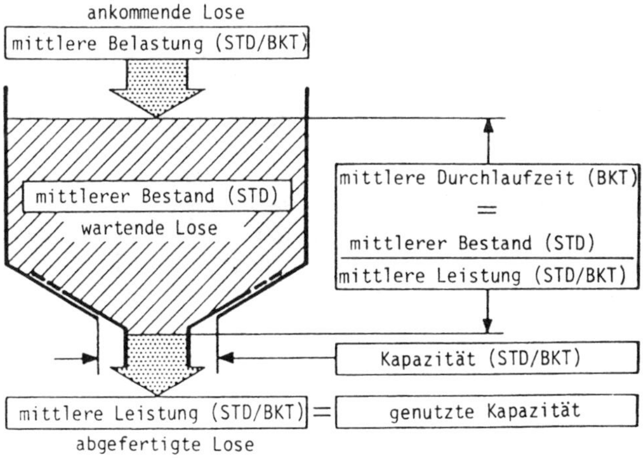

Abb. 4.5 Trichtermodell eines Arbeitssystems

[6] Vgl. *Ulfers, H. A.,* Anwendung der belastungsorientierten Auftragsfreigabe in einem Unternehmen der Elektroindustrie, in: IFA – Institut für Fabrikanlagen der Universität Hannover, Statistisch orientierte Fertigungssteuerung. Grundlagen, Systeme, Anwendungsbedingungen, Hannover 1984, S. 62.

[7] Vgl. *Kettner, H., Bechte, W.,* Neue Wege der Fertigungssteuerung durch belastungsorientierte Auftragsfreigabe, a.a.O., S. 461.

Zentrales Instrument zur Fertigungssteuerung ist die Belastungsgrenze am einzelnen Arbeitsplatz.

Kettner/Bechte schlagen vor, zu Beginn einer Planperiode in **zweistufiger Vorgehensweise über die Auftragsfreigabe** zu entscheiden. Folgende Randbedingungen müssen erfüllt sein:

„1. Die Ablieferungstermine der Aufträge stehen fest.
2. Das benötigte Material ist vorhanden.
3. Die erforderlichen Werkzeuge und Vorrichtungen sind vorhanden.
4. Die verplanbaren Kapazitäten der anstehenden Planperiode sind bekannt.
5. Die vorhandene Belastung durch bereits freigegebene und ausgearbeitete Aufträge sind aufgrund von Rückmeldungen bekannt.“[8]

In einer ersten Stufe ist die Dringlichkeit der Aufträge zu ermitteln. Dazu wird der spätestmögliche Termin für den Fertigungsbeginn berechnet. Nur Aufträge, deren spätestmöglicher Termin für den Fertigungsbeginn in der Planperiode liegt, können zur Fertigung freigegeben werden.

In einer zweiten Stufe ist zu überprüfen, ob durch die Freigabe der anstehenden Aufträge die Belastungsgrenze eines Arbeitsplatzes überschritten wird. Soweit dies nicht der Fall ist, kann der Auftrag zur Fertigung freigegeben werden. Bei der Überprüfung der Belastungsgrenze betrachtet man nicht nur den Bestand am ersten Arbeitsplatz in der Fertigung **(direkte Belastung)**, sondern auch die Folgebelastung, die dadurch erhöht wird, dass sich bereits andere Aufträge im Fertigungsprozess befinden **(indirekte Belastung)**. Dies hält *Buchmann* für besonders wichtig, da es wenig sinnvoll erscheint, „einen Auftrag für die Bearbeitung freizugeben, der an den ersten Bearbeitungsstationen zwar noch normal durchläuft, bei dem man aber sehr sicher abschätzen kann, dass er danach vor einem kurzzeitig auftretenden Engpass liegenbleibt, den Bestand über das geplante Maß erhöht und die Fertigung verstopft“[9].

Ein Nachteil des Verfahrens könnte in der zweistufigen Vorgehensweise bei der Auftragsfreigabe liegen. Beispielsweise kann ein Auftrag trotz hoher – in der ersten Stufe ermittelten – Dringlichkeit abgelehnt werden, wenn in der zweiten Stufe festgestellt wird, daß die Belastungsgrenze überschritten wird. *Kettner/Bechte* halten diesen Einwand für unberechtigt. Die vorläufige Zurückweisung eines derartigen Auftrags sei ein notwendiger Kompromiss in einer Engpasssituation. Noch dringlichere Aufträge würden die betroffenen Arbeitsplätze voll belasten und müssten vorrangig abgefertigt werden.[10]

---

[8] *Kettner, H., Bechte, W.,* Neue Wege der Fertigungssteuerung durch belastungsorientierte Auftragsfreigabe, a.a.O., S. 463.

[9] *Buchmann, W.,* Belastungsorientierte Auftragsfreigabe – Strukturparameter, Wirkungen im Rahmen der Fertigungssteuerung, Einbettung in ein EDV-System –, in: IFA – Institut für Fabrikanlagen der Universität Hannover, Statistisch orientierte Fertigungssteuerung. Grundlagen, Systeme, Anwendungsbedingungen, Hannover 1984, S. 47.

[10] Vgl. *Kettner, H., Bechte, W.,* Neue Wege der Fertigungssteuerung durch belastungsorientierte Auftragsfreigabe, a.a.O., S. 464.

Adam kritisiert folgende Voraussetzungen des Modells:[11]

- harmonisierte Kapazitäten,
- unendlich kleine Aufträge,
- Gleichgewichtszustand des Produktionssystems nach einmaligem externen Anstoß,
- homogenes Auftragsprogramm, das keine wechselnden Engpässe und Diskontinuitäten im Materialfluss auslöst.

Adam argumentiert, diese Voraussetzungen seien nur bei ausgetakteter Fließfertigung gegeben und daher bei Werkstattfertigung irreal, was zu einer Abbildungsungenauigkeit des Materialflusses führt.

Mit Hilfe eines **Simulationsmodells** kann gezeigt werden, dass sich Durchlaufzeiten bei Anwendung der belastungsorientierten Auftragsfreigabe erheblich vermindern lassen.[12]

Die Ermittlung von Betriebskennlinien zur Entscheidungsunterstützung in der Produktionsplanung auf der Basis von Simulationen ist in der Praxis aufgrund umfangreicher Datenerfordernisse häufig zu aufwendig. Aus diesem Grund wurde ein mathematischer Ansatz entwickelt, mit dem die Ermittlung arbeitssystembezogener Kennlinien mit Hilfe von Näherungsgleichungen auf der Basis von Logistikdaten vergleichsweise einfach möglich ist.[13] Diese Näherungsgleichung leitet die Leistungskennlinie aus Daten über die Kapazitäts-, Auftrags- und Produktionsstruktur ab. Abb. 4.6 zeigt schematisch die Parameter der Leistungskennlinie.[14]

- Die **maximal mögliche Leistung** wird bestimmt durch den restriktiven Faktor (Betriebsmittel oder Personalausstattung) der nutzbaren **Kapazität** des Arbeitssystems. Diese ist um Störfaktoren (Maschinenausfälle, Absentismus) zu korrigieren. Der Leistungsgrad ist als Korrekturfaktor der maximal möglichen Leistung anzusetzen, wenn nicht mit leistungsbezogenen Plandaten, sondern mit Belegungszeiten gearbeitet wird. Besteht ein Arbeitssystem aus mehreren Arbeitsplätzen, wird dies hier ebenfalls berücksichtigt.
- Als **Mindestbestand** wird ein Bestand bezeichnet, der notwendig ist, um unter Idealbedingungen die maximal mögliche Leistung erzielen zu können. Der Mindestbestand ergibt sich aus Daten über die **Auftragsstruktur**. Berücksichtigt werden der Mittelwert der Auftragszeit der Aufträge im Arbeitssystem, berechnet aus Losgrößen, Rüstzeiten und Bearbeitungszeiten, die Streuung der Auftragszeiten sowie logistikbedingte Übergangszeiten, etwa für Transportvorgänge.

---

[11] Vgl. *Adam, D.*, Die Eignung der belastungsorientierten Auftragsfreigabe für die Steuerung von Fertigungsprozessen mit diskontinuierlichem Materialfluß, in: Zeitschrift für Betriebswirtschaft, 58. Jg., 1988, S. 98-115, hier S. 108 f.

[12] Vgl. *Kettner, H., Bechte, W.*, Neue Wege der Fertigungssteuerung durch belastungsorientierte Auftragsfreigabe, a.a.O., S. 464.

[13] Vgl. *Nyhuis, P.*, Quantifizierung logistischer Rationalisierungspotentiale mit Betriebskennlinien, in: Zeitschrift für Betriebswirtschaft, 64. Jg., 1994, S. 443-464.

[14] Quelle: *Wiendahl, H.-P., Möller, J., Nyhuis, P.*, Engpassorientierte Logistikanalyse auf der Basis von Betriebskennlinien, in: io Management Zeitschrift, 64. Jg., 1995, Nr. 5, S. 27-33, hier S. 29.

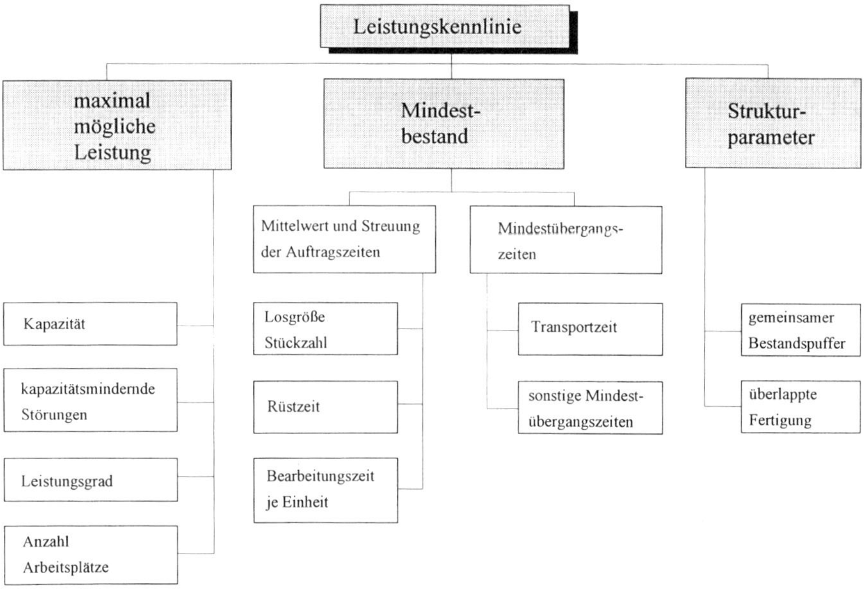

Abb. 4.6 Parameter der Leistungskennlinie

- Die **Produktionsstruktur** findet als **Strukturparameter** Eingang in die Näherungsgleichung. Der Strukturparameter erfasst etwa Sachverhalte wie gemeinsame Pufferlager mehrerer Arbeitssysteme oder (los)überlappende Fertigung.

Diese Näherungsgleichung lässt sich für einzelne Arbeitssysteme ermitteln und erlaubt differenzierte Maßnahmen der Durchlaufzeit- und Bestandssenkung bei Aufrechterhaltung eines hohen Leistungsniveaus. Die differenzierte Erfassung der Parameter des Kennlinienverlaufs stellt dabei die Datenbasis sowohl für Eingriffe im Rahmen der Fertigungssteuerung (Auftragsstruktur, Kapazitätsbelegung) als auch im Rahmen der Logistik und Fabrikplanung (Materialflussplanung, Kapazitätsplanung, Layoutplanung) zur Verfügung.[15]

Beispiel zur Fertigungssteuerung durch belastungsorientierte Auftragsfreigabe

Zur Veranschaulichung des **Freigabeverfahrens** dient die in Tabelle 4.2 wiedergegebene Liste mit 5 dringlichen Aufträgen. Die spätestmöglichen Termine für den Fertigungsbeginn aller 5 Aufträge liegen innerhalb der nächsten Planperiode. Die Reihenfolge der Dringlichkeit ist mit angegeben.

Die Werkstatt besteht aus den drei Arbeitsplätzen A, B und C. In Tabelle 4.3 ist die Kapazität der Arbeitsplätze für die nächsten Perioden, der Bestand der

[15] Vgl. *Wiendahl, H.-P., Möller, J., Nyhuis, P.,* Engpassorientierte Logistikanalyse auf der Basis von Betriebskennlinien, a.a.O., hier S. 31-33.

Auftragsnummer	Bearbeitungsreihenfolge 1	2	3	Dringlichkeit
301	10 B	20 A	80 C	1
302	20 B	10 C		5
303	20 A	30 B	40 C	3
304	10 C	30 A	80 B	4
305	10 C	40 B	40 A	2

Tab. 4.2 Liste der dringlichen Aufträge vor Freigabe

Arbeitsplatz	A	B	C
Restbestand vor Periode 1 in Std.:	30	40	35
Kapazität in Std./Woche:	40	50	40
Belastungsgrenze bei einer Belastungsschranke von 200%:	80	100	80

Tab. 4.3 Liste der Arbeitsplätze

noch abzuarbeitenden Aufträge vor jedem Arbeitsplatz aus den Vorperioden („Restbestand vor Periode 1“) sowie die Belastungsgrenze für eine Belastungsschranke (BS) von 200 Prozent angegeben.

Es sollen die dringlichen Aufträge soweit wie möglich freigegeben werden. Die freigegebenen und zurückgestellten Aufträge sollen gekennzeichnet werden. Die Belastungsschranke beträgt für alle Perioden und für alle Arbeitsplätze 200 Prozent. Die Abfertigung erfolgt nach FIFO und die Auslastung beträgt 100 Prozent.

In der **ersten Stufe** werden die Aufträge nach Dringlichkeit sortiert. Das maßgebliche Kriterium ist die angegebene Reihenfolge der Dringlichkeit (Tabelle 4.2, letzte Spalte).

In der **zweiten Stufe** erfolgt die Überprüfung der Belastungsgrenzen der Arbeitsplätze. Berücksichtigt wird die direkte und die indirekte Belastung.

Die **direkte Belastung** entspricht den Auftragszeiten der Arbeitsschritte, die in der Bearbeitungsreihenfolge an erster Stelle stehen.

Zur Ermittlung der **indirekten Belastung** werden die Auftragszeiten der Arbeitsgänge, die nicht an erster Stelle stehen, abgewertet. Die Abwertung erfolgt mit dem **Abwertungsfaktor** (ABFA). Sie wird vorgenommen, weil die Wahrscheinlichkeit, dass ein Auftrag in der nächsten Periode an einem Arbeitsplatz zur Bearbeitung vorliegt, immer geringer wird, je mehr andere Arbeitsplätze der Auftrag vorher noch durchlaufen muss.

Die Wahrscheinlichkeit, dass ein Auftrag den vorhergehenden Arbeitsplatz verlässt und am darauf folgenden vorliegt, wird als **Abgangswahrscheinlichkeit** (Abgang vom vorhergehenden Arbeitsplatz) bezeichnet. Sie wird aus der Wahrscheinlichkeit, dass der Auftrag am vorhergehenden Arbeitsplatz vorliegt (Zugangswahrscheinlichkeit) und aus der Belastungsschranke berechnet:

$$\text{Abgangswahrscheinlichkeit} = \text{Zugangswahrscheinlichkeit} \cdot \frac{100}{\text{BS}} \quad .$$

Für eine Folge von p Arbeitsplätzen wird der Abwertungsfaktor (ABFAp) dann folgendermaßen berechnet:

$$\text{Abwertungsfaktor } p = \text{Abgangswahrscheinlichkeit} \cdot \text{Abgangswahrscheinlichkeit} \cdot \ldots \cdot \text{Abgangswahrscheinlichkeit}$$

$$= \frac{100}{BS_1} \cdot \frac{100}{BS_2} \cdot \ldots \cdot \frac{100}{BS_p} \quad .$$

Oder, wenn alle Belastungsschranken gleich sind:

$$ABFA_p = \left(\frac{100}{BS}\right)^{p-1}$$

In unserem Beispiel werden alle ersten Arbeitsvorgänge nicht abgewertet. Alle Auftragszeiten der zweiten Arbeitsvorgänge werden dagegen mit

$$\frac{100}{BS} = \frac{100}{200} = 0{,}5 \text{ abgewertet;}$$

und alle Auftragszeiten der dritten Arbeitsvorgänge mit

$$0{,}5 \cdot 0{,}5 = 0{,}25 \text{ abgewertet.}$$

Tabelle 4.4 zeigt die Liste der **abgewerteten Aufträge**:

Auftragsnummer	Bearbeitungsreihenfolge 1	2	3	Freigabe/ Zurückstellung
301	10 B	10 A	20 C	freigegeben
305	10 C	20 B	10 A	freigegeben
303	20 A	15 B	10 C	freigegeben
304	10 C	15 A	20 B	freigegeben
302	20 B	5 C		zurückgestellt

Tab. 4.4 Liste der abgewerteten Aufträge vor Freigabe

Die Berücksichtigung der indirekten Belastung durch Abwertung ergibt sich beim Auftrag 301 folgendermaßen:

$20 \cdot 0{,}5 = 10$ für den zweiten Arbeitsvorgang in der Bearbeitungsreihenfolge und

$80 \cdot 0{,}25 = 20$ für den dritten Arbeitsvorgang in der Bearbeitungsreihenfolge.

Der Stand der Belastungskonten nach Abwertung und vor Periode 1 ist in der folgenden Abbildung 4.7 graphisch dargestellt.

Zunächst werden die Restbestände vor Periode 1 aus Tabelle 4.3 eingetragen. Anschließend werden die abgewerteten Auftragszeiten der dringlichen Aufträge aus Tabelle 4.4 eingelastet.

So wird beispielsweise der erste Arbeitsvorgang von Auftrag 301 in das Konto B mit 10 Stunden eingelastet. Als erster Arbeitsvorgang steht er dort tatsächlich zur Bearbeitung an. Der zweite Arbeitsvorgang wird mit 10 Stunden in das Konto von A eingelastet, der dritte mit 20 Stunden in das Konto von C. Da keiner der Arbeitsvorgänge des betrachteten Auftrags die jeweilige Belastungs-

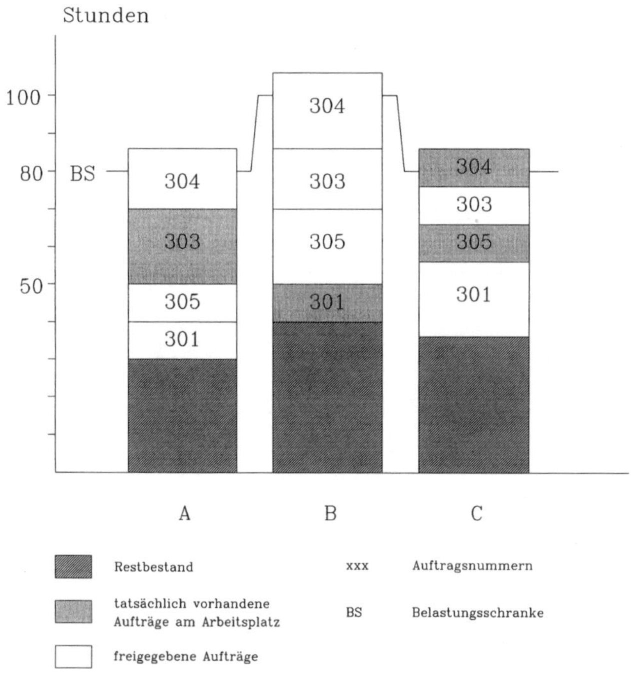

Abb. 4.7 Stand der Belastungskonten vor Freigabe Periode 1

schranke überschritten hat, erhält der Auftrag 301 den Freivermerk (Tabelle 4.4).

Die Liste der dringlichen Aufträge wird nun weiter abgearbeitet. Die Aufträge 305 und 303 können ebenfalls freigegeben werden. Auftrag 304 überschreitet dagegen in allen Konten erstmals die Belastungsschranke; er wird zwar noch freigegeben, aber alle Konten sind jetzt gesperrt. Der nächste Auftrag 302 wird komplett abgewiesen und zurückgestellt. Von den 5 dringlichen Aufträgen werden somit 4 freigegeben und einer zurückgestellt.

Die Werkstatt arbeitet nach FIFO. Jeder Arbeitsplatz leistet die in Tabelle 4.3 angegebenen Kapazitätsstunden innerhalb der Periode 1 ab. Arbeitsplatz A kann neben der Restbelastung von 30 Stunden den Auftrag 303 noch zur Hälfte abarbeiten. Die Aufträge 301 und 305 stehen zwar vorher auf dem Konto und sind terminlich dringender, 303 ist aber als erster verfügbar (Abbildung 4.7). Am Arbeitsplatz B kann folglich neben der Restbelastung der Auftrag 301 fertiggestellt werden, an Arbeitsplatz C die Hälfte von 305.

Dies entspricht dem Stand der Freigabeplanung zu **Beginn der zweiten Periode**. Zunächst wird die Liste der dringenden Aufträge auf den neuesten Stand gebracht. Für die Freigabeplanung ist es wichtig, dass die abgearbeiteten Aufträge zurückgemeldet werden (Tabelle 4.5).

Da der erste Bearbeitungsschritt des Auftrags 301 abgeschlossen ist, erhöhen sich bei den noch offenen Arbeitsschritten die Belastungswerte, weil sich die relativen Positionen verändert haben. Wegen der Belastungsschranke von 200 Prozent verdoppeln sich hier die Belastungswerte. Da sonst keine Arbeitsschritte abgeschlossen wurden, bleiben die Belastungswerte der anderen Aufträge gleich.

Die Einlastung erfolgt analog zur ersten Periode. Die Kapazität ist in der zweiten Periode gleich wie in der ersten, so dass die Belastungsschranken gleich

Auftragsnummer	Bearbeitungsreihenfolge 1	2	3
301	— B	20 A	40 C
305	5 C	20 B	10 A
303	10 A	15 B	10 C
304	10 C	15 A	20 B
302	20 B	5 C	

Tab. 4.5 Liste der abgewerteten Aufträge vor Periode 2

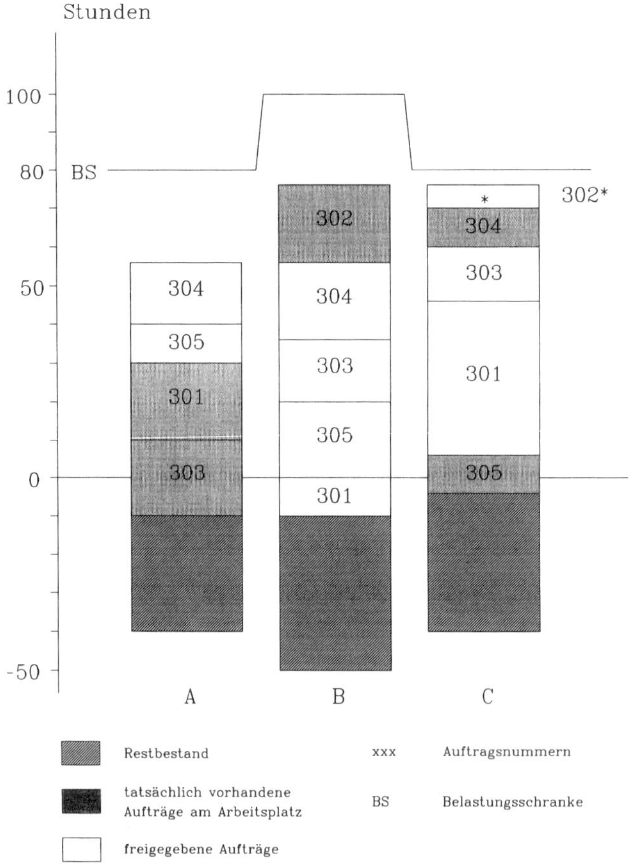

Abb. 4.8 Stand der Belastungskonten vor Freigabe Periode 2

bleiben. Der Stand der Belastungskonten vor Periode 2 ist in Abbildung 4.8 dargestellt.

Vor Periode zwei kann auch der letzte Auftrag (302) freigegeben werden.

Da an keinem Arbeitsplatz die Belastungsschranke erreicht wird, können jetzt auch weitere Aufträge disponiert werden.

2. Fließfertigung

Unter Fließfertigung versteht man eine Anordnung von Betriebsmitteln und Arbeitsplätzen nach dem Produktionsablauf, so dass die Bearbeitung vom Rohstoff bis zum Fertigprodukt von Produktionsstufe zu Produktionsstufe ohne Unterbrechung erfolgt.[16] Folgende Formen der Fließfertigung lassen sich unterscheiden:

- **Fließbandfertigung**

  Mit Hilfe von Fließbändern werden Werkstücke mechanisch zu den Arbeitsplätzen befördert.

- **Reihenfertigung**

  Bei Reihenfertigung erfolgt die Anordnung der Betriebsmittel nach dem Produktionsablauf, ohne dass die einzelnen Verrichtungen zeitlich unmittelbar aufeinander abgestimmt sind.

Fließfertigung hat gegenüber Werkstattfertigung folgende **Vorteile**:

- kürzere Durchlaufzeit;
- keine Wartezeit zwischen den einzelnen Arbeitsverrichtungen;
- Materialverbrauch und Bestände lassen sich exakt ermitteln;
- Spezialisierungsvorteile bei der Herstellung homogener Produkte.

Demgegenüber stehen folgende **Nachteile**:

- monotone Verrichtungen sind oft eine hohe Belastung für die Mitarbeiter;
- hohe Fixkostenbelastung;
- geringe Flexibilität.

2.1 Zeitliche Synthese des Arbeitsprozesses

Bei Fließfertigung hat die zeitliche Abstimmung der aufeinanderfolgenden Arbeitsgänge besondere Bedeutung. Kosiol bezeichnet diese notwendige Abstimmung als „zeitliche Synthese des Arbeitsprozesses". Sie umfasst drei Teilfragen:

„Die Teilfragen dieser zeitbezogenen Synthese erstrecken sich auf die Zusammenfügung von Arbeitsgängen (Arbeitsvereinigung), insbesondere auf die Reihung von Arbeitsgängen zu Gangfolgen, die Taktabstimmung mehrerer Gangfolgen sowie auf die Optimierung der organisatorischen Tatbestände."[17]

---

[16] Vgl. *Wöhe, G.,* Einführung in die Allgemeine Betriebswirtschaftslehre, a.a.O., S. 556 f.

[17] *Kosiol, E.,* Organisation der Unternehmung, 2. Auflage, Wiesbaden 1976, S. 211.

...Ziel ist es, „einzelpersönliche Leistungen derart aufeinander abzustimmen, dass für jedes Arbeitsobjekt die optimale Durchlaufzeit durch die Unternehmung erreicht wird“[18].

Die zeitliche Synthese des Arbeitsprozesses erfolgt in verschiedenen Stufen:[19]

(1) **Reihung von Arbeitsgängen**

Ein **Arbeitsgang** ist „die Verrichtung eines Arbeitssubjekts an einem Arbeitsobjekt in einem Wirkungsbereich“.[20] Die **Leistung** eines Arbeitssubjekts (L) ist der Quotient aus Arbeitsmenge (m) und Zeit (t):

$$L = \frac{m}{t}$$

Die **Arbeitsgangfolge** ist die Reihung gleichartiger Arbeitsgänge an ähnlichen Objekten.

(2) **Bestimmung von Gangfolgen**

Gangfolgen umfassen in zeitlicher Hinsicht nicht nur Tätigkeitszeiten, sondern auch Unterbrechungen, z.B. Ruhezeiten oder Störungen. Zur Bestimmung von Gangfolgen versucht man, Zeitpunkte für Erholungsphasen festzulegen, indem man aneinandergereihte Tätigkeiten voneinander abtrennt.

Die **Taktzeit**, d.h. die Zeitspanne vom Beginn eines Arbeitsgangs bis zum Beginn des nächsten Arbeitsgangs, ist unterschiedlich lang, je nachdem, ob am Ende des Arbeitsgangs eine Pause eingefügt wird oder nicht. Um diese ungleich langen Taktzeiten in gleichlange Taktzeiten zu überführen, definiert man **‚Takte höherer Ordnung‘**. Diese umfassen eine stets identische Abfolge von Tätigkeiten und Pausen. Abb. 4.9 verdeutlicht die Unterscheidung von ungleich langen Taktzeiten und gleichlangen Taktzeiten höherer Ordnung. Die Zeitspanne AB und BC sind ungleich lange Takte. Die Zeitspannen AC und CD sind hingegen gleichlange Takte höherer Ordnung.

Definiert man die **Durchschnittsleistung** für einen gleichlangen Takt höherer Ordnung, erhält man folgenden Zusammenhang:

$$L = \frac{\sum_{i=1}^{n} m_i}{\sum_{i=1}^{n} t_i}$$

mit i = 1, .., n: Abfolge von Tätigkeits- und Ruhezeiten einer Taktfolge.

Die Durchschnittsleistung kann man in Abb. 4.9 als Steigung der Geraden $\overline{AC}$ erkennen. Diese Gerade wird **Leistungsgerade** genannt.

[18] Ebenda, S. 215.

[19] Vgl. ebenda, S. 216 ff.; siehe auch *Nordsieck, F.*, Rationalisierung der Betriebsorganisation, 2. Auflage, Stuttgart 1955, S. 154 ff.; *Schweitzer, M.*, Probleme der Ablauforganisation in Unternehmen, Berlin 1964, S. 63 ff.

[20] Vgl. *Kosiol, E.*, Organisation der Unternehmung, a.a.O., S. 216.

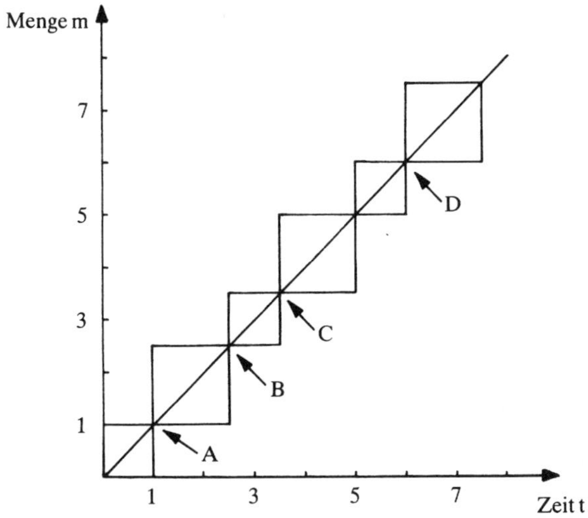

Abb. 4.9 Graphische Darstellung von Taktzeiten

(3) **Abstimmung von Gangfolgen**

Zur Abstimmung von Gangfolgen koordiniert man die Leistung an verschiedenen Stellen. Diese Leistungsabstimmung wird von *Kosiol* als „Abstimmung der Durchschnittsleistungen der betreffenden Gangfolgen bezeichnet"[21]. Ziel ist es, die Durchschnittsleistungen aller miteinander zusammenhängenden Gangfolgen gleichlang zu machen. Dies lässt sich bei a priori ungleich langen Durchschnittsleistungen durch Variation der Ruhezeiten erreichen. Wenn eine Verkürzung von Ruhezeiten nicht mehr möglich ist, muss man sich an dem Leistungsengpass, d.h. der Gangfolge mit der geringsten Durchschnittsleistung orientieren und die Ruhezeiten der anderen Gangfolgen entsprechend verlängern. Abb. 4.10 zeigt die Abstimmung von Gangfolgen. Die in Abb. 4.9 dargestellte Gangfolge wird durch Verlängern der Pausen mit der Gangfolge EF koordiniert. Graphisch kommt die Abstimmung von Gangfolgen mit dem Leistungsprozess in einer Rechtsdrehung der Leistungsgeraden zum Ausdruck.

(4) **Zeitliche Verschiebung der Gangfolge**

Mit der zeitlichen Verschiebung der Gangfolgen versucht man, aufeinander abgestimmte Gangfolgen mit möglichst reibungslosem und schnellem Durchlauf aneinanderzureihen. Dadurch wird die Zwischenlagerung zwischen verschiedenen Gangfolgen minimiert. Wenn Gangfolgen verschiedener Ordnung auftreten, lässt sich eine Lagerhaltung nicht völlig vermeiden. In Abb. 4.10 erreicht man mit einer graphischen Linksverschiebung der Gangfolge EF, dass zwischen einzelnen Gangfolgen Läger auftreten und zwischen anderen Gangfolgen keine notwendig sind. Dennoch lässt sich keine weitere Verkürzung der Durchlaufzeit erreichen.

[21] Ebenda, S. 226.

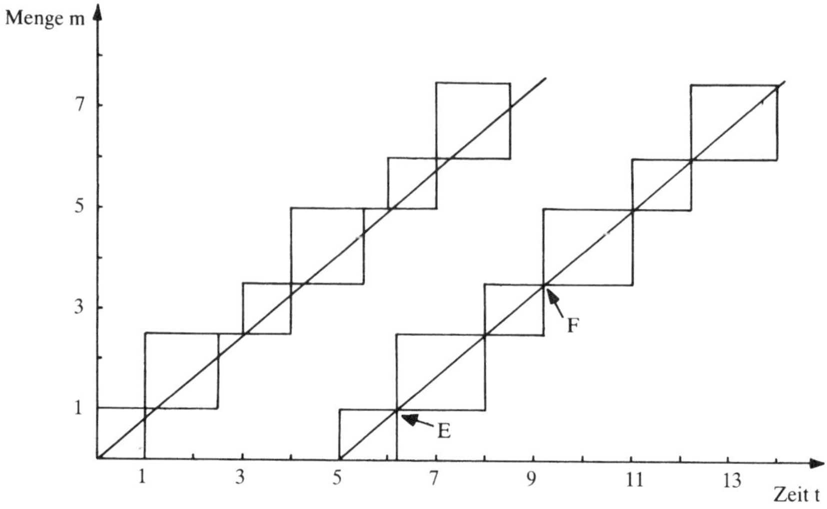

Abb. 4.10 Graphische Darstellung der Abstimmung von Gangfolgen

Ein Beispiel für die Abstimmung aufeinanderfolgender Gangfolgen ist das Fortschrittszahlenkonzept.

2.2 Fortschrittszahlenkonzept

Für die Serien- und Massenfertigung

Grundgedanke des Fortschrittszahlenkonzepts ist es, den „Fertigungsprozess in Bereiche zu gliedern, deren Leistung anhand der ausgebrachten Stückzahl – der Fortschrittszahl – gesteuert wird“[22].

Dem Fortschrittszahlenkonzept liegen folgende **Prinzipien** zugrunde:[23]

- „einstufige Auflösung der Produktionsprogramme bis herunter auf die Einzelteileebene (wöchentlich);
- Einsatzsteuerung nach Terminen und Fortschrittszahlen;
- keine Lagerfertigung von Fahrzeugen und Aggregaten;
- tagesgenaue Erfassung des Produktionsfortschritts, der Bestände und Bestandsreichweiten weitgehend ohne Bestandsführungssysteme (offene Läger);

[22] *Wiendahl, H.-P.,* Grundlagen neuer Verfahren der Fertigungssteuerung, in: IFA – Institut für Fabrikanlagen der Universität Hannover, Statistisch orientierte Fertigungssteuerung. Grundlagen, Systeme, Anwendungsbedingungen, Hannover 1984, S. 7.

[23] Vgl. *Heinemeyer, W.,* Fortschrittszahlen – ein Ansatz zur Steuerung in der Serienfertigung, in: IFA – Institut für Fabrikanlagen der Universität Hannover, Statistisch orientierte Fertigungssteuerung. Grundlagen, Systeme, Anwendungsbedingungen, Hannover 1984, S. 101.

- Beauftragung mit Auftragspapieren nur soweit für den Fertigungsablauf erforderlich. Verminderung aufwendiger Kapazitätsminimierungsverfahren;
- Belassung von kalkulierten Spielräumen in den einzelnen Produktionsbereichen;
- soweit möglich, montageabhängige Teilefertigung mit geringen Vorläufen."

Die Fortschrittszahl ist ein kumulierter Wert, der sich auf unterschiedliche betriebliche Kenngrößen beziehen kann. Wird die Fortschrittszahl auf Planungsdaten bezogen, spricht man von einer SOLL-Fortschrittszahl, bezieht man sie auf realisierte Werte, spricht man von einer IST-Fortschrittszahl. Bezugsgröße für Fortschrittszahlen ist der Zeitpunkt, an dem das fertige Produkt dem Vertrieb übergeben wird. *Heinemeyer* präzisiert Fortschrittszahlen wie folgt: „Man kann sich das gedanklich so vorstellen, als seien alle Teile eines Jahres durchnummeriert in der Reihenfolge, in der sie in den einzelnen Fahrzeugen benötigt werden, beginnend mit dem ersten Fahrzeug, das am Anfang eines Jahres fertiggestellt wird."[24]

Abb. 4.11 zeigt das Grundkonzept der Fortschrittszahlen bei Fließfertigung.[25] Der Materialfluss ist dem oberen Bildteil zu entnehmen. Die Graphik zeigt, dass die Rohteileanlieferung in einem Schritt erfolgt. Bereits frühzeitig sind hohe Fortschrittszahlen erreicht. Daran anschließend erfolgt die Teilefertigung so rechtzeitig, dass eine kontinuierliche Vormontage und Montage gewährleistet ist.

Das Fortschrittszahlenkonzept hat gegenüber herkömmlichen Fertigungssteuerungssystemen folgende **Vorteile**:[26]

- Herkömmliche Steuerungssysteme basieren auf einem deterministischen Ansatz, obwohl der Fertigungsprozess von stochastischen Merkmalen geprägt ist;
- der Teilebedarf kann zu jedem Zeitpunkt durch einen einfachen Vergleich der SOLL-Fertigungszahl mit der IST-Fertigungszahl ermittelt werden;
- unter Berücksichtigung von Vorlaufzeiten kann man auch den künftigen Bedarf schnell berechnen;
- die Kontrolle der Fertigung ist jederzeit auf der Grundlage aktueller Daten möglich.

Mit Hilfe des Fortschrittszahlenkonzepts lassen sich wichtige Informationen für die Teilesteuerung gewinnen. Die Fortschrittszahl gibt an jeder Kosten- bzw. Fertigungsstelle Auskunft darüber, wie lange der Teilevorrat ausreicht. Ein Beispiel für die aktuelle Reichweite (R_{AKT}) eines Teils gibt Abb. 4.12. Am Zeitpunkt 5,5 (Heute) ist ersichtlich, dass die IST-Ablieferung eines Teils bereits so groß ist, dass ein Vorrat aufgebaut wurde. Dieser Vorrat reicht für den Zeitraum bis Tag 10 aus und ist durch einen Pfeil (R_{AKT}) gekennzeichnet.

---

[24] *Heinemeyer, W.*, Fortschrittszahlen – ein Ansatz zur Steuerung in der Serienfertigung, a.a.O., S. 102.

[25] Vgl. *Gottwald, M. K.*, Produktionssteuerung mit Fortschrittszahlen. Vortrag auf dem Seminar „Neue PPS-Lösungen" der Gfmt (Gesellschaft für Management und Technologie) in München am 12./13.10.1982.

[26] *Heinemeyer, W.*, Fortschrittszahlen – ein Ansatz zur Steuerung in der Serienfertigung, a.a.O., S. 106.

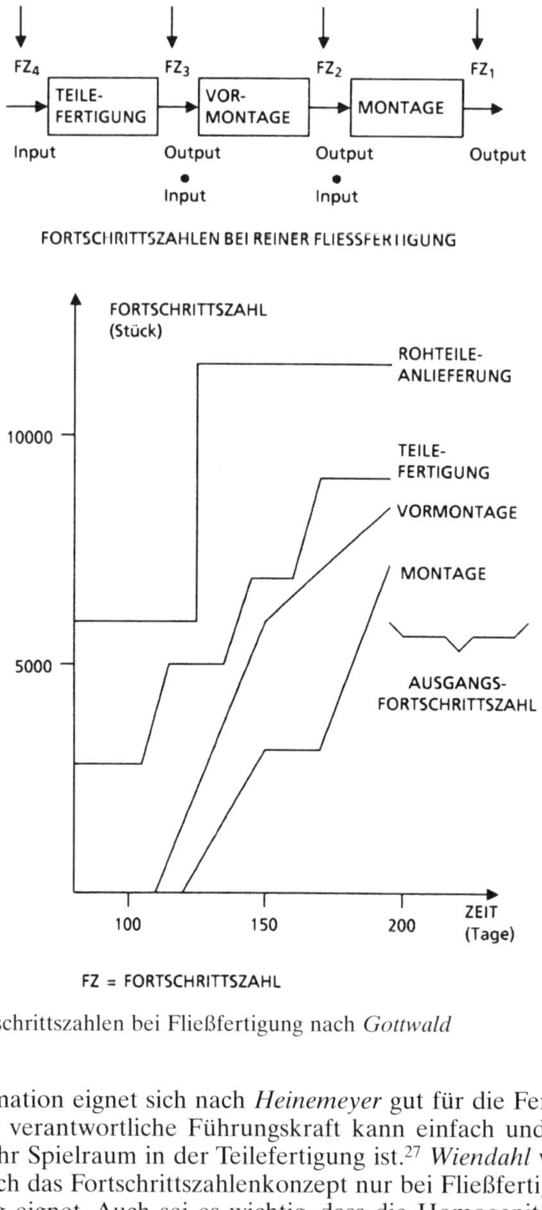

Abb. 4.11 Fortschrittszahlen bei Fließfertigung nach *Gottwald*

Diese Information eignet sich nach *Heinemeyer* gut für die Fertigungsablaufsteuerung. Die verantwortliche Führungskraft kann einfach und aktuell erfassen, wie groß ihr Spielraum in der Teilefertigung ist.[27] *Wiendahl* weist aber darauf hin, dass sich das Fortschrittszahlenkonzept nur bei Fließfertigung zur Fertigungssteuerung eignet. Auch sei es wichtig, dass die Homogenität der verwendeten Teile groß ist, um den Datenaufwand in Grenzen zu halten.[28] Ein weiteres

[27] Vgl. *Heinemeyer, W.*, Fortschrittszahlen – ein Ansatz zur Steuerung in der Serienfertigung, a.a.O., S. 111.

[28] Vgl. *Wiendahl, H.-P.*, Grundlagen neuer Verfahren der Fertigungssteuerung, a.a.O., S. 7.

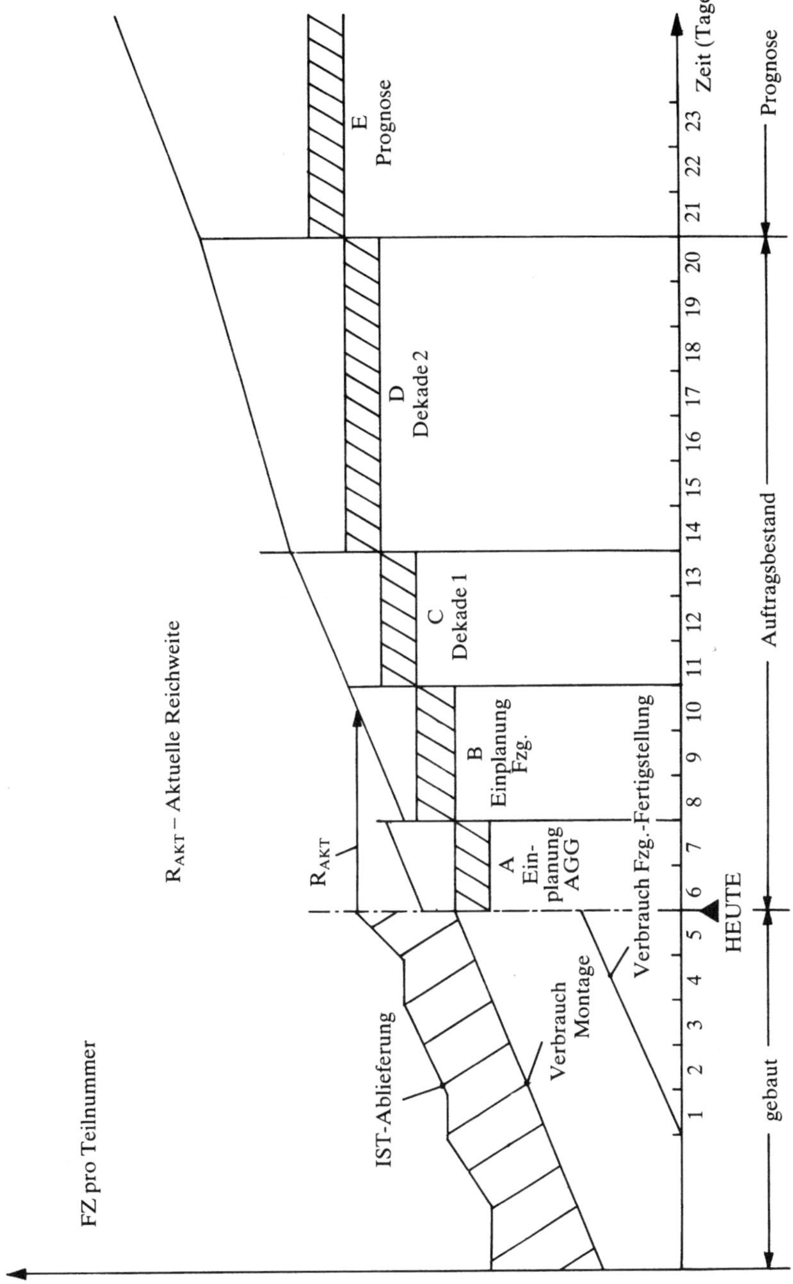

Legende: FZ = Fortschrittszahl AGG = Aggregate Fzg. = Fahrzeug

Abb. 4.12 Reichweitenrechnung nach Tagesteilebedarfsrechnung

Problem des Fortschrittszahlenkonzepts ist, dass Bestandsminderung nicht als vorrangiges Ziel verfolgt wird. Im Vordergrund steht die Versorgung mit Vorprodukten. Deshalb könnte es notwendig sein, das Fortschrittszahlenkonzept mit anderen Konzepten wie dem ‚Just-in-time Ansatz' zu kombinieren.[29]

3. Produktionsplanung und -steuerung (PPS)

Produktionsplanungs- und -steuerungssysteme sind computergestützte Planungskonzepte, die den Materialfluss in der Fertigung sicherstellen sollen. Ihre Aufgabe ist es, die anfallenden Aufträge, Arbeitsschritte und Fertigungskapazitäten zu strukturieren und zu bewältigen.[30]

Das Aufgabenspektrum von PPS-Systemen umfasst die organisatorische Planung, Steuerung und Überwachung der Fertigungsabläufe von der Angebotsbearbeitung bis zum Versand. Dabei sind Mengen-, Termin und Kapazitätsaspekte zu berücksichtigen.

3.1 Grundfunktionen von PPS

Alle heute in der Praxis eingesetzten PPS-Systeme lassen sich auf das nachfolgend beschriebene Grundkonzept zurückführen. Grundlage eines PPS-Systems ist eine Datenbasis. Diese besteht aus Stammdaten (Produktionsdaten, Betriebsmitteldaten, Arbeitsplandaten) und Bewegungsdaten (Termine, Auftragsdaten).[31] Stammdatei und Bewegungsdatei sind Informationsträger für die grundlegenden Teilschritte des Systems:[32]

- Produktionsplanung
  - Produktionsprogrammplanung,
  - Mengenplanung,
  - Termin- und Kapazitätsplanung;
- Produktionssteuerung
  - Auftragsveranlassung,
  - Fertigungs- und Auftragsüberwachung.

[29] Vgl. *Heinemeyer, W.,* Fortschrittszahlen – ein Ansatz zur Steuerung in der Serienfertigung, a.a.O., S. 112; zum ‚Just-in-time' Ansatz vgl. Teil IV, Viertes Kapitel.

[30] Vgl. *Zäpfel, G., Missbauer, H.,* Traditionelle Systeme der Produktionsplanung und -steuerung in der Fertigungsindustrie, in: Wirtschaftswissenschaftliches Studium, 17. Jg., 1988, Heft 17, S. 73-77; siehe auch *Duchessi, P., Schaninger, C. M., Hobbs, D. R.,* Implementing a Manufacturing Planning and Control Information System, in: California Management Review, Vol. 31, No. 3, 1989, S. 75-90.

[31] Vgl. *Kargl, H.,* Industrielle Datenverarbeitung, in: Industriebetriebslehre. Das Wirtschaften in Industrieunternehmungen, hrsg. von M. Schweitzer, München 1990, S. 893-1014, hier S. 960.

[32] Vgl. *Zäpfel, G.,* Strategisches Produktions-Management, Berlin, New York 1989, S. 190 ff.

Die **Produktionsprogrammplanung** berücksichtigt Lager- und Bestellbestände und legt mittelfristig vorrangige Planungsgrößen fest.

Die **Mengenplanung** ermittelt den Materialbedarf und liefert Vorschläge für die Bearbeitung der Aufträge nach Art, Menge und Zeitpunkt.

Die **Termin- und Kapazitätsplanung** legt den zeitlichen Durchlauf der Fertigungsaufträge fest. Start- und Endtermine werden aufgrund von Rüst- und Bearbeitungszeiten fixiert. Der Kapazitätsbedarf wird auf Grundlage der terminierten Arbeitsvorgänge und der davon betroffenen Kapazitätseinheiten berechnet.

Die **Auftragsveranlassung** nimmt die Feinplanung des Ablaufs vor und steuert die Auftragsfreigabe.

Die **Fertigungs- und Auftragsüberwachung** umfasst Durchführung und Kontrolle des Fertigungsverlaufs. Kurzfristige Änderungen von kapazitätsbezogenen Produktionsdaten sowie der Kunden- und Fertigungsaufträge werden berücksichtigt.

Im Einzelnen leisten PPS-Systeme folgende **Teilaufgaben** im Fertigungsprozess:[33]

- Strukturierung der Aufträge,
- Auftragsabwicklung,
- Betriebsdatenerfassung,
- Speicherung von Auftragsinformationen (Beschaffungs-, Fertigungsaufträge),
- Planung und Steuerung einzelner Arbeitsschritte,
- Feinterminierung,
- Produktionsdatenanalyse,
- Einsatzsteuerung der Arbeitsmittel (Maschinen, Geräte),
- Abgleich des Liefer- und Fertigungsabrufs mit den Vordaten,
- Synchronisation der Fortschrittszahlen.

Diese Teilaufgaben dienen im Wesentlichen der Beschleunigung der Durchlaufzeiten. Kernpunkt dieser Funktionen ist der Abgleich des Liefer- und Fertigungsabrufs mit den letzten Abrufdaten. Diese Funktionen können vollautomatisch oder ‚Online' mit einer Ergebnisüberprüfung vorgenommen werden. Auf diese Weise können rückständige Lieferungen, individuelle Terminvereinbarungen und spezifische Lieferdaten berücksichtigt werden.

Abb. 4.13 zeigt die Funktionsbereiche eines **Standard-PPS-Systems**. Die Funktionsstruktur von PPS-Systemen lässt sich unterteilen in Produktionsplanung und Produktionssteuerung.

Die **Produktionsplanung** ist untergliedert in Materialwirtschaft, Fertigungsvorbereitung und Termin- und Kapazitätsplanung. Die **Materialwirtschaft** beinhaltet eine Bestandsführung. Weitere Funktionen in diesem Bereich sind die Ermittlung vom Brutto- und Nettobedarf sowie die Auftragsbildung. Teilfunktionen der **Fertigungsvorbereitung** sind die Arbeitsplanung, die Qualitätssicherung und die Betriebsmittelplanung. **Termin- und Kapazitätsplanung** legen die

---

[33] Vgl. Hackstein, R., Produktionsplanung und -steuerung (PPS), Düsseldorf 1984, S. 275 f.

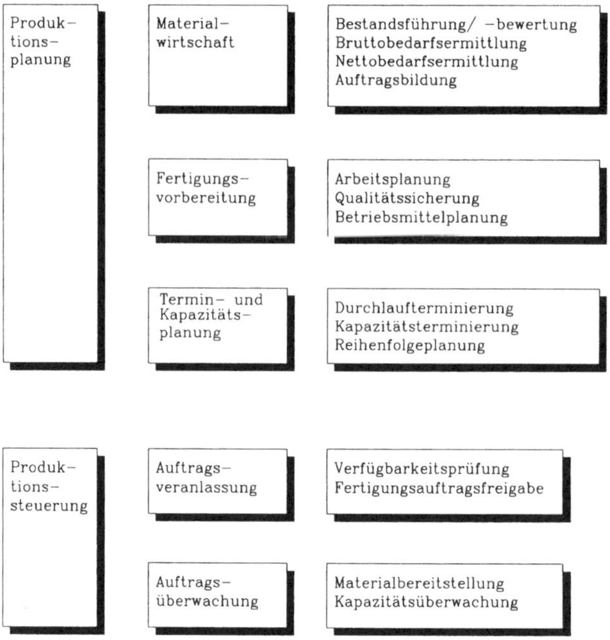

Abb. 4.13 Funktionsbereiche eines Standard-PPS-Systems

Reihenfolge der Bearbeitung fest. Dabei werden Kapazitäten und Durchlaufzeiten terminiert.

Die **Produktionssteuerung** ist unterteilt in **Auftragsveranlassung** und Auftragsüberwachung. Im Rahmen der Auftragsveranlassung wird kontrolliert, inwieweit Betriebsmittel und Kapazitäten verfügbar sind. Eine weitere wesentliche Funktion dieses Bereichs ist die Strukturierung und Freigabe der Aufträge unter Berücksichtigung von Terminen und Kapazitäten. Die **Auftragsüberwachung** kontrolliert die Bereitstellung des Materials und die störungsfreie Funktion der Kapazitäten.

3.2 Arten von PPS-Systemen

Nach der Hardwarebasis werden drei Arten von PPS-Systemen unterschieden:[34]

- Mikrosysteme, die auf PC-Basis laufen,
- Makrosysteme, die Großanlagen voraussetzen und
- Midisysteme, die eine Zwischenlösung darstellen.

Eine weitere Möglichkeit, PPS-Systeme zu klassifizieren, ist die Unterscheidung nach dem Zentralisierungsgrad. Unterschieden werden:[35]

[34] Vgl. *Geitner, U. W., Chen, J.*, PPS Marktübersicht 1990, in: Fortschrittliche Betriebsführung und Industrial Engineering, 39. Jg., 1990, Heft 2, S. 52-64.

[35] Vgl. *Zäpfel, G.*, Strategisches Produktions-Management, a.a.O., S. 197 f.

- **Zentral organisierte PPS-Systeme**

Eine zentrale Planungsstelle regelt die einzelnen Schritte des mengen- und terminbezogenen Produktionsablaufs. Die Produktionsstellen setzen die Planungsvorgaben um, an der Planung selbst sind sie nicht beteiligt. Nachteile zentral organisierter PPS-Systeme sind:

– eine relativ lange Reaktionszeit bei Störungen im Produktionsablauf,
– eine erschwerte Anwendung von Simulationsmodellen, da jeder einzelne Arbeitsvorgang zentral festgelegt ist.

- **Dezentral organisierte PPS-Systeme**

Die Feinplanung des Ablaufs ist bei dezentralen PPS-Systemen aus der zentralen Planung ausgegliedert. Sie wird von den einzelnen Produktionsstellen vor Ort vorgenommen. Die Nachteile zentral organisierter PPS-Systeme werden durch die Übertragung der Teilplanung an die betreffenden Produktionsstellen vermieden.

Generelle **Anforderungen an PPS-Systeme** aller Größenordnungen und Zentralisationsgrade sind:

- eine einheitliche Informationsbasis,
- eine funktionale Vollständigkeit des Systems,
- eine automatisierte Bearbeitung bei Standardabläufen,
- flexible Berücksichtigung betriebsinterner Daten,
- Aktualisierung des technischen Standards,
- eine produkt- und auftragsbezogene Steuerung nach Fertigungstypen.

Diese Anforderungen werden in den einzelnen PPS-Systemen unterschiedlich stark berücksichtigt. Bis heute wurden die PPS-Systeme aufgrund veränderter Marktanforderungen und größerer Rechnerkapazitäten inhaltlich stark weiterentwickelt und verbessert. Dabei wurde auch die Integration mit anderen betrieblichen Anwendungssystemen weiter verstärkt. So bietet beispielsweise die PP-Komponente der Standardsoftware R/3 der *SAP AG* ein umfassendes Produktionsplanungs- und -steuerungssystem (Abb. 4.14).

Von den zahlreichen PPS-Systemen, die auf dem Markt sind, werden im Folgenden zwei wesentliche Konzepte kurz beschrieben.

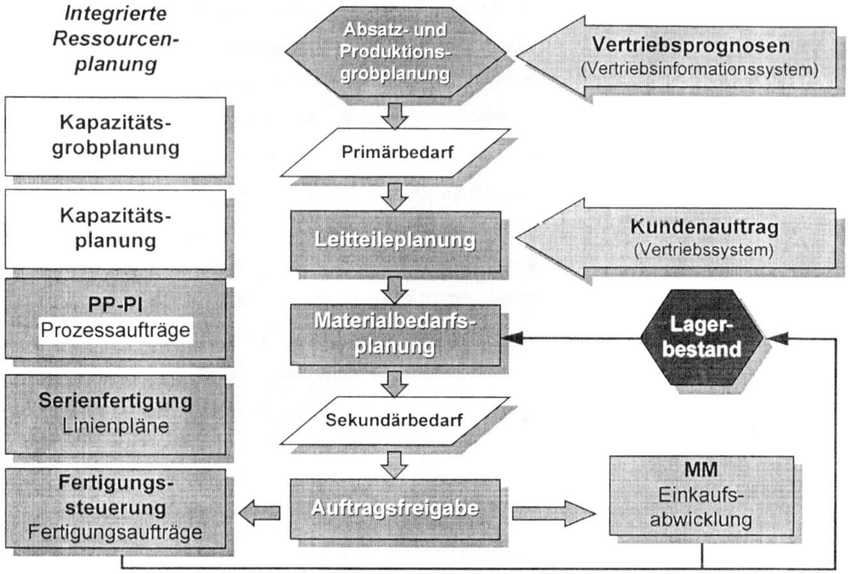

Abb. 4.14 Das R/3-Modell zur Produktionsplanung und -steuerung[36]

MRP I und MRP II

Die Entwicklung von PPS-Systemen wird besonders deutlich am Beispiel von MRP. Das Hauptziel von MRP ist die Kapazitätsauslastung.[37]

Das MRP I **(Material Requirement Planning)** beschränkt sich auf die **Planung** eines Ablaufkonzepts für das benötigte Material. Die Funktionen umfassen:

- terminierte Bedarfsermittlung,
- Losgrößenplanung,
- Planung der Lagerhaltung,
- Planung des Kapazitätsbedarfs.

Das MRP II **(Manufacturing Resource Planning)** integriert **Planung** und **Steuerung** zu einer zusammenhängenden Logistikkette. Es wird nicht nur der

[36] *SAP AG* (Hrsg.), System R/3 – Integrierte Produktionsplanung und -steuerung, Walldorf 1997, S. 3-2.

[37] Vgl. *Müller, J. G., Sprague, L. G.,* Behind the Growth in Materials Requirements Planning, in: Business Review, Vol. 53, Sept./Oct. 1975, S. 83-91; siehe auch *Schweitzer, M.,* Industrielle Fertigungswirtschaft, in: Industriebetriebslehre. Das Wirtschaften in Industrieunternehmungen, hrsg. von M. Schweitzer, München 1990, S. 561-696, hier S. 672.

Materialbedarf geplant, sondern es werden verstärkt Betriebsdaten einbezogen und die Materialverwaltung von der Beschaffung bis zum Einsatz geplant.[38]

Abb. 4.15 stellt die Planungsebenen von MRP II dar. Die einzelnen Planungsebenen sollen einen ständigen Ressourcenfluss gewährleisten. Wirtschaftsplanung, Distribution Requirement Planning und Entwicklungsplanung bilden den Bereich der **Rahmenplanung**. Geplant werden unter anderem:

- neue Produkte,
- Produktbeschaffenheit,
- Produktbedarf,
- Produktveränderungen,
- Produktverbesserungen.

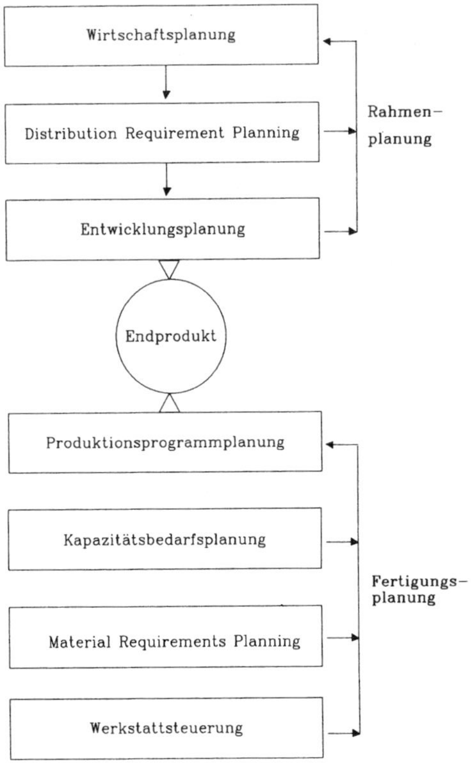

Abb. 4.15 MRP II-Konzept

[38] Vgl. *Scheer, A. W.,* Stand und Trends in der computergestützten Produktionsplanung und -steuerung (PPS) in der Bundesrepublik Deutschland, in: Zeitschrift für Betriebswirtschaft, 53. Jg., 1989, S. 138-155; siehe auch *Duchessi, P., Schaninger, C. M., Hobbs, D. R.,* Implementing a Manufacturing Planning and Control Information System, in: California Management Review, Vol. 31, No. 3, 1989, S. 75-90.

Der Bereich der **Fertigungsplanung** wird gebildet durch die Planungsebenen Produktionsprogrammplanung, Kapazitätsbedarfsplanung, Material Requirement Planning und Werkstattsteuerung.

Engpassplanung

Ziel der Engpassplanung ist die Optimierung des Fertigungsflusses.[39] Bestehen in einem Fertigungssystem unterschiedliche Kapazitäten auf aufeinanderfolgenden Fertigungsstufen, wird die Gesamtkapazität des Fertigungssystems von der Fertigungseinheit (Maschine) mit der geringsten Kapazität – dem Engpass – beschränkt.[40] Erfolgt die Produktionssteuerung für jede Fertigungseinheit separat, wird der Engpass durch die höhere Mengenleistung vorgelagerter Fertigungsstufen überlastet. Die Optimierung der Kapazitätsauslastung vorgelagerter Fertigungsstufen führt folglich zu einem Lageraufbau vor dem Engpass. Die maximal mögliche Auslastung nachgelagerter Fertigungsstufen wird durch die Mengenleistung der Engpasseinheit beschränkt. Eine separate Produktionssteuerung mit dem Ziel der Kapazitätsauslastung ist hier wegen uneingeschränkter Verfügbarkeit an Vorprodukten nicht sinnvoll. Sie bringt keine Steuerung der Leistung, erhöht aber demgegenüber den Bestand an angearbeitetem Material zwischen den Fertigungsstufen, mithin die Kapitalbindung. Die Produktionssteuerung für das gesamte Fertigungssystem ist folglich an der Engpasskapazität auszurichten.

Grundlage der Engpassplanung ist eine kurzfristige Auftragsterminierung anhand von Soll-Fertigstellungsterminen. Sie stellt eine bedarfsgerechte Auftragsreihenfolge in der Fertigungssteuerung sicher. Für die Arbeitsgangfolgen der jeweils eiligsten Aufträge wird dann der Engpass ermittelt und die Fertigungsdurchführung geplant.

Die **Ermittlung des Engpasses** in einem Fertigungssystem bestehend aus 10 Maschinen (M) auf drei Fertigungsstufen (1, 2, 3) für die Produktion eines Teiles X zeigt folgende Tabelle:

Maschine Maschinendaten	M1	M2	M3
Bearbeitungszeit pro Stück X	2	8	4
Kapazität (Stück/Stunde)	30	7,5	15
Anzahl dieses Maschinentyps im Fertigungssystem	2	5	3
Gesamtkapazität aller Maschinen dieses Typs (Stück/Stunde)	60	37,5	45
Engpasskapazität ergibt sich auf Fertigungsstufe 2 mit (Stück/Stunde):		37,5	

[39] Vgl. *Goldratt, E. M.*, Computerized Shop Floor Scheduling, in: International Journal of Production Research, Vol. 26, No. 3, 1988, S. 443-455.

[40] Vgl. *Jacobs, R.*, OPT Uncovered: Many Production Planning and Scheduling Concepts can be Applied with or without the Software, in: Industrial Engineering, Vol. 16, October 1984, S. 32-41.

Die Steuerung der Produktion von Teil X muss folglich von einer Maximalkapazität von 37,5 Stück/Stunde des betrachteten Teils ausgehen. Zielgröße ist die Auslastung des Engpasses, die den mengenmäßigen Durchsatz des Gesamtsystems determiniert. Steuerungsvariable der Fertigungsdurchführung ist die **Fertigungslosgröße, d.h. diejenige Anzahl gleicher Teile, die nacheinander ohne Unterbrechung durch andere Vorgänge produziert wird**. Die Festlegung der Losgröße folgt dem Kriterium der Optimierung der Engpassauslastung. Folglich kann es bei Nicht-Engpassmaschinen zu einer Häufung von Rüst- und Stillstandszeiten kommen:

- Rüstvorgänge werden notwendig, wenn während der (längeren) Bearbeitung des Auftrags am Engpass andere Aufträge bearbeitet werden sollen, die eine Umrüstung der Maschine (Werkzeugwechsel) erforderlich machen;
- Stillstandszeiten entstehen aufgrund der kürzeren Bearbeitungszeit pro Stück, wenn die Nicht-Engpassmaschine ausschließlich den Engpass beliefert.

Entscheidend ist, dass diese unproduktiven Zeiten die Leistung des gesamten Fertigungssystems nicht beeinflussen. Sie fallen in die gegenüber dem Engpass überschüssige Kapazität der Nicht-Engpassmaschinen. Das folgende Beispiel illustriert die Vorgehensweise bei einer engpassabhängigen Losgrößenplanung.

Beispiel zur Engpassplanung

Eine Fabrik erhält einen Auftrag über 1 000 Einheiten ihres Produktes A.[41] Abbildung 4.16 zeigt den Fertigungsablauf mit den notwendigen Maschinen und den jeweiligen Bearbeitungszeiten t_E auf den Fertigungsstufen 1 bis 5.

Die Fabrik arbeitet im Drei-Schicht-Betrieb (24 Stunden pro Tag) an fünf Tagen in der Woche. Jede Maschine benötigt nach Bearbeitung anderer Produkte oder Stillstandszeiten eine Rüstzeit von t_R von 10 Stunden, bevor sie die Produktion von A aufnehmen kann.

Eine konventionelle, auf die Optimierung der Kapazitätsauslastung *jeder einzelnen* Maschine gerichtete Fertigungsplanung versucht, Rüst- und Stillstandszeiten für *jede* Maschine zu minimieren. Dies kann erreicht werden, indem die Fertigungslosgröße größtmöglich gewählt wird. Daher wäre der gesamte Auftrag als Komplettlos in die Fertigung einzusteuern. Darüber hinaus wäre für jede Fertigungsstufe die Maximallosgröße, hier 1 000, zu wählen. Die Freigabe des Auftrags für jede einzelne Maschine erfolgt erst dann, wenn 1 000 Einheiten des jeweiligen Vorproduktes zur Bearbeitung verfügbar sind **(geschlossene Losführung)**. Die Maschine wird erst nach Freigabe für die Bearbeitung des Loses gerüstet. Eine Freigabe des Auftrags ohne Anpassung der Losgröße an die Engpasskapazität ergäbe folglich den in Abbildung 4.17 dargestellten Fertigungsplan für den Auftrag.

[41] Nach *Goldratt, Eliahu M., Fox, Robert E.,* The Race, Croton-on-Hudson, NY 1986, S. 160 ff.

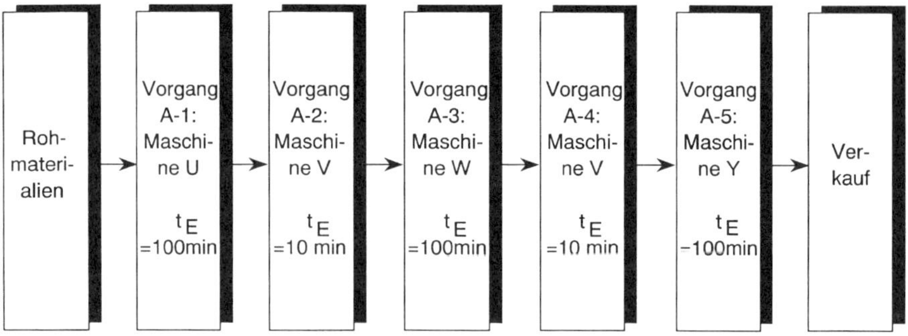

Abb. 4.16 Fertigungsstufen

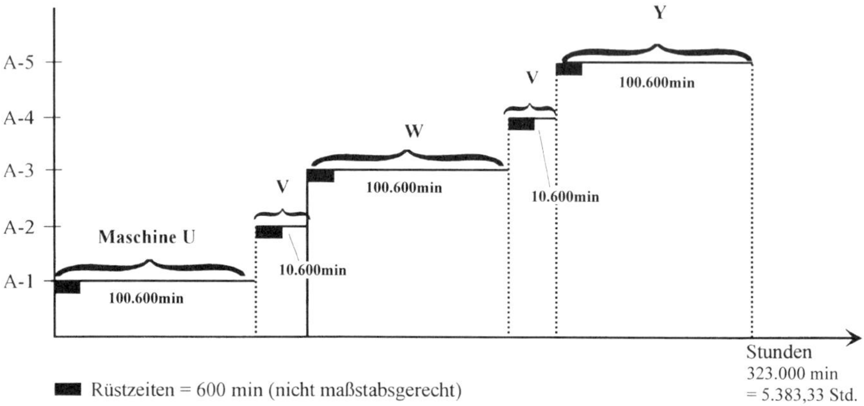

Abb. 4.17 Fertigungsplan bei separater, auslastungsorientierter Maschinenbelegung

Die Bearbeitungszeit für den gesamten Auftrag beträgt 5 383 Std. und 20 Min.:

Vorgang/Maschine	Rüstzeit t_R(min.)	Bearbeitungszeit t_E*1000 (min.)
A1 / U	600	100 000
A2 / V	600	10 000
A3 / W	600	100 000
A4 / V	600	10 000
A5 / Y	600	100 000
Σ	3 000	320 000
$\rightarrow \Sigma\ t_R + t_E$		323 000 = 5 383,33 Std.

Eine wesentliche Verkürzung der Bearbeitungszeit des Auftrags ist durch eine Teilung des Auftrages in mehrere Fertigungslose **(Lossplitting)** und eine zeitliche Überlappung der Bearbeitung der einzelnen Lose **(Losüberlappung)** zu erreichen. Die Lose werden unmittelbar an die nachfolgende Fertigungsstufe weitergegeben, so dass alle Fertigungsstufen parallel den Auftrag bearbeiten **(offene Losführung)**. Die **optimale Losgröße** wird dabei durch die Engpasskapazität determiniert. Die Nicht-Engpassmaschinen sind mit einer Losgröße zu belegen, die gerade eine gleichmäßige Vollauslastung des Engpasses – ohne Produktionsunterbrechungen (Unterauslastung) oder Lageraufbau vor dem Engpass (Überlastung) – gestattet.

Der Engpass ist aufgrund der Bearbeitungszeiten an den einzelnen Maschinen zu identifizieren. Hier bilden die Maschinen W und Y Engpässe:

- Die Bearbeitungszeit auf diesen Maschinen beträgt das 10-fache der Bearbeitungszeit auf Maschine V, die Kapazität von W und Y entspricht folglich 1/10 der Kapazität von V;
- V ist im Fertigungsablauf W und Y vorgelagert. Aufgabe von V ist daher die Versorgung von W und Y gemäß deren Kapazität;
- Maschine U ist hier nicht relevant. Sie wird aus verfügbarem Rohmaterial bedient; ihr Ausstoß unterschreitet die Kapazität von V und wird folglich vom System vollständig aufgenommen.

Die optimale Losgröße x_{opt}, die eine auslastungsmaximale Versorgung von W und Y durch V erlaubt, ist dann gegeben, wenn der Zeitbedarf zur Bearbeitung dieser Losgröße am Engpass ($t_{EW}*x=t_{EY}*x$) gerade der Rüst- und Bearbeitungszeit für diese Losgröße am Nicht-Engpass entspricht. Bei der Berechnung der optimalen Losgröße ist zu beachten, dass *zwei Engpässe,* W und Y, bestehen, die *gleichzeitig* von Maschine V *zu versorgen* sind. Während *eines* Bearbeitungsvorganges eines Loses x_{opt} auf W bzw. Y muss V daher *zweimal* für W und für Y gerüstet werden sowie x_{opt} bearbeiten (Vorgänge A2 und A4). Die Rüst- und Bearbeitungszeiten des Nicht-Engpasses V (t_{RV}, $t_{EV}*x$) gehen daher mit dem Faktor zwei in die Berechnung ein.

Formel: $2*t_{RV} + 2x*t_{EV} = x*t_{EW}$

$\Rightarrow 2*600 + 2x*10 = x*100$

$\Leftrightarrow x_{opt} = 15$

Bei einer Losgröße von 15 ist das bedarfsgerechte Umrüsten der Maschine V innerhalb der Bearbeitungszeiten von W bzw. Y gerade möglich; es entstehen trotz häufigen Umrüstens keine Produktionsverzögerungen. Ebenso ist die Freigabemenge für V jederzeit so gering, dass es nicht zu einem Lageraufbau vor W und Y aufgrund der höheren Bearbeitungsgeschwindigkeit von V kommt.

Durch die parallele Bearbeitung der Lose – die Vorgänge sind lediglich durch Rüstzeiten und die Bearbeitung des Loses von 15 Stück versetzt – reduziert sich die gesamte Auftragsbearbeitungszeit auf 1 771 Std. und 40 Min.:

Vorgang/Maschine	Rüstzeit t_R(min.)	Bearbeitungszeit t_E*15 (min.)
A1 / U	600	1 500
A2 / V	600	150
A3 / W	600	1 500
A4 / V	600	150
A5 / Y	600	100 000
Σ	3 000	103 300
→ $\Sigma\ t_R + t_E$		106 300 = 1 771,66 Std.

Abbildung 4.18 zeigt den veränderten Fertigungsplan.

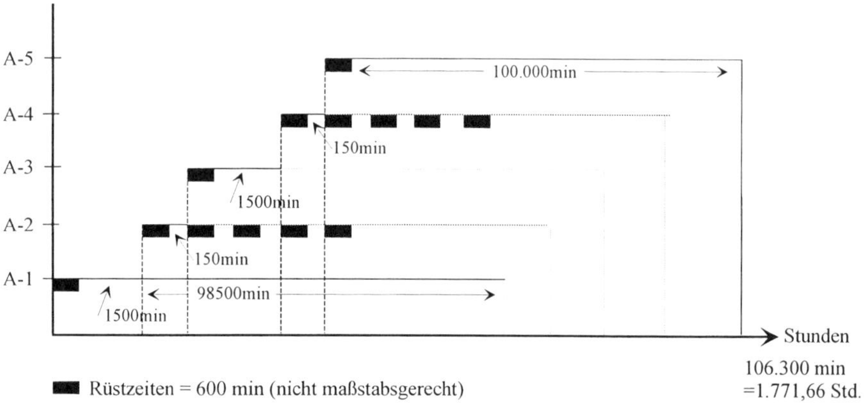

Abb. 4.18 Engpassorientierter Fertigungsplan mit Lossplitting/ und -überlappung

Durch die Konzentration auf den Durchfluss der Teile durch den Bearbeitungsprozess in der Engpassplanung werden zwei – gemäß dem Dilemma der Ablaufplanung konkurrierende – Zielgrößen in die Optimierung einbezogen:

- Die **Kapazitätsauslastung** wird durch die Orientierung an der Engpasskapazität für das Gesamtsystem optimiert.
- Die **Auftragsdurchlaufzeit** wird durch die engpassorientierte Lossplittung und -überlappung minimiert.

Der Verzicht auf eine Auslastung der Nicht-Engpasskapazitäten bewirkt daneben eine Reduzierung der Durchlaufzeit einzelner Teile durch den Prozess, da Lageraufbau und damit Wartezeiten vermieden werden, senkt so die Menge angearbeiteter Teile in der Fertigung und folglich die Kapitalbindung im Umlaufvermögen.

4. Arbeitsgruppen in der Fertigung

4.1 Teilautonome Arbeitsgruppen

Mit dem Konzept der teilautonomen Arbeitsgruppen wird versucht, die Gruppenarbeit in der Fertigung anzuwenden. Ausgangspunkt dieser Organisationsform ist eine Kritik an der ökonomischen Einseitigkeit und Nichtberücksichtigung sozialer Belange bei einer am Leitprinzip der Arbeitsteilung orientierten Arbeitsgestaltung. Als **negative Folgen einer zu weitgehenden Arbeitsteilung** werden genannt:

- hohe Monotonie am Arbeitsplatz,
- Verminderung geistiger Anforderungen und
- infolge einer geringen Mitarbeiterqualifikation ein erhöhtes Arbeitsplatzrisiko.

Die negativen Auswirkungen der Arbeitsteilung werden für eine steigende Arbeitsunzufriedenheit verantwortlich gemacht.[42] Die Forderung nach Beachtung sozialer Belange bei der Arbeitsgestaltung wird unter dem zum Schlagwort gewordenen Begriff der „Humanisierung der Arbeitswelt“ diskutiert. Unter Arbeitshumanisierung ist ein Streben nach Zusammenfassung und Sinngebung der Arbeit zu verstehen. Dies ist auf zwei unterschiedliche Arten zu erreichen:[43]

1. durch eine **Erweiterung des Tätigkeitsspielraums** eines Mitarbeiters,
2. durch eine **Erweiterung des Entscheidungs- und Kontrollspielraums** eines Mitarbeiters.

Eine Ausweitung des Tätigkeitsspielraums wird grundsätzlich durch die Humanisierungsstrategien des **Job Rotation (Arbeitsplatzwechsel)** und des **Job Enlargement (Aufgabenerweiterung)** angestrebt. Das **Job Enrichment (Arbeitsbereicherung)** dient vornehmlich der Vergrößerung des Entscheidungs- und Kontrollspielraums.

Teilautonome Gruppenarbeit hat eine Erweiterung des Tätigkeitsspielraums und des Entscheidungs- und Kontrollspielraums zum Ziel. Das **Ausmaß der einer Gruppe übertragenen Autonomie** stellt das erste Charakteristikum teilautonomer Gruppenarbeit dar. Mögliche Autonomiebereiche reichen von der Festlegung der internen Arbeitsteilung, der Aufgabeninhalte und Produktionsverfahren bis hin zur Entscheidung über eine Gruppenmitgliedschaft und die Gruppenführung. Der Autonomiegrad bemisst sich außerdem danach, ob es sich um ein Alleinentscheidungsrecht der Gruppe, ein Mitbestimmungs-, Veto-, Vorschlags- oder Informationsrecht handelt. Der Begriff der „selbststeuernden“ oder autonomen Arbeitsgruppe ist demzufolge auf einen bestimmten Autonomiegrad zu relativieren.

Das zweite Merkmal der Arbeitsorganisation nach dem Konzept der teilautonomen Arbeitsgruppe ist die **Gruppenarbeit:** „Gruppenarbeit ist im Unter-

---

[42] Vgl. *Pfeiffer, W., Dörrie, U., Stoll, E.,* Menschliche Arbeit in der industriellen Produktion, Göttingen 1977, S. 66 ff.

[43] Vgl. *Ulich, E., Groskurth, P., Bruggemann, A.,* Neue Formen der Arbeitsgestaltung, Frankfurt a. M. 1973, S. 64.

schied zur Einzelarbeit dadurch bestimmt, dass eine Arbeitsaufgabe von mehreren Arbeitern gemeinsam erledigt wird, wobei die verschiedenen Tätigkeiten unmittelbar aufeinander bezogen und zeitlich eng miteinander verknüpft sind."[44] Die gruppenbezogene Aufgabenerledigung und Entscheidungsfindung soll zur Schaffung vermehrter Kommunikations- und Diskussionsmöglichkeiten und damit zur Ausbildung sozialer Fähigkeiten führen.

Bedingungen der Arbeitshumanisierung

Als Voraussetzungen für die Erreichung sozialer und ökonomischer Ziele mit Hilfe teilautonomer Arbeitsgruppen sind technologische, führungsorganisatorische und personelle Bedingungen zu beachten. Eine Anpassung der Arbeitsstrukturen an Humanisierungserfordernisse setzt **Änderungen des technologischen Systems** voraus. Eine Erweiterung des Tätigkeits- und Entscheidungsspielraums wird bei gleichbleibender Arbeitsorganisation unmöglich sein. Die technologischen Systeme lassen Wahlmöglichkeiten bei der arbeitsorganisatorischen Gestaltung von Mensch-Maschine-Systemen.[45]

Die Führungsorganisation stellt den zweiten Bereich dar, der von einer Einführung teilautonomer Arbeitsgruppen betroffen ist. Zur Erweiterung des Handlungsspielraums sind bestimmte Entscheidungsrechte auf die Gruppe zu übertragen. Das gleiche Ziel wird mit der Übernahme von Kontrolltätigkeiten gemäß dem Prinzip der Eigenkontrolle verfolgt. Mit der Übernahme von Entscheidungs- und Kontrolltätigkeiten werden **führungsorganisatorische Veränderungen** notwendig: Vorarbeiterstellen werden meist überflüssig; die Aufgabe der Meister wandelt sich in der Weise, dass an die Stelle der bisher dominierenden Arbeitsanweisungsfunktion jetzt die Funktionen „Setzen eines Zielrahmens", „fachliche Beratung", „Förderung der Entscheidungsfindung in der Gruppe" und die „Aus- und Weiterbildung der Gruppenangehörigen" treten.[46] Die Einführung teilautonomer Gruppenarbeit hat somit eine **Entvertikalisierung der Organisationsstruktur** zur Folge.

Die Einführung teilautonomer Gruppen erfordert drittens die Beachtung personeller Voraussetzungen. Die mit der neuen Führungsorganisation verbundenen **personellen Veränderungen** erfordern zunächst eine rechtzeitige und umfassende Information der Arbeiter und Vorgesetzten, um deren Verunsicherung zu verhindern. Die teilautonome Arbeitsorganisation stellt erhöhte Anforderungen an die Befähigung der direkt beteiligten Arbeiter und Meister. Durch den erweiterten Tätigkeitsspielraum der Arbeiter werden arbeitsbezogene Fertigkei-

---

[44] *Kern, H., Schumann, M.*, Industriearbeit und Arbeitsbewußtsein, Frankfurt a. M. 1970, S. 118.

[45] Vgl. die Zusammenstellung der in der europäischen Metallindustrie durchgeführten Arbeitsstrukturierungsmaßnahmen bei *Weil, R.*, Veränderung der Arbeitswelt durch neue Führungs-, Organisations- und Arbeitsstrukturen, in: REFA-Nachrichten, 29. Jg., 1976, S. 142 f. und die dort angegebene Literatur.

[46] Vgl. *Gaugler, E., Kolb, M., Ling, B.*, Humanisierung der Arbeitswelt und Produktivität, 2. Auflage, Ludwigshafen 1977, S. 239; *Likert, R.*, The Human Organization: Its Management and Value, New York 1967, S. 47 ff.

ten und Kenntnisse benötigt, die meist durch ein „on-the-job training" erworben werden können. Die Ausübung von Entscheidungsrechten erfordert demgegenüber Kenntnisse betrieblicher Zusammenhänge, die nur durch eine gesonderte theoretische Ausbildung vermittelt werden können. Die Meister sind ebenfalls durch Schulung auf ihre veränderte Führungs- und Personalfunktion vorzubereiten.

Vorteile der Arbeitshumanisierung

Empirische Untersuchungen zur Einführung teilautonomer Arbeitsgruppen geben vorläufige Hinweise auf Praktikabilität und Nutzen dieser Form der Arbeitsstrukturierung. Bisher wurden die Experimente vorwiegend im Fertigungsbereich durchgeführt. In den meisten Fällen wurden Montagetätigkeiten in der Metallverarbeitung und Elektroindustrie von der Umstrukturierung erfasst. Ein Grund hierfür dürfte die mit Montagetätigkeiten verbundene hochgradige Arbeitsteilung sein.[47] Untersuchungen außerhalb des Fertigungsbereichs beobachteten die Auswirkungen von Gruppenarbeit im Verkauf.[48]

Die Beurteilung der Humanisierungswirkungen teilautonomer Gruppenarbeit kann anhand der **„sozialen Effizienz"** erfolgen, die sich in der Erfüllung der Erwartungen, Bedürfnisse und Interessen der Mitarbeiter äußert.[49] Eine Bewertung hinsichtlich der sozialen Effizienz reicht aus, wenn die Einführung teilautonomer Gruppenarbeit ausschließlich als gesellschaftlich-politische Maßnahme einer Humanisierung und Demokratisierung der Arbeit betrachtet und gefordert wird. In einer funktionierenden Wettbewerbswirtschaft müssen zur Existenzsicherung ökonomische Erfolge erzielt werden. Die **ökonomische Effizienz** der Arbeitsorganisation ist durch ein möglichst günstiges Verhältnis von Leistungen und Kosten zu sichern. Zwischen sozialer und ökonomischer Effizienz können Zielkonflikte bestehen.

Soziale Effizienz

Als Indikator für soziale Effizienz wird meist die Arbeitszufriedenheit verwendet. Dabei ist von der Plausibilitätsüberlegung auszugehen, dass sich die Erfüllung der arbeitsbezogenen Bedürfnisse in einer Zufriedenheit mit der Arbeitsorganisation ausdrückt. In empirischen Studien wird häufig von **Steigerungen**

---

[47] Vgl. *Rohmert, W., Weg, F. J.,* Organisation teilautonomer Gruppenarbeit, Frankfurt a.M. 1976, S. 47; im Verwaltungs- und Dienstleistungsbereich sind Experimente mit teilautonomen Gruppen seltener angesiedelt; vgl. die Zusammenstellung ausgewählter Experimente bei *Schreyögg, G., Steinmann, H., Zauner, B.,* Arbeitshumanisierung für Angestellte, Stuttgart passim 1978.

[48] Vgl. *Likert, R.,* The Human Organization: Its Management and Value, New York 1967; *Likert, R., Seashore, S. E.,* Making Cost Control Work, in: Harvard Business Review, Vol. 41, Nov.-Dec. 1963, S. 96-108.

[49] Vgl. *Marr, R., Stitzel, M.,* Personalwirtschaft, München 1979, S. 57.

der Arbeitszufriedenheit berichtet.[50] Die Verwendung der Arbeitszufriedenheit als sozialer Indikator ist allerdings nicht unproblematisch. Es gibt keine einheitliche Theorie der Arbeitszufriedenheit,[51] sondern mehrere Ansätze zu der Frage, was Arbeitszufriedenheit ist und wovon sie abhängt. Aus den unterschiedlichen Auffassungen über Arbeitszufriedenheit lassen sich unterschiedliche Kriterien zu ihrer Messung ableiten. Empirische Untersuchungen zeigen, dass die einzelnen (Mess-)Instrumente, die sich der mündlichen und schriftlichen Befragung bedienen, bei den gleichen Personen zu stark abweichenden Ergebnissen führen.[52] Messprobleme ergeben sich außerdem dadurch, dass es sich bei der Arbeitszufriedenheit um einen sozial erwünschten Zustand handelt, dessen Nichtvorhandensein nur ungern eingestanden wird.

In vielen Fällen werden die Fluktuations- und Absentismusraten als Indikatoren für die Arbeitszufriedenheit herangezogen. Nach Einführung teilautonomer Gruppenarbeit **sanken durchweg die Fluktuations- und Absentismusraten.**[53] Empirische Untersuchungen zeigen eine negative Beziehung (Korrelation) zwischen Arbeitszufriedenheit und Fluktuation bzw. Abwesenheit vom Arbeitsplatz. Die durchschnittlichen Beziehungswerte sind allerdings so gering, dass vor einer Verwendung der Fluktuations- und Absentismusraten als Indikator für die Arbeitszufriedenheit gewarnt werden muss.[54] In relativ wenigen Fällen wird außerdem von **verbesserter Kooperation, geringerer physischer und psychischer Belastung** berichtet.

In einem umfassenderen Konzept erfasst *Likert*[55] die soziale Effizienz anhand der folgenden Größen:

- Gruppenkohäsion,
- Höhe der Leistungsziele,
- Ausmaß gegenseitiger fachlicher Unterstützung bei Gleichgestellten,
- Häufigkeit des Gefühls, dass übertriebener Druck ausgeübt wird,
- Einstellung gegenüber dem Vorgesetzten und
- Motivation zu hoher Leistung.

Die Ergebnisse bestätigen die Vermutung, dass bei der Einführung von Gruppenarbeit eine **Verbesserung der sozialen Effizienz nur bei entsprechender Anpassung des Führungsverhaltens** zu erwarten ist. Ist diese Bedingung erfüllt, wird bei den Indikatoren sozialer Effizienz ein positiver Einfluss festgestellt.

---

[50] Vgl. die Übersicht bei *Rohmert, W., Weg, F. J.,* Organisation teilautonomer Gruppenarbeit, a.a.O., S. 59.

[51] Vgl. zu den einzelnen Theorien: *Bruggemann, A., Groskurth, P., Ulich, E.,* Arbeitszufriedenheit, Bern 1975, S. 20 ff.; *Neuberger, O.,* Theorien der Arbeitszufriedenheit, Stuttgart 1974, S. 140 ff.

[52] Vgl. *Neuberger, O.,* Messung der Arbeitszufriedenheit, Stuttgart, Berlin, Köln, Mainz 1977, S. 194 ff.

[53] Vgl. die Zusammenstellung bei *Rohmert, W., Weg, F. J.,* Organisation teilautonomer Gruppenarbeit, a.a.O., S. 58.

[54] Vgl. *Neuberger, O.,* Messung der Arbeitszufriedenheit, a.a.O., S. 143 ff.

[55] Vgl. *Likert, R.,* The Human Organization: Its Management and Value, a.a.O., S. 47 ff.

Ökonomische Effizienz

Die ökonomische Effizienz wird anhand von Produktivitätskennzahlen beurteilt. Die Ergebnisse empirischer Untersuchungen zeigen **Steigerungen der Produktivität von teilweise beträchtlicher Höhe** (bis zu 100%).[56] Allerdings wird nur in seltenen Fällen aufgezeigt, ob Gesamt- oder Teilproduktivitäten als Vergleichsbasis herangezogen wurden.

Bei der Untersuchung von Kosteneinflüssen teilautonomer Arbeitsorganisation sind im Wesentlichen die in Abb. 4.19 dargestellten arbeitsbezogenen Kostenkomponenten zu beachten.[57]

Die Ergebnisse ermöglichen Aussagen über den trendmäßigen Verlauf einzelner Kostenkomponenten. Am häufigsten finden sich Angaben über eine **Verringerung fluktuations- und fehlzeitbedingter Kosten**. So stellten *Rohmert/Weg*[58] in 11 von 19 erfassten Projekten mit teilautonomer Gruppenarbeit einen Rückgang der Fluktuations- und Absentismusraten fest. Wesentlich seltener wird von einem Rückgang der **Kosten für die Beseitigung von Fertigungsfehlern** berichtet.[59]

Bei den produktionsbedingten **Lohnkosten und den Anlern- bzw. Umlernkosten** besteht die Tendenz zu einer Steigerung, da die Qualifikationsanforderungen und damit die Arbeitswerte und die erforderliche Ausbildungszeit sich erhöhen. Die **Investitionskosten** für die neuen Sachmittel sind meist höher als die-

$$K_A = K_p + K_{fl} + K_{fe} + K_b + K_l$$

K_A	K_p	K_{fl}	K_{fe}	K_b	K_l
arbeitsbezogene Kosten	produktionsbedingte Lohnkosten für den Vollzug von Arbeitsaufgaben	fluktuationsbedingte Kosten für personalbezogene – Anwerbungen – Einstellungsvorgänge – Anlernvorgänge	fehlzeitbedingte Kosten für Springereinsatz	Kosten der Beseitigung von Fertigungsfehlern für – Nachbearbeitung – Materialieneinsatz	Anlern-/Umlernkosten aufgrund veränderter Arbeitsaufgaben

Abb. 4.19 Arbeitsbezogene Kostenkomponenten bei teilautonomer Arbeitsorganisation

[56] Vgl. *Fotilas, P.,* Die Betriebswirtschaftliche Problematik bei der Einführung teilautonomer Gruppen in der Fertigung, Diss. Berlin 1978, S. 211 ff.

[57] Vgl. *Steffen, R.,* Die Berücksichtigung von Job Rotation und teilautonomen Arbeitsgruppen in der betriebswirtschaftlichen Produktions- und Kostentheorie, in: Die Betriebswirtschaft, 38. Jg., 1978, S. 427.

[58] Vgl. *Rohmert, W., Weg, F. J.,* Organisation teilautonomer Gruppenarbeit, a.a.O., S. 58.

[59] Vgl. die Übersichten bei *Fotilas, P.,* Die Betriebswirtschaftliche Problematik bei der Einführung teilautonomer Gruppen in der Fertigung, a.a.O., S. 216 f.; *Schreyögg, G., Steinmann, H., Zauner, B.,* Arbeitshumanisierung für Angestellte, a.a.O., S. 130 ff.

jenigen der traditionellen Arbeitsorganisation.[60] Ein methodisch befriedigender Vergleich wird durch ein Investitionskalkül ermöglicht, bei dem die neue Fertigungsorganisation als Ersatzinvestition definiert wird.[61] Diese Beurteilungsmethode stößt in der Praxis auf das bisher schwer lösbare Problem der Informationsbeschaffung.

Gegenstand umfassender Untersuchungen von Gruppenarbeit durch *Likert* war die Entwicklung der Produktivität im Vertrieb.[62] Ziel war die Klärung des Zusammenhangs zwischen ökonomischer Effizienz und der Einführung von Gruppenstrukturen in Verbindung mit geeignetem Führungsverhalten.

Die ökonomische Effizienz wurde gemessen anhand der Produktivitätskennzahlen Umsatz, Verkaufskosten, Qualität der verkauften Produkte und Dienstleistungen sowie Einkommen der Verkäufer.

Die Ergebnisse sind nach Fristigkeit der Beobachtung zu unterscheiden und bestätigen einen positiven Zusammenhang zwischen Führungsverhalten, sozialer und ökonomischer Effizienz (vgl. Abb. 4.20).[63]

Das Führungsverhalten **(ursächliche Variable)** hat nach diesen Ergebnissen bei der Einführung von Gruppenstrukturen wesentlichen Einfluss auf die soziale Effizienz **(Zwischenvariable).** Bei Einführung von Gruppenarbeit verschlechterte sich die soziale Effizienz, soweit die Führung durch direkten hierarchi-

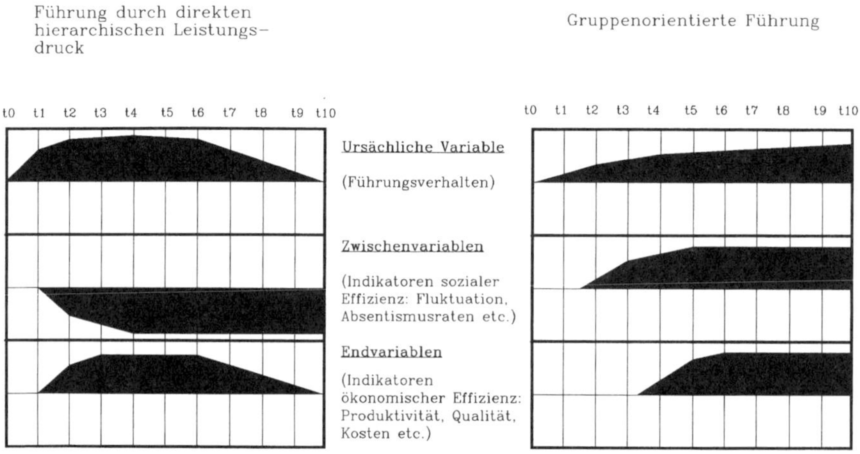

Abb. 4.20 Soziale und ökonomische Effizienz bei Einführung von Gruppenstrukturen

[60] Vgl. *Fotilas, P.,* Die Betriebswirtschaftliche Problematik bei der Einführung teilautonomer Gruppen in der Fertigung, a.a.O., S. 226 ff.

[61] Vgl. *Laßmann, G.,* Betriebswirtschaftliche Aspekte der Humanisierung industrieller Arbeit, in: Zeitschrift für betriebswirtschaftliche Forschung, 28. Jg., 1976, S. 772 f.

[62] Vgl. *Likert, R.,* The Human Organization, a.a.O., S. 47 ff.

[63] Vgl. *Likert, R.,* The Human Organization, a.a.O., S. 85, 92; *Likert, R., Seashore, S. E.,* Making Cost Control Work, a.a.O., S. 98, 106.

schen Leistungsdruck erfolgte. Die Produktivität **(Endvariable)** verbesserte sich zwar zunächst aufgrund des hohen Leistungsdrucks, sank aber anschließend aufgrund von Fehlzeiten und Leistungsabfall unter das vor der Einführung von Gruppenstrukturen beobachtete Niveau.

Soweit das Führungsverhalten den Erfordernissen der Gruppenarbeit angepasst wurde, verbesserte sich relativ rasch die soziale Effizienz. Die Produktivität blieb zunächst unverändert. Langfristig stieg diese und erreichte ein Niveau, das über der Produktivität vor Einführung der Gruppenarbeit lag.

Die Ergebnisse der Untersuchungen von *Likert* können als Bestätigung für den Zusammenhang zwischen sozialer und ökonomischer Effizienz gelten. Sie verdeutlichen aber auch die Bedeutung einer Anpassung der Führungsorganisation als Voraussetzung erfolgreicher Gruppenarbeit.

Die empirischen Untersuchungen zu teilautonomen Arbeitsgruppen erfüllen meist nicht die Anforderungen, die an wissenschaftliche Untersuchungen zu stellen sind. Einmal wurden die Untersuchungen meist relativ früh nach Einführung teilautonomer Gruppenarbeit vorgenommen. Es kann daher nicht von einer Stabilität der Ergebnisse ausgegangen werden. Die positiven Ergebnisse werden möglicherweise durch den sog. **Hawthorne-Effekt** verfälscht. Es handelt sich dabei um einen das Verhalten der Versuchspersonen beeinflussenden Effekt, der allein durch deren Teilnehmer ausgelöst wird. Die Versuchspersonen stehen im Mittelpunkt des Interesses, ihre Meinung wird von Wissenschaftlern und Vorgesetzten beachtet. Dies allein führt eventuell zu einem höheren Arbeitsinteresse und nachfolgend auch zu einer verbesserten Arbeitsleistung. Ungelöst bleibt bei den meisten Untersuchungen auch das **Problem der Zurechenbarkeit der Ergebnisse**. Da die Teilnahme an den Humanisierungsprojekten in der Regel auf freiwilliger Basis erfolgte, ist beispielsweise eine Selektion bezüglich derjenigen Arbeitnehmergruppen möglich, die geringe Fluktuations- und Absentismusraten aufweisen. Eine Ausweitung der Arbeitsstrukturierungsmaßnahmen auf den gesamten Betrieb führt dann möglicherweise zu anderen Ergebnissen. Das Zurechnungsproblem besteht auch hinsichtlich der Produktivität, da Steigerungen auch durch gleichzeitig mit der Einführung teilautonomer Arbeitsgruppen vorgenommene Rationalisierungs- und Investitionsmaßnahmen bedingt sein können. Andererseits werden Wirkungen von indirekten Bereichen (Arbeitsvorbereitung, etc.) nicht berücksichtigt. Diese Bereiche bleiben oftmals in den Pilotprojekten ausgeklammert und werden nicht thematisiert.

4.2 Fertigungsinseln

Fertigungsinseln werden vom *‚Ausschuss für wirtschaftliche Fertigung‘* folgendermaßen definiert:

„Die Fertigungsinsel hat die Aufgabe, aus gegebenem Ausgangsmaterial Produktteile oder Endprodukte möglichst vollständig zu fertigen. Die notwendigen Betriebsmittel sind räumlich und organisatorisch in der Fertigungsinsel zusammengefasst. Das Tätigkeitsfeld der dort beschäftigten Gruppe trägt folgende Kennzeichen:

- Die weitgehende Selbststeuerung der Arbeits- und Kooperationsprozesse, verbunden mit Planungs-, Entscheidungs- und Kontrollfunktionen innerhalb vorgegebener Rahmenbedingungen und

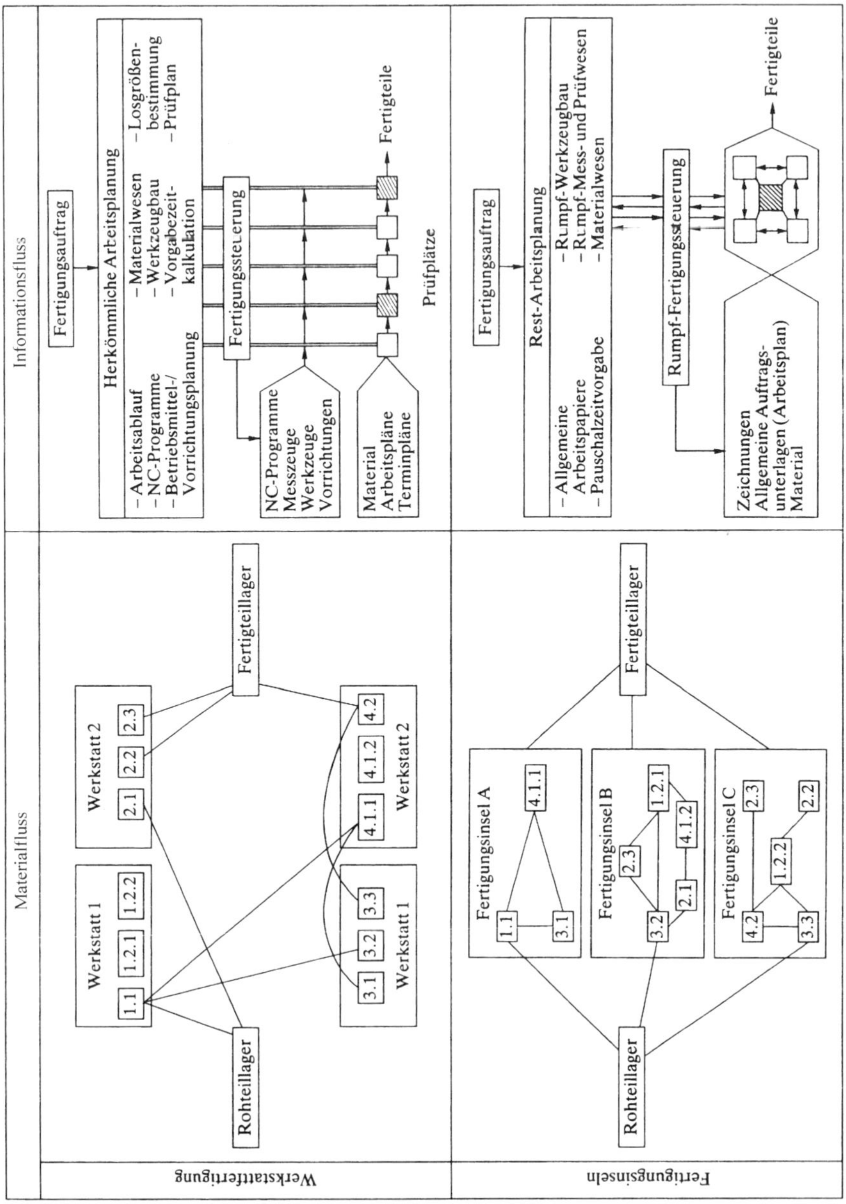

Abb. 4.21 Informations- und Materialfluss bei Werkstattfertigung und Fertigungsinseln

- den Verzicht auf eine zu starre Arbeitsteilung und demzufolge eine Erweiterung des Dispositionsspielraums für den Einzelnen."[64]

Struktur und Arbeitsorganisation

Fertigungsinseln unterscheiden sich von der Werkstattfertigung und Fließfertigung in drei wesentlichen Aspekten:

- Teile, die man mit gleichen Betriebsmitteln fertigen kann, werden zu **Fertigungsfamilien** zusammengefasst. Der Informations- und Materialfluss wird dadurch entzerrt. Abb. 4.21 zeigt vereinfacht den Informations- und Materialfluss bei Werkstattfertigung und Fertigungsinseln.
- Entsprechend dem Objektprinzip werden alle sonstigen **Maschinen und Betriebsmittel**, die zur vollständigen Bearbeitung dieser Fertigungsfamilien benötigt werden, räumlich und organisatorisch zusammengefasst.
- Den **Mitarbeitern** der Fertigungsinsel werden umfangreiche Aufgaben zugewiesen. Dazu gehört nicht nur die eigentliche Teilefertigung, sondern auch Arbeitsplanung, Terminsteuerung und Qualitätswesen.

Das zentrale Merkmal einer Fertigungsinsel ist die räumliche Zusammenfassung des zur Fertigung einer Teilefamilie erforderlichen Teilespektrums, der Maschinen und Anlagen sowie der Mitarbeiter.

Teilefamilien werden nach ihrer fertigungstechnischen Orientierung in Bearbeitungs- und Operationsfamilien sowie nach ihrer konstruktiven Orientierung in Gestaltungs- und Formelementfamilien unterschieden. Abb. 4.22 zeigt die Systematisierung von Teilefamilien.[65]

Fertigungsinseln sind für Aufgaben mit folgenden Merkmalen geeignet:[66]

- kleine Losgrößen, teilweise Einzelteile;
- gleiche Aufträge werden in unregelmäßigen Zeitabständen erteilt;
- zur Bearbeitung der Aufträge lassen sich NC-Maschinen verwenden;
- die Fertigung umfasst wenige Arbeitsschritte;
- die Technologievielfalt ist gering;
- die Streuung der Bauteilgrößen des Teilspektrums ist relativ groß;
- die Planungshorizonte sind kurz, rasches Umdisponieren (z.B. auf Ersatzteile oder neue Prototypen) wird oft gewünscht;
- die Herstellkosten des Teilespektrums sind relativ gering;
- die Bearbeitungszeiten sind kurz.

---

[64] *AWF – Ausschuss für Wirtschaftliche Fertigung e.V.* –, Flexible Fertigungsorganisation am Beispiel von Fertigungsinseln, Eschborn 1984, S. 5; siehe auch *Hyer, N. L., Wemmerlöv, U.,* Group Technology and Productivity, in: Harvard Business Review, Vol. 62, July-Aug. 1984, S. 140-149.

[65] Vgl. *Kernforschungszentrum Karlsruhe* (Hrsg.), Autonome Fertigungsinsel. Flexible Fertigungsstrukturen für die Einzel- und Kleinserienfertigung. Forschungsbericht KfK-PFt 79, Karlsruhe 1984, S. 29.

[66] Vgl. *AWF – Ausschuss für Wirtschaftliche Fertigung e.V.* –, Flexible Fertigungsorganisation am Beispiel von Fertigungsinseln, a.a.O., S. 1 ff.; *Kernforschungszentrum Karlsruhe* (Hrsg.), Autonome Fertigungsinsel. Flexible Fertigungsstrukturen für die Einzel- und Kleinserienfertigung, a.a.O., S. 11 ff.

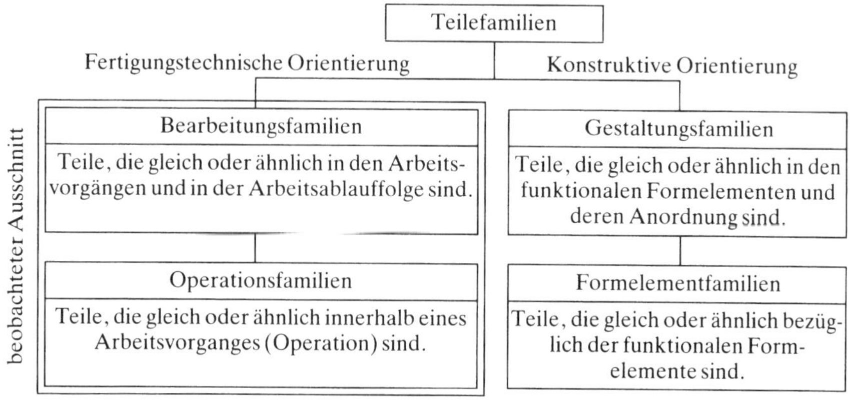

Abb. 4.22 Systematisierung von Teilefamilien

Fertigungsinseln als selbstständige Arbeitsgruppen umfassen etwa acht bis zehn Personen. Die Anzahl der Arbeitsplätze ist in der Regel höher als die Zahl an Personen, da man davon ausgehen muss, dass nicht alle Maschinen gleichmäßig ausgelastet sind. Der einzelne Mitarbeiter hat an mehreren Arbeitsplätzen tätig zu sein und muss mehrere Funktionen beherrschen. Dadurch ist mehr Personalflexibilität gefordert. Diese erweist sich auch bei krankheitsbedingter Abwesenheit oder urlaubsbedingtem Ausfall von Mitarbeitern als vorteilhaft.

Abb. 4.23 zeigt eine mögliche **Form der Arbeitsplatzorganisation** in einer Fertigungsinsel. Ein **Vorarbeiter** übernimmt die Koordination und Fertigungssteuerung innerhalb der Gruppe. Daneben ist in der Regel ein **Einrichter** erforder-

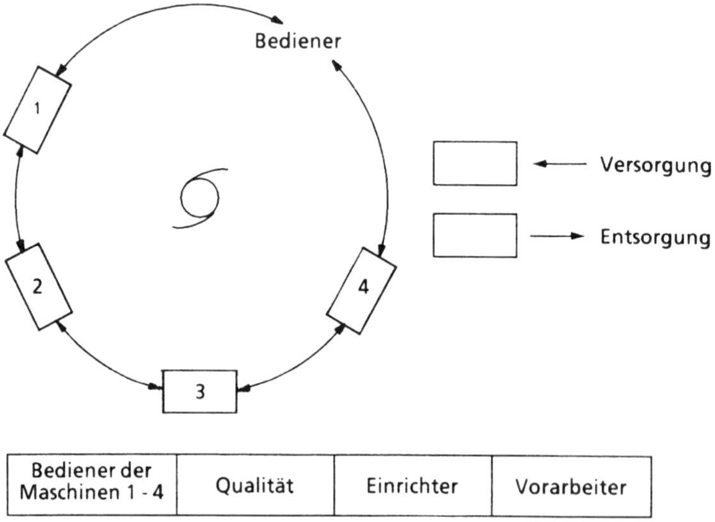

Abb. 4.23 Arbeitsplatzorganisation in einer Fertigungsinsel (FI)

lich, der für die Funktionsfähigkeit und Umrüstung der Maschinen zu sorgen hat. Ein **Qualitätsfachmann** zur Überprüfung und vorbeugenden Sicherstellung von Qualitätsstandards ist in der Anfangsphase der Inbetriebnahme denkbar. Die eigentliche Arbeit wird von **Bedienern** oder Werkern ausgeführt. Die Fertigungsinsel ist organisatorisch dem **Meister** des übergreifenden Werkstattbereichs unterstellt.

An die **Mitarbeiter in einer Fertigungsinsel sind folgende Anforderungen zu stellen:**

- hohes Maß an Vielseitigkeit in der Einsetzbarkeit des einzelnen Mitarbeiters;
- große Verantwortungsbereitschaft;
- starkes Arbeitsinteresse;
- gute Zusammenarbeit mit Kollegen und anderen;
- gemeinsames Erbringen einer geforderten Mengenleistung unter Einhaltung der geforderten Qualität und der Termine;
- hohes Niveau an Qualifikation.

Ein Beispiel für die konkreten Anforderungen an die Mitarbeiter gibt die im folgenden dargestellte **Arbeitsplatzbeschreibung** der *Firma Sulzer Weise GmbH, Bruchsal.*[67]

„1. Beschreibung der Arbeitsaufgabe
Ausführung aller in der Autonomen Fertigungs-Insel vorkommenden Tätigkeiten, wie:

- NC-Drehen, Bohren, Fräsen; konventionelles Drehen, Bohren, Fräsen
- Schlosserarbeiten (Entgraten, Putzen, Verstiften usw.) und Maß- und Stückkontrolle
- Arbeiten am Rechner für:
  - NC-Programmierung anhand vorgegebener Makroprogramme durch Parametereingabe (Variable)
  - Abwicklung der Aufträge innerhalb der Kostenstelle 109 von Materialanforderung bis Ablieferung an das Fertigteilelager
- Sicherstellung der Einsatzbereitschaft von Maschinen, Spann- und Messmittel und Installationen durch übliche Wartung und Pflege der Anlage (Putzen, Abschmieren, Öl- und Kühlmittelstand überprüfen usw.).

2. Werkstücke
Teilespektrum 250 ∅ (200×200 mm) und 200 mm Länge.
Hülsen, Büchsen, Ringe usw. aus KR Material
Lagerdeckel, Lagerkappen, Lauf-/Leiträder usw. aus Formguss
Gewicht bis max. 25 kg.

3. Arbeitsunterlagen

- Makroprogramme zur Generierung der NC-Steuerprogramme in Verbindung mit der im Rechner gespeicherten NC-Software
- Werkzeugkatalog
- Spannmittelkatalog
- Einrichteblätter je Makro zur Verschlüsselung der Zeichnungsparameter
- Anwenderhandbuch zur Organisations-Software
- Unterlagen zur Direkt-Programmierung der Bohr-/Fräsmaschine (Einrichteblätter, Handbuch usw.)

---

[67] Vgl. *Kernforschungszentrum Karlsruhe* (Hrsg.), Autonome Fertigungsinsel. Flexible Fertigungsstrukturen für die Einzel- und Kleinserienfertigung, a.a.O., S. 78 ff.

- Über Rechner von den Werkern abgerufene Pool-Übersicht, Laufkarte, Lohnkarte usw. (interne/externe Inselfertigung)
- Bedienungs- und Wartungsunterlagen der Maschinen-Hardware.

4. Betriebsmittel
- Steuerkabine (geschlossen) mit Bildschirm, Schnelldrucker und Anschluss an Mikrorechner mit gespeicherter NC- und Organisations-Software sowie Ablage der Einrichteblätter
- DNC-Anschluss zu den CNC-Maschinen (ohne Datenrückfluss; one way)
- CNC-Drehmaschine
  - Spannmittelsätze aus harten und weichen Backen
  - Kompletter voreingestellter Werkzeugsatz für alle anfallenden Drehoperationen
- CNC-Bohr/Fräsmaschine mit Spannmittel, Bohr- und Fräswerkzeugen
- Kompletter Satz an Messmitteln (Innen/Außenmikrometer, Schieblehre, Messuhren usw.)
- Drehmaschine konventionell
- Montageplatz (Werkbank)
- Bei Bedarf steht Hallenkran zur Verfügung

5. Arbeitsplatz

Gruppenarbeitsplatz in einer hellen und bei Bedarf geheizten Halle mit weiteren Werkzeugmaschinen und Betriebseinrichtungen.

6. Arbeitsvorgang und Arbeitsablauf

6.1 Erstellung von Neuprogrammen

Auswahl der Makros nach Handbuch. Verschlüsselung der Zeichnung in die Parameter des Einrichteblattes und Ergänzung mit Benennung, Artikel-Nr., Steuertape-Nr., Werkstoffparameter usw., anhand vorliegender Unterlagen.

Aufgrund des Makros am Rechner, Eintrag der Parameter und Auslösen des Verarbeitungsablaufes. Ausdrucken der mit Werkzeugauswahl und Parameterangabe ergänzten Programme (NC-Steuertape) am Schnelldrucker. Einrichteblatt und Ausdruck Steuertape archivieren.

Sofern kein Makro in der Autonomen Fertigungs-Insel vorhanden, werden die NC-Programme von der Arbeitsvorbereitung zur Verfügung gestellt. Die Verwaltung der gesamten Programme erfolgt im Mikrorechner.

6.2 Bearbeitung eines Auftrages

Nach jedem Abschalten der Maschine (stromlos machen) Referenzpunkt anfahren. Maschine nach Einrichteblatt und Werkzeugangaben des Rechners einrichten. Steuertape via DNC in den Maschinenspeicher einlesen und angegebene Werkzeugkorrekturen in die Steuerung eingeben.

Werkstück in kraftbetätigtes Dreibackenfutter spannen, evtl. ausrichten bzw. bei 2. Spannung Rundlauf kontrollieren. Spritz-/Späneschutz schließen und automatischen Bearbeitungsvorgang auslösen.

Bei Neuprogrammen wird das 1. Werkstück im Einzelsatz abgefahren und notwendige Korrekturen bzw. Optimierungen in die Steuerung eingegeben.

Nach Ablauf der Bearbeitungszyklen wird der Späneschutz geöffnet, das Drehteil ausgespannt, gereinigt und abgelegt.

Während der Bearbeitung können:

a) bei Messschnitten (Maschine schaltet autom. ab) Messungen, Sichtprüfungen, Korrekturen usw. vorgenommen werden;
b) die Werkstücke im ausgespannten Zustand auf Maßhaltigkeit kontrolliert werden. Sofern Maßabweichungen festgestellt werden, ist die erforderliche Korrektur in die Steuerung einzugeben.

Bei Werkzeugbruch während der Bearbeitung kann an der Steuerung eine Unterbrechung vorgenommen werden, um einen Platten- oder Werkzeugwechsel durchzuführen, inkl. Korrektur.

Die Bediener sind mit der WZ-Voreinstellung vertraut und können selbst einstellen.

Bei Alarmmeldungen können anhand einer Checkliste kleinere Störungen selbst behoben werden. (Ausnahme: Elektrik-, Elektronik- und Maschinen-Hardware).

An Bohr-/Fräsmaschine erstellte Programme werden über Lochstreifen-Stanzer ausgedruckt, von der Arbeitsvorbereitung in den Rechner eingelesen und via DNC-Leitung bei Bedarf abgerufen. Erforderliche Einrichteblätter werden vom Werker erstellt.

An der Maschine optimierte Programme werden nicht via DNC an den Rechner zurückgegeben, sondern am Rechner gemäß den eingetragenen Notizen von den Werkern korrigiert.

An der konventionellen Drehmaschine werden Entgratarbeiten für Lauf-/Spaltringe durchgeführt sowie Fertigung von Einzelstücken und evtl. notwendige Nacharbeiten.

Am Montageplatz werden alle anfallenden Tätigkeiten wie Entgraten, Putzen, Verstiften, Ringe einpressen, Kontrolle auf Vollständigkeit usw. durch die Werker erledigt.

6.3 Abwicklung Aufträge (organisatorisch)
Die im POOL (= Terminwoche) gesetzten Aufträge werden in der Autonomen Fertigungs-Insel verwaltet.

Die Werker lassen termingerecht die Zeichnungs- und die Materialanforderung ausdrucken. Bei Materialeingang werden die zugehörenden Laufkarten ausgedruckt.

Die inselexterne Fertigung ist durch Aussteuerung der Aufträge zu veranlassen (Ausdruck von Lohnkarten). Die Auftragsverwaltung verbleibt im POOL-Bestand.

Nach Fertigstellung des Artikels ist die erforderliche Fertigmeldung und der Abrechnungsbeleg auszudrucken und mit fertigem Auftrag weiterzuleiten.

Die Verwaltung der Stammdatei eines Artikels, Eingabe eines POOLS sowie Löschen eines abgearbeiteten POOLS erfolgt durch die Arbeitsvorbereitung."

Fertigungsinseln sind eine Anwendungsform teilautonomer Arbeitsgruppen. Die Vorteile von teilautonomen Arbeitsgruppen in Verbindung mit den Möglichkeiten neuer, flexibler Fertigungstechniken bieten erhebliche Wirtschaftlichkeitspotentiale.

Wirtschaftlichkeit

Zur Beurteilung der Wirtschaftlichkeit einer Fertigungsinsel wird vom *Ausschuss für Wirtschaftliche Fertigung* eine Dreiteilung vorgeschlagen.[68]

- Beurteilung der **sicheren, unmittelbar finanzwirksamen Auswirkungen:** Man bildet den Saldo aus dem Finanzbedarf zur Errichtung einer autonomen Fertigungsinsel und der diskontierten erwarteten jährlichen Ersparnis. Dieser Saldo zeigt die Nettoersparnis durch die Neuinvestition.
- Beurteilung der **sicheren, zunächst nicht finanzwirksamen Auswirkungen:** Dazu gehört z.B. ein mittelfristiges Rationalisierungspotential im Personalbereich.

[68] Vgl. *AWF – Ausschuss für Wirtschaftliche Fertigung e.V.* –, Flexible Fertigungsorganisation am Beispiel von Fertigungsinseln, a.a.O., S. 5; siehe auch *Mönig, H.*, Fertigungsorganisation und Wirtschaftlichkeit einer Fertigungsinsel, in: Zeitschrift für betriebswirtschaftliche Forschung – Kontaktstudium, 37 Jg., 1985, S. 83-101.

- Beurteilung der **spekulativen, risikobehafteten Auswirkungen:** Spekulativen Charakter haben z.B. Kapitalbindungskosten, Aufwendungen im Planungs- und Bereitstellungsbereich, Wirkungen gesteigerter Lieferfähigkeit und Veränderungen bei Ausschuss und Nacharbeit.

Bei den sicheren, unmittelbaren finanzwirksamen Aufwendungen hat die Firma *Sulzer Weise* eine Ersparnis von knapp 20 Prozent nach Einführung der Fertigungsinseln errechnet. Diese Ersparnis wurde

- auf relativ günstige Stundensätze aus der Mischung kapitalintensiver, numerisch gesteuerter und relativ preisgünstiger konventioneller Werkzeugmaschinen,
- auf verhältnismäßig kurze Rüstzeiten und
- auf den Wegfall einzelner Arbeitsgänge durch Einsatz von NC-Maschinen

zurückgeführt.

Eine sichere, zunächst nicht finanzwirksame Ersparnis stellt für die Firma *Sulzer Weise* die Verkürzung der Durchlaufzeit dar. Dadurch verringert sich das gebundene Kapital und der Finanzierungsbedarf. Ferner verbessert sich die Position am Markt, wenn Aufträge auch kurzfristig angenommen werden können und die Termintreue gewährleistet ist. Gründe für die kurzen Durchlaufzeiten sind:

- das beschleunigte Reaktionsvermögen auf kurzfristige Planänderungen;
- die schnelle Bearbeitung an NC-Maschinen und
- die geringen Transport- und Lagerzeiten zwischen Arbeitsgängen.

Als spekulative, risikobehaftete Auswirkungen sind vor allem Auswirkungen im Personal- und organisatorischen Bereich zu sehen. Die Mitarbeiter der Firma *Sulzer Weise* wurden über ihre Einstellung zu Fertigungsinseln befragt. Sie halten zwar den Aufwand für Werkzeugvoreinstellung bei Fertigungsinseln für höher als bei konventioneller Fertigung, jedoch sei insbesondere bei Auslastung, Termineinhaltung, Koordination und Transportaufkommen die Fertigungsinsel eindeutig besser als die konventionelle Fertigung. Abb. 4.24 zeigt die organisatorischen Veränderungen beim Übergang von konventioneller Fertigung auf Fertigungsinseln, wie sie von Mitarbeitern der Firma *Sulzer Weise* eingeschätzt werden.

4.3 Weitere Arbeitsgruppen in der Praxis

Die Fertigungsinseln haben sich im Bereich der Kleinserien als eigenständiges Fertigungskonzept herausgebildet. In der Praxis gibt es weitere gruppenorientierte Arbeitsformen, die auch in der Großserienfertigung Anwendung finden.

Am Beispiel von *Volvo* und *Hoesch* wird nachfolgend die Einführung von Arbeitsgruppen in der Großserienfertigung aufgezeigt. Außerdem wird auf Gruppenarbeit in Form der Boxenfertigung und der Sternmontage im Bereich der Vorserie eingegangen.

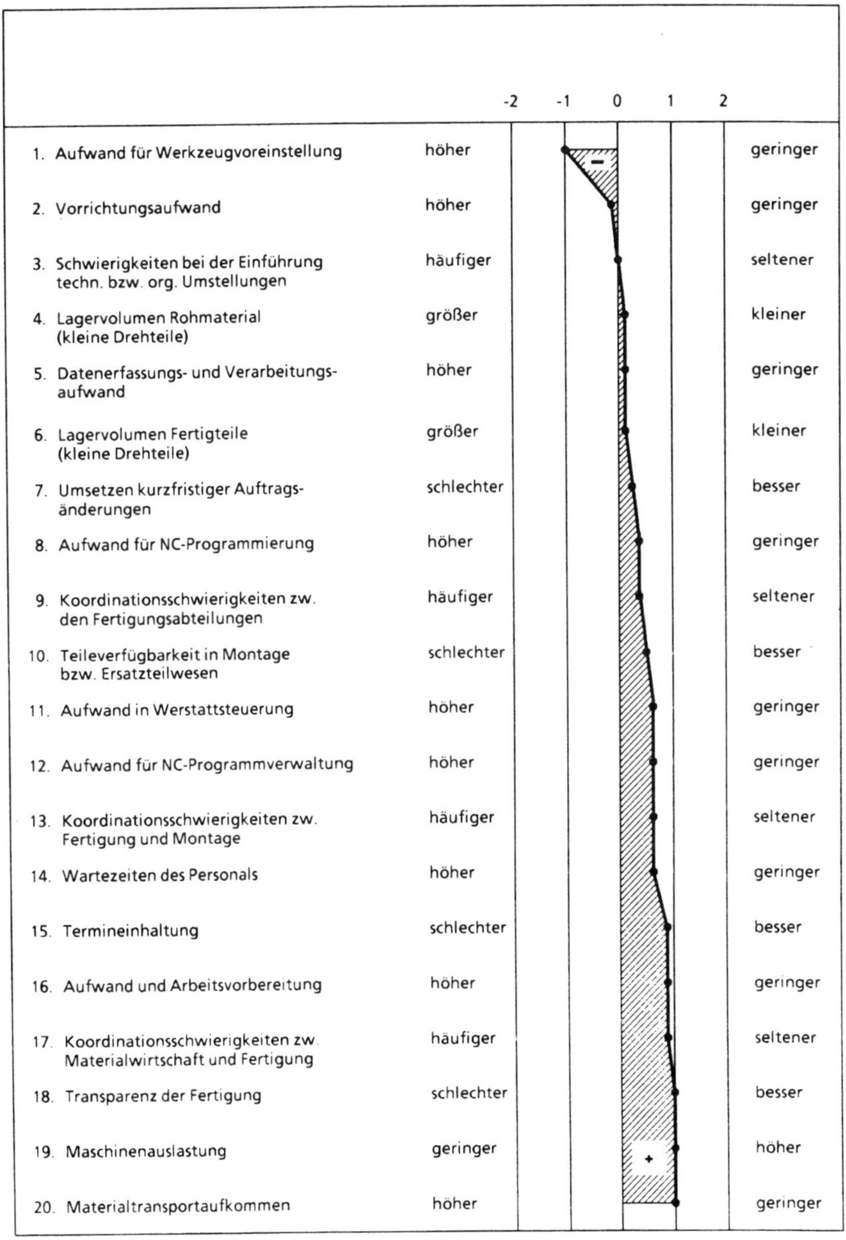

Abb. 4.24 Organisatorische Veränderungen beim Übergang von konventioneller Teilefertigung zur Fertigungsinsel

Volvo

Volvo führte 1974 im Werk *Kalmar* die Gruppenmontage ein. Auf batteriegetriebenen Montageplattformen nahmen Arbeitsgruppen jeweils die Ausführung eines abgeschlossenen Montagevorgangs (z.B. Installation eines Motors, Elektromontage) vor. Die Arbeitsintervalle für die Werker betrugen 30 Minuten. Bei der vorherigen Fließbandfertigung waren es 30 Sekunden.

Die Weiterentwicklung der Gruppenorientierung wurde 1987 im Werk *Uddevalla* vorgenommen.[69] Bei der bis dahin beibehaltenen Fließbandfertigung beklagte *Volvo* hohe Qualitätskosten. Als personalbezogenes Problem trat vor allem eine Abwesenheitsrate der Mitarbeiter von ca. 25 Prozent auf. Eine Entwicklung von der Fließbandfertigung zur ganzheitlichen Gruppenarbeit sollte dieses Problem mildern. *Volvo* investierte 350 Millionen Mark in die Umstrukturierung des Montagewerkes.

In der weiteren Entwicklung schaffte *Volvo* schließlich 30 feste Montageplätze zum Zusammenbau der Karosserien von Limousinen zu kompletten Fahrzeugen. Karosserien und Montageteile wurden nun vollautomatisch zu den Montageplätzen transportiert. Acht Arbeitsgruppen mit jeweils 8 bis 10 Mitarbeitern wurde die Verantwortung für die komplette Montage eines Automobils übertragen, wobei jede Gruppe gleichzeitig an vier Fahrzeugen arbeiten sollte. Um dies zu ermöglichen, wurden für zwei Fahrzeuge Plattformen bereitgestellt, so dass diese durch Anheben und Absenken auf eine günstige Arbeitshöhe gebracht werden konnten. Die beiden anderen Fahrzeuge wurden mit einer Schwenkvorrichtung verbunden, so dass künftig auch das bequeme Arbeiten unter der Karosse ermöglicht wurde. Die Arbeitsinhalte wurden im Zuge der Umstrukturierung auf 2-3 Stunden festgesetzt.

Nach Angaben von Volvo liegen die Vorteile der Gruppenmontage bei

- einer größeren Leistungsbereitschaft der Mitarbeiter,
- einer geringeren Personalfluktuation und
- einer Anreicherung in der Arbeitsaufgabe.

Durch die Einführung der Gruppenarbeit und den damit verbundenen Vorteilen wurde die Produktivität von *Volvo* deutlich erhöht.

***Hoesch*-Kaltwalzwerke**

Die Stagnation auf dem Stahlmarkt zu Beginn der 80er Jahre und ein insgesamt verschärfter Konkurrenzdruck machte für *Hoesch* eine Verbesserung der Produktqualität bei sogenannten Feinblecherzeugnissen der Kaltwalzwerke notwendig. Neue Technologien sollten zur Qualitätsverbesserung beitragen. Das Problem *Hoeschs* war dabei nicht nur ein Qualifikationsdefizit der Mitarbeiter, sondern auch eine fehlende Bereitschaft zur Höherqualifizierung.

[69] Vgl. *Kapstein, J., Hoerr, J.,* Volvo's Radical New Plant: The Death of the Assembly Line?, in: Business Week, Vol. 28, August 1989, S. 54-55.

Das Ziel *Hoeschs* war es, die Mitarbeiter besser in den Fertigungsablauf zu integrieren.[70] Zur Erreichung dieses Zieles wurde die Arbeitsorganisation umstrukturiert. Die Hälfte der Einzelarbeitsplätze wurde durch anlagenbezogene Gruppenarbeitsplätze ersetzt. Die Arbeitsgruppen sollten deshalb künftig aus drei bis fünf Arbeitspositionen mit unterschiedlichen Arbeitsinhalten bestehen. Die Gruppenbildung erfolgte im Gegensatz zum Einzelarbeitsplatz unter der Berücksichtigung folgender Leitlinien:

- **gleiche Qualifikation** statt Einzelqualifikation,
- **gleiche Hierarchie** statt hierarchischer Struktur,
- **Belastungsausgleich** statt einseitiger Belastung,
- **hohe Flexibilität** statt starrem Arbeitsablauf,
- **hohe Akzeptanz** statt geringer Identifikation der Mitarbeiter mit den Arbeitsaufgaben,
- **teamartige Zusammenarbeit** statt Personalengpässe,
- **gleiche Bezahlung** statt unterschiedlicher Entlohnung.

Die Zielsetzung *Hoeschs* wurde durch die Umsetzung dieser Leitlinien weitgehend erreicht. Die Qualifikationen und die Qualifikationsbereitschaft der Mitarbeiter sind gestiegen. Als weitere Vorteile der Gruppenorientierung wurden von *Hoesch* genannt:

- größere Flexibilität bei der Ausführung der Arbeitsaufgaben,
- Steigerung der fachlichen und sozialen Kompetenz der Mitarbeiter,
- Erhöhung der Arbeitszufriedenheit der Mitarbeiter,
- die Mitarbeiter bringen ihr Wissen und ihre Erfahrungen bei der Lösung arbeitsplatzspezifischer Probleme ein.

[70] Vgl. *Hoesch AG* (Hrsg.), Menschengerechte Arbeitsgestaltung, Arbeitsstrukturierung Kaltwalzwerke, Dortmund 1989.

KIM – Kompetenz im Meisterbereich

Das Bild des Meisters wird sich durch die Gruppenorientierung zukünftig von einem Fach-Meister zu einem **Führungs-Meister** verändern. Die Gruppenorientierung verlangt vom Meister folgende Rollen:

- Führungskraft,
- Teamführer,
- Organisator.

BMW kommt dieser Veränderung durch das Modell-Projekt KIM **(Kompetenz im Meisterbereich)** entgegen. Neun Meistereien sind an diesem Pilotprojekt beteiligt. *BMW* sieht den Meister als Unternehmer vor Ort. Durch mehr Entscheidungskompetenzen, mehr Information und mehr Beteiligung soll der Meister dieser Aufgabe gerecht werden können. Der Aufgabenzuwachs umfasst:

- Mitarbeiterauswahl,
- Arbeitsplatzgestaltung,
- Schicht- und Urlaubsplanung,
- Instandhaltung,
- Qualitätsprüfung,
- Führungsfunktionen.

Ein Instrument, die Führungsfunktion des Meisters zu unterstützen, ist das Mitarbeitergespräch. Durch die Beteiligung der Mitarbeiter sollen diese eine stärkere Identifikation mit der Aufgabe entwickeln.

Die bisherigen Vorteile von KIM sieht *BMW* in:

- einer Verringerung von Fehlzeiten in den Gruppen,
- verbesserten Qualitätswerten.

Daimler-Benz

In Bremen wurden mit der Fertigung des SL-Nachfolgemodells, dem „Roadster“, zwei Arbeitsformen eingeführt: die Boxenfertigung im Rohbau und die Sternmontage. Beide Systeme stellen eine besondere Form der Gruppenarbeit dar.[71]

- **Boxenfertigung im Rohbau**

Die Boxenfertigung wurde bisher nur im Bereich der Montage durchgeführt. In Bremen wird nun der Rohbau des Roadsters ‚in der Box‘ gefertigt.

Insgesamt gibt es vier Boxen, die mit Holzboden versehen und mit variabel einstellbaren Hubtischen und Staubabsauganlagen ausgerüstet sind. Die Boxenmitarbeiter werden sieben Wochen lang auf die besonderen Aufgaben in der Box vorbereitet. Zweiergruppen verputzen in den Boxen die stehende Karosse-

[71] Vgl. *Daimler-Benz AG* (Hrsg.), Daimler-Benz intern extra, 1989, Heft 2.

rie, montieren Kotflügel, Türen, Motorhauben und Heckklappen. Fahrerlose Transportsysteme (FTS) transportieren die Karosserien. Die Taktzeit, die den Zweiergruppen zur Verfügung steht, beträgt 36 Minuten. Die Qualitätsverantwortung tragen die Gruppenmitglieder. Die Mitarbeiter sehen in der Boxenarbeit eine größere Vielfalt ihrer Arbeitstätigkeit, die zu hoher Leistung motiviert.

- **Sternmontage**

Bei der Sternmontage handelt es sich um sechs Montageboxen, die kreisförmig um einen Drehteller angeordnet sind. Der ‚Stern' besteht aus zwei Etagen. In der unteren Etage wird montiert. In der oberen Etage befinden sich die lackierten Karosserien, die mittels eines Hebers in die untere Etage abgesenkt werden.

Zunächst wurden drei Sterne gebaut. In Stern 1 wird die Verdeckhydraulik installiert. Stern 2 dient der Kabelsatzmontage (Stromleitungen, Lampen etc.) und in Stern 3 wird das Klappverdeck montiert. Dreier-Teams führen diese Arbeiten durch. Flexible Hubtische ermöglichen den Mitarbeitern eine individuelle Arbeitshöhe. Die Arbeitsaufgaben der Teams umfassen neben der Montage das Disponieren, Komissionieren, Kontrollieren und Nacharbeiten. Die Qualitätsprüfung liegt in der vollen Verantwortung der Mitarbeiter. Nachdem die Fahrzeuge die Sterne verlassen haben, wird keine weitere Kontrolle durchgeführt.

Die Mitarbeiter sehen in der Sternmontage eine Anreicherung ihrer Arbeitsaufgaben. Die Eigenverantwortung für das Arbeitsergebnis wird von ihnen positiv aufgenommen. Probleme werden in der Gruppe, in der jeder Mitarbeiter alle Arbeitsvorgänge beherrscht, besprochen.

Daimler-Benz sieht in der Boxenfertigung und in der Sternmontage Arbeitsformen, die durchaus für die Großserienfertigung weiterentwickelt werden können.

Der Einsatz von Arbeitsgruppen – das zeigen die Beispiele – beinhaltet in der Regel einen Abbau von Hierarchien. Die Verlagerung von Entscheidungs- und Verantwortungskompetenzen vor Ort wird nachhaltig die Fertigung der 90er Jahre prägen.[72] In der Praxis finden sich zahlreiche weitere Beipiele für produktivitätserhöhende Gruppenarbeit.

5. Qualitätsmanagement

Die Qualitätstheoretiker *Deming* und *Juran* haben bereits in den 50er Jahren auf einen grundsätzlichen Zusammenhang zwischen Qualität und Wettbewerbsfähigkeit abgestellt. Beide betrachten Qualität als wesentlichen Inhalt einer Unternehmensstrategie.[73]

---

[72] Vgl. *Damaine, B.*, Who needs a Boss?, in: Fortune, Vol. 121, No. 7, 1990, S. 40-47, S. 40.

[73] Vgl. *Deming, W. E.*, Quality, Productivity and Competitive Position, Cambridge 1982; *Juran, J. M.*, Juran on Planning for Quality, New York 1988.

Die Konzepte *Jurans* und *Demings* wurden zunächst in Japan umgesetzt. Qualität wurde zur Strategie japanischer Unternehmen und hat deren Erfolge auf den Weltmärkten mit begründet.

Der Erfolg eines Unternehmens wird nicht nur an der Güte seiner Produkte gemessen. Entscheidend sind auch:

- ein Vorsprung an technischem Wissen (Know-How),
- ein Zeitfaktor der Auftragsabwicklung (JIT),
- der Kundendienst nach Absatz der Produkte (Service).

Die Anforderungen der Kunden werden somit zum Ausgangpunkt einer qualitätsorientierten Unternehmensstrategie. Dies erfordert die Einbindung jedes einzelnen Mitarbeiters in das Qualitätskonzept und führt zum Begriff einer **unternehmensweiten Qualitätssicherung**.

Total Quality Control

Die unternehmensweite Qualitätssicherung wurde schrittweise in den Konzepten von *Deming* über *Juran* bis *Taguchi* entwickelt. Auf diese wesentlichen Konzepte wird im Folgenden kurz eingegangen.[74]

Das Konzept **Demings** hat zwei inhaltliche Schwerpunkte:

Der **erste Schwerpunkt** ist ein organisatorischer Rahmen, der ablaufbezogene und personalwirtschaftliche Strukturen vorgibt. Durch folgende Einzelmaßnahmen wird diesem Rahmen Rechnung getragen:

- Job Rotation,
- statistische Schulungen,
- Vermeidung von Stückzahlvorgaben,
- Qualitätsprämien.

Hauptsächlich stellt *Deming* auf die Bedeutung von Führungskräften für die Qualitätssicherung ab.

Der **zweite Schwerpunkt** umfasst statistische Methoden zur Qualitätssicherung. Dies sind vor allem die Kontrollkarte, Streudiagramm und Pareto-Diagramm. Durch eine kontinuierliche statistische Kontrolle der Endprodukte sollen Ausschuss und Nacharbeit verringert werden.[75]

Juran entwickelt ein dreistufiges Konzept zur Qualitätssicherung, die ***Juran-****Trilogy:*[76]

Die ***erste Stufe*** beginnt mit einer produktbezogenen Qualitätsplanung. Qualitätskosten werden budgetiert **(Qualitätsplanung)**.

Die ***zweite Stufe*** stellt eine Steuerungsebene dar. Kontrollergebnisse führen zu Korrekturen im Produktionsprozess **(Qualitätssteuerung)**.

---

[74] Zu einer weitergehenden Darstellung vgl. *Zink, K. J.* (Hrsg.), Qualität als Managementaufgabe, Landsberg/Lech 1989; vgl. auch *Garvin, D. A.*, Managing Quality. The Strategic and Competitive Edge, New York 1988.

[75] Vgl. *Deming, W. E.*, Quality, Productivity and Competitive Position, a.a.O., S. 17 ff.

[76] Vgl. *Juran, J. M.*, Juran on Planning for Quality, a.a.O., S. 12.

In der ***dritten Stufe*** werden qualitätsverbessernde Maßnahmen durchgeführt, um Qualitätskosten zu verringern, Qualitätshemmnisse auszuschalten und die Gewinnanteile zu vergrößern **(Qualitätsverbesserung)**.

Im Konzept *Jurans* ist das gesamte Unternehmen mit allen Mitarbeitern in den Qualitätssicherungsprozess eingebunden. Die Qualitätssicherung soll zum frühestmöglichen Zeitpunkt einsetzen. *Juran* spricht hier vorwiegend den Planungsprozess an.

Taguchis Konzept geht noch weiter: Qualität soll danach nicht durch eine nachträgliche Prüfung erreicht, sondern bereits im Versuch und in der Entwicklung von den Mitarbeitern vorbereitet werden. *Taguchi* bewertet Qualität nach dem Verlust, den mangelnde Qualität verursacht. Der Qualitätsverlust berechnet sich nach der **Qualitätsverlustfunktion**:

$$L = K\,(Y - T)^2.$$

Der Verlust (L) ergibt sich aus dem Produkt des Kostenkoeffizienten (K) und der mit 2 potenzierten Differenz der bewerteten Qualitätsmerkmale (Y) und des Zielwertes (T).[77]

Die Kontinuität der Mitarbeiterleistung ist für *Taguchi* ein wichtiger Faktor der Qualitätssicherung. Dies heißt, dass eine Leistung, die kontinuierlich in der Nähe der Qualitätsziele liegt, höher einzuschätzen ist, als eine Leistung, die um die Qualitätsnormen streut. Die kontinuierliche Leistung ist mit einem relativ geringen Aufwand in Richtung der Qualitätsstandards zu korrigieren.[78]

Die Einbindung des gesamten Unternehmens in den Qualitätsprozess von der Entwicklung über die Fertigung bis hin zum Absatz und die Verlagerung des Schwerpunktes in diesem Prozess von der Kontrolle auf die Planung bilden die Grundgedanken einer Total Quality Control(TQC).

Total-Quality-Control (TQC) bezieht die Mitarbeiter von allen Hierarchiestufen und Funktionsebenen ein und spricht jedem einzelnen Verantwortung für die Qualitätssicherung zu. Diese ist vom Kunden her zu bestimmen.

Qualitätsnormen und -auszeichnungen

Zur regelmäßigen Bewertung und besseren Einschätzung der Qualitätsfähigkeit der unternehmerischen Abläufe erlangt die Durchführung von Audits eine wachsende Bedeutung. Audits sind systematische Untersuchungen von Tätigkeiten und ihrer Ergebnisse, mit denen man zu einem bewerteten Bild über die Wirksamkeit qualitätssichernder Maßnahmen kommt.[79] Audits können von Mit-

[77] Vgl. *Taguchi, G.*, Einführung in Quality Engineering, deutsche Übersetzung der amerikanischen Ausgabe 'Introduction to Quality Engineering', München 1989, S. 34.

[78] Vgl. *Taguchi, G., Clausing, D.*, Robust Quality, in: Harvard Business Review, Vol. 68, No. 3, 1990, S. 63-73.

[79] Vgl. *Kamiske, G. F., Brauer, J.-P.*, Qualitätsmanagement von A bis Z, München, Wien 1993, S. 5 ff.

arbeitern des Unternehmens in Form interner Audits (Selbstaudits) sowie von Kunden oder neutralen externen Stellen (Fremdaudits) durchgeführt werden.

Die Vorgaben bzw. Kriterien zur Beurteilung und Auditierung eines umfassenden Qualitätsmanagementsystems können aus der Normenreihe **DIN ISO 9000 ff.** oder aus den Anforderungskatalogen bekannter Qualitätsauszeichnungen wie dem **Malcolm Baldrige National Quality Award (MBNQA)**, dem in Japan verliehenen **Deming-Preis** oder dem in Europa an Bedeutung gewinnenden **European Quality Award (EQA)** abgeleitet werden.[80]

Die **Normenreihe DIN ISO 9000ff** wurde ursprünglich im Mai 1987 eingeführt, um internationale Bemühungen im Qualitätsmanagement zu standardisieren. Nach zwei Revisionen ist das Normenwerk heute ein international anerkanntes Regelwerk mit Vorgaben zur Gestaltung sowie Kriterien zur regelmäßigen Beurteilung des Qualitätsmanagementsystems eines Unternehmens.[81]

Während die erste Revision (sog. Kurzzeitrevision) im Jahr 1994 nur geringe Veränderungen an der Normenreihe vornahm (DIN ISO 9000:1994), wurden mit der zweiten, der Langzeitrevision, im Dezember 2000 sowohl strukturelle als auch inhaltliche Änderungen durchgesetzt (DIN ISO 9000:2000). Auf diese Weise wurde das bislang sehr umfangreiche und schwer überschaubare Normenwerk für kleine und mittlere Unternehmen anwendbar und es wurde möglich, durch die nun geltende Prozessorientierung betriebliche Abläufe realistisch abzubilden.

Vorrangiges Ziel einer **Anwendung der DIN-Normen** zum Qualitätsmanagement ist eine konsequente Überprüfung und Verbesserung der Abläufe in den Unternehmen. Bei Erfüllen der geforderten Spezifikationen kann ein Zertifikat nach DIN ISO erteilt werden. Die Auditierung und Zertifizierung wird von zugelassenen Instituten wie z.B. der Deutschen Gesellschaft für Qualitätssicherung (DQS), Dekra oder dem TÜV übernommen. Das zu verleihende Zertifikat dient als Gütesiegel, das dem Unternehmen qualitätsgerechte Produktions- und Prozessabläufe bescheinigt. Die hohe Qualität der Produktion nimmt eine besondere Bedeutung im Zusammenhang mit dem Produkthaftungsgesetz vom 1.1.1990 ein, bei dem sich die Beweislast für die Fehlerhaftigkeit der Produkte auf die Hersteller verschoben hat (§ 1 Abs. 2 Ziff. 2 ProdHG). Weiterhin bieten die Normen der DIN ISO-Familie künftig nicht unerhebliche Rationalisierungspotenziale.

Wesentlicher Bestandteil eines Qualitätsmanagement- (QM-) Systems ist das **QM-Handbuch**. Als Voraussetzung für eine Zertifizierung sind in diesem Handbuch alle Regelungen und Prozesse zu dokumentieren, die für die Implementierung und Aufrechterhaltung des QM-Systems notwendig sind. In einem solchen QM-Handbuch muss nachgewiesen werden, dass sämtliche Forderungen an die Qualitätssicherung/QM-Darlegung der jeweiligen Qualitätssicherungs-Nachweisstufe in einem Unternehmen Beachtung finden und in Verfahrens- und Arbeitsanweisungen umgesetzt wurden. Ferner muss sichergestellt werden, dass diese im Unternehmen auch tatsächlich angewendet werden.

---

[80] Vgl. *Hummeltenberg, W.*, Bewertungsmodelle für TQM, in: Schriften zur Unternehmensführung (SzU), Band 54: Total Quality Management I, hrsg. von D. B. Preßmar, Wiesbaden 1995, S. 137-184.

[81] Vgl. *Becker, P.*, Prozessoieniertes Qualitätsmanagement, Renningen-Malmsheim 2001.

Wie bereits 1994 für die Kurzzeitrevision gibt es auch für die Langzeitrevision derzeit noch eine **Übergangsfrist**, damit eine unternehmensinterne Umstellung bzw. Anpassung an die aktuellen Anforderungen der Normenreihe gewährt werden kann. Demnach können Unternehmen seit Einführung der neuen DIN 9000:2000 sowohl Zertifikate nach alter wie nach neuer Form, jedoch nur mit einer maximalen Gültigkeit von 3 Jahren erwerben. Für zertifizierte Unternehmen ist somit eine Übergangsfrist von 3 Jahren nach dem Erscheinen der neuen ISO 9000:2000 sichergestellt. Den Zeitpunkt der Umstellung können die Unternehmen selbst wählen, sie müssen jedoch bis spätestens Dezember 2003 ihr System umgestellt haben. Zertifikate nach alter Form laufen im Dezember 2003 aus.

Folgender **Aufbau der Normenreihe** galt bis Dezember 2000:[82]

DIN ISO 9000:

Leitfaden zur Auswahl und Anwendung von Qualitätsmanagement- und Qualitätssicherungsnormen.

DIN ISO 9001:

Qualitätssicherungs-Nachweisstufe; Modell zur Darlegung der Qualitätssicherung in Design/Entwicklung, Produktion, Montage und Kundendienst. Diese Norm wird von Unternehmen eingesetzt, deren Aktivitäten alle Prozessabschnitte von der Entwicklung bis zum Verkauf umfassen.

20 (relativ statische) Qualitätselemente als Forderungen an die Qualitätssicherung gliederten die Vorgängernorm DIN ISO 9001:[83]

1. Verantwortung der obersten Leitung
2. QM-System
3. Vertragsprüfung
4. Designlenkung
5. Lenkung der Dokumente und Daten
6. Beschaffung
7. Lenkung vom Kunden beigestellter Produkte
8. Kennzeichnung und Rückverfolgbarkeit von Produkten
9. Prozesslenkung
10. Prüfungen
11. Prüfmittelüberwachung
12. Prüfstatus
13. Lenkung fehlerhafter Produkte
14. Korrektur- und Vorbeugungsmaßnahmen
15. Handhabung, Lagerung, Verpackung, Konservierung und Versand
16. Lenkung von Qualitätsaufzeichnungen

[82] Vgl. *Grohde, H.-P.,* Qualitätssicherung, Statistik und Meßtechnik, hrsg. von *M. Klein*, Einführung in die DIN-Normen, Stuttgart u.a. 1993, S. 310-317.

[83] Vgl. Normensammlung Qualitätsmanagement, DIN EN ISO 9002, S. 7-25, in: Qualitätsmanagement und Statistik, hrsg. von DIN Deutsches Institut für Normung e.V., Berlin, Wien, Zürich 1998.

17. Interne Qualitätsaudits
18. Schulung
19. Wartung
20. Statistische Methoden

DIN ISO 9002:

Qualitätssicherungs-Nachweisstufe; Modell zur Darlegung der Qualitätssicherung in Produktion und Montage. Diese Norm wenden Unternehmen oder Unternehmensteile (z.B. einzelne Werke) an, in denen ausschließlich produziert wird.

DIN ISO 9003:

Qualitätssicherungs-Nachweisstufe; Modell zur Darlegung der Qualitätssicherung bei der Endprüfung. Diese Norm wird von Lieferanten zur Beurteilung ihrer Schnittstelle zum Kunden zugrunde gelegt, um über die Qualität der gelieferten Produkte Nachweis zu führen.

DIN ISO 9004:

Beschreibung eines Grundstocks von Elementen zum Qualitätsmanagement und Leitfaden zur Ermittlung und Einführung von Qualitätssicherungssystemen.

Diese QM-Elemente mussten in Verfahrens- und gegebenenfalls Arbeitsanweisungen beschrieben sein, so dass eine einheitliche Anwendung der Regelungen gewährleistet war.

Durch viele Ergänzungen und Erweiterungen ist das Normenwerk in den letzten Jahren jedoch sehr umfangreich und damit auch schwer überschaubar geworden. Insbesondere für kleine und mittlere Unternehmen war es außerdem pragmatisch kaum anwendbar. Des Weiteren wurde eine mangelhafte Abbildung betrieblicher Abläufe und eine schlechte Harmonisierbarkeit mit anderen Managementsystemen beanstandet.

Aus diesem Grund wurden im Rahmen der zweiten Revision die Kernnormen überarbeitet und als **DIN ISO 9000:2000ff.** am 15. Dezember 2000 veröffentlicht:

DIN EN ISO 9000:2000:

Grundlagen und Begriffe/Definitionen

DIN EN ISO 9001:2000:

Nachweisforderungen (bisher ISO 9001/9002/9003)

DIN EN ISO 9004:2000:

Leitfaden zur Leistungsverbesserung

Mit dieser neuen Struktur entfallen gleichzeitig die bislang gültigen Normen DIN ISO 9002 und DIN ISO 9003.

Die größten Änderungen hat die DIN ISO 9001:2000 erfahren. Zunächst wurde die **Prozessorientierung** in den Vordergrund gestellt, um eine individuelle Anpassung an betriebliche Geschehnisse zu ermöglichen. Die bisherigen 20 QM-Elemente verteilen sich somit auf die jeweiligen (zugehörigen) Prozesse. Des Weiteren gilt es, Prozesse nicht nur zu planen, sondern auch Wechselwirkungen zwischen verschiedenen Prozessen zu beachten, Prozesse und Produkte zu überwachen und zu beurteilen und die Effektivität der Prozesse zu überprüfen.

Die **Kundenorientierung** als Normneuerung fordert eine sorgfältige Erhebung der Kundenwünsche und -anforderungen, eine Prüfung der eigenen Fähigkeit, diese zu erfüllen, die Erbringung der Leistung entsprechend der Spezifikation sowie zum Abschluss die Messung der Kundenzufriedenheit.

Die **Mitarbeiterorientierung** wird ebenfalls gewichtiger als im Vorgängermodell. Jeder Mitarbeiter soll die entsprechende Qualifikation aufweisen, um die ihm übertragenen Aufgaben ordnungsgemäß durchführen zu können. Des Weiteren sollen Mitarbeiterzufriedenheit gemessen und auf die Ergebnisse reagiert werden.

Die **Produktorientierung** verlangt in Zukunft eine Prüfung, ob die Produkte den Forderungen des Marktes und den Vorgaben der Produktspezifikation entsprechen.

Mit der Normenreihe 9000:2000ff ist es gelungen, das gesamte Unternehmen (vom Markt bis zum Kunden) in die Betrachtung möglicher Leistungsverbesserungen einzubeziehen. Da mit der neuen Version die Normen DIN EN ISO 9001:2000 und 9004:2000 identische Strukturen erhalten haben, wurde für die Zukunft das Arbeiten erleichtert und die Querverbindungen sind nun ersichtlich. Auch die Verknüpfung mit anderen Managementsystemen (insbesondere mit dem Umweltmanagement-System nach DIN EN ISO 14001) ist in Zukunft leichter.

Das Kriterienmodell zum **European Quality Award (EQA)** wurde von der 1988 gegründeten European Foundation for Quality Management (EFQM) entwickelt, um im weltweiten Wettbewerb die Akzeptanz eines umfassenden Qualitätsmanagements in den europäischen Unternehmen zu stärken.[84] Das Europäische Modell erweitert den stark produktionsorientierten Ansatz der DIN-Normenreihe 9000 ff. insbesondere um die wesentlichen Aspekte der Kunden- und Mitarbeiterorientierung. Das Kriterienmodell des European Quality Award besteht aus neun Hauptkriterien (vgl. Abb. 4.25).[85]

Der EQA trennt zwischen den so genannten „Befähigern“ (enablers), die eine Qualitätsförderung sicherstellen sollen und den durch die Qualitätsaktivitäten erreichten „Ergebnissen“ (results). Die Kriterien sollen als Grundlage für die Bewertung des Ist-Zustandes dienen und zur Fortschrittskontrolle herangezogen werden, bei der eine regelmäßige Selbstkontrolle der Unternehmen im

[84] Vgl. *Peacock, R. D.,* Ein Qualitätspreis für Europa, in: Qualität und Zuverlässigkeit, 37. Jg., Heft 9, 1992, S. 525-528.

[85] Vgl. *European Foundation for Quality Management* (Hrsg.), Selbstbewertung anhand des Europäischen Modells für umfassendes Qualitätsmanagement (TQM), Brüssel 1995.

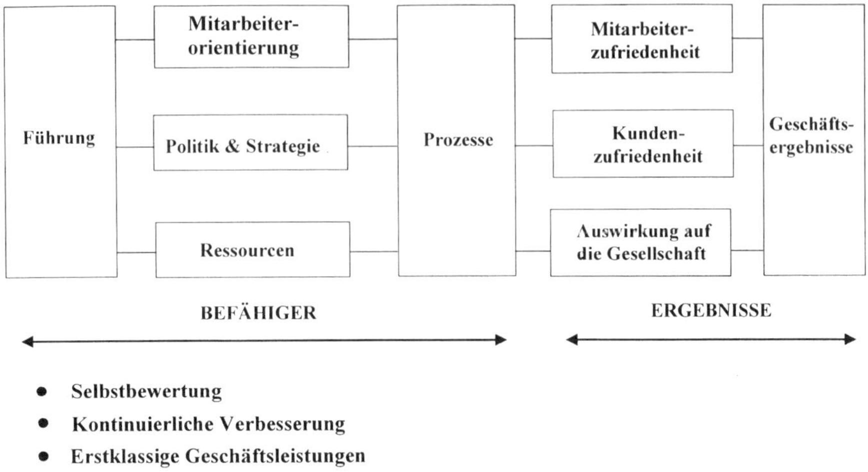

Abb. 4.25 Das Europäische Modell zum umfassenden Qualitätsmanagement

Vordergrund stehen sollte.[86]. Das Prüfungsverfahren zur Vergabe des Europäischen Qualitätspreises läuft in drei Phasen ab:

1. Prüfung aufgrund der vom Unternehmen eingereichten Selbstbewertung durch ein oder mehrere Prüferteams,
2. Betriebsbesichtigungen durch ein Prüferteam und Neubewertung,
3. Entscheidung über Preisvergabe durch Juroren.

Allen Bewerbern werden in so genannten Feedback-Berichten ihre Bewertungsergebnisse mit Stärken und Verbesserungsmöglichkeiten mitgeteilt. Der Gewinner des EQA, der eine Optimierung und kontinuierliche Verbesserung seiner Prozessabläufe nachweisen kann, profitiert zudem von einer hohen Publizitäts- und Werbewirkung.

Qualitätsgruppenkonzepte

Eine Möglichkeit, den Mitarbeitern qualitätsorientiertes Denken und Handeln nahe zu bringen, sind Qualitätsgruppen (Qualitätszirkel). Die Qualitätsgruppen sollen die Mitarbeiter in Qualitätsfragen weiterbilden und diese für die Unternehmensstrategie ‚Qualität' sensibilisieren.[87]

Die **Qualitätsgruppenkonzepte** von *Ishikawa* und *Crosby* haben weltweit die Einführung und Gestaltung von Qualitätsgruppen beeinflusst.

[86] Vgl. *Zink, K. J.*, Total Quality Management: Begriff und Aufgaben – ein Überblick, in: Total Quality Management I, Schriften zur Unternehmensführung (SzU) – Band 54, hrsg. von D. B. Preßmar, Wiesbaden 1995, S. 3-18.

[87] Vgl. *Zink, K. J.*, Quality Circles – noch ein Thema?, in: Personalführung, 1990, Heft 3, S. 147-153.

Die Grundlagen der Qualitätsgruppen liegen in Japan. Das Qualitätskonzept von *Ishikawa* stellt dabei den Menschen und die Arbeitsgruppe in den Mittelpunkt qualitätssichernder Maßnahmen. Das Lernen und Arbeiten in Gruppen kommt den Japanern entgegen, da eine Gruppenorientierung traditionell in der Bevölkerung verankert ist. So dient die Qualitätsgruppe bei *Ishikawa* vor allem als natürliches Instrument, Hierarchien und daraus resultierende Hemmschwellen unter den Mitarbeitern abzubauen. Eine übergreifende Kommunikation soll in der Gruppe ermöglicht werden.[88]

Die von *Ishikawa* vorgeschlagenen Inhalte der Qualitätsgruppen beschränken sich nicht nur auf die Produktqualität. Weitere Themen sind die Verbesserung

- des Arbeitsplatzes,
- der Arbeitssicherheit,
- der Motivation,
- der Ausbildung.

Das Qualitätsgruppenkonzept von *Crosby* zielt vor allem auf eine qualitätssichernde Mitarbeiterschulung ab. Es ist durch folgende Merkmale gekennzeichnet:[89]

- die Mitarbeit in der Gruppe ist freiwillig,
- die Gruppengröße ist begrenzt,
- die Themen ergeben sich aus Alltagsproblemen im Leistungsprozess,
- die Leitung obliegt einem Moderator (der auch aus dem Teilnehmerkreis rekrutiert werden kann).

In den Qualitätsgruppen werden die vier **Hauptregeln** *Crosbys* zur Qualitätssicherung vermittelt:

1. Qualität ist die **Erfüllung von Anforderungen!**
2. **Vorbeugende Maßnahmen** sind nachträglichen Prüfungen vorzuziehen!
3. **Null-Fehler** müssen zum Leistungsstandard werden!
4. Der Maßstab der Qualitätssicherung ergibt sich aus den **Kosten** für die **Nichterfüllung von Anforderungen**.[90]

Im Einzelnen schlägt *Crosby* folgende personalbezogenen Maßnahmen vor, die die Effektivität der Qualitätsgruppen gewährleisten sollen:

- Es ist eine Lenkungsgruppe ‚Qualität' zu bilden, die die Durchführung der Qualitätsgruppen sicherstellen soll.
- Das Verantwortungsgefühl der Mitarbeiter ist zu stärken, da Verantwortungsbewusstsein die Voraussetzung für Qualitätsbewusstsein ist.
- Die Schulungsinhalte sind individuell auf die Probleme der Unternehmen abzustellen und anzupassen.
- Die Anforderungen des Marktes sind den Mitarbeitern in den Qualitätsgruppen zu vermitteln.
- Die Mitarbeiter müssen zum qualitätsorientierten Handeln motiviert werden.

---

[88] Vgl. *Ishikawa, K.*, What is Total Quality Control? The Japanese Way, New York 1985, S. 26.

[89] Vgl. *Crosby, P. B.*, Qualität ist machbar, Hamburg 1986, S. 95 f.

[90] Vgl. *Crosby, P. B.*, Qualität ist machbar, a.a.O., S. 27 ff.

- Die Leistung der Mitarbeiter ist anzuerkennen.
- Qualitätsfachleute haben ihre Erfahrung in die Qualitätsgruppen einzubringen.
- Die Schulungsinhalte sind ständig zu aktualisieren.

In der Praxis werden heute vielfach Qualitätsgruppen gebildet.

Qualitätsgruppen setzen sich zusammen aus Mitarbeitern aller Hierarchiestufen und Fertigungsbereiche.[91]

Die Teilnehmer kommen freiwillig und regelmäßig während der Arbeitszeit zusammen, um als Arbeitsgruppen gemeinsam Arbeitsprobleme zu diskutieren und realistische Problemlösungen zu entwickeln sowie nach Vorlage vor einem Entscheidungsgremium der Unternehmensleitung selbständig durchzusetzen.

Qualitätsgruppen dienen der Verbesserung der unternehmerischen Leistungsfähigkeit und der Qualität der Arbeit. Qualität in diesem weiteren Sinne (Abb. 4.26)[92] umfasst:

- technische Qualität;
- Verfahrensqualität;
- personelle Qualität;
- Servicequalität.

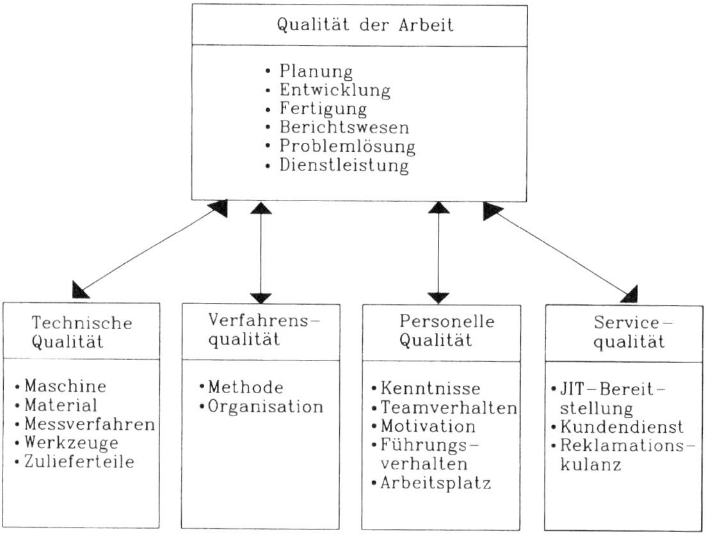

Abb. 4.26 Qualität der Arbeit

[91] Vgl. *Engel, P.,* Japanische Organisationsprinzipien: Verbesserung der Produktivität durch Qualitätszirkel, Zürich 1981; siehe auch *Wildemann, H.,* Strategien zur Qualitätssicherung – Japanische Ansätze und ihre Übertragbarkeit auf deutsche Unternehmen, in: Zeitschrift für Betriebswirtschaft, 52. Jg., 1982, S. 1043-1052; *Zink, K. J.,* Qualität – fördern und sichern – durch den Einsatz von Quality Circles, Kaiserslautern 1982.

[92] Vgl. *Rautenberg, K.,* Qualitätszirkel in einem Unternehmen des Maschinenbaus, in: Angewandte Arbeitswissenschaft, Bd. 102, 1984, S. 22 ff.

Die so verstandene Qualität der Arbeit nimmt Einfluss auf die Produktfertigung, Planung, Entwicklung, Dienstleistungen und Berichterstattung. Das Aufgabenspektrum von Qualitätsgruppen ist folglich weiter zu fassen als die bloße Verbesserung einer messtechnisch erfassbaren Produktqualität (Qualitätskontrolle).

Ziele

Hauptziel von Qualitätsgruppen ist die **Einbeziehung des Mitarbeiters in den Prozess der Planung und Kontrolle der eigenen Leistung**. Dabei sollen Interesse und Bewusstsein für Mitverantwortung geweckt werden, mit der Konsequenz, an der Gestaltung von Arbeitsbedingungen und -abläufen mitzuwirken. Durch Gruppenarbeit sollen die Motivation der Mitarbeiter, das Betriebsklima insgesamt und die Produkte verbessert sowie die Zusammenarbeit zwischen den Abteilungen effizienter gestaltet werden.

Folgende Ziele werden im Einzelnen mit Hilfe von Qualitätsgruppen angestrebt:[93]

- Nutzung des geistigen Potentials der Mitarbeiter;
- Mitgestaltung des eigenen Arbeitsbereichs;
- Steigerung der Motivation und Qualifikation der Mitarbeiter;
- Beseitigung von Konfliktsituationen im Arbeitsbereich;
- erhöhte Produkt- und Arbeitsqualität;
- verbesserter innerbetrieblicher Informationsfluss;
- verminderter Fertigungsausschuss;
- verminderte Herstellkosten;
- Verbesserung der Wettbewerbssituation;
- erhöhtes Qualitäts- und Problembewusstsein;
- erhöhtes Interesse an der eigenen Tätigkeit;
- veränderte Einstellung zum Unternehmen und Identifikation mit dem Unternehmen.

Durchführungsregeln

Gruppengröße und Dauer

In der Regel bilden 6-8 Mitarbeiter eine Gruppe, um ein vorliegendes Arbeitsproblem mit klarer Aufgabenstellung zu bearbeiten. Die Gruppen kommen alle zwei bis drei Wochen für jeweils zwei Stunden zusammen. Mit Beendigung der Gruppenarbeit nach 6 bis 8 Zusammenkünften lösen sich die Qualitätsgruppen wieder auf, um in ähnlicher oder anderer Zusammensetzung Lösungsvorschläge für neue Probleme zu präsentieren.

Leitung

Für die Leitung der Qualitätsgruppe ist ein **Moderator** (direkter Vorgesetzer, Abteilungsleiter, Meister oder Vorarbeiter) verantwortlich. Seine Aufgabe ist es,

[93] Vgl. *Rautenberg, K.*, Qualitätszirkel in einem Unternehmen des Maschinenbaus, a.a.O., S. 24.

die Gruppe im Hinblick auf die Problemstellung zu steuern, beim Auffinden von Lösungen zu unterstützen, erarbeitete Ergebnisse zusammenzufassen und zu bewerten sowie Rückmeldungen über den Erfolg an die Gruppe weiterzugeben.[94] In einem Fortbildungsseminar ist der Gruppenleiter auf diese Führungsaufgabe vorzubereiten. Folgende Inhalte sind zu schulen:

- Gruppenarbeit und Gruppendynamik;
- Rollenspiel und Rollenverhalten;
- Arbeitstechniken (z.B. Metaplan-Technik);
- Kreativitätstechniken (z.B. Brainstorming);
- Lösungsbewertungen.

Räumlichkeiten und Arbeitsmittel

Es ist vorteilhaft, die Qualitätsgruppenarbeit außerhalb des Arbeitsplatzes in separaten Räumen durchzuführen, um Störungen durch die Tagesarbeit zu vermeiden. Arbeitsmittel, die der Visualisierung der Teamarbeit dienen (z.B. Pinnwand, Flip-Chart, Overhead-Projektor), sind zur Verfügung zu stellen.

Themen

Die Gruppen können im Rahmen der allgemeinen Zielsetzung von Qualitätsgruppen Themen selbstständig wählen. Mögliche Themen befassen sich mit:

- Arbeitsverfahren;
- Arbeitsmitteln (Material und Werkzeug);
- Produktions- und Sicherheitsvorschriften;
- Fertigkeiten am Arbeitsplatz;
- Arbeitsumgebung.

Bei Diskussionen über Probleme mit Abteilungen (z.B. Wartung, Instandhaltung, Qualitätskontrolle, Einkauf), die den produzierenden Bereichen zuarbeiten, ist es sinnvoll, Experten des Industrial Engineering, der Qualitätskontrolle oder der Forschung und Entwicklung zum Informationsaustausch einzuladen.[95] Dies hilft, Zusammenhänge zu verstehen und verhindert unrealistische Vorschläge durch die Gruppe.

Sonderformen

Die Chance, Ideen und Vorschläge aus dem Fähigkeits- und Innovationspotential von Mitarbeitern zu schöpfen, liegt in der Nutzung verschiedener betrieblicher Einrichtungen, die dem Erreichen von Unternehmenszielen und individuellen Bedürfnissen der Mitarbeiter dienen:[96]

---

[94] Vgl. *Engel, P.,* Japanische Organisationsprinzipien: Verbesserung der Produktivität durch Qualitätszirkel, a.a.O., S. 58.

[95] Vgl. *Gottschall, D.,* Betriebliches Innovationsmanagement: Lernen an der gemeinsamen Aufgabe, in: Management Wissen, 1984, Heft 9, S. 17.

[96] Vgl. *Vocht, R.,* Qualitätsförderung, in: Handbuch der Qualitätssicherung, hrsg. von W. Masing, München, Wien 1980, S. 917.

Betriebliches Vorschlagswesen

Im Rahmen des Betrieblichen Vorschlagswesens können Mitarbeiter Verbesserungsvorschläge zu technischen, qualitativen, prozessualen, fertigungstechnischen und administrativen Abläufen machen. Nach Prüfung durch eine ‚neutrale' Stelle oder in einer Vorbewertung durch die Fachvorgesetzten wird bei erfolgter Realisierung oder aus bloßer Anerkennung der Vorschlag mit einer (Erfolgs-) Prämie honoriert. Das Betriebliche Vorschlagswesen ist als Motivationsinstrument besonders geeignet, wenn es neue Formen der Zusammenarbeit zulässt. Das **Erarbeiten und Einreichen von Verbesserungsvorschlägen in Gruppen** fördert wesentlich eine betriebliche Atmosphäre gegenseitiger Anregungen anstelle von Konkurrenzdenken und Informationsbehinderung.[97] Die Förderung des Betrieblichen Vorschlagswesens gehört mit zu den Personalführungsaufgaben der Fachbereichsleiter.

Lernstatt

Die Lernstatt wurde 1972 von der Bayerischen Motoren Werke AG initiiert. Mit Deutschunterricht und der Vermittlung von Handlungswissen hatte diese Form der Gruppenarbeit ursprünglich zum Ziel, ausländischen Mitarbeitern die Kommunikation im betrieblichen Alltag zu erleichtern und ihre Integration zu unterstützen. Mit der Erkenntnis, dass die gemeinsame Erarbeitung und Analyse betrieblicher Themen auch zu neuen Ideen führte, entwickelte sich später aus der Lernstatt ein umfassendes Instrument der Information, Weiterbildung, des Erfahrungsaustausches und der Lösung konkreter Probleme.[98] Ziel der Lernstatt ist es heute, ausgehend von konkreten Arbeitsplätzen, Produkt- und Arbeitsqualität zu verbessern. Die Komponenten einer Lernstatt-Zielsetzung zeigt Abb. 4.27.

Die Lernstatt-Gruppen umfassen Lern-, Fach- und Aktionsgruppen, die sich nach Teilnehmerkreis und Zielsetzung voneinander unterscheiden. Dazu gehören so genannte Situationsberater, die Experten oder Entscheider in einer Fachabteilung sind. Sie werden von einer Gruppe eingeladen, um

- Fragen der Gruppe zu einem bestimmten Thema zu beantworten,
- der Gruppe wichtige Informationen zu geben,
- ein Problem, das sein Fachgebiet betrifft, mit der Gruppe zu besprechen,
- bestimmte Vereinbarungen mit der Gruppe zu treffen.[99]

Die Lernstatt ist nach dem Zwei-Moderatoren-Prinzip organisiert, welche durch die Lernstatt-Arbeit führen sollen.[100] So arbeitete auch BMW im Jahre 1985 mit zwei Moderatoren pro Gruppe, die durch Intensivübungen auf ihre Tätigkeiten vorbereitet wurden. In so genannten Moderatorenrunden wurden Erfahrungen aus den Lernstatt-Gruppen ausgetauscht und weitere Methoden der Lernstatt-Arbeit vermittelt.

---

97 Vgl. *Gottschall, D.,* Betriebliches Innovationsmanagement: Lernen an der gemeinsamen Aufgabe, a.a.O., S. 21.

98 Vgl. *BMW AG* (Hrsg.), BMW Lernstatt, Organisationsentwicklung im Unternehmen, 2. Aufl., München 1985.

99 Vgl. *Rodermund, K., Laber, J.,* Lernstatt bei den Bayerischen Motoren Werken, in: Lernstatt, Modelle und Aktivitäten deutscher Unternehmen, a.a.O., S. 46 f.

100 Vgl. *Heß, M.,* TQM/Kaizen – Praxisbuch, Köln 1995, S. 30.

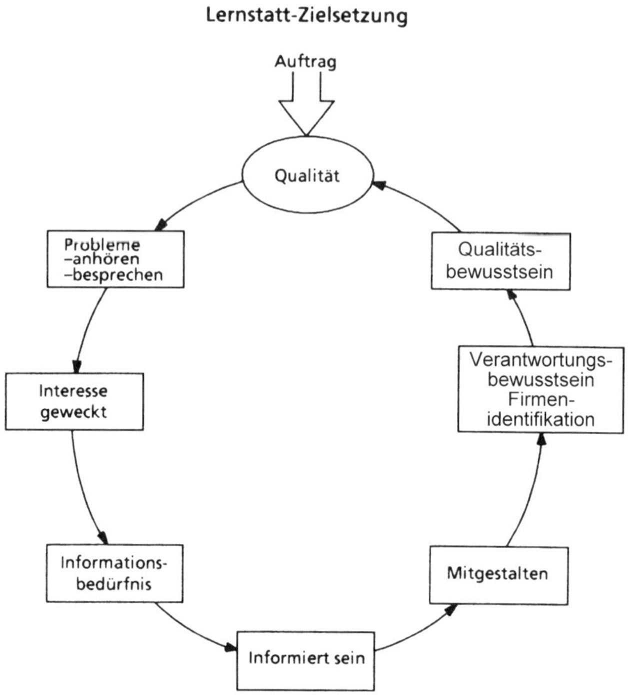

Abb. 4.27 Komponenten der Lernstatt-Zielsetzung

6. Flexible Fertigungskonzepte

Flexible Fertigungskonzepte stellen eine hochautomatische, rechnergestützte Fertigungstechnik dar. In ihnen werden mehrere numerisch gesteuerte Bearbeitungsmaschinen durch ein Werkstücktransport- und Speichersystem miteinander verkettet. Die Koordination sämtlicher Elemente im flexiblen Fertigungskonzept erfolgt durch einen Prozessrechner.[101] Flexible Fertigungskonzepte gelten als konsequente Weiterentwicklung von konventionellen, numerisch gesteuerten Maschinen.

Den Stand der Technik **numerisch gesteuerter Maschinen** zeigt die folgende Übersicht:

---

[101] Vgl. *Kernforschungszentrum Karlsruhe* (Hrsg.), Der Einsatz flexibler Fertigungssysteme. Technische, einführungsorganisatorische, wirtschaftliche und arbeitsplatzbezogene Aspekte, Forschungsbericht KfK-PFt-41, Karlsruhe 1982.

NC-Maschinen (**N**umerical **C**ontrol) werden digital mit Hilfe von Rechnern gesteuert. Das einzugebende Steuerprogramm enthält Informationen über den Bearbeitungsvorgang und das Werkstück.

CNC-Maschinen (**C**omputerized **N**umerical **C**ontrol) sind mit einem Kleinrechner ausgestattet, der eine Optimierung des Steuerprogramms direkt an der Maschine erlaubt.

DNC-Systeme (**D**irect **N**umerical **C**ontrol) bestehen aus einem Zentralrechner, der mehrere Maschinen steuert.

Als flexible Fertigungskonzepte (FFK) werden unterschieden:[102]

- flexible Fertigungszellen,
- flexible Fertigungssysteme und
- flexible Fertigungsstraßen.

Flexible Fertigungszellen bestehen aus einzelnen NC- oder CNC-Maschinen ohne Verkettung. Sie sind mit einer Werkstückwechseleinrichtung versehen und umfassen nur wenige Bearbeitungsstufen. Die Steuerung erfolgt durch eine automatische Prozessüberwachung.

Flexible Fertigungssysteme sind eine Verkettung mehrerer NC-Maschinen. Die Maschinen sind mit Werkstückwechseleinrichtungen versehen und durch eine Werkstücklogistik verbunden. Der Materialfluss innerhalb des flexiblen Fertigungssystems kann frei bestimmt werden.

Flexible Fertigungsstraßen sind eine (feste) Verkettung mehrerer Bearbeitungsstufen. Der Materialfluss ist festgelegt (ausgerichtet) und der Transport wie bei der Fließfertigung getaktet. Das Rüsten einzelner Komponenten ist nur bei Stillstand der Fertigungsstraße möglich.

Hybrid-Fertigungssysteme entstehen aus der Kombination flexibler Fertigungssysteme mit einzelnen CNC Maschinen.

Unter Flexibilität versteht man die Fähigkeit von Fertigungsanlagen, für verschiedene Produkte einsatzfähig zu sein und auf Nachfrageänderungen möglichst schnell reagieren zu können. Die Anlage arbeitet um so flexibler, je geringer der Umstellungs- und Umrüstaufwand der Maschinen ist und je mehr gestaltender Einfluss auf den Materialfluss genommen werden kann. Folgende Ausprägungen der Flexibilität sind denkbar:[103]

- **Teileflexibilität:** Möglichkeit, mehrere unterschiedliche Teile zur gleichen Zeit zu bearbeiten.
- **Terminflexibilität:** Möglichkeit der zufälligen Zuordnung von Teilen zu Maschinen, beispielsweise bedingt durch Maschinenausfall, spezielle Kundenwünsche.

---

[102] Vgl. *Wildemann, H.,* Investitionsplanung und Wirtschaftlichkeitsrechnung für flexible Fertigungssysteme (FFS), Stuttgart 1987, S. 5 ff.

[103] Vgl. *Gerwin, D.,* Do's and Dont's of Computerized Manufacturing, in: Harvard Business Review, Vol. 60, March-April 1982, S. 114; *Bühner, R.,* Production Technology and Organization, in: Human Systems Management, Vol. 6, 1986, S. 201 ff.

- **Gestaltungsflexibilität:** Möglichkeit der raschen Anpassung an Konstruktionsänderungen von bestimmten Teilen.
- **Mengenflexibilität:** Möglichkeit der Reaktion auf mengenmäßige Veränderungen bei bestimmten Einzelteilen.

FFK ermöglichen wirtschaftliche Vorteile im Bereich der Klein- und Mittelserien. Ausgehend von den Einsatzgebieten herkömmlicher Fertigungsverfahren erlauben FFK einerseits Automatisierung der personell ausgerichteten Werkstattfertigung, andererseits Flexibilisierung bereits automatisierter Fließ- und Massenfertigung:

- **Automatisierung der Werkstattfertigung**
  FFK führen hier zur Automatisierung einer Fertigung, deren Einzelelemente nur teilweise aufeinander abgestimmt und integriert sind. Die zuvor vorhandene Flexibilität wird erhöht.
- **Flexibilisierung der Fließ- und Massenfertigung**
  Der Einsatz und die Integration von Bearbeitungszentren ermöglichen es, die starre Arbeits- und Funktionsweise von Transferstraßen zu durchbrechen. FFK sind nicht an festgelegte Bearbeitungsreihenfolgen von gleichartigen Werkstücken gebunden, unterschiedliche Werkstücke lassen sich in beliebiger Reihenfolge bearbeiten.

Durch die flexible Fertigung lassen sich im Einzelnen folgende **Vorteile** realisieren:

- Verbesserung der Kapazitätsauslastung der Maschinen;
- Erhöhung der Produktivität;
- Sicherstellung eines hohen Qualitätsstandards;
- Senkung der Durchlaufzeit;
- Senkung der Lagerhaltungs- und Rüstkosten.

Die Vorteile erlauben im Vergleich mit einer konventionellen Fertigung, bei der im Bereich der Kleinserienfertigung die Rüstzeiten bis zu 30 Prozent der verfügbaren Maschinenkapazität ausmachen, die Aufhebung wirtschaftlicher Nachteile der Kleinserienfertigung. Darüber hinaus sichern FFK Wettbewerbsvorteile durch eine kostengünstige Fertigung. Die Wirtschaftlichkeit beruht dabei nicht ausschließlich auf Größenvorteilen (Economies of Scale), sondern geht auch auf eine Fertigung einer zunehmenden Zahl an Produktvarianten (Economies of Scope) zurück.

Nachteile von neuen, rechnergestützten Fertigungskonzepten sind die gegenüber herkömmlichen Fertigungsanlagen bis zu 40 Prozent höheren Investitionskosten. Insbesondere in der Einführungsphase entstehen Mehrkosten, bedingt durch höheren Planungs- und Personalaufwand. Zu berücksichtigen ist einerseits, dass diese zusätzlichen Kosten mit steigender Zuverlässigkeit und Erfahrung im Umgang mit Rechnern sowie verbesserter Software abnehmen. Andererseits besteht bei flexiblen Fertigungsanlagen auch die Möglichkeit, nach Produktionsablauf einzelne Systemkomponenten nach dem Baukastenprinzip neu zusammenzustellen und weiterzuverwenden.

Arbeitsorganisation in flexiblen Fertigungskonzepten

Für die Gestaltung von Arbeitsplätzen eröffnen die technischen Möglichkeiten flexibler Systeme Handlungsspielraum für unterschiedliche arbeitsorganisatorische Lösungen.[104] Maßgeblich für die ausgewählte Form der **Arbeitsorganisation** sind neben der Berücksichtigung betrieblicher Rahmenbedingungen (Fertigungstiefe, Seriengröße, Maschinenkapazität) soziale Kriterien der Arbeitsgestaltung, die auf persönliche Fähigkeiten und Bedürfnisse der Mitarbeiter abstellen. Grundsätzlich sind zwei extreme Formen der Arbeitsorganisation im FFK denkbar:[105]

(1) **Zentrale Arbeitsorganisation**

Kennzeichen ist eine ausgeprägte Zentralisation von Planung, Steuerung und Kontrolle des Fertigungsablaufs. Eine weitreichende Arbeitsteilung führt zur Herausbildung relativ standardisierter, einförmiger Tätigkeiten und deren Zuordnung zu wenig anspruchsvollen Arbeitsplätzen. Die Tätigkeiten sind auf eine Vielzahl **wenig qualifizierter Mitarbeiter** aufgeteilt: Vorrichtungsumrüster, Aufspanner, Werkzeugeinrichter, Vorarbeiter, Wartungsbeauftragter. Diese Arbeitsstruktur mit starr festgelegten Arbeitsabläufen erfordert weitgehend spezialisierte und begrenzte Qualifikationen.

(2) **Dezentrale Arbeitsorganisation**

Kennzeichen ist eine stärkere Dezentralisation von Planung, Entscheidung und Kontrolle des Werkstattablaufs. Die Anlagenbesetzung des FFK besteht ausschließlich aus qualifizierten Facharbeitern, die sowohl ausführende als auch dispositive Aufgaben übernehmen. Die Arbeitsteilung ist nicht nur in Bezug auf die Aufgabenverteilung innerhalb der Bedienungsmannschaft neu konzipiert, sondern auch zwischen Fertigung und fertigungsnahen Bereichen wie Arbeitsvorbereitung, Instandhaltung, Qualitätssicherung. Arbeitsaufgaben aus diesen Funktionsbereichen werden in unterschiedlichem Ausmaß in das Tätigkeitsfeld von wenigen **qualifizierten Facharbeitern** integriert. Unter diesen Einsatzbedingungen sind an die Mitarbeiter hohe Anforderungen in Bezug auf ihre Qualifikation zu stellen.

Ein Beispiel für eine dezentrale Arbeitsorganisation war das flexible Fertigungssystem der *Klöckner-Humboldt-Deutz AG,* Köln.[106] Die einzelnen Anlagenkomponenten und ihre Anordnung im FFS zeigt Abb. 4.28.

---

[104] Vgl. *Bühner, R.,* Personalentwicklung für neue Technologien in der Produktion, Stuttgart 1986.

[105] Vgl. *Kernforschungszentrum Karlsruhe* (Hrsg.), Neuartige Fertigungsstrukturen für die Präzisionswerkzeugindustrie, Band 4: Personalplanung und Qualifizierung des Personals. Forschungsbericht KfK-PFt 34, Karlsruhe 1982, S. 55; *Bühner, R.,* Arbeitseinsatz und Arbeitsstrukturierung in flexiblen Fertigungssystemen, in: das Wirtschaftsstudium, 15. Jg., 1980, S. 70 ff.

[106] Vgl. *Honrath, K., Schmidt, J.,* Flexibles Fertigungssystem – Planung und Aufbau, in: Berichte des Vereins Deutscher Ingenieure, Nr. 516, S. 43 ff.; *Liebe, B.,* Strategische Aspekte der Einführung neuer Produktionstechnologien, in: Zeitschrift des Vereins Deutscher Ingenieure für Maschinenbau und Metallbearbeitung, 125. Jg., 1983, S. 5 ff.

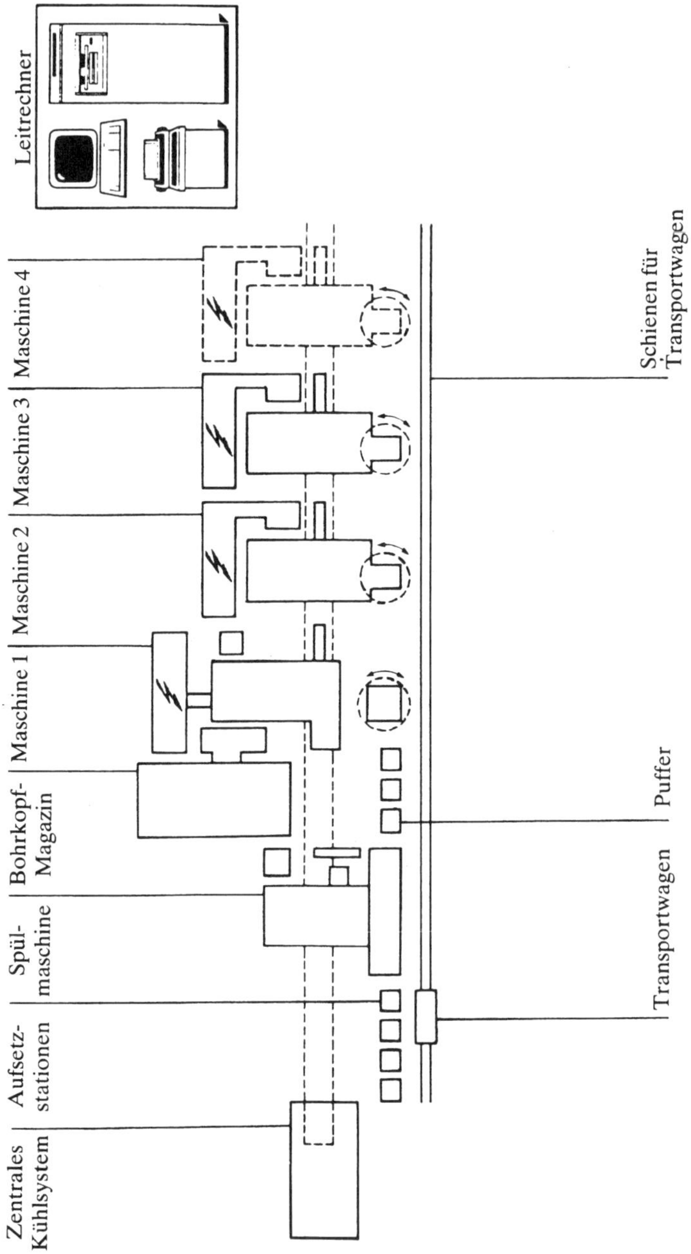

Abb. 4.28 Layout eines flexiblen Fertigungssystems

Die ausgewählte Aufgabenverteilung auf Anlagenführer, Anlagenbediener und Maschinenbediener sollte dabei weitgehende Arbeitsteilung vermeiden, vielseitige Tätigkeitsstrukturen schaffen sowie die Qualifikation und Einsetzbarkeit der Mitarbeiter fördern.

Der **Anlagenführer** war für das Gesamtsystem verantwortlich. Sein Aufgabenschwerpunkt lag im Bereich der Off-line-Planung. Sie lief auf einem Leitrechner ab, den der Anlagenführer bediente und steuerte. Die einzelnen, aufeinanderfolgenden Schritte sind in Abb. 4.29 dargestellt.

Der Anlagenführer führte im Dialog mit dem Rechner die Berechnung

- der Maschinenbelegung,
- der Belegung der Werkzeugmagazine sowie
- der Anzahl der benötigten Werkstückträger

durch. Der Leitrechner steuerte wiederum auf der Grundlage dieser Ergebnisse den Materialfluss.

Der **Anlagenbediener** war Stellvertreter des Anlagenführers. Sein Aufgabenschwerpunkt lag im operativen Bereich, d.h. in der Werkstückbedienung sowie der permanenten Überwachung von Ablauf und Werkstück.

Der **Maschinenbediener** hatte die Maschinen vorzubereiten, die Anlage zu bedienen und zu überwachen. Da er die Maschine selbst einrichtete und bei einfacher NC-Steuerung auch selbst programmierte, erforderte auch dieser Arbeitsplatz Facharbeiterqualifikation.

Auswahl geeigneter flexibler Fertigungsstrukturen

Flexible Fertigungsstrukturen unterscheiden sich hinsichtlich ihrer Produktivität und Flexibilität (vgl. Abb. 4.30).[107]

Die Auswahl geeigneter flexibler Fertigungskonzepte hat unter Berücksichtigung der Losgrößen, der Häufigkeit von Umstellungen sowie der Umstellungskosten zu erfolgen. *Venkatesan* schlägt die folgenden Kriterien vor:[108]

- die Produktionsmenge (Losgröße),
- die Planbarkeit der Nachfrage und
- die Häufigkeit von Konstruktionsänderungen.

Eine Klassifikation der Werkstücke nach den genannten Merkmalen ergibt fünf Gruppen:

1) Teile, die in großen Stückzahlen mit gut planbarer Nachfrage und unveränderter Konstruktion gefertigt werden;

[107] Vgl. *Wildemann, H.,* Investitionsplanung und Wirtschaftlichkeitsrechnung für flexible Fertigungsysteme (FFS), Stuttgart 1987, S. 5 ff.; *Martin, J.,* Gruppentechnologische Fertigungsstrukturen, Köln 1989, S. 21; *Hintz, G.-W.,* Ein wissensbasiertes System zur Produktionsplanung und -steuerung für flexible Fertigungssysteme, Düsseldorf 1987, S. 26.

[108] Vgl. *Venkatesan, R.,* Cummins Engine flexes its Factory, in: Harvard Business Review, Vol. 68, March-April 1990, S. 120-127.

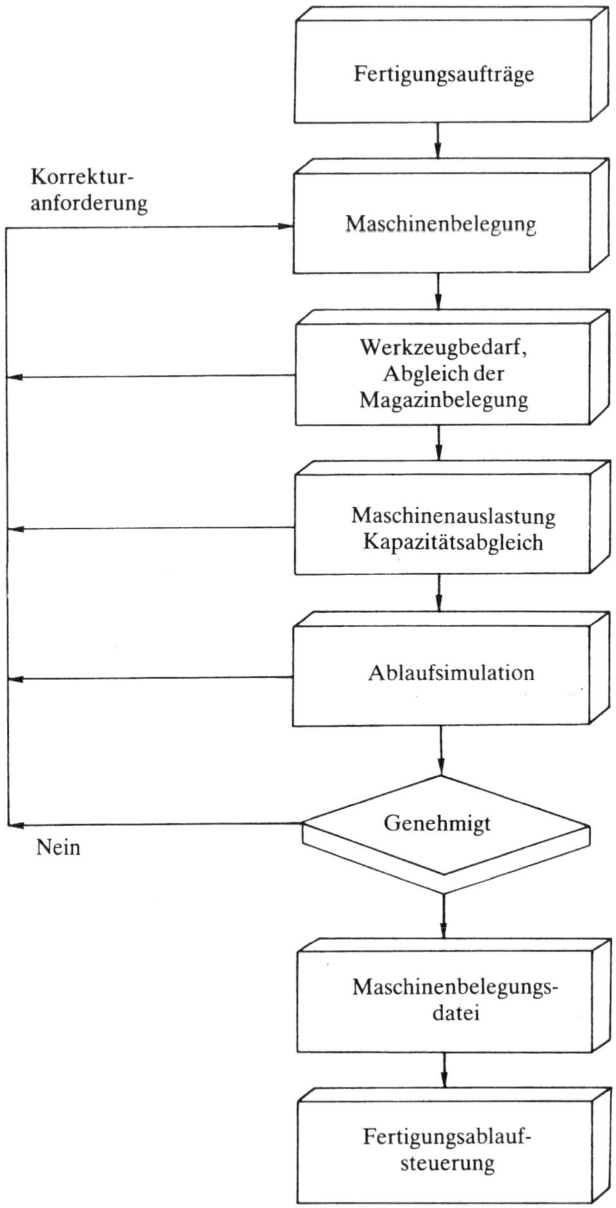

Abb. 4.29 Ablauf der Off-Line-Planung im FFS

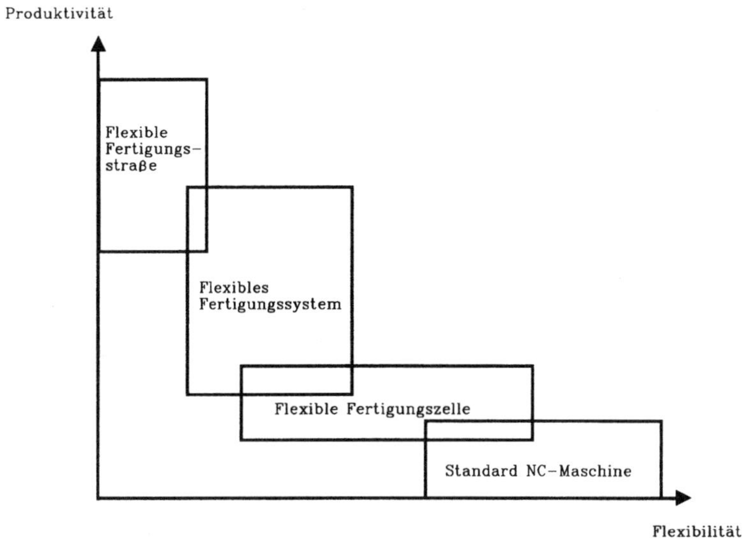

Abb. 4.30 Produktivität und Flexibilität flexibler Fertigungskonzepte

2) Teile, die in geringen oder mittleren Stückzahlen gefertigt werden, deren Nachfrage gut planbar ist, die aber häufigen Konstruktionsänderungen unterliegen;
3) Teile, die in geringen oder mittleren Stückzahlen bei unveränderter Konstruktion gefertigt werden;
4) Teile, die nur in geringen Stückzahlen gefertigt werden und deren Nachfrage kaum planbar ist und
5) Teile, die in speziellen Verfahren gefertigt werden.

Für die Teile der letzten Gruppe, die beispielsweise in sehr kapitalintensiver Lasertechnologie gefertigt werden, wäre die Einrichtung mehrerer entsprechender Produktionsstätten unwirtschaftlich. Die Fertigung hat auf traditionelle Art zu erfolgen.

Für die Auswahl geeigneter flexibler Fertigungskonzepte für die Gruppen 1 bis 4 ist die Identifikation jener Teile notwendig, die den Fertigungsfluss unterbrechen. *Venkatesan* illustriert die Vorgehensweise an dem folgenden Beispiel:[109]

[109] Vgl. *Venkatesan, R.,* Cummins Engine flexes its Factory, a.a.O., S. 123 ff.

Produkt	jährliches Produktionsvolumen	Häufigkeit der Auslieferung	Veränderlichkeit der Konstruktion	Zeitbedarf zur Umstellung der Produktionsanlagen
Motorblock A Motorblock B	75.000 5.000	täglich monatlich	keine (stabil) keine (stabil)	Wechsel von A auf B: 30 Minuten
Wasserpumpe A Wasserpumpe B Wasserpumpe C	75.000 2.000 5.000	täglich unvorhersehbar täglich	alle zwei Jahre keine (stabil) keine (stabil)	zahlreiche Gemeinsamkeiten zwischen A und B; 8 Std.; wenig Gemeinsamkeiten zu C; von A auf C: 2 Tage
Einlasskrümmer A Einlasskrümmer B Einlasskrümmer C	75.000 5.000 20	täglich monatlich unvorhersehbar	keine (stabil) keine (stabil) keine (stabil)	Wechsel von A auf B: 8 Stunden für die Umrüstung einer Bohrmaschine, Wechsel von A auf C: 2 Tage

Die Motorblöcke A und B eignen sich aufgrund ihrer über einen längeren Zeitablauf unveränderten Konstruktion für die Produktion auf flexiblen Fertigungsstraßen. Der Wechsel von A auf B ist in 30 Minuten relativ rasch durchzuführen.

Das Produktionsvolumen der Wasserpumpe A spricht grundsätzlich für die Einrichtung einer flexiblen Fertigungsstraße. Unter Berücksichtigung der alle zwei Jahre zu erwartenden Konstruktionsänderungen wäre eine flexible Fertigungsstraße jedoch kaum wirtschaftlich zu betreiben. Aus diesem Grund ist eine Produktion in flexiblen Fertigungszellen vorzuziehen.

Der Aufbau der Wasserpumpe B ist ähnlich wie der von Wasserpumpe A. Wasserpumpe B wird aber in geringeren Stückzahlen gefertigt. Sie ist damit prädestiniert für die Produktion in den **flexiblen Fertigungszellen**, in denen auch die Wasserpumpe A gefertigt wird. Die Umrüstzeit wird in der flexiblen Fertigungszelle von acht Stunden auf eine Stunde verkürzt.

Die Anpassungsfähigkeit flexibler Fertigungszellen ist für die Wasserpumpe C nicht erforderlich. Die gleichbleibende Konstruktion, das mittlere Produktionsvolumen und die gut planbare Nachfrage sprechen für eine Produktion in einer **konventionellen Werkstattfertigung**.

Schwierigkeiten bereitet die Produktion von Einlasskrümmern. Der Einlasskrümmer A wäre aufgrund der hohen Stückzahl, der über lange Zeit hinweg unveränderten Konstruktion und der planbaren Nachfrage für die Fertigung in

Kriterium		CNC-Maschine	flexibles Fertigungs-system	Fertigungs-zelle
Anzahl der zu bearbeitenden Flächen:	weniger als 4	3	3	1
	4 oder mehr	2	1	–2
Alter des Teils (in Jahren):	weniger als 1	3	3	0
	1 bis 3	2	2	1
	mehr als 3	0	0	2
Wie häufig wurden Konstruktionsänderungen vorgenommen (Anzahl d. Änderungen geteilt durch das Alter des Teils)?	weniger als 1	0	0	2
	1 bis 3	2	2	–1
	mehr als 3	3	3	–3
Wie hoch ist die Taktzeit (in Minuten)?	weniger als 3	1	–2	–2
	3 bis 9	1	–1	0
	10 bis 30	2	0	1
	mehr als 30	1	1	3
Wieviele Bearbeitungsvorgänge sind an dem Teil vorzunehmen?	1 bis 5	0	0	1
	6 bis 15	2	2	–2
	mehr als 15	3	3	–3
Muss das Teil außerhalb der Fertigung bearbeitet werden (z.B. Hitzebehandlung)?	Ja	–2	–3	–2
	Nein	0	0	0
Wie hoch ist der monatliche Bedarf multipliziert mit der Taktzeit (in Tagen)?	weniger als 2	2	1	–2
	2 bis 4	1	2	–2
	5 bis 7	–1	0	0
	mehr als 7	–3	–2	3
Unterbricht das Teil den übrigen Produktionsprozess (geringe Stückzahl bei langer Umrüstzeit)?	Ja	2	2	–1
	Nein	0	0	0
Erwarten Sie mehr als 2% Ausschuss aufgrund von Überwachungsproblemen und Variationen?	Ja	3	1	–2
	Nein	0	0	0
Wie groß ist die geringste Größentoleranz des Teils?	weniger als 0,0011″	1	1	2
	0,0011″ bis 0,0031″	1	1	1
	0,0041″ bis 0,0151″	1	1	2
Wie groß ist die geringste geometrische Toleranz des Teils?	weniger als 0,0011″	2	2	1
	0,0011″ bis 0,0031″	1	1	1
	0,0041″ bis 0,0151″	1	1	3
Ist die Nachfrage unplanbar mit gelegentlichen Schüben?	Ja	2	2	–2
	Nein	0	0	0
Kann durch den Einsatz von Mehrspindelmaschinen die Taktzeit reduziert werden?	Ja	–2	–2	3
	Nein	0	0	0
Wieviele Lose des Teils würden Sie bei einer JIT-Produktion monatlich fertigen?	weniger als 1	3	–2	1
	1 bis 4	2	2	–1
	mehr als 4	0	3	–2

Abb. 4.31 Bewertungskatalog zur Auswahl flexibler Fertigungskonzepte

einer Fertigungsstraße geeignet. Der Produktionsfluss würde allerdings durch den Einlasskrümmer B unterbrochen. Die Umrüstzeit für die Bohrmaschine beträgt 8 Stunden. In diesem Fall bietet sich die Einrichtung einer **flexiblen Hybrid-Fertigungszelle**. Diese hätte neben den Spezialmaschinen der flexiblen Fertigungsstraße eine CNC-Bohrmaschine zu umfassen. Gemeinsame Teile von Einlasskrümmer A und B sind auf den Spezialmaschinen zu bearbeiten. Unterschiedliche Teile werden auf der CNC Maschine gebohrt.

Das Hauptproblem bei der Produktion von Einlasskrümmern stellt der Typ C dar. Geringe Stückzahlen, nicht planbare Nachfrage und hohe Umstellungszeiten würden die übrige Produktion unterbrechen. Für solche Teile ist es sinnvoll, hochflexible Produktionsbereiche mit geringer Produktionskapazität einzurichten. Diese Bereiche tragen die Verantwortung für die gesamte Produktion dieser Teile.

Für die Auswahl von Produktionsanlagen für Teile, die nur in geringen Stückzahlen gefertigt werden, wird das in Abb. 4.31 dargestellte Bewertungsschema zugrunde gelegt:

Für jedes Teil sind die 14 Fragen zu beantworten. Jede Antwort ergibt eine bestimmte Punktzahl für jedes Verfahren. Der jeweilige Wert drückt die Eignung des jeweiligen flexiblen Fertigungskonzepts unter Berücksichtigung der Teilecharakteristika aus. 3 ist der höchste und -3 der niedrigste Wert.

Das Fertigungskonzept, das bei der Bewertung die höchste Punktzahl erhält, ist am besten für die Produktion des jeweilgen Teils geeignet.

7. CIM – Computerintegrierte Fertigung

CIM (**C**omputer **I**ntegrated **M**anufacturing) bedeutet den integrierten Einsatz von Rechnern in allen mit der Produkterstellung und Auftragsabwicklung zusammenhängenden betrieblichen Funktionen – vom Auftragseingang über die Konstruktion und Herstellung eines Produktes bis hin zur Qualitätssicherung und zum Rechnungs- und Mahnwesen.[110] Die **Integration von technischen und administrativen Unternehmensbereichen** soll eine Durchgängigkeit und Transparenz sowohl des Informations- als auch des Materialflusses gewährleisten.

[110] Vgl. *Babel, W., Thaus, H.-J.*, Rechnerintegrierte Produktion – Erfahrungen aus der Praxis, in Zeitschrift des Vereins Deutscher Ingenieure für Maschinenbau und Metallbearbeitung, 128. Jg., 1986, S. 277 ff.; *Hirsch-Kreinsen, H., Schultz-Wild, R.* (Hrsg.), Rechnerintegrierte Produktion. Zur Entwicklung von Technik und Arbeit in der Metallindustrie, Frankfurt a.M., New York, 1986; *Scheer, A.-W.*, Computer Integrated Manufacturing: CIM = Der computergesteuerte Industriebetrieb, 3. erw. Aufl., Berlin, Heidelberg, New York 1988; *Wildemann, H.*, Auftragsabwicklung in einer computergestützten Fertigung (CIM), in: Zeitschrift für Betriebswirtschaft, 57. Jg. 1987, S. 6-31.

CIM-Teilbereiche

CIM als strategisches Gesamtkonzept[111] für die industrielle Automatisierung der Zukunft umfasst im Wesentlichen folgende Teilbereiche (Abb. 4.32):[112]

- Entwicklung und Konstruktion (**CAD** – **C**omputer **A**ided **D**esign),
- Simulationen und Bewertungen (**CAE** – **C**omputer **A**ided **E**ngineering),
- **P**roduktions**p**lanung und -**s**teuerung (**PPS**),
- Prozesssteuerung (**CAM** – **C**omputer **A**ided **M**anufacturing),
- Qualitätssicherung (**CAQ** – **C**omputer **A**ided **Q**uality Insurance).

Die Teilsysteme in der CIM-Konzeption übernehmen im Einzelnen folgende Aufgaben:

CAD-Systeme ermöglichen eine Konstruktion im Dialog mit dem Rechner. Der Konstruktionsgegenstand wird durch Grundelemente, die in einer Datenbank gespeichert sind, oder unter Verwendung einer Konstruktionssprache formal beschrieben. Mit CAD-Systemen können Berechnungen sowie zwei- oder dreidimensionale Konstruktionszeichnungen erstellt werden.
CAE-Systeme ermöglichen eine Analyse und Optimierung von technischen Lösungen, z.B. die Anwendung von Finite-Elemente-Programmen, lineare und nichtlineare Optimierung.
CAP-Systeme ermöglichen eine rechnergestützte Erstellung von Arbeitsplänen, Stücklisten und NC-Programmen zur Planung von Fertigungsoperationen, Maschinenbelegung und -optimierung sowie Arbeitsablauffolgen. Es werden vermehrt CAD/CAP-Anlagen eingesetzt, die die Fertigungsplanerstellung an die Geometrieverarbeitung von CAD-Systemen koppeln.
CAM-Systeme ermöglichen rechnergestütztes Verteilen von Daten und rechnergestütztes Steuern von Werkzeugmaschinen, Messmaschinen, Transport- und Lagereinrichtungen sowie Montagemaschinen zur Herstellung von Produkten bzw. Bauteilen.
CAQ-Systeme ermöglichen eine permanente Aufzeichnung qualitätssichernder Kontrollinformationen von Werkstücken.

Die einzelnen Teilbereiche und -systeme sind entsprechend dem Informations- und Materialablauf neu zu gliedern und bereichsübergreifend zu verbinden. **An die Stelle traditioneller Funktionsoptimierung tritt eine Prozessoptimierung.** Die quer zum Informations- und Materialfluss liegenden Organisationsgrenzen sind aufzubrechen und die Schnittstellen von der Auftragsbearbei-

[111] Vgl. *Rollberg, R.,* Lean-Management und CIM aus Sicht der strategischen Unternehmensführung, Wiesbaden 1996, zugl.: Kiel, Univ., Diss., 1996.

[112] Vgl. u.a. *Waller, S.,* Die automatisierte Fabrik, in: Zeitschrift des Vereins Deutscher Ingenieure für Maschinenbau und Metallbearbeitung, 125 Jg., 1983, S. 838 ff.; *Wildemann, H.,* Einführungsstrategien für die computerintegrierte Produktion (CIM), München 1990.

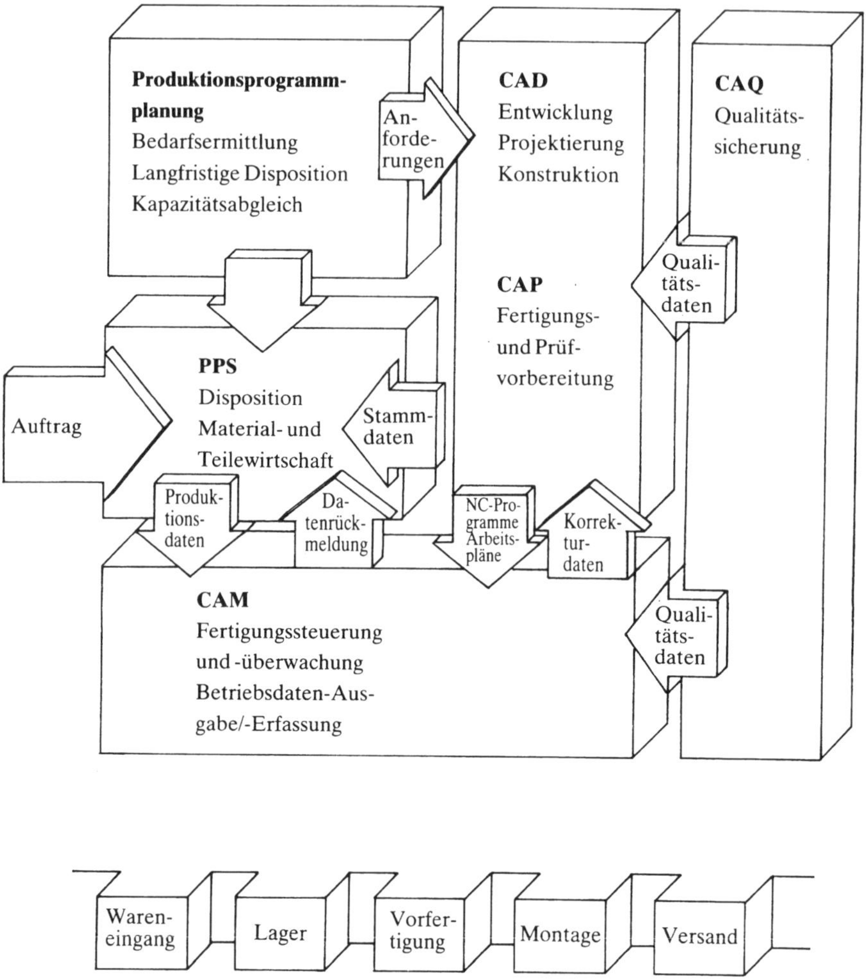

Abb. 4.32 Teilsysteme der computerintegrierten Fertigung (CIM) (Quelle: Waller)

tung und Konstruktion, Produktionsplanung und -steuerung, Fertigung bis hin zur Qualitätssicherung sind im Prozesszusammenhang sicherzustellen. Mögliche Probleme bei der Realisierung der CIM-Technologie können sein:

- unklare Schnittstellen zwischen einzelnen Funktionsbereichen,
- unterschiedliche Datenformate,
- fehlende Kommunikationsmöglichkeiten zwischen einzelnen Rechnersystemen sowie
- mangelnde Motivation und Qualifikation der betroffenen Mitarbeiter.

CIM-Voraussetzungen

Die erfolgreiche Realisierung einer rechnerintegrierten Fertigung hängt maßgeblich von vier Voraussetzungen ab. Erstens setzt CIM eine **leistungsfähige Organisation** voraus, die nach folgenden Kriterien zu gestalten ist:

- **Flache Hierarchie:** Durch den konsequenten Abbau von Hierarchiestufen werden Informations- und Entscheidungswege verkürzt. Die Aufgaben werden an den Ort ihrer Entstehung redelegiert, die Kompetenzen der Fachvorgesetzten in der Linie ausgeweitet. Die Transparenz und Reaktionsgeschwindigkeit im betrieblichen Produktionsprozess oder in seinem Umfeld können so erhöht werden.
- **Integration:** Die organisatorische Gestaltung ist auf ein produktbezogenes Handeln aller Beteiligten auszurichten. Bei einer computerintegrierten Fertigung muss sichergestellt werden, dass bereichsübergreifend gedacht und gehandelt wird.[113] Die bisher vorherrschende Funktionenorientierung tritt hinter den Gesamtzielen, d.h. der Zufriedenstellung der Kunden hinsichtlich Qualität, Preis und Lieferzeit, zurück.
- **Wirtschaftlichkeit:** Die Organisationsstrukturen müssen einen möglichst störungsfreien, kontinuierlichen Produktionsprozess unter Beachtung von Effizienz und Effektivität sicherstellen.

Als zweite Voraussetzung ist ein geeignetes **Schnittstellen-Management**[114] einzuführen, das zum einen klare Schnittstellen definieren, zum anderen eine integrative, sich zeitlich überlappende Zusammenarbeit sicherstellen muss.

Die wichtigsten logischen Schnittstellen sind:

- **Entwicklung/Konstruktion und Arbeitsvorbereitung**
  Im Bereich **CAD** wird durch Konstruktion und Berechnung ein Produkt entworfen. Der Zugriff auf Standardteile und Grundelemente in einer zentralen Datenbank ermöglicht die Projektierung eines Produkts in der gewünschten Form. Hier geschieht auch die Erstellung von Stücklisten für die Einzelteile.

  Im Bereich **CAP** entstehen mit Rechnerunterstützung alle für die Fertigung benötigten Unterlagen, wie z.B. Arbeitspläne, Montagepläne, Prüfpläne. Basis sind die in der Entwicklung und Konstruktion entstandenen geometrischen und technischen Daten sowie Zeichnungen. Damit lassen sich unmittelbar Programme für NC-gesteuerte Werkzeugmaschinen und entsprechende Testprogramme für Prüfmaschinen erstellen.
- **Arbeitsvorbereitung und Produktionsplanung/-steuerung**
  PPS umfasst alle Aufgaben, um den zeitlichen und mengenmäßigen Produktionsablauf zu ordnen und damit einen wirtschaftlichen Produktionsvollzug zu gewährleisten. Hier werden auf der Grundlage von Daten der Arbeitsvorbereitung Informationen für die Material- und Kapazitätsbedarfsplanung abge-

---

[113] Vgl. *Staehle, W. H.*, Management: eine verhaltenswissenschaftliche Perspektive, 4. Aufl., München 1989, S. 520 ff.

[114] Vgl. *Brockhoff, K.*, Schnittstellen-Management: Abstimmungsprobleme zwischen Marketing und Forschung und Entwicklung, Stuttgart 1989, S. 5 ff.

leitet. Durch Stücklistenauflösung werden die benötigten Teile und Materialien reserviert und so genannte Betriebsaufträge für die Fertigung generiert.

- **Produktionsplanung/-steuerung und Fertigung**
  Auf der Grundlage der im PPS-System durchgeführten Kapazitätsbelastung, Auftragsterminierung und Reihenfolgeplanung erfolgt im Bereich **CAM** die Fertigungs-Feinplanung. Dies umfasst die Belegungsoptimierung der Anlagen, die Steuerung des Materialflusses sowie die Bearbeitung der Teile. Aufgrund von Rückmeldungen der Fertigung ist stets eine Überwachung des Fertigungsgeschehens und eine lückenlose Auftragsverfolgung gewährleistet.

Nach Abgrenzung der einzelnen Schnittstellen ist auf ihr paralleles, vernetztes Arbeiten hinzuwirken **(Simultaneous Engineering)**.[115] Mitarbeiter aus Forschung und Entwicklung, Produktion, Vertrieb sowie externe Beteiligte wie Lieferanten und Kunden arbeiten gemeinsam an der Produkterstellung. So können Fehler vermieden, Kosten und insbesondere wettbewerbsentscheidende Entwicklungs- und Produkteinführungszeiten gesenkt werden.[116]

Das Simultaneous-Engineering-Konzept kann ausgeweitet werden, indem nicht nur die Produkterstellung **("Design for Assembly")**, sondern auch das Umfeld des Produktes, d.h. Fragen der Entsorgung nach Beendigung des Produktlebenszyklus **("Design for Disassembly")** bereits bei der Produktentwicklung mitberücksichtigt werden.

Dritte Voraussetzung einer integrierten Fertigung ist eine **gemeinsame Datenbank** zur durchgängigen und freien Nutzung von Informationen. Abb. 4.33 zeigt den möglichen Aufbau eines **funktionsorientierten Rechnerverbundes** auf der Ebene von Zentrale, Werk und Werksbereichen mit den jeweils wahrzunehmenden Funktionen.[117] Auf diese Weise ist eine Überbrückung der Schnittstellen im Informationsfluss der Produkterstellung möglich. Die informationstechnische Verknüpfung von Rechenanlagen für den Datenaustausch zwischen Systemen der Produktion und Verwaltung ist dabei nur über standardisierte und exakt definierte Schnittstellen möglich. Das von *General Motors* in Kooperation mit anderen Unternehmen entwickelte **MAP** (Manufacturing Automation Protocol) bietet eine Lösung, Produktions- und Auftragsdaten zwischen Anlagen unterschiedlicher Hersteller auszutauschen.[118] Das Kommunikationskonzept basiert auf einem Sieben-Schichten-Modell der *International Organization of Standardization (ISO)*. Der Datentransfer wird in sieben hierarchisch aufgebaute Ebenen unterteilt. Jeder Ebene ist ein Protokoll zugeordnet, das die zu übermittelnden Daten mit weiteren Informationen versieht und deren Weitergabe

---

[115] Vgl. *Nonaka, J.,* Redundant, Overlapping Organization: A Japanese Approach to Managing the Innovation Process, in: California Management Review, Vol. 32, 1990, S. 27-38.

[116] Vgl. *Burkhardt, R.,* Das Geheimnis der Sprints, in: Industriemagazin, 24. Jg., Heft 9 1990, S. 144-151, hier S. 146.

[117] Vgl. *Siebenborn, H.,* CIM – Rechnerintegrierte Fertigung, in: Zeitschrift für wirtschaftliche Fertigung, 79. Jg., 1984, S. 131; *Bittner, G., Büsing, K. P., Schönwald, B.,* Lokale Netze als Grundlage industrieller Kommunikation – MAP und TOP setzen Standards, in: CIM-Management, 2. Jg., 1986, Nr. 2, S. 68-72.

[118] Vgl. *General Motors* (Hrsg.), MAP – Manufacturing Automation Protocol, Warren, Mich. 1986.

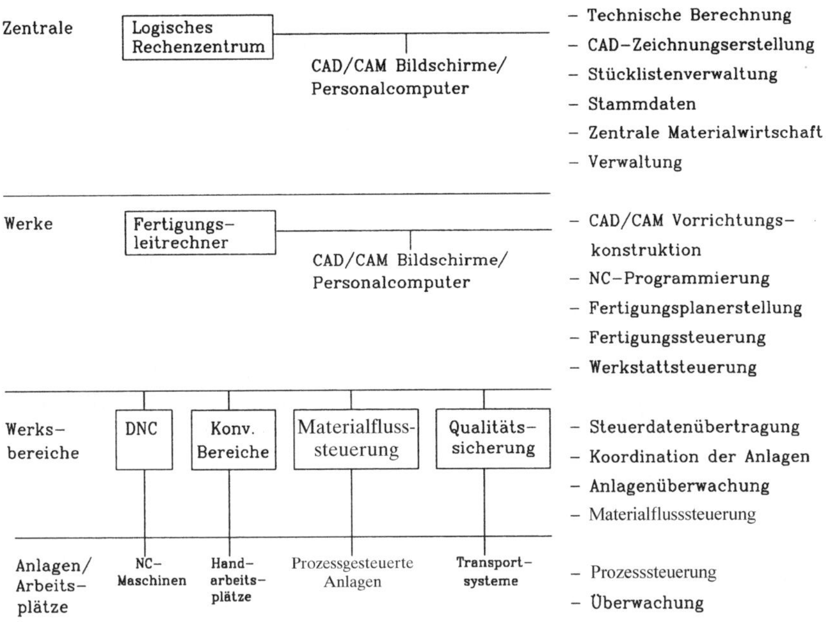

Abb. 4.33 Funktionsorientierter Rechnerverbund

regelt. Ein durchgängiger Industriestandard bietet somit die Möglichkeit für eine breite Kommunikation zwischen allen beteiligten Steuerungs- und Rechnersystemen.

Aus ablaufoptimalen und Verfügbarkeitsgründen ist an Stelle einer zentralen eine dezentrale Datenorganisation vorzuziehen. Auch die Entwicklung von Anwendungen im Bereich der **Künstlichen Intelligenz**, insbesondere von **Expertensystemen**, fördern eine Dezentralisierung von EDV-Systemen.[119] Expertensysteme bestehen aus einer Wissensbasis, in der bereichsspezifisches Expertenwissen und fallspezifisches Fachwissen gespeichert werden, und einem spezifischen Problemlösungsmechanismus.[120] In der Wissensbasis kann beispielsweise das funktionsorientierte Wissen eines Konstrukteurs mit dem fertigungstechnisch orientierten Wissen eines Arbeitsplanes verbunden und gemeinsam zur Lösung des Problems der Produktentwicklung herangezogen werden.

Vierte Voraussetzung für eine erfolgreiche CIM-Produktion ist die Integration des Faktors Personal. Der Einsatz von **HIM** (**H**uman **I**ntegrated **M**anufacturing) zielt dabei auf die **Ausschöpfung des Qualifikationspotentials** durch Be-

---

[119] Vgl. *Scheer, A.-W.*, EDV-orientierte Betriebswirtschaftslehre, 2. Aufl., Berlin, Heidelberg, New York, Tokyo, 1989, S. 154 ff; *Mertens, P., Borkowski, V., Geis, W.*, Betriebliche Expertensystem-Anwendungen – Eine Materialsammlung, Berlin, Heidelberg, New York, Tokyo, 1988.

[120] Vgl. *Müller, P.*, Expertensysteme zur Konfiguration von Rechneranlagen, in: Zeitschrift für wirtschaftliche Fertigung, 83. Jg., 1988, S. 197-202.

rücksichtigung der arbeitsorganisatorischen Auswirkungen einer integrierten Fertigung auf die Humanressourcen ab.[121] Seine wesentlichen Teilkomponenten sind:

- **Personal-Einsatz**

Die rechnerintegrierte Fertigung erfordert einen **flussorientierten Personal-Einsatz vor Ort**, der die Humanressourcen je nach Auftragslage nutzt und den jeweiligen Arbeitsplätzen zuordnet.[122] Die variable Zuordnung der Mitarbeiter setzt dabei flexible Arbeitszeiten und eine Mehrfachqualifikation der Mitarbeiter voraus. Die kurzfristige Personaldisposition wird vom Meister selbst unter Berücksichtigung der aktuellen Auftragslage und der zur Verfügung stehenden Mitarbeiter durchgeführt. Diese Zuordnung kann durch den Einsatz von **PESSY** (**P**ersonal**e**insatz- und -steuerung**ss**y**stem) optimiert und beschleunigt werden, bei dem rechnerunterstützt die Anforderungsprofile der Arbeitsplätze mit den Qualifikationsprofilen der Mitarbeiter abgeglichen werden.[123]

- **Personal-Controlling**

Das Personal-Controlling hat die möglichst optimale Ausnutzung der Humanressourcen durch Planung, Steuerung und Kontrolle zu überwachen.[124] Durch **permanente Überprüfung der Kosten-, Effizienz- und Effektivitätswirkungen** anhand personalwirtschaftlicher Kennzahlen wird festgestellt, welchen Beitrag die Humanressourcen zum Erreichen einer erfolgreichen integrierten Fertigung leisten.[125] Die erforderlichen Daten aus den einzelnen Unternehmensbereichen werden in einem **Personalinformationssystem** gespeichert.[126]

- **Personal-Organisation**

Die auf Flexibilität ausgerichtete integrierte Fertigung verlangt personalwirtschaftliche Entscheidungen und Problemlösungen von den Meistern vor Ort. **Handlungs- und Entscheidungskompetenzen sind in die Fertigung zu re-integrieren**. Es sind dezentrale Personalreferentensysteme aufzubauen, bei denen die Meister von einem für ihren Fachbereich zuständigen Personalexperten in

---

[121] Vgl. *Bullinger, H.-J.*, Ohne Human Integrated Manufacturing kein CIM, in: io Management, 59. Jg., 1990, Nr.6, S. 48-52; *Schultz-Wild, R.*, u.a., An der Schwelle zu CIM, Eschborn, Köln 1989, S. 205 f.

[122] Vgl. *Fuchs, R.-M.*, Personaleinsatz bei Just-in-Time-Produktion, in: Arbeitsvorbereitung, 27. Jg., 1990, Nr. 2, S. 73-76.

[123] Vgl. *Bühner, R., Kleinschmidt, P.*, Rechnerunterstützer Personaleinsatz-dargestellt am Beispiel einer Fertigungsinsel-Organisation, in: Die Betriebswirtschaft, 49. Jg., 1989, S. 761-768.

[124] Vgl. *Küpper, H.U., Weber, J., Zünd, A.*, Zum Verständnis und Selbstverständnis des Controllings, in: Zeitschrift für Betriebswirtschaft, 60. Jg., 1990, S. 281-293; *Potthoff, E., Trescher, K.*, Controlling in der Personalwirtschaft, Berlin, New York 1986.

[125] Vgl. *Wunderer, R., Sailer, M.*, Instrumente und Verfahren des Personal-Controllings, in: Personalführung, o. Jg., 1987, S. 600-606; *Drucker, P.*, The Emerging Theory of Manufacturing, in: Harvard Business Review, Vol. 68, May-June 1990, S. 94-107.

[126] Vgl. *Andrews, J.*, Proving That HRIS Equals Success, in: Personnel, Vol. 66, October 1989, S. 56-59.

allen personalwirtschaftlichen Fragen beraten werden.[127] Die Ergebnisverantwortung trägt allein der Meister, der so auf die Bedeutung der Humanressourcen für das Erreichen seiner Produktionsziele aufmerksam gemacht und dessen personalwirtschaftliches Handeln auf mehr Wirtschaftlichkeit gelenkt wird.

Zukünftige CIM-Realisierungen werden maßgebend von der Entwicklung einheitlicher Kommunikationsstandards und dem Aufbau von Expertensystemen geprägt sein. Die ‚Fabrik der Zukunft' ist somit rechnerintegriert, dezentral organisiert und mit hoch-qualifiziertem Personal ausgestattet.[128]

Einführende Literatur

Eidenmüller, B., Die Produktion als Wettbewerbsfaktor, Zürich et al. 1989.

IFA-Institut für Fabrikanlagen der Universität Hannover, Statistisch orientierte Fertigungssteuerung. Grundlagen, Systeme, Anwendungsbedingungen, Hannover 1981.

Scheer, A.-W., EDV-orientierte Betriebswirtschaftslehre: Grundlagen für ein effizientes Informationsmanagement, 4. Auflage, Berlin et al. 1990.

Wildemann, H., Die modulare Fabrik: Kundennahe Produktion durch Fertigungssegmentierung, München 1988.

Weiterführende Literatur

Adam, D. (Hrsg.), Fertigungssteuerung I und II , Wiesbaden 1988.

Krallmann, H. (Hrsg.), CIM Expertenwissen für die Praxis, München, Wien 1990.

Scheer, A.-W., CIM – Computer Integrated Manufacturing. Der computergesteuerte Industriebetrieb, 4. Auflage, Berlin et al. 1990.

Wildemann, H., Einführungsstrategien für die computerintegrierte Produktion (CIM), München 1990.

Zink, K. J. (Hrsg.), Qualität als Managementaufgabe, Landsberg/Lech 1989.

Kontrollfragen

1. Beschreiben Sie das Verfahren der belastungsorientierten Auftragsfreigabe. Unter welchen Voraussetzungen ist die Methode sinnvoll einsetzbar?
2. Welche Vor- und Nachteile sind mit Gruppenarbeit verbunden?
3. Was sind Fertigungsinseln und für welche Aufgaben sind sie geeignet?
4. Was ist unter Total Quality Control zu verstehen? Beschreiben Sie die Unterschiede zwischen den Qualitätskonzepten von Deming, Juran und Taguchi!
5. Welche flexiblen Fertigungskonzepte lassen sich unterscheiden und welche Vorteile sind ihrem Einsatz verbunden?
6. Was ist unter Simultaneous Engineering zu verstehen?

[127] Vgl. *Paschen, K.*, Von der funktionalen Organisation zum Integrationsmodell, in: Zeitschrift Führung + Organisation, 57. Jg., 1988, S. 237-241.

[128] Vgl. *Bühner, R.*, Entwicklungslinien zukünftiger Fabrikorganisation – jenseits von Taylor, in: Zeitschrift des Vereins Deutscher Ingenieure für Maschinenbau und Metallbearbeitung, 128. Jg., 1986, S. 535 ff.

Zweites Kapitel: Materialwirtschaft und Logistik

Nach der Definition des *Bundesverbandes für Materialwirtschaft und Einkauf* ist die **Materialwirtschaft** „das Versorgungssystem der Unternehmung vom Lieferanten bis zum Kunden über alle Wertsteigerungsstufen der Unternehmung. Die Materialwirtschaft umfasst alle Tätigkeiten der Planung, Disposition, Durchführung und Kontrolle für das Einkaufen, Bevorraten, Verteilen und Entsorgen aller zum Erreichen des Unternehmenszwecks notwendigen Güter, Leistungen und Energien“[129]. Eine in diesem Sinn ganzheitliche Versorgungs- und Entsorgungsfunktion des Unternehmens kann als integrierte Materialwirtschaft verstanden werden.

Logistik umfasst alle planenden, steuernden und realisierenden Tätigkeiten, die einer bedarfsgerechten Bereitstellung von Gütern, die für die Erfüllung der betrieblichen Aufgaben erforderlich sind, dienen. Im Mittelpunkt stehen gleichermaßen die Versorgung der Bedarfsträger innerhalb des Unternehmens mit Materialien und die Belieferung der Abnehmer im Absatzmarkt mit Fertigerzeugnissen.[130] Die industrielle Logistik wird dabei meist in die Bereiche Beschaffungs-, Produktions- und Absatzlogistik gegliedert.[131] Heute werden die Begriffe Materialwirtschaft und Logistik oft mit gleicher Bedeutung verwendet. Eine mögliche Zuordnung von Aufgaben der Beschaffung, Logistik und Entsorgung innerhalb der integrierten Materialwirtschaft zeigt Abb. 4.34.

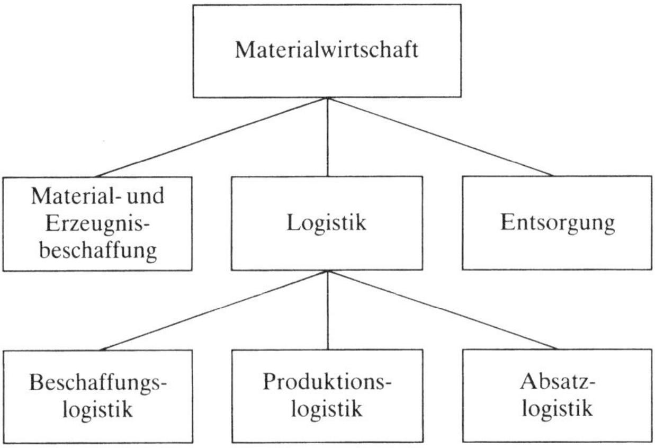

Abb. 4.34 Aufgabenumfang der integrierten Materialwirtschaft

[129] *Schwab, H.*, Materialwirtschaft. Aufgaben und Definitionen, in: Bundesverband Materialwirtschaft und Einkauf, Schriftenreihe „wissen und beraten“, Heft 6, Frankfurt am Main 1978, S. 10.

[130] Vgl. *Fieten, R.*, Management der Materialwirtschaft im Wandel. Zur Integration der Logistik in die Materialwirtschaft, in: Journal für Betriebswirtschaft, 36. Jg., 1986, S. 176.

[131] Zur Unterscheidung dieser Begriffe vgl. *Ihde, G. B.*, Transport, Verkehr, Logistik, München 1984, S. 180 ff.

Im Folgenden werden Probleme der Eingliederung der Bereiche Materialwirtschaft und Logistik in der Aufbauorganisation der Unternehmung sowie ausgewählte, aus ablauforganisatorischer Sicht aktuelle Probleme der ‚Beschaffungspolitik', der ‚Just-in-time-Produktion' und des ‚Controlling' behandelt.

1. Organisation von Materialwirtschaft und Logistik

Materialwirtschaft und Logistikaufgaben sollten organisatorisch zusammengefasst und der Unternehmensführung direkt unterstellt werden.[132] Folgende Gründe sind dafür ausschlaggebend:

- **Störungen** im Bereich Materialwirtschaft und Logistik führen unmittelbar zu Betriebsstörungen und Produktionsausfällen. Dadurch kann die Lieferbereitschaft eines Unternehmens beeinträchtigt werden.
- **Material- und Logistikkosten** belaufen sich in Industrieunternehmen oft auf mehr als 50% des Umsatzes. Synergien aufgrund einer organisatorischen Zusammenfassung können somit erhebliche Vorteile für die Wertschöpfung bringen. Beispielsweise führt eine Ersparnis von 10% im Bereich Materialwirtschaft und Logistik – unterstellt man, dessen Kosten betragen 50% des Umsatzes – zu einer Erhöhung der Wertschöpfung um 5%.
- Eine **Verbesserung der Arbeitsabläufe** im Bereich Materialwirtschaft und Logistik beschleunigt die Durchlaufzeiten und führt zu einer Verminderung des im Vorratsvermögen gebundenen Kapitals. Dadurch verbessert sich die Kapitalstruktur. Dieser Vorteil ist für deutsche Unternehmen, deren Eigenkapitalanteil, verglichen mit ausländischen Konkurrenten, relativ niedrig ist, besonders hervorzuheben.
- Hält man an einer **dezentralen Verantwortung** von Materialwirtschaft und Logistik fest, wie dies nach den Ergebnissen einer Untersuchung von *Pfohl* in vielen Unternehmen praktiziert wird, ergeben sich einerseits Probleme aus einer Vernachlässigung von Logistikaufgaben, andererseits Zielkonflikte aus konkurrierenden Abteilungszielen. Beispielsweise sind die Marketingabteilung an hohen Lagerbeständen und das Finanz- und Rechnungswesen an geringen Lagerbeständen interessiert. Die Produktionsabteilung fordert billige Transportmethoden, für die Marketingabteilung steht hingegen eine schnelle Auslieferung im Vordergrund.[133] Abb. 4.35 gibt einen Überblick über mögliche Zielkonflikte bei einer dezentralen Organisation von Materialwirtschaft und Logistik.[134]

---

[132] Vgl. *Dreger, W.,* Zentrale Verantwortung für Material und Energie. Eine Maßnahme im Zeichen des Ressourcen Management, in: io Management Zeitschrift, 53. Jg., 1984, S. 143 ff.; *Ihde, G.,* Logistik, Organisation der, in: Handwörterbuch der Organisation (1980), a.a.O., Sp. 1224 ff.; *Pfohl, H.,* Aufbauorganisation der betriebswirtschaftlichen Logistik, in: Zeitschrift für Betriebswirtschaft, 50. Jg., 1980, S. 1201 ff.

[133] Vgl. *Pfohl, H.,* Aufbauorganisation der betriebswirtschaftlichen Logistik, in: Zeitschrift für Betriebswirtschaft, a.a.O., S. 1201 ff.

[134] Vgl. *Pfohl, H.,* Marketing-Logistik: Gestaltung, Steuerung und Kontrolle des Warenflusses im modernen Markt, Mainz 1972, S. 59; zu einer detaillierten Übersicht möglicher Zielkonflikte siehe *Nührich, K.,* Bestandscontrolling in der Praxis, in: Unternehmensführung und Logistik, hrsg. von H. Albach und H. Pfohl, Zeitschrift für Betriebswirtschaft, Ergänzungsheft 2/1984, S. 100 ff.

	Marketing		Finanz- und Rechnungswesen		Produktion
Elemente der Marketing-Logistik	– Auslieferungsnetz – Lieferservice		– Auftragsabwicklung – Lagerbestandshaltung		– Lagerhausoperationen – Transport
Ziele der Ressorts	– Größere Lagerbestände	←→	– Geringere Lagerbestände		
	– Schnelle Auftragsabwicklung	←→	– Billige Auftragsabwicklung		
	– Schnelle Auslieferung	←———		———→	– Billigste Transportmethode
	– Außenlager	←→	– Wenig Lagerhäuser	←→	– Lagerhäuser bei der Produktionsstätte

Abb. 4.35 Innerorganisatorische Zielkonflikte bei Aufsplitterung logistischer Aufgaben

Die Aufgabe einer zentralen Stelle für Materialwirtschaft und Logistik ist es, dafür Sorge zu tragen, dass:

- „im Rahmen der Unternehmenspolitik generelle Richtlinien für die Beschaffung und Lagerhaltung von Material und Energie erlassen, aber auch durchgesetzt werden (vor allem gegen die Widerstände jener Bereiche, die früher eine Teilverantwortung für das Material hatten),
- die unterschiedlichen Interessen von Vertrieb und Produktion optimal koordiniert werden, indem (unter Beobachtung einer definierten Lieferfähigkeit) die Bestände optimiert werden,
- eine systematische Liefermarkt- und Lieferantenanalyse aufgebaut wird, wobei auch Lieferanten für Ersatzteile, Energie und Dienstleistungen zu berücksichtigen sind,
- unter Berücksichtigung der internationalen Märkte sogar spekulative Einkäufe (d.h. ohne aktuellen Bedarf) getätigt werden,
- die zentrale Auftrags- und Materialsteuerung das dominierende Element aller Teilbereiche der zentralisierten Materialwirtschaft ist und bleibt, was sogar so weit gehen muss, dass sie gegenüber dem Vertrieb und der Produktion ein Vetorecht erhält, falls diese versuchen, übergeordnete Optimierungsinteressen einseitig zu verletzten,
- der Energie-Einsatz unter den speziellen Gesichtspunkten der Koppelwirtschaft verschiedener Bereiche sowie der Energie-Rückgewinnung optimiert wird, was in allen Fällen den zentralisierten Einsatz aller (inner- und außerbetrieblichen) Transportkapazitäten einschließt“[135].

Nach *Schäfer* umfassen diese Aufgaben:

- die Steuerung aller Kunden- und Fertigungsaufträge in Montage und Teilefertigung,
- die Planung, Steuerung, Abwicklung und Kontrolle des Materials für Aufträge,

[135] *Dreger, W.*, Zentrale Verantwortung für Material und Energie, a.a.O., S. 143.

- die Koordination von Beschaffungs-, Produktions- und Absatzaktivitäten,
- die Verantwortung für die Bestandshöhe.[136]

Die Materialwirtschafts- und Logistikfunktion überlagert die betrieblichen Grundfunktionen Beschaffung, Produktion und Absatz. Ausgangspunkt für die Bewältigung der Aufgaben von Materialwirtschaft und Logistik sind die Kapazitäten von Einkauf, Produktion und Absatz. Diese Kapazitäten sollen optimal genutzt und miteinander verbunden werden. Folgende organisatorischen Gestaltungsmöglichkeiten bieten sich an:[137]

- **Zentralbereich „Materialwirtschaft und Logistik"**

  In einem Zentralbereich „Materialwirtschaft und Logistik" erfolgen Planung, Koordination und Kontrolle der logistischen Aufgaben für alle Geschäftsbereiche eines Unternehmens. Für operative Aufgaben, z.B. die konkrete Durchführung der logistischen Aufgaben, sind entsprechende Abteilungen in den Geschäftsbereichen zuständig. Nach der Kompetenz des Zentralbereichs unterscheidet man zwischen „Sach-" und „Richtlinienkompetenz". Zentralbereichen mit Sachkompetenz obliegt die Verantwortung für das gesamte Logistiksystem, die logistischen Methoden und alle Maßnahmen zur Koordination von Materialwirtschaft und Logistik. Zentralbereiche mit Richtlinienkompetenz haben lediglich die Aufgabe, den Geschäftsbereichen grobe Richtlinien vorzugeben und für die Geschäftsbereiche beratend tätig zu werden.

- **Kollegien für Materialwirtschaft und Logistik**

  Mitarbeiter aus Abteilungen, in denen Logistikaufgaben wahrgenommen werden, treten in Arbeitskreisen zusammen, um Logistikprobleme zu behandeln. Kollegien bestehen in der Regel für lange Zeiträume. Zur Wahrnehmung von Logistikaufgaben sind sie allerdings nur bedingt geeignet. Meistens lassen sich das „logistische Tagesgeschäft" sowie Planung und Kontrolle recht gut mit Kollegien bewältigen. Dagegen sind Kollegien mit außerordentlichen logistischen Problemen oft überfordert.

- **Projektgruppen für Materialwirtschaft und Logistik**

  In einer Projektgruppe arbeiten Mitarbeiter von verschiedenen Abteilungen für eine begrenzte Zeit zusammen, um spezielle logistische Problemstellungen zu lösen. Die Mitglieder der Projektgruppe werden meistens von ihren eigentlichen Aufgaben freigestellt, um sich der Projektarbeit voll widmen zu können.

---

[136] Vgl. *Schäfer, H.,* Das Beispiel BMW-Logistik und Einkauf, Aufgabe der Unternehmenspolitik, in: Beschaffung aktuell, Heft 11, 1984, S. 21.

[137] Vgl. *Pfohl, H.,* Aufbauorganisation der betriebswirtschaftlichen Logistik, a.a.O., S. 1207 ff.

2. Beschaffungspolitik

Aufgabe der Beschaffungspolitik ist die „gesicherte und zugleich die kostenminimale Versorgung des Unternehmens mit Rohstoffen und Material“[138]. *Münzner* erweitert den Aufgabenkatalog der Beschaffungspolitik um zwei wesentliche Aspekte. Zum einen muss man im Rahmen einer modernen Beschaffungsstrategie die **Zusammenarbeit mit Lieferanten** koordinieren und permanent an neue Anforderungen anpassen. Diese Zusammenarbeit geht oft so weit, dass man sich an der Forschungs- und Entwicklungsarbeit der Zulieferer beteiligt und gemeinsam neue – auch kostengünstigere – Problemlösungen entwickelt. Zum anderen gewinnt die **Qualitätssicherung** im Rahmen der Beschaffungsstrategie eine immer größere Bedeutung.[139] Dies führt dazu, dass die Beschaffung auf wenige oder einen **(Single Sourcing)** Zulieferanten beschränkt wird. Der Kreis der Zulieferanten wird dabei nicht mehr national beschränkt, sondern die Auswahl der Zulieferanten erfolgt weltweit **(Global Sourcing)**.

2.1 Koordination der Zulieferbetriebe

Die Zusammenarbeit mit den Lieferanten ist aktiv oder passiv gestaltbar. Eine **passive Gestaltung der Zusammenarbeit mit den Lieferanten** kommt in einer Hinnahme der Marktgegebenheiten zum Ausdruck. **Aktiven Einfluss auf die Lieferanten nimmt man durch:**

- Lieferantenpolitik und -entwicklung;
- Konditionspolitik;
- Werbepolitik.

Ziele einer aktiven Einflussnahme auf Lieferanten sind hauptsächlich:

- die verbesserte Nutzung hochtechnisierter Logistikhardware. Dazu gehören Lade- und Transporteinrichtungen sowie Förder- und Lagertechnik;
- die Senkung von Beständen;
- die Verbesserung von Möglichkeiten, Aufträge schnell annehmen und bearbeiten zu können.[140]

---

[138] *Gutenberg, E.*, Grundlagen der Betriebswirtschaftslehre. Erster Band: Die Produktion, a.a.O., S. 191 (im Original nicht fett); vgl. hierzu auch *Grochla, E., Schönbohn, P.*, Beschaffung in der Unternehmung, Stuttgart 1980, S. 37 ff.; *Stark, H.*, Beschaffungsführung. Grundlagen marktkonformen und zielorientierten Verhaltens in der Beschaffung, Stuttgart 1973, S. 31 ff.; *Fieten, R., Westphal, K., Wunderlich, D.*, Die langfristige Versorgungssicherung der Unternehmung, in: Beschaffung und Unternehmensführung. Bericht des Arbeitskreises ‚Beschaffung, Vorrats- und Verkehrswirtschaft‘ der Schmalenbach Gesellschaft, hrsg. von N. Szyperski und P. Roth, Stuttgart 1982, S. 103 ff.

[139] Vgl. *Münzner, H.*, Beschaffungsstrategien in einem Großunternehmen, in: Zeitschrift für betriebswirtschaftliche Forschung, 37. Jg., 1985, S. 250 ff.; vgl. hierzu auch *Schulz, R.*, Logistik-Anforderungen. Gestaltung logistischer Schnittstellen aus der Sicht eines Unternehmens der Automobilindustrie, in: Zeitschrift für Logistik, 4. Jg., 1983, Heft 3, S. 77 ff.; *Schäfer, H.*, Das Beispiel BMW – Logistik und Einkauf a.a.O., S. 20 ff.

[140] Vgl. *Schulz, R.*, Logistik-Anforderungen, a.a.O., S. 79 ff.

Fertigungssynchrone Anlieferung

Ein organisatorisches Instrument zur Senkung von Beständen ist die **fertigungssynchrone Anlieferung** der wichtigen Teile. Darunter versteht man eine am kurzfristigen Bedarf ausgerichtete Beschaffungspolitik. Die Bereitstellung des Materials soll so erfolgen, dass keine Lagerzeiten anfallen und die Teile in der erforderlichen Menge und Qualität direkt am Fertigungsort zur Verfügung stehen. Voraussetzung für eine fertigungssynchrone Anlieferung sind der Einsatz neuer Informations- und Kommunikationstechniken zwischen Zulieferer und Abnehmer sowie die Nutzung modernster Transport- und Fördertechniken. Ferner sind seitens des Zulieferers ein hohes Maß an Flexibilität notwendig. Während bei traditioneller Materialbereitstellung ein meist hohes Lager erforderlich war, um rasch auf Kundenwünsche reagieren zu können, wird dieser Flexibilitätsbedarf mit einer durch neue Informations- und Kommunikationstechniken gestützten Auftragsbearbeitung und dem direkten Kontakt zum Zulieferer dorthin verlagert.

Ziel einer **Kooperation zwischen Abnehmer und Zulieferant** sollte sein, eine Kostenoptimierung in der gesamten logistischen Kette zu erreichen. Eine fertigungssynchrone Beschaffung sollte dabei keinesfalls in eine Verlagerung materialwirtschaftlicher Probleme zu den Zulieferanten münden. Möglichkeiten zur Kooperation und damit zum Erreichen eines gemeinsamen Kostenminimums liegen in folgenden Bereichen:[141]

- **Langfristige Vertragsbeziehungen mit Zulieferanten**
  Die vertraglichen Beziehungen sollten unter langfristigen Aspekten ausgestaltet werden. In ein- oder mehrjährigen **Rahmenverträgen** sind Beschaffungsvolumen und Lieferkonditionen für regelmäßig und in großer Zahl benötigte Teile im Voraus zu vereinbaren. Die exakte Festlegung der Lieferzeit sollte bei Absprache der gewünschten Menge und abgerufenen Anlieferungsfrequenz erfolgen. Auf diese Weise können sich insbesondere bei der gemeinsamen Entwicklung neuer Produkte oder Materialien Vorteile sowohl für den Abnehmer als auch für den Zulieferer ergeben. *Münzner* weist einschränkend darauf hin, dass langfristige Liefer- und Entwicklungsverträge nur dann sinnvoll seien, wenn die Ausgewogenheit der beiderseitigen Interessen gewährleistet ist.[142]
- **Abstimmung von Lager- und Transportaktivitäten**
  Bei der Teilegestaltung und Verpackung sollte der Zulieferer die Belange des Abnehmers berücksichtigen. Zusätzlich sind das Lager- und Transportwesen von Abnehmer und Zulieferer aufeinander abzustimmen, um eine möglichst reibungslose Übergabe der Teile zu gewährleisten.

  Der Einsatz von **Gebietsspediteuren** bietet eine Möglichkeit zur Koordinierung der eingesetzten Transportmittel zwischen Abnehmer und Zulieferant. Hier werden bestimmte Beschaffungsfunktionen ausgelagert und freien Dienstleistungsunternehmen übertragen, die die Anlieferung von Teilen zeitlich genau steuern und einen möglichst fertigungsnahen Zulauf sichern. Eine

---

141 Vgl. *Schulz, R.*, Logistik-Anforderungen, a.a.O, S., 79 f.

142 Vgl. *Münzner, H.*, Beschaffungsstrategien in einem Großunternehmen, a.a.O., S. 254.

Einteilung des Einzugsbereichs für Zulieferungen und eine Bündelung von Einzel- zu Sammeltransporten ermöglichen eine optimierte Auslastung der Transportmittel und folglich eine entsprechende Reduzierung der Frachtmittel. So sorgt in der Kooperation zwischen der *Robert Bosch GmbH* und dem Speditionsunternehmen *Rhenus AG* ein zentrales Lager für eine bedarfssynchrone Anlieferung von Teilen. Der Spediteur hat dabei täglich 240 Paletten zu verwalten und einen Bestand von 2000 Kleinteilen abrufbereit zu halten. In der Endphase des gemeinsamen Projekts soll die *Rhenus AG* schließlich den Wareneingang von über 300 Zulieferern besorgen.

- **Kopplung von Informations- und Kommunikationstechnologien**
  Voraussetzung zur Beschleunigung der Teilebeschaffung sollte ein enger Rechnerverbund und damit ein **direkter Informations- und Datenaustausch** zwischen Abnehmer und Zulieferant sein. Beide Partner sollten neue Informations- und Kommunikationstechnologien nutzen, um einen schnellen und fehlerfreien Austausch von Informationen über Bedarfs- und Liefermengen, Stücklisten sowie Auftrags- und Produktionsdaten zu ermöglichen. Eine Lösung bietet hier die **Datenfernübertragung**. Lieferabrufe können damit direkt von den eigenen Rechnern in die EDV-Anlagen der Zulieferanten überspielt werden. Der Einsatz der Datenfernübertragung kann dazu beitragen, den steigenden administrativen Aufwand in Grenzen zu halten sowie das Datenvolumen schneller und besser zu übertragen sowie auch zu begrenzen.

Während man durch Koordination mit Zulieferbetrieben versuchen kann, den Bestand des Materialeingangslagers weitgehend zu reduzieren, steht bei der Beschaffungsplanung mit Wertzuwachskurven der Zeitpunkt der Beschaffung während des Fertigungsprozesses im Vordergrund.

2.2 Wertzuwachskurven

Wertzuwachskurven zeigen die kumulierten Herstellkosten während des Fertigungsprozesses. Abb. 4.36 zeigt den typischen Verlauf einer Wertzuwachskurve.

Die abgebildete Wertzuwachskurve zeigt, dass die kumulierten Herstellkosten zu Beginn der Teile- bzw. Endmontage jeweils aufgrund von fremdbezogenen Teilen sprunghaft steigen. Während der Teile- und Endmontage ist ein kontinuierlicher Wertzuwachs durch Bearbeitung und Montage zu beobachten. Ziel der Analyse von Wertzuwachskurven ist es, den Zugang fremdbezogener Teile sowie eigene Leistungen mit hoher Wertschöpfung so spät wie möglich einzuplanen. Dadurch gelingt es, die Durchlaufzeit von Komponenten mit hoher Kapitalbindung zu verkürzen und Bestände zu senken. Voraussetzung für die Beschaffungsplanung anhand von Wertzuwachskurven ist eine gute Zusammenarbeit mit den Zulieferern, da die teuren und wichtigen Teile erst zum spätestmöglichen Zeitpunkt in den Fertigungsprozess eingeplant werden.

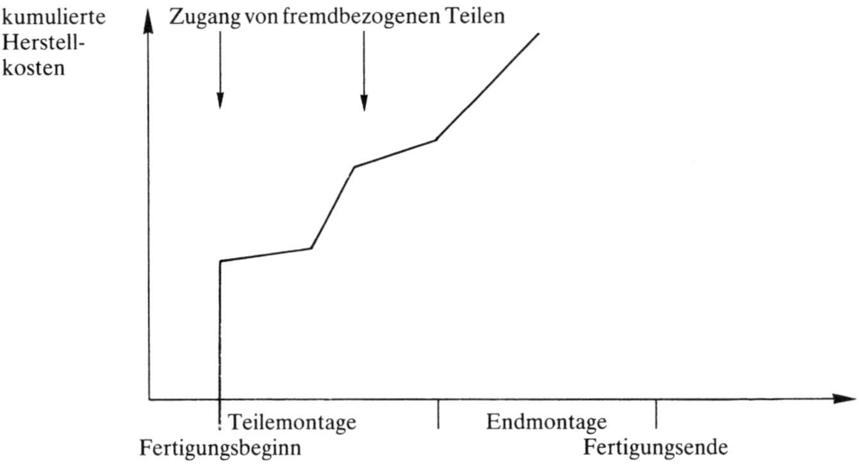

Abb. 4.36 Wertzuwachskurve

3. Just-in-time-Produktion

„Just-in-time-Produktion" soll als „Produktion auf Abruf" dazu beitragen, den Materialbestand zu senken und Termintreue zu gewährleisten.[143] Der Faktor Zeit wird dabei zur strategischen Zielvariable, an der die gesamte Organisation der logistischen Kette ausgerichtet wird. Ziel ist es, im Bearbeitungsprozess konsequent alle „unnötigen" Aktivitäten zu vermeiden und Bestände zu minimieren, um die Durchlaufzeiten der einzelnen Aufträge zu senken.

Leitsatz einer Produktionssteuerung nach „Just-in-time"-Prinzipien ist, **das richtige Teil zur richtigen Zeit in der richtigen Qualität am richtigen Ort zu haben**.[144] Wichtig ist dabei, jegliche Verschwendung im Bearbeitungsprozess an Anlagen und Werkzeugen, direkter und indirekter Arbeitsleistung, Material, Raum und Energie zu vermeiden.[145]

Zur Einführung der „Just-in-time-Produktion" sind folgende Grundsätze zu beachten:

---

143 Vgl. *Wildemann, H.,* Das Just-in-time Konzept, 2. Aufl., München 1990; *Hall, R. W.,* Zero Inventories, Homewood, Ill. 1983.

144 Vgl. *Schonberger, R. J.,* Japanese Manufacturing Techniques, New York, London 1982, S. 16 ff.

145 Vgl. *Hall, R. W.,* Just-in-time Production in the United States, in: Just-in-time-Produktion. Erfahrungsberichte aus Japan, USA und Europa, hrsg. von der Gesellschaft für Management und Technologie mbH, München 1984, S. 33.

- **Festlegung von Verantwortlichkeiten**

Die einzelnen Arbeitsbereiche sind so zu definieren, dass die Verantwortlichkeiten für den einzelnen Mitarbeiter klar abgegrenzt sind.[146] Dies erfordert genaue Kenntnis von Arbeitsmethoden, Werkzeugen, Verbesserungsmöglichkeiten sowie Kommunikationsbeziehungen.

- **Transparenz**

Die den Mitarbeitern zugewiesenen Arbeitsbereiche sollen durch Aushängen von Arbeitsanweisungen und genau strukturierte Tätigkeitsbereiche für alle Mitarbeiter durchschaubar sein. Dadurch lässt sich der Überwachungs- und Steuerungsaufwand vermindern.

- **Vereinfachung**

Bestände, Personal und Betriebsmittel sind auf ihre Notwendigkeit hin zu überprüfen. Alles, was nicht unmittelbar gebraucht wird, ist aus dem Produktionsbereich zu entfernen.

- **Sauberkeit**

Primärziel ist die Beseitigung der Unordnung. Sauberkeit steht stellvertretend für Qualität. Durch eine saubere, lärmarme Arbeitsumgebung werden Arbeitsbedingungen geschaffen, die zu qualitätsbewusstem Arbeiten erziehen.

- **Aktive Teilnahme**

Die Arbeitsorganisation verstärkt das Mitarbeiterengagement, wenn sie richtig betrieben wird. Möglichkeiten zur persönlichen Gestaltung des Arbeitsplatzes sichern

- das Bewusstmachen von Selbstverantwortlichkeit des einzelnen für Arbeitsplatz und -umgebung;
- das Schaffen eines Wertgefühls bei den Mitarbeitern für ihren Arbeitsplatz und ihre Arbeit;
- die Förderung des Qualitätsbewusstseins und der Motivation zur Leistung bei den Mitarbeitern.

Just-in-time-Produktion nach MRP

Die Just-in-time-Produktion kann mit den traditionellen Produktionsplanungs- und -steuerungssystemen **MRP I** (**M**aterials **R**equirements **P**lanning) und seiner weiterentwickelten Version **MRP II** (**M**anufacturing **R**esource **P**lanning) reali-

[146] Vgl. *Schonberger, R. J.*, World Class Manufacturing Casebook: Implementing JIT and TQC, New York, London 1987, S. 165 ff.

siert werden.[147] MRP I und MRP II sammeln alle für einen Auftrag erforderlichen Daten in Form von Stückzahlen, Komponenten und benötigten Fertigungszeiten und analysieren die aktuelle Kapazitäts- und Ressourcenauslastung. Im Anschluss daran werden die zur Erfüllung des Auftrags erforderlichen Aufgaben auf die einzelnen Fertigungsstufen verteilt. Wesentliche Kennzeichen der Produktionssteuerung nach MRP sind folgende:

- **Zentrale Auftragsfreigabe und Materialdisposition**

Die Kundenaufträge werden von einer zentralen Stelle aus in Teilaufträge zerlegt[148] und in die einzelnen Fertigungsstufen „gestoßen" (Push-Prinzip). Die Bereitstellung der zur Produktion erforderlichen Materialien erfolgt ebenfalls zentral.

- **Bring-System**

Das Material wird auf Veranlassung der zentralen Auftragssteuerung nach Beendigung eines Bearbeitungsprozesses zur nächsten Fertigungsstufe transportiert.

- **Informationsfluss Top-Down**

Alle zur Bearbeitung der Teilaufträge erforderlichen Informationen werden von der zentralen Auftragssteuerung geliefert und von oben nach unten an die einzelnen Bearbeitungsstufen weitergeleitet.

Abb. 4.37 zeigt den Ablauf der Auftragssteuerung nach dem MRP-System.

Die zentrale Auftragssteuerung bei MRP I und MRP II führt zu einer weitgehenden **Befreiung der Mitarbeiter in der Fertigung von der Verantwortung für die Auftragssteuerung**. Dem steht gegenüber, dass MRP einen **hohen Zeitbedarf** erfordert und eine **starke Belegung der Kapazitäten des innerbetrieblichen EDV-Systems** zur Erfassung aller für einen Auftrag notwendigen Daten. Darüber hinaus schränken insbesondere die **mangelnde Flexibilität durch die auf Wochen- oder Monatsbasis ausgerichtete Material- und Auftragsdisposition und der hohe Koordinationsaufwand** die Eignung von MRP-Systemen bei einer Just-in-time-Produktion erheblich ein.

---

[147] Vgl. *Karmarkar, U.,* Getting Control of Just-in-Time, in: Harvard Business Review, Vol. 67, Sept-Oct. 1989, S. 122-131.; vgl. auch *Müller, J. G., Sprague, L. G.,* Behind the Growth in Materials Requirement Planning, in: Harvard Business Review, Vol. 53, Sept.-Oct. 1975, S. 83-91; *Adam, D.,* Aufbau und Eignung klassischer PPS-Systeme, in: Fertigungssteuerung, Band 1, Grundlagen der Produktionsplanung und -steuerung, hrsg. von D. Adam, Wiesbaden 1988, S. 5-21.

[148] Vgl. *Ulrich, H., Hug, R.,* Planung und Steuerung der Produktion heute, in: Output, 13. Jg., 1984, Heft 1, S. 21-26.

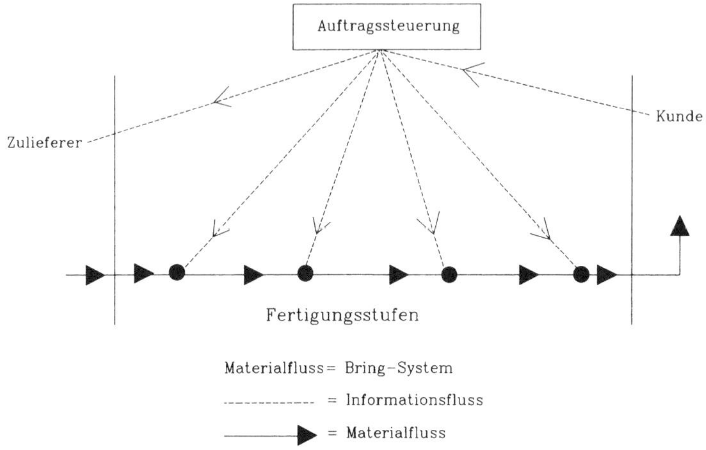

Abb. 4.37 Ablauf der Auftragssteuerung und MRP

Just-in-time-Produktion nach Kanban-Prinzipien

Mit Hilfe des in Japan entwickelten Kanban-Systems ist eine Just-in-time-Produktion realisierbar. Das Kanban-System unterscheidet sich von den herkömmlichen Konzepten zur Gestaltung des Materialflusses hauptsächlich durch die Dominanz des „Hol-Prinzips". **Das „Hol-Prinzip" besagt, dass das benötigte Material durch die verbrauchende Stelle bei der vorgelagerten zu bestellen und dort abzuholen ist.** Wie Abb. 4.38 zeigt, beschränkt sich die zentrale Produktionsplanung und -steuerung auf die Weitergabe der Endaufträge in die letzte Fertigungsstufe.

Zur Gewährleistung eines reibungslosen Ablaufs des „Hol-Prinzips" muss sichergestellt sein, dass:

- Verbraucher nicht mehr als das „benötigte" Material anfordern,
- Verbraucher nicht zu früh Material anfordern,
- Erzeuger nicht zu viel Material herstellen,
- Erzeuger keine fehlerhaften Erzeugnisse weiterleiten und
- seitens der Produktionssteuerung nicht zu viele Aufträge freigegeben werden.[149]

Neben dem Hol-Prinzip sind bei der Gestaltung eines Kanban-Systems folgende **Kanban-Prinzipien** zu beachten:

- Schaffung vermaschter selbststeuernder Regelkreise zwischen erzeugenden und verbrauchenden Bereichen;
- ein flexibler Personal- und Betriebsmitteleinsatz;

[149] Vgl. *Suzaki, K.*, The New Manufacturing Challenge. Techniques for Continuous Improvement, New York 1987, S. 156.

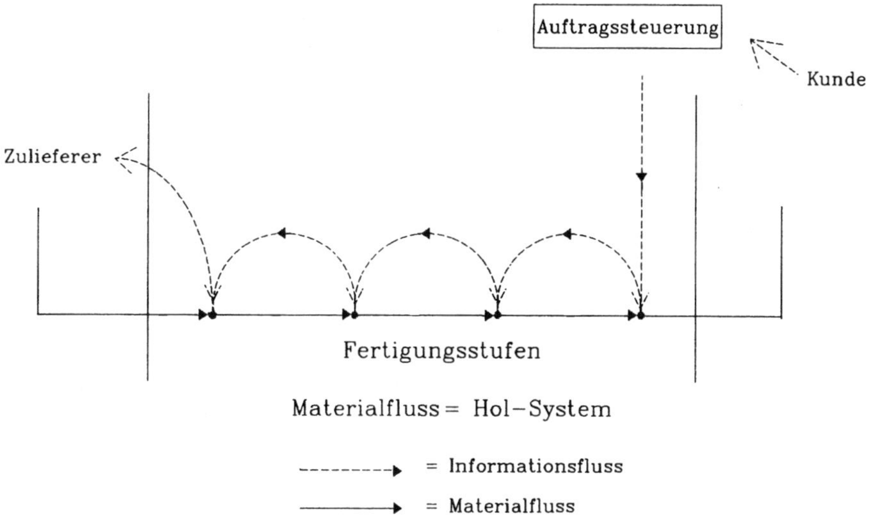

Abb. 4.38 Auftragssteuerung bei Kanban

- die Übertragung der kurzfristigen Steuerung an die ausführenden Mitarbeiter mit Hilfe einer Kanban-Karte.[150]

Die Kanban-Karte dient als Haupt-Informationsträger bei der Gestaltung des Materialflusses nach dem „Hol-Prinzip". Bei Bedarf der Verbraucherstelle werden mit ihr alle für die Ausführung der Bestellung erforderlichen Informationen an die Erzeugerstelle weitergeleitet. Die Kanban-Karte erhält folgende Daten:

- Artikel- oder Teilespezifikation mit Teil-Identifikation, Artikel- oder Teilebezeichnung, eventuell Skizze;
- Transportspezifikation mit Behälterart, Anzahl der Teile pro Behälter;
- Angabe des Erzeugers (herstellende Abteilung, Zwischenlager oder auch Lieferant);
- Angabe des Verbrauchers (weiterverarbeitende Abteilung, Zwischenlager oder auch Endabnehmer);
- Kartenidentifikation mit Registriernummer der Karte, laufende Nummer der Karte, eventuell Angabedatum.[151]

Neben der Kanban-Karte finden als Steuerungsinstrumente „genormte" Behälter und Vorrichtungen Verwendung sowie Lampen, um vor- und zurückliegenden Mitarbeitern Störungen aufzuzeigen.[152] Die Durchlaufzeit kann ge-

[150] Vgl. *Wildemann, H.,* Flexible Werkstattsteuerung nach Kanban-Prinzipien, in: Flexible Werkstattsteuerung durch Integration von Kanban-Prinzipien, hrsg. von H. Wildemann, München 1984, S. 33.

[151] Vgl. *Wildemann, H.,* Das Just-in-time Konzept, a.a.O., S. 54 ff.

[152] Vgl. hierzu *Schonberger, R. J.,* World Manufacturing. The Lesson of Simplicity Applied, New York 1986, S. 19 ff.

senkt werden durch einen schnelleren Umlauf der Behälter sowie eine größere Anzahl von Behältern, die gleichzeitig in Umlauf sind.

Zur Einführung eines Just-in-time-Systems sollten **fünf Voraussetzungen** erfüllt sein:

(1) Harmonisierung des Produktionsprogramms

Durch Teilestandardisierung und Teilefamilienbildung versucht man, Teileverbrauch und Produktion zu stabilisieren. Durch Standardisierung gelingt es auch, den Anteil repetitiver Tätigkeiten zu vergrößern.

(2) Geringe Rüstzeiten

Die Verkürzung von Rüstzeiten ermöglicht eine Verringerung an Beständen, weil man flexibel auf Teilenachfrage reagieren kann. Die kurzfristige Termin- und Mengensteuerung kann dadurch direkt in der Produktion erfolgen. Der Bestimmung optimaler Losgrößen kommt nur noch eine relativ geringe Bedeutung zu.

(3) Ablauforientierte Betriebsmittelgestaltung

Das „Hol-Prinzip" lässt sich nur dann wirtschaftlich verwirklichen, wenn die Betriebsmittel ablauforientiert angeordnet werden. Eine wichtige Rolle spielen dabei die Anordnung von Pufferlägern, Gruppentechnologien sowie die Verbindung zwischen Fertigungsinseln durch Umgestaltung des Transportsystems in Richtung eines flexibleren Materialtransports.

(4) Kapazitätsharmonisierung

Durch Kapazitätsharmonisierung wird versucht, den Arbeitsrhythmus anzugleichen, um den notwendigen Bestand von Pufferlägern zu reduzieren. Pufferläger haben damit nur noch die Funktion, im Falle von Störungen die Produktion aufrechtzuhalten. Kapazitätsharmonisierung setzt voraus, dass Störungen im Produktionsprozess schnell behoben werden. Um dies zu erreichen, benötigt man gut ausgebildetes Wartungs-, Instandhaltungs- und Bedienungspersonal. Durch genaue Zuordnung von Instandhaltungspersonal zu bestimmten Betriebsmitteln sind eine schnelle Fehlererkennung und -behebung möglich.

(5) Qualitätssicherung

Qualitätssicherung ist notwendig, damit eine Unterbrechung des Materialflusses aufgrund fehlerhafter Teile vermieden wird. Zum einen erfolgt Qualitätssicherung durch automatische Mess- und Regeltechnik, zum anderen durch Motivation der Mitarbeiter. Die Mitarbeiter sollen zur Selbstkontrolle angehalten werden, indem man ihnen die Bedeutung der eigenen Arbeit und eventueller Fehler vor Augen führt. Das Qualitätsbewusstsein der Mitarbeiter kann dabei durch die Einführung von Qualitätsprämien gefördert werden.

Vorteile des Kanban-Systems sind die Möglichkeiten der Bestandsreduzierung aufgrund des „Hol-Prinzips" und des Abbaus von Pufferlägern, erhöhte Flexibilität durch verminderte Rüstzeiten sowie erhöhte Motivation als Folge der größeren Entscheidungskompetenz der Mitarbeiter am Arbeitsplatz.

Das nachfolgende Beispiel des Produktionsstandortes „*smartville*" in Hambach (Frankreich) zeigt die Erfolgspotenziale eines **Just-in-time-Konzepts**, welches sich zunehmend an einer engeren, regionalen Zusammenarbeit der Hersteller und Lieferanten entlang der Wertschöpfungskette orientiert:

„*Smartville*", das Werk, das in Hambach (Frankreich) seit 1997 das kleine Stadtauto in den Varianten *smart city-coupé* und *smart cabrio* herstellt, ist eine der modernsten Produktionsstätten der Welt. Die Produktion wird von *MCC (Micro Compact Car) France SAS*, an der *Daimler Chrysler* eine 75%-Beteiligung hält, betrieben.

Grundidee dieser Fertigungsanlage ist die Ansiedlung aller Zuliefererfirmen, die heute bereits komplette Module bereitstellen, auf dem Werksgelände sowie in unmittelbarer Nähe des Betriebs. Die Entfernung zwischen Anlieferstelle eines Bauteils und dem zugehörigen Montageband darf in diesem System maximal 10 Meter betragen. Auf diese Weise konnte das Produktionssystem nicht nur beschleunigt, effizienter und ökologisch verträglicher gestaltet werden, sondern auch Materialtransport und Lagerhaltung wurden auf ein Minimum reduziert.

Heute sind in *smartville* ca. 2.000 Mitarbeiter mit einem Durchschnittsalter von 31 Jahren in 11 Betrieben beschäftigt. Die 140 Montagestationen für die Herstellung eines Wagens werden mittlerweile innerhalb von viereinhalb Stunden durchlaufen. Bereits im Jahr 2001 konnte *smartville* folgende Produktionsergebnisse vorweisen:

- Durchschnittlich 159 Fahrzeugen pro Mitarbeiter pro Jahr;
- Insgesamt etwa 400 Autos pro Tag im Zweischichtbetrieb;
- Insgesamt 120.000 Autos im Gesamtjahr 2001;
- Etwa 430.000 Fahrzeug seit Bestehen des Werks.

Von dem ursprünglich einen, benzinbetriebenen Fahrzeug entwickelten sich in den letzten Jahren 24 Modellvarianten und etwa 300 Ausstattungskombinationen, die heute ebenfalls alle in Hambach produziert werden können.

4. Logistik-Controlling

Für die Koordination und Kontrolle von Arbeitsabläufen in Materialwirtschaft und Logistik ist ein gut organisiertes Controlling von zentraler Bedeutung. Ausgehend von den **Controllingfunktionen**

- Ziele setzen,
- Koordinieren von Zielsetzungen und Informationsversorgung,
- Durchführen von Soll/Ist-Vergleichen,
- Überwachen von Zielen und Zielerreichung auf deren Konsistenz,
- Reagieren auf Abweichungen,
- Überwachen von Frühwarnindikatoren und
- Koordinieren der beteiligten Dienststellen

hat das **Logistik-Controlling die Aufgabe, mit Hilfe geeigneter Kennzahlen dazu beizutragen, Informationen über Kosten und Kostenentwicklung der Transport-**

und Lagerprozesse zu gewinnen und im Sinne der Unternehmensziele zu verarbeiten.[153]

Im Rahmen des Logistik-Controlling nimmt das Bestandscontrolling eine zentrale Stellung ein. **Bestandscontrolling** umfasst folgende Schritte:[154]

- Festlegen von Bestandszielen;
- Selektion und Koordinieren der Informationen über aktuelle Bestände und voraussichtliche Bestandsentwicklung und deren Beurteilung;
- Überwachen der Bestandsziele und deren Konsistenz mit den unternehmerischen Zielen;
- Analyse der Abweichungen der Plan- von den Ist-Beständen;
- Koordinierung der erforderlichen Reaktionen auf negative Bestandsentwicklungen sowohl in Richtung auf zu hohe als auch zu niedrige Bestände.

Grundlage des Logistik- und Bestands-Controlling sind Budgets. In **Budgets** werden mengen- bzw. wertmäßige Ziele für jeden einzelnen Verantwortungsbereich in Materialwirtschaft und Logistik fixiert. Durch die Vorgabe von Plandaten an Verantwortungsbereiche kann man Leistungen kontrollieren und gegebenenfalls Abweichungsanalysen durchführen.

Für Budgetvorhaben zur Steuerung des Ablaufs von Materialwirtschaft und Logistik eignen sich folgende ausgewählte Kennzahlen:[155]

Lieferbereitschaft

$$\text{Lieferbereitschaft} = \frac{\text{befriedigtes Bedarfsvolumen in geplanter Servicezeit}}{\text{angefordertes Bedarfsvolumen}} = \left\{ \begin{array}{c} \dfrac{\text{befriedigtes Bedarfsvolumen in geplanter Servicezeit}}{\text{geplanter Bedarf in geplanter Servicezeit}} \\ \times \\ \dfrac{\text{geplanter Bedarf in geplanter Servicezeit}}{\text{angefordertes Bedarfsvolumen}} \end{array} \right.$$

Die Lieferbereitschaft ist eine Kennzahl zur Beurteilung der Lager- und Transportleistung. Ausschlaggebend für die Höhe der Kennzahl ist auch die Vorgabe der Servicezeit. Tendenziell nimmt die Lieferbereitschaft einen um so größeren Wert an, je größer man die Servicezeit wählt.

---

153 Vgl. *Pfohl, H., Hoffmann, H.,* Logistik-Controlling, in: Unternehmensführung und Logistik, hrsg. von H. Albach und H. Pfohl, a.a.O., S. 42 ff.; *Nührich, K.,* Bestandscontrolling in der Praxis, a.a.O., S. 100 ff.; *Kellermann, P.,* Bestandscontrolling aus der Sicht der Unternehmensleitung, in: Unternehmensführung und Logistik, hrsg. von H. Albach und H. Pfohl a.a.O., S. 91 ff.; *Berg, C.,* Formeln und Kennzahlen der betrieblichen Beschaffung und Logistik, in: Wirtschaftswissenschaftliches Studium, 11. Jg., 1982, S. 377 ff.

154 Vgl. *Nührich, K.,* Bestandscontrolling in der Praxis, a.a.O., S. 102.

155 Vgl. *Berg, C.,* Formeln und Kennzahlen der betrieblichen Beschaffung und Logistik, a.a.O., S. 377 ff.; *Nührich, K.,* Bestandscontrolling in der Praxis, a.a.O., S. 110 f.; *Pfohl, H., Hoffmann, H.,* Logistik-Controlling, a.a.O., S. 47 ff.

Ob Abweichungen von der geplanten Lieferbereitschaft auf eine mangelhafte Logistik oder auf Planungsfehler zurückzuführen sind, ist anhand von zwei Kennzahlen bestimmbar. **Die logistische Leistung** kommt in folgender Kennzahl zum Ausdruck:

$$\frac{\text{befriedigtes Bedarfsvolumen in geplanter Servicezeit}}{\text{geplanter Bedarf in geplanter Servicezeit}}$$

Die Kennzahl besagt, **inwieweit der geplante Bedarf in der geplanten Servicezeit befriedigt werden konnte**.

Die zweite Kennzahl misst **Planungsfehler**:

$$\frac{\text{geplanter Bedarf in geplanter Servicezeit}}{\text{angeforderter Bedarf}}$$

Die Kennzahl gibt darüber Auskunft, **inwieweit der geplante Bedarf vom tatsächlichen Bedarf abweicht**.

Lager- und Transportleistung

Zur Planung und Kontrolle der Lager- und Transportleistung verwendet man Kennzahlen, die Auskunft über Lagerkosten in Relation zu Lagerbestand bzw. Transportkosten in Relation zum Transportvolumen geben:

$$\text{Relative Lagerkosten} = \frac{\text{Lagerkosten}}{\text{durchschnittlicher Lagerbestand}}$$

$$\text{Relative Transportkosten} = \frac{\text{Transportkosten}}{\text{durchschnittliches Transportvolumen}}$$

Der Vorteil dieser Kennzahlen ist, dass man Auskunft darüber gewinnt, ob Abweichungen der Ist-Lagerkosten (bzw. Plan-Transportkosten) auf eine Änderung der Leistung, d.h. den Lagerbestand bzw. das Transportvolumen, zurückzuführen sind.

Speziell über die Leistung der Lagerdisposition gibt der Lagerumschlag Auskunft:

$$\text{Lagerumschlag} = \frac{\text{Jahresverbrauch (Umsatz)}}{\text{durchschnittlicher Lagerbestand}}\ .$$

Diese Kennzahl gibt an, wie oft das Lager im Jahr „umgeschlagen" wird. Ein niedriger Lagerumschlag lässt auf „Ladenhüter", d.h. eine eventuell mangelhafte Lagerplanung und -zusammensetzung oder auf zu vorsichtige Bestandsplanung schließen. Die Eliminierung von Beständen, die überhaupt keiner Bewegung unterliegen, bietet ein erhebliches Potential für eine Erhöhung des Lagerumschlags.

$$\varnothing\ \text{Lagerdauer} = \frac{\varnothing\ \text{Lagerbestand}}{\text{Jahresverbrauch}} \times 360.$$

Einführende Literatur

Albach, H., Pfohl, H.-Ch., Unternehmensführung und Logistik, Zeitschrift für Betriebswirtschaft, Ergänzungsheft 2/1984.
Pfohl, H.-Ch., Logistiksysteme, Betriebswirtschaftliche Grundlagen, 3. Auflage, Berlin, Heidelberg, New York 1988.

Weiterführende Literatur

Wildemann, H., Das Just-in-time-Konzept, Frankfurt/Main 1988.
Baumgarten, H., Schwarting, C., (Hrsg.), Bestandssenkung in Produktions- und Zulieferbetrieben, Bremen 1984.

Kontrollfragen

1. Erklären Sie die Aufgaben der „Materialwirtschaft" und der „Logistik"!
2 Wie lässt sich die Zusammenarbeit mit Lieferanten koordinieren?
3. Was besagt die Wertzuwachskurve?
4. Erläutern Sie das Just-in-time-Konzept! Welche Grundsätze und welche Voraussetzungen sind mit der Einführung des Systems verbunden?
5. Wodurch unterscheidet sich das Kanban-Prinzip von herkömmlichen Konzepten der Materialflusssteuerung?
6. Was versteht man unter Logistik-Controlling?

Drittes Kapitel: Ablauforganisation im Büro

1. Hilfsmittel

Die Ablauforganisation im Büro hat sich innerhalb der letzten Jahre stark verändert. Verantwortlich hierfür sind Fortschritte im Bereich der Mikroelektronik und Nachrichtentechnik sowie ein erheblicher Preisverfall bei elektronischen Geräten.

Mit dem Einsatz moderner Informations- und Kommunikationstechniken (IuK-Techniken) im Büro werden folgende Ziele verfolgt:

- „Optimierung der Ablauforganisation,
- Steigerung der Arbeitsproduktivität,
- Beschleunigung des Informationsflusses,
- Erhöhung der Arbeitsqualität und
- Verbesserung des Servicegrads intern und gegenüber Kunden."[156]

Neue Informations- und Kommunikationstechniken umfassen Instrumente der Telekommunikation und der rechnergestützten Informationsverarbeitung. Tab. 4.6 gibt einen Überblick über wichtige neue Informations- und Kommunikationstechniken.

Telekommunikation

• **Telefax**	Ein Telefax ist ein an das Telefonnetz angeschlossener **Fernkopierer,** der Dokumente in einzelne Bildpunkte zerlegt und an einen räumlich entfernten Fernkopierer überträgt.
• **Electronic Mail (E-Mail)**	Digitalisierte Information wird über ein spezielles Datennetz ausgetauscht. Neben reinem Text können E-Mails auch komplexe Datensammlungen, z.B. Diagramme, als „Anlage" enthalten.
• **Fax-Mail**	Hybride **Mischform** aus Telefax-Technologie und E-Mail. Digitalisierte Dokumente werden in einem Computer (sog. Fax-Server) vor dem Versenden bzw. nach dem Empfang zwischengespeichert. Die **Vorteile** gegenüber herkömmlicher Fax-Technologie liegen in einer besseren Kapazitätsausnutzung[157] und möglichen Papiereinsparungen.

[156] *Stahlknecht, P.,* Einführung in die Wirtschaftsinformatik, Berlin, Heidelberg, New York 1995, S. 424.

[157] Vgl. *Pribilla, P., Reichwald, R., Goecke, R.,* Telekommunikation im Management, Stuttgart 1996, S. 68.

• **T-Online**	Nachfolger von **Datex-J** (Vormals **BTX**). Dieser Mehrwertdienst der *Deutschen Telekom AG* bietet die Möglichkeit, mittels Computer und Modem über das Telefonnetz (mit oder ohne ISDN-Leitung) Informationen auszutauschen und Dienstleistungen (z.B. Online-Banking) zu beanspruchen.
• **EDI** *(Electronic Data Interchange)*	Generelle Bezeichnung für den Datenaustausch (z.B. Handelsdaten, also Bestelllisten u.ä.) zwischen langfristigen Geschäftspartnern (sog. Geschlossene Benutzergruppe). Übertragungsmedium sind öffentliche Telekommunikationsnetze.[158] **Vorteile von EDI** sind: – beschleunigte Kommunikation, – verbesserte Kooperation und damit einhergehend z.B. die Reduzierung von Lagerbeständen. Als ein **Nachteil** kann das streng vorgegebene Datenformat und der damit verbundene Mangel an Flexibilität gesehen werden.
• **Internet**	Das Internet ist ein **weltweites, dezentral aufgebautes Datennetz**. Genutzt wurde es ursprünglich im militärischen und dann im wissenschaftlichen Bereich. Heute ist das Internet ein frei verfügbares Kommunikationsmedium mit teilweise sehr hoher Übertragungskapazität. Firmen nutzen es intensiv zur Datenbeschaffung (z.B. Marktrecherche bei Produkten, Information über Wettbewerber) sowie zur Selbstdarstellung. Da das Internet erhebliche Sicherheitsmängel aufweist, wird es kaum im Rahmen der eigentlichen Bürokommunikation genutzt. Hauptanwendungsgebiete in diesem Zusammenhang sind das Telefonieren per Internet sowie Bildschirmkonferenzen (Telekonferenzen). Beide Anwendungen haben den **Vorteil**, dass ehemals sehr teure Mehrwertdienste der *Deutschen Telekom AG* nun vergleichsweise preiswert verfügbar sind, denn der Benutzer bezahlt nur die Gebühren für die Benutzung des Fernmeldenetzes zum nächsten Internet-Provider sowie die generell anfallenden Nutzungsgebühren. Entscheidende **Nachteile** sind die (noch) mangelhafte Qualität und Geschwindigkeit der Gesprächs- und Bildübertragung. Sobald neue Sicherheitsstandards verfügbar sind, wird jedoch damit gerechnet, dass insbesondere die Auftragserteilung per Internet an die Firmen und die Auftragsannahme durch die Firmen stärker genutzt wird.

[158] Vgl. *Stahlknecht, P.*, Einführung in die Wirtschaftsinformatik, a.a.O., 1995, S. 398 ff.

• **Intranet**	Ein Intranet ist ein hausinternes Datennetz einer Organisation. Es basiert auf den gleichen Techniken wie das weltumspannende Internet. Im Gegensatz zum Internet, das allen Benutzern mit Zugang zu Datennetzen offensteht, stellt das Intranet dagegen ein Kommunikationsmedium für geschlossene Benutzergruppen (z.B. alle Angehörige eines Unternehmens) dar.[159] Die **Vorteile** sind: • erhöhte Sicherheit für vertrauliche unternehmensinterne Daten, • keine direkten Kosten für das Einwählen sowie die Nutzung des Netzes und • hohe Geschwindigkeit der Datenübertragung. Als **Nachteile** sind zu nennen: • ausufernde Informationen, da auch weniger wichtige Details veröffentlicht werden; • Zwang zur Aktualisierung, deshalb hoher Personalaufwand.

Tab. 4.6 Informations- und Kommunikationstechniken im Büro

Eine gelungene Darstellung technischer Details der oben angesprochenen Informations- und Kommunikationsnetze (z.B. Fernmeldenetz / ISDN der *Deutschen Telekom AG,* Datennetze des Internets bzw. Intranets) findet der interessierte Leser z.B. bei *Stahlknecht.*[160]

2. Dezentralisation

Neue Informations- und Kommunikationstechniken erweitern die Möglichkeiten einer Dezentralisation von Arbeitsplätzen und einer Dezentralisation von Entscheidungen.

2.1 Dezentralisation von Arbeitsplätzen

Telearbeitsplätze ermöglichen den Mitarbeitern, ihre Aufgaben außerhalb des Unternehmens zu erfüllen. Nach *Kieser* eignet sich ein Telearbeitsplatz für „Tätigkeiten, die keinen häufigen direkten Kontakt mit anderen Stellen in der Zentrale vorsehen – etwa Schreibarbeiten bestimmter Art, standardisierte Sachbearbeitungsaufgaben oder Programmierarbeiten“[161].

---

[159] Vgl. *Rensmann, J. H., Gröpler, K.,* Telearbeit – Ein praktischer Wegweiser, Berlin, Heidelberg, New York, 1998, S. 72.

[160] *Stahlknecht, P.,* Einführung in die Wirtschaftsinformatik, a.a.O., 1995.

[161] Vgl. *Kieser, A.,* Tele-Heimarbeit – organisatorische und soziale Aspekte, in: Jahrbuch der Bürokommunikation, hrsg. vom FBO-Verlag GmbH, Baden-Baden 1985, S. 108.

Reichwald verwendet für die Formen der mediengestützten standortverteilten Arbeit den Oberbegriff **Telekooperation.**[162] Sie umfasst:

- Telearbeit (Gestaltung menschlicher Arbeit unter den Bedingungen räumlicher Verteilung und Mobilität),
- Telemanagement (Koordination und Führung standortverteilter Arbeit),
- Teleleistung (die Produkte und Ergebnisse der telekooperativen Arbeit sind Mittelpunkt der Betrachtung).

Eine weitere Klassifikation der Telearbeit wird erreicht, indem der räumliche Dezentralisationsgrad berücksichtigt wird:

- Home-Based-Telework
- Center-Based-Telework
- On-Site Telework
- Mobile Telework

Home-Based-Telework

Beim Home-Based-Telework (früher als Tele-Heimarbeit bezeichnet) ist der Telearbeitsplatz im häuslichen Bereich des Arbeitnehmers eingerichtet. Dies ermöglicht z.B. Frauen, Beruf und Familie zu verbinden, und schafft für Behinderte neue Möglichkeiten, in den Arbeitsprozess eingegliedert zu werden.

Diese Form der Telearbeit stellt allerdings hohe Anforderungen an den Arbeitnehmer: Er muss in der Lage sein, sich selbst zu motivieren, zu disziplinieren und zu kontrollieren.[163] Zudem wird ein erhöhtes Maß an kommunikativer Kompetenz gefordert, denn die Telekommunikation läuft meist rein verbal ab, fehlende Mimik und Gestik müssen durch sprachliches Geschick und kommunikative Effizienz kompensiert werden.

Vor- und Nachteile der Home-Based-Telework:

- **Vermeidung von Pendelverkehr**
  Da der Arbeitnehmer seinen Arbeitsplatz in unmittelbarer Nähe vorfindet, entfällt das tägliche Pendeln. Der Arbeitnehmer hat mehr Zeit, die Umwelt wird durch Vermeidung des Anfahrtswegs entlastet.

- **Ersparnis bei den Gebäudekosten**
  Für Mitarbeiter, die zu Hause arbeiten, muss kein teurer Büroarbeitsplatz zur Verfügung gestellt werden. Neben den unmittelbaren Raumkosten vermindern sich auch Kosten für Klimaanlagen, Beleuchtung, Reinigung und Instandhaltung.

---

[162] Vgl. *Reichwald, R., Möslein, K., Riedel, D.,* Telekooperation – Arbeitsform der Informationsgesellschaft, in: technologie und management, 46. Jg., Nr. 4, 1997, S. 20-23, hier S. 20.

[163] Vgl. *Rensmann, J. H., Gröpler, K.,* Telearbeit – Ein praktischer Wegweiser, a.a.O., 1998, S. 132 ff.

- **Soziale Isolation**
  Heimarbeit birgt die Gefahr, wichtige soziale Kontakte zu Kollegen und Geschäftspartnern zu verlieren.

- **Mangelnde Identifikation mit dem Unternehmen**
  Rensmann / Gröpler weisen zu Recht darauf hin, dass insbesondere bei „Heimarbeit" eine mangelnde Identifikation des Arbeitnehmers mit seinem Unternehmen stattfinden kann. Da der Telearbeiter das betriebliche Umfeld und Klima nicht wahrnehmen kann, wird er kein Gespür für die Unternehmenskultur entwickeln können. Dies kann sich auch in der Außenwirkung gegenüber Dritten negativ bemerkbar machen.

Center-Based-Telework

Synonym werden auch die Begriffe „Telearbeitszentrums" oder „Satellitenbüro" gebraucht. Durch Bündelung mehrerer Telearbeitsplätze eines Unternehmens stellt ein solches Zentrum eine ausgelagerte Betriebsstätte dar. Wichtig kann dies insbesondere unter betriebsverfassungsrechtlichen Aspekten sein.

Die wesentlichen Merkmale eines Telearbeitszentrums sind:

- Zusammenfassung mehrerer Telearbeitsplätze,
- Arbeitsstätte wird von einem Arbeitgeber betrieben.

Vor- und Nachteile der Center-Based-Telework:

- **Geringere Raumkosten**
  Die Verlagerung ganzer Abteilungen z.B. von der Innenstadt hin zum Stadtrand kann wegen unterschiedlicher Mietniveaus zu enormen Einsparungen bei den Raumkosten führen.

- **Geringere Anfahrtswege**
  Ein Telearbeitszentrum ist nur dann wirtschaftlich zu betreiben, wenn in ihm mehrere Arbeitsplätze angesiedelt sind. Für einige Arbeitnehmer verkürzt sich daher der tägliche Weg zum Arbeitsplatz auf den Weg ins Telearbeitszentrum.

- **Datenschutz und Datensicherheit**
  Bei der Absicherung gegen Datenspionage und Datenverlust können insbesondere bei der eingesetzten Hardware **Fixkostendegressionseffekte** gegenüber der Home-Based-Telework erzielt werden.

- **Keine soziale Isolation**
  Da mehrere Arbeitsplätze zusammengefasst wurden, besteht die Gefahr der sozialen Isolation nicht mehr.

- **Kontrollproblem**
  Die räumliche Distanz kann zu einem Abkoppeln des Centers vom restlichen Unternehmen führen. Sinkende Leistungen und steigende Kontrollkosten sind dann die Folge.

On-Site Telework

Diese Kategorie „bezeichnet Telearbeit am Standort des Kunden, des Lieferanten oder Wertschöpfungspartners.“[164]

Das folgende Beispiel soll den Anwendungsbereich verdeutlichen:

Ein Mitarbeiter einer Unternehmensberatung wird für ein Projekt bei einem Großkunden abgestellt. Der Mitarbeiter erhält vor Ort beim Kunden einen eigenen Arbeitsplatz mit Telekommunikationsanbindung. Dort sichtet er die Geschäftsunterlagen des Kunden und übermittelt die Ergebnisse per E-Mail an seine Vorgesetzten.

Bei Rückfragen oder Problemen wendet sich der Unternehmensberater an sein Hauptbüro.

Wesentliche Merkmale der On-Site Telework sind:

- Der Telearbeiter hat nicht nur kurzfristig seinen Arbeitsplatz direkt beim Kunden.
- Verstärkter Einsatz moderner Kommunikationsformen.

Mobile Telework

Der Telearbeiter ist nicht an einen räumlich festen Arbeitsplatz gebunden, sondern mittels moderner IuK-Techniken mit dem Auftraggeber oder Empfänger der Leistung verbunden. Ein Fall von Mobile Telework liegt z.B. bei einem Außendienstmitarbeiter vor, der über Daten-Mobilfunk eine eben aufgenommene Bestellung wenig später als Auftragseingang an das Unternehmen weitermeldet. Im Unterschied zur On-Site Telework hält sich der Außendienstmitarbeiter nur kurzfristig beim Kunden auf.

Zu betonen ist, dass die oben vorgestellten Varianten idealtypische Formen der Telearbeit darstellen. In der Realität sind Mischformen zwischen „permanenter Anwesenheit im Betrieb“ und „reiner Telearbeit“ durchaus üblich. Liegt eine solche Abstufung vor, spricht man auch von „alternierender Telearbeit“.

2.2 Entscheidungsdezentralisation

Neue Informations- und Kommunikationstechnologien erweitern den Spielraum für eine Dezentralisation von Entscheidungen. Ein wesentlicher Grund hierfür ist in einer Erleichterung und Beschleunigung der Kommunikationsvorgänge zu sehen. **Dadurch können Entscheidungen in den hierarchisch niedrigeren Stellen getroffen werden, in denen das Problem anfällt.**[165]

Wesentliche Bedeutung für eine verstärkte Entscheidungsdezentralisation haben Möglichkeiten des Informationsaustauschs über Intranet und Bildschirmkonferenzen.

---

[164] Vgl. *Reichwald, R., Möslein, K., Riedel, D.*, Telekooperation – Arbeitsform der Informationsgesellschaft, a.a.O., 1997, S. 21.

[165] Vgl. *Meyer, R.*, Integration der Informationsverarbeitung im Büro, Bergisch-Gladbach, Köln 1986, S. 181.

Intranet

Das Intranet basiert auf den technischen Standards des Internets, wendet sich aber an eine geschlossene Personengruppe. Eine solche Gruppe stellen z.B. die Mitarbeiter einer Unternehmensabteilung oder alle Mitarbeiter des Unternehmens dar.

Mittels eines Intranetanschlusses kann der Benutzer auf eine Vielzahl von Unternehmensressourcen mit einer universell verwendbaren Bedienungsoberfläche (dem sog. Browser) zugreifen. *Mattes* beschreibt die permanent zu aktualisierenden Inhalte des Netzes wie folgt:[166]

- Mitarbeiterlisten
- Presseberichte über das Unternehmen
- Unternehmensleitlinien und -handbücher
- Datenbanken für Produkte und Preislisten
- Produktankündigungen
- Interne Neuigkeiten und Diskussionsforen
- Projekt-„Plakatwände“
- Möglichkeit zum direkten Feedback an die Unternehmensleitung
- Wettbewerbsinformationen

Weiterhin:

- Aufbau eines Expertensystems zur Fehlerdiagnose, zur verbesserten Steuerung des Servicepersonals und der Ersatzteilversorgung
- Kunden- und Produktarten zur Verbesserung des After-Sales-Services.

Insbesondere die Tatsache, dass jeder Mitarbeiter Informationen für alle anderen Teilnehmer ohne zeitliche Verzögerung bereitstellen kann, ermöglicht es dem geschulten Mitarbeiter, die Inhalte sachlogisch auszuwerten, mit seiner aktuellen Arbeitssituation in Verbindung zu bringen und die daraus resultierenden Ergebnisse beim Treffen einer Entscheidung zu berücksichtigen.

Vorteile des Intranets:

- **Frei zugängliche Informationen**
  Informationen aus allen angeschlossenen Unternehmensbereichen sind verfügbar. Der informationssuchende Mitarbeiter kann auf die seiner Meinung nach geeigneten Inhalte zugreifen.

- **Schnelle Verbreitung der Inhalte**
  Kennzeichen der Intranet-Technik ist, dass im Intranet veröffentlichte Informationen im Moment der Veröffentlichung für alle verfügbar sind. Kommunikation verläuft damit ohne (wesentliche) Zeitverluste.

Bei den **Nachteilen** sind zu nennen:

- **Ausufernder Informationsfundus**
  Die praktisch unbegrenzten Speicherungsmöglichkeiten dieses Mediums ver-

---

[166] Vgl. *Mattes, F.*, Management by Internet: Internet Einsatz aus der Management-Perspektive, Feldkirchen 1997, S. 156.

leiten dazu, auch weniger wichtige Informationen zu veröffentlichen. Die Inhalte des Intranets werden schnell unübersichtlich, die Informationssuche wird ineffizient.

- **Zwang zur stetigen Aktualisierung der Inhalte**
  Angebotene Informationen dürfen nicht veraltet sein. Enthält das Intranet z.B. eine Datenbank mit Produktpreisen, so muss jede Preisänderung umgehend auch im Intranet aktualisiert werden.

Bildschirmkonferenzen

An einer Bildschirmkonferenz nehmen mindestens zwei Personen an verschiedenen Orten teil. Zwischen den Konferenzteilnehmern werden Bild und Ton übertragen. Dazu gehört nicht nur die Übertragung von Gespräch und Gesprächsteilnehmern, sondern auch von Zeichnungen, Skizzen, Schriftstücken und Tabellen. Bildschirmkonferenzen eignen sich dadurch auch zur Besprechung von Planungsunterlagen und zur Lösung von technischen Problemen (z.B. Konstruktionsproblemen).

Der Vorteil einer Bildschirmkonferenz liegt in der enormen Zeitersparnis für die Beteiligten. Die notwendige Reisezeit bei der Erstellung und Koordination von Teilbereichsplänen in Unternehmen lässt sich erheblich reduzieren. Ferner wird die permanente Abstimmung verschiedener Unternehmensbereiche und dezentral getroffener Entscheidungen erleichtert. Beispielsweise erfordert die Koordinationstätigkeit eines Komitees, dessen Mitglieder nicht an demselben Ort tätig sind, keine anstrengenden Dienstreisen mehr. Führungskräfte können sich so auf ihre eigentlichen Aufgaben besser konzentrieren. Die Entwicklung neuer Techniken zur Datenkompression ermöglichen inzwischen einigermaßen komfortable Bildschirmkonferenzen über ISDN- bzw. Internetleitungen. Auf dem „Datenhighway" eines Intranets unterliegen solche Konferenzen kaum noch technischen Beschränkungen. Gesunkene Kosten und gestiegene Übertragungsqualität machen die Bildschirmkonferenz zu einem wirkungsvollen Medium der Entscheidungszentralisation.

3. Wirtschaftlichkeitsaspekte neuer Informations- und Kommunikationstechniken

Einsparungsmöglichkeiten durch die Einführung neuer Informations- und Kommunikationstechniken im Büro ergeben sich vor allem bei schematisierbaren, sich ständig wiederholenden Bürotätigkeiten. Dazu gehören u.a. (teil-)standardisierte Briefe mit jeweils nur geringfügig variiertem Text, das Erstellen von Angeboten sowie die Verteilung von Nachrichten. Die Entlastung von schematisierbaren Tätigkeiten schafft Möglichkeiten zur Zusammenfassung von Arbeitsplätzen. *Musiol* schränkt das Potenzial für Einsparungen durch neue Informations- und Kommunikationstechnologien vor allem auf Großunternehmen und Behörden ein:

„... bei diesen Arbeitsplätzen wird der Freisetzungseffekt nur dadurch eintreten, dass durch maschinelle Entlastung vieler Arbeitsplätze von den schematisierbaren Tätigkeiten viele Tätigkeitsbereiche zu wenigen zusammengefasst werden können und wegen der verringerten Arbeitsteilung einige Personen anderen Tätigkeiten zugeführt werden können. Im Wesentlichen treten solche Fälle nur in stark arbeitsteiligen und größeren Unternehmen und Behörden auf. In kleineren Unternehmen, in denen jeder Aufgabenträger von vornherein ein breites Tätigkeitsspektrum erledigen muss, werden Menschen bis auf weiteres nicht ersetzt, sondern von Routinetätigkeiten entlastet."[167]

Ein weiterer Schwerpunkt für Wirtschaftlichkeitsvorteile neuer Informations- und Kommunikationstechniken liegt in den Tätigkeiten „Erzeugen-", „Übertragen-" und „Archivieren von Mitteilungen". Im Einzelnen handelt es sich beim „Erzeugen von Mitteilungen" um Vorteile aus einer **verkürzten Durchlaufzeit** durch verkürzte Arbeitszeit und Integration einzelner Tätigkeiten.[168]

„Sowohl die handschriftliche Erstellung und Versendung von Informationen als auch die maschinenschriftliche Erstellung durch die Sachbearbeiter und Führungskräfte mit integrierten Bürosystemen verkürzen die Durchlaufzeit erheblich. Darüber hinaus kann die ‚eigenhändige' (Hervorhebung im Original) Erstellung von Informationen die Textlänge auf das inhaltlich notwendige Maß leichter reduzieren helfen und übertriebene formale Ansprüche an die Informationen leichter abbauen helfen, wodurch ebenfalls die Durchlaufzeit positiv beeinflusst wird. Müssen längere Informationen (Berichte etc.) mit mehrfacher Überarbeitung geschrieben werden, bietet sich die Einrichtung einer kleineren Schreibgruppe, ausgestattet mit integrierten Bürosystemen, an. Dort soll aber nur die Ersterstellung des längeren Textes erfolgen, die Überarbeitungen können von den Sachbearbeitern oder Führungskräften direkt an deren Bürosystem erledigt werden."[169]

Verkürzte Durchlaufzeiten beim **„Erzeugen von Mitteilungen"** haben folgende Konsequenzen:

- Vorteil in der Produktion durch zügigere Auftragsbearbeitung, termingerechte Beschaffung und erhöhte Anpassungsfähigkeit;
- Vorteile im Absatz durch die Möglichkeit, rascher auf Kundenwünsche zu reagieren und das Serviceangebot zu verbessern;
- Vorteile durch rasche und fundierte Entscheidungsfindung.

Die **„Übertragung von Mitteilungen"** bringt Einsparungseffekte durch den Wegfall von Dienstreisen, Botengängen und Besuchen. Mit entscheidend für die Höhe der Ersparnis sind die Höhe der Gebühren der Kommunikationsanbieter, z.B. der *Deutschen Telekom AG*.

„Archivieren von Mitteilungen" ermöglicht mit neuen Informations- und Kommunikationstechniken eine Verlagerung der Mitteilungen vom Papier auf

---

[167] *Musiol, A.*, Organisatorische und wirtschaftliche Aspekte der integrierten Telekommunikation im Büro, in: Office Management, Heft 1, 1983, S. 14 ff.

[168] Vgl. *Zangl, H.*, Durchlaufzeiten im Büro. Prozeßorganisation und Aufgabenintegration als effizienter Weg zur Rationalisierung der Büroarbeit mit neuen Bürokommunikationstechniken, Berlin 1985, S. 130 ff.

[169] *Zangl, H.*, Durchlaufzeiten im Büro, a.a.O., S. 302 f.

elektronische Archive. Dadurch ergibt sich eine Verkürzung der Zeiten für das Wiederfinden und Abrufen einer Information. Wirtschaftlichkeitsvorteile ergeben sich vor allem aus dem Zugang zu erheblich mehr Informationen. Diese Wirtschaftlichkeitsvorteile können nicht direkt quantifiziert werden, sie machen sich aber indirekt in einer Verbesserung der Entscheidungsqualität aufgrund einer größeren Informationsgrundlage bemerkbar.[170]

Ein wesentlicher Aspekt für die wirtschaftliche Nutzung neuer Informations- und Kommunikationstechniken für Arbeitsabläufe im Büro ist eine kritische und vorsichtige Einstellung seitens der Nutzer. Oft werden von Herstellern übertriebene Vorstellungen über die Möglichkeiten und Vorteile geweckt. Es ist stets zu bedenken, dass die Fülle an Informationen, auf die man nach Einführung neuer Informations- und Kommunikationstechniken zugreifen kann, Entscheidungen nicht ersetzt. Vielmehr ist es erforderlich, diese Informationen zu verarbeiten. Während früher aufgrund hoher Informationsbeschaffungskosten nur wirklich wichtige Aspekte in die Entscheidung miteinbezogen wurden, besteht nun die Gefahr, dass zuviel Information den Blick für Wesentliches verwischt. Auch muss man bei Investitionen in multifunktionale Arbeitsplätze, Bildschirmkonferenzanlagen oder Kommunikationsinstrumente stets kritisch hinterfragen, ob die hohen Ausgaben tatsächlich gerechtfertigt sind, oder ob – insbesondere in Klein- und Mittelbetrieben – fragwürdige Prestigeobjekte gefördert werden.

Literatur

Picot, A., Reichwald, R., Bürokommunikation. Leitsätze für den Anwender, München 1984.

Pribilla, P., Reichwald R., Goecke, R., Telekommunikation im Management, Stuttgart 1996.

Rensmann, J. H., Gröplerr, K., Telearbeit – Ein praktischer Wegweiser, Berlin, Heidelberg, New York 1998.

Stahlknecht, P., Einführung in die Wirtschaftsinformatik, 7. Auflage, Berlin, Heidelberg, New York 1995.

Kontrollfragen

1. Welche Ziele werden mit dem Einsatz moderner Informations- und Kommunikationstechniken verfolgt?
2. Welche Telekommunikationsformen kennen Sie?
3. Geben Sie Klassifizierungsmöglichkeiten der Telearbeit an!
4. Mit welchen Techniken ist eine Entscheidungs- mit welchen eine Arbeitsplatzdezentralisation möglich?
5. Welche Vor- und Nachteile haben Home-Based-Telework und Center-Based Telework aus Sicht
   a) des Unternehmens?
   b) des Mitarbeiters?
6. Nennen Sie Vor- und Nachteile des Intranets!

---

[170] Vgl. *Musiol, A.,* Organisatorische und wirtschaftliche Aspekte der integrierten Telekommunikation im Büro, a.a.O, S. 21.

Viertes Kapitel: Techniken zur Kostensenkung (Produktivitätssteigerung) bei Arbeitsabläufen

Gegenstand dieses Abschnitts sind vier Techniken, mit denen – überwiegend unter Beteiligung von Unternehmensberatern – versucht wird, Kosten für Arbeitsabläufe zu vermindern und deren Produktivität zu steigern. Auf diese Weise strebt man eine Verbesserung des finanziellen Spielraums und der Handlungsmöglichkeiten eines Unternehmens im Wettbewerb mit Konkurrenten an.

- Auf die Minderung **variabler Kosten** zielt die Wertanalyse ab.
- **Fixe Kosten** werden mit Hilfe von Zero-Base Budgetierung und Gemeinkostenwertanalyse zu mindern versucht.
- Mit Hilfe computergestützter Kommunikationsanalysen werden Möglichkeiten der **Produktivitätssteigerung** durch Verbesserung der Organisations- und Ablaufstruktur von Arbeitsabläufen im Verwaltungsbereich sichtbar gemacht.

1. Wertanalyse

Die Wertanalyse ist eine Methode, die dazu dient, Kosten von Produkten und Dienstleistungen zu senken. **Ziel ist es, Produkte oder Dienstleistungen mit gleichem Funktionswert kostengünstiger zu erstellen.** Dazu analysiert man Kosten und Nutzen detailliert aufgeschlüsselter Funktionen und versucht, funktionsgleiche Alternativen aufzuzeigen.[171]

Die **Definition der Wertanalyse** nach DIN 69910 lautet folgendermaßen:
„Wertanalyse ist das systematische analytische Durchdringen von Funktionsstrukturen mit dem Ziel einer abgestimmten Beeinflussung von deren Elementen (z.B. Kosten, Nutzen) in Richtung einer Wertsteigerung. Sie bietet methodische Hilfe sowohl für eine Entscheidungsvorbereitung (z.B. Abgrenzung von Aufgaben, Beschreiben der Funktionen, Finden von Lösungen) als auch für die Verwirklichung im Rahmen der vorgegebenen Zielsetzung. Wesentliche **Merkmale der Wertanalyse** sind:

- Orientierung an qualitativer Zielvorgabe;
- funktionsorientierte Analyse und auf Logik wie auf Zufall (z.B. Brainstorming) beruhende Lösungssuche;
- interdisziplinäre, nach Arbeitsplan ausgerichtete Gruppenarbeit;
- auf menschliche Eigenarten zugeschnittenes Vorgehen.“

1.1 Vorgehensweise

Zentrale Bedeutung bei der Durchführung einer Wertanalyse hat die Funktion eines Produkts oder einer Dienstleistung. Unter Funktion wird die zielgerich-

[171] Vgl. *Gage, W. L.*, Value Analysis, London 1967; *Schanz, G., Stange, J.*, Wertanalyse, in: Handwörterbuch der Produktionswirtschaft, hrsg. von W. Kern, Stuttgart 1979, Sp. 2251-2261; *Bukisch, R., Rost, P.*, Einsatz der Wertanalyse zur Gestaltung erfolgreicher Produkte, in: Zeitschrift für betriebswirtschaftliche Forschung, 37. Jg., 1985, S. 350 ff.

tete Wirkungsmöglichkeit eines Produkts oder einer Dienstleistung verstanden.

Nach der Wirkungsrichtung kann man Gebrauchs- und Geltungsfunktionen unterscheiden. **Gebrauchsfunktionen** lassen sich aus technischen und wirtschaftlichen Möglichkeiten ableiten. **Geltungsfunktionen** vermitteln Geltungsnutzen, z.B. Prestige. Nach Funktionsklassen werden Haupt- und Nebenfunktionen unterschieden. **Hauptfunktionen** dienen dem Hauptzweck eines Produkts oder einer Dienstleistung. **Nebenfunktionen** ergänzen Hauptfunktionen.

Nach DIN 69910 unterscheidet man bei der Durchführung **fünf Stufen der Wertanalyse:**

(1) Vorbereitung

Die Auswahl des Wertanalyse-Objekts ist für den späteren Erfolg der Wertanalyse sehr wichtig. Man sollte sich vor allem auf Produkte mit hoher Wertschöpfung konzentrieren. Dort sind potenzielle Einsparungsmöglichkeiten, die oft mit 20%-40% aller wertschöpfungsrelevanten Kosten beziffert werden, am größten. Ferner sollten die Produkte einer Wertanalyse unterzogen werden, mit denen ein hoher Umsatz erzielt wird. Einzelne Einsparungseffekte können sich somit schnell vervielfachen. Auswahlkriterium zur Bestimmung eines Wertanalyse-Objekts ist oft die ABC-Analyse. Mit der **ABC-Analyse** werden Produkte (Teilkomponenten) in drei Kategorien eingeteilt:

A-Produkte – Produkte, mit denen ca. 80% des Umsatzes erzielt werden;
B-Produkte – Produkte, mit denen weitere 15% des Umsatzes erzielt werden;
C-Produkte – Produkte, mit denen der Rest-Umsatz erzielt wird.

Meist zeigt sich, dass der A-Kategorie nur wenige, „gutgehende" Produkte angehören. Auf diese Produkte sollte sich die Wertanalyse konzentrieren. Der B- und C-Kategorie gehören hingegen oft „Ladenhüter" an. Der Aufwand für eine Wertanalyse lässt sich bei Produkten dieser Kategorien in der Regel nicht rechtfertigen. Die ABC-Analyse kann auch zur Differenzierung von Kostenbestimmungsfaktoren benutzt werden. Diejenigen Kostenbestimmungsfaktoren, die für 80% der Herstellkosten verantwortlich sind, gehören der A-Kategorie an. Die restlichen Kostenbestimmungsfaktoren werden den Kategorien B und C zugeordnet. Die Wertanalyse sollte sich wiederum auf Kostenbestimmungsfaktoren der A-Kategorie konzentrieren. Dort wirkt sich ein relatives Ersparnispotenzial in absoluten Beträgen am stärksten aus.

Zur Vorbereitung der Wertanalyse gehören ferner die Zusammenstellung des **Wertanalyse-Teams** und die Festschreibung eines **Terminplans**. Bei komplexen Wertanalyse-Projekten, an denen viele verschiedene Abteilungen mitarbeiten, bietet es sich an, den Zeitplan mit Hilfe eines Netzplanes zu erstellen.

(2) Ermitteln des IST-Zustandes

Zur Ermittlung des IST-Zustandes gehört zunächst eine genaue Beschreibung des Wertanalyse-Objekts. Ferner erfolgt eine Aufgliederung aller Haupt- und Nebenfunktionen. Im Anschluss daran wird versucht, die Herstellkosten den einzelnen Funktionen zuzuordnen. Dadurch erhält man eine Übersicht, aus der hervorgeht, bei welchen Funktionen Kostenschwerpunkte entstehen.

(3) Prüfen des IST-Zustandes

Für das Wertanalyse-Objekt werden Soll-Funktionen definiert, d.h. Funktionen, auf die nicht zu verzichten ist, wenn das Produkt oder die Dienstleistung für den Kunden auch nach der Wertanalyse einen identischen Gebrauchs- und Gestaltungsnutzen stiften soll. Diese Soll-Funktionen werden mit den im vorigen Schritt ermittelten IST-(Haupt- und Neben-)Funktionen verglichen. Abweichungen sind Ausgangspunkt der sich anschließenden kreativen Phase der Wertanalyse.

(4) Ermitteln von Lösungen

Ziel dieses Schrittes ist es, Lösungen zu finden, wie das Wertanalyse-Objekt alternativ zu gestalten ist, um die Soll-Funktionen realisieren zu können. Dies wird im Wertanalyse-Team mit **Techniken der Ideenfindung** zu erreichen versucht. Beispiele hierfür sind:[172]

- **Brainstorming:** Den Ideen der Team-Mitglieder soll „freier Lauf" gelassen werden.
- **Morphologische Methode:** Unkonventionelle Lösungen sollen aus Kombinationen von vorhandenen Lösungskomponenten gewonnen werden.
- **Methode 6-3-5:** Sechs Team-Mitglieder notieren jeweils drei Vorschläge. Diese Vorschläge werden von den fünf anderen Team-Mitgliedern einzeln kommentiert und ergänzt.
- **Synektik:** Man versucht, Analogien aus Biologie oder Chemie zu gewinnen und für neue Lösungen zu nutzen.

(5) Prüfen der Lösungen

Die im vorigen Schritt formulierten Lösungen werden nun überprüft. Zunächst geht es um die Frage, ob die vorgegebenen Soll-Funktionen erfüllt werden. Anschließend erfolgt die Wirtschaftlichkeitsprüfung. Ziel ist es, diejenige Lösung zu ermitteln, bei der die **vorgegebenen Funktionen mit den geringsten Kosten** realisiert werden können. Diese Lösung wird – als Ergebnis der Wertanalyse – in einem Abschlussbericht zusammengefasst und der Unternehmensleitung zur Entscheidung vorgelegt.

1.2 Beurteilung

Die Wertanalyse hat sich in der Praxis bewährt, da die systematische Vorgehensweise dazu zwingt, alle Funktionen kritisch zu durchleuchten. Das Ersparnispotenzial ist zumeist hoch. Überflüssige Komponenten des Produkts werden entdeckt und weggelassen. Die Wertanalyse wird hauptsächlich für Produkte und Dienstleistungen in reifen Märkten durchgeführt. Die in der Regel hohe abgesetzte Menge bietet ein hohes Ersparnispotenzial und der härter werdende Wettbewerb zwingt zur Kostensenkung. *Bukisch/Rost* schlagen darüber hinaus vor, die Wertanalyse bereits in der Entwicklungsphase eines Produkts einzusetzen. Dort würde man 70%-80% der Kosten eines Produkts festlegen und durch

[172] Zu umfassenden Darstellungen dieser und anderer Methoden der Ideenfindung vgl. *Schlicksupp, H.,* Kreative Ideenfindung in der Unternehmung, Berlin, New York 1977.

das funktionelle und konstruktive Produktkonzept bereits über Erfolg und Misserfolg eines Produkts entscheiden.[173] Mit Hilfe der Wertanalyse gelingt es frühzeitig, marktgerechte Funktionen zu definieren und kostengünstige Lösungen zu ermitteln.

Folgende **Probleme der Wertanalyse** sind zu beachten:

- Das Wertanalyse-Team muss mit qualifizierten Mitarbeitern besetzt werden. Oft werden Mitarbeiter von ihren Abteilungsleitern zur Wertanalyse geschickt, auf die in Anbetracht ihrer unterdurchschnittlichen Qualifikation am ehesten verzichtet werden kann. Die Wertanalyse kann dann kaum erfolgreich sein.
- Das strenge Denken in Haupt- und Nebenfunktionen kann auch dazu führen, dass aus Sicht des Kunden wichtige Funktionen nicht als solche erkannt und gestrichen werden. Die Wertanalyse würde dann Produkte so verändern, dass sie vom Kunden und Markt nicht mehr angenommen werden.

2. Zero-Base Budgetierung

Zero-Base Budgetierung ist eine **Planungs- und Analysetechnik, mit der versucht wird, einerseits Gemeinkosten zu senken und andererseits Ressourcen im Gemeinkostenbereich wirtschaftlicher einzusetzen.** Ausgangspunkt der Analyse ist nicht wie bei herkömmlichen Budgetierungstechniken das Budget des Vorjahres, sondern ein Niveau von „Null", d.h., die Ziele aller Verwaltungsaufgaben sind neu zu definieren.[174]

2.1 Vorgehensweise

Zero-Base Budgetierung wird in abgegrenzten Verwaltungsbereichen eines Unternehmens durchgeführt. Bei der Abgrenzung der Verwaltungsbereiche wird meist von der bestehenden Organisationsstruktur und den bereits vorhandenen Cost- bzw. Profit-Centern ausgegangen. Wichtig ist, dass die abgegrenzten Verwaltungsbereiche mindestens so groß sind, dass eine klare Zuordnung der Verantwortung möglich ist. Ferner ist darauf zu achten, dass die Verwaltungsbereiche ähnlich groß sind. Wenn dies nicht der Fall ist, gibt es bei der Vergleichbarkeit der Budgetansätze und bei der Mittelvergabe Schwierigkeiten.

Im Einzelnen unterscheidet man folgende **Schritte** bei der Zero-Base Budgetierung:

---

[173] Vgl. *Bukisch, R., Rost, P.,* Einsatz der Wertanalyse zur Gestaltung erfolgreicher Produkte, a.a.O., S. 350 f.

[174] Vgl. *Dreyfack, R., Seibel, J.,* Zero-Base Budgeting. Das Budget als Führungsinstrument in Wirtschaft und Verwaltung, Zürich 1978; *Marx, G. R.,* Zero-Base Budgeting. Eine kritische Betrachtung, in: Die Unternehmung, 33. Jg., 1979, S. 227 ff.; *Meyer-Piening, A.,* Zero-Base Budgeting (ZBB) als Planungs- und Führungsinstrument, in: Der Betrieb, 33. Jg., 1980, S. 1277 ff.; *ders.,* Zero-Base Budgeting. Planungs- und Analysetechnik zur Anpassung der Gemeinkosten in der Rezession, in: Zeitschrift Führung + Organisation, 51. Jg., 1982, S. 257 ff.; *Spies, W.,* Zero Base Budgeting, in: Neue Betriebswirtschaft, 34. Jg., 1981, S. 259 ff.

(1) Formulierung von Entscheidungspaketen

Die Planung von Verwaltungsdienstleistungen einer Abteilung erfolgt durch das Formulieren von Entscheidungspaketen. Dabei wird zwischen drei Leistungsstufen unterschieden:

- „Niedrig: das Projekt wird im geringstmöglichen Umfang beschrieben, wobei relativ geringe Kosten entstehen, aber auch ein relativ niedriger Nutzen erwartet wird.
- Mittel: mit zusätzlichem Einsatz von weiteren Ressourcen in Form von Mitarbeitern und Finanzmitteln werden bessere Arbeitsergebnisse erzielt. Diese besseren Arbeitsergebnisse können bedeuten, dass das Projekt früher fertig wird oder aber auch die Arbeitsergebnisse in höherer Qualität bereitgestellt werden.
- Hoch: in diesem Leistungsniveau werden wiederum zusätzliche Ressourcen benötigt, um noch bessere Arbeitsergebnisse erzielen zu können.“[175]

Voraussetzung für die Bildung von Entscheidungspaketen ist eine genaue Analyse aller bisher erbrachten und potenziell durchführbaren Funktionen der abgegrenzten Verwaltungseinheit. Hinsichtlich aller Funktionen sind Notwendigkeit und Umfang kritisch zu überprüfen. Ferner wird untersucht, ob eventuelle alternative Möglichkeiten zur Durchführung dieser Funktionen, z.B. durch Fremdbezug oder Zentralisation im Unternehmen bestehen.

Die aus Unternehmenssicht unbedingt notwendigen Funktionen werden in der Kategorie „Niedrig“ zusammengefasst. Andere Funktionen ordnet man den Kategorien „Mittel“ und „Hoch“ zu. Für die Funktionen in der Kategorie „Niedrig“ sowie die zusätzlichen Funktionen der Kategorien „Mittel“ und „Hoch“ sind genaue Kosten bzw. zusätzlich entstehende Kosten anzugeben. Ferner sind Konsequenzen zu erläutern, die zu erwarten sind, wenn bestimmte Funktionen vernachlässigt werden. Insgesamt erhält die Unternehmensleitung einen Überblick über mögliche Verwaltungsleistungen, abgestuft von „Luxus“ bis „absoluter Notwendigkeit“ in den abgegrenzten Untersuchungseinheiten.

(2) Verteilung des Budgets

Die bisher erstellten Entscheidungspakete werden nun in eine Rangfolge gebracht. Dazu bedient man sich neben rein quantiativen Maßen, wie z.B. Return on Investment, Kapitalwert und Cash-flow auch qualitativer Verfahren, wie der Kosten-Nutzen Analyse u.a. Ein fest vorgegebenes Budget wird dazu verwendet, die Funktionen durchzuführen, die gemäß der Reihenfolge Vorrang haben.

(3) Controlling

Die beschlossenen Maßnahmen erfordern in der Regel eine Durchführungszeit von ein bis zwei Jahren. Das Controlling hat während dieser Zeit die Aufgabe, zu überprüfen, ob die beschlossenen Maßnahmen korrekt durchgeführt werden. Ferner ist darauf zu achten, ob sich Anforderungen an die Verwaltung eventuell so stark ändern, dass bestimmte Funktionen überflüssig bzw. neue Funktionen notwendig werden.

---

[175] *Meyer-Piening, A.*, Zero-Base Budgeting, a.a.O., S. 259.

2.2 Beurteilung

Zero-Base Budgetierung ermöglicht nach einer Untersuchung von *Lück* **Einsparungsmöglichkeiten** der Kosten zwischen 10% und 20%.[176] Die Notwendigkeit, Mitarbeiter in verschiedenen Verwaltungsabteilungen in den Budgetierungsprozess mit einzubeziehen, wird allgemein als **motivationsfördernd** erachtet. Zero-Base Budgetierung erfordert daneben eine intensive Auseinandersetzung mit detailliert gegliederten Verwaltungsaufgaben. Dadurch erhöht sich die **Transparenz der Gemeinkostenbereiche**. Die traditionell aus vergangenen Daten orientierte Budgetierung lässt sich überwinden.

Folgende **Probleme** der Zero-Base Budgetierung sind zu beachten:

- Zero-Base Budgetierung ist nicht zur kurzfristigen periodischen Planung geeignet, da Zeitaufwand und Kosten hoch sind. Ferner ist zu beachten, dass in den untersuchten Bereichen Unruhe entsteht, da Mitarbeiter eventuell Angst vor Entlassung oder Versetzung haben;
- Aufgrund der ex ante Festlegung eines bestimmten Budgetvolumens kann es passieren, dass sehr wichtige Funktionen, die in der Rangordnung nicht ganz vorne stehen, nicht realisiert werden;
- Zero-Base Budgetierung setzt voraus, dass die Mitarbeiter in der Lage sind, Verwaltungsaufgaben kritisch zu durchleuchten. Dies ist nur möglich, wenn vorher eine intensive Schulung erfolgt;
- Mitarbeiter, deren Leistungspakete nicht beachtet werden, sind oft so enttäuscht, dass sie bei künftigen Budgetierungsvorhaben nicht mehr bereit sind, mit vollem Engagement mitzuarbeiten.

3. Gemeinkostenwertanalyse

Die Gemeinkostenwertanalyse **(Overhead Value Analysis) zielt darauf ab, Kosten im administrativen Bereich zu senken**. Dabei wird versucht, alle administrativen Tätigkeiten auf Vereinfachungsmöglichkeiten hin zu überprüfen.[177]

3.1 Vorgehensweise

Durchführung und Organisation der Gemeinkostenwertanalyse liegen bei drei Gruppen von Mitarbeitern. Der **Lenkungsausschuss** ist mit leitenden Mitarbeitern des Unternehmens besetzt. Diese entscheiden hauptsächlich über die Verwaltungsaufgaben, die analysiert werden sollen, über die an der Gemeinkostenwertanalyse teilnehmenden Mitarbeiter und über die Realisation von Ein-

---

[176] Vgl. *Lück, W.*, Rationalisierung – Begriff, Ursachen, Verfahren und Widerstände, in: Das Wirtschaftsstudium, 13. Jg., 1984, S. 161 ff.

[177] Vgl. *Fröhlich, S.*, Mit Wertanalyse gegen Overhead-Kosten, in: io Management-Zeitschrift, 47 Jg., 1978, S. 183 ff.; *Roever, M.*, Gemeinkosten-Wertanalyse – Erfolgreiche Antwort auf die Gemeinkosten-Problematik, in: Zeitschrift für Betriebswirtschaft, 50. Jg., 1980, S. 686 ff.; *ders.*, Gemeinkosten-Wertanalyse, in: Kostenrechnungspraxis, Heft 1, 1985, S. 19 ff.; *Picot, A.*, *Rischmüller, G.*, Planung und Kontrolle der Verwaltungskosten in Unternehmungen, in: Zeitschrift für Betriebswirtschaft, 51. Jg., 1981, S. 331 ff.

sparungsvorschlägen. Die **vollzeitig eingesetzten Mitarbeiter** sind Wertanalysespezialisten. Sie sind ausschließlich mit der organisatorischen Durchführung von verschiedenen Gemeinkostenwertanalysen beauftragt. Ihnen obliegt – quasi als Bindeglied zwischen Lenkungsausschuss und anderen Teilnehmern an der Gemeinkostenwertanalyse – die Steuerung des Projekts. Sie sind dafür verantwortlich, dass die Gemeinkostenwertanalyse korrekt durchgeführt und die Termine eingehalten werden. **Leiter von Untersuchungseinheiten** sind Leiter der Abteilungen, die einer Gemeinkostenwertanalyse unterzogen werden. Sie und ihre Mitarbeiter sind die Experten, die mit den Zielen und den Abläufen der Verwaltungsaufgaben vertraut sind.

Bei der Durchführung der Gemeinkostenwertanalyse sind folgende **Schritte** zu unterscheiden:

(1) Vorbereitung

Zu den vorbereitenden Maßnahmen gehört zunächst die Entscheidung, in **welchen Abteilungen** eine Gemeinkostenwertanalyse durchgeführt wird. Danach ist das **Wertanalyse-Team** zusammenzusetzen. Große Bedeutung für den Erfolg einer Gemeinkostenanalyse hat die Vorgabe von **Ersparniszielen**. Ein Ersparnisziel von ca. 40% wird oft gesetzt, um die Mitglieder des Wertanalyse-Teams dazu anzuspornen, auch a priori unkonventionelle Vorschläge zu machen und über Aufgaben nachzudenken, die für die analysierte Abteilung eine Art Besitzstand darstellen. Die Vorbereitungsphase schließt mit der Festlegung des **Terminplans** ab. Der Terminplan sollte genau eingehalten werden. Einer Faustregel gemäß sollte der Zeitbedarf für die Durchführung der Gemeinkostenwertanalyse so kurz wie möglich gehalten werden, um zu gewährleisten, dass die erarbeiteten Vorschläge nicht zu schnell überholt sind.

(2) Analyse

Die eigentliche Gemeinkostenwertanalyse besteht zunächst aus einer präzisen **Auflistung von Kosten und Leistungen**. Im Rahmen dieser IST-Aufnahme stellen die Kostenstellenleiter alle Leistungen und Arbeitsergebnisse zusammen, die in ihrer Kostenstelle für andere Abteilungen erstellt werden. Wichtig ist es, genaue Auskunft darüber zu gewinnen, wie sich die größten Kostenblöcke auf diese Leistungen aufschlüsseln lassen. Ergebnis der IST-Aufnahme ist ein Katalog, „der Leistungen und den dazugehörigen Aufwand in einem für die Zwecke eines Kosten/Nutzenvergleichs voll ausreichenden Genauigkeitsgrad enthält“[178]. Im Anschluss an die IST-Aufnahme wird nach **Einsparungsmöglichkeiten** gesucht. Die Leiter der Abteilungen, die Leistungen bereitstellen, und die Leiter der Abteilungen, die Leistungen in Anspruch nehmen, überprüfen einzeln und gemeinsam, auf welche Dienstleistungen ganz oder teilweise verzichtet werden könnte. Ferner ist mit dem Gemeinkostenwertanalyse-Experten die Frage zu erörtern, ob einzelne Dienstleistungen rationeller abgewickelt werden können. Die vorgeschlagenen Einsparungsmöglichkeiten werden vom Wertanalyse-Team geprüft. Dabei geht es um eventuelle Folgewirkungen der Einsparungen und um konkrete Wirtschaftlichkeitsaspekte. Abschließend werden **konkrete Vorschläge** unterbreitet. Für die Einsparungsvorschläge, die durchführbar und

---

[178] *Roever, M.*, Gemeinkosten-Wertanalyse, a.a.O., S. 689.

wirtschaftlich erscheinen, setzt das Wertanalyse-Team Termine für die Realisation fest. Ferner wird festgelegt, wer für die Durchführung der Vorschläge verantwortlich ist. Die konkreten Vorschläge werden zu einem Abschlussbericht zusammengefasst, der dem Lenkungsausschuss zur Genehmigung vorgelegt wird.

(3) Realisation

Gemeinkostenwertanalysen sind nur dann erfolgreich, wenn es gelingt, die erarbeiteten Vorschläge rasch und konsequent im Unternehmen zu realisieren. Nach Ansicht von *Roever* lassen sich 60% bis 70% der Vorschläge innerhalb eines Jahres verwirklichen.[179] Ein großes Problem bei der Realisation der Einsparungsvorschläge sind eventuell erforderliche Personalanpassungsmaßnahmen. Konsequenz der meisten Vorschläge ist ein Belegschaftsabbau. Die Unternehmensleitung sollte möglichst frühzeitig Möglichkeiten aufzeigen, wie Mitarbeiter im Unternehmen – durch Umschulung – trotz Rationalisierung weiterbeschäftigt werden können. Wenn Mitarbeiter die Gefahr, entlassen zu werden, sehr groß einschätzen, wird die Bereitschaft, an einer Gemeinkostenwertanalyse konstruktiv mitzuarbeiten, gering sein. Dadurch wäre das gesamte Gemeinkostenwertanalyseprojekt gefährdet.

3.2 Beurteilung

Wichtigstes Ergebnis ist, dass in der Regel ca. 10% bis 20% der Verwaltungsgemeinkosten eines Unternehmens eingespart werden können. Dadurch vergrößert sich der **finanzielle Spielraum** des Unternehmens. Die Verringerung von Gemeinkosten wirkt sich günstig auf den **Operating Leverage** (das Verhältnis von fixen zu variablen Kosten) aus. Der Operating Leverage ist ein Indikator für das Risiko, bei rückläufiger Auslastung nicht anpassungsfähig zu sein. Ein weiterer Vorteil liegt darin, dass alle Verwaltungsdienstleistungen **systematisch** auf ihre Notwendigkeit hin **überprüft werden**.

Folgende **Problem**e sind bei der Durchführung von Gemeinkostenwertanalysen zu beachten:

- Ausgangspunkt sind die bislang durchgeführten Leistungen der Verwaltung. Diese Leistungen sollen gekürzt werden. Dabei wird vernachlässigt, über eventuelle neue Dienstleistungen nachzudenken, die im Zuge sich wandelnder Anforderungen an das Unternehmen wichtig wären.
- Wenn Abteilungen versuchen, sparsam zu sein, wird dieses Verhalten gegenüber „aufgeblähten“ Abteilungen bestraft.
- Übertriebenes Besitzstandsdenken und Angst vor Entlassung einzelner Mitarbeiter können dazu führen, dass an der Gemeinkostenwertanalyse nicht mit vollem Engagement mitgearbeitet wird.
- Kostensenkungsprogramme greifen zwar kurzfristig, bergen aber die Gefahr in sich, dass es dadurch zu Demotivationen kommt, die sich in einer höheren Fluktuation und Abwesenheit niederschlagen.

---

[179] Vgl. *Roever, M.*, Gemeinkosten-Wertanalyse, in: Zeitschrift Führung + Organisation, 51. Jg., 1982, S. 249 ff.

4. Computergestützte Kommunikationsanalyse

Ziel der computergestützten Kommunikationsanalyse ist es, Rückschlüsse darüber zu gewinnen, welche Veränderungen der Aufbau- oder Ablaufstruktur des Verwaltungsbereiches eines Unternehmens zu Produktivitätssteigerungen führen.[180]

Mit Hilfe computergestützter Kommunikationsanalysen werden quantitative und qualitative Daten über Informations- und Kommunikationsbeziehungen im Unternehmen gesammelt und aufbereitet. Quantifizierbare Kriterien werden zu einer Renditerechnung verdichtet, nicht quantifizierbare Kriterien durch Nutzwerte beschrieben.

Die Kommunikationsanalyse kann als Grundlage für Wirtschaftlichkeitsbetrachtungen dienen, indem alternative Aufgabenerfüllungsprozesse im Unternehmen mit EDV-Unterstützung simuliert werden. Dadurch lassen sich auch komplexe Prozessänderungen des Organisationsablaufes testen, ohne zeit- und investitionsintensive Umstrukturierungen vornehmen zu müssen.

4.1 Vorgehensweise

Bei der Durchführung der computergestützten Kommunikationsanalyse unterscheidet man folgende Schritte:

(1) Projektvorbereitung

Zu den vorbereitenden Maßnahmen gehört die Definition der **Ziele und Schwerpunkte der Analyse** und die Entscheidung darüber, welche Abteilungen dieser Analyse unterzogen werden sollen. Dabei sollen insbesondere strategisch wichtige und kostenintensive Arbeitsprozesse identifiziert und deren Rahmenbedingungen analysiert werden.

Die Vorauswahl der Unternehmenseinheiten, die untersucht werden sollen, kann beispielsweise durch eine Projektgruppe getroffen werden. Mit der Planung und Auswahl des Umfanges und des zeit- und kostenmäßigen Rahmens des Untersuchungsfeldes wird die erste Phase abgeschlossen.

(2) Datenerhebung

In dieser Phase wird versucht, die bestehende Kommunikationsstruktur der Organisationseinheit zu erfassen. Grundlage kann eine **Befragung** der Mitarbeiter der betroffenen Abteilung sein. Es besteht jedoch auch die Möglichkeit, durch **Beobachtung** oder **Selbstaufschreibung** zu den gewünschten Informationen zu kommen.

---

[180] Vgl. *Nippa, M., Schönecker, H. G.,* Neue Methoden zur Gestaltung der Büroarbeit, Baden Baden 1987; *Steinle,* C., Thewes, M., Gestaltung der Büroarbeit durch computergestützte Kommunikationsanalysen. Merkmale, Vergleich und Praxiseignung, Köln 1989; *Reichwald, R.,* EDV-gestützte Werkzeuge der Organisationsanalyse, in: Organisationsstrategie und Produktion, hrsg. von E. Zahn, München 1990, S. 389-425.

Bei der Erhebung sollen sowohl Kontakte zwischen Abteilungen sowie deren Häufigkeit untersucht werden, als auch Geschäftsdaten, Informationsbedarf von Tätigkeiten, Kosten- und Arbeitszeitverteilung bei Arbeitsabläufen gesammelt werden.

(3) Datenauswertung

Auf der Basis der in der Befragungsphase erhobenen Daten werden die Untersuchungsergebnisse mit PC-Unterstützung ausgewertet. Der Vorteil der EDV-Unterstützung liegt darin, dass auch komplexe Kommunikationsstrukturen, die einen erhöhten Rechenaufwand erfordern, erfasst werden. Darüber hinaus können spezielle Untersuchungsfelder herausgegriffen werden und relevante Einzeldaten zusammengeführt, selektiert, verdichtet und ausgegeben werden.

Durch diese Methodik können, ausgehend von globalen Unternehmens- oder Abteilungsaufgaben, immer kleinere Untersuchungseinheiten (Arbeitsgruppen, Stellen, Elementaraufgaben) analysiert werden.

(4) Analyse und Interpretation der Ergebnisse

Als Ergebnis der Datenauswertung liegen Zeit- und Kommunikationsprofile, Kosten-Nutzen-Analysen, Abweichungsanalysen, Angaben über Durchlaufzeiten der Leistungserstellungsprozesse u.ä. vor.

Durch die computergestützte Analyse eines Organisationsbereiches wird somit der gesamte **IST-Zustand der Kommunikationsbeziehungen** transparent gemacht.

Schwachstellen der Organisationsstruktur und des Arbeitsablaufes werden identifiziert.

Der Einsatz der Datentechnik bietet dem Benutzer aber auch **Entscheidungsunterstützung**.

Eine **Schwachstellenbewertung** wird beispielsweise dadurch erleichtert, dass alternative Informations- und Kommunikationsströme rechnergestützt simuliert und deren Auswirkungen untersucht werden können. Dadurch wird dem Anwender eine fundierte Basis für Auswahlentscheidungen bereitgestellt.

4.2 Beurteilung

Der Einsatz der Datentechnik ermöglicht auch bei einer komplexen Organisationsstruktur die **Erfassung und Analyse von Aufgabenabläufen, Arbeitsprozessen und Arbeitsinhalten**. Durch die Möglichkeit, **alternative Aufgabenerfüllungsprozesse** zu simulieren, sind deutliche Zeit-, Risiko- und Kostenersparnisse zu realisieren. Effizienzsteigerungs- und Rationalisierungspotenziale werden zuverlässig aufgezeigt.

Diesen Vorteilen stehen jedoch auch erhebliche **Probleme** gegenüber:

- Die technologische Realisierung leistungsfähiger Programme ist noch nicht abgeschlossen. Insbesondere die Simulation von Aufgabenerfüllungsprozessen bereitet zur Zeit noch erhebliche technische Schwierigkeiten.

- Die Befragung der Mitarbeiter der Untersuchungseinheit setzt eine entsprechende Kooperationsbereitschaft voraus.
- Die Einführung und Anwendung von technischen Einrichtungen, die geeignet sind, das Verhalten oder die Leistung der Arbeitnehmer zu überwachen, ist gem. § 87 I 6 BetrVG mitbestimmungspflichtig.

  Gerade bei einer detaillierten Tätigkeitsanalyse einzelner Arbeitsabläufe ist jedoch mit Akzeptanzproblemen und erheblichen Widerständen des Betriebsrates zu rechnen.

Literatur

Dreyfack, R., Seibel, J., Zero-Base Budgeting. Das Budget als Führungsinstrument in Wirtschaft und Verwaltung, Zürich 1978.

Meyer-Piening, A., Zero-Base Planning: zukunftssicherndes Instrument der Gemeinkostenplanung, Köln 1990.

Roever, M., Gemeinkosten-Wertanalyse: Erfolgreiche Antwort auf die Gemeinkosten-Problematik, in: Zeitschrift für Betriebswirtschaft, 50. Jg., 1980, S. 686-690.

Kontrollfragen

1. Erläutern Sie das Vorgehen bei der Durchführung einer Wertanalyse!
2. Welche Vor- und Nachteile sind mit einer Wertanalyse verbunden?
3. Welche Gründe sprechen für und welche gegen einen externen Beratereinsatz bei der Durchführung einer Wertanalyse?
4. Was sagt das Ergebnis einer ABC-Analyse aus?
5. Wie ist bei Zero-Base Budgetierung und Gesamtkostenwertanalyse vorzugehen und welche Probleme sind mit diesen Verfahren verbunden?
6. Worin liegen die wesentlichen Unterschiede zwischen der Gemeinkostenwertanalyse und der Zero-Base Budgetierung?

Teil V: Organisation und Recht

Bei der aufbauorganisatorischen Gestaltung von Unternehmen sind verschiedene rechtliche Bestimmungen zwingend zu berücksichtigen. Die Größe der Gesellschaft, deren Eigentumsverhältnisse sowie die geographische Lage des Unternehmenssitzes schreiben bestimmte Rechtsformen vor und führen zu spezifischen Organisationsstrukturen. Neben diesen **obligatorischen Normen** existieren vielfach auch **fakultative Bestimmungen.** Hierbei ist es den Unternehmen möglich, diejenigen Regelungen anzuwenden, die für sie am vorteilhaftesten sind.

Erstes Kapitel: Unternehmensverfassung

Die Unternehmensverfassung umfasst alle rechtlichen Regelungen zur Bestimmung der Eigentums-, Leitungs- und Kontrollrechte im Unternehmen. Rechtliche Regelungen ergeben sich aus BGB, HGB, GmbHG, AktG und EG-Verordnungen sowie für mitbestimmte Unternehmen aus BetrVG, MitbestG und Montan-MitbestG.

Ziel aller rechtlichen Gestaltungsmodelle ist die Regelung der Rechte von und des Verhältnisses zwischen Eigentümern und Unternehmensführung. Gestaltungsmöglichkeiten bestehen hinsichtlich der vorgesehenen Organe und deren Zuständigkeit.[1] Einen Überblick über die Organe in Unternehmen mit unterschiedlicher Rechtsform in Bezug auf die Organisation von Leitung und Kontrolle gibt Abbildung 5.1.[2]

Wichtige Kriterien für die Anwendung unterschiedlicher Lösungen für die Organisation von Leitung und Kontrolle ist die **Größe des Gesellschafterkreises** sowie die Bereitschaft der Gesellschafter, **Führungsaufgaben zu übernehmen** und für **Risiken zu haften**.

In Personengesellschaften (OHG, KG, EWIV) ist von einer kleinen Zahl von Gesellschaftern auszugehen. Zumindest teilweise wirken die Gesellschafter an der Geschäftsführung selbst mit und sind bereit, persönlich das Risiko ihrer Tätigkeit zu tragen. Die Notwendigkeit einer Kontrolle der Geschäftsführung ist entsprechend gering und eine Trennung von Leitungs- und Kontrollorgan überflüssig.

An Kapitalgesellschaften (GmbH, AG, KGaA, SE) kann sich eine Vielzahl von Kapitalgebern beteiligen, die selbst keinen unmittelbaren Einfluss auf die

---

[1] Vgl. *Kübler, F.,* Gesellschaftsrecht, die privatrechtlichen Ordnungsstrukturen und Regelungsprobleme von Verbänden und Unternehmen, 2. Aufl. Heidelberg 1985.

[2] Zu einer ähnlichen Abbildung vgl. *Chmielewicz, K.,* Unternehmensverfassung, in: Handwörterbuch der Organisation, 2. Auflage, Stuttgart 1980, Sp. 2274.

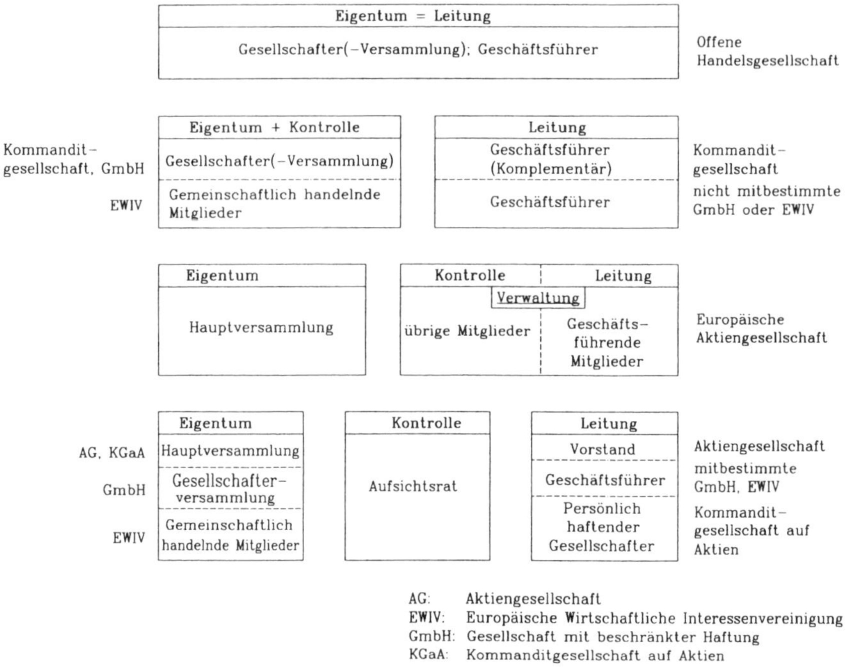

Abb. 5.1 Rechtsform und Unternehmensorgane

Geschäftsführung ausüben und die nicht bereit sind, über ihre Einlage hinaus zu haften. Gesellschafter und Unternehmensleitung sind getrennt. Um ihre Interessen bei der Unternehmensführung durchzusetzen, müssen den Gesellschaftern Kontrollrechte eingeräumt und Instrumente zu deren Durchsetzung vorgesehen werden. Ist die Zahl der Gesellschafter niedrig, wie zumeist bei der GmbH, wird unterstellt, dass die Gesamtheit der Gesellschafter Kontrollaufgaben selbst erfüllen kann. Ein separates Kontrollorgan ist nicht erforderlich. Bei einer Vielzahl von Gesellschaftern ist keine wirksame Kontrolle der Leitungsorgane zu erwartet. In solchen Gesellschaften ist als selbständiges Kontrollorgan der Aufsichtsrat bzw. die Gesamtheit der aufsichtsführenden Mitglieder der Verwaltung vorgesehen.

1. Personengesellschaften

Personengesellschaften sind die Offene Handelsgesellschaft und die Kommanditgesellschaft.

Offene Handelsgesellschaft (OHG)

Die Offene Handelsgesellschaft (OHG) ist auf den Betrieb eines Handelsgewerbes unter gemeinschaftlicher Firma gerichtet (§ 105 HGB). **Alle Gesell-**

schafter der OHG sind zur Geschäftsführung berechtigt und verpflichtet (§§ 114 Abs. 1, 125 Abs. 1 HGB).

Charakteristisches Merkmal der OHG ist, dass infolge der **unbeschränkten Haftung** der Gesellschafter (§ 128 HGB) diesen auch **sämtliche Entscheidungsbefugnisse** zustehen.

Die Gesamtheit der Gesellschafter ist identisch mit dem Leitungsorgan. Leitung und Eigentum sind nicht getrennt, so dass **kein Kontrollorgan** notwendig ist.

Durch den Gesellschaftsvertrag können im **Innenverhältnis** unterschiedliche Rechte und Pflichten den einzelnen Gesellschaftern übertragen werden. So können beispielsweise einzelne Gesellschafter von der Geschäftsführung ausgeschlossen (§ 114 Abs. 2 HGB) oder nur eine gemeinsame Geschäftsführung vorgesehen werden (§ 115 Abs. 2 HGB). Jedem von der Geschäftsführung ausgeschlossenen Gesellschafter steht ein Informations- und Überwachungsrecht zu (§ 118 HGB).

Die gesetzliche Vertretungsmacht **(Außenverhältnis)** ist bei der OHG im Interesse der Verkehrssicherheit jedoch unbeschränkbar (§ 126 HGB).

Kommanditgesellschaft (KG)

Gesellschafter einer Kommanditgesellschaft (KG) können neben **unbeschränkt haftenden Gesellschaftern (Komplementären) auch beschränkt haftende Gesellschafter (Kommanditisten)** sein.

Die Komplementäre sind zur Geschäftsführung berechtigt und verpflichtet. Bezüglich der Geschäftsführungskompetenzen der Komplementäre gelten die gleichen Vorschriften wie bei der offenen Handelsgesellschaft (§ 161 HGB).

Kommanditisten haften lediglich mit ihrer im Handelsregister eingetragenen Einlage (§ 171 HGB). Sie sind von der Vertretung der Gesellschaft ausgeschlossen (§ 164, § 170 HGB). Maßnahmen der Komplementäre, die den gewöhnlichen Geschäftsbetrieb betreffen, können die Kommanditisten nicht verhindern oder widersprechen (§ 166 HGB). Die Kommanditisten haben ein Kontrollrecht, das sich auf die Überprüfung der Ordnungsmäßigkeit des Jahresabschlusses unter Einsicht der Bücher und Papiere der Gesellschaft beschränkt (§ 166 HGB).

Eine Sonderform der KG ist die GmbH & Co. KG. Persönlich haftender Gesellschafter ist hier eine GmbH. Aufgrund dieser Verbindung von Personen- und Kapitalgesellschaft ist die Haftung in der GmbH & Co. KG beschränkt.

Gründe für die Bedeutung der GmbH & Co. KG sind neben der Haftungsbegrenzung der Kapitalgesellschaft die rechtlichen Vorteile der Personengesellschaft. Als solche Vorteile werden angesehen:[3]

- größere Dispositivität des KG-Rechts und
- Möglichkeit der Einmann-Personengesellschaft.

[3] Vgl. *Roth, G. H.,* Gesetz betreffend die Gesellschaften mit beschränkter Haftung: (GmbHG), mit Erläuterungen, 2. Aufl., München 1987, S. 17.

Diesen Vorteilen steht die Anwendung von Schutzvorschriften (z.B. kapitalersetzende Gesellschafterdarlehen, § 32a und b GmbHG, § 172a HGB) und sonstigen Erschwernissen (z.B. Arbeitnehmermitbestimmung nach dem MitbestG) des GmbH-Rechts auf die GmbH & Co. KG gegenüber.[4]

2. Kapitalgesellschaften

Als Kapitalgesellschaften werden die Gesellschaft mit beschränkter Haftung, die Aktiengesellschaft und die Kommanditgesellschaft auf Aktien dargestellt. Die Genossenschaft bleibt unberücksichtigt.

Zum 31.12.1999 waren in der Bundesrepublik 438.085 Gesellschaften mit beschränkter Haftung sowie 28.862 Aktiengesellschaften und Kommanditgesellschaften auf Aktien registriert. Für 2001/2002 erwartet man eine annähernde Verdoppelung auf 850.000 GmbHs und über 50.000 Aktiengesellschaften.[5]

Die Gesellschaft mit beschränkter Haftung (GmbH)

Organe der **nicht mitbestimmten** Gesellschaft mit beschränkter Haftung (GmbH) sind die Gesellschafterversammlung und die Geschäftsführung. Darüber hinaus kann freiwillig ein Aufsichts-, Verwaltungs- oder Beirat eingesetzt werden. In der **mitbestimmten** Gesellschaft mit beschränkter Haftung ist der Aufsichtsrat verpflichtend.

(1) Gesellschafterversammlung

Die Willensbildung der Gesellschafter erfolgt in der Gesellschafterversammlung. Zu den Aufgaben der Gesellschafterversammlung gehört gemäß § 46 GmbHG:

- die Feststellung des Jahresabschlusses und die Verwendung des Ergebnisses;
- die Einforderung von Einzahlungen auf die Stammeinlagen;
- die Rückzahlung von Nachschüssen;
- die Teilung sowie die Einziehung von Geschäftsanteilen;
- die Bestellung und die Abberufung von Geschäftsführern sowie die Entlastung derselben;
- die Maßregeln zur Prüfung und Überwachung der Geschäftsführung;
- die Bestellung von Prokuristen und von Handlungsbevollmächtigten;
- die Geltendmachung von Ersatzansprüchen, welche der Gesellschaft aus der Gründung oder Geschäftsführung gegen Geschäftsführer oder Gesellschafter zustehen, sowie die Vertretung der Gesellschaft in Prozessen, welche sie gegen die Geschäftsführer zu führen hat.

---

[4] Vgl. *Roth, G. H.,* Gesetz betreffend die Gesellschaften mit beschränkter Haftung: (GmbHG), mit Erläuterungen, a.a.O., S. 17 f.

[5] Vgl. *Hansen, H.,* Die GmbH als weiterhin umsatzstärkste Rechtsform – Anzahl der GmbH beträgt Ende 2001 ca. 850.000, in: GmbH Rundschau, 94. Jg., Nr. 4, 2002, S. 149

Die Geschäftsführungskompetenz ist in der GmbH nicht originär den Geschäftsführern übertragen. Daher können die Gesellschafter über Bestimmungen im Gesellschaftsvertrag die Vorgabe von Rahmenbedingungen oder auch im Einzelfall verbindliche Weisungen erteilen. Darüber hinaus fallen alle **außerordentlichen Geschäftsführungsmaßnahmen** in den Zuständigkeitsbereich der Gesellschafter (§ 37 GmbHG).[6]

Die Ausgestaltung des Gesellschaftsvertrages steht weitgehend zur Disposition der Gesellschafter (§ 3 Abs. 2 GmbHG). Der Gestaltungsspielraum für die Kompetenzabgrenzung zwischen Gesellschafterversammlung und Geschäftsführung ist entsprechend groß. Die Befugnisse der Gesellschafterversammlung werden in der mitbestimmten GmbH durch den Aufsichtsrat eingeschränkt.

Zur Wahrnehmung von Kontrollaufgaben steht den Gesellschaftern ein umfassendes Auskunfts- und Einsichtsrecht in die Bücher und Schriften der Gesellschaft zu (§ 51 GmbHG).

(2) Geschäftsführer

Vertretungsorgan der GmbH sind die Geschäftsführer. Sie vertreten die Gesellschaft gerichtlich und außergerichtlich (§ 35 GmbHG).

Die Geschäftsführer sind für die ordnungsgemäße Buchführung der Gesellschaft zuständig (§ 41 GmbHG). Sie haben den Gesellschaftern bzw. dem Aufsichtsrat den Jahresabschluss sowie den Lagebericht vorzulegen (§ 42a GmbHG). Die Geschäftsführer sind bei der Wahrnehmung ihrer Aufgaben an die Beschränkungen des Gesellschaftervertrages **und an die Weisungen der Gesellschafterversammlung gebunden** (§ 37 Abs. 1 GmbHG). Einschränkungen der Vertretungsbefugnis der Geschäftsführer sind nur im Innenverhältnis, nicht aber gegenüber Dritten wirksam (§ 37 Abs. 2 GmbHG).

Die Geschäftsführer werden in der nicht mitbestimmten GmbH und in der mitbestimmten GmbH, wenn sich die Mitbestimmung nach dem BetrVerfG richtet, von der Gesellschafterversammlung für unbestimmte Zeit bestellt. Die Bestellung der Geschäftsführer ist jederzeit widerrufbar (§ 38 GmbHG).

Unterliegt eine GmbH dem MitbestG oder dem Montan-MitbestG, erfolgt die Bestellung der Geschäftsführer durch den Aufsichtsrat. Die Amtszeit der Geschäftsführer ist in diesem Fall auf 5 Jahre begrenzt.

(3) Aufsichtsrat

Im Rahmen des Gesellschaftsvertrages besteht bei nicht mitbestimmten Gesellschaften mit beschränkter Haftung die Möglichkeit, fakultativ einen Aufsichts-, Verwaltungs- oder Beirat mit beliebig ausgestatteten Überwachungs- und Beratungsfunktionen sowie weitreichenden Entscheidungsbefugnissen zu bilden (§ 52 GmbHG).[7]

---

[6] Vgl. *Schneider, U. H.,* § 37, Anm. 15, in: Kommentar zum GmbHG, hrsg. von F. Scholz, 6. Aufl., Köln 1978/83.

[7] Vgl. *Roth, G. H.,* Gesetz betreffend die Gesellschaften mit beschränkter Haftung: (GmbHG), mit Erläuterungen, 2. Aufl., München 1987, S. 356, 526-527.

In mitbestimmten Gesellschaften mit beschränkter Haftung ist ein Aufsichtsrat als drittes Organ der Unternehmensverfassung zwingend vorgeschrieben.

Bei Gesellschaften mit mehr als 500 Arbeitnehmern ist der Aufsichtsrat gemäß §§ 77 Abs. 1 BetrVerfG 1952 i.V.m. § 129 BetrVerfG 1972 zu bilden. Die Besetzung des Aufsichtsrats erfolgt zu einem Drittel mit Arbeitnehmervertretern.

In der Montanindustrie ist nach dem Mitbestimmungsgesetz bei Gesellschaften mit mehr als 1000 Arbeitnehmern ein Aufsichtsrat ebenfalls vorgeschrieben.

Schließlich ist nach dem Mitbestimmungsgesetz 1976 bei der GmbH mit über 2000 Arbeitnehmern ein **paritätisch** besetzter Aufsichtsrat zu bilden.

Dem Aufsichtsrat der GmbH sind weniger Kompetenzen übertragen als dem Aufsichtsrat der Aktiengesellschaft.[8] Der fakultativ gebildete Aufsichtsrat der GmbH nimmt keine öffentlichen Interessen wahr. Sein wichtigstes Kontrollinstrument ist der Zustimmungsvorbehalt gemäß § 111 Abs. 4 AktG. Der Zustimmungsvorbehalt kann allerdings durch die Gesellschafterversammlung mit 3/4-Mehrheit überstimmt bzw. ersetzt werden. Der fakultative Aufsichtsrat hat vorbehaltlich abweichender Regelungen des Gesellschaftsvertrages

- **keine Personalkompetenz** hinsichtlich der Geschäftsführer und
- **keine Sachkompetenz** in Geschäftsführungsaufgaben.

In der mitbestimmten GmbH hat der nach dem MitbestG oder dem Montan-MitbestG errichtete Aufsichtsrat **Personalkompetenz** über die Geschäftsführer (§ 31 MitbestG, § 12 MontanMitbestG mit § 84 AktG).

Die Aktiengesellschaft (AG)

Die Aktiengesellschaft (AG) ist zwar nicht zahlenmäßig, aber hinsichtlich ihres Anteils am Bruttosozialprodukt die wichtigste Gesellschaftsform in der Bundesrepublik. Gemäß dem Aktiengesetz sind in der AG drei Organe vorgesehen. Die Aktionäre üben ihre Rechte in der **Hauptversammlung** aus (§ 118 AktG). Leitungs- und Vertretungsorgan der AG ist der **Vorstand**. Die Kontrolle der Unternehmensleitung erfolgt durch den **Aufsichtsrat**.

Die Zuständigkeit der einzelnen Organe ist im Aktiengesetz geregelt:

(1) Hauptversammlung

Die Hauptversammlung ist eine regelmäßige (mindestens jährliche) Zusammenkunft der Aktionäre, an der Aufsichtsrat und Vorstand teilnehmen sollen. Die Hauptversammlung übt einen direkten und indirekten Einfluss auf die Unternehmensführung aus.

Direkten Einfluss auf Führungsentscheidungen übt die Hauptversammlung bei außergewöhnlichen Maßnahmen wie z.B. Fusionen (Eingliederung, Verschmelzung) und dem Abschluss von Unternehmensverträgen (Beherrschungsverträge, Gewinnabführungsverträge etc.) aus.

[8] Vgl. *Roth, G. H.*, Gesetz betreffend die Gesellschaften mit beschränkter Haftung: (GmbHG), mit Erläuterungen, a.a.O., S. 531.

Ein **mittelbarer Einfluss** der Hauptversammlung resultiert aus der Zuständigkeit für folgende Aufgaben (§ 119 AktG):

- Bestellung der Anteilseignervertreter im Aufsichtsrat,
- Bestimmung über die Verwendung des Bilanzgewinns,
- Entlastung von Vorstand und Aufsichtsrat,
- Beschluss über Satzungsänderungen,
- Maßnahmen der Kapitalbeschaffung und -herabsetzung,
- Beschluss über die Auflösung der Gesellschaft und
- Bestellung der Abschlussprüfer.

Darüber hinaus hat die Hauptversammlung das Recht, Maßnahmen der Geschäftsführung zu erörtern und vom Vorstand Auskunft über Angelegenheiten der Gesellschaft zu erhalten (§ 131 Abs. 1 AktG). Bei Annahme von Pflichtverletzungen des Vorstandes oder des Aufsichtsrates kann die Hauptversammlung Sonderprüfer bestellen. Werden Pflichtverletzungen nachgewiesen, kann dem Vorstand das Vertrauen entzogen und Ersatzansprüche geltend gemacht werden (§§ 117, 142 AktG).

(2) Aufsichtsrat

Der Aufsichtsrat hat die Aufgabe, die Geschäftsführung durch den Vorstand zu überwachen (§ 111 AktG). Er steht zwischen Hauptversammlung und Vorstand und hat folgende Rechte und Pflichten:[9]

- Informationsrecht gegenüber dem Vorstand (§ 90 AktG) und Recht auf Einsicht in die Geschäftsunterlagen (§ 111 AktG);
- Behandlung der in der Satzung festgelegten zustimmungspflichtigen Geschäfte (§ 111 AktG) (Beteiligungen, Prokura, Grundstückserwerb etc.);
- Bestellung und Abberufung der Vorstandsmitglieder (§ 84 AktG);
- Vergabe des Prüfungsauftrages an den Abschlussprüfer (§ 111 AktG).

Die Größe und Zusammensetzung des Aufsichtsrats wird bestimmt durch die Rechtsform, die Größe sowie die Mitbestimmungspflicht des Unternehmens. Eine Übersicht gibt Abb. 5.2.

Die von der Arbeitnehmerseite entsandten Aufsichtsratsmitglieder werden über Wahlmänner von der Belegschaft gewählt (MitbestG) oder auf Vorschlag des Betriebsrats von der Hauptversammlung berufen (Montan-MitbestG). Die Vertreter der Anteilseigner werden von der Hauptversammlung bestellt.

Der Aufsichtsrat als Institution zwischen Hauptversammlung und Vorstand hat auf Grund folgender Punkte **Anlass zur Diskussion** gegeben:

- **Begrenzung der Aufsichtsratsmandate:**

  Zur Verhinderung arbeitsmäßiger Überlastung darf eine Person maximal 10 Aufsichtsratsmandate bei verschiedenen Gesellschaften wahrnehmen. Da es sich jedoch in der Praxis gezeigt hat, dass viele Aufsichtsräte quantitativ und besonders auch qualitativ bei ihrer Tätigkeit in unterschiedlichen Industriebereichen überfordert sind, ist eine Diskussion um eine weitere Mandatsbegrenzung in Gang gekommen.

---

[9] Vgl. *Semler, J.*, Die Überwachungsaufgabe des Aufsichtsrats, Diss. Bochum 1980.

Gesellschaftsform	zahl der AR-Mitglieder	geregelt in	Zusammensetzung AG-Ver-	Neutraler	AN-Ver-	geregelt in	Beschlussfassung (kein Patt)	geregelt in
Personengesellschaft	–	–	–	–	–	–	–	–
Tendenzunternehmen	–	–	–	–	–	–	–	–
Gesellschaft < 2.000 AN	21[1]	§ 95 AktG	14	0	7	§ 76 BetrVG[2]	einfache Mehrheit	§ 108 AktG
Gesellschaft > 2.000 AN	20[3]	§ 7 MitbestG	10	0	10	§ 7 MitbestG	Zweitstimme des AR-Vorsitzenden	§ 31 MitbestG

AG = Arbeitgeber
AN = Arbeitnehmer
AR = Aufsichtsrat

1 wenn Grundkapital < 10 Mio. €, dann 15 AR-Mitglieder,
wenn Grundkapital < 1,5 Mio. €, dann 9 AR-Mitglieder
2 bei Familiengesellschaften < 500 AN keine Mitbestimmung im Aufsichtsrat
3 wenn Anzahl der AN < 10.000, dann 12 AR-Mitglieder
wenn Anzahl der AN < 20.000, dann 16 AR-Mitglieder

Abb. 5.2 Zusammensetzung des Aufsichtsrates

- **Haftung mit dem Privatvermögen**

  Um zu verhindern, dass Aufsichtsratsposten aus finanziellen oder Renommeegründen von dazu nicht befähigten Personen übernommen werden, könnte, wie in anderen Ländern üblich, eine Haftung mit dem Privatvermögen eingeführt werden. Somit könnten Aufsichtsratsmitglieder zur Rechenschaft gezogen werden, wenn ihre mangelhafte Aufsichtspflicht zum Konkurs des Unternehmens führt.

- **Hauptberuflichkeit**

  Aus den oben genannten Gründen leitet sich die Forderung nach hauptberuflichen Aufsichtsräten mit maximal zwei bis drei Mandaten ab. So könnten etwa ehemalige Vorstandsmitglieder, die die nötigen Fachkenntnisse aufweisen, eine gute Kontrolle versprechen. Dem steht entgegen, dass gerade Aufsichtsräte, die auch in Gesellschaften anderer Bereiche Posten bekleiden, einen breiten unternehmerischen Sachverstand zur Verfügung stellen können. Ähnliches gilt für Politiker, die mangelnde Fachkenntnis durch gute Beziehungen und Einflussnahmemöglichkeiten zugunsten des Unternehmens kompensieren können.

- **Ex-ante Kontrolle**

  Zunehmend erfolgt vor wichtigen unternehmerischen Entscheidungen eine Absprache zwischen Vorstand und Aufsichtsrat, um Fehlentscheidungen (aus der Sicht des Aufsichtsrats) vorzubeugen. Dieser Meinungsaustausch, der sowohl vom Vorstand als auch vom Aufsichtsrat initiiert sein kann und häufig den Aufsichtsratsvorsitzenden, den Vorstandsvorsitzenden und dessen Stellvertreter betrifft, hat somit die Beteiligung des Aufsichtsrats an Führungsentscheidungen zur Folge. Eine solche Verwischung von Geschäftsführung und Kontrolle führt dann quasi zur Eigenkontrolle des Aufsichtsrats und lässt eine kritische Überwachung fraglich erscheinen.

- **Geschäftsführung durch den Aufsichtsrat**

  Die ex-ante Kontrolle von Vorstandsentscheidungen sowie die Existenz zustimmungspflichtiger Geschäfte weisen dem Aufsichtsrat Geschäftsführungszuständigkeiten zu, die ihm laut Gesetz ausdrücklich vorenthalten sind.[10] Die Leitung der Gesellschaft unter eigener Verantwortung wird dem Vorstand hierdurch entzogen.[11]

Diese Diskussion hat zu Änderungen des AktG durch das sogenannte KonTraG (Gesetz zur Kontrolle und Transparenz im Unternehmensbereich, seit 1. Mai 1998 in Kraft) geführt, die vor allem auch den Aufsichtsrat betreffen:

- Auf die bisher zulässige Höchstzahl von 10 Aufsichtsratsmandaten pro Person werden Vorsitzmandate doppelt angerechnet.
- Die Geltendmachung von Schadensersatzansprüchen gegen Organmitglieder, insbesondere Aufsichtsratsmitglieder, bei groben Pflichtverletzungen wird durch Herabsetzung des Quorums erleichtert (5% des Grundkapitals bzw. 1 Mio. € Nennbetrag; vorher: 10% des Grundkapitals).
- Die Aktionäre sind im Wahlvorschlag vor der Hauptversammlung und im Anhang des Jahresabschlusses über die übrigen gesetzlichen Mandate und die hauptberufliche Tätigkeit der Aufsichtsratsmitglieder zu informieren, um Überlastungen und Wettbewerbssituationen zu vermeiden.
- Die Frequenz der jährlichen Pflichtsitzungen beträgt vier (vorher: zwei).
- Die Teilnahme des Abschlussprüfers an der Sitzung zum Jahresabschluss ist zwingend vorgeschrieben, und die Prüfberichte sind an alle Aufsichtsratsmitglieder auszuhändigen.

(3) Vorstand

Dem Vorstand kommen folgende **Aufgaben** zu:

- Leitung des Unternehmens unter eigener Verantwortung (§ 76 AktG);
- Führung der Geschäfte (§ 77 AktG);
- gerichtliche und außergerichtliche Vertretung der Gesellschaft (§ 78 AktG);
- Einrichtung eines angemessenen Risikomanagements und einer internen Revision (§ 91 AktG).

---

[10] Vgl. § 111 Abs. 4 AktG.

[11] Vgl. *Gutenberg, E.,* Unternehmensführung. Organisation und Entscheidungen, Wiesbaden 1962, S. 41.

Die Kommanditgesellschaft auf Aktien (KGaA)

In der Verfassung der Kommanditgesellschaft auf Aktien (KGaA) sind Merkmale der Kommanditgesellschaft und der Aktiengesellschaft vereint. Wie bei der KG haftet auch bei der KGaA mindestens ein Gesellschafter unbeschränkt **(persönlich haftender Gesellschafter)**. Dieser trägt die Verantwortung für die Geschäftsführung. Die übrigen Gesellschafter **(Kommanditaktionäre)** sind an dem in Aktien zerlegtem Grundkapital beteiligt, ohne persönlich für Verbindlichkeiten der Gesellschaft zu haften.

Die Organe der KGaA sind die persönlich haftenden Gesellschafter, der Aufsichtsrat und die Hauptversammlung.

(1) Persönlich haftende Gesellschafter

Die Geschäftsführung erfolgt in der KGaA durch den oder die persönlich haftenden Gesellschafter (§ 278 Abs. 3 AktG, §§ 161 Abs. 2, 126 Abs. 1 HGB). Die persönlich haftenden Gesellschafter sind statt der Vorstände in das Handelsregister einzutragen. Mit anzugeben ist der Umfang ihrer Vertretungsbefugnis (§ 282 AktG).

Für das Rechtsverhältnis der persönlich haftenden Gesellschafter untereinander und gegenüber der Gesamtheit der Kommanditaktionäre sowie gegenüber Dritten gelten die Vorschriften des Handelsgesetzbuches über die KG (§ 278 Abs. 2 AktG). Im Übrigen gelten für die persönlich haftenden Gesellschafter sinngemäß die für den Vorstand der AG maßgeblichen Vorschriften über (§ 283 AktG)

- die Anmeldung, Einreichungen, Erklärungen und Nachweise zum Handelsregister sowie über Bekanntmachungen,
- die Gründungsprüfung,
- die Sorgfaltspflicht und die Verantwortlichkeit,
- die Pflichten gegenüber dem Aufsichtsrat,
- die Zulässigkeit einer Kreditgewährung,
- die Einberufung der Hauptversammlung,
- die Sonderprüfung,
- die Geltendmachung von Ersatzansprüchen wegen der Geschäftsführung,
- die Aufstellung und Vorlage des Jahresabschlusses, des Lageberichts und des Vorschlags für die Verwendung des Bilanzgewinns,
- die Prüfung des Jahresabschlusses,
- die Rechnungslegung im Konzern,
- die Ausgabe von Aktien bei bedingter Kapitalerhöhung, bei genehmigtem Kapital und bei Kapitalerhöhung aus Gesellschaftsmitteln,
- die Nichtigkeit und Anfechtung von Hauptversammlungsbeschlüssen und
- den Antrag auf Eröffnung des Konkursverfahrens oder des gerichtlichen Vergleichsverfahrens.

(2) Aufsichtsrat

Für den Aufsichtsrat der KGaA gelten, soweit sich aus dem Fehlen eines Vorstands nichts anderes ergibt, die Vorschriften, die für den Aufsichtsrat der Aktiengesellschaft gelten (§ 278 AktG).

Der Aufsichtsrat führt die Beschlüsse der Kommanditaktionäre aus. Er vertritt die Kommanditaktionäre bei Rechtsstreitigkeiten gegen die persönlich haftenden Gesellschafter. Persönlich haftende Gesellschafter können nicht Mitglieder des Aufsichtsrats sein (§ 287 AktG).

Für die Geschäftsführung der KGaA gelten die Vorschriften des Personengesellschaftsrechts (§ 278 Abs. 2 AktG). Daraus folgt, dass der Aufsichtsrat nicht die Kompetenz hat, Geschäftsführungsmaßnahmen gemäß § 111 Abs. 4 AktG an seine Zustimmung zu binden.

(3) Hauptversammlung

Für die Hauptversammlung der KGaA gelten grundsätzlich die Vorschriften über die Hauptversammlung der AG. Ausnahmen hiervon bestehen hinsichtlich des Stimmrechts persönlich haftender Gesellschafter die gleichzeitig Kommanditaktionäre sind und bezüglich der Durchsetzung bestimmter Hauptversammlungsbeschlüsse.

Die persönlich haftenden Gesellschafter haben in der Hauptversammlung nur ein Stimmrecht für ihre Aktien. Sie dürfen dieses Stimmrecht jedoch bei den folgenden Beschlüssen nicht ausüben (§ 285 Abs. 1 AktG):

- Wahl und Abberufung des Aufsichtsrats;
- Entlastung der persönlich haftenden Gesellschafter und der Mitglieder des Aufsichtsrats;
- Wahl und Bestellung von Prüfern;
- Regelung von Ersatzansprüchen.

Beschlüsse der Hauptversammlung, für die bei einer KG das Einverständnis der persönlich haftenden Gesellschafter erforderlich ist, bedürfen auch bei der KGaA der Zustimmung der persönlich haftenden Gesellschafter (§ 285 Abs. 2 AktG).

3. Organisation der Unternehmensleitung

Im Folgenden werden alternative Formen der Vorstandsorganisationen dargestellt und im Vergleich dazu auf das anglo-amerikanische Board-System eingegangen.

3.1 Alternativen der Vorstandsorganisation

Bezüglich der internen Organisation des Vorstandes schreibt das Aktiengesetz gemeinschaftliche Geschäftsführung und Vertretung vor.[12] Es lässt jedoch durch Geschäftsordnung und Satzung auch andere Regelungen zu. Dadurch ergeben sich mehrere Alternativen der Vorstandsorganisation:

---

[12] Vgl. §§ 77, 78 AktG.

a) Kollegialprinzip und Direktorialprinzip

Das **Kollegialprinzip** besagt, dass Vorstandsentscheidungen nur gemeinschaftlich und einstimmig getroffen werden dürfen. Durch diese Vorschrift wird insbesondere bei komplexen Entscheidungsaufgaben eine Diskussion des gesamten Vorstandsplenums erforderlich, wodurch Interdependenzen stärker berücksichtigt und ausgereiftere Entscheidungen getroffen werden können. Des Weiteren verhindert das Kollegialprinzip eine zu starke Inanspruchnahme einzelner Personen. Gleichzeitig tritt jedoch eine erhebliche Verzögerung in der Entscheidungsfindung ein, bis sich alle Vorstandsmitglieder getroffen und einen Konsens erzielt haben. Dies gilt besonders dann, wenn einzelne Mitglieder hartnäckig die Zustimmung verweigern.

Beim **Direktorialprinzip** verfügt ein Vorstandssprecher oder der Vorstandsvorsitzende über weitreichendere Kompetenzen als seine Vorstandskollegen. Per Satzung bzw. Geschäftsordnung autorisiert, kann er die Gesellschaft allein vertreten und Führungsentscheidungen treffen – nicht jedoch gegen die Mehrheit im Vorstand.[13] Zu den wichtigsten Aufgaben des Vorstandsvorsitzenden gehört die Koordination der Teilaufgaben in Hinblick auf eine optimale Erfüllung der Gesamtaufgabe. Für die Erfüllung der Teilaufgaben sind in der Regel die anderen Vorstandsmitglieder verantwortlich. Diese Regelung verspricht eine einheitliche Willensbildung und Entscheidungsfindung, ein unter Umständen verstärkter Durchgriff durch das Unternehmen und eine erhöhte Flexibilität, da wichtige Entscheidungen schneller getroffen werden können. Außerdem wird die Zahl der Ansprechpartner auf höchster Unternehmensebene reduziert. Die Gefahr, dass eine zu große Machtkonzentration ein größeres Risiko für die Anteilseigner darstellt, wird bezweifelt, da mit dem Aufsichtsrat eine ausreichende Kontrollinstitution besteht.[14]

b) Aufgabenverteilung

Aufgrund der Menge und Komplexität der zu verrichtenden Aufgaben ist es nicht mehr möglich, dass sich alle Vorstandsmitglieder gleichermaßen mit allen anfallenden Problemen beschäftigen. Vielmehr erfolgt eine mehr oder minder stark ausgeprägte interne Arbeitsteilung auf bestimmte Teilaufgaben. Dabei können einzelne Unternehmens- und Zentralbereiche als **Vorstandsressorts** von einzelnen Vorstandsmitgliedern geleitet werden.[15] Der Vorstandsvorsitzende fungiert neutral als integrative Kraft. Dieser Fall ist am Beispiel der Vorstandsorganisation der *Siemens AG* vor der Reorganisation 1988 in Abb. 5.3 dargestellt.

Vorstandsressorts können auch mit funktionalen (Einkauf, Produktion etc.) oder regionalen Aufgaben betraut sein. Mitunter bekleiden Vorstandsmitglieder eine **Sprecherrolle** für einzelne Bereiche. Bei der *Bayer AG* waren die einzelnen Vorstandsmitglieder in der bis Ende 1983 gültigen Organisationsstruktur gleichzeitig Sprecher für Sparten, Zentralbereiche und Regionen, Vorstandsentscheidungen konnten jedoch nur im Plenum getroffen werden (Vgl. Abb. 5.4).

---

[13] Vgl. § 77 Abs. 1 AktG.

[14] Vgl. *Hoffmann, F.*, Organisation der Führungsgruppe, Berlin 1969, S. 71.

[15] Vgl. hierzu auch Teil III, Kapitel 4.

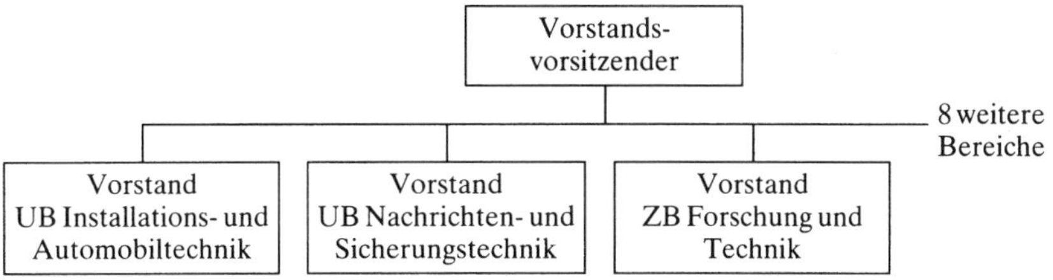

Abb. 5.3 Vorstandsressorts bei *Siemens* bis 1989

Um die Arbeit der einzelnen Vorstandsmitglieder für einzelne Bereiche noch weiter zu Gunsten einer unternehmensallgemeineren Tätigkeit zu reduzieren, konnten innerhalb des Vorstands **Ausschüsse** gebildet werden, in denen sich mehrere Mitglieder einzelnen Zentralbereichen widmen. Diese Vorstandsstruktur hat die *Bayer AG* zu Beginn des Jahres 1984 angenommen. Die Geschäftsbereichsleitung wurde in diesem Fall an die nächste Hierarchieebene weitergegeben. Lediglich die Regionen wurden von Vorstandsmitgliedern als Sprecher vertreten. Die Ausschüsse unterstützten durch ihre vorbereitende Arbeit den Vorstand bei der Entscheidungsfindung.[16] Auf diese Weise wurden alle Vorstandsmitglieder mit weit gestreuten Informationen versorgt und mit einem breiten Spektrum von Entscheidungen konfrontiert. Die neutrale, dem ganzen Unternehmen verpflichtete Vorstandsarbeit wurde unterstützt und das Prinzip der Gesamtverantwortung gestärkt. Somit wurde der Forderung des Aktiengesetzes nach Kollegialführung Rechnung getragen (§ 77 AktG).

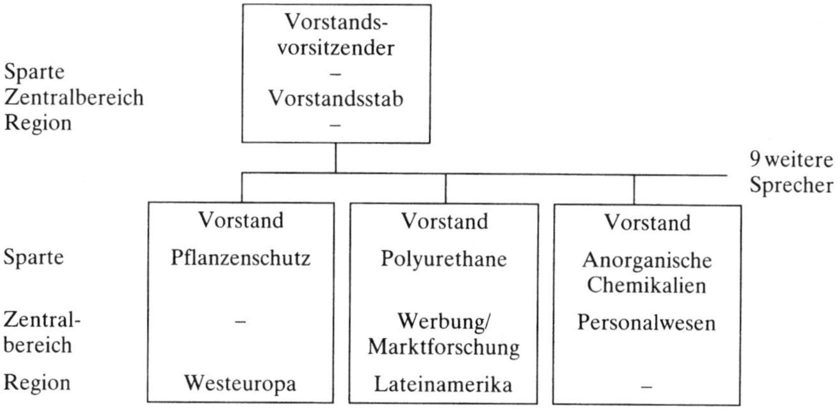

Abb. 5.4 Vorstand mit Bereichssprechern bei *Bayer* bis 1983

---

[16] Vgl. *Vossberg, H.,* Neuorganisation bei Bayer seit Januar 1984, Die Antwort auf das Wachstum, in: Bayer Berichte, Heft 51, 1984, S. 55.

Im Jahr 1991 wurde die bis dahin 7 Jahre andauernde Organisation nach Sektoren in soweit abgelöst, als dass die Geschäftsbereichsleiter von nun an direkt an den Vorstand berichten sollten. Diese Form der Vorstandsorganisation wurde bis zum 1. Juli 2002 beibehalten und mit dem Stichtag durch eine „Trennung von übergeordneten strategischen Aspekten und dem operativen Geschäft“[17] neu ausgerichtet:

Heute existieren vier Teilkonzerne und drei Servicegesellschaften. Sie werden als Management-Holding und von einem Konzernvorstand geführt. Der Konzernvorstand konzentriert sich hierbei auf das Festlegen von Gesamtstrategie und Portfolio, verteilt die Ressourcen und ist zuständig für das Führungskräfte- und Finanz-Management. Auf diese Weise werden klare Verantwortlichkeiten geschaffen, die Komplexität reduziert, die Marktpräsenz gestärkt und die Flexibilität für Partnerschaften erhöht. Die Arbeitsgebiete hingegen bilden als eigenständige Organisationsbereiche die strategischen Geschäftsbereiche des Konzerns. Hier will sich Bayer künftig – orientiert an den vom Konzernvorstand definierten Strategien und Zielen – positionieren und weiterentwickeln. Die Servicegesellschaften richten sich sowohl an die Konzerneinheiten, als auch an externe Kunden.

Ergänzt wird die Organisation um ein Corporate Center, das die Governance-, Support- und Servicefunktionen für die Konzernführung umfasst und so Konzernleitung und Gesamtunternehmen unterstützend zur Seite steht.

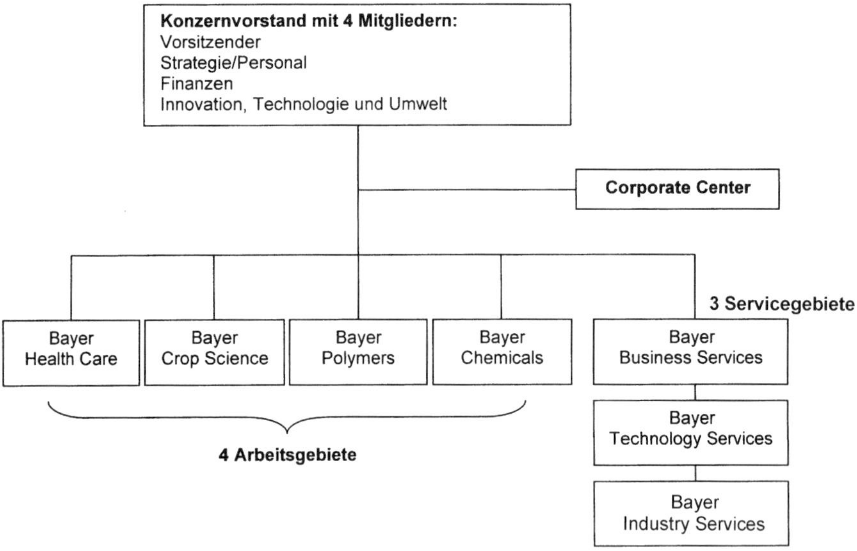

Abb. 5.5 Organisationsstruktur der Bayer AG (Stand 2002)[18]

[17] Vgl. *Bayer Geschäftsbericht 2002,* S. 16f.

[18] In Anlehnung an *Bayer Geschäftsbericht 2002,* S. 72.

Bei der *Siemens AG* wurde der Vorstand im Jahr 1989 mit einer Trennung von Strategie und Operation neu geordnet. Das Unternehmen wurde in 15 Bereiche, zwei selbstständige Geschäftsgebiete, zwei Bereiche mit eigener Rechtsform sowie 12 Zentralabteilungen unterteilt. Im Zuge dieser Umorganisation wurden drei Vorstände zusammengestellt:

- der Gesamtvorstand (22 Mitglieder)
- der Zentralvorstand (10 Mitglieder) und
- der Bereichsvorstand.

Der Gesamtvorstand bildete seitdem den Vorstand im Sinne des Aktiengesetzes. Der Zentralvorstand, mit Zustimmung vom Aufsichtsrat vom Gesamtvorstand gewählt, erhielt die Zuständigkeiten für die Strategie des Gesamtunternehmens und für die Überwachungs- und Grundsatzaufgaben. Die Mitglieder des Bereichsvorstandes wurden mit dem operativen Geschäft betraut.

Heute besteht der Vorstand der Siemens AG aus 13 Mitgliedern und einem Vorstandsvorsitzendem. Vorstandsmitgliedern unterliegt die z.T. die Leitung und/oder Betreuung einzelner Zentralbereiche (Corporate Finance, Corporate Personnel, Corporate Technology und Corporate Development), Zentralstellen, operativen Geschäftsbereichen, Finanz- und Immobiliengeschäften sowie Wirtschaftsregionen. Die Zentralabteilungen und Zentralstellen übernehmen in diesem System die Unternehmensleitung unterstützende Stabsaufgaben wie z.B. Personalwesen, Finanzen und Kommunikation.[19]

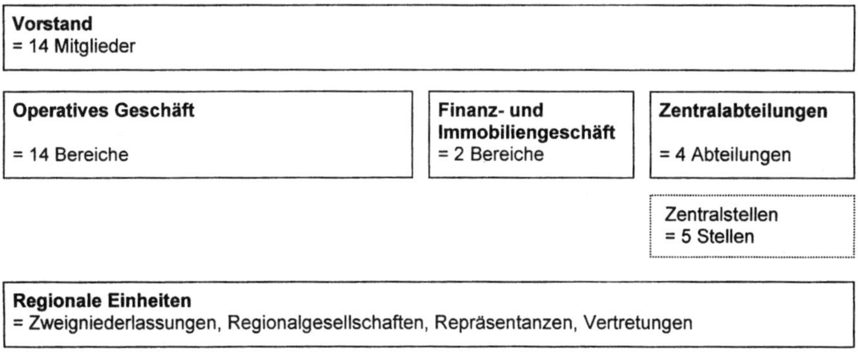

Abb. 5.6 Organisationsstruktur der Siemens AG (Stand 2002)[20]

Eine Trennung der Aufgaben von Gesamt-, Zentral- und Bereichsvorstand ist grundsätzlich zulässig (§ 77 Abs. 1 AktG). Von einer derartigen Geschäftsverteilung sind aber Entscheidungen ausgenommen, die das **Gesetz zwingend der**

[19] Vgl. *Siemens Geschäftsbericht 2002,* S. 17.

[20] In Anlehnung an *Siemens Geschäftsbericht 2000,* S. 102f.

Verantwortung durch den Gesamtvorstand zuweist. Der Gesamtvorstand bleibt daher beispielsweise verantwortlich für:[21]

- die Berichterstattung an den Aufsichtsrat (§ 90 AktG),
- die Einberufung und Einschaltung der Hauptversammlung (§ 121 Abs. 2 AktG, § 119 Abs. 2 AktG),
- die Wahrnehmung der Vorstandspflichten bei Verlust, Überschuldung und Zahlungsunfähigkeit (§ 92 AktG) und
- die Aufstellung des Jahresabschlusses (§ 170 AktG).

Die Etablierung eines Zentralvorstandes erlaubt es der *Siemens AG*, die Geschäfte mit einer relativ kleinen Führungsmannschaft im Gesamtunternehmensinteresse zu leiten.

3.2 Board-Verfassung

Bei der Board-Verfassung handelt es sich um ein **monistisches Verwaltungssystem**, d. h. es erfolgt keine externe Trennung des Verwaltungsorgans in eine Leitungs- und Kontrollstelle. Board-Systeme sind in mehreren Ländern institutionalisiert. An dieser Stelle soll das amerikanische System dargestellt werden. Gegenstück zur deutschen Aktiengesellschaft ist im amerikanischen Wirtschaftsrecht die ‚corporation'. Die von den verschiedenen Bundesstaaten erlassenen **‚corporation-laws'** lassen den einzelnen Gesellschaften großen gestalterischen Freiraum bezüglich der Unternehmensverfassung, den diese durch Charter und By-laws individuell ausfüllen können.[22] Die **‚charter'** stellt einen Gründungsvertrag dar und gibt Aufschluss über Name, Zweck und Grundkapital der Gesellschaft. Sie regelt das Außenverhältnis. Die **‚by-laws'** entsprechen einer Satzung bzw. Geschäftsordnung und bestimmen das Innenverhältnis. Sie klären Fragen zur Wahl des Board, zur Kompetenzverteilung der Board-Mitglieder und leitenden Angestellten etc.

Organe der Board-Verfassung

Die Board-Verfassung kennt die zwei folgenden Organe:

(1) **Shareholder's Meeting**

Das ‚Shareholder's Meeting' entspricht der Hauptversammlung im deutschen Aktienrecht. Es handelt sich um eine mindestens einmal jährlich stattfindende Zusammenkunft der Aktionäre (shareholders) mit folgenden **Aufgaben**:

- Wahl der Board-Mitglieder (keine Mitbestimmung der Arbeitnehmer);
- Erlass der by-laws;
- Entscheidung über außerordentliche Geschäfte (Fusionen, Auflösung etc.);
- Abwahl der Board-Mitglieder.

---

[21] Vgl. *Mertens, H.-J.*, § 77 AktG Anm. 19, in: Kölner Kommentar zum Aktiengesetz.

[22] Vgl. *Hoffmann, F.*, Organisation der Führungsgruppe, a.a.O., S. 70.

Um zu verhindern, dass Mehrheitsaktionäre all ihre Kandidaten in Einzelabstimmungen in den Board wählen können, existiert das Prinzip der **kumulierten Stimmabgabe**. Bei diesem Minderheitenschutz werden die Aktionärsstimmen mit der Anzahl der zu wählenden Board-Mitglieder multipliziert. Das auf volle einstellige Zahlen auf- bzw. abgerundete Ergebnis gibt dann die Anzahl der von der Mehrheit bzw. Minderheit zu bestimmenden Personen an. Haben beispielsweise eine Mehrheit von 51% und eine Minderheit von 49% 9 Board-Mitglieder zu wählen, so ergibt sich durch

$$51\% \cdot 9 = 4{,}59 \Rightarrow 5$$
$$49\% \cdot 9 = 4{,}41 \Rightarrow 4,$$

dass die Mehrheitsaktionäre 5 und die Minderheitsaktionäre 4 Vertreter bestimmen dürfen.

Praktisch sind die **Einflussmöglichkeiten** der Aktionäre aus folgenden Gründen minimal:

- Der in den USA weit gestreute Aktienbesitz auf Kleinaktionäre (bei *General Motors* ca. 1 Mio.) und die gleichzeitige Professionalisierung der Unternehmensorgane bewirken eine informationsmäßige Unterlegenheit der Anteilseigner.[23]
- Bei der Wahl des Board ist es den aktuellen Mitgliedern möglich, durch das **Proxy-Stimmrecht** ihre eigene Wahl zu beeinflussen. Denjenigen Anteilseignern, die nicht am Shareholder's Meeting teilnehmen (meist Kleinaktionäre; bei *General Motors* in der Regel mehr als 99,9%), ist zwar eine Übertragung ihrer Stimme auf eine dritte Person nicht möglich, sie können jedoch aufgrund einer Festlegung in der charter bzw. den by-laws eine Stimmrechtsvollmacht (proxy) ohne Weisungsauftrag auf ein **‚proxy-committee'** übertragen. Das Proxy-Committee erhält Weisungen vom Board, der auch die Committee-Mitglieder auswählt und zu Lasten des Unternehmens deren Aufwendungen begleicht.
- Obwohl der Erlass der By-laws eigentlich dem Shareholder's Meeting zusteht, ist deren Änderung durch den Board möglich,[24] so dass auch dessen Einfluss auf interne Regelungen und somit die eigene Tätigkeit erheblich ist.
- Die Möglichkeit zur Abwahl der Board-Mitglieder ist außerordentlich schwierig und wird daher in der Praxis kaum praktiziert.

(2) **Board of Directors**

Der ‚Board of Directors' ist das zentrale Organ der amerikanischen Corporation. Als einzigem Verwaltungsorgan obliegen ihm sehr heterogene Aufgaben:[25]

- **Kontrolle des Management:**
  - Wahl des Chief Executive Officer (CEO) sowie der leitenden Angestellten (Officers);

---

[23] Vgl. *Thomée, F.,* Das Boardsystem – eine Alternative zum Aufsichtsrat?, in: Zeitschrift für Organisation, 43. Jg., 1974, S. 186.

[24] Vgl. *Vance, S. C.,* Corporate Leadership. Boards, Directors and Strategy, New York etc. 1983, S. 61; vgl. auch *Lieser, J., Schoenbaum, T.,* Das Board-System als Mitbestimmungskonzept der Zukunft, in: Der Betrieb, 25. Jg., 1973, S. 1982.

[25] Vgl. *Vance, S. C.,* Corporate Leadership, a.a.O., S. 15 f.

  - Festsetzung der Gehälter und Prämien für das Management;
  - Bestimmung von Zielen und ‚policies' sowie Kontrolle der Zielerreichung und Befolgung der policies durch das Management;
  - Rechnungsprüfung.
- **Führung der Geschäfte:**
  - Gewährleistung eines ordnungsgemäßen Geschäftsablaufs;
  - Finanz-, Investitions- und Budgetentscheidungen;
  - Erlass und Änderung der By-laws, sofern dies nicht bereits durch das Shareholder's Meeting erfolgte.
- **Vertretung der Interessen der Anteilseigner (shareholders):**
  - Information der Aktionäre über wichtige Ereignisse und Entscheidungen;
  - Verwaltung des Vermögens im Interesse der Aktionäre;
  - langfristige Sicherung der Existenz und des Wachstums des Unternehmens;
  - Entscheidung über angemessene Dividendenausschüttung.
- **Vertretung sonstiger Interessengruppen (stakeholders):**
  - Berichterstattung über das Unternehmen;
  - Sicherung der Produktqualität und Verbesserung der Arbeitsbedingungen.

Die Doppelaufgabe von „Trustee-Funktion" und „Management-Funktion"[26] hat in der Praxis aufgrund der quantitativen und qualitativen Beanspruchung der ‚directors' zu einer spezifischen Arbeitsteilung innerhalb des Boards geführt. Den **‚inside-directors'** oder ‚insidern' stehen **‚outside-directors'** oder ‚outsider' gegenüber.[27] Bei den ‚inside-directors' handelt es sich um leitende Angestellte, die hauptberuflich in der Geschäftsführung der Gesellschaft tätig sind. Die ‚outside-directors' wirken nebenberuflich meistens in den Boards mehrerer Gesellschaften mit und beschäftigen sich hauptsächlich mit Kontrollfragen. Board-Vertreter können bei Missachtung oder Schlechterfüllung ihrer Aufgaben von Aktionären oder Dritten (z.B. Umweltbehörden) persönlich zur Rechenschaft gezogen werden.[28] Aus diesen Gründen erschien eine Professionalisierung des Board angebracht, was sich noch in den 60er Jahren in einem hohen Anteil von ‚inside-directors' niederschlug.[29] Zunehmende Unternehmensverflechtung sowie eine immer komplexer werdende Umwelt kehrten diesen Trend um. Heute scheint ein Board mit mehr ‚outside-directors' aus heterogenen Bereichen besser in der Lage zu sein, strategische Entscheidungen im Unternehmen zu treffen.[30]

Die Arbeit des Board erfolgt zum überwiegenden Teil in **‚committees'** (Ausschüssen), von denen einige per Gesetz oder Börsenzulassungsvoraussetzung zwingend existieren müssen (z.B. audit-committee), andere je nach Gegebenheiten im Unternehmen eingerichtet werden. In der Regel entsprechen die ‚committees' den an den Board gestellten Aufgaben wie Rechnungsprüfung, Mana-

---

[26] Vgl. *Bleicher, K.*, Konvergieren europäische und amerikanische Führungsstrukturen der Unternehmungsspitze, in: Zeitschrift für Organisation, 50. Jg., 1981, S. 67.

[27] Vgl. *Vance, S. C.*, Corporate Leadership, a.a.O., S. 33 ff.

[28] Vgl. *Heller, M. F. Jr.*, The Board of Directors: Legalistic Anchronism or Vital Force, in: California Management Review, Vol. 14, 1972, S. 29.

[29] Vgl. *Vance, S. C.*, Corporate Leadership, a.a.O., S. 49 f.

[30] Vgl. *Pfeffer, J.*, Size and Composition of Corporate Boards of Directors: The Organization and its Environment, in: Administrative Science Quarterly, Vol. 17, 1972, S. 222.

gerauswahl, Gehaltsfixierung etc. Die Entscheidungsbefugnis kann vom Board auf die ‚committees' delegiert werden, nicht jedoch das Recht zur Änderung der by-laws.

Die Einbindung des Board in das Leistungsgefüge des Unternehmens kann auf unterschiedliche Weise realisiert werden. Die Grundstruktur gibt Abb. 5.5 wieder.

Der Board wählt aus seiner Mitte den **‚Chairman of the Board'** als seinen Vorsitzenden, der sich verstärkt mit der langfristigen Geschäftspolitik beschäftigt. Vielfach wird als ‚Chairman' der ehemalige ‚President' eingesetzt, der mit den Geschäften gut vertraut ist, den neuen Präsidenten unterstützen und somit zur Kontinuität im Unternehmen beitragen kann. Der **President of the Company** wird ebenfalls vom Board gewählt. Er ist meist für die tagesaktuellen Entscheidungen verantwortlich und übernimmt in aller Regel auch die Funktion des **‚Chief Executive Officer'** (CEO). Der CEO stellt als oberster leitender Angestellter die Exekutive im Unternehmen dar. In seiner einflussreichen Stellung wird er durch mehrere **‚Operating Vice Presidents'** oder ‚Executive Vice Presidents' unterstützt.

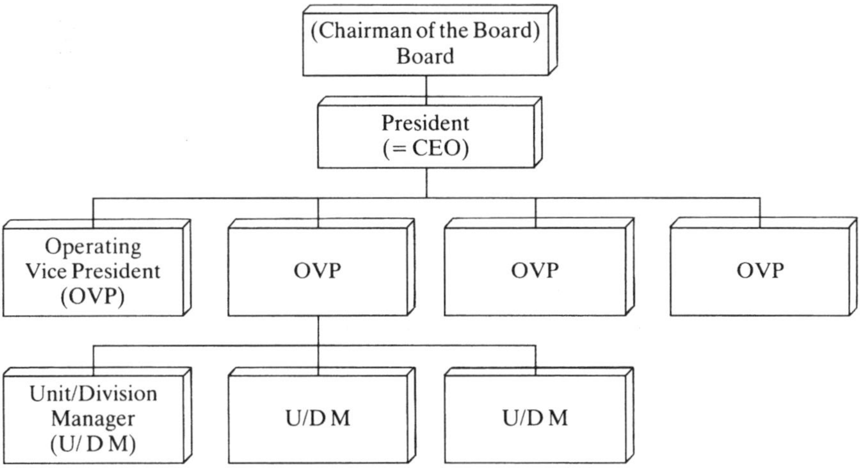

Abb. 5.7 Aufbau einer amerikanischen Corporation

In der Praxis existiert abweichend von dieser Grundstruktur eine enorme Vielfalt von Führungsvarianten. So unterstehen etwa bei *General Motors* dem Chairman, der gleichzeitig CEO ist, ein für die Zentralabteilungen zuständiger Vice Chairman und ein für die einzelnen Divisionen verantwortlicher President, der auch Chief Operating Officer ist. Bei *ITT (Industries, Inc.)* vereint eine Person die Funktionen des Chairman, des Presidents und des CEO. Die Beispiele deuten an, welche vielfältigen Möglichkeiten amerikanischen Gesellschaften bezüglich der Organisation ihrer Führungsgruppe gegeben sind.

Angleichung von Vorstands- und Board-System

Bei näherer Betrachtung läßt sich feststellen, **dass die von der Gesetzgebung her sehr unterschiedlichen Systeme der Vorstands- und Board-Verfassung in der Praxis sehr stark konvergieren.** Die im deutschen Aktiengesetz geforderte strikte Zweiteilung der Unternehmensverwaltung wird durch vermehrte Absprachen zwischen Vorstand und Aufsichtsrat verwischt. Gleichzeitig existiert im amerikanischen Board durch die Funktionsteilung der ‚inside-' und ‚outside-directors' eine gewisse Trennung von Leitung und Kontrolle. Das im Gesetz verankerte Kollegialprinzip im Vorstand wird durch erweiterte Kompetenzen des Vorstandsvorsitzenden abgeschwächt. Das Präsidialprinzip amerikanischer Corporations wird vielfach durch die Einrichtung von Executive Committees anstelle des CEO eingeschränkt.

4. Europäische Unternehmensaktivitäten

Die Entwicklung der EG zu einem europäischen Wirtschaftsraum hat den Unternehmen einen größeren Absatzmarkt gesichert. Zur Ausschöpfung dieser neuen Marktpotenziale sind einzelne nationale Gesellschaften häufig nicht in der Lage. Es fehlt ihnen an den Größenvoraussetzungen, die oftmals erst durch einen **grenzüberschreitenden Zusammenschluss zwischen betroffenen Unternehmen** oder die **Gründung einer Gesellschaft nach europäischem Recht** erreicht werden können.

4.1 Grenzüberschreitende Zusammenschlüsse

Unternehmenszusammenschlüsse auf EU-Ebene regelt die **EU-Fusionskontrollverordnung** (EWG 4064/89, ergänzt durch EG 1310/97). Demnach müssen Zusammenschlüsse, die gemeinschaftsweite Bedeutung haben, der EU-Kommission zur Prüfung und gegebenenfalls zur Genehmigung vorgelegt werden.[31]

Ein **Zusammenschluss** ist gegeben, wenn zwei oder mehr bisher unabhängige Unternehmen fusionieren oder eine bzw. mehrere Personen, die bereits ein Unternehmen kontrollieren, durch Erwerb von Anteilsrechten oder Vermögenswerten durch Vertrag oder in sonstiger Weise die Kontrolle über Teile mindestens eines weiteren Unternehmens erwerben.

Gemeinschaftsweite Bedeutung bekommt der Zusammenschluss, wenn die Umsätze der beteiligten Unternehmen unter die Größenregelungen des Artikel I, Abs. 2 oder Abs. 3 der Fusionskontrollverordnung fallen:

- Artikel I, Absatz 2:
  - Weltumsatz beteiligter Unternehmen > 5 Mrd. €,
  - mindestens zwei der beteiligten Unternehmen haben jeweils eine gemeinschaftsweiten Umsatz > 250 Mio. €.

[31] vgl. Verordnung EWG Nr. 4064/89 des Rates vom 21. Dezember 1989 über die Kontrolle von Unternehmenszusammenschlüssen, in: Amtsblatt L 257 vom 21. September 1990, S. 13-25, mit Änderungen durch die Verordnung EG Nr. 1310/97 des Rates vom 30. Juni 1997, in: Amtsblatt L 180 vom 9. Juli 1997, S. 1.

- Artikel I, Absatz 3:
  - Weltumsatz beteiligter Unternehmen > 2,5 Mrd. €,
  - mindestens zwei der beteiligten Unternehmen haben jeweils einen gemeinschaftsweiten Umsatz > 100 Mio. €,
  - aus drei oder mehr EU-Ländern stammen Umsätze > 100 Mio. €
  - mindestens zwei der beteiligten Unternehmen erzielen in diesen EU-Ländern einen Umsatz > 25 Mio. €.

Eingeschränkt wird die Gültigkeit durch die 2/3-Regel: Wenn alle beteiligten Unternehmen mehr als 2/3 ihres EU-weiten Umsatzes in ein und demselben Mitgliedsland erreichen, wird der Zusammenschluss nicht von der EU-Kommission geprüft. Dann fällt die Fusion unter das jeweilige nationale Kartellrecht.

Die EU-Kommission prüft bei dem geplanten Zusammenschluss, ob eine **marktbeherrschende Stellung** begründet oder verstärkt wird und ob dadurch **wirksamer Wettbewerb erheblich behindert** wird. Falls keine Wettbewerbsbeschränkung vorliegt, **genehmigt** die Kommission den Zusammenschluss. Sie kann die Genehmigung auch **unter Auflagen** genehmigen, die eine Änderung der Fusionsbedingungen sicherstellen sollen. Wenn eine erhebliche Einschränkung des Wettbewerbs durch den Zusammenschluss zu erwarten ist, kann die Kommission auch den Zusammenschluss **untersagen**.

Gegen die Entscheidung können die betroffenen Unternehmen Beschwerde beim Europäischen Gerichtshof (EuGH) einlegen.

Ende 2002 wurde eine **umfassende Reform** der EU-Fusionskontrolle verabschiedet. Neben einer Neufassung der Fusionskontrollverordnung sieht sie eine Reihe nicht legislativer Maßnahmen vor, die den Entscheidungsprozess der Kommission hinsichtlich des Zusammenschlusses betreffen. Als wichtigste Neuerung gilt, dass ein anerkannter Wirtschaftsexperte den Posten eines „chefökonomen" übernimmt. Seine Aufgabe ist es, die wirtschaftlichen Konsequenzen eines Zusammenschlusses von Unternehmen zu analysieren und so die Entscheidungsfindung in der Fusionskontrolle zu verbessern.[32] Die neuen Fusionsvorschriften treten am 1. Mai 2004 in Kraft.

4.2 Europäische Rechtsformen

Europäische Rechtsformen sind **supranationale Unternehmensverfassungen**, damit sich Gesellschaften aus verschiedenen Mitgliedsstaaten der europäischen Union über nationale Grenzen hinweg formieren und so gemeinsam Marktpotenziale ausschöpfen können.

Ziel europäischer Rechtsformen ist es, europaweit tätigen Unternehmen die Voraussetzungen für eine Neuordnung ihrer Tätigkeit auf Gemeinschaftsebene zu schaffen.[33] Dazu gehören die Möglichkeiten,

---

[32] vgl. Europäische Kommission: Kommission beschließt umfassende Reform der EU-Fusionskontrolle, Pressemitteilung IP/02/1856 der Kommission Wettbewerb, Brüssel, 11.12.2002.

[33] Vgl. *o.V.,* Vorschlag für eine Verordnung (EWG) des Rates über das Statut der Europäischen Aktiengesellschaft, in: Die Aktiengesellschaft, 35. Jg. 1990, S. 111-129, hier S. 111 f.

- unter Beachtung der Wettbewerbsregeln, das Wirtschaftspotenzial bereits bestehender Unternehmen zusammenzufassen (Unternehmenszusammenschlüsse),
- Umstrukturierungs- und Kooperationsmaßnahmen zu verwirklichen; Unternehmen, die unterschiedlichen Rechtsordnungen unterliegen, soll jedoch nicht die Wahl einer Gesellschaftsform erspart werden, die für ein bestimmtes nationales Recht gilt,
- Gesellschaften europäischen Zuschnitts zu gründen und zu leiten, ohne dass die bestehenden Unterschiede zwischen den einzelstaatlichen Rechtsvorschriften mit ihrem räumlich begrenzten Geltungsbereich dafür ein Hindernis darstellten.

Bei den europäischen Rechtsformen lassen sich die **Europäische Wirtschaftliche Interessenvertretung** (EWIV) und die **Europäische Aktiengesellschaft** (Societas Europaea – SE) unterscheiden.

Europäische Wirtschaftliche Interessenvereinigung (EWIV)

Die Europäische Wirtschaftliche Interessenvereinigung (EWIV) wurde als Rechtsform vor über einem Jahrzehnt europaweit eingeführt. Trotzdem ist die EWIV auch in Fachkreisen noch weitgehend unbekannt. Im Mai 2003 konnten EU-weit lediglich knapp 1.400 Gesellschaften dieses Typs gezählt werden.[34]

(1) Unternehmenszweck

Die EWIV hat den Zweck, die **wirtschaftliche Tätigkeit** ihrer Mitglieder zu erleichtern oder zu entwickeln, sowie die Ergebnisse dieser Tätigkeit zu verbessern oder zu steigern. Der Unternehmenszweck der EWIV darf nur eine Hilfstätigkeit zur eigentlichen Unternehmenstätigkeit ihrer Mitglieder sein. Daher darf die EWIV selbst **keine Gew**inne erzielen. Dafür zahlt die EWIV auch keine Steuern (Unternehmenssteuern), sie ist in Deutschland von Gewerbe- und Körperschaftssteuer befreit und unterliegt keiner Bilanz- oder Publizitätspflicht.

Der Unternehmensgegenstand muss der **supranationalen Kooperation** dienen. Er wird im Handelsregister festgehalten und ist öffentlich überprüfbar. Er kann immer nur die Zusammenarbeit betreffen und darf nicht die eigene Tätigkeit der Mitglieder ersetzen.

Der Kooperationsgedanke setzt die **Schranken** für den Unternehmensgegenstand. Es ist unzulässig und führt zur Gesellschaftsauflösung durch das zuständige Gericht, falls eine EWIV

- als Konzernleitung auftritt und Leitungs- oder Kontrollmacht über andere Unternehmen ausübt;
- als Holding fungiert, sofern dies nicht auf Rechnung der Mitglieder erfolgt und eine unabdingbare Hilfstätigkeit für diese darstellt;
- selbst mehr als 500 Arbeitnehmer beschäftigt;

---

[34] vgl. Libertas – Europäisches Institut GmbH, EWIV-Statistik des Europäischen EWIV-Informationszentrums, Sindelfingen 2003.

- dazu genutzt wird, nationale Kreditgewährungsverbote (§ 89 AktG: Kreditgewährung an Vorstände; § 115 AktG: Kreditgewährung an Aufsichtsräte; etc.) zu umgehen;
- sich an einer anderen EWIV beteiligt.

(2) Rechtsgrundlagen und Gründung

Auf europäischer Ebene hat die EWIV ihre Legitimation in der Verordnung (EWG) Nr. 2137/85, veröffentlicht im EG-Amtsblatt L 199 vom 31.7.1985. Diese Rechtsgrundlage wird national durch ein jeweiliges Ausführungsgesetz konkretisiert. In Deutschland ist dies das EWIV-Ausführungsgesetz vom 14.4.1988, veröffentlicht im Bundesgesetzblatt I vom 22.4.1988. Danach können seit 1.7.1989 in Deutschland Gesellschaften mit dieser Rechtsform ansässig werden.

Die Gründung einer EWIV erfordert **mindestens zwei Mitglieder (Gesellschafter)** aus verschiedenen Mitgliedstaaten der EG. In der Bundesrepublik ist keine Höchstgrenze für die Zahl der Mitglieder vorgesehen. **Mitglieder einer EWIV** können alle Personen- oder Kapitalgesellschaften, andere juristische Einheiten des öffentlichen und Privatrechts (Körperschaften, Stiftungen etc.) sowie natürliche Personen, die eine gewerbliche, kaufmännische, handwerkliche, landwirtschaftliche oder freiberufliche Tätigkeit ausüben, werden.

Die **Gründung** erfolgt durch notariell beglaubigten **Gründungsvertrag** und Eintragung in das zuständige **Handelsregister**. Der EWIV-Vertrag muss schriftlich abgefasst sein und als **Minimalanforderungen** den Namen der Europäischen Wirtschaftlichen Interessenvereinigung mit dem Zusatz „EWIV", den Sitz der Gesellschaft sowie deren Unternehmensgegenstand, Angaben über die Mitglieder sowie die Dauer der EWIV, sofern diese nicht auf unbestimmte Dauer angelegt ist, enthalten.

(3) Kapital und Haftung

Für die Gründung einer EWIV ist **kein bestimmtes Kapital** vorgesehen. Allerdings haben die Mitglieder der EWIV – im Gegensatz zu den Gesellschaftern einer OHG – eine **unmittelbare Verlustausgleichspflicht**. Die Gesellschafter einer OHG sind grundsätzlich nicht zum Verlustausgleich durch Nachschüsse verpflichtet. Der Verlust eines OHG-Gesellschafters mindert gemäß § 120 Abs. 2 HGB lediglich dessen Kapitalkonto. Demgegenüber sind nach Art. 21 Abs. 2 der EG-Verordnung die Mitglieder unmittelbar dazu gezwungen, Verluste zu tragen und auszugleichen.

Die Mitglieder der EWIV haften unbeschränkt und gesamtschuldnerisch für alle Verbindlichkeiten. Allerdings kann eine EWIV auch ausschließlich von juristischen Personen gegründet werden, so dass die Haftung ähnlich wie bei der GmbH & Co. KG beschränkt werden kann.

(4) Organe und Zuständigkeit

Vorgeschriebene Organe der EWIV sind **die gemeinschaftlich handelnden Mitglieder (Gesellschafter)** und die **Geschäftsführer**. Im Gründungsvertrag kann fakultativ die Einrichtung eines Aufsichtsrates vorgesehen werden.[35]

---

[35] *Meyer-Landrut, A.,* Die Europäische Wirtschaftliche Interessenvereinigung, Stuttgart 1988, S. 61 f.

Die gemeinschaftlich handelnden Mitglieder haben umfassende Kompetenzen. Sie können jeden Beschluss fassen und auch Geschäftsführungsaufgaben an sich ziehen. Da die Mitglieder keine Vertretungsbefugnis besitzen, sind Geschäftsführungsmaßnahmen nur durch Weisungen an die Geschäftsführer durchzusetzen.

Vertretungsorgan der EWIV sind der oder die **Geschäftsführer**. Bestellung und Widerruf der Geschäftsführer erfolgt entweder durch die gemeinschaftlich handelnden Mitglieder oder gegebenenfalls durch den freiwillig errichteten Aufsichtsrat. Die Kompetenzen der EWIV-Geschäftsführer sind mit denen der Geschäftsführer deutscher GmbHs vergleichbar. Sie umfassen alle Handlungen, die im Rahmen des gewöhnlichen Geschäftsablaufs anfallen. Im Innenverhältnis sind die Geschäftsführer völlig von den Weisungen der gemeinschaftlich handelnden Mitglieder abhängig. „Daraus folgt, dass die Geschäftsführer im Innenverhältnis auf jede Weise (Einzelanweisungen, Richtlinien, schuldrechtliche Verpflichtungen aus dem Anstellungsvertrag) in ihren Befugnissen beschränkt werden können.“[36]

Im Gründungsvertrag kann fakultativ ein Aufsichtsrat vereinbart werden. Die gemeinschaftlich handelnden Mitglieder entscheiden darüber, welche Rechte dem Aufsichtsrat übertragen werden.

(5) Mitbestimmung

Eine Mitbestimmung der Arbeitnehmer ist in der EWIV nicht vorgesehen. Dies gilt auch für einen fakultativen Aufsichtsrat. Durch entsprechende Vereinbarungen im Gründungsvertrag können dem Aufsichtsrat aber Mitbestimmungsrechte übertragen werden.

Für die Mitwirkung und den Schutz der Arbeitnehmer und leitenden Angestellten auf Betriebsebene gelten das Betriebsverfassungsgesetz, das Sprecherausschussgesetz und § 613a BGB.

Europäische Aktiengesellschaft (Societas Europaea)

Die Europäischen Aktiengesellschaft (Societas Europaea – SE) hat zum Ziel, ihren Inhabern eine einfaches Agieren im europäischen Wirtschaftsraum zu ermöglichen. So können SE-Unternehmen mit Niederlassungen in mehreren Mitgliedstaaten auf der Grundlage einheitlicher Regeln fusionieren und mit einem einheitlichen Management und Berichtssystem überall in der Europäischen Union tätig werden, ohne dass mit erheblichem Zeit- und Kostenaufwand ein Netz von unterschiedlichen nationalen Vorschriften unterworfenen – Tochtergesellschaften errichtet werden muss.

Die ersten Ansätze zu einer Europäischen Aktiengesellschaft reichen vierzig Jahre zurück. Doch erst seit dem 8.10.2001 liegen die europarechtlichen Grundlagen der SE vor. Größtes Hindernis einer Konsensfindung waren verschiedene Ansichten über die Mitbestimmung der Arbeitnehmer.

---

[36] Vgl. *Meyer-Landrut, A.*, Die Europäische Wirtschaftliche Interessenvereinigung, a.a.O., S. 52.

Die SE ist in zwei Rechtsakten geregelt: Einer Verordnung, die die unternehmensverfassungsrechtlichen Regelungen der SE behandelt und einer Richtlinie über die Beteiligung der Arbeitnehmer. Während die Verordnung ab 8.10.2004 in allen Mitgliedsstaaten direkt anwendbar ist, muss die Richtlinie bis zu diesem Zeitpunkt in innerstaatliches Recht überführt werden, um Geltung zu erlangen. In der Bundesrepublik wird die Umwandlung in nationales Recht durch das SEEG (Einführungsgesetz zur Societas Europaea) vollzogen.[37]

(1) Gründung

Die Europäische Aktiengesellschaft kann im gesamten Gebiet der Europäischen Gemeinschaft gegründet werden. Die Gründung erfordert mindestens zwei Gründer. Voraussetzungen sind, dass die beteiligten Gründer ihren Sitz und ihre Hauptverwaltung in der Gemeinschaft haben und dass die Hauptverwaltungen von mindestens zwei von ihnen in verschiedenen Mitgliedstaaten liegen.

Die Kommission hat vier Wege zur Gründung vorgesehen[38]

- entweder durch **Verschmelzung** oder **Errichtung einer Holdinggesellschaft** oder
- durch **Errichtung einer gemeinsamen Tochtergesellschaft** durch **Neugründung** oder **formwechselnde Umwandlung**.

Das gezeichnete Kapital muss bei Gründung mindestens 120.000 € betragen. Der Firmenbezeichnung ist der Zusatz „SE“ vor- oder nachzustellen Im Übrigen verläuft die Gründung der SE hinsichtlich ihrer Formalia analog zu der Gründung einer Aktiengesellschaft.[39]

(2) Organe

Hinsichtlich der Unternehmensverfassung besteht bei der Europäischen Aktiengesellschaft ein **Wahlrecht zwischen dem dualistischen und dem monistischen System** (Art. 38 VO):

Artikel 38 der VO über das Statut der Europäischen Gesellschaft (SE) vom 8.10.2001 bestimmt:[40]

„Die SE verfügt nach Maßgabe dieser Verordnung über

a) eine Hauptversammlung der Aktionäre und
b) entweder ein Aufsichtsorgan und ein Leitungsorgan (**dualistisches System**) oder ein Verwaltungsorgan (**monistisches System**), entsprechend der in der Satzung gewählten Form.“

---

[37] Vgl. o.V., Diskussionsentwurf zur Einführung der Europäischen Gesellschaft. (SEEG), in: Die Aktiengesellschaft, 48. Jg., Heft 4, 2003, S. 204-209.

[38] Vgl. *Neye, H.-W., Teichmann, Chr.,* Der Entwurf für das Ausführungsgesetz zur Europäischen Aktiengesellschaft, in: Die Aktiengesellschaft, 48. Jg., Heft 4, 2003, S. 169-179, hier S. 170; *Kallmeyer, H.,* Europa-AG: Strategische Optionen für deutsche Unternehmen, in: Die Aktiengesellschaft, 48. Jg., Heft 4, 2003, S. 197-203.

[39] Vgl. *Handig, Chr.,* Societas Europaea (SE) – Die Europäische Gesellschaft, in: Steuer- und Wirtschaftskartei (SWK), Heft 1, 2002, S. 33-36.

[40] Vgl. *Verordnung (EG) Nr. 2157/2001 des Rates vom 8.10.2001 über das Statut der Europäischen Gesellschaft (SE),* in: Amtsblatt der Europäischen Gemeinschaften, L 294 vom 10.11.2001.

Hinsichtlich der Unternehmensverfassung besteht damit für die Europäische Aktiengesellschaft ein Wahlrecht.

Beim dualistischen Modell führt das Leitungsorgan die Geschäfte der SE in eigener Verantwortung. Ein Mitgliedstaat kann vorsehen, dass ein oder mehrere Geschäftsführer die laufenden Geschäfte in eigener Verantwortung unter denselben Voraussetzungen, wie sie für Aktiengesellschaften mit Sitz im Hoheitsgebiet des betreffenden Mitgliedstaates gelten, führt bzw. führen. Das Aufsichtsorgan bestellt das Leitungsorgan und überwacht die Führung der Geschäfte. Es ist nicht berechtigt, die Geschäfte der SE selbst zu führen.[41]

Im Fall der monistischen Organisation bestellt die Hauptversammlung das Verwaltungsorgan der SE, das nun gleichzeitig als Leitungsorgan der Gesellschaft fungiert.[42]

(3) Mitbestimmung

Die Regelung der Arbeitnehmerbeteiligungsrechte erwies sich als ein großes Hindernis: Die Gründung einer SE sollte nicht zur Beseitigung oder Einschränkung der Gepflogenheiten der Arbeitnehmerbeteiligung führen, wie sie vor der Gründung der SE in den beteiligten Gesellschaften herrschten. Um den vielfältigen nationalen Besonderheiten gerecht zu werden, wurde der Weg einer in nationales Recht umzusetzenden Richtlinie gewählt.

Der Umfang der arbeitnehmerseitigen Beteiligungsrechte soll durch Verhandlungen des Arbeitgebers mit einem speziellen Gremium, das alle Arbeitnehmer der betreffenden Gesellschaft vertritt, geregelt werden. Kommt keine alle Seiten zufrieden stellende Einigung zustande, gelten die Standardvorschriften im Anhang der Richtlinie. Danach ist die Geschäftsleitung der SE insbesondere verpflichtet, regelmäßig über Unternehmensvorgänge zu berichten und die Arbeitnehmervertretung auf der Grundlage dieser Berichte zu unterrichten und zu konsultieren. Diese Berichte müssen die aktuellen und künftigen Geschäftspläne enthalten, die Produktions- und Verkaufszahlen sowie deren Auswirkungen auf die Belegschaft, Änderungen in der Geschäftsleitung, Zusammenschlüsse, Veräußerungen von Unternehmen oder Unternehmensteilen, mögliche Schließungen und Entlassungen.

Einführende Literatur

Bleicher, K., Leberl, D., Paul, H., Unternehmensverfassung und Spitzenorganisation. Führung und Überwachung von Aktiengesellschaften im internationalen Vergleich, Wiesbaden 1989.

Kübler, F., Gesellschaftsrecht, die privatrechtlichen Ordnungsstrukturen und Regelungsprobleme von Verbänden und Unternehmen, 2. Auflage, Heidelberg 1985.

---

[41] Vgl. *Verordnung (EG) Nr. 2157/2001 des Rates vom 8.10.2001 über das Statut der Europäischen Gesellschaft (SE),* a.a.O., Art. 39 und Art. 40.

[42] Vgl. *Verordnung (EG) Nr. 2157/2001 des Rates vom 8.10.2001 über das Statut der Europäischen Gesellschaft (SE),* a.a.O., Art. 43.

Weiterführende Literatur

Hoffmann, F., Organisation der Führungsgruppe, Berlin 1969.
Meyer-Landrut, A., Die Europäische Wirtschaftliche Interessenvereinigung, Stuttgart 1988.
Theisen, M. R., Wenz, M., Die Europäische Aktiengesellschaft – Recht, Steuern und Betriebswirtschaft der Societas Europaea (SE), Stuttgart 2002.
Vance, S., Corporate Leadership – Board, Directors and Strategy, New York et al. 1983.

Kontrollfragen

1. Welche Organe dienen der Organisation der Leitung und Kontrolle in Unternehmen? Unterscheiden sie hierfür unterschiedliche Rechtsformen der Unternehmen!
2. Wie unterscheiden Sie sich die Kompetenzen des Aufsichtsrats der GmbH, der AG und der KGaA?
3. Unterscheiden Sie Leitungsorgane nach deutschem und amerikanischem Gesellschaftsrecht. Was sind ihre Funktionen?
4. Welche Kompetenzen hat das Shareholder's Meeting theoretisch und praktisch?
5. Erläutern Sie Aufgaben und Struktur des Board of Directors sowie seine Einbindung in das Unternehmen!
6. Warum ist die Kommanditgesellschaft auf Aktien für Familienunternehmen geeignet?

Zweites Kapitel: Organisation und Mitbestimmung

Die Mitbestimmung der Arbeitnehmer bei unternehmenspolitischen Fragestellungen ist seit dem Zweiten Weltkrieg durch die Gesetzgebung immer stärker gefördert worden. Mitbestimmung findet auf der Betriebs- und Unternehmensebene statt.

1. Mitbestimmung durch den Betriebsrat

Die Mitwirkungsmöglichkeiten des Betriebsrats begründen sich aus dem Betriebsverfassungsgesetz (BetrVG), das 1952 erlassen wurde und 1972 eine gründliche Überarbeitung erfuhr. Es ist anzuwenden auf alle inländischen Betriebe mit mehr als 5 Arbeitnehmern, ausgenommen Tendenzunternehmen. **Betriebe** zeichnen sich aus durch ihren arbeitstechnischen Zweck und die Verfolgung von Sachzielen, im Gegensatz zu **Unternehmen**, die einen wirtschaftlichen Zweck haben und Formalziele (Gewinn, Umsatz etc.) anstreben. Das Betriebsverfassungsrecht ist nur anzuwenden auf Arbeiter und Angestellte des Betriebs, leitende Angestellte sind ausgeschlossen. Der Betriebsrat wird von der Arbeitnehmerschaft in Gemeinschaftswahl oder Gruppenwahl (Mehrheitswahl oder Verhältniswahl) für vier Jahre gewählt, wobei Wiederwahl zulässig ist.

Die Einflussmöglichkeiten des Betriebsrats betreffen gleichermaßen die Aufbau- wie die Ablauforganisation. Nach der Stärke seiner Einflussnahme unterscheidet man Mitbestimmungsrechte und Mitwirkungsrechte. Graduell abgestuft sind dies im Einzelnen:

Mitbestimmungsrechte

(1) Initiativrecht (erzwingbare Mitbestimmung):

- Zur Erzwingung von Abwendungs-, Milderungs- oder Ausgleichsmaßnahmen bei Belastungen der Arbeitnehmer durch Änderungen der Arbeitsplätze (→ Stellenbildung im Rahmen der Aufbauorganisation) oder des Arbeitsablaufs (§ 91) (→ Ablauforganisation);
- Aufforderung zur innerbetrieblichen Ausschreibung von Arbeitsplätzen (§ 93) sowie zur Erstellung von Auswahlrichtlinien in großen Betrieben (§ 95 Abs. 2) (→ Stellenbesetzung im Rahmen der Aufbauorganisation);
- zum Interessenausgleich bei Betriebsänderungen (§ 112).

(2) Zustimmungsrecht (die Zustimmungsverweigerung erfolgt aus Gründen, die im BetrVG aufgeführt sind und kann durch Arbeitsgerichtsentscheidung ersetzt werden) bzw. **erweitertes Zustimmungsrecht** (die Zustimmungsverweigerung liegt im Ermessen des Betriebsrats und kann durch Spruch der Einigungsstelle ersetzt werden):

- Bei Festsetzung und Änderung der Arbeitszeit und deren Verteilung auf die einzelnen Wochentage (§ 87 Abs. 1 Nr. 2 und 3) (→ Ablauforganisation);
- bei der Aufstellung von Beurteilungsgrundsätzen (§ 94), der Erstellung von Auswahlrichtlinien (§ 95 Abs. 1) sowie der Einstellung, Eingruppie-

rung, Umgruppierung und Versetzung von Arbeitnehmern (§ 99) (→ Stellenbesetzung im Rahmen der Aufbauorganisation).

(3) Vetorecht (Einspruch des Betriebsrats verhindert bis zum Spruch des Arbeitsgerichts die Durchführung der Maßnahme):

- Bei Kündigungen (§ 102 Abs. 3).

Mitwirkungsrechte

(4) Beratungsrecht:

- Beim Arbeitsschutz (§ 89 Abs. 2);
- bei der Planung von Arbeitsverfahren und -abläufen (§ 90 Nr. 3) (→ Ablauforganisation);
- bei der Planung von Arbeitsplätzen (§ 90 Nr. 4) (→ Aufbau- und Ablauforganisation);
- bei Betriebsänderungen (§ 111) (→ Aufbau- und Ablauforganisation).

(5) Anhörungsrecht:

- Bei Kündigungen (§ 102).

(6) Informationsrecht:

- Bei der Einstellung leitender Angestellter (§ 105) (→ Stellenbesetzung im Rahmen der Aufbauorganisation).

Während die Mitbestimmungsrechte primär auf die sozialen Folgen von Entscheidungen abzielen und somit lediglich beschränkten Einfluss auf die Organisationstätigkeit haben, liegt bei den Mitwirkungsrechten aufgrund ihrer stärkeren Beziehung zu wirtschaftlichen Entscheidungstatbeständen ein erheblich intensiverer Bezug zur Organisation vor.

Betriebsänderungen

Der Gesetzgeber verlangt von Unternehmen mit mehr als 20 wahlberechtigten Mitarbeitern, dass Betriebsänderungen, die zumindest für einen Teil der Arbeitnehmer wesentliche Nachteile mit sich bringen, **mit dem Betriebsrat beraten** werden müssen. Dabei gelten als Betriebsänderungen.[43]

1. Einschränkung und Stillegung des ganzen Betriebs oder von wesentlichen Betriebsteilen,
2. Verlegung des ganzen Betriebs oder von wesentlichen Betriebsteilen,
3. Zusammenschluss mit anderen Betrieben,
4. grundlegende Änderungen der Betriebsorganisation, des Betriebszwecks oder der Betriebsanlagen,
5. Einführung grundlegend neuer Arbeitsmethoden und Fertigungsverfahren.

Bei allen Punkten handelt es sich um organisatorische Sachverhalte, wobei sich die Punkte 1. bis 3. im Wesentlichen auf die Aufbauorganisation und die Punkte 4. und 5. auf die Ablauforganisation beziehen.

[43] Vgl. § 111 BetrVG.

Arbeitgeber und Betriebsrat haben bei Betriebsänderungen zunächst einen **Interessenausgleich** (Mitwirkungsrecht) zu versuchen, in dem Notwendigkeit, Ausmaß und Durchführungsmodalitäten der Betriebsänderung fixiert werden. Zum Ausgleich bzw. zur Milderung der wirtschaftlichen Nachteile, die den Arbeitnehmern aufgrund der Betriebsänderung entstehen, haben Arbeitgeber und Betriebsrat einen **Sozialplan** zu erstellen. Der Sozialplan hat die Wirkung einer Betriebsvereinbarung und ist unabhängig vom Interessenausgleich zu erstellen. Kommt es diesbezüglich zu keiner Einigung, so können beide Seiten die Einigungsstelle anrufen, deren Spruch dann für beide Parteien bindend ist (erzwingbares Mitbestimmungsrecht). Nach dem neu eingefügten § 112a ist ein Sozialplan auch dann aufzustellen, wenn eine geplante Betriebsänderung allein in der betriebsbedingten Entlassung von Arbeitnehmern besteht. Voraussetzung ist eine im Gesetz näher definierte, von der Mitarbeiterzahl im Betrieb abhängige Zahl an Entlassenen. So ist beispielsweise festgelegt, dass in Betrieben mit mindestens 500 Arbeitnehmern ab mindestens 60 entlassenen Arbeitnehmern ein Sozialplan zu erstellen ist.

Wird ein Arbeitnehmer beim Interessenausgleich nicht berücksichtigt oder weicht der Arbeitgeber ohne Grund vom Interessenausgleich ab, so obliegt dem Arbeitgeber die Zahlung eines **Nachteilsausgleichs**.

Führen die organisatorischen Veränderungen zu einer bestimmten Zahl von Entlassungen von Mitarbeitern, so sind gesonderte Vorschriften über Massenentlassungen zu beachten.[44]

Fallbeispiel: Einführung von Bildschirmarbeit

Fallbeschreibung:

Ein Tageszeitungsunternehmen richtet für die Arbeitnehmerinnen seines Schreibpools sowie für sieben Schreibkräfte des sogenannten Redaktionspools im selben Großraumbüro – allerdings an einer etwa 30 m entfernten Stelle – Bildschirmarbeitsplätze ein. Die Arbeitnehmerinnen haben nunmehr die eingehenden Kleinanzeigen statt bisher an Kugelkopfschreibmaschinen nunmehr an Datensichtgeräten im Fließsatz zu schreiben. Auch ist dabei die Eingabe bestimmter Befehle zur Gestaltung des Satzes erforderlich. Der geschriebene Text erscheint auf dem Bildschirm. Er ist von den Arbeitnehmerinnen zu lesen und gegebenenfalls zu korrigieren. Eine Nachkorrektur durch andere Arbeitnehmer erfolgt nicht. Dem Einsatz der Arbeitnehmerinnen an den Bildschirmgeräten ging eine etwa drei Stunden dauernde Umschulung voraus.

Zusammen mit sieben Schreibkräften des Redaktionspools und dem technischen Erfassungspool gehören die Arbeitnehmerinnen nunmehr zur „Bildschirmerfassung", die dem Direktor Technik unterstellt ist. Vorher waren die Arbeitnehmerinnen des Schreibpools der Anzeigenabteilung zugeordnet.

[44] Vgl. § 112 a BetrVG gültig ab 01.05.1985; § 17 KSchG; Richtlinie der Europäischen Gemeinschaft über Massenentlassungen vom 17.02.1975, in: ABl. der EG Nr. L 48 vom 22.02.1975.

Der Betriebsrat ist der Auffassung, die durchgeführte Maßnahme stelle eine Versetzung der neun davon betroffenen Arbeitnehmerinnen dar. Da es an seiner nach § 99 BetrVG erforderlichen Zustimmung zur Versetzung der Arbeitnehmerinnen gefehlt habe, sei die Geschäftsleitung zur Aufhebung der durchgeführten Maßnahme nach § 101 BetrVG verpflichtet.

Fragestellung:

Handelt es sich um Versetzungen und hat der Betriebsrat somit ein Zustimmungsrecht?

Urteil:

Das Arbeitsgericht und das Landesarbeitsgericht haben dem Antrag des Betriebsrats, die Versetzung der Mitarbeiterinnen aus dem Schreibpool der telefonischen Anzeigenannahme in die der Technik zugeordnete Bildschirmerfassung gemäß § 101 BetrVG aufzuheben, stattgegeben. Die Rechtsbeschwerde der Geschäftsleitung führte zur Aufhebung des LAG-Beschlusses durch das Bundesarbeitsgericht und zur Zurückweisung des vom Betriebsrat gestellten Antrags.[45]

Begründung:

1. Nach § 95 Abs. 3 BetrVG ist eine Versetzung die Zuweisung eines anderen Arbeitsbereichs. Der Begriff Arbeitsbereich, der im Gesetz nicht näher definiert wird, umfasst nicht nur den der Arbeitsleistung, sondern auch die Art der Tätigkeit und den gegebenen Platz in der betrieblichen Organisation. Da jede einem Arbeitnehmer zugewiesene Tätigkeit laufend Änderungen unterworfen ist, handelt es sich bei einer solchen Veränderung nur dann um eine Versetzung, wenn sich die Arbeitsaufgabe ändert.
2. Die Arbeitsaufgabe der Schreibkräfte hat sich nicht geändert. Sie haben nach wie vor eingehende Kleinanzeigen zu erfassen und im Fließsatz zu schreiben. Auch die Art der Tätigkeit, d.h. die Art und Weise, wie die Arbeitsaufgabe zu erledigen ist, hat sich nur geringfügig geändert. Das Lesen und Überprüfen der Texte erfolgt anstelle vom Papier nunmehr auf dem Bildschirm. Es liegt damit keine Zuweisung einer anderen Arbeitsaufgabe vor.
3. Da die Bedingungen am Arbeitsplatz, die Einwirkung der Arbeitsumgebung, die Gefahren der Arbeit und ähnliche Faktoren nicht den Arbeitsbereich im Sinne von § 95 Abs. 3 BetrVG bestimmen, liegt auch dann keine Versetzung vor, wenn die Arbeit an den Bildschirmgeräten belastender und anstrengender geworden ist.
4. Lediglich die Änderung der Stellung einzelner Mitarbeiter, die aus einer betrieblichen Einheit herausgenommen werden und einer anderen Einheit zugewiesen werden, stellt eine Versetzung dar. Die Stellung der Schreibkräfte innerhalb der betrieblichen Organisation hat sich nicht verändert, da sie alle als geschlossene Einheit zusammen bleiben und lediglich einer anderen Leitungsstelle zugewiesen werden. Es handelt sich nicht um Versetzungen. Der Betriebsrat hat kein Zustimmungsrecht.

---

[45] Vgl. Bundesarbeitsgericht, Beschluss vom 10.04.1984 – 1 ABR 67/82.

Gesamtbetriebsrat

Bestehen in einem Unternehmen mehrere Betriebsräte, so ist nach § 47 BetrVG ein Gesamtbetriebsrat zu errichten. Er setzt sich zusammen aus den von den einzelnen Betriebsräten entsendeten Vertretern. Gehören einem Betriebsrat sowohl Vertreter der Arbeiter als auch der Angestellten an, so hat er für den Gesamtbetriebsrat zwei, ansonsten einen Vertreter zu entsenden. Die Mitgliederzahl kann abweichend von der gesetzlichen Vorgabe durch Tarifvertrag oder Betriebsvereinbarungen geregelt werden. Die **Zuständigkeit** des Gesamtbetriebsrats erstreckt sich nach § 50 BetrVG auf Angelegenheiten, die das Gesamtunternehmen betreffen und nicht durch die einzelnen Betriebsräte geregelt werden können. Hierzu gehören z.B.:

- die Regelung einer unternehmenseinheitlichen Altersversorgung oder
- die Mitbestimmung bei der Einführung eines unternehmenseinheitlichen Personalinformationssystems.

Der Vorsitzende des Gesamtbetriebsrates hat mindestens einmal jährlich eine **Betriebsräteversammlung** einzuberufen, zu der die Vorsitzenden und stellvertretenden Vorsitzenden der Betriebsräte sowie der Unternehmer bzw. ein Vertreter der Unternehmensleitung eingeladen werden. Der Gesamtbetriebsratsvorsitzende hat hier einen Tätigkeitsbericht des Gesamtbetriebsrats vorzulegen. Der Unternehmer hat die Anwesenden über das Personal- und Sozialwesen und über die wirtschaftliche Lage und Entwicklung des Unternehmens zu unterrichten.

Wirtschaftsauschuss

In Unternehmen mit mehr als 100 Arbeitnehmern ist die Bildung eines Wirtschaftsausschusses obligatorisch. Neben Mitgliedern der einzelnen Betriebsräte sind auch leitende Angestellte darin vertreten. Seine **Aufgabe** ist die Beratung wirtschaftlicher Angelegenheiten mit dem Arbeitgeber. Hierzu gehören insbesondere:[46]

- Rationalisierungsvorhaben;
- Fabrikations- und Arbeitsmethoden, insbesondere die Einführung neuer Arbeitsmethoden;
- die in § 111 genannten Tatbestände betreffend Betriebsänderungen.

Der Wirtschaftsausschuss hat nach § 108 Abs. 3 das Recht, in Unterlagen Einsicht zu nehmen, die die oben genannten Sachverhalte betreffen. Dies bedeutet, dass ein erheblicher Teil der Organisationsplanung in Absprache mit dem Wirtschaftsausschuss erfolgt, der die Informationen an den Betriebsrat weiterzuleiten hat. Betriebsräte unterliegen der Geheimhaltungspflicht (§ 79), so dass geplante organisatorische Änderungen nicht sofort betriebsöffentlich sind.

[46] Vgl. § 106 Abs. 2 Satz 4-10.

Europäischer Betriebsrat

Bereits 1994 hat der Europäische Rat eine Richtlinie über die Einsetzung eines Europäischen Betriebsrats erlassen.[47] Alternativ sieht diese Richtlinie die Schaffung eines Verfahrens zur Unterrichtung und Anhörung der Arbeitnehmer in gemeinschaftsweit operierenden Unternehmen und Unternehmensgruppen vor. Diese Richtlinie wurde 1996 in nationales Recht umgesetzt durch das Europäische Betriebsräte-Gesetz.[48] Die Regelungen dieses Gesetzes ergänzen das nationale Recht, sie ersetzen es nicht. Die Voraussetzung für die Anwendbarkeit des EBRG sind an die Anzahl der in den Mitgliedstaaten beschäftigten Arbeitnehmer gebunden. So müssen mindestens 1.000 Arbeitnehmer in den Mitgliedstaaten beschäftigt sein, und davon jeweils mindestens 150 Arbeitnehmer in verschiedenen Mitgliedstaaten.[49] Bei Unternehmensgruppen müssen die beteiligten Unternehmen in mindestens zwei verschiedenen Mitgliedstaaten ihren Sitz haben, damit das EBRG angewendet werden kann. Der Europäischer Betriebsrat kann sowohl auf Initiative der Arbeitnehmer bzw. deren Vertreter als auch auf Initiative der Konzernleitung gewählt werden.

Aufgaben des Europäischen Betriebsrats sind:[50]

- Die Leitung des Unternehmens hat den Europäischen Betriebsrat mindestens einmal im Jahr über die Entwicklung der Geschäftslage und die Perspektiven zu unterrichten und ihn anzuhören.
- Ferner ist der Europäische Betriebsrat anzuhören bei außergewöhnlichen Umständen, die erhebliche Auswirkungen auf die Interessen der Arbeitnehmer haben, beispielsweise Stillegungen oder Massenentlassungen.
- Der Europäische Betriebsrat unterrichtet die örtlichen Arbeitnehmervertreter über die Unterrichtung und die Anhörung.

Durch die Umsetzung des EBRG erhält das deutsche Betriebsverfassungsrecht eine europarechtliche Ergänzung. Trotz der Bezeichnung „Europäische Betriebsräte" handelt es sich aber nicht um Betriebsräte mit eigenem Aufgaben- und Zuständigkeitsbereich, wie er dem deutschen BetrVG entspricht. Der Funktion nach handelt es sich eher um Aufgaben, die der Wirtschaftsausschuss wahrnimmt.

2. Mitbestimmung durch den Sprecherausschuss

Seit 1990 haben die leitenden Angestellten durch das Inkrafttreten des **Gesetzes über Sprecherausschüsse** (SprAuG) eine eigene Interessenvertretung. Das Gesetz gilt für alle inländischen Betriebe und Unternehmen in privatrechtlicher Rechtsform mit mindestens 10 leitenden Angestellten. Der Sprecherausschuss

[47] Vgl. Richtlinie 94/45/EG vom 22. September 1994.

[48] Gesetz über Europäische Betriebsräte (Europäische Betriebsräte-Gesetz- EBRG) vom 28. Oktober 1996.

[49] Vgl. § 3 EBRG.

[50] Vgl. §§ 31-35 EBRG.

wird von den leitenden Angestellten für vier Jahre in Verhältniswahl oder Mehrheitswahl gewählt.

Der Sprecherausschuss hat im Gegensatz zum Betriebsrat **keine Mitbestimmungsrechte.** Seine Einflussmöglichkeiten beschränken sich auf folgende Mitwirkungsrechte:

(1) Beratungsrecht:

- Bei der Änderung der Gehaltsgestaltung und sonstiger allgemeiner Arbeitsbedingungen (§ 30 Nr. 1);
- bei der Einführung allgemeiner Beurteilungsgrundsätze von Leistung und Führung von leitenden Angestellten und Bewerbern (§ 30 Nr. 2);
- bei Betriebsänderungen (§ 32 Abs. 2).

(2) Anhörungsrecht:

- Bei Kündigungen (§ 31 Abs. 2).

(3) Informationsrecht:

- Bei der Einstellung oder personellen Veränderungen eines leitenden Angestellten (§ 31 Abs. 1);
- über wirtschaftliche Angelegenheiten des Betriebs und des Unternehmens (§ 32 Abs. 1).

Darüber hinaus kann der Sprecherausschuss einzelne leitende Angestellte bei der Wahrnehmung ihrer Belange gegenüber dem Arbeitgeber als Vermittler unterstützen (§ 26 Abs. 1).

Arbeitgeber und Sprecherausschuss können gemeinsam Richtlinien über den Inhalt, den Abschluss oder die Beendigung von Arbeitsverhältnissen leitender Angestellter schriftlich vereinbaren (§ 28).

Zur Verbesserung der Zusammenarbeit zwischen Sprecherausschuss und Betriebsrat können beide Gremien sich gegenseitig das Recht einräumen, an den Sitzungen des jeweils anderen teilzunehmen (§ 2 Abs. 2). Darüber hinaus wird einmal jährlich eine gemeinsame Sitzung von Sprecherausschuss und Betriebsrat vorgeschlagen.

Gesamtsprecherausschuss

Analog zu den Bestimmungen im Betriebsverfassungsgesetz ist nach § 16 SprAuG ein Gesamtsprecherausschuss zu errichten, wenn in einem Unternehmen mehrere Sprecherausschüsse bestehen. Jeder Sprecherausschuss entsendet einen Vertreter. Der Gesamtsprecherausschuss ist nach § 18 Abs. 1 SprAuG zuständig für Angelegenheiten, die das Unternehmen oder mehrere Betriebe im Unternehmen betreffen und die nicht von den einzelnen Sprecherausschüssen gelöst werden können. Dies gilt z.B. für die unternehmenseinheitliche Ausgestaltung der Arbeitsbedingungen und Beurteilungsgrundsätze für leitende Angestellte.

Unternehmenssprecherausschuss

Statt Betriebs- und Gesamtsprecherausschüsse können auch Unternehmenssprecherausschüsse gebildet werden. Dies ermöglicht auch jenen Unternehmen, in denen keine Betriebssprecherausschüsse gebildet werden können, weil die Mindestanzahl von zehn leitenden Angestellten nicht erreicht wird, die Bildung einer Interessenvertretung. Voraussetzung ist, dass im Unternehmen insgesamt mindestens zehn leitende Angestellte beschäftigt sind und die Mehrheit der leitenden Angestellten sich für einen Unternehmenssprecherausschuss ausspricht.

Die Wahlmöglichkeit zwischen Sprecher- und Gesamtsprecherausschüssen einerseits und Unternehmenssprecherausschüssen andererseits ermöglicht es den leitenden Angestellten, das für ihr Unternehmen sachgerechte Organ einzurichten.[51]

3. Mitbestimmung durch den Aufsichtsrat

Die zweite Art der Mitwirkung der Arbeitnehmer an unternehmenspolitischen Entscheidungen erfolgt durch ihre Präsenz im Aufsichtsrat. Im Gegensatz zur Mitbestimmung durch den Betriebsrat, die außer in Kleinstbetrieben in allen Gesellschaften praktiziert wird, hängt die Mitbestimmung auf Unternehmensebene von mehreren Kriterien ab.

Anwendung und Ausgestaltung der Mitbestimmung

Bedingungen der Mitbestimmung durch den Aufsichtsrat sind:

- **Existenz eines Aufsichtsrats**

Nicht alle Gesellschaften haben zwingend einen Aufsichtsrat. Nur für folgende Gesellschaften ist die Einrichtung eines Aufsichtsrats obligatorisch:

- Aktiengesellschaften (§ 95 ff. AktG)
- Gesellschaften mit beschränkter Haftung (GmbH) mit mehr als 500 Arbeitnehmern (§ 77 BetrVG 52)
- Kommanditgesellschaften auf Aktien (KGaA) (§ 287 AktG)
- Bergrechtliche Gewerkschaften
- Genossenschaften
- Kommanditgesellschaften, bei denen der Komplementär eine Gesellschaft mit beschränkter Haftung ist (GmbH & Co. KG) und die folgenden Bedingungen erfüllt sind (§ 4 MitbestG):
  * Die Mehrheit des Kommanditistenkapitals und der GmbH liegen in einer Hand.
  * Die GmbH & Co. KG hat zusammen mehr als 2000 Arbeitnehmer.
  * Die GmbH des Komplementärs hat weniger als 500 Arbeitnehmer.

[51] Vgl. *Bauer, J.-H.,* Sprecherausschußgesetz mit Wahlordnungen und Erläuterungen, 2. Aufl., München 1990.

- **Mindestarbeitnehmerzahl**

- 500 für Mitbestimmung nach BetrVG
- 2000 für Mitbestimmung nach MitbestG.

Nur diejenigen Gesellschaften, die die oben genannten Kriterien erfüllen, kommen für die Mitbestimmung in Frage. Den spezifischen Besonderheiten wie Branche, Größe und Rechtsform folgend, finden unterschiedliche Mitbestimmungsgesetze Anwendung. Einen Überblick über die **Kriterien zur Anwendung der einzelnen Mitbestimmungsgesetze** gibt Abb. 5.8.

	BetrVG 52	MitbestG 76
Mindestarbeitnehmerzahl	500	2.000
Gesellschaftsform	AG, KGaA, GmbH	AG, KGaA, GmbH, bergrechtliche Gewerkschaft, Genossenschaft, GmbH & Co. KG[1]
Betriebszweck		

[1] bei GmbH & Co. KG nur, wenn Mehrheit der Kommanditisten = Mehrheit der GmbH und zusammen mehr als 2000 Arbeitnehmer, wobei GmbH weniger als 500 Arbeitnehmer haben muß.

Abb. 5.8 Anwendungskriterien der einzelnen Mitbestimmungsgesetze

Den drei Mitbestimmungsgesetzen ist gemein, dass sie die Vertretung von Arbeitnehmern im Aufsichtsrat verlangen. Es bestehen jedoch unterschiedliche Regelungen bezüglich der Anzahl der Arbeitnehmervertreter und somit der relativen **Zusammensetzung und Art der Beschlussfassung des Aufsichtsrats**. Eine systematische Darstellung wird in Abb. 5.9 gegeben.

Die Mitbestimmungsregelung des **Betriebsverfassungsgesetzes** (BetrVG) von 1952 ist der einzige Teil dieses Gesetzes, der nicht vom BetrVG 1972 abgelöst wurde und noch heute gilt. Die Arbeitnehmer-Vertreter werden unmittelbar durch die Arbeitnehmerschaft gewählt. Durch die Drittelparität ist eine Pattsituation ausgeschlossen.

Das **Mitbestimmungsgesetz '76** verlangt eine paritätische Besetzung des Aufsichtsrats. Die Belegschaft wählt ihre Vertreter direkt oder über Wahlmänner (bei > 8000 Arbeitnehmern), wobei mindestens 1 leitender Angestellter, 1 Angestellter, 1 Arbeiter und mindestens drei Viertel der Gewerkschaften (bei kleineren Unternehmen zwei) vertreten sein müssen. Bei Abstimmungen (§ 29 MitbestG) und bei der Bestellung der Vorstandsmitglieder (§ 31 MitbestG) kann ein Patt dadurch verhindert werden, dass der Aufsichtsratsvorsitzende im zweiten bzw. dritten Wahlgang seine Zweitstimme einsetzt. Aufgrund dieser Macht kommt der Wahl des Aufsichtsratsvorsitzenden hohe Bedeutung zu. Erreicht ein Kandidat für dieses Amt im ersten Wahlgang nicht die erforderliche 2/3-Mehrheit, so wählen im zweiten Wahlgang die Kapitalvertreter den Vorsitzenden und die Arbeitnehmervertreter den Stellvertreter mit einfacher Mehrheit.

	BetrVG 52	MitbestG 76
AR Mitglieder	21[1]	20[1]
Arbeitgeber-Vertreter	14	10
Arbeitnehmer-Vertreter	7	10
Neutrale	–	–
Wahl des AR-Vorsitzenden	gemäß Satzung bzw. durch einfache Mehrheit	1. Wahlgang: 2/3 Mehrheit 2. Wahlgang: Vorsitzender durch Mehrheit der Arbeitgeber-Vertreter, Stellervertreter durch Mehrheit der Arbeitnehmer-Vertreter.
Wahl des Neutralen	–	–
Beschlußfassung	einfache Mehrheit	Zweitstimmrecht des AR-Vorsitzenden
Wahl des Arbeitsdirektors	–	einfache Mehrheit

[1] Diese Mitgliederzahl gilt für Großunternehmen; bei kleineren Gesellschaften ist ein kleinerer AR vorgesehen.

Abb. 5.9 Innere Organisation der Aufsichtsräte bei den einzelnen Mitbestimmungsgesetzen

Obwohl auch diese Regelung gewährleistet, dass trotz paritätischer Besetzung Entscheidungen im Aufsichtsrat gegen die Vertreter der Arbeitnehmerschaft durchgesetzt werden können, wird in aller Regel versucht, aus Rücksicht auf eine vertrauensvolle Zusammenarbeit sowohl innerhalb des Aufsichtsrats als auch zwischen Aufsichtsrat und Vorstand Kompromisslösungen anzustreben.

Organisationspolitische Entscheidungen des Aufsichtsrats

Der Mitbestimmungseinfluss durch den Aufsichtsrat vollzieht sich in einer indirekten und globalen Form. Während der Betriebsrat in vielen Einzelpunkten ein Mitspracherecht hat, beschränkt sich der Einfluss des Aufsichtsrats auf wenige Punkte, die jedoch mit weitreichenden Konsequenzen behaftet sind und durch die umfangreichen Informationsrechte noch verstärkt werden:

a) Bestellung der Vorstandsmitglieder

Aufgrund der sehr langfristigen Grobfestlegung der Unternehmenspolitik stellt die Auswahl der Vorstandsmitglieder eine wichtige strategische Aufgabe dar. Der auf die Organisation bezogene Mitbestimmungseinfluss zeigt sich in diesem Punkt massiv, wenn solche Vorstandskandidaten von der Arbeitnehmerseite abgelehnt werden, die den Ruf haben, gegen Belegschaftsinteressen zu handeln. Hierzu gehören etwa die Schließung einzelner Werke, Rationalisierung in der Fertigung oder Einschränkung von Sozialleistungen. Um einem Mitbestimmungseinfluss auf Personalentscheidungen zu entgehen, sind Gesellschaften bei Einführung des Mitbestimmungsgesetzes auf eine Kommanditgesellschaft auf Aktien (KGaA) übergegangen.

b) Zustimmungspflichtige Geschäfte

Starken organisatorischen Einfluss kann der Aufsichtsrat bei den so genannten zustimmungspflichtigen Geschäften ausüben. Diese „nicht normalen" Geschäfte sind vom Gesetzgeber nicht näher definiert. Sie können per Satzung festgelegt werden und liegen ansonsten im Ermessen des Aufsichtsrats selbst. Die *5. EG-Richtlinie* zählt dagegen einen Katalog an zustimmungspflichtigen Geschäften auf:[52]

- „Schließung oder Verlegung des Unternehmens oder erheblicher Unternehmensteile;
- wichtige Beschränkungen oder Erweiterungen der Unternehmenstätigkeit;
- wichtige Änderungen in der Unternehmensorganisation;
- der Beginn oder die Beendigung dauernder Zusammenarbeit mit anderen Unternehmen."

Die Diskussion dieser Punkte im Aufsichtsratsgremium informiert bereits im Vorfeld der Entscheidung die Arbeitnehmervertreter über geplante Änderungen. Aufbauorganisatorische Maßnahmen sind entsprechend mit der Arbeitnehmerseite abzusprechen.

4. Mitbestimmung im Konzern

Ziel der Mitbestimmung im Konzern ist es, die Interessen der Arbeitnehmer konzernweit zu berücksichtigen und sie an den sie betreffenden Entscheidungen außerhalb des eigenen Unternehmens zu beteiligen.[53] Dies stößt auf besondere Probleme bei multinationalen Konzernen, die nur zum Teil den gesetzlichen Regelungen der Bundesrepublik Deutschland unterliegen. Die gesetzlichen Regelungen zur Konzernmitbestimmung sind im Betriebsverfassungsgesetz, Sprecherausschussgesetz und Mitbestimmungsgesetz niedergelegt.

Betriebsverfassungsgesetz

Bei Vorliegen eines **Unterordnungskonzerns** nach § 18 Abs. 1 AktG kann durch Beschlüsse der einzelnen Gesamtbetriebsräte ein **Konzernbetriebsrat** errichtet werden. Dieser ist nach § 58 BetrVG zuständig für die Behandlung von Angele-

[52] Art. 12 Abs. 2 des Vorschlags einer 5. EG-Richtlinie über die Struktur der Aktiengesellschaft, in: ABl. der EG Nr. C 7 vom 28.1.1972.

[53] Vgl. *Schmidbauer, A.*, Der Konzernbegriff im Aktien- und Betriebsverfassungsrecht, Regensburg 1976, S. 230.

genheiten, die den Konzern oder mehrere Konzernunternehmen betreffen und nicht durch die einzelnen Gesamtbetriebsräte zu lösen sind.

Bei **multinationalen Konzernen** ist zur Errichtung eines Konzernbetriebsrats erforderlich, dass

- das herrschende Unternehmen und mindestens ein abhängiges Unternehmen ihren Sitz im Inland haben;
- bei der Gründung von Gemeinschaftsunternehmen mit gleichgewichtiger Beteiligung eines inländischen und eines ausländischen Unternehmens sich die Teilnehmer auf eine gemeinsame Leitung einigen;
- bei mehrstufigem Konzern im Inland Tochter- und Enkelgesellschaften verbleiben und das Tochterunternehmen noch einen betriebsverfassungsrechtlich relevanten Entscheidungsspielraum hat.[54]

Die Bildung eines Konzernbetriebsrats ist auch im GmbH-Konzern möglich.[55] Der Konzernbetriebsrat hört auf zu bestehen, wenn die ihn begründenden Konzernbindungen entfallen.

Sprecherausschussgesetz

Analog zu den Vorschriften des Betriebsverfassungsgesetzes kann in Unterordnungskonzernen nach § 21 SprAuG ein Konzernsprecherausschuss errichtet werden.[56] Er hat die konzernweiten Angelegenheiten in Bezug auf die leitenden Angestellten wahrzunehmen.

Mitbestimmungsgesetz

Durch die einheitliche Leitung im Konzern hat auch die Mitbestimmung im Aufsichtsrat der Obergesellschaft zu erfolgen. Die Arbeitnehmervertreter sind von den Mitarbeitern aller Konzerngesellschaften zu wählen. Zur Bestimmung des anzuwendenden Mitbestimmungsgesetzes (Montan-MitbestG, BetrVG 52 oder MitbestG 76) wird die **Zahl aller im Konzern beschäftigten Arbeitnehmer** zu Grunde gelegt.[57] Mitarbeiter, die Arbeitsverträge mit ausländischen Tochterunternehmen haben, werden auf die Zahl nicht angerechnet. Erfüllen einzelne Konzernunternehmen für sich allein bestimmte Mitbestimmungstatbestände, so ist die entsprechende individuelle Mitbestimmung parallel zur Konzernmitbestimmung anzuwenden. Die Anwendung des Mitbestimmungsgesetzes erstreckt sich auf Vertragskonzerne und faktische Konzerne.

---

[54] Vgl. *Jaletzke, M.,* International operierende Unternehmen und deutsche Betriebsverfassung, Mannheim 1987, S. 114 ff.

[55] Vgl. *Fuchs, R.,* Der Konzernbetriebsrat, Bern, Frankfurt 1974, S. 36.

[56] Vgl. *Bauer, J.-H.,* Sprecherausschußgesetz, 2. Aufl., München 1990, S. 62 f.

[57] Vgl. *Chmielewicz, K., Großmann, A., Inhoffen, A. O., Lutter, M.,* Die Mitbestimmung im Aufsichtsrat und Vorstand, in: Die Betriebswirtschaft, 37. Jg., 1977, S. 105-145, hier S. 127.

Bei folgenden Konzernformen sind Besonderheiten zu berücksichtigen:

- **Teilkonzern:** Ein Teilkonzern liegt vor, wenn die Konzernobergesellschaft alle Leitungsbefugnisse selbst ausübt und der Konzern mindestens drei Ebenen aufweist. Sitzt die Konzernobergesellschaft im Ausland oder ist sie als Personengesellschaft konstituiert, so entfällt die Konzernmitbestimmung. In diesem Fall greift die Mitbestimmung auf der nächsten (mitbestimmungspflichtigen) Ebene.[58]
- **Konzern im Konzern:** Ein Konzern im Konzern liegt vor, wenn auf einer nachgeordneten Konzernebene wesentliche Entscheidungen getroffen, d.h. Leitungsbefugnisse von der Obergesellschaft an nachgeordnete Unternehmen delegiert werden. Nach dem Betriebsverfassungsgesetz wird aufgrund dieser eigenen Entscheidungstatbestände ein „Konzern im Konzern" anerkannt und eine Mitbestimmung im ‚Unterkonzern' verlangt.[59] Das Mitbestimmungsgesetz (§ 5) knüpft demgegenüber an die **originäre Leitungsmacht** an, die im Gegensatz zur derivativen Leitungsmacht stets bei der Konzernspitze verbleibt. Ein Konzern im Konzern wird daher aus mitbestimmungsrechtlicher Sicht abgelehnt.
- **Mehrstufiger Konzern:** In einem mehrstufigen Konzern besteht die Gefahr eines doppelten Einflusses der Arbeitnehmer im Aufsichtsrat der Untergesellschaft, d.h. einer **Überparität** der Arbeitnehmer. Eine solche Konstellation kann entstehen, wenn der mitbestimmte Aufsichtsrat einer Konzernobergesellschaft einen Vorstand wählt, der als gesetzlicher Kapitalvertreter (entsprechend der Hauptversammlung) diejenigen Personen bestimmt, die zusammen mit den Arbeitnehmervertretern den Aufsichtsrat der Untergesellschaft bilden. Dabei kann der aufgrund der Mitbestimmung „arbeitnehmerfreundliche" Vorstand wiederum arbeitnehmerfreundliche Aufsichtsratsmitglieder benennen, so dass dieses Gremium ein Arbeitnehmerübergewicht aufweist. **Zur Verhinderung dieser Überparität hat der Gesetzgeber vorgeschrieben, dass der Vorstand der Obergesellschaft bei diesen Personalentscheidungen an die Weisungen der Anteilseignervertreter im Aufsichtsrat der Obergesellschaft gebunden ist (§ 32 MitbestG).**

  Des Weiteren besteht die Gefahr einer **inhaltlichen Ausdehnung der Mitbestimmung**. Dies ist dann der Fall, wenn ein durch die Mitbestimmung beeinflusster Vorstand der Obergesellschaft an Aufsichtsratsentscheidungen der Untergesellschaft teilnimmt, die aufgrund ihres Wesens und ihrer Tragweite in nicht-konzerngebundenen Gesellschaften nur von der Hauptversammlung entschieden werden dürften. Zu diesen Entscheidungen gehören u.a. Unternehmensverträge (§ 293 AktG) oder Verschmelzungen (§ 340 AktG). Um zu verhindern, dass diese als mitbestimmungsfrei konzipierten Entscheidungen vom Vorstand anders als im Sinne der Anteilseigner entschieden werden, **un-**

---

[58] Vgl. *Schmidbauer, A.*, Der Konzernbegriff im Aktien- und Betriebsverfassungsrecht, a.a.O., S. 233.

[59] Vgl. *Lutter, M., Schneider, K. H.*, Mitbestimmung im mehrstufigen Konzern, in: Betriebs-Berater, 32. Jg., 1977, S. 553-559; *Klinkhammer, H.*, „Konzern im Konzern" als mitbestimmungsrechtliches Problem, in: Der Betrieb, 30. Jg., 1977, S. 1601-1606; *Hoyningen-Huene, G. v.*, Der Konzern im Konzern, in: Zeitschrift für Unternehmens- und Gesellschaftsrecht, 7. Jg., 1978, S. 515-541.

terliegen diese Beteiligungsrechte der Zustimmungspflicht der Anteilseignervertreter im Aufsichtsrat der Obergesellschaft (§ 32 MitbestG).

Einführende Literatur

Chmielewicz, K., Inhoffen, A. O., Die Mitbestimmung nach dem Betriebsverfassungsgesetz 1972 aus organisatorischer Sicht, in: Die Betriebswirtschaft, 37. Jg., 1977, S. 591-613.

Chmielewicz, K., Großmann, A., Inhoffen, A. O., Lutter, M., Die Mitbestimmung im Aufsichtsrat und Vorstand, in: Die Betriebswirtschaft, 37. Jg., 1977, S. 105-145.

Weiterführende Literatur

Fitting, K., Auffarth, F., Kaiser, H., Betriebsverfassungsgesetz, Handkommentar, 16. Auflage, München 1990.

Fitting, K., Wlotzke, O., Wißmann, H., Mitbestimmungsgesetz mit Wahlordnungen, Kommentar, 2. Auflage, München 1978.

Hoyningen-Huene, G. v., Betriebsverfassungsrecht, 3. Auflage, München 1993.

Säcker, F. J., Zander, E. (Hrsg.), Mitbestimmung und Effizienz, Stuttgart 1981.

Kontrollfragen

1. Welche Ansatzpunkte zur Mitbestimmung bestehen im Unternehmen?
2. Zu welchen rechtlichen Folgen führen Betriebsänderungen?
3. Erläutern Sie, wann ein Unternehmen einen Wirtschaftsausschuss, einen Gesamtbetriebsrat bzw. einen Europäischen Betriebsrat errichten muss! Wie erfolgt die Besetzung und mit welchen Aufgaben werden diese Einrichtungen jeweils betraut?
4. Welche Entscheidungen sind dem Aufsichtsrat vorbehalten?
5. Welche Konzernformen werden unterschieden und welche Besonderheiten ergeben sich bezüglich der Mitbestimmung in Konzernunternehmen?
6. Stellen Sie die Kennzeichen der „Überparität“ und der „inhaltlichen Ausdehnung der Mitbestimmung“ dar!

Drittes Kapitel: Organisatorische und rechtliche Verselbstständigung von Unternehmensteilbereichen

Unternehmerische Teilbereiche können mehr oder weniger autonom geführt werden. Eine Alternative zur internen Organisation eines (diversifizierten) Einheitsunternehmens ist die Entlassung von Teilbereichen in die rechtliche Selbstständigkeit. Die so gewonnenen eigenständigen Tochtergesellschaften können unter dem gemeinsamen Dach einer Management-Holding geführt werden.

Die Intensität der Bindung von Muttergesellschaft zu Tochtergesellschaft hängt von der kapitalmäßigen Verflechtung und von der vertraglichen Gestaltung ab. Einen Überblick gibt Abb. 5.10. Bei diversifizierten Unternehmen und in dynamischen Branchen, die große Innovationskraft verlangen (z.B. Hochtechnologie), bietet sich ein loser Verbund selbständiger Tochterunternehmen besonders an.

1. Vorteile rechtlicher und organisatorischer Selbstständigkeit

1.1 Flexibilität

Rechtlich selbstständige Unternehmensteile ermöglichen es der Muttergesellschaft, **Teilbereiche** rasch und einfach aus der **Struktur herauszulösen** und zu verkaufen oder neuerworbene **Tochtergesellschaften** einfach in das bestehende Beteiligungsportefeuille **eingliedern** zu können. Diese **hohe Flexibilität** ermöglicht sowohl einen raschen Einstieg in neue Märkte als auch eine zielgerechte Strukturbereinigung.

Der **Einstieg in technologische Wachstumsmärkte** fällt Unternehmen aus traditionellen Bereichen oft schwer. Häufig gelingt es ihnen nicht, die unterschiedlichen Kulturen neuer und alter Bereiche aufeinander abzustimmen. Als Folge kommt es meist zu einer Anpassung der jungen, dynamischen Bereiche an die übermächtigen, verkrusteten alten Strukturen. Dadurch geht die für technologische Märkte wichtige Dynamik und Innovationskraft verloren. Um dies zu verhindern, bieten sich organisatorisch und rechtlich selbstständige Gesellschaften zum Einstieg in neue Märkte an.

Neu gegründete Gesellschaften

Erfolgt der Markteintritt durch Eigenentwicklung, so können die betreffenden Aktivitäten in einer **neu gegründeten Gesellschaft** zusammengefasst werden. Diese kann ihren Geschäften weitgehend **unabhängig** nachgehen, um den Marktanfordernissen zu entsprechen.

Die neue Gesellschaft kann in der Regel flexibler auf Marktänderungen reagieren, weil im Führungs- und Kontrollsystem **weniger bürokratische Regeln** herrschen.

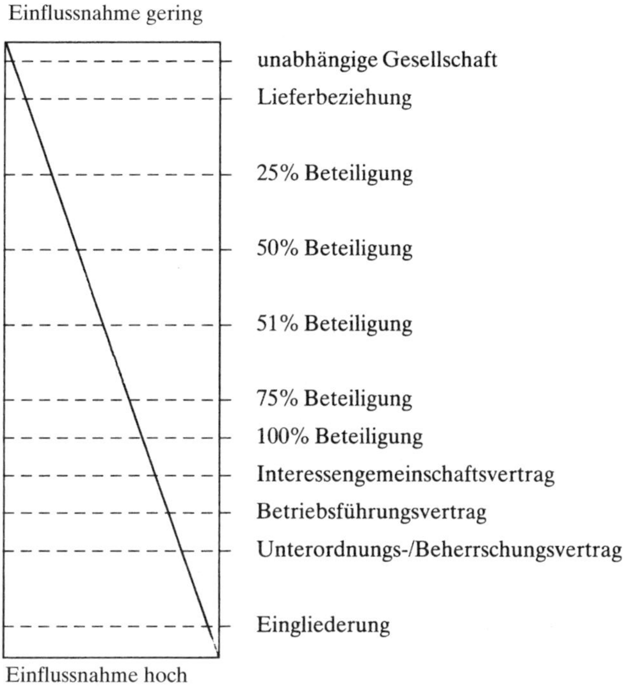

Abb. 5.10 Einflussnahmemöglichkeiten bei Beteiligungsgesellschaften (Schematische Darstellung)

Unternehmenskauf

Bei einem Markteintritt durch Unternehmenskauf **entfällt** bei rechtlich selbstständigen Unternehmen **die Eingliederung**. Neben den eingesparten Reorganisationskosten ergibt sich der Vorteil, dass die gewachsene (flexible und innovative) **Struktur und Kultur in der neuen Gesellschaft erhalten** sowie **Stärken und Goodwill konserviert** werden können. Unternehmensübernahmen sind besonders im Hochtechnologiebereich weit verbreitet, da schneller technischer Wandel und lange Entwicklungszeiten keine Zeit zu einem langwierigen Einstieg durch Eigenentwicklung lassen.

Kooperation

Kooperationen sind ein probates Mittel, um Risiken und Kosten beim Einstieg in neue Märkte auf mehrere Schultern zu verteilen.[60] Rechtlich selbstständige

[60] Vgl. zu Strategischen Allianzen Teil III, Drittes Kapitel, 7.

Teilbereiche verfügen aufgrund ihrer eigenen Rechtspersönlichkeit über eine **bessere Fähigkeit, Kooperationen einzugehen**, als Abteilungen großer Einheitsunternehmen. Die Führungskräfte der Tochtergesellschaft sind für die Partnerunternehmen gleichzeitig die offiziellen Vertragspartner und eine konkrete Ansprechstelle für Fachprobleme. Außerdem lassen sich selbstständige Tochterunternehmen problemloser als Einlage in ein Gemeinschaftsunternehmen **(Joint Venture)** einbringen.

Im Hochtechnologiebereich sind Kooperationen aus folgenden Gründen von besonderer Bedeutung:

- **Aufteilung hoher Entwicklungskosten** (z.B. 1 bis 2 Mrd. € für eine Mikrochip-Generation);
- **Beschleunigung von Entwicklungsprojekten** durch Informationsaustausch;
- **gemeinsame Fertigung** und Erzielung hoher Marktanteile;
- **Ergänzung des Produktprogrammes** durch gegenseitige Belieferung;
- **Intensivierung des Systemgeschäftes** durch Zusammenarbeit von Unternehmen aus unterschiedlichen Branchen.

Rückzug aus dem Markt

Im Rahmen einer Strukturbereinigung als Folge einer strategischen Neuorientierung kann der **Rückzug aus stagnierenden und rückläufigen Bereichen** notwendig sein. Eigenständige Tochtergesellschaften können kurzfristiger und unproblematischer verkauft werden. Eine umständliche organisatorische und bilanzielle Herauslösung von Betriebsabteilungen aus einem großen Einheitsunternehmen entfällt so.

Unternehmensübernahmen, die **nicht zu einer erhofften Synergie** geführt haben, können kurzfristig wieder durch Verkauf rückgängig gemacht werden. Dies setzt allerdings voraus, dass die betreffende Gesellschaft ihre eigene Rechtspersönlichkeit bewahrt.[61]

In einer **Management-Holding** kann eine zu weit getriebene Diversifikationspolitik rückgängig gemacht werden, um sich wieder auf das Kerngeschäft zu konzentrieren, das man am besten versteht. Ein extremes Beispiel lieferte das US-Unternehmen *ITT (International Telephone and Telegraph Company)*.[62] Nach einer stürmischen Phase weitverzweigter Geschäftsausweitung hatte *ITT* nahezu 100 Tochtergesellschaften innerhalb einiger Jahre wieder verkauft, um auf diese Weise Schlagkraft und ökonomischen Wert wiederzugewinnen.

---

[61] Zu Synergieerwartungen vgl. *Bühner, R., Spindler, H.-J.*, Synergieerwartungen bei Unternehmenszusammenschlüssen in: Der Betrieb 39. Jg., 1986, S. 601.

[62] ITT International Telephone and Tel. Comp. wurde im Jahr 1995 in 3 Gesellschaften aufgeteilt: ITT Industries (Autozubehör, Militär), ITT Hartford (Versicherungen) und ITT Destinations (Medien, Hotels)

1.2 Innovationskraft und Motivation

Große **Einheitsunternehmen** bergen die Gefahr in sich, dass innovative Ideen und Initiativen durch ein hohes Maß an **Bürokratisierung** und **Formalisierung** erstickt werden. **Kleinere Bereichsgesellschaften** indes **fördern mit offenen Kommunikationsstrukturen und weniger stark formalisierten Instanzenwegen die Kreativität der Mitarbeiter und des Managements**. Dies wird durch empirische Untersuchungen gestützt, denen zufolge gerade im Bereich der Hochtechnologie kleinere Unternehmenseinheiten besonders innovativ waren.[63]

Gleichzeitig kann sich innerhalb kleinerer Beteiligungsgesellschaften marktorientiertes unternehmerisches Denken auch innerhalb eines Konzerns besser entwickeln (so genannte **Intrapreneurship**[64]). Damit wird erreicht, daß die technischen Entwicklungen des Unternehmens mit den marktlichen Anforderungen Schritt halten können.

Der Markt fordert heute verstärkt **kundenspezifische Problemlösungen**, bei denen ein enger Kontakt zum Abnehmer von entscheidender Bedeutung ist. Selbstständig operierende Tochtergesellschaften sind in dieser Hinsicht flexibler. Entscheidungen, die im Einheitsunternehmen an zentraler Stelle getroffen werden müssen, können bei selbstständigen Teilbereichen dezentral schneller gefällt werden. Diese **Entscheidungsdezentralisation erhöht die Marktnähe** und verbessert die Reaktionsbereitschaft auf marktliche Änderungen. **Technische Entwicklungen** können bei dezentraler Steuerung in selbstständigen Teilunternehmen kurzfristiger verfolgt werden. Entscheidungen über den Abbruch von Forschungs- und Entwicklungsprojekten können schneller getroffen werden, was Kosten spart.

Eine **bessere Motivation** ist in rechtlich selbstständigen Unternehmen aus folgenden Gründen zu erwarten:

- Die ranghöhere Stelle (Vorstand statt Abteilungsleiter; Geschäftsbereichsleiter statt Hauptabteilungsleiter) ist prestigeträchtiger und motiviert die leitenden Angestellten zu höherer Leistung;
- zur Beschaffung von Führungskräften für die Obergesellschaft können Personen herangezogen werden, die als Manager von Tochtergesellschaften Führungserfahrung erworben haben;[65]
- die Beibehaltung des Firmennamens der Tochtergesellschaft und die Überschaubarkeit dieses Unternehmensteils erhöht die Identifikation der Arbeitnehmer mit ihrem Unternehmen;
- eine klare Erfolgs- bzw. Misserfolgszurechnung bei der Veröffentlichung des Jahresabschlusses erhöht den Gewinndruck und das Verantwortungsbewusstsein der Manager der Tochtergesellschaft. Zur Veröffentlichung verpflichtet sind Aktiengesellschaften und Gesellschaften mit beschränkter Haftung, die

---

[63] Vgl. *Maidique, M. A., Hayes, R. H.,* The Art of High-Technology-Management, in: Sloan Management Review, Vol. 25, Winter 1984, S. 17ff.

[64] Vgl. *Pinchot III, G.,* Intrapreneuring, New York 1985.

[65] Vgl. *Würdinger, H.,* Aktienrecht und das Recht der verbundenen Unternehmen, 4. Auflage, Heidelberg, Karlsruhe 1981, S. 271.

in zwei aufeinander folgenden Jahren mindestens zwei der nachstehenden drei Bedingungen erfüllt haben (§ 325 Abs. 1 HGB i.V.m. § 267 Abs. 3 HGB):

1) Bilanzsumme > 13,75 Mio. €;
2) Umsatz > 27,5 Mio. €;
3) Arbeitnehmerzahl > 250.

1.3 Transparenz und Koordination

In wirtschaftlich und rechtlich selbstständigen Teilbereichen herrscht Transparenz über den Erfolg der einzelnen Geschäfte.

- Unabhängig von der Rechtsform ist für jede Tochtergesellschaft die **Aufstellung eines Jahresabschlusses** mit Bilanz sowie Gewinn- und Verlustrechnung handelsrechtlich vorgeschrieben.[66]
- Der publizitätspflichtige Jahresabschluss muss von einem **Wirtschaftsprüfer bestätigt** werden (§ 316 HGB). Er weist durch dessen Testat eine höhere Glaubwürdigkeit auf als eine innerbetriebliche Rechnungslegung.
- Die **Bilanzierung der Verbindlichkeiten** fördert eine **langfristige Finanzplanung** und verdeutlicht der Teilbereichsführung die Notwendigkeit der Schuldentilgung.[67]

Gleichzeitig entsteht das Problem der **Durchsetzung von Koordinationsentscheidungen**. Beim Einheitsunternehmen hat der Vorstand gegenüber den Bereichsleitern ein Weisungsrecht. Entscheidungen können so leicht getroffen und durchgesetzt werden. Beim zweistufigen Konzern können Beschlüsse der Obergesellschaft nur indirekt umgesetzt werden. Daher haben sich in der Praxis Systeme herausgebildet, bei denen entweder Mitglieder der Konzernleitung und Vorstände der Tochtergesellschaften in mehreren Vorstandskollegien zusammenarbeiten oder die Vorstandsvorsitzenden der Tochtergesellschaften zugleich Vorstandsmitglied der konzernleitenden Obergesellschaft sind **(Doppelvorstandschaft)**.[68]

1.4 Finanzwirtschaftliche und Risikoaspekte

Aus finanzwirtschaftlicher Sicht sowie unter dem Aspekt der Risikominderung im Unternehmen bieten rechtlich selbstständige Teilbereiche folgende **Vorteile**:

- Eigenständige Unternehmensteilbereiche können auch finanziell aus eigenen Stärken Vorteile ziehen. Sie können sich **selbst Eigenkapital beschaffen** und sind damit in geringerem Maße von der Finanzkraft der Muttergesellschaft abhängig.

---

[66] Für Personengesellschaften (OHG, KG) nach § 242 HGB, für Kapitalgesellschaften (GmbH, AG, KGaA) nach § 264 HGB.

[67] Vgl. *Blaschka, B.*, Profit centers in gesellschaftsrechtlicher Form (dargestellt am Beispiel der PWA Papierwerke Waldhof Aschaffenburg); in: Zeitschrift für Betriebswirtschaft, 52. Jg., 1982, S. 400.

[68] Vgl. *Drumm, H. J.*, Rechtlich selbständige Geschäftsbereiche – ein allgemeines Modell? Anmerkungen zur Reorganisation der PWA AG, in: Zeitschrift für Betriebswirtschaft, 52. Jg., 1982, S. 405; *Bühner, R.*, Management-Holding, in: Die Betriebswirtschaft, 47. Jg., 1987, S. 44.

Ein Beispiel dafür ist die *T-Online International AG*, eine Tochtergesellschaft der *Deutschen Telekom AG*. Seit April 2000 ist die *T-Online International AG* an der Börse notiert. Bei ihrem Börsengang konnte die *T-Online International AG* einen Emissionserlös von 3,08 Mrd. € verbuchen.

- Rechtlich selbständige Gesellschaften können **durch Verrechnungspreise** für Leistungen zwischen den Gesellschaften sowie durch gegenseitige **Kreditgewährung Gewinne „verschieben“**. Dies kann, gerade bei internationaler Geschäfstätigkeit mit Tochtergesellschaften im Ausland, zu **steuerlichen Vorteilen** führen. Auch innerhalb Deutschlands können steuerliche Vorteile entstehen, wenn kein Organvertrag zwischen den Gesellschaften besteht und eine der Gesellschaften Verluste schreibt.
- Der Erwerb einer rechtlich selbständigen Gesellschaft mit **Verlustvortrag** ermöglicht für die Zeit bis zum Ausgleich des Verlustvortrages einen **latenten Steuervorteil**. Weist die erworbene Gesellschaft längerfristig Verluste aus, so kann der Beteiligungswert in der Bilanz der Obergesellschaft abgeschrieben und eine Steuerersparnis erzielt werden.

  Ein Beispiel ist der Computerhändler *Escom,* der 1997 die Geschäftstätigkeit einstellte. Trotz des Konkursverfahrens kam es immer wieder zu Sprüngen im Aktienkurs der *Escom AG i.K.* Grund dafür waren Gerüchte über eine mögliche Übernahme des Unternehmens. Die hohen Verluste des Unternehmens hätten, so argumentierten Analysten, für ein übernehmendes Unternehmen steuerlich sehr attraktiv sein können.
- Die Beibehaltung der rechtlichen Selbstständigkeit einer neuerworbenen Gesellschaft **verhindert Verschmelzungskosten**, die bei der Eingliederung entstehen (Umstellung der EDV, neue Organisationsstruktur, Reibungsverluste usw.).
- Im **faktischen Konzern** kann die rechtliche Ausgliederung als Instrument der **Haftungsbegrenzung** eingesetzt werden. Verluste der Tochtergesellschaft müssen nicht durch die Obergesellschaft ausgeglichen werden. Im Vertragskonzern hat hingegen ein Verlustausgleich zu erfolgen (§ 302 AktG).
- Auch in **kleineren Unternehmen** kann durch eine **Aufteilung des Unternehmens** in mehrere rechtlich selbstständige Teilbereiche eine **Risikobeschränkung** erreicht werden. Dies geschieht z.B. durch die Umwandlung einer Personen KG in eine GmbH & Co. KG. Der persönlich haftende Gesellschafter (Komplementär) der KG wird eine GmbH, die Haftung des Inhabers mit seinem Privatvermögen kann damit unterlaufen werden. Auch die rechtliche Aufteilung von Unternehmen (Betriebsaufspaltung) in Produktions- und Vertriebsgesellschaften ist in der Praxis verbreitet.
- Rechtlich selbstständige Teilbereiche können **vom Markt bewertet und kontrolliert** werden. Wenn eine hinreichend große Zahl von Aktien frei gehandelt wird, spiegelt der Aktienpreis die Stellung des Geschäftes im Markt sowie im Vergleich zu seinen Konkurrenten wider.

  Die Kontrolle durch den Aktienmarkt ist nicht umsonst zu erhalten: Kostensteigernd wirken hier z.B. Maßnahmen im Rahmen der Investor Relations oder die Erstellung eines Jahresabschlusses nach internationalen Standards wie IAS oder US-GAAP. Andererseits ist die Marktbewertung ein besonders glaubwürdiges Bewertungskriterium, weil die Investoren ihre Entscheidungen am Kapitalmarkt (anders als unternehmensinterne Instanzen wie das Controlling) mit eigenem Geld unterlegen.[69]

- Große Einheitsunternehmen sind oft gezwungen, **höhere Faktorentgelte** zu entrichten als kleinere Gesellschaften. So sind Großunternehmen in der Regel weniger flexibel bei der Anpassung von Lohn- und Gehaltsstrukturen als kleinere Firmen.

1.5 Mitbestimmung

- Die **Mitbestimmung** durch den Betriebsrat kann faktisch **eingeschränkt** werden, wenn es ihm in kleinen Teilunternehmen an der notwendigen Professionalität mangelt. Liegt jedoch ein Konzern vor, so ist zusätzlich ein Konzernbetriebsrat zu wählen.
- Die Zersplitterung kann dazu führen, dass die Einzelunternehmen die Mitarbeitergrenze unterschreiten, die für die Einrichtung eines paritätisch besetzten Aufsichtsrates nach MitbestG erforderlich ist (2.000). Dazu muss das Einheitsunternehmen aber in mehrere mitbestimmungsfreie Gesellschaften aufgeteilt sein, und es darf sich **kein Konzerntatbestand** nachweisen lassen. Nur dann ist auch der **Aufsichtsrat** der „Ober"-Gesellschaft **mitbestimmungsfrei**. Eine solche rechtsumgehende Strategie verfolgte der *Wienerwald* bei der Organisation seiner zahlreichen gastronomischen Betriebe. Stehen die betroffenen Unternehmen jedoch in einem Konzernverbund und ist die Arbeitnehmerzahl größer als 2.000, so ist der Aufsichtsrat der Obergesellschaft paritätisch zu besetzen.

1.6 Konzentration von Forschung und Entwicklung

- Die Ausgründung einer **zentralen Forschungs- und Entwicklungsgesellschaft** ermöglicht die konzernweite Zusammenfassung fachlichen Wissens und die gezielte Versorgung der einzelnen Betriebsgesellschaften mit technologischem Know-how.
- In ausgegründeten Forschungs- und Entwicklungsgesellschaften können **teure Forschungseinrichtungen zentral effizienter genutzt** werden als dezentral in verschiedenen Unternehmensbereichen.
- Ausgegründete **„Technologie-Gesellschaften"** verfügen über einen für Innovationen notwendigen **Kreativitätsfreiraum**, da sie frei von der Schwerfälligkeit und Hierarchie großer Einheitsunternehmen arbeiten können. *BMW* gründete 1985 die *BMW Technik GmbH,* die für die Muttergesellschaft an unkonventionellen Problemlösungen arbeiten soll.
- Die **räumliche Nähe** von Mitarbeitern unterschiedlicher Forschungs- und Entwicklungsprojekte ermöglicht einen kurzfristigen **Erfahrungsaustausch** und begünstigt **interdisziplinäre Forschung**, die im Hochtechnologiesektor zunehmend an Bedeutung gewinnt (Optoelektronik, Photovoltaik, Biosensorik usw.).

---

[69] Vgl. *Holmström, B. R.,* Agency Costs and Innovation, in: Journal of Behavior and Organization, Vol. 12, 1989, S. 305-327.

2. Verselbstständigung von Unternehmensbereichen durch Unternehmensspaltung

2.1 Formen der Unternehmensspaltung

Die Unternehmensspaltung ist erst seit 1995 mit dem „Gesetz zur Bereinigung des Umwandlungsrechts" im deutschen Gesellschaftsrecht ausdrücklich geregelt.[70] Damit ist auch eine Unternehmensspaltung im Rahmen einer **Gesamtrechtsnachfolge** möglich geworden.

Im Einzelnen werden nach deutschem Recht folgende drei **Spaltungsformen** unterschieden, die in Abb. 5.11 graphisch dargestellt sind.

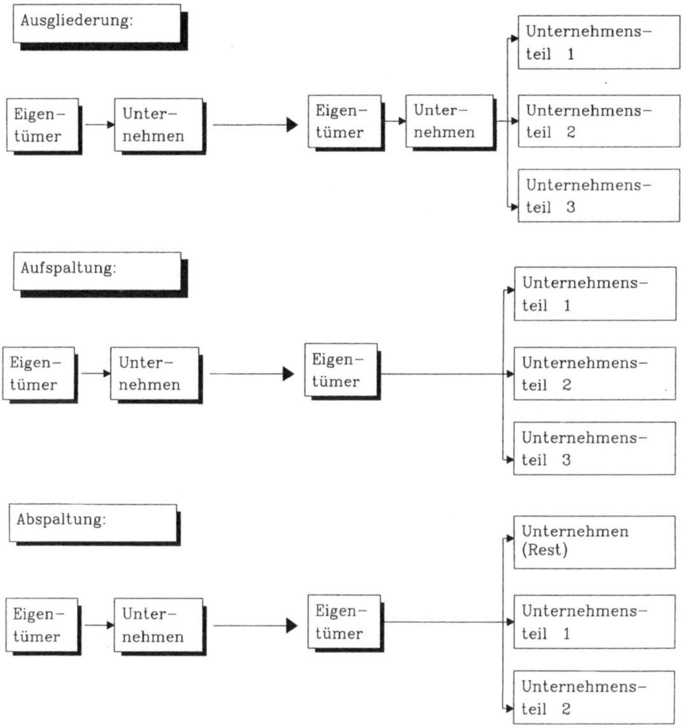

Abb. 5.11 Formen der Spaltung

[70] Vgl. *Engelmeyer, C.,* Das Spaltungsverfahren bei der Spaltung von Aktiengesellschaften, in: Die Aktiengesellschaft, 41. Jg., Heft 5, 1996, S. 193-208.

Aufspaltung

Die Aufspaltung teilt ein Unternehmen auf. Aus den Teilbereichen eines Einheitsunternehmens werden **unabhängige Gesellschaften**. Die bisherigen Eigentümer werden anteilsmäßig an den neuen Gesellschaften beteiligt, so dass sich die **Eigentumsverhältnisse nicht ändern**. Das gespaltene Unternehmen erlischt im Rahmen einer Aufspaltung.

Abspaltung

Bei einer Abspaltung wird ähnlich verfahren: Auch hier werden Unternehmensteile abgetrennt und in Gesellschaften überführt, an denen die bisherigen Eigentümer beteiligt sind. Im Unterschied zur Aufspaltung bleibt aber das gespaltene Unternehmen als **Rumpfgesellschaft** erhalten.

Ausgliederung

Bei der Ausgliederung werden Unternehmensteile in Gesellschaften überführt, an denen das ausgliedernde Unternehmen beteiligt ist.

Die Bildung einer **Management-Holding** aus einem diversifizierten Einheitsunternehmen erfolgt durch Ausgliederung von operativen Unternehmensteilen.

Formen der Spaltung nach EU-Recht

Die Spaltungsrichtlinie der Europäischen Union unterscheidet folgende Spaltungsformen:

- Bei der **Spaltung durch Übernahme** (Art. 2 Abs. 1) verteilt ein Unternehmen sein Vermögen auf mehrere existierende Gesellschaften. Die Aktionäre des gespaltenen Unternehmens erhalten dafür im Gegenzug Anteile der Gesellschaften, die das Vermögen übernommen haben und gegebenenfalls eine Zuzahlung in bar.
- Die **Spaltung durch Gründung neuer Gesellschaften** (Art. 21 Abs. 1) wird dann vollzogen, wenn das Vermögen der gespaltenen und aufgelösten Gesellschaft auf mehrere neugegründete Unternehmen übertragen wird. Auch hier erhalten die Aktionäre Aktien der begünstigten, neuen Gesellschaften als Ausgleich und gegebenenfalls eine Bar-Zuzahlung.
- **Andere der Spaltung gleichgestellte Vorgänge** (Art. 24, 25) liegen vor, wenn es zu einer Verbindung einer Spaltung durch Übernahme mit einer Spaltung durch Gründung einer oder mehrerer Gesellschaften kommt.

Formen der Spaltung nach dem Konzernierungsgrad

Duden/Schilling unterscheiden drei Formen der Spaltung nach dem Konzernierungsrad:[71]

- Eine **horizontale Spaltung** liegt vor, wenn aus einem diversifizierten Einheitsunternehmen mehrere Gesellschaften entstehen, auf die die einzelnen Betriebe mit den dazugehörigen Vermögenswerten und Verbindlichkeiten übertragen werden.
- Bei der **vertikalen Spaltung** wird ein Konzernunternehmen aufgespalten. Der Konzernverbund erlischt, die Obergesellschaft wird aufgelöst.
- Für die **Abspaltung**, bei der die Altgesellschaft nicht erlischt, sondern erhalten bleibt, sind drei Unterformen zu berücksichtigen:
  - Die **Teilabspaltung**: Ein oder mehrere Betriebe werden in **neuzugründende Gesellschaften** ausgegliedert.
  - Die **Fusionsabspaltung**: Ein oder mehrere Betriebe werden in **bereits bestehende Gesellschaften** ausgegliedert.
  - Die **Vollabspaltung**: Alle Betriebe eines Einheitsunternehmens werden rechtlich abgetrennt. Die Altgesellschaft bleibt bestehen und wird zur **Konzernholding**.

Formen der Spaltung im angelsächsischen Raum

Die angelsächsische Literatur unterscheidet drei Formen der Unternehmensspaltung:[72]

- Beim **Spin-Off** wird ein Teil eines Einheitsunternehmens oder eine hundertprozentige Tochtergesellschaft aus dem Unternehmensverbund gelöst. Die Anteile der Gesellschaft gehen – ähnlich wie bei Auf- und Abspaltung in Deutschland – proportional an die Eigentümer der spaltenden Gesellschaft.
- Als **Equity Carve-Out** bezeichnet man das Abtrennen von Unternehmensteilen, die dann als Neuemission an der Börse eingeführt werden (Initial Public Offering). Der Erlös der Emission kommt der spaltenden Gesellschaft zugute.
- Ein **Sell-Off** ist der Verkauf von Unternehmensteilen an Investoren oder an andere Unternehmen. Der Verkaufserlös kommt der verkaufenden Gesellschaft zugute, die diesen Ertrag aber häufig durch Sonderausschüttungen an ihre Aktionäre weitergibt.

---

[71] Vgl. *Duden, K., Schilling, W.,* Die Spaltung von Gesellschaften, in: Die Aktiengesellschaft, 19. Jg., 1974, S. 202-212.

[72] Vgl. *Slovin, M., Sushka, M., Ferraro, S.,* A comparison of the information conveyed by equity carve-outs, spin-offs, and asset sell-offs, in: Journal of Financial Economics, Vol. 37, 1995, S. 89-104, hier S. 91-94.

2.2 Steuerrecht und Spaltung

Steuerlich stellt die Spaltung durch Ausgliederung **keine besonderen Probleme** dar, soweit es sich bei dem übertragenen Vermögen um Teilbetriebe, Mitunternehmeranteile oder hundertprozentige Beteiligungen an Kapitalgesellschaften handelt. In diesen Fällen ist die Einbringung steuerneutral zu Buchwerten möglich (§§ 20, 24 UmStG 1994).[73] Werden einzelne Wirtschaftsgüter oder nichthundertprozentige Beteiligungen auf eine Kapitalgesellschaft übertragen, kann die Bildung einer Management-Holding allerdings zur **steuerpflichtigen Realisation von stillen Reserven** führen.

Im Rahmen einer Reorganisation kann eine Realisation stiller Reserven aber durchaus erstrebenswert sein. Dies verdeutlicht das Beispiel der Firma *Jungheinrich.* Das Unternehmen wurde in eine Aktiengesellschaft umgewandelt, um an die Börse gehen zu können. Im Rahmen der Umwandlung wurden stille Reserven realisiert und versteuert. In den Jahren nach der Börseneinführung ermöglichte das hohe steuerliche Abschreibungspotential zunächst die Einbehaltung und Reinvestition steuerfreier Gewinne.[74] Aufgrund der daraus erwarteten Kurssteigerungen sind die *Jungheinrich*-Aktien vor allem für Anleger mit hoher Steuerprogression interessant. Im Gegensatz zur Dividende werden Erträge aus Kurssteigerungen nicht mit dem jeweiligen Grenzsteuersatz des Steuerpflichtigen, sondern mit einem ermäßigten Pauschalsteuersatz von 15% besteuert.

2.3 Mitbestimmung und Spaltung

Die Ausgliederung von Unternehmensteilen stellt einen Betriebsübergang im Sinne von § 613a BGB dar. Die Arbeitsverhältnisse gehen zum Zeitpunkt der Ausgliederung kraft Gesetzes automatisch auf die Tochtergesellschaft über. Arbeitnehmer haben das Recht, dem Übergang zu widersprechen. Das ausgliedernde Unternehmen wäre dann zur Weiterbeschäftigung verpflichtet. Allerdings kann es dem Arbeitnehmer betriebsbedingt kündigen, wenn in der Obergesellschaft keine Beschäftigungsmöglichkeit mehr für die verbliebenen Arbeitnehmer besteht.[75]

Die Ausgliederung selbst stellt keinen mitbestimmungspflichtigen Vorgang dar, soweit sie nicht mit einer Änderung der Betriebsorganisation (§ 111 S. 2 Nr. 4 BetrVG) und wesentlichen Nachteilen für die Belegschaft verbunden ist. Der Betriebsrat, der Sprecherausschuss und gegebenenfalls der Wirtschaftsausschuss sind jedoch über die geplante Spaltung zu informieren. Lediglich bei der Verkleinerung des Betriebes kann es zu einer Verkleinerung oder Auflösung des Betriebsrates wegen der Unterschreitung von Mindestgrößen kommen.[76] Zu den Beteiligungsrechten, die an Mindestgrößen gebunden sind, gehören:

---

[73] Zur Neuregelung des UmwStG vgl. *Dehmer H.,* Das Umwandlungsgesetz 1994 (Teil II), in: Deutsches Steuerrecht, 32. Jg., 1994, S. 1752-1792, hier S. 1758f.

[74] Vgl. *o.V.,* Jungheinrich lockt mit steuerfreier Dividende, in: Frankfurter Allgemeine Zeitung, Nr. 193 vom 21.8.1990, S. 15.

[75] Vgl. *Simon, J.,* Arbeitsrechtliche und Haftungsprobleme bei der Betriebsaufspaltung, in: Zeitschrift für Arbeitsrecht, 18. Jg., 1987, S. 311-352, hier S. 332f.

[76] Vgl. *Vogelsang, D.,* Verlust des Betriebsrates infolge Unternehmensteilung?, in: Der Betrieb, 43. Jg., 1990, S. 1329-1333, hier S. 1329.

- das Mitbestimmungsrecht bei personellen Einzelmaßnahmen (§ 99 BetrVG)
- das Beratungs- und Informationsrecht bei Betriebsänderungen (§ 111 BetrVG) und
- die Bildung eines Wirtschaftsausschusses (§ 106 BetrVG).

Sind in den bei einer Spaltung neugegründeten Gesellschaften neue Betriebsräte und Sprecherausschüsse zu wählen, entsteht aufgrund der gesetzlich vorgeschriebenen Vorlaufzeit für diese Wahlen ein betriebsrats- und sprecherausschussloser Zustand. Das kann dazu führen, dass in der Anfangsphase nach einer Spaltung, die normalerweise bestehenden Beteiligungsrechte bei der raschen Durchführung einzelner Maßnahmen nicht greifen.[77]

3. Unternehmenskäufe

Rechtlich und wirtschaftlich selbstständige Unternehmensteilbereiche können auch durch den **Zukauf von rechtlich selbstständigen Tochtergesellschaften** entstehen.

Rechtlich selbstständige Unternehmensteilbereiche können bei Kauf oder Verkauf ihren **Firmennamen** erhalten und die vorhandene **Reputation (Goodwill)** bei der Stammkundschaft bewahren. So besaß *AEG* zeitweilig die Marken *Olympia, Telefunken, Neff, Alno, Küppersbusch, BBC-Hausgeräte* und *Zanker* in Form eigenständiger Beteiligungsgesellschaften.

Mit demselben Ziel können Unternehmensteile verselbstständigt werden, deren Firmenname für das dort hergestellte Produkt spricht (wie bei der Umbenennung der *Beiersdorf*-Tochter *Chemische Werke Offenburg GmbH* in das zugkräftigere *tesa-Werke Offenburg GmbH*).

Welche Bedeutung ein renommierter Markenname hat, kann man daran ersehen, dass *BMW* im Sommer 1998 bereit war, allein für die Nutzung der Marke *Rolls-Royce* über 125 Mio. € zu bezahlen, obwohl die Fabrikationsanlagen der *Rolls-Royce Motor Cars* bereits vom Konkurrenten *VW* erworben worden waren.

3.1 Formen von Unternehmenskäufen

Unternehmenskäufe unterliegen keinen einheitlichen speziellen Regelungen. Die daraus entstehende Rechtsunsicherheit versuchen die Beteiligten durch vertragliche Vereinbarung der gegenseitigen Rechte und Pflichten zu vermindern.

Die vertraglichen Gestaltungsmöglichkeiten beim Unternehmenskauf sind entsprechend vielfältig und u.a. abhängig von:

- den persönlichen Verhältnissen von Käufer und Verkäufer,
- der Rechtsform der beteiligten Unternehmen,

---

[77] Vgl. BAG vom 30.10.1979, in: Der Betrieb, 33. Jg., 1980, S. 584; *Vogelsang, D.,* Verlust des Betriebsrates infolge Unternehmensteilung?, a.a.O., S. 1331f.

- der Unternehmensumwelt (Markt, Technologie), den Zielen von Käufer und Verkäufer sowie
- der Finanzierung des Unternehmenskaufes.

Merger

Bei einem **Zusammenschluss gleichstarker Partner** (merger among equals) wird der Unternehmenskauf durch einen **Aktientausch** finanziert. Wenn beide Partner rechtlich selbstständig bleiben wollen, muss eine gemeinsame Holdinggesellschaft gegründet werden. Deren Anteile erhalten die Aktionäre der beteiligten Unternehmen im Austausch gegen die Aktien der Einzelunternehmen. Das Größenverhältnis der beiden Unternehmen bestimmt das Austauschverhältnis für die Aktionäre. Wenn ein Unternehmen deutlich größer ist als das andere, werden die Grenzen zwischen **Unternehmenszusammenschlüssen (mergers) und Unternehmenskäufen (acquisitions)** fließend.

Die Übertragung der Gesellschaftsanteile (Aktien, GmbH-Anteile, Kommanditanteile und Anteile persönlich haftender Gesellschafter) wird als **Anteilserwerb (share deal)** bezeichnet.

„Als Kurzformel lässt sich sagen, dass bei einem asset deal besondere Aufmerksamkeit auf den übertragenden dinglichen Teil zu richten ist, während bei einem share deal besondere Aufmerksamkeit im schuldrechtlichen Teil, d.h. den Zusagen und Zusicherungen hinsichtlich des Inhalts der zu übertragenden Anteile, geboten ist.“[78]

Generell ist keiner der beiden Formen der Vorzug zu geben. Welche Gestaltung günstiger ist, muss anhand des Einzelfalls geprüft werden. Dabei sind die erwarteten steuerlichen Folgen zumeist ausschlaggebend.

Zur Durchführung überwiegend mit Fremdkapital finanzierter Unternehmenskäufe haben sich spezielle, zumeist zweistufige Erwerbsmodelle durchgesetzt. In der amerikanischen Praxis sind dies der **‚Straight Triangular Merger‘** und der **‚Reverse Triangular Merger‘**.[79] Vergleichbare Wirkungen werden in der bundesdeutschen Rechtsordnung durch die Kombination von Anteilserwerb, Vermögenserwerb und **‚ausschüttungsbedingter Teilwertabschreibung‘** erreicht. Gemeinsames Kennzeichen dieser Modelle ist, dass der Erwerb über eine Zwischengesellschaft erfolgt und das erworbene Unternehmen nach Durchführung der Übernahme seine rechtliche Selbständigkeit bewahrt.

Die Vorgehensweise beim Straight Triangular Merger und beim Reverse Triangular Merger ist in Abbildung 5.12 dargestellt.

In der ersten Stufe erwirbt eine speziell für diesen Zweck gegründete Tochtergesellschaft die Anteile an der Zielgesellschaft. Die Muttergesellschaft stellt der Tochtergesellschaft einen Teil des notwendigen Eigen- und Fremdkapitals zur Verfügung. Zusätzliche Finanzmittel werden von Dritten – zumeist Banken

[78] *Holzapfel, H.-J., Pöllath, R.,* Recht und Praxis des Unternehmenskaufs, a.a.O., S. 63.

[79] Vgl. *Bressmer, C., Moser, A. C., Sertl, W.,* Vorbereitung und Abwicklung der Übernahme von Unternehmen, Stuttgart 1989, S. 67 f.

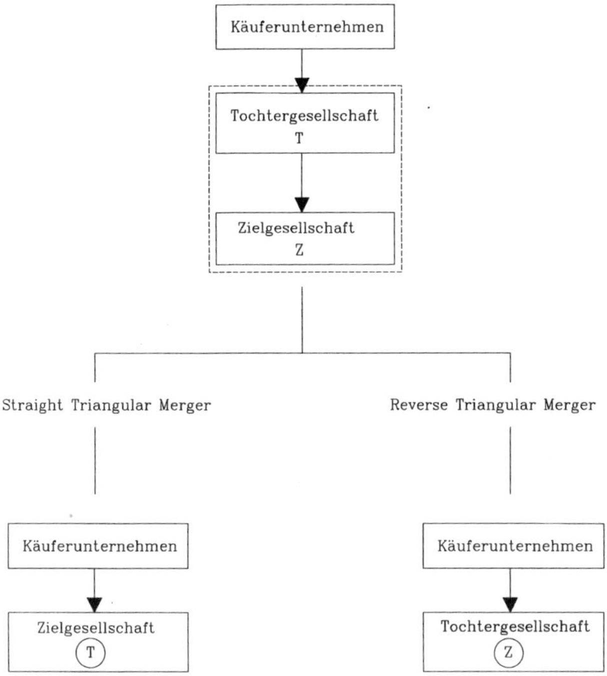

Abb. 5.12 Streight Triangular Merger und Reverse Triangular Merger

und institutionellen Investoren (Pensionskassen, Versicherungen, Industrieunternehmen, private Investoren) – als Fremdkapital der Tochtergesellschaft zur Verfügung gestellt. In einem zweiten Schritt werden Tochter- und Zielgesellschaft verschmolzen (Verschmelzung durch Aufnahme). Beim Straight Triangular Merger ist die Zielgesellschaft übertragende Gesellschaft und die Tochtergesellschaft übernehmende Gesellschaft. Beim Reverse Triangular Merger ist die Tochtergesellschaft übertragende Gesellschaft und die Zielgesellschaft übernehmende Gesellschaft.

Ein Reverse Triangular Merger ist vorteilhaft, wenn z.B. Konzessionen und Rechte der erworbenen Gesellschaft nicht oder nur mit unverhältnismäßig hohem Aufwand auf den Erwerber übertragen werden können.

Durch die Verschmelzung von Ziel- und Tochtergesellschaft werden die zur Finanzierung des Unternehmenskaufs aufgenommenen Verbindlichkeiten zu Schulden des gekauften Unternehmens. Dies ist vor allem für die Fremdkapitalgeber von Bedeutung, deren Risiko sich durch die nach der Verschmelzung mögliche Bestellung dinglicher Sicherheiten durch die Zielgesellschaft vermindert.

Nach amerikanischem Recht kann die Verschmelzung mit einer Buchwertaufstockung verbunden werden. Das in Folgejahren höhere Abschreibungspotenzial vermindert den steuerpflichtigen Gewinn und erhöht den Cash-flow. Dieser wird zur Zinszahlung und zur Tilgung von Verbindlichkeiten eingesetzt.

Nach deutschem Recht ist bei einer Verschmelzung die Buchwertfortführung zwingend vorgeschrieben (§ 348 AktG, 27 KapErhG). Um dennoch die gleiche Wirkung wie bei einer Verschmelzung nach amerikanischem Muster zu erreichen, wurde das folgende Modell entwickelt.[80] Die grundlegende Vorgehensweise ist in Abbildung 5.13 dargestellt.

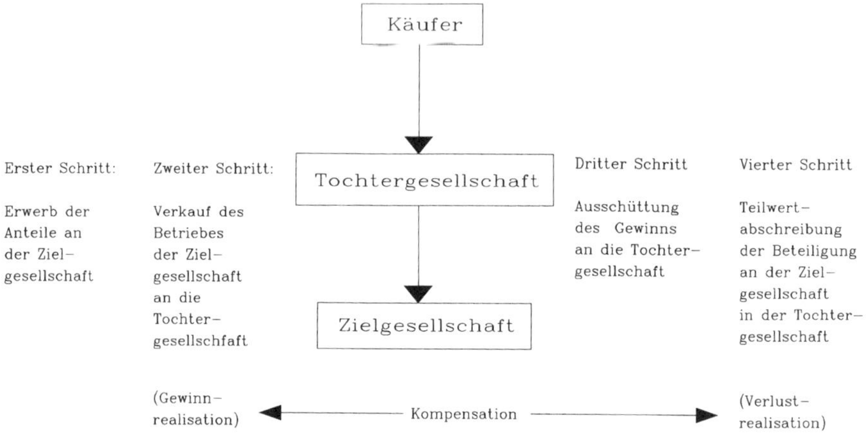

Abb. 5.13 Vorgehensweise bei der ausschüttungsbedingten Teilwertabschreibung

Im ersten Schritt müssen die Anteile der Zielgesellschaft von der Tochtergesellschaft erworben werden (Anteilserwerb). Anschließend werden die Wirtschaftsgüter **zu Verkehrswerten** von der Zielgesellschaft an die Tochter- oder eine Schwester- oder Enkelgesellschaft verkauft (Vermögenserwerb). Der Verkauf zu Verkehrswerten bewirkt die Buchwertaufstockung und stellt sicher, dass in Folgejahren ein zusätzliches Abschreibungspotenzial in Höhe der aufgelösten stillen Reserven vorhanden ist. Die resultierende Verminderung der Steuerzahlungen führt zu einem entsprechend höheren Cash-flow.

Die der Zielgesellschaft aus dem Verkauf der Wirtschaftsgüter zufließenden Barmittel werden an die Tochtergesellschaft als Gewinn ausgeschüttet. Nach der Ausschüttung ist die Zielgesellschaft vermögenslos und die Beteiligung auf den niedrigeren Teilwert abzuschreiben **(ausschüttungsbedingte Teilwertabschreibung)**. Der durch die Teilwertabschreibung entstehende Verlust in der Tochtergesellschaft führt zu einer Steuerentlastung, die die Steuerbelastung durch die Realisation der stillen Reserven in der Zielgesellschaft kompensiert.

Ein **Reversed Triangular Merger** erfolgte 1998 im Zusammenhang mit dem Zusammenschluss der ***Daimler-Benz AG*** und der ***Chrysler Corp.***[81] Nach den erforderlichen Zustimmungen in den außerordentlichen Hauptversammlungen

---

[80] Vgl. *Otto, H.-J.*, Fremdfinanzierte Übernahmen – Gesellschafts- und steuerrechtliche Kriterien des Leveraged Buy-Out, in: Der Betrieb, 42. Jg., 1989, S. 1389-1396.

[81] Vgl. hier und im folgenden *Daimler-Benz-AG*, Informationen zum Zusammenschluss von Daimler Benz und Chrysler, 1998, S. 17 ff.

der *Daimler-Benz AG* und der *Chrysler Corp.* am 18. September 1998 bot die bereits zum 6. Mai 1998 neugegründete *DaimlerChrysler AG* ihre Aktien den Daimler-Benz Aktionären zum Tausch an. Diese zum Tausch eingereichten Aktien wurden im Rahmen einer Kapitalerhöhung in die *DaimlerChrysler AG* eingebracht. Die Aktien der *Chrysler Corp.* wurden parallel durch Kapitalerhöhung gegen Leistung einer Sacheinlage in die *DaimlerChrysler AG* eingebracht, nachdem zuvor ein Reversed Triangular Merger nach dem Recht des US-Bundesstaats Delaware durchgeführt worden war.

Das Käuferunternehmen war dabei die neugegründete *DaimlerChrysler AG*, die Zielgesellschaft die *Chrysler Corp.* Anstatt über die Gründung einer Tochtergesellschaft durch die *DaimlerChrysler AG* erfolgte der Kauf der Zielgesellschaft hier über einen Treuhänder, den so genannten US Exchange Agent. Dieser Treuhänder führte den Reversed Triangular Merger durch und wurde Alleinaktionär der Zielgesellschaft, der *Chrysler Corp.* Die ehemaligen Aktionäre der *Chrysler Corp.* erhielten im Gegenzug Ansprüche auf Anteile der deutschen *DaimlerChrysler AG.* Der US-Exchange Agent brachte die Aktien der Zielgesellschaft in die deutsche Gesellschaft im Wege einer Kapitalerhöhung gegen Sacheinlage ein. Die im Gegenzug gewährten Aktien der *DaimlerChrysler AG* übertrug er den ehemaligen Aktionären der *Chrysler Corp.*

Durch diesen zweimaligen Aktientausch wurden die *Daimler-Benz AG* und die *Chrysler Corp.* 100%ige Töchter der *DaimlerChrysler AG.* Die *Daimler-Benz AG* wurde anschließend durch den Beschluss der außerordentlichen Hauptversammlung vom 18. September 1998 auf die *DaimlerChrysler AG* verschmolzen. Da es nach deutschem Recht nicht möglich ist, Unternehmen grenzüberschreitend miteinander zu verschmelzen, wurde die *Chrysler Corp.* als 100%iges Tochterunternehmen unter der Firma *DaimlerChrysler Corp.* weitergeführt. Ca. 58% der Anteile an der *DaimlerChrysler AG* werden nun von ehemaligen *Daimler-Benz* Aktionären und ca. 42% von ehemaligen *Chrysler* Aktionären gehalten. Abb. 5.14 verdeutlicht die Vorgehensweise dieses Reversed Triangular Merger.

Leveraged Buy-Out

Ein Unternehmenskauf, der **vorwiegend mit Fremdkapital finanziert** wird, heißt **Leveraged Buy-Out**. Der Käufer zählt darauf, dass der Cash-flow, den das erworbene Unternehmen generiert, höher ist als die Zinsen, die er für das Fremdkapital aufbringen muss (Leverage-Effekt).

Feindliche Übernahme – Hostile Takeover

Eine Unternehmensübernahme wird als feindlich bezeichnet, wenn sie **gegen den Willen der Leitung des gekauften Unternehmens** erfolgt.

Feindliche Übernahmen traten in den achtziger Jahren verstärkt in den USA auf. Unternehmen, die sich auf die professionelle Übernahme angeschlagener Unternehmen spezialisiert haben (so genannte Raider) suchten gezielt **Unter-**

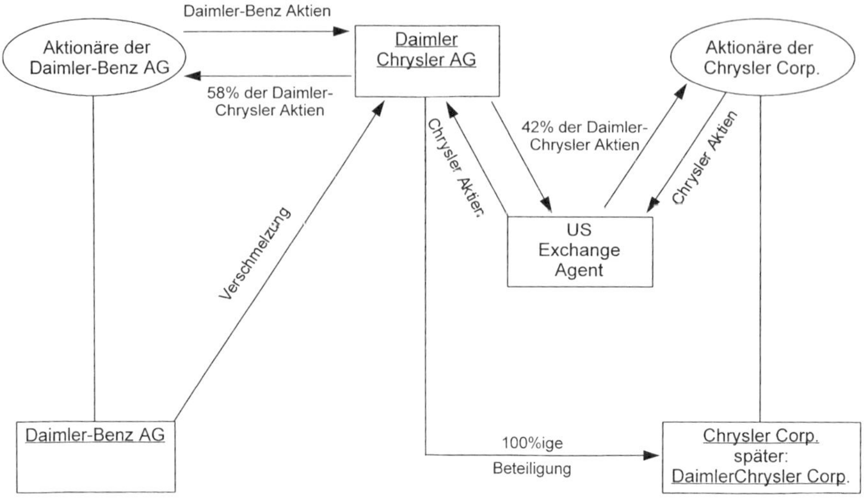

Abb. 5.14 Reversed Triangular Merger

nehmen, die nach ihrer Einschätzung **vom Kapitalmarkt unterbewertet** waren. Den Aktionären wurde ein Kaufangebot gemacht, das deutlich über dem Aktienkurs lag. Der Kaufpreis für die Aktienmehrheit wurde oft durch die Ausgabe von hochverzinsten und sehr riskanten Schuldverschreibungen (so genannten **Junk Bonds**) finanziert. Wenn der Raider die Aktienmehrheit erreicht hatte, wurden die Unternehmen zerschlagen, unrentable Teilbereiche geschlossen, andere Geschäftsbereiche wurden saniert und dann gewinnbringend weiterverkauft. Aus dem Verkaufserlös wurden dann die Schuldverschreibungen bedient.

Feindliche Übernahmen sind nur dann erfolgversprechend, wenn die gesamten Verkaufserlöse für die verkauften Teile über dem Kaufpreis für das Gesamtunternehmen liegen. Das ist nur dann der Fall, wenn ein Unternehmen deutlich unter seinen Potenzialen gehandelt wird, beispielsweise weil zu viele stille Reserven angesammelt werden, die den Aktionären nicht unmittelbar zugute kommen.

3.2 Unternehmenskauf und Mitbestimmung

Unternehmenskäufe unterliegen grundsätzlich nicht der Betriebsverfassung. Ausnahmen von diesem Grundsatz gelten lediglich, wenn

- der Wechsel des Unternehmensinhabers zu wesentlichen Veränderungen im Betrieb führt und beispielsweise die Gefahr von Entlassungen besteht, oder
- wenn mit dem Unternehmenskauf eine nicht unerhebliche räumliche Verlegung des Betriebes verbunden ist und eine Betriebsstillegung (§ 111 BetrVG) vorliegen kann.

Gemäß § 1 Abs. 1 und § 74 Abs. 1 BetrVG ist der **Betriebsrat des zum Kaufe stehenden Unternehmens** jedoch grundsätzlich über einen geplanten Unternehmensverkauf zu **informieren**.

Arbeitsrechtlich stellt ein **Unternehmenskauf einen Betriebsübergang im Sinne von § 613a BGB** dar. Danach tritt der Erwerber in die Rechte und Pflichten aus den zum Zeitpunkt des Überganges bestehenden Arbeitsverhältnissen ein. Werden einzelne Wirtschaftsgüter übertragen (Vermögenserwerb), ist ein Betriebsübergang anzunehmen, wenn der Erwerber in der Lage ist, mit den übertragenen Betriebsmitteln den Betrieb weiterzuführen. Die Übernahme einzelner Maschinen genügt hierfür aber nicht.[82]

Die Folgen des § 613a BGB können nicht durch Stilllegung des Betriebes vor dem Verkauf umgangen werden. Solange der Betriebsinhaber mit Dritten in Verkaufsverhandlungen steht, ist davon auszugehen, dass die für eine Stilllegung notwendige ernsthafte Absicht fehlt, den **Betrieb dauerhaft stillzulegen**.

Sind die Voraussetzungen für die Anwendung von § 613a BGB gegeben, gehen die betroffenen Arbeitsverhältnisse auf den neuen Betriebsinhaber über. Stichtag für den Übergang ist der **Zeitpunkt**, zu dem der Erwerber die **Leitungsmacht im Betrieb** erwirbt. Unerheblich ist der Zeitpunkt des Abschlusses des Kaufvertrages. Eine aus steuer- oder zivilrechtlichen Gründen vereinbarte Rückwirkung ist also unerheblich.

Keine Arbeitnehmer im Sinne des § 613a BGB sind Organmitglieder und Heimarbeiter.[83] Die Arbeitnehmer haben das Recht, dem Übergang der Arbeitsverhältnisse innerhalb einer angemessenen Frist von etwa drei Wochen zu widersprechen.

4. Unternehmensverkäufe

Im Zuge einer strategischen Neuausrichtung des Unternehmens können Teilbereiche verkauft werden, um eine Konzentration auf Kernkompetenzen voranzutreiben oder um eine Homogenisierung des eigenen Beteiligungsportefeuilles zu erreichen.

4.1 Formen von Unternehmensverkäufen

Manche Arten von Unternehmensverkäufen **überschneiden** sich mit Spaltungsformen. Wenn ein Unternehmensteilbereich etwa an die eigenen Aktionäre abgegeben wird, liegt eine **Abspaltung** bzw. ein Spin-Off vor. Bringt man Teile des Unternehmens an die Börse, so hat man es mit einem **Equity Carve-Out** zu tun. Weitere **Formen** von Unternehmensverkäufen sind:

---

[82] Vgl. *Holzapfel, H.-J., Pöllath, R.,* Recht und Praxis der Unternehmenskaufs, a.a.O., S. 295 ff.

[83] Vgl. BAG Urteil vom 10.07.1380, in: GmbH-Rundschau, 72. Jg., 1981, S. 113 f.; BAG Urteil vom 03.07.1980, in: Betriebs-Berater, 36. Jg., 1981, S. 1466 f.

Venture Spin-Off

Bei einem Venture Spin-Off werden **Bereiche** ausgegliedert, die für ein Großunternehmen zu **unbedeutend** sind oder seine **Aktivitäten nur am Rande berühren**. Das Mutterunternehmen hält meist nur eine Minderheitsbeteiligung an der neuen Gesellschaft. Die **Mehrheit liegt hingegen bei den ehemaligen Mitarbeitern des Großunternehmens**, die dort für den entsprechenden Bereich zuständig waren. Die Entwicklung der Produkte des Bereiches sowie die Vermarktung wird selbstständig von der neuen Gesellschaft übernommen.

Vorteile einer solchen Ausgliederung sind die starke **Motivation der Mitarbeiter** und ein hohes Maß an **Flexibilität**. Für das Großunternehmen bietet sich der Vorteil, mit wenig Risiko an einer Entwicklung teilzuhaben und diese unter Umständen durch Lizenzen nutzen zu können.

Ihren Ursprung haben Venture Spin-Offs bei Technologieunternehmen aus Silicon Valley in den USA. Beim ersten deutschen Venture Spin-Off wurde im Jahre 1984 ein bei *Siemens* entwickeltes Verfahren zur Prüfung von Halbleitern auf die Gesellschaft *ICT – Integrated Circuit Testing* übertragen. Die Gesellschaft erhielt von *Siemens* unentgeltliche Unterstützung bei Steuer-, Rechts- und Finanzierungsfragen. *Siemens* hat als Gegenleistung das Recht erworben, an der *ICT* eine kostenlose Option auf 25 Prozent der Unternehmensanteile auszuüben.

Oft sind **Risiko-Kapital-Gesellschaften** (Venture Capital Firms) an solchen Ausgliederungen beteiligt. Sie fördern die neuen Gesellschaften durch Einlagen und Kredite.

Management Buy-Out

Bei einem Management Buy-Out wird die **Mehrheit an einer Gesellschaft von leitenden Angestellten des eigenen Unternehmens erworben**.[84] Die neuen Eigentümer akzeptieren dabei häufig eine unbegrenzte persönliche Haftung, um Bankkredite zur Finanzierung zu erhalten. Da sie bereits vorher in der obersten Führungsebene der Gesellschaft tätig waren, verbindet sich bei Management Buy-Outs der Sachverstand der Manager mit dem unternehmerischen Engagement der Eigentümer.

Ein deutsches Beispiel ist die Übernahme von 51 Prozent an der Elektronikfirma *Loewe Opta* durch vier ehemalige Manager. Das Unternehmen, das 1985 ca. 130 Mio. € umsetzte, musste aus kartellrechtlichen Gründen von *Philips* abgegeben werden. Die Geschäftsführer entschieden sich für einen Management Buy-Out, um die Übernahme durch ein japanisches Unternehmen zu verhindern. Minderheitsteilhaber wurde die *Berliner Technologie-Investitionsgesellschaft* mit 26 Prozent und *BMW* mit 23 Prozent. 1990 gaben die Geschäftsführer

[84] Vgl. *Birley, S.*, Success and Failure in Management Buyouts, in: Long Range Planning, Vol. 17, 1984, No. 3, S. 33; *Hoffmann, P., Ramke, R.*, Management-Buy-Out in der Bundesrepublik Deutschland, 2. Auflage, Berlin 1992, S. 19 ff.

25,1 Prozent ihrer Beteiligung an die japanische *Matsushita Electric Industrial Co. Ltd.* ab, von der man sich einen Technologietransfer im Bereich der digitalen Fernsehtechnik erhoffte.

In den USA und Großbritannien vollziehen sich jährlich hunderte von Management Buy-Outs. Bekannte Beispiele sind die Textilfirma *Levi Strauss,* der Reifenhersteller *Uniroyal* oder die Autovermietung *Avis.*

Wenn die Übernahme vorwiegend durch **Fremdkapital** finanziert wird, spricht man auch beim Management Buy-Out von einem **Leveraged Buy-Out**. Die Sicherung der Kredite erfolgt regelmäßig durch die Unternehmenswerte.

Beispiel Papierwerke Waldhof Aschaffenburg (PWA)

Die 1970 durch Fusion der *Zellstoffwerke Waldhof AG* und der *Aschaffenburger Zellstoffwerke AG* entstandene und im Jahre 1995 von SCA übernommene *PWA AG* beschäftigte sich mit der Herstellung von Zellstoff, Papier und Papierwaren. Mit insgesamt ca. 10.000 Mitarbeitern erzielten die *PWA* 1986 einen Umsatz von über 1,5 Mrd. €. Seit ihrer Gründung setzten die *PWA* eine konsequente rechtliche Verselbständigung der Geschäftsbereiche als Instrument zur Unternehmensführung ein. 1971 führte eine aufgrund der Fusion notwendige Neuordnung der Aktivitäten zunächst zur Zusammenfassung einzelner Sparten zu vier Geschäftsbereichen. Um eine wirksamere Profit-Center-Organisation zu erreichen, wurden diese vier Geschäftsbereiche 1973 in 12 enger gefasste Produktbereiche unterteilt und in der Zeit zwischen 1974 und 1979 kontinuierlich rechtlich verselbstständigt.[85] Anhand von Abb. 5.15 sollen exemplarisch einzelne Aspekte der Ausgründungspolitik aufgezeigt werden:

- Die **Koordination** im *PWA-Konzern* basierte auf den bilanzrechtlichen Abschlüssen der Einzelgesellschaften. Diese enthielten im Gegensatz zu Erfolgsrechnungen rechtlich unselbstständiger Teilbereiche innerhalb von Einheitsunternehmen insbesondere Zinsen und Steuern, die nicht als geschlüsselte Größen, sondern als echte Aufwandspositionen erschienen. Hierdurch kam die „wirkliche" Leistungsfähigkeit besser zum Ausdruck.

  Die individuelle Finanzkraft der Tochterunternehmen bestimmte deren Investitionsmöglichkeiten und sorgte damit für eine effiziente Allokation der Investitionsmöglichkeiten und für ein unbehindertes Wachstum der erfolgreichen Tochtergesellschaften.[86] So wiesen beispielsweise die *PWA Grafische Papiere GmbH* und die *PWA Dekor GmbH* während des Zeitraums von 1980 bis 1985 mit ca. 70 Prozent ein erheblich höheres Umsatzwachstum auf als der Durchschnitt aller *PWA*-Unternehmen mit 57 Prozent.

- Die rechtliche Selbständigkeit der für den Wellpappenbereich zuständigen *Zewawell AG & Co. KG* ermöglichte die **Aufnahme eines finanzkräftigen Partners** in den Gesellschaftskreis. Die schwedische *Svenska Cellulosa AB,*

---

[85] Vgl. *PWA Papierwerke Waldhof-Aschaffenburg AG* (Hrsg.), Geschäftsberichte 1970-1989, München 1971-1990; *PWA* (Hrsg.), Die ersten zehn Jahre PWA, PWA-Report-Extra, 10. Jg., Nr. 53, April 1981.

[86] Vgl. *Blaschka, B.,* Profit centers in gesellschaftsrechtlicher Form, a.a.O., S. 400.

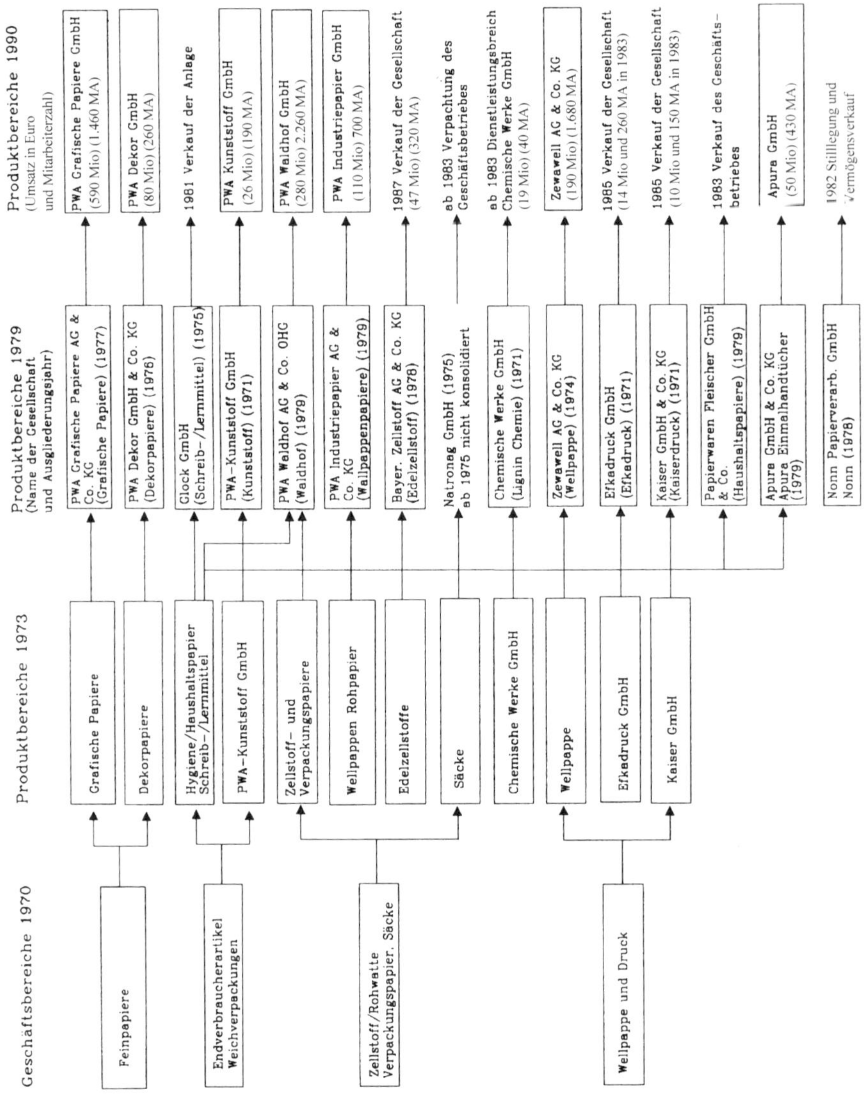

Abb. 5.15 Kontinuierliche Verselbstständigung von Produktbereichen bei den *PWA-Papierwerke Waldhof-Aschaffenburg*

die sich zu 50 Prozent an *Zewawell* beteiligte, trug gleichzeitig durch große Holzreserven zur Rohstoffsicherung bei. 1987 wurden 25 Prozent der *Zewawell AG & Co. KG* durch *PWA* übernommen, die seitdem mit 75 Prozent an *Zewawell* beteiligt waren.

- Bei der rechtlichen Verselbstständigung des Bereichs Papierhandtücher zur *Apura GmbH* war eine bessere Erreichung des Endverbrauchermarktes und die **Betonung des Produktnamens** als Gesellschaftsnamen ausschlaggebend.
- Als Beispiel für eine **Rückgängigmachung einer zu breiten Diversifikation** außerhalb der Papierindustrie ist die Trennung von den Produktbereichen *Kaiser* und *Efkadruck* zu nennen. Beide Gesellschaften waren in der Druckindustrie tätig und somit mit der originären Unternehmenstätigkeit nur indirekt verbunden. Eine zunehmende und kapitalintensive Spezialisierung in der Druckereibranche führte die *PWA* 1985 dazu, beide Gesellschaften zu veräußern, um sich auf den angestammten Bereich der Papierproduktion zu konzentrieren.
- **Strukturbereinigung:**
  - Durch den Verkauf der *Glock GmbH* gelang der Ausstieg aus einer wachstumsschwachen Branche. Die *Glock GmbH* wurde 1975 als eigener Produktbereich für Schreib- und Lernmittel selbstständig. Die Stagnation auf dem Lernmittelmarkt und der Wunsch, Finanzmittel auf andere Entwicklungsschwerpunkte zu konzentrieren, führte 1981 zur Veräußerung des beweglichen Anlagevermögens und der Vorräte der *Glock GmbH* an die *Berlitz AG.* Die Gesellschaft setzte zu dieser Zeit mit 150 Mitarbeitern 29 Mio. € um. Der Rückzug aus diesem für die *PWA* recht fremden Gebiet verlief auf Grund der relativen Eigenständigkeit der *Glock GmbH* organisatorisch unproblematisch.
  - Die *Bayerische Zellstoff GmbH* wurde 1987 an die *Technocell AG* verkauft. Dieser Verkauf war strategisch motiviert, weil *Technocell* eigene Patente in der *Bayerischen Zellstoff GmbH* nutzen kann.
- Zur Erweiterung der Produktpalette wurde durch die *Systemform Datenbelege GmbH* 1989 eine Mehrheitsbeteiligung an der *Novocard Informationssysteme GmbH* erworben. *Novocard* ist ein bedeutender Hersteller für Plastikkarten und Magnetkonten für den europäischen Markt. In Verbindung mit den traditionellen Produkten war *Systemform* in der Lage, kundenindividuelle Kartensysteme anzubieten und seine Position auf diesem Markt zu stärken.

Beispiel Arthur D. Little

Beispielhaft für eine Geschäftsübernahme durch das eigene Management rettete im April 2002 ein Management-Buy-Out die Beraterfirma Arthur D. Little. Ursprünglich sollte das insolvente Unternehmen ADL an die *Beteiligungsgesellschaft Cerberus* verkauft werden, doch das Gegenangebot der rund 120 Partner setzte sich durch: Für den Preis von 43 Mio. US-Dollar wurde das Kerngeschäft der ältesten Unternehmens- und Technologieberatung der Welt von eigenen Teilhabern übernommen. Die Finanzierung wurde von der französischen Innovationsberatungsfirma Altran Technologies S.A. unterstützt, wofür sie im Gegenzug die 5jährige Option zur Übernahme der Mehrheit an ADL erhielt.

US-amerikanische Partner der Unternehmensberatung ADL schlossen sich dem Management-Buy-Out nicht an, weshalb die Namensrechte für das amerikanische Geschäft ebenfalls an die Käufergruppe gingen.[87]

5. Führung rechtlich und wirtschaftlich selbstständiger Unternehmensteilbereiche

Die Führung wirtschaftlich und rechtlich selbstständiger Unternehmensteilbereiche hat unter Nutzung des aufbauorganisatorischen und rechtlichen Rahmens zu erfolgen. Den aufbauorganisatorischen Rahmen zur Führung selbstständiger Unternehmensteilbereiche bildet die Management-Holding, den rechtlichen Rahmen stellt der Konzern dar. Beide sind durch geeignete Gestaltungsinstrumente auszufüllen.

Die praktische Bedeutung dieser Alternative verdeutlicht der heute Anteil der als Management-Holding mit selbständigen Tochtergesellschaften organisierten Industrieunternehmen.

5.1 Aufbauorganisatorischer Rahmen – Die Management-Holding

Den organisatorischen Rahmen für rechtlich und wirtschaftlich selbstständige Unternehmensteilbereiche bietet die Management-Holding als dezentrale Geschäftsbereichsorganisation. Wesentliche Kennzeichen der Management-Holding sind

- **die Trennung strategischer Aufgaben der Unternehmensleitung (Muttergesellschaft) von operativen Aufgaben der geschäftsführenden Bereiche (Tochtergesellschaften) und**
- **die Identität von Rechts- und Organisationsstruktur.**

Die Management-Holding unterscheidet sich von der reinen **Finanz-Holding** durch die Verantwortung der Unternehmensleitung für unternehmensstrategische Aufgaben. Von der zentralen Geschäftsbereichsorganisation eines **Stammhauskonzerns** unterscheidet sie sich durch den Verzicht der geschäftsführenden Holding auf die Wahrnehmung von Funktionen des operativen Geschäfts.[88]

Trennung von Strategie und Operation

Die Geschäftsbereiche der Management-Holding sind selbstständig und werden als erfolgsverantwortliche Profit-Center geführt. Die Zuständigkeit der Ge-

[87] Vgl. *Die Welt* vom 10.04.2002.

[88] Vgl. *Bühner, R.*, Strategie und Organisation, Neuere Entwicklungen, in: Zeitschrift Führung + Organisation, 58. Jg., 1989, S. 223-232, hier S. 229 ff.

schäftsbereiche hat möglichst alle erfolgsbestimmenden Funktionen des operativen Geschäfts zu umfassen. Sie umfasst auch die (Mit-)Bestimmung und Durchführung der Geschäftsbereichsstrategie.

Zentralbereiche und -stäbe werden ausschließlich für Aufgaben gebildet, die für die Führung aus der Einheit des Ganzen heraus und für die langfristige Entwicklung des Unternehmen von entscheidender Bedeutung sind.

Die Holdingleitung hat unternehmensstrategische Aufgaben wahrzunehmen und die Geschäftsbereiche beratend zu unterstützen. Unternehmensstrategische Aufgaben betreffen den Erhalt und Ausbau der künftigen Wettbewerbsfähigkeit des Unternehmens.

Identität von Rechts- und Organisationsstruktur

Zweites Merkmal der Management-Holding ist die **Übereinstimmung von Rechts- und Organisationsstruktur**. Sie bedingt in einem diversifizierten Unternehmen notwendigerweise die Bildung eines Konzerns als gesellschaftsrechtlichen Rahmen. Dieser ist durch den Einsatz rechtlicher Gestaltungsmöglichkeiten zu füllen und den spezifischen Erfordernissen anzupassen.

Die Funktion der Unternehmensleitung wird von einer rechtlich selbstständigen geschäftsführenden Holding wahrgenommen. Die Geschäftsbereiche unterstehen ihr als Tochtergesellschaften mit eigener Rechtspersönlichkeit. Der Holding-Obergesellschaft unterstehen entweder Einheitsunternehmen oder – im Falle eines mehrstufigen Konzerns – Tochtergesellschaften, die ihrererseits wiederum rechtlich selbstständige Gesellschaften (Einheitsgesellschaften) beherrschen. Die Management-Holding übt direkt oder indirekt über die Tochtergesellschaften die einheitliche Leitung aus.

Die Struktur der Weisungsbeziehungen zwischen Holdingleitung und Geschäftsbereichen entspricht dem Einliniensystem. Die hierarchischen Unterstellungsbeziehungen und die Kapitalverflechtungen zwischen Mutter- und Tochtergesellschaften stimmen überein und schaffen eindeutige Kompetenzzuordnungen.

5.2 Rechtlicher Rahmen und Gestaltungsmöglichkeiten

Der Konzern bildet den gesellschaftsrechtlichen Rahmen zur Führung rechtlich selbstständiger Unternehmensteilbereiche. Ziel rechtlicher Regelungen ist dabei die Festlegung des ‚Autonomiegrades‘ der Tochtergesellschaften und der Haftungsrisiken der Muttergesellschaft.

Rechtliche Gestaltungsmöglichkeiten bestehen bei

- der Wahl der Rechtsform,
- der Bestimmung des Inhalts der Satzung oder des Gesellschaftsvertrags,
- der Bestimmung des Inhalts der Geschäftsordnung sowie
- bei der Entscheidung über den Abschluss von Unternehmensverträgen.

Rechtsformwahl

Die **Rechtsform** bestimmt grundsätzlich die legale Möglichkeit der Muttergesellschaft zur Durchsetzung der einheitlichen Leitung. Sie ist am größten bei Personengesellschaften und am geringsten bei Aktiengesellschaften.

In **Personengesellschaften** (OHG, KG, GmbH & Co. KG) sind die persönlich haftenden Gesellschafter zur Geschäftsführung verpflichtet (§§ 114, 164 HGB). In einer Management-Holding erfolgt die Leitung von Tochtergesellschaften in der Rechtsform einer Personengesellschaft unmittelbar durch die Holding-Obergesellschaft. Personengesellschaften besitzen lediglich Teilrechtsfähigkeit und es besteht keine Trennung zwischen Eigentum und Leitung. Die Muttergesellschaft kann Geschäftsführern, die mit der Leitung der Tochtergesellschaft beauftragt werden, unbeschränkt Weisungen erteilen.

Kapitalgesellschaften unterscheiden sich von Personengesellschaften durch eine Trennung von Eigentum und Leitung. Gesellschaften mit beschränkter Haftung (GmbH) werden eigenverantwortlich und unabhängig von den Gesellschaftern durch die Geschäftsführer geleitet.[89] Die Autonomie von Tochtergesellschaften in der Rechtsform einer GmbH ist entsprechend größer als bei Personengesellschaften. Die Holding-Obergesellschaft kann jedoch in der Gesellschafterversammlung die Geschäftsführer bestellen und abberufen und den Geschäftsführern Weisungen erteilen (§§ 37, 45 GmbHG).

Am größten ist die Autonomie von Tochtergesellschaften in der Rechtsform einer Aktiengesellschaft. Der Vorstand einer AG hat die Gesellschaft (im Rahmen der Gesetze) unter eigener Verantwortung zu leiten. Ausgenommen sind zustimmungspflichtige Geschäfte, die vom Aufsichtsrat zu bestätigen sind. Bei zustimmungspflichtigen Geschäften wirkt der Aufsichtsrat als Vertreter der Aktionäre de facto bei der Geschäftsführung mit. Der Vorstand einer Aktiengesellschaft ist nicht verpflichtet, unmittelbare Weisungen der Muttergesellschaft zu befolgen. Die Muttergesellschaft kann die Geschäftsführung nicht direkt bestimmen. Sie kann dies nur mittelbar über die Organe Hauptversammlung und Aufsichtsrat tun. Die stärkste Maßnahme der Hauptversammlung ist der Vertrauensentzug gegenüber einem Vorstand. Der Aufsichtsrat kann einen Vorstand, dem das Vertrauen entzogen wurde, vorzeitig abberufen. Er ist nicht an das Misstrauensvotum der Hauptversammlung gebunden.

Bei der Leitung von Personen- oder Kapitalgesellschaften sind Gesetz und Satzung beziehungsweise Gesellschaftsvertrag und Geschäftsordnung zu beachten. Eine weitere Maßnahme zur Beschränkung der Autonomie ist daher die Bestimmung des Inhalts der Satzung oder des Gesellschaftsvertrags.

---

[89] Dies gilt für die GmbH ohne Aufsichtsrat. Ein Aufsichtsrat kann entweder fakultativ errichtet werden oder, weil die GmbH der Mitbestimmung unterliegt, zwingend vorgeschrieben sein. In diesem Fall gelten die Regelungen für den Aufsichtsrat der Aktiengesellschaft entsprechend, soweit der Gesellschaftsvertrag nichts Abweichendes bestimmt.

Satzung und Gesellschaftsvertrag

Satzungen und Gesellschaftsverträge müssen eine Beschreibung des Unternehmensgegenstands enthalten (§ 23 AktG, § 3 GmbHG). Durch eine genaue Formulierung des **Unternehmensgegenstands** wird der Tätigkeitsbereich des Unternehmens ohne Interpretationsspielräume festgelegt. Eine genaue Beschreibung kann beispielsweise neben den Produkten, Märkten und Technologien auch den Grad des Auslandsengagements festlegen und den Erwerb von Unternehmen ausschließen. Die Autonomie der Tochtergesellschaft ist dann in Bezug auf Diversifikationsmaßnahmen entsprechend gering. Eine unerwünschte Diversifikation in nicht verwandte Arbeitsgebiete wird ebenso ausgeschlossen wie der Erwerb von Enkelgesellschaften. Zumeist ist der Gegenstand des Unternehmens jedoch sehr weit definiert, so dass die Unternehmensleitung über genügend geschäftlichen Spielraum verfügt.

In der Geschäftsordnung oder in der Satzung können Geschäfte festgelegt werden, die nur mit **Zustimmung des Aufsichtsrats** zulässig sind. Die Geschäftsordnung ist vom Aufsichtsrat zu beschließen. Je umfassender die Zustimmungspflicht geregelt ist, desto geringer ist die Selbständigkeit des Vorstands der Tochtergesellschaft. Üblicherweise unterliegen bestimmte Maßnahmen der Zustimmungspflicht, von denen anzunehmen ist, dass sie von außerordentlicher Bedeutung sind. Beispiele hierfür sind Unternehmenskäufe oder Investitionen, die eine festgelegte Höhe überschreiten.

Faktischer Konzern und Vertragskonzern

Rechtsform, Satzung (Gesellschaftsvertrag) und Geschäftsordnung bilden den Rahmen, in dem die Unternehmensleitung der Obergesellschaft die einheitliche Leitung durchzusetzen hat. Die einheitliche Leitung besteht kraft Gesetzes bei Personen-Tochtergesellschaften, da die Obergesellschaft zur Geschäftsführung verpflichtet ist. Bei Kapitalgesellschaften als Tochtergesellschaften ist die Obergesellschaft aufgrund der Beteiligungsverhältnisse herrschendes Unternehmen. Die Ausübung des herrschenden Einflusses kann über faktische oder vertragliche Einflussmöglichkeiten erfolgen.

Faktische Einflussmöglichkeiten resultieren aus der Beteiligungshöhe und dem Recht, Organmitglieder (Geschäftsführung, Vorstand, Aufsichtsrat) zu entsenden. Die Durchsetzung der einheitlichen Leitung durch faktische Einflussmöglichkeiten begründet einen faktischen Konzern.

Vertragliche Einflussmöglichkeiten bestehen bei Abschluss eines Unternehmensvertrags. Von praktischer Bedeutung sind Beherrschungs- und Gewinnabführungsverträge. Unternehmensverträge begründen einen Vertragskonzern.

Vorstände und Geschäftsführer haben die Geschäfte eigenverantwortlich zu führen. Die Leitungsorgane sind nicht verpflichtet, unmittelbare Weisungen der Aktionäre, Gesellschafter oder des Aufsichtsrates zu befolgen. Ein Unternehmensvertrag gibt der Holding-Mutter das Recht, ohne den Umweg über die Organe (Gesellschafterversammlung, Hauptversammlung, Aufsichtsrat) dem Leitungsorgan der Tochtergesellschaft Weisungen zu erteilen.

Der Vorstand oder Geschäftsführer einer Tochtergesellschaft ist bei Bestehen eines Unternehmensvertrags verpflichtet, die Weisungen der Muttergesellschaft zu befolgen. Dies gilt auch, wenn die Weisungen zwar im Konzerninteresse liegen, den Bereichsinteressen der Tochtergesellschaft entgegenstehen und der Tochtergesellschaft daraus ein Schaden entsteht.

Haftungsrisiken

Die einheitliche Leitung von Tochtergesellschaften in der Rechtsform der GmbH oder AG ist mit einem Anstieg der **Haftungsrisiken** verbunden.

Besteht kein Unternehmensvertrag **(faktischer Konzern)** und sind Weisungen der Obergesellschaft auf Einzelfälle beschränkt, haftet die Obergesellschaft für Schäden, die der Tochtergesellschaft durch nachteilige Weisungen entstehen. Übt die Obergesellschaft ohne Bestehen eines Unternehmensvertrages in größerem Umfang Einfluss auf die Geschäftsführung der Tochtergesellschaft aus **(qualifiziert faktischer Konzern)**, haftet nach der neuesten Rechtsprechung[90] die Muttergesellschaft unbeschränkt für Verbindlichkeiten der Tochtergesellschaft. Die Haftungsbeschränkung der Kapitalgesellschaft wird in diesem Fall auch ohne Bestehen eines Unternehmensvertrages aufgehoben, und es kommt zur Durchgriffshaftung auf den Gesellschafter.

Unklar ist allerdings, wie weit die Einflussnahme der Holding-Muttergesellschaft gehen muss, um die Voraussetzungen für eine unbeschränkte Durchgriffshaftung zu erfüllen.[91] Der BGH legt die **Leitungsdichte** der Muttergesellschaft zu Grunde, ohne diese genauer zu definieren. Die Voraussetzungen für eine unbeschränkte Durchgriffshaftung sind jedenfalls als erfüllt anzusehen, wenn

- die Muttergesellschaft direkt oder über Zustimmungserfordernisse die Tagesgeschäfte übernimmt oder
- die Finanzmittelverwaltung im Konzern für die Tochtergesellschaft eine finanzielle Knebelung darstellt; davon ist bei Abführung aller Finanzmittel an die Muttergesellschaft und täglicher Zuweisung entsprechend des Bedarfs auszugehen.[92]

Bei Bestehen eines Unternehmensvertrags ist nach § 302 AktG jeder Jahresfehlbetrag, der nicht durch Rücklagenentnahme gedeckt werden kann, vom Vertragspartner zu übernehmen.

---

[90] Vgl. BGH vom 20.2.89, in: Die Aktiengesellschaft, 34. Jg., 1989, S. 243.

[91] Vgl. *Lutter, M.,* Der qualifiziert faktische Konzern, in: Die Aktiengesellschaft, 35. Jg., 1990, S. 179-185; *Scheffler, E.,* Der qualifiziert faktische Konzern, in: Die Aktiengesellschaft, 35. Jg., 1990, S. 173 - 178.

[92] Vgl. *Lutter, M.,* Der qualifiziert faktische Konzern, a.a.O., S. 182 f.

Einführende Literatur

Bühner, R., Strategie und Organisation, in: Zeitschrift Führung + Organisation, 58. Jg., 1989, S. 223-232.
Bühner, R., Das Management-Wert-Konzept, Stuttgart 1990.
Everling, W., Betriebsabteilungen oder Beteiligungsgesellschaft, in: Betriebswirtschaftliche Forschung und Praxis, 29. Jg., 1977, S. 281-287.
Holzapfel, H.-J., Pöllath, R., Recht und Praxis des Unternehmenskaufs, Rechtliche und steuerliche Aspekte, 4. Auflage, Köln 1989.

Weiterführende Literatur

Bühner, R., Strategische Führung im Bereich der Hochtechnologie durch rechtliche Verselbständigung von Unternehmensteilbereichen, in: Der Betrieb, 39. Jg., 1986, S. 2341-2346.
Bühner, R., Management-Holding, in: Die Betriebswirtschaft, 47. Jg., 1987, S. 40-49.
Bühner, R., Gestaltungsmöglichkeiten und rechtliche Aspekte einer Management-Holding, in: Zeitschrift Führung + Organisation, 59. Jg., 1990, S. 299-308.
Bühner, R., Träger, T., Verschmelzung, in: *Ballwieser, W./Coenenberg, A.G./von Wysocki, K.* (Hrsg.): Handwörterbuch der Rechnungslegung und Prüfung, 3. Aufl., Schäffer-Poeschel Verlag, Stuttgart 2002, S. 2546-2555.
Hoffmann, P., Ramke, R., Management-Buy-Out in der Bundesrepublik Deutschland, 2. Auflage, Berlin 1992.
Otto, H.-J., Fremdfinanzierte Übernahmen – Gesellschafts- und steuerrechtliche Kriterien des Leveraged Buy-Out, in: Der Betrieb, 42. Jg., 1989, S. 1389-1396.

Kontrollfragen

1. Nennen Sie Motivationsvorteile, die sich aus der rechtlichen Selbstständigkeit von Unternehmensteilen ergeben!
2. Ergeben sich durch die Verselbstständigung von Unternehmensteilen Änderungen bezüglich der Mitbestimmung?
3. Welche finanzwirtschaftlichen Vorteile ergeben sich aus der rechtlichen Eigenständigkeit von Betriebsteilen?
4. Beschreiben Sie die Formen der Spaltung und diskutieren Sie die rechtlichen Probleme!
5. Nennen Sie die wesentlichen Kennzeichen einer Management-Holding!
6. Erläutern Sie die Formen von Unternehmensverkäufen. Worin liegen jeweils die Vorteile?

Literaturverzeichnis

Abegglen, W. E., Die Organisation der Unternehmungsleitung. Versuch einer Theorie, Zürich 1966.

Abell, D. F., Defining the Business: The Starting Point of Strategic Planning, Englewood Cliffs, N. J. 1980

Abeltshauser, T. E., Der neue Statutsvorschlag für eine Europäische Aktiengesellschaft, in: Die Aktiengesellschaft, 35. Jg., 1990, S. 289-297.

Acker, H. B., Stellenbeschreibung, in: Handwörterbuch der Organisation, hrsg. von E. Grochla, Stuttgart 1969, Sp. 1582-1587.

Acker, H. B., Organisationsanalyse, Verfahren und Techniken praktischer Organisationsarbeit, 9. Auflage, Baden-Baden, Bad Homburg v.d.H. 1977.

Adam, D., Aufbau und Eignung klassischer PPS-Systeme, in: Fertigungsplanung I, Grundlagen der Produktionsplanung und -steuerung, hrsg. v. D. Adam, Wiesbaden 1988, S. 5-21.

Adam, D. (Hrsg.), Fertigungssteuerung I und II, Wiesbaden 1988.

Adam, D., Die Eignung der belastungsorientierten Auftragsfreigabe für die Steuerung von Fertigungsprozessen mit diskontinuierlichem Materialfluß, in: Zeitschrift für Betriebswirtschaft, 58. Jg., 1988. S. 98-155.

Aggarwal, S. C., MRP, JIT, OPT, FMS? Making Sense of Production Operations Systems, in: Harvard Business Review, Vol. 53, Sept.-Oct. 1985, S. 8-16.

Albach, H., Innerbetriebliche Lenkpreise als Instrument dezentraler Unternehmensführung, in: Zeitschrift für betriebswirtschaftliche Forschung, 26. Jg., 1974, S. 216-242.

Albach, H., Strategische Unternehmensplanung bei erhöhter Unsicherheit, in: Zeitschrift für Betriebswirtschaft, 48. Jg., 1978, S. 702-715.

Albach, H., Organisations- und Personaltheorie, in: Neuere Entwicklungen in der Unternehmenstheorie, hrsg. von H. Koch, Wiesbaden 1982, S. 1-22.

Albach, H., Gabelin, T., Mitarbeiterführung. Text und Fälle, Wiesbaden 1983.

Albach, H., Pfohl, H. (Hrsg.), Unternehmensführung und Logistik, Zeitschrift für Betriebswirtschaft, Ergänzungsheft 2/1984.

Albert, I., Der Einsatz der Meilenstein-Trendanalyse in innovativen Entwicklungsprojekten, in: Projektmanagement, Beiträge zur Jahrestagung 1984 der Gesellschaft für Projektmanagement INTERNET Deutschland, München 1984.

Altfelder, F., Stabsstellen und Zentralabteilungen als Formen der Organisation der Führung, Berlin 1965.

Altrogge, G., Netzplantechnik, 2., völlig neu bearb. und erw. Aufl., München u.a. 1994.

Andrews, J., Proving That HRIS Equals Success, in: Personnel, Vol. 66, October 1989, S. 56-59.

Ansoff, H. I., Brandenburg, R. G., A Language for Organization Design, Part I, in: Management Science, Vol. 17, 1971, S. B 705-731.

Anthony, R. N., Planning and Control Systems. A Framework for Analysis, Boston 1965.

Anthony, R. N., Vancil, R. F., Dearden, J., Management Control Systems, Cases and Readings, Homewood, Ill., 5. ed., 1984.

Archibald, R. D., Managing High-Technology Programs and Projects, New York etc. 1976.

Argyris, C., Today's Problems with Tomorrow's Organizations, in: The Journal of Management Studies, Vol. 4, 1967, S. 31-55.

Armour, H. O., Teece, D. J., Organizational Structure and Economic Performance: A Test of the Multidivisional Hypothesis, in: Bell Journal of Economics, Vol. 29, 1978, S. 106-122.

Atkinson, J. W., Einführung in die Motivationsforschung, Stuttgart 1975.

Atteslander, P., Methoden der empirischen Sozialforschung, 5. Auflage, Berlin, New York 1985.

Autenrieth, K. H., Die inländische Europäische Wirtschaftliche Interessenvereinigung (EWIV) als Gestaltungsmittel, in: Betriebs-Berater, 44. Jg., 1989, S. 305-310.

AWF – Ausschuß für Wirtschaftliche Fertigung e.V. –, Flexible Fertigungsorganisation am Beispiel von Fertigungsinseln, Eschborn 1984.
Babel, W., Thaus, H.-J., Rechnerintegrierte Produktion – Erfahrungen aus der Praxis, in: Zeitschrift des Vereins Deutscher Ingenieure für Maschinenbau und Metallbearbeitung, 128. Jg., 1986, S. 277-288.
Backhaus, K., Plinke, W., Strategische Allianzen als Antwort auf veränderte Wettbewerbsstrukturen, in: Strategische Allianzen, Zeitschrift für betriebswirtschaftliche Forschung, Sonderheft 27, hrsg. von K. Backhaus und K. Piltz, Düsseldorf, Frankfurt 1990, S. 21-33.
Backhaus, K., Piltz, K., Strategische Allianzen – eine neue Form kooperativen Wettbewerbs?, in: Strategische Allianzen, Zeitschrift für betriebswirtschaftliche Forschung, Sonderheft 27, hrsg. von K. Backhaus, K. Piltz, Düsseldorf, Frankfurt 1990, S. 1-10.
BAG, Urteil vom 3.7.1980, in: Betriebs-Berater, 36. Jg., 1981, S. 1466 f.
BAG, Urteil vom 10.7.1980, in: GmbH-Rundschau, 72. Jg., 1981, S. 113 f.
Barnard, C., The Function of the Executive, New York 1938.
Bartlett, Ch. A., Aufbau und Management der transnationalen Unternehmung: Die neue organisatorische Herausforderung, in: Globaler Wettbewerb: Strategien der neuen Internationalisierung, hrsg. von M. E. Porter, Wiesbaden 1989, S. 437.
Bartlett, Ch. A., Ghoshal, S., Managing Across Borders: The Transnational Solution, Boston 1989.
Bauer, E., Das „Venture-Team" – eine neue organisatorische Strukturierungskonzeption des Managements neuer Produkte, in: Zeitschrift für Organisation, 45. Jg., 1976, S. 81-88.
Bauer, J.-H., Sprecherausschußgesetz mit Wahlordnungen und Erläuterungen, 2. Aufl., München 1990.
Baumgarten, H., Schwarting, C. (Hrsg.), Bestandssenkung in Produktions- und Zuliefererunternehmen, Bremen 1984.
Baumol, W. J., Technology-Sharing Cartels, Vortragsmanuskript, Vortrag gehalten auf der E.A.R.I.E.-Tagung, Lissabon 1990.
Bayer, W. F., Neue Formen der Unternehmensorganisation und ihre Bedeutung für das Gesellschaftsrecht, unveröffentl. Manuskript eines Vortrags vor dem Industrierechtlichen Seminar der Universität Bonn vom 20.10.1973.
Bea, F. X., Diversifikation durch Kooperation, in: Der Betrieb, 41. Jg., 1988, S. 2521-2526.
Beckmann, M. H., Lineare Planungsrechnung, Ludwigshafen 1959.
Beensen, R., Organisationsprinzipien. Untersuchungen zu Inhalt, Ordnung und Nutzen einiger Grundaussagen der Organisationslehre, Berlin 1969.
Belasco, J. A., Alutto, J. A., Line Staff Conflicts: Some Empirical Insights, in: Academy of Management Journal, Vol. 12, 1969, S. 469-477.
Bendixen, P., Teamworkorientierte Organisationsformen, in: Handwörterbuch der Organisation, hrsg. von E. Grochla, 2. Auflage, Stuttgart 1980, Sp. 2227-2236.
Berg, C., Formeln und Kennzahlen der betrieblichen Beschaffung und Logistik, in: Wirtschaftswissenschaftliches Studium, 11. Jg., 1982, S. 377-381.
BGH, Urteil vom 20.2.1989, in: Die Aktiengesellschaft, 34. Jg., 1989, S. 243.
Bidlingmaier, J., Zielkonflikte und Zielkompromisse im unternehmerischen Entscheidungsprozeß, Wiesbaden 1968.
Birley, S., Success and Failures in Management Buyouts, in: Long Range Planning, Vol. 17, 1984, No. 3, S. 32-40.
Bittel, L. R., Management by Exception, New York 1964.
Bittner, G., Büsing, K. P., Schönwald, B., Lokale Netze als Grundlage industrieller Kommunikation – MAP und TOP setzen Standards, in: CIM-Management, 2. Jg., 1986, Nr. 2, S. 68-72.
Blaschka, B., Profit centers in gesellschaftsrechtlicher Form dargestellt am Beispiel der PWA Papierwerke Waldhof-Aschaffenburg, in: Zeitschrift für Betriebswirtschaft, 52. Jg., 1982, S. 397-407.
Bleicher, K., Zentralisation und Dezentralisation von Aufgaben in der Organisation der Unternehmungen, Berlin 1966.

Bleicher, K., Perspektiven für Organisation und Führung von Unternehmungen, Baden-Baden, Bad Homburg v.d.H. 1971.

Bleicher, K., Zur organisatorischen Entwicklung multinationaler Unternehmungen, in: Zeitschrift für Organisation, 41. Jg., 1972, S. 330-338 und 415-425.

Bleicher, K., Kollegien, in: Handwörterbuch der Betriebswirtschaft, hrsg. von E. Grochla und W. Wittmann, 4. völlig neu gestaltete Auflage, Bd. 2, Stuttgart 1975, Sp. 2157-2169.

Bleicher, K., Gedanken zur Gestaltung der Konzernorganisation bei fortschreitender Diversifizierung, in: Zeitschrift für Organisation, 48. Jg., 1979, S. 243-251 und 328-335.

Bleicher, K., Konvergieren europäische und amerikanische Führungsstrukturen der Unternehmungsspitze, in: Zeitschrift für Organisation, 50. Jg., 1981, S. 66-74.

Bleicher, K., Strukturen und Kulturen der Organisation im Umbruch, in: Zeitschrift Führung + Organisation, 55. Jg., 1986, S. 97-108.

Bleicher, K., Zum Management zwischenbetrieblicher Kooperationen: Vom Joint Venture zur strategischen Allianz, in: Führungsorganisation und Technologiemanagement, Festschrift für Friedrich Hoffmann, hrsg. von R. Bühner, Berlin 1989, S. 77-89.

Bleicher, K., Organisation. Strategien, Strukturen und Kulturen integrierten Managements, 2. Auflage, Wiesbaden 1990.

Bleicher, K., Leberl, D., Paul, H., Unternehmensverfassung und Spitzenorganisation. Führung und Überwachung von Aktiengesellschaften im internationalen Vergleich, Wiesbaden 1989.

Bleicher, K., Paul, H., Das amerikanische Board-Modell im Vergleich zur deutschen Vorstands-/Aufsichtsratsverfassung – Stand und Entwicklungstendenzen, in: Die Betriebswirtschaft, 46. Jg., 1986, S. 263-288.

Blum, E., Betriebsorganisation. Methoden und Techniken, 2. Auflage, Wiesbaden 1988.

BMW AG (Hrsg.), Bericht über das Geschäftsjahr 1984, München 1985.

BMW AG (Hrsg.), BMW Lernstatt, Organisationsentwicklung im Unternehmen, 2. Aufl., München 1985.

Bogdanow, A., Allgemeine Organisationslehre, Band I und II, Leipzig 1926 und 1928.

Bressmer, C., Moser, A. C., Sertl, W., Vorbereitung und Abwicklung der Übernahme von Unternehmen, Stuttgart 1989.

Brink, H.-J., Vorgabezeitermittlung mit Systemen vorbestimmter Zeiten, in: Handwörterbuch der Produktionswirtschaft, hrsg. von W. Kern, Stuttgart 1979, Sp. 2186-2202.

Brockhoff, K., Schnittstellen-Management: Abstimmungsprobleme zwischen Marketing und Forschung und Entwicklung, Stuttgart 1989.

Browne, P. J., Golembiewski, R. T., The Line-Staff Concept Revisited: An Empirical Study of Organizational Images, in: Academy of Management Journal, Vol. 17, 1974, S. 406-417.

Bruggemann, A., Groskurth, P., Ulich, E., Arbeitszufriedenheit, Bern, Stuttgart, Wien 1975.

Buchmann, W., Belastungsorientierte Auftragsfreigabe – Strukturparameter, Wirkungen im Rahmen der Fertigungssteuerung, Einbettung in ein EDV-System –, in: IFA – Institut für Fabrikanlagen der Universität Hannover, Statistisch orientierte Fertigungssteuerung. Grundlagen, Systeme, Anwendungsbedingungen, Hannover 1984, S. 46-61.

Bühner, R., Koordinations- und Kontrollregelungen von Planungs- und Abrechnungsabteilungen industrieller Unternehmen – Empirische Ergebnisse einer quantitativen Vergleichsbetrachtung, in: Zeitschrift für Betriebswirtschaft, 51. Jg., 1981, S. 1065-1091.

Bühner, R., Die erfolgreiche Projektbearbeitung: Die Matrix-Organisation ist nur bedingt geeignet, in: io Management-Zeitschrift, 54. Jg., Heft 4, 1985, S. 178-180.

Bühner, R., Technische Innovation in der Produktion durch organisatorischen Wandel, in: Zeitschrift Führung + Organisation, 54. Jg., 1985, S. 33-39.

Bühner, R., Strategie und Organisation. Analyse und Planung der Unternehmensdiversifikation mit Fallbeispielen, 2. Auflage, Wiesbaden 1993.

Bühner, R., Arbeitseinsatz und Arbeitsstrukturierung in flexiblen Fertigungssystemen (FFS), in: Das wirtschaftsstudium, 15. Jg., 1986, S. 69-74.

Bühner, R., Entwicklungslinien zukünftiger Fabrikorganisation – jenseits von Taylor, in: Zeitschrift des Vereins Deutscher Ingenieure für Maschinenbau und Metallbearbeitung, 128. Jg., 1986, S. 535-539.

Bühner, R., Personalentwicklung für neue Technologien in der Produktion, Stuttgart 1986.

Bühner, R., Production Technology and Organization, in: Human Systems Management, Vol. 6, 1986, S. 201-210.

Bühner, R., Strategische Führung im Bereich der Hochtechnologie durch rechtliche Verselbständigung von Unternehmensteilbereichen, in: Der Betrieb, 39. Jg., 1986, S. 2341-2346.

Bühner, R., Management-Holding, in: Die Betriebswirtschaft, 47. Jg., 1987, S. 40-49.

Bühner, R., Strategie und Organisation. Neuere Entwicklungen, in: Zeitschrift Führung + Organisation, 58. Jg., 1989, S. 223-232.

Bühner, R., Gestaltungsmöglichkeiten und rechtliche Aspekte einer Management-Holding, in: Zeitschrift Führung + Organisation, 59. Jg., 1990, S. 299-308.

Bühner, R., Das Management-Wert-Konzept, Stuttgart 1990.

Bühner, R., Management-Holding – Ein Erfahrungsbericht, in: Die Betriebswirtschaft, 51. Jg., 1991, S. 141-151.

Bühner, R., Kleinschmidt, P., Rechnerunterstützer Personaleinsatz – dargestellt am Beispiel einer Fertigungsinsel-Organisation, in: Die Betriebswirtschaft, 49. Jg., 1989, S. 761-768.

Bühner, R., Möller, P., The Information Content of Corporate Disclosures of Divisionalization Decisions, in: Journal of Management Studies, Vol. 22, 1985, S. 309-326.

Bühner, R., Spindler, H.-J., Synergieerwartungen bei Unternehmenszusammenschlüssen, in: Der Betrieb, 39. Jg., 1986, S. 601-606.

Bühner, R., Walter, H., Divisionalisierung in der Bundesrepublik Deutschland – eine empirische Analyse der Geschäftsberichte von 1965 bis 1975 der 50 größten deutschen Industrie-Aktiengesellschaften –, in: Der Betrieb, 30. Jg., 1977, S. 1205-1207.

Bürgel, H. D., Controlling von Forschung und Entwicklung, München 1989.

Bukisch, R., Rost, P., Einsatz der Wertanalyse zur Gestaltung erfolgreicher Produkte, in: Zeitschrift für betriebswirtschaftliche Forschung, 37. Jg., 1985, S. 350-361.

Bullinger, H.-J., Ohne Human Integrated Manufacturing kein CIM, in: io Management, 59. Jg., Nr. 6, 1990, S. 48-52.

Burkhardt, R., Das Geheimnis der Sprints, in: Industriemagazin, 24. Jg., Nr.9, 1990, S. 144-151.

Buzzel, R. D., Gale, B. T., Sultan, R. G. M., Market Share – A Key to Profitability, in: Harvard Business Review, Vol. 53, Jan.-Feb. 1975, S. 97-106.

Cable, J. R., Dirrheimer, M. J., Hierarchies and Markets: An Empirical Test of the Multidivisional Hypothesis in West Germany, in: International Journal of Industrial Organisation, Vol. 1, 1983, S. 43-62.

Chandler, A. D., Jr., Strategy and Structure. Chapters in the History of the American Industrial Enterprise, Cambridge, Mass., London 1978.

Child, J., New Technology and Developments in Management Organization, in: OMEGA, International Journal of Management Science, Vol. 12, 1984, S. 211-223.

Chmielewicz, K., Unternehmensverfassung, in: Handwörterbuch der Organisation, 2. Auflage, Stuttgart 1980, Sp. 2272-2282.

Chmielewicz, K., Großmann, A., Inhoffen, A. O., Lutter, M., Die Mitbestimmung im Aufsichtsrat und Vorstand, in: Die Betriebswirtschaft, 37. Jg., 1977, S. 105-145.

Chmielewicz, K., Inhoffen, A. O., Die Mitbestimmung nach dem Betriebsverfassungsgesetz 1972 aus organisatorischer Sicht, in: Die Betriebswirtschaft, 37. Jg., 1977, S. 591-613.

Clark, K. B., Fujimoto, T., The Power of Product Integrity, in: Harvard Business Review, Vol. 68, No. 6, 1990, S. 107-118.

Clark, K. B., Wheelwright, S. C., Organizing and Leading „Heavyweight" Development Teams, in: California Management Review, Vol. 34, 1992, S. 9-24.

Cleland, D. I., King, W. R., Systems Analysis and Project Management, 3. Auflage, New York et al. 1983.
Coase, R., The Nature of the Firm, in: Economia, Vol. 4, 1937, S. 386-405.
Coase, R., The Problem of Social Cost, in: Journal of Law and Economics, Vol. 3, October 1960, S. 1-60.
Coenenberg, A. G., Verrechnungspreise zur Steuerung divisionalisierter Unternehmen, in: Wirtschaftswissenschaftliches Studium, 2. Jg., 1973, S. 373-382.
Coenenberg, A. G., Kostenrechnung und Kostenanalyse, 3. überarb. und erw. Aufl., Landsberg/Lech 1997.
Commes, M. Th., Lienert, R., Controlling im FuE-Bereich, in: Zeitschrift Führung + Organisation, 25. Jg., 1983, S. 347-354.
Commes, M., Lienert, R., Controlling im F&E-Bereich, in: RKW Handbuch Forschung, Entwicklung, Konstruktion (F&E), hrsg. von Moll, H., Warneke, H., 3. Band, Kennzahl 4710, Stand 1986.
Copeland, R. M., Dascher, P. E., Managerial Accounting, 2nd edition, Santa Barbara u.a. 1978.
Copeland, T., Murrin, J., Valuation. Measuring and managing the Value of Companies, New York u.a. 1990.
Crosby, P. B., Qualität ist machbar, Hamburg 1986.
Daimler-Benz AG (Hrsg.), Daimler-Benz intern extra, Heft 2, 1989.
Daimler-Benz AG, Geschäftsberichte 1986-1997, Stuttgart 1987-1998.
Daimler-Benz AG, Informationen zum Zusammenschluß von Daimler Benz und Chrysler, Stuttgart 1998.
Dalton, M., Conflicts Between Staff and Line Managerial Officers, in: American Sociological Review, Vol. 15, 1950, S. 342-351.
Damaine, B., Who needs a Boss?, in: Fortune, Vol. 121, No. 7, 1990, S. 40-47.
Damanpour, F., Evan, W. M., Organizational Innovation and Performance: The Problem of ‚Organizational Lag', in: Administrative Science Quarterly, Vol. 29, 1984, S. 392-409.
Daniels, J. D., Pitts, R. A., Tretter, M. J., Strategy and Structure of U. S. Multinationals: An Exploratory Study, in: Academy of Management Journal, Vol. 27, 1984, S. 292-307.
Davis, S. M., Lawrence, P. R., Matrix, Reading, Mass. 1977.
Das, S., Chen, P., Segupta, S., Impact of Strategic Alliances on Firm Valuation, in: Academy of Management Journal, Vol. 41, No. 1, 1998, S. 27-41.
De Benedetti, C., Weltweite Bündnis- und Wettbewerbsstrategie, in: Handbuch strategische Führung, hrsg. von Henzler, H. A., Wiesbaden 1988, S. 165-181.
Dehmer, H., Das Umwandlungssteuergesetz 1994 (Teil II), in: Deutsches Steuerrecht, 32. Jg., 1994, S. 1753-1792.
Deming, W. E., Quality, Productivity and Competitive Position, Cambridge 1982.
Deutscher Industrie- und Handelstag (Hrsg.), Internationale Verrechnungspreise. DIHT-Planspiel, Bad Godesberg o.J.
Dieckmann, H. W., Rote Balken im Fadenkreuz, in: Handelsblatt, Nr. 8, vom 11.1.1990, S. 13.
Diller, H., Produkt-Management und Marketing-Informationssysteme: Tätigkeitsbild und Informationsbedarf des Produktmanagers als Determinanten der Ausgestaltung von Marketing-Informationssystemen, Berlin 1975.
Diller, H., Gaitanides, M., Das Key-Account-Management in der deutschen Lebensmittelindustrie – Eine empirische Studie zur Ausgestaltung und Effizienz, unter Mitarbeit von M. Kusterer, C. Niewolik, J. Westphal, I. Wiegels, Hamburg 1988, S. 589-608.
Diller, H., Gaitanides, M., Vertriebsorganisation und handelsorientiertes Marketing, in: Zeitschrift für Betriebswirtschaft, 59. Jg., Nr. 6, 1989, S. 590.
DIN Deutsches Institut für Normung (Hrsg.), DIN ISO 9000 bis 9004, Berlin 1987.
Doppelfeld, V., Projektmanagement am Beispiel eines ausgeprägt funktional gegliederten Einprodukt-Unternehmens, in: Zeitschrift Führung + Organisation, 54. Jg., 1985 S. 28-32.

Drauz, G., Schroeder, D., Praxis der europäischen Fusionskontrolle, 2. neubearb. Aufl., Köln 1994.

Dreger, W., Zentrale Verantwortung für Material und Energie. Eine Maßnahme im Zeichen des Ressourcen Management, in: io Management Zeitschrift, 53. Jg., 1984, S. 143-146.

Dreyfack, R., Seibel, J., Zero-Base Budgeting. Das Budget als Führungsinstrument in Wirtschaft und Verwaltung, Zürich 1978.

Drucker, P. F., The Practice of Management, New York 1954.

Drucker, P. F., Managing for Results: Economic Tasks and risk-taking Decisions, Oxford u.a. 1989.

Drucker, P. F., The Emerging Theory of Manufacturing, in: Harvard Business Review, Vol. 68, May-June 1990, S. 94-107.

Drumm, H. J., Theorie und Praxis der Lenkung durch Preise, in: Zeitschrift für betriebswirtschaftliche Forschung, 24. Jg., 1972, S. 253-267.

Drumm, H. J., Planungs- und Anpassungsprobleme der Geschäftsbereichsorganisation, in: Zeitschrift für Betriebswirtschaft, 48. Jg., 1978, S. 87-104.

Drumm, H. J., Matrix-Organisation, in: Handwörterbuch der Organisation, hrsg. von E. Grochla, 2. Auflage, Stuttgart 1980, Sp. 1291-1301.

Drumm, H. J., Rechtlich selbständige Geschäftsbereiche – ein allgemeines Modell? Anmerkungen zur Reorganisation der PWA AG, in: Zeitschrift für Betriebswirtschaft, 52. Jg., 1982, S. 404-407.

Duchessi, P., Schaninger, C. M., Hobbs, D. R., Implementing a Manufacturing Planning and Control Information System, in: California Management Review, Vol. 31, No. 3, 1989, S. 75-90.

Dullien, M., Flexible Organisation. Praxis, Theorie und Konsequenzen des Projekt- und Matrix-Managements, Opladen 1972.

Duden, K., Schilling, W., Die Spaltung von Gesellschaften, in: Die Aktiengesellschaft, 19. Jg,. 1974, S. 202-212.

Egelhoff, W. G., Strategy and Structure in Multinational Corporations: An Information-Processing Approach, in: Administrative Science Quarterly, Vol. 27, 1982, S. 435-458.

Ehrlinger, E., Kundengruppen-Management, in: Die Betriebswirtschaft, 39. Jg., 1979, S. 261-273.

Eidenmüller, B., Die Produktion als Wettbewerbsfaktor, Zürich et al. 1989.

Engel, P., Japanische Organisationsprinzipien: Verbesserung der Produktivität durch Qualitätszirkel, Zürich 1981.

Engelmeyer, C., Das Spaltungsverfahren bei der Spaltung von Aktiengesellschaften, in: Die Aktiengesellschaft, 41. Jg., Heft 5, 1996, S. 193-208.

European Foundation for Quality Management (Hrsg.), Selbstbewertung anhand des Europäischen Modells für umfassendes Qualitätsmanagement (TQM), Brüssel 1995.

Europäische Kommission, Unternehmenszusammenschlüsse: Kommission schlägt eine Überarbeitung der Regeln vor. Pressemitteilung vom 10. Juli 1996.

Evan, W. M., Organizational Lag, in: Human Organization, Vol. 25, 1966, S. 51-53.

Everling, W., Betriebsabteilung oder Beteiligungsgesellschaft, in: Betriebswirtschaftliche Forschung und Praxis, 29. Jg., 1977, S. 281-287.

Everling, W., Die Stabsstelle „Beteiligungsverwaltung" in großen Unternehmungen, in: Zeitschrift für Organisation, 48. Jg., 1979, S. 435-440.

Eversheim, W., Radermacher, W., Zukünftige organisatorische Veränderungen im Konstruktionsbereich, in: Zeitschrift des Vereins Deutscher Ingenieure des Maschinenbaus und der Metallbearbeitung, 125. Jg., 1983, S. 243-248.

Fayol, H., Allgemeine und industrielle Verwaltung, München und Berlin 1929 (Original: Administration industrielle et générale, Paris 1916).

Fieten, R., Management der Materialwirtschaft im Wandel. Zur Integration der Logistik in die Materialwirtschaft, in: Journal für Betriebswirtschaft, 36. Jg., 1986, S. 172-183.

Fieten, R., Westphal, K., Wunderlich, D., Die langfristige Versorgungssicherung der Unternehmung, in: Beschaffung und Unternehmensführung. Bericht des Arbeitskreises ‚Beschaffung, Vorrats- und Verkehrswirtschaft' der Schmalenbach Gesellschaft, hrsg. von N. Szyperski und P. Roth, Stuttgart 1982, S. 103-127.

Fitting, K., Auffarth, F., Kaiser, H., Betriebsverfassungsgesetz, Handkommentar, 16. Auflage, München 1990.

Fitting, K., Wlotzke, O., Wißmann, H., Mitbestimmungsgesetz mit Wahlordnungen, Kommentar, 2. Auflage, München 1978.

Fotilas, P., Die Betriebswirtschaftliche Problematik bei der Einführung teilautonomer Gruppen in der Fertigung, Diss. Berlin 1978.

Frese, E., Wirtschaftlichkeit und Organisation, in: Handwörterbuch der Organisation, hrsg. von E. Grochla, Stuttgart 1969, Sp. 1787-1802.

Frese, E., Grundlagen der Organisation. Die Organisationsstruktur der Unternehmung, 4. Auflage, Wiesbaden 1988.

Friedrich, H., Das MEGA-Projekt, in: Siemens-Zeitschrift 59. Jg., 1985, Heft 1, S. 19-23.

Fröhlich, S., Mit Wertanalyse gegen Overhead-Kosten, in: io Management-Zeitschrift, 47. Jg., 1978, S. 183-188.

Fuchs, R., Der Konzernbetriebsrat, Bern, Frankfurt 1974.

Fuchs, R.-M., Personaleinsatz bei Just-in-Time-Produktion, in: Arbeitsvorbereitung, 27. Jg., Nr. 2, 1990, S. 73-76.

Gabele, E., Die Einführung von Geschäftsbereichsorganisationen, Tübingen 1981.

Gälweiler, A., Grundlagen der Divisionalisierung, in: Zeitschrift für Organisation, 40. Jg., 1971, S. 55-66.

Gälweiler, A., Strategische Geschäftseinheiten (SGE) und Aufbau-Organisation der Unternehmung, in: Zeitschrift für Organisation, 48. Jg., 1979, S. 252-260.

Gage, W. L., Value Analysis, London 1967.

Gale, B. T., Planning for Profit, in: Planning Review, Vol. 6, March, 1978, S. 4-7 und 30-32.

Ganske, J., Das Recht der Europäischen wirtschaftlichen Interessenvereinigung (EWIV), Köln 1988, S. 31-32.

Garvin, D. A., Managing Quality. The Strategic and Competitive Edge, New York 1988.

Gaugler, E., Instanzenbildung als Problem betrieblicher Führungsorganisation, Berlin 1966.

Gaugler, E., Kolb, M., Ling, B., Humanisierung der Arbeitswelt und Produktivität, 2. Auflage, Ludwigshafen 1977.

Geitner, U. W., Chen, J., PPS Marktübersicht 1990, in: Fortschrittliche Betriebsführung und Industrial Engineering 39. Jg., Heft 2, 1990, S. 52-64.

Gemmill, G. R., Wilemon, D. L., Interpersonal Barriers to Effective Product Management, in: British Journal of Marketing, 1970/71, Winter, S. 208-214.

General Motors (Hrsg.), MAP – Manufacturing Automation Protocol, Warren, Mich. 1986.

Gerwin, D., Do's and Dont's of Computerized Manufacturing, in: Harvard Business Review, Vol. 60, March-April 1982, S. 107-116.

Goldratt, E. M., Computerized Shop Floor Scheduling, in: International Journal of Production Research, Vol. 26, 1988, S. 443-455.

Goldratt, E. M., Fox, R. E., The Race, Croton-on-Hudson, NY 1986.

Gottschall, D., Betriebliches Innovationsmanagement: Lernen an der gemeinsamen Aufgabe, in: Management Wissen, 1984, Heft 9, S. 15-27.

Gottwald, M. K., Produktionssteuerung mit Fortschrittszahlen. Vortrag auf dem Seminar „Neue PPS-Lösungen“ der Gfmt (Gesellschaft für Management und Technologie) in München am 12./13.10.1982.

Grochla, E. (Hrsg.), Handwörterbuch der Organisation, Stuttgart 1969.

Grochla, E. (Hrsg.), Handwörterbuch der Organisation, 2., völlig neu gestaltete Auflage, Stuttgart 1980.

Grochla, E., Unternehmungsorganisation. Neue Ansätze und Konzeptionen, 4. Auflage, Reinbek bei Hamburg 1981.

Grochla, E., Grundlagen der organisatorischen Gestaltung, Stuttgart 1982.

Grochla, E., Schönbohn, P., Beschaffung in der Unternehmung, Stuttgart 1980.

Grochla, E., Thom, N., Die Matrix-Organisation. Chancen und Risiken einer anspruchsvollen Strukturierungskonzeption, in: Zeitschrift für betriebswirtschaftliche Forschung – Kontaktstudium, 29. Jg., 1977, S. 193-203.

Grochla, E. und Wittmann, W. (Hrsg.), Handwörterbuch der Betriebswirtschaft, 4., völlig neu gestaltete Auflage, Stuttgart 1975.

Grohde, H.-P., Qualitätssicherung, Statistik und Meßtechnik, hrsg. von M. Klein, Einführung in die DIN-Normen, Stuttgart u.a. 1993.

Grossman, S., Hart, O., The Costs and Benefits of Ownership: A Theory of Vertical and Lateral Integration, in: Journal of Political Economy, Vol. 94, Nr. 4, 1986, S. 691-719.

Grün, O., Informale Erscheinungen in der Betriebsorganisation. Eine betriebswirtschaftliche Untersuchung, Berlin 1966.

Grüneberg, N., Das Produkt-Management. Seine Funktionen im Marketing, Wiesbaden 1973.

Gupta, S., Romano, R., Monitoring the principal with multiple agents, in: Rand Journal of Economics, Vol. 29, Nr. 2, 1998, S. 427-442.

Guserl, R., Das Harzburger Modell. Idee und Wirklichkeit, 2. Auflage, Wiesbaden 1976.

Gutenberg, E., Unternehmensführung. Organisation und Entscheidungen, Wiesbaden 1962.

Gutenberg, E., Grundlagen der Betriebswirtschaftslehre. Erster Band: Die Produktion, 24. Auflage, Berlin, Heidelberg, New York 1983.

Haase, K. D., Zur Planungs- und Kontrollorganisation des Controlling, in: Der Betrieb, 33. Jg., 1980, S. 313-318 und 364-367.

Haberfellner, R., Organisationsmethodik, in: Handwörterbuch der Organisation, hrsg. von E. Grochla, 2. Auflage, Stuttgart 1980, Sp. 1701-1710.

Habermas, J., Theorie des kommunikativen Handelns, 2 Bde., Frankfurt (Main) 1981.

Hackstein, R., Produktionsplanung und -steuerung (PPS), Düsseldorf 1984.

Hahn, D., Konzepte und Beispiele zur Organisation des Controlling in der Industrie, in: Zeitschrift für Organisation, 48. Jg., 1979, S. 4-24.

Hall, R. W., Zero Inventories, Homewood, Ill. 1983.

Hall, R. W., Just-in-time Production in the United States, in: Just-in-Time-Produktion. Erfahrungsberichte aus Japan, USA und Europa, hrsg. von der Gesellschaft für Management und Technologie mbH, München 1984, S. 32-39.

Hall, W. K., SBUs: Hot New Topic in the Management of Diversification, in: Business Horizons, Vol. 21, Feb. 1978, S. 17-25.

Hamel, G., Prahalad, C. K., Strategic Intent, in: Harvard Business Review, Vol. 67, May-June 1989, S. 63-76.

Hamel, W., Diskrepanz zwischen Kompetenz und Verantwortung. Organisatorisches Übel oder Führungsinstrument, in: Schriften zur Unternehmensführung. Band 25: Betriebswirtschaftliche Forschungsergebnisse. Ihre Bedeutung für die Unternehmensführung, Wiesbaden 1978, S. 103-128.

Hannan, M. T., Freeman, J., The Population Ecology of Organizations, in: American Journal of Sociology, Vol. 82, 1977, S. 929-964.

Hardin, G., The Tragedy of the Commons, in: Science, Vol. 162, Nr. 3859, 13. Dezember 1968, S. 1243-1248.

Harrigan, K. R., Joint Ventures and Competitive Strategy, in: Strategic Management Journal, Vol. 9, 1988, S. 141-158.

Hartmann, P., Divisionsorganisation in Produktionsunternehmen, Bochum 1974.

Hasenbeck, M., Siemens: Gigant im Umbruch, in: Wirtschaftswoche, 42. Jg., Nr. 36, vom 2.9.1988, S. 68-76.

Hauschildt, J., Initiative, in: Handwörterbuch der Organisation, hrsg. von E. Grochla, Stuttgart 1969, Sp. 734-741.

Hax, H., Die Koordination von Entscheidungen, Köln, Berlin, Bonn, München 1965.

Heinemeyer, K., Fortschrittszahlen – ein Ansatz zur Steuerung in der Serienfertigung, in: IFA – Institut für Fabrikanlagen der Universität Hannover –, Statistisch orientierte

Fertigungssteuerung. Grundlagen, Systeme, Anwendungsbedingungen, Hannover 1984, S. 98-127.
Heinen, E., Das Zielsystem der Unternehmung, Wiesbaden 1966.
Heinen, E., Grundlagen betriebswirtschaftlicher Entscheidungen. Das Zielsystem der Unternehmung, 3. Auflage, Wiesbaden 1976.
Heinen, E., Einführung in die Betriebswirtschaftslehre, 9. Auflage, Wiesbaden 1985.
Heinen, E., Dill, P., Unternehmenskultur. Überlegungen aus betriebswirtschaftlicher Sicht, in: Zeitschrift für Betriebswirtschaft, 56. Jg., 1986, S. 202-218.
Heller, M. F., Jr., The Board of Directors: Legalistic Anachronism or Vital Force, in: California Management Review, Vol. 14, 1972, S. 24-30.
Henderson, B. D., Perspectives on Experience, Boston 1968.
Henderson, B. D., Dearden, J., New System for Divisional Control, in: Harvard Business Review, Vol. 44, Sep.-Oct. 1966, S. 347-362.
Hennig, K. W., Betriebswirtschaftliche Organisationslehre, 5. Auflage, Wiesbaden 1971.
Henzler, H., Strategische Geschäftseinheiten (SGE): Das Umsetzen von strategischer Planung in Organisation, in: Zeitschrift für Betriebswirtschaft, 48. Jg., 1978, S. 912-919.
Hersey, P., Blanchard, K. H., Situational Leadership, La Jolla 1976.
Herten, H. J., Internationales Projekt-Management: Gestaltung der grenzüberschreitenden Projektkooperation im Großanlagenbau sowie in der Luft- und Raumfahrtindustrie, Köln 1988.
Herzberg, F. H., Work and the Nature of Man, Cleveland, Ohio 1966.
Herzberg, F. H., Mausner, B. M., Snyderman, B. B., The Motivation to Work, New York 1959.
Herzig, N., Ott, H., Das Steuerrecht als Umwandlungs- und Spaltungsbremse, in: Der Betrieb, 42. Jg., 1989, S. 2033-2039.
Hill, C. W., Internal Capital Market Controls and Financial Performance in Multidivisional Firms, in: The Journal of Industrial Economics, Vol. 37, 1988, S. 67-83.
Hill, C. W., Internal Organisation and Enterprise Performance: Some U. K. Evidence, in: Managerial and Decision Economics, Vol. 6, 1985, S. 210-216.
Hill, R. M., Hlavacek, J. D., The Venture Team. A New Concept in Marketing Organization, in: Journal of Marketing, Vol. 36, July 1972, S. 44-50.
Hill, W., Fehlbaum, R., Ulrich, P., Organisationslehre 1, 3. Auflage, Bern, Stuttgart 1981.
Hinterhuber, H. H., Die organisatorische Umsetzung der strategischen Planung im Unternehmen, in: Zeitschrift für Betriebswirtschaft, 48. Jg., 1978, S. 425-428.
Hintz, G.-W., Ein wissensbasiertes System zur Produktionsplanung und -steuerung für flexible Fertigungssysteme, Düsseldorf 1987.
Hirsch-Kreinsen, H., Schultz-Wild, R. (Hrsg.), Rechnerintegrierte Produktion. Zur Entwicklung von Technik und Arbeit in der Metallindustrie, Frankfurt a.M., New York 1986.
Höhn, R., Die Führung mit Stäben in der Wirtschaft, Bad Harzburg 1961.
Höhn, R., Stabsstellen, in: Handwörterbuch der Organisation, hrsg. von E. Grochla, Stuttgart 1969, Sp. 1543-1556.
Höhn, R., Stellenbeschreibung und Führungsanweisung, Bad Harzburg 1976.
Höhn, R., Böhme G., Führungsbrevier der Wirtschaft, 9. Auflage, Bad Harzburg 1977.
Hoesch AG (Hrsg.), Menschengerechte Arbeitsgestaltung, Arbeitsstrukturierung Kaltwalzwerke, Dortmund 1989.
Hofer, C. W., Schendel, D., Strategy Formulation: Concepts, St. Paul 1978.
Hoffmann, F., Organisation der Führungsgruppe, Berlin 1969.
Hoffmann, F., Merkmale der Führungsorganisation amerikanischer Unternehmen. Auszüge aus den Ergebnissen einer Forschungsreise 1970, in: Zeitschrift für Organisation, 41. Jg., 1972, S. 3-8, 85-89 und 145-148.
Hoffmann, F., Entwicklung der Organisationsforschung, 3. Auflage, Wiesbaden 1976.
Hoffmann, F., Führungsorganisation. Band I: Stand der Forschung und Konzeption, Tübingen 1980.

Hoffmann, F., Organisation, Begriff der, in: Handwörterbuch der Organisation, hrsg. von E. Grochla, 2. Auflage, Stuttgart 1980, Sp. 1425-1431.

Hoffmann, P., Ramke, R., Management-Buy-Out in der Bundesrepublik Deutschland, 2. Auflage, Berlin 1992.

Hoffmann-Becking, M., Vorstands-Doppelmandate im Konzern, in: Zeitschrift für das gesamte Handels- und Wirtschaftsrecht, 150. Jg., 1986, S. 570-584.

Holmström, B. R., Agency Costs and Innovation, in: Journal of Behavior and Organization, Vol. 12, 1989, S. 305-327.

Holzapfel, H.-J., Pöllath, R., Recht und Praxis des Unternehmenskaufs, 4. Aufl., Köln 1989.

Honrath, K., Schmidt, J., Flexibles Fertigungssystem – Planung und Aufbau, in: Berichte des Vereins Deutscher Ingenieure, Nr. 516, 1984, S. 43-49.

Hoskisson, R. E., Multidivisional Structure and Performance: The Contingency of Diversification Strategy, in: Academy of Management Journal, Vol. 30, 1987, S. 625-644.

Hoskisson, R. E., Galbraith, G. S., The Effect of Quantum versus Incremental M-Form Reorganisation on Performance: A Time-Series Exploration of Intervention Dynamics, in: Journal of Management, Vol. 11, 1985, S. 55-70.

Hoyningen-Huene, G. v., Der Konzern im Konzern, in: Zeitschrift für Unternehmens- und Gesellschaftsrecht, 7. Jg., 1978, S. 515-541.

Hoyningen-Huene, G. v., Betriebsverfassungsrecht, 3. Auflage, München 1993.

Hueck, A., Nipperdey, H. C., Lehrbuch des Arbeitsrechts, Band I, 7. Auflage, Berlin 1963.

Hummeltenberg, W., Bewertungsmodelle für TQM, in: Schriften zur Unternehmensführung (SzU), Band 54: Total Quality Management I, hrsg. von D. B. Preßmar, Wiesbaden 1995.

Hyer, N. L., Wemmerlöv, U., Group Technology and Productivity, in: Harvard Business Review, Vol. 62, July-August 1984, S. 140-149.

IFA – Institut für Fabrikanlagen der Universität Hannover, Statistisch orientierte Fertigungssteuerung. Grundlagen, Systeme, Anwendungsbedingungen, Hannover 1984.

Ihde, G. B., Transport, Verkehr, Logistik, München 1984.

Irle, M., Macht und Entscheidungen in Organisationen. Studie gegen das Linie-Stab-Prinzip, Frankfurt am Main 1971.

Ishikawa, K., What is Total Quality Control? The Japanese Way, New York 1985.

Jacobs, R., OPT Uncovered: Many Production Planning and Scheduling Concepts can be applied with or without the Software, in: Industrial Engineering, Vol. 16, No. 10, October 1984, S. S. 32-41.

Jaletzke, M., International operierende Unternehmen und deutsche Betriebsverfassung, Mannheim, 1987.

Jensen, M., Meckling, W., Theory of the Firm: Managerial Behavior, Agency Costs and Ownership Structure, in: Journal of Financial Economics, Vol. 3, 1976, S. 305-360.

Jordt, A., Gscheidle, K., Fernkurs für Organisation, Lehrbrief 2, Wiesbaden, o.J.

Juran, J. M., Juran on Planning for Quality, New York 1988.

Kamiske, G. F., Brauer, J.-P., Qualitätsmanagement von A bis Z, München, Wien 1993.

Kapstein, J., Hoerr, J., Volvo's Radical New Plant: The Death of the Assembly Line?, in: Business Week, Vol. 28, August 1989, S. 54-55.

Kargl, H., Industrielle Datenverarbeitung, in: Industriebetriebslehre. Das Wirtschaften in Industrieunternehmungen, hrsg. von M. Schweitzer, München 1990, S. 893-1014.

Karmarkar, U., Getting Control of Just-in-Time, in: Harvard Business Review, 67.Vol., Sept-Oct. 1989, S. 122 -131.

Kellermann, P., Bestandscontrolling aus der Sicht der Untrenehmensleitung, in: Unternehmensführung und Logistik, hrsg. von H. Albach und H. Pfohl, Zeitschrift für Betriebswirtschaft, Sonderheft 2/1984, S. 91-99.

Kemna, H., Key-Account Management – Verkaufserfolg der Zukunft durch Kundenorientierung, München 1979.

Kern, H., Schumann, M., Industriearbeit und Arbeiterbewußtsein, Frankfurt am Main 1977.

Kern, W. (Hrsg.), Handwörterbuch der Produktionswirtschaft, Stuttgart 1979.

Kernforschungszentrum Karlsruhe (Hrsg.), Neuartige Fertigungsstrukturen für die Präzisionswerkzeugindustrie, Band 4: Personalplanung und Qualifizierung des Personals. Forschungsbericht KfK-PFt 34, Karlsruhe 1982.

Kernforschungszentrum Karlsruhe (Hrsg.), Der Einsatz flexibler Fertigungssysteme. Technische, einführungsorganisatorische, wirtschaftliche und arbeitsplatzorganisatorische Aspekte. Forschungsbericht KfK-PFt 41, Karlsruhe 1982.

Kernforschungszentrum Karlsruhe (Hrsg.), Autonome Fertigungsinsel. Flexible Fertigungsstrukturen für die Einzel- und Kleinserienfertigung, Forschungsbericht KfK-PFT 79, Karlsruhe 1984.

Kettner, H., Bechte, W., Neue Wege der Fertigungssteuerung durch belastungsorientierte Auftragsfreigabe, in: Zeitschrift des Vereins Deutscher Ingenieure für Maschinenbau und Metallbearbeitung, Bd. 123, 1981, S. 459-465.

Kieser, A., Tele-Heimarbeit – organisatorische und soziale Aspekte, in: FBO – Fachverlag für Büro- und Organisationstechnik GmbH –, Jahrbuch der Bürokommunikation, Baden-Baden 1985, S. 106-108.

Kieser, A. (Hrsg.), Organisationstheorien, 3. Aufl., Stuttgart 1999.

Kieser, A., Kubicek, H., Organisationstheorien I und II, Stuttgart, Berlin, Köln, Mainz 1978.

Kieser, A., Kubicek, H., Organisation, 2. Auflage, Berlin, New York 1983.

Kilger, W., Einführung in die Kostenrechnung, 3. Auflage, Wiesbaden 1987.

Kilger, W., Flexible Plankostenrechnung und Deckungsbeitragsrechnung, 9. Auflage, Wiesbaden 1988.

Kirsch, W., Betriebswirtschaftslehre – eine Annäherung aus der Perspektive der Unternehmensführung, Herrsching 1993.

Klein, M., Kompromiß bei Betriebssystemen, in: Süddeutsche Zeitung, Nr. 251, vom 31.10./01.11.90, S. 72.

Klinkhammer, H., „Konzern im Konzern" als mitbestimmungsrechtliches Problem, in: Der Betrieb, 30. Jg., 1977, S. 1601-1606.

Koch, H., Budgetierung und Unternehmensplanung, in: Neuere Beiträge zur Unternehmensplanung, hrsg. von H. Koch, Wiesbaden 1980.

Koch, H., (Hrsg.), Neuere Beiträge zur Unternehmensplanung, Wiesbaden 1980.

Köhler, R., Produkt-Management, Organisation des, in: Handwörterbuch der Organisation, hrsg. von E. Grochla, 2. Auflage, Stuttgart 1980, Sp. 1923-1942.

Kosiol, E., Kollegien als Organisationsformen der Entscheidung, Beratung und Information – Untersuchungsbericht, in: Organisation des Entscheidungsprozesses, hrsg. von E. Kosiol, 2. Auflage, Berlin 1975, S. 107-212.

Kosiol, E. (Hrsg.), Organisation des Entscheidungsprozesses, 2. Auflage, Berlin 1975.

Kosiol, E., Organisation der Unternehmung, 2. Auflage, Wiesbaden 1976.

Krallmann, H. (Hrsg.), CIM Expertenwissen für die Praxis, München, Wien 1990.

Krüger, W., Grundlagen der Organisationsplanung, Gießen 1983.

Krüger, W., Organisation der Unternehmung, Stuttgart etc. 1984.

Kübler, F., Gesellschaftsrecht, die privatrechtlichen Ordnungsstrukturen und Regelungsprobleme von Verbänden und Unternehmen, 2. Aufl. Heidelberg 1985.

Küpper, H.U., Weber, J., Zünd, A., Zum Verständnis und Selbstverständnis des Controllings, in: Zeitschrift für Betriebswirtschaft, 60. Jg., 1990, S. 281-293.

Küting, K., Zur Abgrenzung der Kapitalgröße im Rahmen einer spartenbezogenen Rechnungslegung, in: Der Betrieb, 35. Jg., 1972, S. 1885-1890 und 1945-1948.

Kumpf, W., „Safe haven" bei der Festlegung steuerlicher Verrechnungsentgelte im internationalen Konzern, in: Recht der internationalen Wirtschaft, 1976, S. 482-487.

Laßmann, G., Betriebswirtschaftliche Aspekte der Humanisierung industrieller Arbeit, in: Zeitschrift für betriebswirtschaftliche Forschung, 28. Jg., 1976, S. 768-780.

Laßmann, G., Aktuelle Probleme der Kosten- und Erlösrechnung sowie des Jahresabschlusses bei weitgehend automatisierter Serienfertigung, in: Zeitschrift für betriebswirtschaftliche Forschung, 36. Jg., 1984, S. 959-978.

Laux, H., Liermann, F., Grundlagen der Organisation, Berlin, Heidelberg, New York 1987.
Lawler, E. E./Porter, L. W., Managerial Attitudes and Performance, Homewood, Ill., 1968.
Lawrence, P. R., Lorsch, J. W., Organisation and Environment. Managing Differentiation and Integration, Homewood, Ill. 1969.
Lessing, R., Kroeger, H., Führen mit strategischen Geschäftseinheiten. Praxiskonzept mit Anleitungen für Mittelbetriebe, Düsseldorf, Frankfurt am Main 1982.
Leumann, P., Die Matrix-Organisation. Unternehmungsführung in einer mehrdimensionalen Struktur. Theoretische Darstellung und praktische Anwendung, 2. Auflage, Bern, Stuttgart 1980.
Liebe, B., Strategische Aspekte der Einführung neuer Produktionstechnologien, in: Zeitschrift des Vereins Deutscher Ingenieure für Maschinenbau und Metallbearbeitung, 125. Jg., 1983, S. 5-8.
Lieser, J., Schoenbaum, T., Das Board-System als Mitbestimmungskonzept in der Zukunft, in: Der Betrieb, 25. Jg., 1973, S. 1981-1984.
Likert, R., The Human Organization: Its Management and Value, New York 1967.
Likert, R., Likert, J. G., New Ways of Managing Conflict, New York 1976.
Likert, R., Seashore, S. E., Making Cost Control Work, in: Harvard Business Review, Vol. 41, Nov.-Dec. 1963, S. 96-108.
Litterer, J. A., The Analysis of Organiszations, 2nd edition, New York 1973.
Luck, D. J., Nowak, Th., Product Management. Vision Unfulfilled, in: Harvard Business Review, Vol. 43, May-June 1965, S. 143-154.
Ludsteck, W., Wellen bis in die Spitzen der Hierarchie, in: Süddeutsche Zeitung, Nr. 230, vom 5.10.1988, S. 32.
Ludsteck, W., Neues Korsett für den Elefanten, in: Süddeutsche Zeitung, Nr. 151, vom 5.7.1989, S. 30.
Lück, W., Rationalisierung – Begriff, Ursachen, Verfahren und Widerstände, in: Das Wirtschaftsstudium, 13. Jg., 1984, S. 161-165.
Lüder, K., Investment-Center-Kontrollverfahren zur Steuerung dezentralistischer Großunternehmen, in: Rechnungswesen und Betriebswirtschaftspolitik. Festschrift zum 65. Geburtstag von Gerhard Krüger, hrsg. von M. Layer und H. Strebel, Berlin 1969, S. 305-319.
Luhmann, N., Funktionen und Folgen formaler Organisation, 3. Auflage, Berlin 1976.
Lutter, M., Der qualifiziert faktische Konzern, in: Die Aktiengesellschaft, 35. Jg., 1990, S. 179-185;
Lutter, M., Schneider, K. H., Mitbestimmung im mehrstufigen Konzern, in: Betriebs-Berater, 1977, Heft 12, S. 553-559.
Macharzina, K., Die Bedeutung verhaltenstheoretischer Aussagen für kosten- und leistungsorientierte Planungs- und Kontrollrechnungen, in: Unternehmensrechnung, hrsg. von A. G. Coenenberg, München 1976, S. 324-344.
Madauss, B., Handbuch Projektmanagement, 3.Aufl., Stuttgart 1990.
Madauss, B.-J., Projektmanagement, Stuttgart 1984.
Maidique, M. A., Hayes, R. H., The Art of High-Technology Management, in: Sloan Management Review, Vol. 25, Winter 1984, S. 17-31.
March, J. G., Simon, H. A., Organizations, New York et al. 1958.
Marr, R., Stitzel, M., Personalwirtschaft, München 1979.
Martin, J., Gruppentechnologische Fertigungsstrukturen, Köln 1989.
Marx, G. R., Zero-Base Budgeting. Eine kritische Betrachtung, in: Die Unternehmung, 33. Jg., 1979, S. 227-241.
Maslow, A. H., Motivation and Personality, 3. Auflage, New York 1977.
Mattes, F., Management by Internet: Internet Einsatz aus der Management-Perspektive, Feldkirchen 1997.
Mauriel, J., Anthony, R. N., Misevaluation of Investment Center Performance, in: Harvard Business Review, Vol. 44, March-April 1966, S. 98-105.
Mayntz, R., Soziologie der Organisation, Reinbek bei Hamburg 1963.

Meffert, H., Die Einführung des Kundenmanagements als Problem des geplanten organisatorischen Wandels, in: Humane Personal- und Organisationsentwicklung, Festschrift für Guido Fischer, hrsg. von R. Wunderer, Berlin 1979, S. 285-320.

Meffert, H., Marketing, Grundlagen der Absatzpolitik, 7. Auflage, Wiesbaden 1986.

Meffert, H., Althaus, J., Internationales Marketing, Stuttgart u.a. 1982.

Meiser, M., Leitungsautonomie im divisionalisierten Konzern, Frankfurt u.a. 1984.

Mensch, G., Das Trilemma der Ablaufplanung, in: Zeitschrift für Betriebswirtschaft, 42. Jg., 1972, S. 77-88.

Mertens, H.-J., Kommentierung zu § 77 AktG, in: Kölner Kommentar zum Aktiengesetz.

Mertens, P., Allgeyer, K., Däs, H., Betriebliche Expertensysteme in deutschsprachigen Ländern. Versuch einer Bestandsaufnahme, in: Zeitschrift für Betriebswirtschaft, 56. Jg., 1986, S. 905-941.

Mertens, P., Borkowski, V., Geis, W., Betriebliche Expertensystem-Anwendungen – Eine Materialsammlung, Berlin, Heidelberg, New York 1988.

Meyer, R., Integration der Informationsverarbeitung im Büro, Bergisch-Gladbach, Köln 1986.

Meyer-Landrut, A., Die Europäische Wirtschaftliche Interessenvereinigung, Stuttgart 1988.

Meyer-Piening, A., Zero-Base Budgeting (ZBB) als Planungs- und Führungsinstrument, in: Der Betrieb, 33. Jg., 1980, S. 1277-1281.

Meyer-Piening, A., Zero-Base Budgeting. Planungs- und Analysetechnik zur Anpassung der Gemeinkosten in der Rezession, in: Zeitschrift Führung + Organisation, 51. Jg., 1982, S. 257-266.

Mönig, H., Fertigungsorganisation und Wirtschaftlichkeit einer Fertigungsinsel, in: Zeitschrift für betriebswirtschaftliche Forschung, 37. Jg., 1985, S. 83-101.

Müller, G., Die Identifikation und Beurteilung neuer Geschäfte und „junger" Branchen – dargestellt am Beispiel der Biotechnologie, in: Strategische Planung, Bd. 2, 1986, S. 159-181.

Müller, J. G., Sprague, L. G., Behind the Growth in Materials Requirement Planning, in: Harvard Business Review, Vol. 53, Sept.-Oct. 1975, S. 83-91.

Müller, P., Expertensysteme zur Konfiguration von Rechneranlagen, in: Zeitschrift für wirtschaftliche Fertigung, 83. Jg., 1988, S. 197-202.

Müller-Merbach, H., Operations Research, 3. Auflage, München 1973.

Müller-Pleuss, J. H., Organisationsmethoden, 4. Auflage, Heidelberg 1972.

Münzner, H., Beschaffungsstrategien in einem Großunternehmen, in: Zeitschrift für betriebswirtschaftliche Forschung, 37. Jg., 1985, S. 250-256.

Musiol, A., Organisation von Organisationsprojekten in der Industrie. Teil 1: Organisationsabteilung, Projektmanagement, Teamwork-Management, in: Zeitschrift für Organisation, 43. Jg., 1974, S. 192-206.

Musiol, A., Organisatorische und wirtschaftliche Aspekte der integrierten Telekommunikation im Büro, in: Office Management, Januar 1983, S. 14-22.

Neff, R., Holstein, W. J., Mighty Mitsubishi is on the Move, in: Business Week, 24.9.1990, S. 38-43.

Neuberger, O., Messung der Arbeitszufriedenheit, Stuttgart u.a. 1974.

Neuberger, O., Theorien der Arbeitszufriedenheit, Stuttgart u.a. 1974.

Neumann, K., Netzplantechnik, in: Gal, T. (Hrsg.); Grundlagen des Operations Research, Band 2, 3. durchges. Aufl., Berlin u.a. 1992, S. 165-260.

Nicklisch, H., Der Weg aufwärts! Organisation, 2. Auflage, Stuttgart 1922.

Nielsen, R., The Case of Cooperative Strategies, in: The McKinsey Quarterly, Spring 1987, S. 41-48.

Nippa, M., Schönecker, H. G., Neue Methoden zur Gestaltung der Büroarbeit, Baden Baden 1987.

Nonaka, J., Redundant, Overlapping Organization: A Japanese Approach to Managing the Innovation Process, in: California Management Review, Vol. 32, No. 3, 1990, S. 27-38.

Nordsieck, F., Rationalisierung der Betriebsorganisation, 2. Auflage, Stuttgart 1955.

Nordsieck, F., Organisationsprinzipien, in: Handwörterbuch der Betriebswirtschaft, hrsg. von H. Seischab und K. Schwantag, Band III, 3. Auflage, Stuttgart 1960, Sp. 4253-4256.

Nührich, P., Bestandscontrolling in der Praxis, in: Unternehmensführung und Logistik, hrsg. von H. Albach und H. Pfohl, Zeitschrift für Betriebswirtschaft, Ergänzungsheft 2/1984, S. 100-113.

Nüssel, H. A., Produkt-Management – Ja oder Nein?, in: Plus-Zeitschrift für Unternehmensführung, 7. Jg., 1973, S. 51-73.

Nyhuis, P., Quantifizierung logistischer Rationalisierungspotentiale mit Betriebskennlinien, in: Zeitschrift für Betriebswirtschaft, 64. Jg., 1994, S. 443-464.

Odiorne, G. S., Management by Objectives: A System of Managerial Leadership, New York 1965.

OECD-Committee on Fiscal Affairs (Organization for Economic Cooperation and Development), Transfer Pricing in Multinational Enterprises, Paris 1979.

Otto, H.-J., Fremdfinanzierte Übernahmen – Gesellschafts- und steuerrechtliche Kriterien des Leveraged Buy-Out, in: Der Betrieb, 42. Jg., 1989, S. 1389-1396.

O. V., Der Koloß Siemens will flexibler werden, in: Süddeutsche Zeitung, Nr. 229, vom 4.10.1988, S. 29.

O. V., Die neue Siemens-Struktur und ihre Folgen, in: Süddeutsche Zeitung, Nr. 153, vom 7.7.1989, S. 26.

O. V., Siemens AG: Künftig gibt es drei Arten von Vorständen, in: Handelsblatt, Nr. 129, vom 7./8.7.1989, S. 14.

O. V., Jungheinrich lockt mit steuerfreier Dividende, in: Frankfurter Allgemeine Zeitung, Nr. 193, vom 21.8.1990, S. 15.

O. V., Vorschlag für eine Richtlinie des Rates zur Ergänzung des SE-Statuts hinsichtlich der Stellung der Arbeitnehmer, in: Die Aktiengesellschaft, 35. Jg., 1990, S. 128-129.

O. V., Vorschlag für eine Verordnung (EWG) des Rates über das Statut der Europäischen Aktiengesellschaft, in: Die Aktiengesellschaft, 35. Jg., 1990, S. 111-129.

O. V., Zahl der Kapitalgesellschaften im Jahr 1989, in: Der Betrieb, 43. Jg., 1990, S. 1734.

Paschen, K., Von der funktionalen Organisation zum Integrationsmodell, in: Zeitschrift Führung + Organisation, 57. Jg., 1988, S. 237-241.

Peacock, R. D., Ein Qualitätspreis für Europa, in: Qualität und Zuverlässigkeit, 37. Jg., Heft 9, 1992, S. 525-528.

Peters, T. J., Beyond the Matrix Organization, in: Business Horizons, Vol. 22, Oct. 1979, S. 15-27.

Peters, T. J., Waterman, R. H. Jr., In Search of Excellence, New York 1984.

Pfeffer, J., Size and Composition of Corporate Boards of Directors: The Organization and its Environment, in: Administrative Science Quarterly, Vol. 17, 1972, S. 218-228.

Pfeiffer, W., Dörrie, U., Stoll, E., Menschliche Arbeit in der industriellen Produktion, Göttingen 1977.

Pfohl, H. C., Marketing-Logistik: Gestaltung, Steuerung und Kontrolle des Warenflusses im modernen Markt, Mainz 1972.

Pfohl, H., Aufbauorganisation der betriebswirtschaftlichen Logistik, in: Zeitschrift für Betriebswirtschaft, 50. Jg., 1980, S. 1201-1228.

Pfohl, H., Logistiksysteme. Betriebswirtschaftliche Grundlagen, 3. Auflage, Berlin, Heidelberg, New York 1988.

Pfohl, H., Hoffmann, H., Logistik-Controlling, in: Unternehmensführung und Logistik, hrsg. von H. Albach und H. Pfohl, Zeitschrift für Betriebswirtschaft, Ergänzungsheft 2/1984, S. 42-70.

Picot, A., Reichwald, R., Bürokommunikation. Leitsätze für den Anwender, München 1984.

Picot, A., Rischmüller, G., Planung und Kontrolle der Verwaltungskosten in Unternehmungen, in: Zeitschrift für Betriebswirtschaft, 51. Jg., 1981, S. 331-346.

Pinchot III. G., Intrapreneuring, New York 1985.

Platz, J., Schmelzer, H., Projektmanagement in der industriellen Forschung und Entwicklung. Einführung anhand von Beispielen aus der Informationstechnik, Berlin, Heidelberg, New York 1986.

Plenge, I., Drei Vorlesungen über die allgemeine Organisationslehre, Essen 1919.

Poensgen, O. H., Geschäftsbereichsorganisation, Opladen 1973.

Poensgen, O. H., Marx, M., Die Ausgestaltung der Geschäftsbereichsorganisation in der Praxis, in: Zeitschrift für Betriebswirtschaft, 52. Jg., 1982, S. 238-249.

Porter, M. E., Wettbewerbsvorteile, Frankfurt am Main 1986.

Poth, L., Produkt-Management in der deutschen Markenartikelindustrie, Düsseldorf 1968.

Potthoff, E., Trescher, K., Controlling in der Personalwirtschaft, Berlin, New York 1986.

Prahalad, C. K., Hamel, G., The Core Competence of the Corporation, in: Harvard Business Review, Vol. 68, May-June 1990, S. 79-91.

Pribilla, P., Reichwald, R., Goecke, R., Telekommunikation im Management, Stuttgart 1996.

Pugh, D. S., Hickson, D. J., Organizational Structure in its Context, Westmead (UK) 1976.

PWA-Papierwerke Waldhof Aschaffenburg AG (Hrsg.), Die ersten zehn Jahre PWA, PWA-report Extra, 18. Jg., Nr. 53, April 1981.

PWA-Papierwerke Waldhof Aschaffenburg AG (Hrsg.), Geschäftsberichte 1970-1989, München 1971-1990.

Radermacher, W., Arbeitsvorbereitung der Konstruktion, in: Zeitschrift des Vereins Deutscher Ingenieure für Maschinenbau und Metallverarbeitung, Bd. 125, 1983, S. 925-931 und 995-998.

Rappaport, A., Creating Shareholder Value, London, New York 1986.

Rationalisierungs-Kuratorium der Deutschen Wirtschaft e.V. (Hrsg.), RKW-Handbuch Praxis der Personalplanung, Teil VI, Planung des Personaleinsatzes, Neuwied, Darmstadt 1978.

Rautenberg, K., Qualitätszirkel in einem Unternehmen des Maschinenbaus, in: Angewandte Arbeitswissenschaft, 1984, Band 102, S. 20-39.

Reber, G., Matrix-Organisation, in: Die Betriebswirtschaft, 43. Jg., 1983, S. 666-668.

Reece, J. S., Cool, W. R., Measuring Investment Center Performance, in: Harvard Business Review, Vol. 56, May-June 1978, S. 28-46 und S. 174-176.

REFA – Verband für Arbeitsstudien und Betriebsorganisation e.V. –, Methodenlehre des Arbeitsstudiums. Teil 1: Grundlagen, 7. Auflage, München 1984.

REFA – Verband für Arbeitsstudien und Betriebsorganisation e.V. –, Methodenlehre des Arbeitsstudiums. Teil 2: Datenermittlung, 6. Auflage, München 1976.

REFA – Verband für Arbeitsstudien und Betriebsorganisation e.V. –, Teil 3: Kostenrechnung, Arbeitsgestaltung, 7. Auflage, München 1985.

Reichwald, R., Schmelzer, H., Durchlaufzeiten in der Entwicklungspraxis des industriellen F&E-Managements, München 1990.

Reichwald, R., Möslein, K., Riedel, D., Telekooperation – Arbeitsform der Informationsgesellschaft, in: technologie und management, 46. Jg., Nr. 4, 1997, S. 20-23.

Reimann, B. C., Managing for Value, Oxford 1987.

Remer, A., Personalmanagement. Mitarbeiterorientierte Organisation und Führung von Unternehmen, Berlin, New York 1978.

Remer, A., Organisationslehre. Eine Einführung, Berlin, New York 1989.

Rensmann, J. H., Gröpler, K., Telearbeit – Ein praktischer Wegweiser, Berlin, Heidelberg, New York 1998.

Rodermund, K., Laber, J., Lernstatt bei den Bayerischen Motoren Werken, in: Lernstatt, Modelle und Aktivitäten deutscher Unternehmen, hrsg. von D. Dunkel, Köln 1983, S. 46-50.

Rösner, H. J., Produkt-Manager. Konzept, Integration und Einsatz-Kontrollverfahren, Berlin, New York 1979.

Roethlisberger, F. J., Dickson, W. J., Management and the Worker, Cambridge (Mass.) 1939.

Roever, M., Gemeinkosten-Wertanalyse – Erfolgreiche Antwort auf die Gemeinkosten-Problematik, in: Zeitschrift für Betriebswirtschaft, 50. Jg., 1980, S. 686-690.

Roever, M., Gemeinkosten-Wertanalyse, in: Zeitschrift Führung + Organisation, 51. Jg., 1982, S. 249-253.

Roever, M., Gemeinkosten-Wertanalyse, in: Kostenrechnungspraxis, Heft 1, 1985, S. 19-22.

Rohmert, W., Weg, F. J., Organisation teilautonomer Gruppenarbeit, Frankfurt am Main 1976.

Rollberg, R., Lean-Management und CIM aus Sicht der strategischen Unternehmensführung, Wiesebaden 1996, zugl. Kiel, Univ. Diss., 1996.

Rosenstiel, L. von, Die motivationalen Grundlagen des Verhaltens in Organisationen. Leistung und Zufriedenheit, Berlin 1975.

Roth, G. H., Gesetz betreffend die Gesellschaften mit beschränkter Haftung: (GmbHG), mit Erläuterungen, 2. Aufl., München 1987.

Ruffner, A., Prinzipien der Organisation, in: Handwörterbuch der Organisation, hrsg. von E. Grochla, Stuttgart 1969, Sp. 1330-1339.

RWE AG, Geschäftsbericht 1987/88, Essen 1989.

RWE AG, Erläuterungen zur Neuordnung des RWE-Konzerns und zur Ausgliederung des Unternehmensbereichs Energie in die RWE Energie AG, Vorlage zur Hauptversammlung am 18.1.1990 in Essen, Essen 1990.

Säcker, J. F., Zur Problematik von Mehrfachfunktionen im Konzern, in: Zeitschrift für das gesamte Handels- und Wirtschaftsrecht, 142. Jg., 1987, S. 203-227.

Säcker, F. J., Zander, E. (Hrsg.), Mitbestimmung und Effizienz. Humanität und Rationalität der Produktionsstruktur in mitbestimmten Unternehmen, Stuttgart 1981.

Sandler, G., Account-Management in der Praxis, MARKETING ZFP, 2. Jg., 1980, S. 225-228.

SAP AG (Hrsg.), System R/3 – Integrierte Produktionsplanung und -steuerung, Walldorf 1997.

Schäfer, H., Das Beispiel BMW Logistik und Einkauf, Aufgabe der Unternehmenspolitik, in: Beschaffung aktuell, Heft 11, 1984, S. 20-24.

Schanz, G., Stange, J., Wertanalyse, in: Handwörterbuch der Prouktionswirtschaft, hrsg. von W. Kern, Stuttgart 1979, Sp. 2251-2261.

Scheer, A.-W., EDV-orientierte Betriebswirtschaftslehre, 2. Aufl., Berlin, Heidelberg, New York, Tokyo 1989.

Scheer, A.-W., Computer Integrated Manufacturing: CIM = Der computergesteuerte Industriebetrieb, 3., erw. Aufl., Berlin, Heidelberg, New York 1988.

Scheer, A.-W., Stand und Trends in der computergestützten Produktionsplanung und – steuerung (PPS) in der Bundesrepublik Deutschland, in: Zeitschrift für Betriebswirtschaft, 53. Jg., 1989, S. 138-155.

Scheffler, E., Der qualifiziert faktische Konzern, in: Die Aktiengesellschaft, 35. Jg., 1990, S. 173-178.

Schein, E. H., Organizational Culture and Leadership. A Dynamic View, San Francisco u.a. 1985.

Schemkes, H., Kompetenzabgrenzung bei der Mehrlinienorganisation, in: Zeitschrift für Organisation, 43. Jg., 1974, S. 433-442.

Schlicksupp, H., Kreative Ideenfindung in der Unternehmung, Berlin, New York 1977.

Schmalenbach, E., Über Verrechnungspreise, in: Zeitschrift für handelswissenschaftliche Forschung, 13. Jg., 1909, S. 165-185.

Schmalenbach, E., Pretiale Wirtschaftslenkung. Band 2: Pretiale Lenkung des Betriebes, Bremen, Horn 1948.

Schmidbauer, A., Der Konzernbegriff im Aktien- und Betriebsverfassungsrecht, Regensburg 1976.

Schmidt, G., Methode und Techniken der Organisation, 5. Auflage, Gießen 1983.

Schneider, U., Die vertragliche Ausgestaltung der Konzernverfassung, in: Betriebs-Berater, 141. Jg., 1986, S. 1993-1999.

Schneider, U. H., Kommentierung zu § 37 GmbHG, in: GmbH Gesetz, hrsg. von F. Scholz, 6. Auflage, Köln 1978/83.
Schnelle, W., Entscheidungen im Management. Wege zur Lösung komplexer Aufgaben in großen Organisationen, Quickborn 1966.
Schonberger, R. J., Japanese Manufacturing Techniques, New York, London 1982.
Schonberger, R. J., World Class Manufacturing. The Lessons of Simplicity Applied, New York 1986.
Schonberger, R. J., World Class Manufacturing Casebook: Implementing JIT and TQC, New York, London 1987.
Schreyögg, G., Steinmann, H., Zauner, B., Arbeitshumanisierung für Angestellte, Stuttgart passim 1978.
Schröder, H., Projektmanagement, Wiesbaden 1970.
Schultz-Wild, R., u.a., An der Schwelle zu CIM, Eschborn, Köln 1989.
Schulz, R., Logistik-Anforderungen. Gestaltung logistischer Schnittstellen aus der Sicht eines Unternehmens der Automobilindustrie, in: Zeitschrift für Logistik, 4. Jg., 1983, Heft 3, S. 77-80.
Schumpeter, J., Kapitalismus, Sozialismus und Demokratie, 2. Aufl., Bern 1950.
Schwab, H., Materialwirtschaft. Aufgaben und Definitionen, in: Bundesverband für Materialwirtschaft und Einkauf, Schriftenreihe „wissen und beraten", Heft 6, Frankfurt 1978, S. 999.
Schwark, E., Spartenorganisation in Großunternehmen und Unternehmensrecht, in: Zeitschrift für das gesamte Handels- und Wirtschaftsrecht, 142. Jg., 1978, S. 203-227.
Schwarz, H., Arbeitsplatzbeschreibungen, 7. Auflage, Freiburg i. Br. 1979.
Schwarz, H., Betriebsorganisation als Führungsaufgabe, 9. Auflage, Landsberg am Lech 1983.
Schweitzer, M., Probleme der Ablauforganisation in Unternehmungen, Berlin 1964.
Schweitzer, M. (Hrsg.), Industriebetriebslehre.Das Wirtschaften in Industrieunternehmungen, München 1990.
Seischab, H., Schwantag, K., (Hrsg.), Handwörterbuch der Betriebswirtschaft, Band III, 3. Auflage, Stuttgart 1960.
Semler, J., Die Überwachungsaufgabe des Aufsichtsrats, Diss. Bochum 1980.
Siebenborn, H., CIM-Rechnerintegrierte Fertigung, in: Zeitschrift für wirtschaftliche Fertigung, 79. Jg., 1984, S. 127-132.
Siebert, H., Technologische Entwicklung und Vorproduktbeschaffung, Frankfurt 1990.
Siegrist, H., Deutsche Großunternehmen vom späten 19. Jahrhundert bis zur Weimarer Republik, in: Geschichte und Gesellschaft, 6. Jg., 1980, S. 60-102.
Siemens AG, Geschäftsberichte 1967/68 – 1996/97, München 1969-1998.
Siemens AG (Hrsg.), Organisationsplanung. Planung und Kooperation, 4. Auflage, Berlin, München 1979.
Simon, H. A., Administrative Behavior. A Study of Decision-Making Processes in Administrative Organizations, New York 1945.
Simon, J., Arbeitsrechtliche und Haftungsprobleme bei der Betriebsaufspaltung, in: Zeitschrift für Arbeitsrecht, 18. Jg., 1987, S. 311-352.
Sloan, A. P., My Years with General Motors, London 1963.
Slovin, M., Sushka, M., Ferraro, S., A comparison of the information conveyed by equity carve-outs, spin-offs, and asset sell-offs, in: Journal of Financial Economics, Vol. 37, 1998, S. 89-104.
Soiron, H. H., Der neue Ford Fiesta setzt ein Beispiel: Verfahrensoptimierung in der Produktentwicklung, in: Sonderveröffentlichung der Süddeutschen Zeitung, Nr. 98, vom 28.4.1989.
Solomons, D., Divisional performance: Measurement and Control, New York 1965.
Spies, W., Zero Base Budgeting, in: Neue Betriebswirtschaft, 34. Jg., 1981, S. 259-268.
Spremann, K., Reputation, Garantie, Information, in: Zeitschrift für Betriebswirtschaft, 58. Jg., Nr. 5/6, 1988, S. 613-624.

Staehle, W. H., Management: eine verhaltenswissenschaftliche Perspektive, 4. Aufl., München 1989.

Staerkle, R., Stabsstellen in der industriellen Unternehmung, Berlin 1961.

Staerkle, R., Wechselwirkungen zwischen Organisationskultur und Organisationsstruktur, in: Integriertes Management. Bausteine des systemorientierten Management. Festschrift für Hans Ulrich, hrsg. von G. J. B. Probst und H. Siegwart, Bern u. Stuttgart 1985, S. 529-553.

Stahlknecht, P., Einführung in die Wirtschaftsinformatik, Berlin, Heidelberg, New York 1995.

Stark, H., Beschaffungsführung. Grundlagen marktkonformen und zielorientierten Verhaltens in der Beschaffung, Stuttgart 1973.

Statistisches Bundesamt (Hrsg.), Unternehmen und Arbeitsstätten, Fachserie 2, Reihe 2.2: Zahl und Nominalkapital der Kapitalgesellschaften 1989, hrsg. vom Statistischen Bundesamt, Stuttgart 1990.

Stedry, A. C., Budget Control and Cost Behavior, Englewood Cliffs, N. J. 1960.

Stefanic-Allmayer, K., Allgemeine Organisationslehre, Wien, Stuttgart 1950.

Steffen, R., Die Berücksichtigung von Job Rotation und teilautonomen Arbeitsgruppen in der betriebswirtschaftlichen Produktions- und Kostentheorie, in: Die Betriebswirtschaft, 38. Jg., 1978, S. 421-433.

Steinbuch, P. A., Organisation, 4. Auflage, Ludwigshafen 1983.

Steiner, C. A., Ryan, W., Industrial Project Management, New York 1968.

Steinmann, H., Schreyögg, G., Management, Wiesbaden 1990.

Stewart, J. M., Making Project Management Work, in: Systems Organizations, Analysis, Management, hrsg. von D. J. Cleland und W. R. King, New York 1969, S. 291-302.

Stockbauer, H., F&E Controlling, Wien 1989.

Stopford, J. M., Wells, L. T., Managing the Multinational Enterprise. Organization of the Form and Ownership of the Subsidiaries, London 1972.

Suzaki, K., The New Manufacturing Challenge. Techniques for Continuous Improvement, New York 1987.

Szyperski, N., Winand, U., Strategisches Portfolio-Management: Konzept und Instrumentarium, in: Zeitschrift für betriebswirtschaftliche Forschung, 30. Jg., 1978, S. 123-132.

Taguchi, G., Einführung in Quality Engineering, deutsche Übersetzung der amerikanischen Ausgabe ‚Introduction to Quality Engineering', München 1989.

Taguchi, G., Clausing, D., Robust Quality, in: Harvard Business Review, Vol. 68, May-June 1990, S. 63-73.

Takeuchi, H., Nonaka, I., The new New Product Development Game, in: Harvard Business Review, Vol. 64., Jan.-Feb. 1986, S. 137-146.

Taylor, F. W., Die Grundsätze wissenschaftlicher Betriebsführung, München 1913 (Original: The Principles of Scientific Management, New York 1911).

Teece, D. J., Internal Organisation and Economic Performance: An Empirical Analysis of the Profitability of Principal Firms, in: The Journal of Industrial Economics, Vol. 30, 1981, S. 173-199.

Thomée, F., Das Boardsystem – eine Alternative zum Aufsichtsrat?, in: Zeitschrift für Organisation, 43. Jg., 1974, S. 185-191.

Thompson, J. D., Organizations in Action, New York, et al. 1967.

Ulfers, H. A., Anwendung der belastungsorientierten Auftragsfreigabe in einem Unternehmen der Elektroindustrie, in: IFA – Institut für Fabrikanlagen der Universität Hannover, Statistisch orientierte Fertigungssteuerung. Grundlagen, Systeme, Anwendungsbedingungen, Hannover 1984, S. 62-80.

Ulich, E., Neue Formen der Arbeitsstrukturierung, in: Fortschrittliche Betriebsführung, 23. Jg., 1974, S. 187-196.

Ulich, E., Groskurth, P., Bruggemann, A., Neue Formen der Arbeitsgestaltung, Frankfurt am Main 1973.

Ulrich, H., Betriebswirtschaftliche Organisationslehre. Eine Einführung, Bern 1949.

Ulrich, H., Delegation, in: Handwörterbuch der Organisation, hrsg. von E. Grochla, Stuttgart 1969, Sp. 433-437.
Ulrich, H., Organisation und Organisieren in der Sicht der systemorientierten Managementlehre, in: Zeitschrift Führung + Organisation, 54. Jg., 1985, S. 7-11.
Ulrich, H., Management, Bern 1984.
Ulrich, H., Hug, R., Planung und Steuerung der Produktion heute, in: Output, 13. Jg., Heft 1, 1984, S. 21-26.
Ulrich, H., Staerkle, R., Verbesserungen der Organisationsstruktur von Unternehmungen, 3. Auflage, Bern 1969.
Unternehmensrechtskommission, Bericht über die Verhandlungen der Unternehmensrechtskommission, hrsg. vom Bundesministerium der Justiz, Köln 1980.
Vajda, S., Lineare Programmierung, Zürich 1960.
Vance, S. C., Corporate Leadership. Boards Directors, and Strategy, New York u.a. 1983.
Venkatesan, R., Cummins Engine flexes its Factory, in: Harvard Business Review, Vol. 68, March-April 1990, S. 120-127.
Vocht, R., Qualitätsförderung, in: Handbuch der Qualitätssicherung, hrsg. von W. Masing, München, Wien 1980, S. 917.
Vogelsang, D., Verlust des Betriebsrates infolge Unternehmensteilung?, in: Der Betrieb, 43. Jg., 1990, S. 1329-1333.
Vossberg, H., Neuorganisation bei Bayer seit Januar 1984. Die Antwort auf das Wachstum, in: Bayer Berichte, Heft 51, 1984, S. 50-55.
Vroom, V. H., Work and Motivation, 3. Aufl., New York 1967.
Wagner, G., Siemens AG: Die Devise heißt schlanker und wendiger, in: Handelsblatt, Nr. 15, vom 20./21.1.1989, S. 19.
Wagner, H., Mehrdimensionale Organisationsstrukturen, in: Die Betriebswirtschaft, 38. Jg., 1978, S. 103-115.
Walker, Ch. R., Guest, R. H., The Man on the Assembly Line, Cambridge, Mass. 1952.
Waller, S., Die automatisierte Fabrik, in: Zeitschrift des Vereins Deutscher Ingenieure für Maschinenbau und Metallbearbeitung, 125. Jg., 1983, S. 838-842.
Weber, M., Wirtschaft und Gesellschaft, Grundriß der verstehenden Soziologie, 5. revidierte Aufl., Tübingen 1972.
Weil, R., Veränderung der Arbeitswelt durch neue Führungs-, Organisations- und Arbeitsstrukturen, in: REFA-Nachrichten, 29. Jg., 1976, S. 131-144.
Weirich, W., Das Produkt-Management als Führungs- und Organisationssystem, Berlin 1979.
Welge, M. K., Profit-Center-Organisation, Wiesbaden 1975.
Wendeling-Schröder, U., Divisionalisierung, Mitbestimmung und Tarifvertrag, Köln, Berlin, Bonn, München 1984.
Wheelwright, S. C., Clark, K. B., Revolutionizing Product Development, New York 1992.
Wiendahl, H.-P., Grundlagen neuer Verfahren der Fertigungssteuerung, in: IFA – Institut für Fabrikanlagen der Universität Hannover – Statistisch orientierte Fertigungssteuerung. Grundlagen, Systeme, Anwendungsbedingungen, Hannover 1984, S. 1-19.
Wiendahl, H.-P., PPS-Controlling auf der Basis des Durchlaufdiagramms, in: Zeitschrift des Vereins Deutscher Ingenieure für Maschinenbau und Metallbearbeitung, 128. Jg., 1986, S. 289-293.
Wiendahl, H.-P., Möller, J., Nyhuis, P., Engpassorientierte Logistikanalyse auf der Basis von Betriebskennlinien, in: io Management Zeitschrift, 64. Jg., 1995, Nr. 5, S. 27-33.
Wiesner, G., Betriebsvereinbarungen bei Betriebsübergang – Weitergeltung der so geregelten Arbeitsbedingungen und Möglichkeiten ihrer Änderung, in: Betriebs Berater, 41. Jg., 1986, S. 1636-1640.
Wild, J., Neuere Organisationsforschung in betriebswirtschaftlicher Sicht, Berlin 1967.
Wild, J., Produkt Management. Ziele, Kompetenzen und Arbeitstechniken des Produktmanagers, 2. Auflage, München 1973.

Wildemann, H., Strategien zur Qualitätssicherung – Japanische Ansätze und ihre Übertragbarkeit auf deutsche Unternehmen, in: Zeitschrift für Betriebswirtschaft, 52. Jg., 1982, S. 1043-1052.

Wildemann, H., Flexible Werkstattsteuerung nach Kanban-Prinzipien, in: Flexible Werkstattsteuerung durch Integration von Kanban-Prinzipien, hrsg. von H. Wildemann, München 1984, S. 33-99.

Wildemann, H., Just-in-Time-Lösungskonzepte in Deutschland, in: Harvard Manager, Heft 1, 1986, S. 36-48.

Wildemann, H., Auftragsabwicklung in einer computergestützten Fertigung, in: Zeitschrift für Betriebswirtschaft, 57. Jg., 1987, S. 6-31.

Wildemann, H., Investitionsplanung und Wirtschaftlichkeitsrechnung für flexible Fertigungsysteme (FFS), Stuttgart 1987.

Wildemann, H., Die modulare Fabrik: Kundennahe Produktion durch Fertigungssegmentierung, München 1988.

Wildemann, H., Das Just-in-time Konzept, 2. Aufl., München 1990.

Wildemann, H., Einführungsstrategien für die computerintegrierte Produktion (CIM), München 1990.

Williamson, O. E., Corporate Control and Business Behavior. An Inquiry into the Effects of Organization Form on Enterprise Behavior, Englewood Cliffs, N. J. 1970.

Williamson, O. E., The Economic Institutions of Capitalism, New York 1985.

Wilson, J. Q., Innovation in Organizations: Notes toward a Theory, in: Approaches to Organizational Design, hrsg. von J. D. Thompson, Pittsburgh 1966, S. 193-218.

Winand, U., Strategische Geschäftseinheit (SGE), in: Die Betriebswirtschaft, 42. Jg., 1982, S. 154-155.

Wiswede, G., Theorien der Arbeitsmotivation. Teil I: Inhaltstheorien, in: Wirtschaftswissenschaftliches Studium, 9. Jg., 1980, S. 525-529.

Wiswede, G., Theorien der Arbeitsmotivation. Teil II. Prozeßtheorien, in: Wirtschaftswissenschaftliches Studium, 9. Jg., 1980, S. 570-573.

Witte, E., Ablauforganisation, in: Handwörterbuch der Organisation, hrsg. von E. Grochla, Stuttgart 1969, Sp. 20-30.

Witte, E., Organisation von Innovationsentscheidungen. Das Promotoren-Modell, Göttingen 1973.

Wittlage, H., Methoden und Techniken praktischer Organisationsarbeit, 2. Auflage, Herne, Berlin 1986.

Wöhe, G., Einführung in die Allgemeine Betriebswirtschaftslehre, 19. Auflage, München 1996.

Woo, C. Y., Market-Share Leadership – not always so good, in: Harvard Business Review, Vol. 62, Jan.-Feb. 1984, S. 50-54.

Würdinger, H., Aktienrecht und das Recht der verbundenen Unternehmen, 4. Auflage, Heidelberg, Karlsruhe 1981.

Wunderer, R., Grunwald, W., Führungslehre, Band 1, Berlin, New York 1980.

Wunderer, R., Sailer, M., Instrumente und Verfahren des Personal-Controllings, in: Personalführung, o. Jg., 1987, S. 600-606.

Zäpfel, G., Strategisches Produktions-Management, Berlin, New York 1989.

Zäpfel, G., Missbauer, H., Traditionelle Systeme der Produktionsplanung und -steuerung in der Fertigungsindustrie, in: Wirtschaftswissenschaftliches Studium, 17. Jg., 1988, Heft 17, S. 73-77.

Zangl, H., Durchlaufzeiten im Büro. Prozeßorganisation und Aufgabenintegration als effizienter Weg zur Rationalisierung der Büroarbeit mit neuen Bürokommunikationstechniken, Berlin 1985.

Zimmermann, K., Die Projektgruppe als Organisationsform komplexer Aufgaben, in: Zeitschrift für Organisation, 39. Jg., 1970, S. 45-51.

Zink, K. J., Qualität – fördern und sichern – durch den Einsatz von Quality Circles, Kaiserslautern 1982.

Zink, K. J. (Hrsg.), Qualität als Managementaufgabe, Landsberg/Lech 1989.

Zink, K. J., Quality Circles – noch ein Thema?, in: Personalführung, Heft 3, 1990, S. 147-153.

Zink, K. J., Total Quality Management: Begriff und Aufgaben – ein Überblick, in: Total Quality Management I, Schriften zur Unternehmensführung (SzU) – Band 54, hrsg. von D. B. Preßmar, Wiesbaden 1995, S. 3-18.

Zöllner, W. (Hrsg.), Kölner Kommentar zum Aktiengesetz, bearbeitet von Biedenkopf, K. H., u.a., Köln, Berlin, Bonn, München 1970.

Stichwortverzeichnis

B

C

L

N

T